稀土冶金与环境保护

Rare Earth Metallurgy and
Environmental Protection

李永绣　祝文才　章立志　刘艳珠

编著

化学工业出版社

·北京·

内容简介

本书系统介绍了稀土冶炼与环境保护技术领域的发展历史、技术现状与问题，从稀土战略资源到新兴技术产业的发展高度，为读者提供了系统的和最新的技术信息及未来发展趋势；阐述了主要矿物的选矿方法，离子吸附型稀土的采矿与化学选矿，稀土精矿的浸取分解，稀土元素萃取化学与串级萃取分离工艺，沉淀结晶分离与湿法冶金，稀土金属及合金的制备，稀土二次资源循环利用技术等；同时还融入了稀土冶炼一线技术人员的生产技术经验，从产品、装备、标准和管理等多方面来把握稀土冶炼与环保技术的新需求和新发展。

本书面向稀土材料化学相关研究的人才培养，适合作为稀土资源开采相关专业教材，也可作为稀土行业从业人员和管理部门专业技术人员的参考用书。

图书在版编目（CIP）数据

稀土冶金与环境保护 / 李永绣等编著. -- 北京：化学工业出版社，2024.9. -- ISBN 978-7-122-46001-1

Ⅰ. TF845；X322

中国国家版本馆 CIP 数据核字第 2024J6C711号

责任编辑：李晓红　　　　　　　　文字编辑：王文莉
责任校对：王　静　　　　　　　　装帧设计：刘丽华

出版发行：化学工业出版社
　　　　　（北京市东城区青年湖南街 13 号　邮政编码 100011）
印　　装：北京机工印刷厂有限公司
787mm×1092mm　1/16　印张 26½　字数 622 千字
2024 年 9 月北京第 1 版第 1 次印刷

购书咨询：010-64518888　　　　　　售后服务：010-64518899
网　　址：http://www.cip.com.cn
凡购买本书，如有缺损质量问题，本社销售中心负责调换。

定　　价：128.00 元　　　　　　　　　版权所有　违者必究

南昌大学稀土学科源于 1958 年建立的江西大学化学系无机化学专业开设的稀有元素化学专业方向，重点研究和传授稀土、钨、钼、钽、铌等稀有金属资源开发的基础理论和新技术。1977～1993 年，江西大学化学系每年招收 30 名左右无机化学专业学生，培养了一批以稀土为主的稀有元素化学专门人才。1988～1992 年，江西大学化学系开办了稀土化学专科班，共招生培养了 5 届，每届 25 人的专业人才。1995 年，南昌大学无机化学硕士学位点获批，开始招收稀土化学、稀土资源和稀土材料方向研究生。1999 年，南昌大学获得"材料物理与化学"和"工业催化"两个博士学位授权点，2012 年获得"化学"一级学科博士学位授权点，随后相继被批准为"材料科学与工程""化学"等博士后流动站。其中，稀土材料化学都是主要研究方向之一。

2019 年 5 月 20 日，习近平总书记视察赣州时对稀土产业的发展做出了重要指示：要加大科技创新工作力度，不断提高开发利用的技术水平，延伸产业链，提高附加值，加强项目环境保护，实现绿色发展、可持续发展。南昌大学遵照习近平总书记的重要指示精神，积极投身到江西省委和省政府组织的做大做强江西稀土产业，提高科技创新研发能力，着力培养高层次人才的攻坚战役之中。不仅为政府部门制定稀土科技和产业发展计划献计献策，提出建设性方案；而且依靠南昌大学在稀土科学研究和人才培养方面的工作成绩和学科交叉优势，以江西省稀土材料前驱体工程实验室和南昌大学稀土与微纳功能材料研究中心为基础，组建了跨学科跨学院的"稀土研究院"，并在"双一流"建设中确立了"稀土资源环境与材料化学"一流科研平台建设任务；从 2020 年起，开办了"稀土实验班"，并纳入南昌大学拔尖创新人才培养体系。

稀土实验班秉承"以生为本、因材施教、崇德尚能、高端发展"的教育理念，按照"宽口径、厚基础、重品行、强实践、塑卓越"的理工结合型人才培养模式，面向稀土高端应用研究和稀土产业高质量发展要求，培养既有崇高理想与责任担当、国际视野与家国情怀、攻坚创新与务实卓越等综合素养，又有宽厚基础知识、扎实专业技能、敢于创新求实、创业求益的稀土领域拔尖创新人才。

"稀土冶金与环境保护"作为稀土实验班的平台主干课程，从 2020 年就开始准备撰写教材，但也确实感觉到了很大压力。一是有关稀土冶金、冶炼方面的书籍已经有一些，例如吴文远等撰写的《稀土冶金技术》和《稀土冶金学》，李梅、柳召刚等的《稀土现代冶金》，廖春发的《稀土冶金学》，石富的《稀土冶金技术》，李良才的《稀土提取及分离》，等等；这些教材以及其他一些专著，已经把这一领域的主要内容涵盖了。所以，想要体现新编教材的特色和长处，肯定有不小的困难。二是我们面对的稀土提取冶金技术是中国领先国际的技术领域，如何体现中国在这一领域的整体领先水平更是需要我们认真思考的问题。所以，我们也一直在不断地充实自身的知识体系，从教学实践中寻求解决方案。经过三届学生的授课实践，不断消化吸收一些国际领先的基础理论和技术，提高了我们的整体认识水平。在撰写过程中，我们针对上述两方面的压力，从以下几个方面来满足新书的要求：

一是把环境保护与稀土冶金紧密结合。这是能够很好地体现与以前所出版的诸多稀土冶金或冶炼书籍所不同的内容，或者说内容覆盖面更广的好方法。也是体现近十年来，国家围绕绿色冶炼所取得的一系列创新成就的极好机会。

二是邀请企业一线技术负责人来承担相关内容的撰写任务，尤其是那些与生产一线直接相关的内容。例如第 5 章"稀土元素萃取化学与串级萃取分离工艺"由赣州湛海稀土新材料科技有限公司的祝文才正高级高程师来担纲把关。他在原上饶 713 矿稀土厂、江苏省溧阳方正稀土有限公司、溧阳罗地亚稀土新材料有限公司、虔东稀土集团股份有限公司等多家企业从事稀土生产技术和管理工作，在稀土萃取分离理论高纯及特殊物性稀土新材料的工艺和工程化积累了丰富的经验和成功案例。第 7 章"稀土金属和合金"则请虔东稀土的章立志来担纲把关。他也是南昌大学稀土化学专业的毕业生，一直从事稀土金属和合金的生产技术和管理工作，还在江西理工大学机电一体化专业学习，实践经验丰富。

三是融合稀土冶金与环境保护领域的新成果、新思想，增加一些最新进展和前瞻性内容（*标注部分），既满足学生延伸阅读、课堂讨论和课后创新创业选题所需，又为研究生教学和研发人员的技术创新提供素材。这些内容是从以下项目中的新成果中提取出来的：国家重点研发计划项目（离子吸附型稀土高效绿色开发与生态修复一体化技术，2019YFC06005000；高丰度稀土高效提取分离体系及分离机制，2022YFC2905201；高纯及特殊物性稀土化合物材料制备关键技术与装备，2022YFC2905202），国家自然科学基金项目（多重化学平衡调控离子吸附型稀土与铝铀钍的浸取及其综合回收，21978127；硫酸铝高效浸取离子吸附型稀土和尾矿污染物控制技术的机理和性能，51864033；风化壳中稀土元素三维空间分布与注入液体流动方向的基础研究，51274123），国家 863 计划项目（先进镧、铈材料制造与应用技术，2010AA03A407；高性能钇锆结构陶瓷先进制造与应用技术，2010AA03A408），国家 973 计划项目（稀土资源高效利用和绿色分离的科学基础，2012CBA01204），科技支撑计划课题（离子吸附型稀土高效提取与稀土材料绿色制造技术，2012BAB01B02），稀土资源高效利用国家重点实验室和白云鄂博稀土资源高效开发利用国家重点实验室开放基金，江西省重大科技研发专项 2022 年关键技术揭榜挂帅项目（高品质高功率白光 LED 用紫外/近紫外激发稀土发光材料和 LED 器件封装集成关键技术，20223AAE01003）。这些成果是在与北京大学、有研稀土新材料股份有限公司、五矿稀土研究院、中国科学院长春应用化学研究所、包头稀土研究院、东北大学、中国恩菲工程技术有限公司、包钢稀土、甘肃稀土新材料股份有限公司、淄博包钢灵芝稀土高科技股份有限公司、虔东稀土集团股份有限公司（简称虔东稀土）、晶环稀土新材料有限公司等单位一起合作所取得的，能够反映稀土冶炼分离的新进展。

四是从稀土实验班的整个课程体系来安排教学内容，发挥承上启下的作用。在《稀土概论》中已经介绍了稀土电子结构和性质、稀土化合物、稀土产业格局、稀土未来发展等内容。所以，在本书中就集中精力讨论稀土冶金和环境保护的内容。同时与《稀土材料化学与应用》图书相衔接，突出稀土材料前驱体的内容，也体现了我们的工作特色。

五是与稀土实验班的培养目标和创新教学方法的要求相关联。因此，在每一章的内容安排和素材选择上，既要呈现稀土冶金与环境保护技术的发展脉络，又要突出当前该技术领域的最高水平和发展方向，以体现历史性与时代性的统一。通过中国稀土产业的发展历史和典型技术突破实例的介绍，来诠释理想与担当、视野与情怀、创新与务实、基础与专业的内涵。在每章后面列有思考题及一些经典的和最新的参考文献，便于学生归纳总结，开展研讨式教学和创新创业大赛等活动。本书不仅要满足稀土实验班教学的需要，而且也可用作化学、材料科学与工程、环境科学与工程、化学工程与技术等专业研究生的教材，还可作为稀土行业从业人员和管理部门专业技术人员的参考用书。

本书共分 8 章，分别是：第 1 章绪论，第 2 章矿物型稀土资源采选与环境保护，第 3 章离子吸附型稀土资源的采选与环境保护，第 4 章稀土精矿的浸取分解与三废处理，第 5 章稀土元素萃取化学与串级萃取分离工艺，第 6 章稀土沉淀结晶分离与湿法冶金过程环境保护，第 7 章稀土金属和合金材料，第 8 章稀土二次资源循环利用技术。其中，第 1、2、3、8 章由李永绣主笔，第 4、6 章由刘艳珠主笔；第 5 章由祝文才主笔；第 7 章由章立志主笔。全书内容由李永绣规划和统稿，并邀请赣州晨光稀土新材料有限公司陈燕承担第 1 章的修改补充，李雅民承担第 7、8 章的修改补充；包头稀土研究院马莹承担第 2、4 章的修改补充；吉安鑫泰科技有限公司刘卫华和虔东稀土章立志承担第 8 章的修改补充。本实验室周雪珍、李静、李东平老师和丁正雄、刘厉辉、孔维长、李勋鹤、郭峰、胡晓倩、冶晓凡、赵晴、卢平、秦启天、卢曦、曾森彪等负责本书内容和素材的整理、图表制作等工作。本书的审校工作由广晟有色的韩建设正高级工程师完成。

本书得到南昌大学教材出版基金和双一流学科建设基金的支持，在此一并表示感谢。同时还要感谢我的家人、老师和同事，以及那些在南昌大学留下了工作成绩的学生们！

由于作者水平所限，书中难免存在不当之处，敬请读者批评指正。

李永绣

2024 年 5 月 30 日

于南昌大学前湖校区

目录

第3章　离子吸附型稀土资源的采选与环境保护 // 054

第4章　稀土精矿的浸取分解与三废处理 // 157

第 6 章　稀土沉淀结晶分离与湿法冶金过程环境保护　// 276

第**7**章 稀土金属和合金材料 // 343

第8章　稀土二次资源循环利用技术　//　384

第 **1** 章

绪论

1.1 稀土产业及其组成部分

稀土是战略矿产资源,凭借其独特的 4f 电子层结构,展现出非凡的功能特性,拥有光、电、磁、热等功能性质,并在各行各业得到广泛应用[1-5]。然而,稀土应用量不大,全球年消耗量仅二十多万吨,因此被视为小产业。尽管规模相对较小,但稀土产业对各行各业影响巨大,容易受其他行业起伏波动的影响,呈现出波浪式的发展特征,甚至出现过山车般的起伏变化[6]。类似于股市,资金流入和撤出、政策法规等都会对稀土市场行情产生重要影响。

图 1-1 是中国(世界)稀土产业技术的基本构架。其主体内容都与稀土采选、提取冶炼和分离提纯技术相关联。中国是世界稀土产业的主体,拥有国际上最完整的稀土产业链和领先的采选、提取冶炼和分离提纯技术[6-8]。中国稀土产业以区域稀土资源的开发为基础,包括两大生产体系和三大基地。两大生产体系分别是以高铈矿物型轻稀土资源生产体系和以低铈离子型轻中重稀土资源生产体系。三大基地分别是包头混合稀土、南方离子吸附型稀土、四川和山东氟碳铈矿。稀土产业涵盖了从采选到加工的全过程,包括浸取分解、分离提纯、沉淀结晶、煅烧、还原、金属和合金生产,以及化合物功能材料(发光、抛光、陶瓷、催化等)和合金功能材料(永磁、储氢、镁合金、铝合金等)的制备[6]。近年来,由于中国的稀土精矿产品供应不足,国际上的美国氟碳铈矿、缅甸和老挝的离子吸附型稀土矿以及独居石矿也都进入中国进行深加工,它们也都可以划归到上述两大生产体系中。

稀土产业的生态和环境保护管理至关重要,需要解决环境污染和生态破坏问题,加强环保执法力度,研究清洁生产新工艺和新设备,以确保环境友好和可持续发展。因为在稀土采、选、冶过程中会产生大量的"三废",有时还会造成水土流失、生态环境破坏。在稀土产业发展的初期,在内蒙古自治区、四川和江西等地的环境污染和生态破坏都存在着较大问题[9]。国际上,美国、巴西、越南等地的稀土矿产品生产成本高或产能受限,都是因为环保压力大。而缅甸的稀土开采由于缺乏有效的环境管理,已经造成了很大的环境污染和资源浪费。

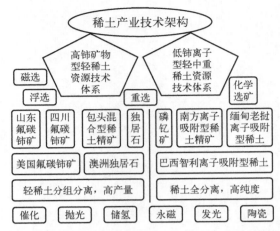

图 1-1　基于稀土资源开发的中国（世界）稀土产业技术构架

1.2　稀土产业链

稀土产业主要包括稀土采矿选矿、稀土冶炼分离与环境保护、稀土材料制造与应用等内容。再拓展延伸一些，则还包括与上述三个环节上下紧密相连的稀土资源勘探、终端应用和稀土生产的过程装备与低碳节能等内容，如图 1-2 所示。

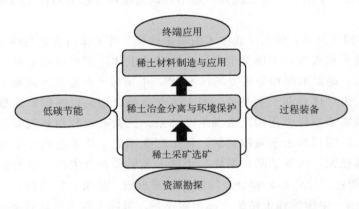

图 1-2　稀土冶金分离与环境保护是稀土产业的核心内容

随着生产技术水平的提高和稀土应用的日益推广，稀土产业的重心将向后迁移，并形成独具特色的"稀土产业链"及其经济发展模式。但稀土资源开发和分离提纯深加工、稀土材料制备等内容仍然是稀土产业的基础。

稀土产业链的发展模式是指在"稀土原料—稀土新材料—元器件—终端应用"这条稀土产业链上形成多条产业链企业，相关企业相互依存，共存共赢，形成了谁也离不开谁的格局。例如：

① 永磁材料产业链　稀土采选→稀土分解浸取→稀土分离→稀土化合物→金属钕→钕铁硼永磁体→永磁电机、磁选机、音圈马达等。

② 储氢材料产业链　稀土采选→稀土分解浸取→稀土分离→稀土化合物→混合稀土金

属→储氢材料→镍氢电池→电动车等。

③ 发光材料产业链　稀土采选→稀土分解浸取→稀土分离→稀土化合物→富铈化合物、氧化钇、氧化铕→荧光粉（阴极射线、投影电视、等离子彩电、场发射、三基色、长余辉和发光二极管白光）→灯具、显示器、电视机、夜间显示牌等。

④ 催化材料产业链　稀土采选→稀土分解浸取→稀土分离→混合稀土化合物、氧化铈、氧化镧→催化剂、储氧材料→汽车尾气净化器、石油催化裂化、催化燃烧等。

⑤ 玻璃和抛光材料产业链　稀土采选→稀土分解浸取→稀土分离→稀土化合物→氧化铈、氧化镧、氧化钇、氧化钕→玻璃澄清剂、玻璃脱色剂、玻璃添加剂、抛光粉、陶瓷粉体→镧玻璃、各种光学玻璃、光学仪器等。

⑥ 陶瓷和电极材料产业链　稀土采选→稀土分解浸取→稀土分离→稀土化合物→氧化铈、氧化镧、氧化钇、氧化钕→氧化钇稳定的氧化锆结构陶瓷、电子陶瓷、固体电解质、电极材料→陶瓷刀具、磨球、耐磨衬里、电子元器件、电池、轴承等。

⑦ 稀土钢和合金材料产业链　稀土采选→稀土分解浸取→稀土分离→稀土化合物→混合稀土金属、稀土合金→稀土处理钢、稀土球铁、稀土铝合金→建筑材料、机械零部件、飞机、高铁、航空器械等。

此外，随着科技进步及成果的产业化推广应用，还有可能形成更多的产业链。

稀土的战略价值在于应用所带来的经济效益，而非仅限于开采提炼。中国稀土产业发展以特色资源开发为主线，但健康稳定发展需要整合先进冶炼技术与新材料制备和应用技术，通过国内外市场、产学研合作、官商产联合等多种途径来延长产业链，提高产品附加值。同时，应以稀土应用产生的效益为基础，推动环境保护和绿色可持续发展。

稀土新材料的质量、品种、性能在每个环节上都有不同要求且相互关联，因此研发稀土新材料制备技术需要产业链上下游的合作。这包括永磁材料、储氧材料、储氢材料、发光材料、玻璃陶瓷材料等等，以及生产这些材料所需的前驱体产品。产业集群的形成将促进各个环节的协同发展，例如铈化合物材料生产集群可满足电子器件化学抛光、苯乙烯催化剂、汽车尾气净化器活性组分、液晶蚀刻液等的需求。

目前，我国稀土在高新技术和新材料领域的消费比例已超过 60%，但与美国和日本相比，稀土应用水平仍存在差距[6,8]。因此，加快稀土在高科技新材料领域的研发与应用无疑是稀土科技工作者的重要任务。冶炼分离企业的任务不仅仅是稳定生产，还需要根据稀土应用市场的新需求，发展新的冶炼分离技术，合成更多新材料[10]。

为了进一步提升稀土产业的发展，需要通过创新研发、产业协同、资源优化利用、国际合作和环境保护等措施，来促进稀土产业的健康稳定发展，推动稀土冶炼技术与新材料制备和应用技术的紧密结合，延伸稀土产业链、提高产品附加值。创新研发是要加强稀土新材料的研发，探索更高性能、更广应用的稀土材料。通过加大科研投入，鼓励创新团队合作，加强国际交流与合作，提升我国稀土材料的技术水平和创新能力。产业协同是要构建稀土产业链协同创新机制，促进上下游企业之间的合作与协调。建立稀土材料制备技术的标准规范，加强技术交流与共享，提高产业链各环节之间的协同效应。资源优化利用是要推动稀土资源的高效利用和循环经济发展。加强稀土资源勘探与开发，提高开采、提炼和回收利用的技术水平。鼓励稀土产业向高附加值领域转型，提高产品附加值和市场竞争力。国际合作是要加强国与国之间稀土资源开发与利用的合作与交流。与其他国家和地区开展技术合作、项目合作和市场合作，促进共同发展和互利共赢。环境保护是要加强稀土冶炼过程中的环境保护工作，实现绿色化发展。推动清洁生产技术的应用，减少废弃物和污染物的排放。加强环境监管和法规制度建设，确保稀土产业的可持续发展。

1.3　稀土产业发展的技术基础和物质基础

世界稀土工业的发展历史和技术脉络无一不是以稀土资源开发、冶炼分离、材料制备及其相关的环境保护技术来体现。在图1-3所示的资源-材料-环境保护的三角关系中，分离化学及其工程技术是关键。对于稀土而言，三角关系则是指稀土冶金（炼）及其环境保护和物质循环利用技术。

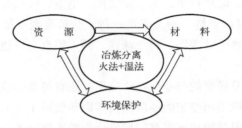

图1-3　资源-材料-环境保护的三角依赖关系图

1.3.1　分离化学与工程是稀土产业发展的技术基础[11]

分离过程系指将混合物通过物理、化学或物理化学等手段分离成两个或多个产物的过程。这种被分离的混合物可以是原料、反应产物、中间产品或者废物料。

由于混合过程是一个自发过程，要将混合物分离，就必须采用一定的手段，通过适当的工业技术与装备，耗费一定的能量来实现。图1-4是几种主要的分离工程示意图，涉及化工、冶金、食品、生物制品和环境保护领域。

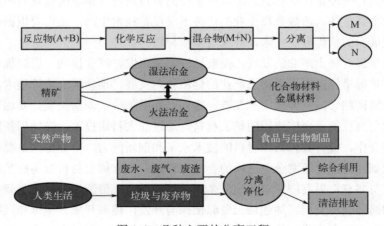

图1-4　几种主要的分离工程

从广义上讲，分离就是利用物质之间的物理化学性质差别，采用一定的方法或手段将其分离开来的方法。实现物质分离的基本要素被认为是：①物质之间的性质差异；②实现物质差异扩大化的手段和方法；③实现分离的设备和能量供应。

一种分离技术的确定必须考虑其分离效率和分离成本以及相关的环境因素的变化。因此，分离方案的制订总是希望能够在一个分离流程中尽可能地利用多个方面的性质差异来达到更好的分离目的。现代分离理念不单单在于利用原有的、现成的性质差异，而必须突出其寻找新差别、创造差别和扩大差别的工作上来。因此，改造被分离物质的化学和物理性质和利用过程控制技术来强化分离效果的相关内容是现代分离技术研究的主要内容。

1.3.2 稀土资源是稀土产业发展的物质基础[6-13]

稀土元素是亲石元素，主要富集于地壳中的花岗岩、碱性岩、碱性超基性岩、伟晶岩和正长岩等岩石中。在这些岩石中，稀土元素特别丰富的是碱性岩。重稀土与花岗岩密切相关，主要存在于花岗岩矿床中，例如中国南方各地发现的花岗岩风化壳离子吸附性稀土矿床和磷钇矿等。而轻稀土则存在于不饱和的正长岩岩石中，主要分布在碱性盐——碳酸盐中，例如中国的白云鄂博、美国的芒廷帕斯和澳大利亚的韦尔德山等地的稀土矿床属于轻稀土类型[9]。

（1）世界稀土资源

除了中国之外，世界上拥有稀土资源的国家还有俄罗斯、吉尔吉斯斯坦、美国、澳大利亚、印度、扎伊尔等。主要的稀土矿物包括氟碳铈矿、离子吸附型稀土矿、独居石、磷钇矿、黑稀金矿、磷灰石和铈铌钙钛矿等。中国、美国、俄罗斯、吉尔吉斯斯坦、印度、巴西和马来西亚是主要进行稀土开采和选矿生产的国家。澳大利亚、印度和南非等国家拥有稀土资源，在未来五年内计划克服技术障碍，生产高附加值的单一稀土产品，这将使全球市场竞争更加激烈。根据相关数据统计，中国稀土资源在 20 世纪 80 年代占据了全球总储量的 80%，而目前占比约为 35%。这主要是因为近 20 年来，澳大利亚、俄罗斯、加拿大、巴西和越南等国在稀土资源勘查和研究方面取得了显著进展，相继发现了许多超大型稀土矿床，如澳大利亚的韦尔德山、俄罗斯的托姆托尔、加拿大的圣霍诺雷和越南的茂塞等稀土矿床。

表 1-1 为 2021 年全球各主要国家的稀土资源储量和产量数据。表明中国稀土资源储量仍然是全球第一，占 36.7%。其他稀土储量较多（占比 1%以上）的国家有越南、巴西、俄罗斯、印度、澳大利亚、美国、格陵兰岛。还有一些国家发现了但还没有确定储量的稀土矿床，例如缅甸、泰国等。

表 1-1 2021 年全球及主要国家稀土产量和储量占比

国家	2021 年储量/t	2021 年占比/%	产量/t		产量增幅/%	2021 年产量占比/%	2021 年产量/储量
			2020 年	2021 年			
中国	44000000	36.7	140000	168000	20.0	60.0	0.4
美国	1800000	1.5	39000	43000	10.3	15.4	2.4
缅甸	未知	未知	31000	26000	−16.1	9.3	未知

国家	2021年储量/t	2021年占比/%	产量/t		产量增幅/%	2021年产量占比/%	2021年产量/储量
			2020年	2021年			
澳大利亚	4000000	3.3	21000	22000	4.8	7.9	0.6
泰国	未知	未知	3600	8000	122.2	2.9	未知
马达加斯加	未知	未知	2800	3200	14.3	1.1	未知
印度	6900000	5.8	2900	2900	0.0	1.0	0.0
俄罗斯	21000000	17.5	2700	2700	0.0	1.0	0.0
巴西	21000000	17.5	600	500	−16.7	0.2	0.0
越南	22000000	18.3	700	400	−42.9	0.1	0.0
布隆迪	未知	未知	300	100	−66.7		未知
加拿大	830000	0.7	0	0	0.0	0.0	0.0
南非	790000	0.7	0	0	0.0	0.0	0.0
格陵兰岛	1500000	1.3	0	0	0.0	0.0	0.0
坦桑尼亚	890000	0.7	0	0	0.0	0.0	0.0
其他国家	280000	0.2	100	300	200.0	0.1	0.1
全球合计	124990000		244700	277100	13.2		

数据来源：美国 USGS，中国稀土协会。

（2）中国稀土资源

在新中国成立之初，以何作霖教授和苏联索科洛夫教授领队的科研团队对白云鄂博矿床稀土-铌-铁矿床的稀土矿物学进行了研究。通过对白云鄂博矿床、矿物、岩石、同位素、地球化学等内容的研究，取得相关重大进展，为白云鄂博矿地采选工作的开展提供了基础。后续国家持续组织力量开展基础和开发技术研究，出版了一系列专著，如：《内蒙古白云鄂博矿床物质成分、地球化学及成矿规律研究》（1974年）、《白云鄂博矿床地球化学》（1988年）、《中国稀土地质矿物学》（1995年）、《中国稀土矿物学》（1998年）。

在"八五"和"九五"期间，国家组织人员先后研究了山东微山稀土矿、湖北庙垭稀土矿、福建洋墩稀土矿、云南迤纳厂稀土矿、甘肃桃花拉山稀土矿、辽宁凤城赛马碱性岩、内蒙古兴安岭八一矿、吉林大栗子铁矿等矿床和矿化地区，重点研究了攀西裂谷冕宁一带的稀土矿。对众多矿床中的多种稀土矿物进行了详细分析、测试、鉴定，特别是矿物的化学组成、物理性质和产状成因等内容，积累了大批矿物学科学数据，为中国稀土矿的开发应用提供了科学依据，并在稀土矿物学研究方面提出许多重要理论。

中国的稀土资源储量大，矿种和稀土元素齐全，稀土品位高，矿点分布合理等，这为中国稀土工业的发展奠定了坚实的基础。主要稀土矿有白云鄂博稀土矿、山东微山稀土矿、冕宁稀土矿、江西等南方离子吸附型稀土矿、湖南褐钇铌矿和漫长海岸线上的海滨砂矿等。

中国稀土资源成矿条件十分有利、分布面广而又相对集中，到目前为止，已在全国三分之二以上的省（区）发现上千处矿床、矿点和矿化产地，但集中分布在内蒙古的白云鄂博、江西赣南、广东粤北、四川凉山和山东微山等地，并且有北轻南重的分布特点。全国稀土资源已探明储量、工业储量和远景储量列于表1-2，北方稀土的配分值见表1-3。

表 1-2　中国已探明稀土资源储量、工业储量和远景储量（以 REO 计）[12]

地区	储量/万吨		
	探明储量	工业储量	远景储量
内蒙古白云鄂博	10600	4350	＞13500
南方七省（区）	840	150	5000
四川凉山	240	150	＞500
山东微山	1270	400	＞1300
其他	220	150	＞400
总计	13170	5200	＞20700

表 1-3　北方部分轻稀土矿区的稀土矿元素配分值[6]　　　　　　　单位：%

稀土元素	内蒙古白云鄂博	山东微山	四川冕宁
La	25	35.46	31.49
Ce	50.07	47.76	47.69
Pr	5.1	3.95	4.11
Nd	16.6	10.9	12.96
Sm	1.2	0.79	1.47
Eu	0.18	0.13	0.26
Gd	0.7	0.53	0.66
Tb	＜0.01	0.14	0.08
Dy	＜0.01	—	0.22
HO	＜0.01	—	0.04
Er	＜0.01	—	0.06
Tm	＜0.01	—	0.02
Yb	＜0.01	0.03	0.05
Lu	＜0.01	—	—
Y	0.43	0.76	0.91

　　据有关地质勘探和矿山部门提供的数字统计，目前我国已探明的稀土资源量约 13170 万吨，其中工业储量 5200 万吨（核实 4400 万吨），预测资源远景储量大于 20700 万吨。素有世界稀土之最的内蒙古白云鄂博铁、铌、稀土矿床，已探明稀土（以 REO 计）储量超过 10000 万吨，其中工业储量 4350 万吨（核实 3500 万吨），远景储量大于 13500 万吨；我国南方七省（区）（江西、广东、湖南、福建、广西、云南、浙江）离子吸附型稀土矿床已探明储量超过 800 万吨，远景储量为 5000 万吨，而国家有关部门公布的统计数字仅为 150 万吨；四川凉山单一氟碳铈稀土矿床已探明储量 240 万吨，其中工业储量为 150 万吨，远景储量大于 500 万吨；山东微山氟碳铈稀土矿床，据地质和矿山部门提供的资料，已探明储量 1270 万吨，其中工业储量 400 万吨，远景储量大于 1300 万吨。另外，湖北庙垭碳酸岩稀土矿床、内蒙古巴尔哲碱性花岗岩稀土矿床、甘肃桃花拉山碳酸盐稀土矿床、贵州织金含磷块岩稀土矿床、广东等地的砂矿床均探明一定储量，预计已探明储量 220 万吨。尽管以往的地质找矿工作取得了丰硕成果，但仍有很大的找矿潜力。

1）内蒙古

白云鄂博稀土矿与铁共生，主要稀土矿物有氟碳铈矿和独居石，其比例为 3：1，都达到了稀土回收品位，故称混合矿。白云鄂博矿综合矿区东西长 16km，南北宽约 3km，矿床自西向东有 5 个工业矿体，即西矿、主矿、东矿、东介勒格勒和东部接触带矿床，全区矿化范围总面积达 48km²。现已发现 175 种矿物，71 种元素。矿物种类主要有铁、稀土、铌和钪、钍、萤石等多金属共生（伴）矿，稀土矿物中氧化镧、氧化铈、氧化镨、氧化钕含量分别占稀土氧化物总量的 25%、50%、6%、16% 左右，属轻稀土资源。内蒙古包头白云鄂博铁、铌、稀土矿及其独有矿物如图 1-5 所示。

（a） （b）

图 1-5 内蒙古包头白云鄂博铁、铌、稀土矿（a）及其独有矿物（b）

白云鄂博矿综合矿区已探明铁矿石储量 14 亿吨，铌矿储量 660 万吨，钍矿储量 22.14 万吨。其中，主矿 3.37 亿吨，东矿 1.88 亿吨，含稀土平均品位 5%，主东矿含稀土 2625 万吨（以 REO 计）。西矿含铁矿石 7.13 亿吨，含稀土矿物也比较普遍，且分布稳定，主要存在于铁矿体内和矿体围岩白云岩中，稀土含量一般 0.6%~1%，少量达 1%~2%，个别达 4.5%，平均品位为 1.136%。根据包钢股份公告的西矿体采矿权评估报告书，西矿含稀土 903.3 万吨，伴生铌矿（Nb_2O_5）54.8 万吨，Nb_2O_5 平均品位为 0.078%。此外在围岩中单独圈定铌矿（Nb_2O_5）45.6 万吨，Nb_2O_5 品位为 0.258%。选矿厂每年向尾矿库排入尾矿 700 万~800 万吨，至今尾矿库的尾矿量已达 1.8 亿吨。其稀土含量为 7%，萤石含量为 23%，五氧化二铌的含量为 0.14%，铁含量为 15%。其利用价值同原矿相近。如今在尾矿库内的稀土氧化物有 1260 多万吨（以 REO 计）。

包钢（集团）公司每年开采白云鄂博矿石 1200 万吨，每 2.65t 铁矿石可选出 1t 铁精粉，即每年可选出铁精粉 452.8 万吨。1200 万吨矿石中，稀土（以氧化物 REO 计，下同）品位为 5%，共含 60 万吨。经包钢（集团）公司选铁后的矿浆中稀土品位上升至 8%，则包钢（集团）公司每年出售给包钢稀土的 300 万吨矿浆中稀土含量 24 万吨，折合稀土精矿（50%品位）为 48 万吨，其余稀土（折稀土精矿 72 万吨）被排入包钢（集团）公司尾矿库中。

2）四川

四川省凉山州稀土资源主要分布在冕宁县和德昌县两县。已探明稀土矿石保有储量 6579.26 万吨、稀土氧化物（REO）为 207.49 万吨，原矿中平均含 REO 为 3.93%~4.29%。矿床的工业矿物绝大部分为氟碳铈矿，矿石中 80% REO 集中在氟碳铈矿内。其次为氟碳钙铈矿，少量硅钛铈矿等。该稀土矿中镧、铈、镨、钕轻稀土占98%以上，中重稀土配分仅为1%～2%。其中铕、钇较国外同类矿床含量高，并且稀土矿物单一，矿石易选易炼。

牦牛坪稀土矿区保有储量157万吨（以REO计），经地质补勘后达320万吨。江铜稀土拥有冕宁县牦牛坪稀土矿2.94km²的采矿权，现由中国稀土集团有限公司控股。德昌大陆槽稀土矿位于中国主要的稀土资源带之一的四川凉山州，探明的稀土储量120万吨，远景储量300万吨，并伴生有丰富的锶、钡等多种重要资源。冕宁稀土矿是以氟碳铈矿为主，伴生有重晶石等，是组成相对简单的一类易选的稀土矿。据《四川省凉山州矿产资源总体规划（2008～2015）》显示，2010年和2015年，冕宁县对应的稀土氧化物开采量分别为1.5万吨和1.7万吨。而德昌县稀土氧化物开采量分别为5000t和7000t。

3）山东

山东省微山湖轻稀土矿拥有中国唯一类似美国帕斯山矿的稀土矿。属石英-重晶石-碳酸盐稀土矿床，矿物及脉石成分简单，以氟碳铈矿及氟碳钙铈矿为主。根据中国钢研的报告，该矿有矿脉60余条，进行编号的24条，探明稀土氧化物总储量为1275万吨，其中储量品位百分之一的有1263万吨，品位为3.25%的仅12万吨，铈镧含量高达73%～94.92%。工业储量400万吨（以REO计），可采稀土氧化物为255万吨，该矿现有稀土精矿产能5000吨。

4）湖北

湖北省十堰市稀土资源蕴藏丰富，分布在竹山、竹溪、郧阳区、丹江口等县市。竹山县庙垭铌稀土矿区累计探明储量：铌（以Nb_2O_5计）92.95万吨、轻稀土氧化物121.5万吨。初步查明该矿为碳酸岩型铌、稀土矿床，赋存在碳酸岩杂岩体中。矿体呈似层状、透镜状，共45个。其中铌、稀土矿体24个，铌矿体14个，稀土矿体7个。品位较稳定，含五氧化二铌通常在0.1%以上，稀土含量1.5%左右，此外尚含铀、钍、磷、硫、锆等元素。选矿回收率铌为23.61%，稀土为61.14%。省地矿局审查核实储量为：五氧化二铌B级储量14051.0t，C级储量106557.8t，D级储量808926.7t；稀土B级储量143257.1t，C级储量249716.5t，D级储量822110.8t。

5）江西、福建、湖南、广东、广西、云南等南方各省（区）[13]

1969年底至1970年初，江西省地质局908地质调查大队在江西龙南县（2020年7月25日，正式撤县设市，改名为龙南市）足洞矿区开展1∶50000区域普查时，发现花岗岩风化壳中的稀土含量比西华山钨矿中的含量还高，但按常规的重选方法并没有使稀土得到富集，反而使矿中的稀土越洗越少。1970～1973年，组织了以江西有色冶金研究所和地质局908地调大队为主，并从南昌603厂等单位抽调相关科技人员组成的攻关队伍，开展了大量的地质普查和选矿工艺试验。确定了其中的多数稀土并不以传统的稀土矿物形式存在，而是以一种特殊的"不成矿"的"离子相"性状被吸附于"载体"矿物表面；龙南701矿区稀土元素的另外一个显著特点是富含重稀土元素，其中氧化钇含量占总稀土氧化物量的60%以上，且其他中重稀土元素含量都较高。因此，称之为花岗岩风化壳离子吸附型重稀土矿床。这是当时世界上从未报道过的罕见的具有很高应用价值的离子吸附型重稀土矿床。国际上还没有类似的稀土资源，也没有现成的提取技术。为此，江西有色冶金研究所和地质局908地调大队通过对这类资源的地质地球化学特征研究，提出了氯化钠浸取-草酸沉淀（P204萃取）富集回收技术，分别用于龙南重稀土和寻乌轻稀土的提取，并进行了小规模的生产，开拓国内外市场。

江西大学对该类稀土资源的浸取特征和规律性又开展了系统研究，掌握了各种浸取试剂的浸出效率和环境影响程度，提出了离子相稀土的全淋洗与含量测定方法、硫酸铵浸矿-草酸（或碳酸氢铵）沉淀法提取稀土的新工艺，并于 1984 年在赣州龙南矿山实现工业化，随后在全国推广应用，大大提升了该类产品的生产能力和质量，降低了生产成本和环境污染程度。

在湖南江华的姑婆山，还有十多万吨的褐钇铌矿。这是一类以中重稀土为主的稀土资源。

6）沿海地区

中国的海滨砂也极为丰富，在整个南海的海岸线及海南岛、台湾岛的海岸线可称为海滨砂存积的黄金海岸。有近代沉积砂矿和古砂矿，其中独居石和磷钇矿是处理海滨砂回收钛铁矿和锆英石时作为副产品加以回收的。

表 1-4 列出了世界上一些主要稀土精矿的稀土配分值。表 1-5 为几种代表性离子吸附型稀土精矿中的稀土元素配分值。可以看出，离子吸附型稀土的元素配分值随风化壳类型和产地的不同而有较大的变化。但其突出特点是铈含量低，其他轻中重稀土的配分齐全，尤其是功能材料应用所需的钕、镨、钆、铽、镝、钬、铒、铥、镱、镥等元素含量高。

表 1-4　主要矿物型稀土精矿的稀土元素配分值[9,11]　　　　　　　　　　单位：%

| RE | 氟碳铈矿 | | 独居石 | | 磷钇矿 | | 混合矿 | 褐钇铌矿 | 兴安矿 |
	中国包头	美国	澳大利亚	印度	马来西亚	中国广东	中国包头	中国姑婆山	中国内蒙古
La	24.93	32.0	23.9	23.00	0.50	0.95	21.52	0.69	10.93
Ce	51.45	49.0	46.03	46.00	5.00	1.75	49.87	2.07	29.56
Pr	5.41	4.40	5.05	5.50	0.70	0.47	5.97	0.77	4.28
Nd	17.41	13.5	17.38	20.00	2.20	1.86	21.06	3.36	15.58
Sm	1.09	0.50	2.53	4.00	1.90	1.08	1.35	3.46	4.14
Eu	<0.30	0.10	0.05		0.20	0.08	<0.29	0.59	<0.30
Gd	<0.30	0.30	1.49		4.00	3.43	<0.31	6.44	4.15
Tb	<0.30	0.01	0.04		1.00	1.00	<0.20	2.00	0.75
Dy	<0.30	0.03	0.69		8.70	8.83	<0.23	8.59	4.64
Ho	0.008	0.01	0.05		2.10	2.13	0.007	4.02	0.78
Er	0.008	0.01	0.21	1.50	5.40	7.00	0.007	5.19	1.63
Tm		0.02	0.01		0.90	1.13		2.10	<0.30
Yb	0.004	0.01	0.12		6.20	5.90	0.003	5.36	0.72
Lu	0.01	0.01	0.04		0.40	0.78	0.09	1.91	<0.30
Y	0.313	0.10	2.41		60.80	63.61	0.31	53.39	22.63

表 1-5　主要离子吸附型稀土矿产品的稀土配分（按氧化物计）[13]　　　　　单位：%

分组	元素	白云母花岗岩风化壳重稀土	中粒黑云母花岗岩风化壳重稀土	中粒黑云母花岗岩风化壳中钇富铕稀土	花岗斑岩风化壳富镧轻稀土	中粗粒黑云母风化壳轻稀土
轻稀土	La	2.10	8.45	20.0	29.84	27.30
	Ce	<1.00	1.09	1.34	7.18	3.07
	Pr	1.10	1.88	5.52	7.41	5.78
	Nd	5.10	7.36	26.0	30.18	18.66
	Sm	3.20	2.55	4.50	6.32	4.28
	Eu	<0.3	0.20	1.10	0.51	<0.3
	小计	<12.8	21.53	58.46	81.44	59.39

分组	元素	白云母花岗岩风化壳重稀土	中粒黑云母花岗岩风化壳重稀土	中粒黑云母花岗岩风化壳中钇富铕稀土	花岗斑岩风化壳富铈轻稀土	中粗粒黑云母风化壳轻稀土
重稀土	Y	62.9	49.88	25.89	10.07	26.36
	Gd	5.69	6.75	4.54	4.21	4.37
	Tb	1.13	1.36	0.56	0.46	0.70
	Dy	7.48	8.60	4.08	1.77	4.00
	Ho	1.60	1.40	<0.3	0.27	0.51
	Er	4.26	4.22	2.19	0.88	2.26
	Tm	0.60	1.16	<0.3	0.13	0.32
	Yb	3.34	4.10	1.40	0.62	1.97
	Lu	0.47	0.69	0.3	0.13	<0.3
	小计	87.47	78.16	<39.56	18.56	40.79

1.4 稀土冶金与环境保护技术是稀土产业发展的核心内容

稀土产业的发展历史和现有稀土产业的发展现状表明：稀土资源是稀土产业发展的基础，稀土应用是稀土产业发展的动力，稀土冶金与环境保护技术是稀土产业发展的核心内容，而稀土生产过程的装备和低碳节能指标则是稀土产业发展效率和技术水平的具体体现。

表 1-6 列出了一些传统分离方法的分离要素。这些方法目前仍然是稀土冶金和环境保护技术中所需的主体内容。在稀土的采矿选矿技术中，重选、磁选、浮选和化学选矿都需要用到；在稀土浸取和分离过程中，沉淀、结晶、萃取、过滤、离子交换等技术都发挥了重要作用。而膜分离技术可用于稀土生产过程的废水处理、纯水制备、低浓度离子吸附型稀土浸出液的富集浓缩。

表 1-6 传统分离方法的基本要素[11]

分离技术	性质差异	手段和方法	设备与能量
重选	密度和颗粒大小	运动的介质	摇床
磁选	比磁化系数不同	运动的铁盘和磁场	磁选机
浮选	物质亲疏水性或与浮选药剂的表面作用	浮选药剂表面性质调节，发泡鼓气	浮选机
过滤	颗粒大小	筛网和滤布、纸，减（加）压和离心	离心机，压滤机
膜分离	物质的选择透过性	浓度差、压力差和电位差	膜组件
沉淀	难溶沉淀的形成	加入沉淀剂或调节酸碱度	反应槽
结晶	物质溶解度差异	加热浓缩或降温冷却	结晶器
萃取	物质在两相间的溶解度差异	混合与分相	萃取塔和萃取槽
离子交换	离子对树脂的亲和力差异或与淋洗剂的络合物稳定性差异	吸附与淋洗的多级交换平衡	交换柱
还原沉积	金属的选择性还原	还原剂的供应与控制	还原沉积槽

图 1-6 是对中国稀土产业发展过程几个主要阶段的划分和特色概括。我们主张以时间节点和发展特色、重大历史事件和重大成果的应用为依据来对我国稀土产业的发展历程进行划分。以年号尾数 9 为大，并作为起点时间，这与新中国成立及一些主要发展阶段的转折点相

关，这样年号尾数为 8 的年份就与新技术孕育的前夜相对应。

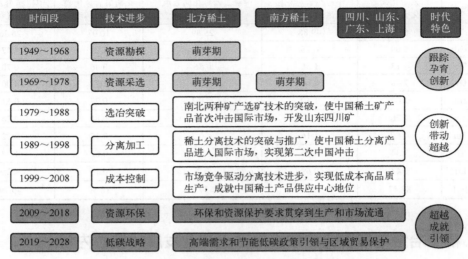

时间段	技术进步	北方稀土	南方稀土	四川、山东、广东、上海	时代特色
1949～1968	资源勘探	萌芽期			跟踪孕育创新
1969～1978	资源采选	萌芽期	萌芽期		
1979～1988	选冶突破	南北两种矿产选矿技术的突破，使中国稀土矿产品首次冲击国际市场，开发山东四川矿			创新带动超越
1989～1998	分离加工	稀土分离技术的突破与推广，使中国稀土分离产品进入国际市场，实现第二次中国冲击			
1999～2008	成本控制	市场竞争驱动分离技术进步，实现低成本高品质生产，成就中国稀土产品供应中心地位			
2009～2018	资源环保	环保和资源保护要求贯穿到生产和市场流通			超越成就引领
2019～2028	低碳战略	高端需求和节能低碳政策引领与区域贸易保护			

图 1-6　中国稀土产业的主要发展阶段和特色描述

中国稀土产业的发展可以概括为每十年一个基本发展阶段，每三十年为一个大的发展时期。三个时期分别用"跟踪、超越、引领"来概括。在每一个发展时期和每一个发展阶段，都可以用一些与稀土冶金和环境保护相关的技术成果来体现。尤其是在跟踪和超越这两个时期，支撑稀土产业发展的都是与稀土采选、浸取分离、三废处理和材料制备相关的先进技术和政策法规。

1.4.1　稀土采选与浸取分离技术从跟踪到孕育创新

从新中国 1949 年成立到 1978 年的第一个三十年，是中国稀土产业发展的孕育萌芽期。在新中国成立之前，中国没有稀土产业。1949～1958 年的第一个十年是该时期的第一个发展阶段，主要工作是资源勘探和地质地球化学研究，以及跟踪国外稀土工业生产技术所开展的一些研究。主要成就是开展了以独居石为基本原料的稀土提取和分离工作，与国际上的欧洲独居石时代相对应。

1959～1968 年的十年是第二个发展阶段。中国科学院长春应用化学研究所和北京有色金属研究总院开始研究单一稀土的分离。他们先后研究开发成功离子交换和液-液萃取等分离工艺，并采用熔盐电解法、金属热还原法来制备稀土金属和合金。利用稀土选矿和浸取分离技术建立起来的生产线，制得了除元素钷外的所有单一稀土化合物、金属和合金；配以其他化学方法，还制得了各种稀土盐。建立了专门从事包头稀土资源综合回收和利用的包头冶金研究所（现为包头稀土研究院）。中国稀土开发的注意力已经集中到包头这个世界最大的稀土矿的综合回收利用方面来，为后续中国稀土超越国际奠定了基础。

1969～1978 年的十年为第三个发展阶段，其突出成就是在江西发现了世界上未见报道的离子吸附型稀土资源。该类资源被赣州地质调查大队和江西有色冶金研究所命名为离子吸附型稀土矿，并研究解决了特殊的浸取工艺，推出了第一代浸取工艺，即：氯化钠浸取-草酸沉淀（或 P204 萃取分组-草酸沉淀）工艺。采用这一工艺，开展了小规模的生产，并用于开拓国内外市场。

与此同时，北京有色冶金设计研究院广州分院在 1976 年率先突破了包头稀土矿的选矿难关，选出了 REO 品位为 60% 的精矿。随后北京有色金属研究总院、包头稀土研究院、中国科学院长春应用化学研究所和包头钢铁公司等推出处理包头矿的硫酸化焙烧、氢氧化钠分解法等被称为"五朵金花"的五大工艺流程；北京大学徐光宪教授领导的课题组在分离包头轻稀土方面取得重大进展。与包钢稀土三厂合作进行的工业试验，仅用 80 级萃取槽就得到 99.5% 的氧化钕和氧化镧、99% 的氧化镨和钐铕钆富集物四种产品。在此实践的基础上提出具有世界先进水平的稀土串级萃取理论，在上海跃龙化工厂开始举办串级萃取理论研讨班，为提高我国稀土分离技术水平打下了坚实基础。新建和改扩建了一批稀土工厂，形成了中国稀土工业的主体框架。中国科学院系统、冶金系统和其他有关行业系统的研究单位成功地开发了新的萃取剂和萃取工艺。

在应用开发上最重大的进展是北京石油研究院开发的稀土石油催化裂化剂并成功用于炼油业，取得了巨大的经济效益，极大地促进了中国稀土工业的发展。与此同时，研究成功了稀土永磁材料、荧光材料、储氢材料、特种玻璃材料、重稀土硅化物及其应用等。

1978 年，中国共产党十一届三中全会的召开，确定了以经济建设为中心的总路线，实行对外开放方针。时任国务院副总理、国家科委主任的方毅同志受党中央、国务院和邓小平同志的委托，亲自领导包头稀土资源综合利用的科技攻关及产业化工作，组建了稀土领导小组办公室，先后七次到包头搞调查研究，组织全国的科技力量对包头资源的综合利用进行了前所未有的大规模科技攻关。因此，1978 年成为中国稀土工业起飞的转折点。我们把 1949～1978 年的三十年，称为中国稀土工业的萌芽期。该时期从技术角度来说则是跟踪创新时期，这一时期在跟踪国际稀土先进技术的基础上，开展了卓有成效的创新研究，孕育了针对两大稀土资源的采选创新技术，可以用"在跟踪中孕育创新"来描述这一时期稀土研究和产业化工作的特征和贡献。

1.4.2　稀土资源采选分离创新技术让中国稀土走向世界

1979～2008 年的三十年是中国稀土产业发展的第二个时期，是两大稀土资源采选和分离精加工技术创新突破并实现规模化工业生产的关键时期。其主要特征是以创新技术突破了国际稀土工业的技术壁垒，成为国际稀土市场的中心和商品供应中心。其中，1979～1988 年的十年是这一时期的第一个阶段，江西大学等单位针对南方离子型稀土资源开发的硫酸铵浸矿-草酸沉淀工艺、硫酸铵浸矿-碳酸氢铵沉淀法提取稀土工艺的成功研发与推广应用，使离子吸附型稀土资源的开发进入了一个新时期，产品质量提高、工艺流程缩短、生产成本下降、环境污染降低，满足了该类资源开发的技术需求，为国际稀土市场提供了非常好的中重稀土资源。

与此同时，长沙矿冶研究院、广州有色金属研究院、包头稀土研究院等单位将包头稀土混合矿的浮选新药剂和选矿新技术推向了工业应用，与磁选和重选技术进行组合集成，形成了具有中国特色和自有知识产权的采选工艺流程。这些技术解决了包头铁与稀土矿的大规模工业化选矿技术难题，实现了高品位稀土精矿的工业化生产，并供应国内外市场，得到广泛的采用。至此，中国北方轻稀土和南方中重稀土两种稀土资源的开发技术获得了突破。这里所用的技术都是我国自主研发的独具特色的新技术，也是至今为止全球领先的采选技术，是中国稀土产品第一次冲击国际稀土市场的技术基础。

1989～1998 年，中国的稀土提取与分离技术又获得了新的突破。北京有色冶金研究总院研发的包头稀土混合矿的高温酸法分解工艺获得大规模推广应用。北京大学等单位提出的串级萃取分离理论与实践，长春应用化学研究所和北京有色冶金研究总院、包头稀土研究院等单位研发的稀土萃取分离新工艺也在全国大多数稀土分离企业推广应用，实现了单一稀土产品的全分离生产。其生产技术与国外原来的不同，主要采用酸性含磷萃取剂，从盐酸介质中实现稀土的全分离。投资少，效果好，产品质量高、成本低。与此同时，南昌大学解决了从盐酸介质中沉淀稀土，制备低氯根含量高纯氧化稀土产品的生产技术难题。采用草酸和碳酸氢铵作沉淀剂从盐酸介质中直接沉淀稀土制备低氯根均匀粒度的细颗粒氧化稀土和碳酸稀土前驱体产品，满足了后续荧光材料、陶瓷材料和催化材料制备所需的前驱体要求。这些高质量的单一稀土产品进入国际稀土市场，让中国稀土走向世界，并对国际稀土市场产生了第二次冲击。

1999～2008 年的十年，中国稀土材料产品的工业化制备技术又得到了很好的发展。反过来，又促进了稀土分离深加工技术的发展，优化了生产技术的工艺流程，提高了产品质量及其与市场的切合度，降低了生产成本。为稀土应用提供了价廉物美的前驱体材料产品，满足了稀土发光材料、抛光材料、陶瓷材料、催化材料等新材料的制备要求，也扩大了国内相关产品的应用，使中国稀土材料产品的生产量和使用量均达到国际第一，也使中国稀土分离产品的市场竞争力得到进一步的提升。这是中国稀土产品第三次冲击国际稀土市场，并且使中国稀土矿产品无需出口就能完全消化，扩大了稀土在传统和新兴产业中的应用比例，体现了稀土应用的二次或三次效益。

至此，中国先后以稀土精矿产品，分离加工产品和新材料产品供应国际市场，产生了非常深远的"中国冲击"。其中稀土矿产品和分离加工产品几乎是完全由中国生产和销售，到2009 年的市场占比达到 97%以上。中国出口的稀土产品主要是稀土新材料产品和部分单一稀土产品和特殊的富集物前驱体，成为国际上战略性关键原材料的主要供应商，国际稀土产品与材料的供应中心。中国稀土依托其领先世界的稀土冶炼分离技术和部分引进消化吸收的稀土新材料制备技术，生产了全球 90%以上的稀土产品，超越了所有西方发达国家的生产量，为世界稀土产业的发展做出了巨大贡献。

1.4.3　绿色环保技术使中国稀土产业化水平迈向新高度

2009 年以后，中国稀土产业进入了另外一个新时期和新阶段。国家以稀土资源保护和资源开发过程的环境保护为主要抓手，对稀土行业进行规范化管理。2011 年 5 月，国务院正式颁布《关于促进稀土行业持续健康发展的若干意见》；2011 年 10 月 1 日，环保部批准的《稀土工业污染物排放标准》（GB 26451—2011）作为国家标准开始实施。其主要目标是要优化管理，促进环境保护、稀土平衡利用（钇镧铈）和材料提质增效。通过联合、兼并、重组等方式，大力推进资源整合，大幅度减少稀土开采和冶炼分离企业数量，提高产业集中度，形成以大企业为主导的行业格局。尤其是在进入 2019 年的第二个发展阶段以来，低碳战略将成为稀土产业发展的新引擎。研发了一系列能够大大减少环境污染、降低原料消耗和污染物的排放量的稀土采选冶的新技术，为中国稀土产业技术从早期的产品和成本导向型提升到以产品质量、生产成本、资源利用率和环境保护等多目标导向的高效绿色技术奠定了坚实的基础。

1.5　稀土冶金与环境保护的技术范畴

经过几十年的技术攻关和生产应用，形成了独具中国特色的领先国际的稀土采选和分离提纯技术体系[14-20]。其技术范畴可以用图1-7来概括。

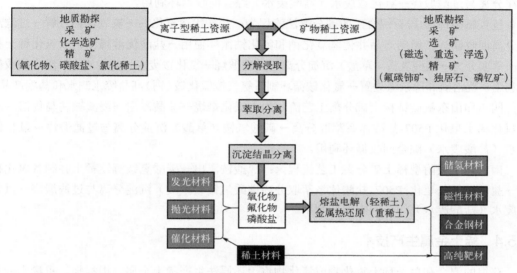

图1-7　稀土冶金与环境保护的技术范畴

1.5.1　稀土精矿生产技术

我国稀土资源种类丰富，分布广泛但相对集中。已在全国22个省区发现稀土矿，其中98%的矿藏集中在内蒙古包头白云鄂博、四川凉山、山东微山湖和江西等南方七省（区），呈"北轻南重、南少北多"的分布特点，低铈离子型轻中重稀土资源在世界上占据重要地位。我国形成了独一无二的资源开发与分离技术体系，以及三大生产基地和两大生产体系。其中：①北方生产体系主要开采北方高铈矿物型轻稀土资源，包括氟碳铈-独居石混合矿和氟碳铈矿。相关技术包括地质勘探、采矿和选矿技术，其中选矿技术包括重选、磁选和浮选技术。产品包括不同规格的包头混合稀土精矿、山东和四川的氟碳铈矿、独居石等。②南方生产体系主要开采低铈离子型轻中重稀土资源，还有少量磷钇矿和褐钇铌矿。离子吸附型稀土资源采用的选矿技术属于化学选矿范畴，稀土在原矿中的存在形式与在精矿中的存在形式不同，选矿过程有化学反应发生，形成了新的化合物。磷钇矿和褐钇铌矿的生产与独居石类似，属矿物型稀土资源，以重选为主。

1.5.2　稀土矿处理技术和三大生产基地

针对包头氟碳铈-独居石混合矿、四川和山东氟碳铈矿、南方离子吸附型稀土矿、磷钇矿以及独居石矿开发了不同的处理工艺。包头氟碳铈-独居石混合矿主要采用的工艺分为酸法和碱法；

四川、山东氟碳铈矿均采用氧化焙烧工艺；独居石矿采用碱法工艺处理。离子吸附型稀土矿提取稀土主要采用硫酸铵浸取-碳酸氢铵沉淀工艺，现在又提出了硫酸镁铝等非铵试剂浸取新技术。

1.5.3 稀土冶炼分离技术

稀土冶炼分离技术包括稀土精矿的分解浸出、萃取分离、沉淀分离和废水废气废渣处理。

包头氟碳铈-独居石混合矿的高温硫酸煅烧法流程为：浓硫酸分解→水浸→硫酸稀土→P204或P507萃取（碳铵沉淀-盐酸溶解转型）→皂化P507-盐酸体系萃取分离→碳酸氢铵（草酸）沉淀分离与过滤煅烧→氯化铵废水（盐酸废水）综合回收循环利用。

包头氟碳铈-独居石混合矿的碱分解法流程为：盐酸优溶氟化钙→氢氧化钠分解→过滤洗涤分离回收磷酸三钠副产品并使氢氧化钠和氟化钠循环使用→盐酸优溶稀土制取氯化稀土料液→萃取分离→碳酸氢铵（草酸）沉淀分离与过滤煅烧→氯化铵废水（盐酸废水）综合回收循环利用→优溶渣和除杂渣处置→氯化铵循环制备氨气或氯化铵（钙）高盐废水制水和盐副产品。

四川和山东氟碳铈稀土矿分离工艺流程为：氧化焙烧→盐酸浸出→浸渣碱转与优溶→浸出氯化稀土皂化P507-盐酸体系萃取分离→碳酸氢铵（草酸）沉淀分离与过滤煅烧→氯化铵废水（盐酸废水）综合回收循环利用。

南方离子吸附型稀土矿分离工艺流程为：硫酸铵浸出→碳酸氢铵沉淀稀土并制备氧化稀土→盐酸溶解→皂化P507盐酸体系萃取分离碳酸氢铵（草酸）沉淀分离与过滤煅烧→氯化铵废水（盐酸废水）综合回收循环利用。

1.5.4 稀土金属生产技术

获得的混合和单一稀土氧化物或氟化物将用还原法生产稀土金属。根据轻、重稀土的类型和要求，可以分别采用熔盐电解法和金属热还原法生产。主要生产工艺有：

① 氟盐体系电解稀土氧化物工艺　以氟化锂、氟化稀土等为熔剂，石墨炭为阳极，电解稀土氧化物；适合于单一轻稀土和混合轻稀土金属的生产。

② 金属直接还原法（钙热还原法）　以稀土的氟化物为原料，在真空还原炉中用金属钙进行热还原；适合于熔点较高的单一中重稀土和混合重稀土。

③ 镧（铈）热还原-蒸馏法　适合于蒸气压较高的钐、铕、镱等单一稀土金属，所用还原剂是活性较高和价格较低的镧（铈）。

稀土氟化物和金属制备过程中所产生的废物（固、液、气）都将综合回收，实现循环利用与无害化治理。

1.5.5 稀土新材料制备技术

稀土新材料主要包括永磁材料、储氢材料、光功能材料、催化材料、抛光材料、稀土合金等数十种。2004年以来，我国稀土新材料产业迅速发展，永磁材料、光功能材料、储氢材料、抛光材料等主要新材料产业规模均占世界主导地位，但产能明显大于市场需求。生产这些材料的原料主要是上面产出的单一或混合的稀土化合物和金属，可称之为稀土材料前驱体或关键原材料。稀土化合物前驱体主要是稀土氧化物、磷酸盐、碳酸盐、氟化物、醋酸盐及配合物；稀土金属和合金前驱体是指上面制得的稀土金属和合金。

根据中国稀土行业协会的统计，2021 年，主要稀土功能材料产量保持平稳增长。稀土磁性材料总产量 22 万吨，其中：烧结钕铁硼毛坯产量 20.71 万吨，同比增长 16%；黏结钕铁硼产量 9380t，同比增长 27.2%；钐钴磁体产量 2930t，同比增长 31.2%。稀土发光材料方面，LED 荧光粉产量 698t，同比增长 59%；三基色荧光粉产量 831t，同比下降 25.3%；长余辉荧光粉产量 262.5t，同比增长 8.1%。稀土催化材料方面，石油催化裂化催化剂产量 23 万吨（国产催化剂），同比增长 15%；机动车尾气净化剂产量 1440 万升（自主品牌），同比下降 0.6%。稀土储氢材料产量 10778t，同比增长 16.7%。稀土抛光材料产量 44170t，同比增长 29.7%。

此外，稀土合金如铸铁、稀土铝、稀土镁等也是稀土消费的重要领域，稀土硅铁合金产量约 3 万吨，稀土镁合金约 1 万吨，稀土铝合金应用产品约 20 万吨。

1.6 稀土产业健康稳定发展的制约因素[*]

据不完全统计，2021 年，全国冶炼分离总产能 44.26 万吨（以 REO 计），稀土金属的生产能力 5.74 万吨。其中，稀土矿冶炼分离产能 35.92 万吨，稀土废料回收利用产能 5.34 万吨，独居石作为副产品产能 3 万吨，折合氧化物 1 万吨。

尽管稀土产业是我国的优势产业，具有较强的国际竞争力，但通过对美国钼公司和澳大利亚莱纳斯公司以及我国包钢稀土、四川江铜的投入产出及成本构成数据的收集、对比和分析，发现我国轻稀土采选、分离冶炼在全球的竞争优势已不明显。为保持中国稀土冶炼分离技术的国际领先地位，我们必须在科技上付出更大的努力，不断提升生产技术水平，并应用到工业生产中。除了现有的一些工业资源外，围绕伴生稀土资源和新的稀土资源的研发也成为当前的研究热点。例如，近十年来已经有许多报道关于从煤、铝土矿、磷灰石、锆英砂、钛铁矿、海底沉积淤泥等资源中副产稀土的研究工作。图 1-8 简要描述了稀土产业的技术进

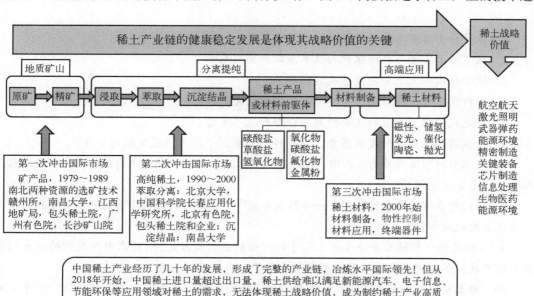

图 1-8 稀土产业健康稳定发展亟须提升稀土资源高值化平衡利用和清洁生产技术水平

步对稀土产业链形成的突出贡献。中国稀土产业经历了几十年的发展，形成了完整的产业链，并在冶炼水平上处于国际领先地位。然而，从2018年开始，中国稀土进口量超过出口量。稀土供给无法满足新能源汽车、电子信息、节能环保等领域对稀土的需求，无法体现稀土战略价值，成为稀土产业高质量发展的瓶颈。因此，亟须提升稀土资源的高值化平衡利用和清洁生产的科学技术水平以及应用水平。

稀土冶金与环保的知识体系除了上面所述的范围外，还需要重点关注其技术规范和标准，并强化企业的质量管理体系建设工作。稀土行业确实是一种高科技行业，其产品广泛应用于电子、磁性材料、光学器件、催化剂等领域。为确保产品的质量和符合国际、国内及行业标准，稀土行业需要开展 ISO 9001、ISO 14001、OHSAS 18001 等质量管理认证体系。全面质量管理强调全员参与、持续改进和客户满意度。稀土企业可以采用全面质量管理方法来促进内部沟通、团队合作，以及实施持续改进的活动，以提高产品质量和客户满意度。稀土行业是一种高科技行业，具有很高的技术含量和产品质量要求。为了开展优质的质量管理，稀土企业需要建立符合国家标准和行业要求的质量管理体系，包括质量管理制度、流程规范、产品检验标准等方面的设计和制定。加强产品设计和研发，加强技术创新和质量改进，提高产品质量和竞争力。需要严格控制产品生产过程，加强原材料采购、生产加工、质量检验等方面的控制，确保产品质量符合要求。稀土企业需要采用现代化的生产工艺和设备，提高生产效率和产品质量；建立完善的质量检测体系，包括产品质量检测、生产过程监控、设备维护等方面的监测和检测，以确保产品质量符合要求。还需要培养一支高素质的质量管理和技术人才队伍，加强人才培训和技术创新，提高员工的专业素质和工作能力，不断提高产品质量和企业竞争力。

思考题

1. 试述稀土冶金与环境保护的技术范畴。
2. 试述稀土冶金与环境保护的技术基础和物质基础。
3. 试述我国稀土产业的优势及其挑战。
4. 如何保持我国在稀土冶金环保上的国际领先地位？
5. 试述我国稀土产业的主要特点、分布和技术支撑。
6. 从我国稀土产业的发展历史，讨论科技创新对于稀土产业发展的重要性。
7. 从不同时期国内外的人、财、物等条件的对比，讨论中国稀土科技和产业发展过程中人的作用是如何发挥的？
8. 国内外在近些年相继发现了一些稀土资源[21-28]，请讨论这些资源的开发对于我国稀土产业优势的挑战如何？
9. 从原有的一些稀土企业或稀土人才的创新创业成长历史，讨论新时期我们的创新创业应如何开展？如何理解企业的科技创新与质量管理的相互关系及其重要性？
10. 稀土资源的配分是指什么？有哪些主要类型？它们的开发价值如何评价？参考文献[29-34]讨论了稀土产业发展与环境保护和社会经济发展的相互关系。

参考文献

[1] 徐光宪. 稀土（上、中、下）. 北京：冶金工业出版社，1995.

[2] Ferru G, Reinhart B, Bera M K, et al. The lanthanide contraction beyond coordination chemistry. Chem Eur J, 2016, 22(20): 6899.

[3] Dushyantha N, Batapola N, Ilankoon I M S K, et al. The story of rare earth elements (REEs): Occurrences, global distribution, genesis, geology, mineralogy and global production. Ore Geol Rev, 2020, 122: 103521.

[4] Balaram V. Rare earth elements: A review of applications, occurrence, exploration, analysis, recycling, and environmental impact. Geosci Front, 2019, 10(4): 1285.

[5] 洪广言. 稀土化学导论. 北京：科学出版社，2014.

[6] 中国工程院咨询研究报告. 稀土资源可持续开发利用战略研究. 北京：冶金工业出版社，2015.

[7] 中国科学技术协会，中国稀土学会. 2014—2015 稀土科学技术学科发展报告. 北京：中国科学技术出版社，2016.

[8] 国家自然科学基金委员会，中国科学院. 中国学科发展战略. 稀土化学. 北京：科学出版社，2022.

[9] 杨占峰，马莹，王彦. 稀土采选与环境保护. 北京：冶金工业出版社，2018.

[10] 李梅，柳召刚. 稀土现代冶金. 北京：科学出版社，2016.

[11] 李永绣，刘艳珠，周新木，等. 分离化学与技术. 北京：化学工业出版社，2017.

[12] 刘光华. 稀土材料学. 北京：化学工业出版社，2007.

[13] 李永绣. 离子吸附型稀土资源与绿色提取. 北京：化学工业出版社，2014.

[14] Huang X W, Long Z Q, Li H W, et al. Development of rare earth hydrometallurgy technology in China. J Rare Earths, 2005, 23(1): 1-4.

[15] 谢东岳，伏彩萍，唐忠阳，等. 我国稀土资源现状与冶炼技术进展. 矿产保护与利用，2021, 41(1): 152-160.

[16] 马莹，李娜，王其伟，等. 白云鄂博矿稀土资源的特点及研究开发现状. 中国稀土学报，2016, 34(6): 641-649.

[17] 许秋华，孙园园，周雪珍，等. 离子吸附型稀土资源绿色提取. 中国稀土学报，2016, 34(6): 650-660.

[18] 李永绣，张玲，周新木. 南方离子型稀土的资源和环境保护性开采模式. 稀土，2010, 31 (2): 80.

[19] 李永绣，周新木，刘艳珠，等. 离子吸附型稀土高效提取和分离技术进展. 中国稀土学报，2012, 30(3): 257.

[20] 肖燕飞，黄小卫，冯宗玉，等. 离子吸附型稀土矿绿色提取技术研究进展. 稀土，2015, 36(3): 109-115.

[21] Jordens A, Cheng Y P, Waters K E. A review of the beneficification of rare earth element bearing minerals. Miner Eng, 2013, 41: 97-114,

[22] Dutta T, Kim K H, Uchimiya M, et al. Global demand for rare earth resources and strategies for green mining. Environ Res, 2016, 150: 182.

[23] Kanazaway Y, Kamitani M. Rare earth minerals and resources in the world. J Alloys Compd, 2006, 408-412: 1339-1343.

[24] 雷清源，周康根，何德文，等. 赤泥中钪和钛的回收研究进展. 矿产保护与利用，2019, 39(3): 15-20.

[25] 马鸿文，刘昶江，苏双青，等. 中国磷资源与磷化工可持续发展. 地学前缘，2017, 24(6): 133-141.

[26] 冯林永，蒋训雄，谭世春，等. 海底稀土资源分离富集新工艺研究. 有色金属（冶炼部分），2022(1): 73-78.

[27] 孟娜. 稀土元素回收技术及其生命周期循环分析. 中国化工贸易，2017, 9(14): 254.

[28] 付彪，姚洪，罗光前，等. 燃煤电厂稀土元素的迁移转化与提取技术. 洁净煤技术，2022, 28(10): 145-159.

[29] Aziman E S, Ismail A F, Rahmat M A. Balancing economic growth and environmental protection: A

sustainable approach to Malaysia's rare-earth industry. Resources Policy, 2023, 83: 10375.

[30] Khairulanuar K A, Segeran L, Jabit N A, et al. Characterisation of rare earth elements from Malaysian ion-adsorption clay. Materials Today: Proceedings, 2022, 66: 3049-3052.

[31] Luo X, Zhang Y, Zhou H, et al. Review on the development and utilization of ionic rare earth ore. Minerals, 2022, 12(5): 554.

[32] Weng Z, Jowitt S M, Mudd G M, et al. A detailed assessment of global rare earth element resources: Opportunities and challenges. Econ Geol, 2015, 110: 1925-1952.

[33] Thibeault A, Ryder M, Tomomewo O, et al. A review of competitive advantage theory applied to the global rare earth industry transition. Resources Policy, 2023, 85: 103795.

[34] Binnemans K, Jones P T, Blanpain B, et al. Recycling of rare earths: a critical review. J Cleaner Prod, 2013, 51: 1.

矿物型稀土资源的采选与环境保护

2.1 稀土矿物

稀土资源储量巨大，我国是世界上稀土资源最丰富的国家，已探明储量居世界首位。除中国外，澳大利亚、俄罗斯、美国、巴西、加拿大、越南和印度等国的稀土资源也很丰富[1-8]。代表性的稀土矿有：中国内蒙古白云鄂博铁、铌、稀土矿床，中国四川冕宁"牦牛坪式"以及山东的单一氟碳铈矿床，中国南方离子吸附型（风化壳淋积型）稀土矿床，澳大利亚韦尔德山碳酸岩风化型稀土矿床，澳大利亚东、西海岸的独居石砂矿床，美国芒廷帕斯碳酸岩氟碳铈矿床，巴西阿拉沙、塞斯拉古什碳酸岩风化壳稀土矿床，俄罗托姆托尔碳酸岩风化壳稀土矿床，希宾磷霞岩稀土矿床，印度西海岸独居石砂矿床，越南茂塞碳酸岩稀土矿床等。这些矿床稀土资源量均在 100 万吨以上，有的达到上千万吨，个别超过 1 亿吨，构成世界稀土资源的主体。除此之外，在南非、马来西亚、印度尼西亚、斯里兰卡、蒙古国、朝鲜、阿富汗、沙特阿拉伯、土耳其、挪威、格陵兰、尼日利亚、坦桑尼亚、布隆迪、马达加斯加、莫桑比克和埃及等国家和地区也发现有一定规模的稀土矿床。近年来，在越南、老挝、缅甸、智利、朝鲜、土耳其等国还发现了一些大型稀土矿床。

2.1.1 主要稀土矿床类别

稀土元素在地壳中的丰度并不稀少，只是分布比较分散。已经发现的稀土矿物约有 250 种，但具有工业价值的稀土矿物只有 $50\sim60$ 种，目前具有开采价值的只有 10 种左右，现在用于工业提取稀土元素的矿物主要有四种：氟碳铈矿、独居石矿、磷钇矿和离子吸附型稀土矿。独居石和氟碳铈矿中，轻稀土含量较高。磷钇矿中，重稀土和钇含量较高，但矿石量比独居石少得多。

图 2-1 为目前已经得到开发利用的一些主要稀土矿床和矿物的简单分类。我们把稀土矿物分成两大类：矿物型和离子吸附型。其中最多的是矿物型，主要是以轻稀土为主的独居石、氟碳铈矿及其混合矿。而以重稀土为主的磷钇矿和褐钇铌矿较少，离子吸附型稀土的占比也少，但所含的稀土元素配分全。与矿物型的轻稀土矿相比，除铈的配分较低外，其他元素的配分均较高，而且有许多种配分类型的矿床。像龙南的重稀土型和寻乌的轻稀土型，还有中钇富铕型稀土资源。这类矿床属于二次成矿的产物，是由花岗岩、火山岩、碳酸盐、凝灰岩

等经过长期风化后富集成矿的。所以，其稀土配分类型与原生矿床的成矿年代和类型相关，而矿床不同部位（上下不同深度，中心部位的淋积型风化壳和边沿部位的残坡型风化壳）的稀土配分值差别，是二次成矿过程不同稀土元素由性质的微小差别所导致的分异。

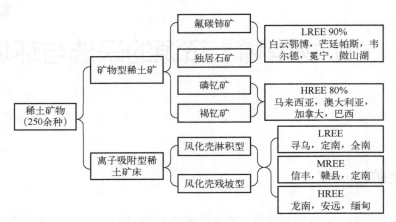

图 2-1　主要稀土矿物矿床分类

LREE—轻稀土；HREE—重稀土；MREE—中稀土

2.1.2　主要稀土矿物[3-4,8-9]

稀土离子属于硬酸，在自然界中也常常与硬碱结合在一起，形成氧化物、磷酸盐、硅酸盐等含氧酸盐矿物。例如：氧化物矿物有褐钇铌矿、铌钇矿、铈易解石、钇易解石、黑稀金矿、复稀金矿和含稀土的烧绿石；氟碳酸盐矿物有氟碳铈矿、氟碳铈钙矿和黄河矿等；氟化物类矿物有萤石、钇萤石、氟钙钇石和氟铈矿；磷酸盐矿物有独居石、磷钇矿和磷灰石；硅酸盐矿物有硅铍钇矿、褐帘石、硅钛铈矿、兴安矿、铈硅磷灰石和钇硅磷灰石等。

（1）氟碳铈矿

$(Ce,La)CO_3F$，三方晶系（六方晶系），复三方双锥晶类。晶体呈六方柱状或板状。细粒状集合体。稀土含量以氧化物计在 **74.77%** 左右，其中氧化铈占总稀土氧化物量的 **48%～52%**，精矿中含氧化钍 0.13%～0.17%、含氟 10%～12%。颜色呈红褐色或浅绿色，密度 4.7～5.1g/cm³，硬度 4～5.2，比磁化系数（10.2～12.6）×10⁻⁹m³/kg。氟碳铈矿易溶于稀盐酸、硝酸、硫酸和磷酸。

氟碳铈矿主要产于稀有金属碳酸岩、花岗岩、花岗伟晶岩以及与花岗正长岩有关的石英脉、石英-铁锰碳酸盐岩脉和砂矿中。已知最大的氟碳铈矿位于中国内蒙古的白云鄂博矿，该矿的稀土矿物是氟碳铈矿和独居石的混合矿，它和独居石一道被开采出来，其稀土氧化物平均含量为 5%～6%。它们都是作为开采铁矿的副产品而生产的，采用露天开采，经过磁选-浮选，得到稀土精矿。

（2）独居石

独居石又名磷铈镧矿，$(Ce,La,Nd,Th)PO_4$，单斜晶系，斜方柱晶类。晶体呈板状，晶面常有条纹，有时为柱、锥、粒状。成分变化大，矿物中稀土含量以氧化物计在 50%～68% 之间，其中氧化铈占总稀土氧化物量的 45%～52%，精矿中含氧化钍 4%～12%、U₃O₈ 0.1%～

0.3%、P_2O_5 22%～31%。颜色呈红褐、黄褐或黄绿色，密度 4.8～5.2g/cm³，硬度 5～5.5，比磁化系数（10.6～12.7）×$10^{-9}m^3/kg$。可溶于磷酸、高氯酸、硫酸中。

独居石是分布最广的一种重要的稀土矿物。除我国外，印度、巴西、澳大利亚、美国、南非、埃及、斯里兰卡、马来西亚和朝鲜等国家也都盛产独居石。该类矿物主要是稀土磷酸盐，富含轻稀土，其中铈占 40%以上，钇组元素只含 5%左右。含有少量的铀和数量可观的钍。所以，这类矿物不仅是稀土原料，也是放射性元素铀和钍的原料。具有经济开采价值的独居石资源主要是冲积型或海滨砂矿床。最重要的海滨砂矿床是在澳大利亚沿海、巴西以及印度等沿海。此外，斯里兰卡、马达加斯加、南非、马来西亚、中国、泰国、韩国、朝鲜等地都有独居石的重砂矿床。

（3）磷钇矿

YPO_4，四方晶系，复四方双锥晶类，呈粒状及块状。稀土含量以氧化物计在 60%左右，其中氧化钇占总稀土氧化物量的 52%～62%，精矿中含氧化钍 0.2%左右、U_3O_8 2%左右、P_2O_5 32%左右。颜色呈浅黄、棕色或浅黄绿色，密度 4.4～4.8g/cm³，硬度 4～5，比磁化系数（26.1～31.2）×$10^{-9}m^3/kg$。

与独居石一样，属于磷酸盐矿，但所含稀土以钇为主，还有镱、铒、镝、钆等。尚有锆、铀、钍等元素代替钇，同时伴随有硅代替磷。一般来说，磷钇矿中铀的含量大于钍。主要产地是马来西亚、泰国、印度尼西亚、斯里兰卡、中国广东和内蒙古等地。从该类矿床中选出磷钇矿，需要与选出钨矿综合起来考虑，根据矿物的可浮性差异，采用浮选工艺一次回收白钨矿、黑钨矿和磷钇矿。

（4）褐钇铌矿

$(Y,U,Th)_2(Nb,Ta,Ti)O_6$，四方晶系，稀土含量以氧化物计在 31%～42%之间，其中氧化钇占总稀土氧化物量的 52%～62%，精矿中含 ThO_2 0～4.85%、UO_2 4%～8.2%、Nb_2O_5 2%～50%、Ta_2O_5 0～55%、TiO_2 0～6%。颜色呈黑色或褐色，密度 4.9～5.8g/cm³，硬度 5.5～6.5，比磁化系数（21.2～29.2）×$10^{-9}m^3/kg$。

该类矿物为稀土的钽铌酸盐矿物，富含铌和钽，有丰富的钇组元素，也有铈组元素。铌和钇的含量分别在 40%和 30%以上（以氧化物计）；还有放射性元素铀、钍以及钙、镁、铁、铝、硅、钛、锡等元素。我国中南某地区褐钇铌矿风化壳矿床是目前世界上该类矿床中含稀土最多、规模最大的稀土工业矿床。主要矿物成分有：褐钇铌矿、独居石、褐帘石、锆英石、钛铁矿、金红石及石英、长石、云母等脉石矿物。其选矿过程分两步进行：先通过筛分初选出含氧化铌 1.82%的粗精矿，再采用磁选-重选-浮选对粗精矿进行精选，获得含氧化铌 37.75%的精矿，含氧化稀土 61%以上的独居石精矿和含氧化锆 61%的锆英砂精矿。

（5）离子吸附型稀土矿床

离子吸附型稀土矿床中可回收利用的稀土资源主要以离子态被黏土矿物吸附，没有可供重选、浮选和磁选的独立稀土矿物，所以不能用重选、浮选和磁选方法有效提取和富集稀土。但可充分利用稀土离子易被氯化钠或硫酸铵等电解质溶液交换浸出的特点，采取先浸出后沉淀或萃取富集的化学选矿方法予以回收。这种方法具备了典型的选冶一体化的化学选矿特征。

2.2 矿物特征与稀土选矿方法[9-17]

稀土矿通常与其他矿物伴生，如萤石、重晶石和含铁矿物。原矿中 REO 含量较低，无法直接进行冶金工艺。因此，需要根据稀土矿与伴生矿物在密度、磁性、导电性和可浮性等方面的差异，确定获得高品位稀土矿物选矿工艺。富集精矿通常含有 50%～60%（质量分数）的 REO，以降低冶金过程中化学试剂的用量和能耗。

稀土矿石的选矿方法主要有重选、磁选、静电分选和泡沫浮选。绝大多数选矿工艺是重力分离、磁选和泡沫浮选相结合。在获得地质勘探数据并掌握矿物特性之后，首先需要研发和确定的是采矿选矿方法。因此，采矿选矿是矿产资源开发的第一个阶段。它们可以分属于两个不同的工程范畴，但也常常把采矿与选矿结合起来，实现采选一体化。其中，采矿是用有效方法将有用矿物从原生矿床中挖出并搬移到选矿场的过程；选矿是将原生混合矿物中的有用矿物与脉石矿物等分开，是一个典型的分离过程。根据分离的基本要素，需要确定分离这些矿物的性质差异，以及扩大差异的手段和方法，包括主要的设备和能耗。因此，对稀土矿物进行基本特征的研究及其可选别性评价是选矿的重点研究内容[18-36]。

选矿需要把矿石粉碎球磨到一定的颗粒度才好进行，因为自然矿床中所含的不同矿物之间往往通过包裹、夹带、连生、融合等方式混合在一起。所以，采矿之后的破碎和球磨是选矿的开始。但球磨到什么程度的颗粒，就取决于它们在原生矿床中的嵌合粒度大小和相互交叉共生的程度，以及球磨的能耗和所能达到的极限颗粒度。所以，首先需要研究目标矿物的工艺矿物学特征，包括主要元素含量、物相组成、颗粒大小、嵌合尺度和相互关系，测定主要矿物和目标矿物的密度、电导、比磁化系数、表面特征等等。有时还要对矿物特征的空间变化进行表征。这些参数的获取或特征表征是选矿技术设计的基础。

选矿方法除了与矿物特征相关，也与选矿的精矿质量、收率和成本有关。一些组成简单、性质差异大的矿物分选只需单一选矿方法就能达到要求。但许多选矿工艺，往往需要多种选矿方法的相互协调配合才能达到要求。所以，选矿工艺研究是比较繁杂的，需要比较不同方案的选矿指标才能确定最佳选矿方案[37-50]。这些技术指标有：精矿的品位、收率和特殊有害元素的控制要求，尾矿中有价组分的损失和再利用难度，选矿设备和投资费用，试剂消耗和成本，三废产生和处理，等等[51]。

最具影响和规模最大的是中国在 20 世纪 50 年代初期探明的内蒙古白云鄂博超大型铁、铌、稀土矿床，是独居石和氟碳铈矿的混合矿。其中，以选铁为目的就进行了重选、弱磁选、强磁选、浮选 焙烧磁选等多种选矿方法的研究[4,9-14]。稀土矿物的选别与选铁紧密结合，相互促进，所用方法也主要采用浮选和磁选。其中浮选技术的突破是实现高品位稀土精矿生产的关键，而浮选技术的突破又主要是浮选药剂的突破。高效稀土捕收剂 H205 的发明，极大地提高了白云鄂博矿稀土精矿的品位（从 30%提高到 60%），为实现大规模工业化生产提供了保障[11-14]。

最具特色的是 1969 年在江西发现并分布在南方各省区的离子吸附型稀土矿床[3]。对于以离子态吸附在高岭土或黏土矿物上的稀土矿床，采用电解质浸取和化学富集方法所得的精矿组成是氧化稀土、碳酸稀土或氯化稀土溶液，其组成和结构以及形态都发生了改变。像这种选矿过程中需要分解原生矿物，有化学反应发生，或使原生矿物重组变性后再进行选别，所得精矿的组成和结构与原生矿物完全不同的选矿过程称为化学选矿。

山东微山和四川凉山稀土矿床是以氟碳铈矿为主要稀土矿物。它们的选矿则有多个流程选择，包括单一选矿技术和多种选矿方法联合使用的流程[11-15]。

"提高品位和资源回收率、降低成本和环境污染程度"是稀土采矿选矿技术研发的基本思路，并体现在新药剂、新工艺、新设备的各个研制阶段，每一个突破都会带来选矿工艺的革新。在不同的发展时期，技术研发的导向会有不同，但最后终将走向多重导向的最高境界。在研究过程中，矿物的特征和产品技术经济指标是采选技术方案设计的主要依据，也是在整个研发过程中必须始终关注的内容[16-20]。

2.3 主要矿物的选矿方法

2.3.1 重选与独居石的选矿[4]

最早开发的稀土资源是分布在欧洲及其殖民地区域的独居石和磷钇矿等稀土磷酸盐类矿物，常用的选矿方法是重选。重选是利用稀土矿物与脉石矿物密度、颗粒大小和形状等物理性质的不同来进行分选。一般是让磨细后的矿物在流动的水介质中做相对运动，由于它们的密度、大小和形貌的不同，其运动速度或者在空间的分布就会不同。在不同的位置设置收料口，就可以得到不同的产物。常用的重选设备有圆锥选矿机、螺旋选矿机和摇床、离心选矿机等。

稀土矿物的密度相对较大，而硅酸盐等脉石矿物的密度较小。因此，重选法是从海滨砂中提取独居石的常用方法。有价值的重矿物，如钛铁矿、独居石、锆石和金红石，可通过相关的重力分离器进行选择性回收。广泛使用的重力分离装置包括振动台、锥形分离器和螺旋浓缩器。

从海滨砂矿中选出独居石、磷钇矿就主要依靠重选方法。独居石是从海滩上提取钛铁矿、金红石、锡石和锆石的副产品。富含独居石的海滩主要在澳大利亚、印度和巴西开采。但在南非、美国、中国和马来西亚也有开采。

在稀土领域，主要采用重选方法使稀土矿物与石英、方解石等密度低的脉石矿物分离，以达到预选富集或者获得稀土精矿的目的。因为重力分离能有效地浓缩有价值的矿物。在牦牛坪氟碳铈矿选矿中，原矿经研磨和分类后采用振动台重力分离，重选精矿的总品位为30%的REO，回收率为74.5%。然后通过浮选获得氟碳铈矿精矿。在四川攀西地区稀土选矿厂，普遍采用重选或重选-磁选联合或重选-磁选-浮选联合工艺。单一重选只能获得REO占比50%～60%、回收率45%～55%的氟碳铈矿精矿。

2.3.2 内蒙古白云鄂博矿的采矿

白云鄂博矿床属沉积岩浆期后高温热液交代多次成矿作用的复杂矿床。矿产储量大，矿物种类多（矿区参与成矿的71种元素形成了170多种矿物），矿物的嵌布粒度很细（铌矿物粒度一般为0.01～0.03mm，稀土矿物粒度一般为0.01～0.07mm，铁矿物粒度一般为0.01～

0.2mm, 0.1mm 以上占 90%），矿石类型和结构构造比较复杂（分为氧化矿石和磁铁矿石两种类别，块状型、萤石型、钠辉石型、钠闪石型、黑云母型和白云石型等 6 种成因类型），欲分离矿物间可选性差异小，还有少量铁、稀土和铌分散在其他矿物之中。多元素分析见表 2-1。

表 2-1　原矿多元素分析（质量分数）[37-39]　　　　单位：%

类型	TFe	SFe	FeO	Fe₂O₃	SiO₂	K₂O	Na₂O
磁铁矿石	33.00	30.20	12.90	32.84	10.65	0.823	0.853
氧化矿石	33.10	—	7.20	—	7.73	0.350	0.520
类型	P	S	F	REO	CaO	Al₂O₃	MgO
磁铁矿石	0.789	1.56	6.80	4.50	12.90	0.75	3.50
氧化矿石	1.090	1.08	8.43	6.50	16.60	0.82	1.16

图 2-2 为包头白云鄂博矿的采矿流程。矿石经穿孔、爆破、破碎、装车后，经铁路运输至选矿场选别。异体共生稀土白云岩等运输至堆置场分类堆存，废岩排至排土场。

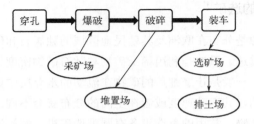

图 2-2　包头白云鄂博矿的采矿流程

2.3.3　从内蒙古白云鄂博矿中选铁与铁精矿生产[37-45]

内蒙古包头白云鄂博矿是一个以铁、稀土、铌和萤石为主并含有磷、钾、钪等多种金属共生的大型矿床。其稀土和铌的储量分别为世界第一位和第二位。所研究的选矿方法包括重选、磁选、浮选、化学选矿和电选等。

（1）磁选[4-7]

磁选是根据矿物颗粒受到磁性作用力和其他作用力（如重力、摩擦力、离心力、介质阻力等）的不同来进行分选的一种方法。磁性颗粒所受磁力的大小与其磁性有关，而非磁性颗粒主要受机械力的作用。当它们给入磁选设备，将沿不同路径运动，从而得到分选。通常将待选矿物按比磁化系数的大小分为 4 类：

① 强磁性矿物，$>3000×10^{-9} m^3/kg$，包括磁铁矿、磁黄铁矿、钛磁铁矿等；

② 中等磁性矿物，$(600～3000)×10^{-9} m^3/kg$，有（半）假象赤铁矿和钛铁矿等；

③ 弱磁性矿物，$(15～600)×10^{-9} m^3/kg$，如赤铁矿、菱铁矿、软锰矿和黑钨矿等；

④ 非磁性矿物，$<15×10^{-9} m^3/kg$，有石英、长石、萤石、白钨矿、方铅矿等。

一般来说，磁性颗粒在磁场中所受比磁力的大小与磁场强度和梯度成正比。磁选是在磁选机中进行的。磁选机就是可提供不同磁场强度和梯度的设备。通常按磁场强弱、聚磁介质类型、工作介质以及结构特点等分类和命名。最基本的是按磁选机磁场强弱分类，可分为 4 类：

① 弱磁场，工作间隙的磁场强度为（0.6～1.6）×10⁵A/m，用来选别强磁性矿物；

② 中磁场，工作间隙磁场强度为（1.6～4.8）×10⁵A/m，用来选别中等磁性矿物；

③ 强磁场，工作间隙的磁场强度为（4.8～20.8）×10⁵A/m，用来选别弱磁性矿物；

④ 超导磁选机，磁场强度可达（20.8～40）×10⁵A/m，可选别磁性更弱的矿物。

按磁选机的工作介质，有干式（空气）及湿式（水）之分。磁选机结构与要选别的矿物磁性强弱以及粒度有关。除磁滑轮用于选别块状物料外，一般都要求物料粒度在几毫米至几微米之间。

被选矿石进入磁选设备的选分空间后，磁性不同的矿粒受到不同的磁力作用，将沿着不同的路径运动。由于矿粒运动的路径不同，可以采用分别接取方法得到强磁性、弱磁性和非磁性产品。磁性矿粒进入磁性产品中，其运动路径由作用在这些矿粒上的磁力和所有机械力合力的比值来决定。非磁性矿粒进入非磁性产品中，其运动路径由作用在它们上面的机械力的合力来决定。因此，要使矿石中的强磁性矿粒和弱磁性矿粒分开，必须满足以下条件：

$$f_{1磁} > f_{机和} > f_{2磁} \qquad\qquad (2\text{-}1)$$

式中，$f_{1磁}$代表作用在磁性强的矿粒上的磁力；$f_{机和}$代表与磁力方向相反的所有机械力的合力；$f_{2磁}$代表作用在磁性弱的矿粒上的磁力。上式不仅说明了不同磁性矿粒的分离条件，而且也说明了磁选的原理，即磁选是利用磁力和机械力对不同磁性矿粒的不同作用而实现的。

白云鄂博铁矿中的铁包括磁铁矿与氧化铁矿，前者属于强磁性化合物，后者为中磁性化合物。它们可以分别采用弱磁选和强磁选矿方法选出，而稀土矿物具有弱磁性，需用具有更强磁性的磁选方法选出[37-38]。利用它们与伴生脉石及其他矿物比磁化系数的不同，采用不同磁场强度的磁选机可以使稀土矿物与其他矿物分离。在稀土矿脉的选矿中，可采用强磁选矿方法使稀土矿物预先富集，进而简化浮选流程和节省浮选药剂。随着强磁选矿设备和技术的不断发展，强磁选矿方法在稀土选矿流程中的应用将越来越广泛。

（2）从内蒙古白云鄂博矿中选铁[9-12,37-38]

白云鄂博矿一直以来都是遵循"以铁为主，综合利用"的开发方针，稀土的选矿是结合铁的选矿工艺来进行的。而且目前生产的稀土精矿都是从选铁尾矿中选出的。为获得优质高炉炼铁原料，国内外先后有30多个科研单位进行了无数次选矿攻关和生产工艺流程改造，到20世纪80年代中期，效果仍不理想。解决包头矿选矿问题的关键是要找到合适的工艺流程。经过反复进行工艺流程结构、浮选药剂、强磁选机和分选介质的试验，最终确定采用弱磁选分离出强磁性矿物组分（磁铁矿），强磁选分离出弱磁性矿物组分（赤铁矿）及强磁中矿组分（稀土矿物、铌矿物）。对上述各个组分分别用浮选法加工提纯，得到合格的铁精矿及稀土精矿，使困扰白云鄂博矿石多年的选矿难题得到解决。1988年包钢决定按照"弱磁-强磁-浮选"新工艺流程对包钢选矿厂中贫氧化矿生产系列进行技术改造，并与长沙冶金研究院签订了改造工程承包合同。1990年底完成白云鄂博中贫氧化矿"弱磁-强磁-浮选"综合回收铁和稀土，并降低铁精矿中氟及钾钠含量的选矿新工艺工业试验，达到并超过了合同指标。在磨矿粒度小于200目90%～92%条件下，采用SHP强磁选机回收赤铁矿物并分离稀土，对磁选铁精矿采用除氟、磷的反浮选技术，提高了铁精矿品位。工业试验结果为铁精矿品位60.38%，含氟0.88%、磷0.124%，铁理论回收率73.43%，稀土实际回收率比改造前提高33%。1992

年，"白云鄂博中贫氧化矿弱磁-强磁-浮选工艺流程"获冶金工业部科技进步特等奖，评为当年全国十大科技成就之一，1993年获国家科技进步奖二等奖。

采用弱磁-强磁-浮选流程综合回收铁、稀土矿物。原矿磨至90%小于0.074mm后，经一粗一精两段弱磁选选出弱磁选精矿。弱磁选尾矿脱水后经一粗一精两段强磁选，分别得到强磁选精矿、强磁选中矿及强磁选尾矿。强磁选精矿和弱磁选精矿合并脱水后进行反浮选脱杂质。反浮选采用碳酸钠、水玻璃、SR等分别作矿浆pH调整剂、铁矿物抑制剂及萤石等易浮矿物的捕收剂，强磁选中矿经脱水后进行稀土矿物浮选。

弱磁-强磁-浮选工艺是根据白云鄂博氧化矿石粒度特性和矿物间的可选性差异以及当时选矿工艺、设备技术水平制定的。首先利用矿物的磁性差异，采用弱磁选-强磁选工艺将矿物分组，获得富含铁的磁选铁精矿、富含稀土和铌矿物的强磁中矿以及含一部分稀土和大量脉石的强磁选尾矿。然后以硅酸钠为抑制剂，烃基磺酸和羧酸组成的捕收剂反浮磁选铁精矿，除去氟、磷等碳酸盐、磷酸盐矿物，获得含铁63%以上的铁精矿，强磁中矿和强磁尾矿以羟肟酸类捕收剂可浮选出高质量的稀土精矿，其稀土浮选尾矿 Nb_2O_5 含量较原矿富集约1倍，可从中回收铌矿物。该工艺的不足：一是微细粒弱磁性铁矿物在强磁选作业中回收率偏低，二是铁精矿中含铁硅酸盐矿物含量较高。白云鄂博矿石中有相当多的含铁硅酸盐矿物，如钠辉石、钠闪石、黑云母等，其磁性与弱磁性铁矿物假象赤铁矿、赤铁矿相差不大，比磁化系数都在 $(40 \sim 200) \times 10^{-6} cm^3/g$ 之间，因此，强磁选作业很难将其有效分离，强磁选铁精矿品位 TFe 仅达43%，致使弱磁选和强磁选综合铁精矿品位 TFe 仅为54%~56%。在目前反浮选工艺条件下，不能同时将碳酸盐矿物和硅酸盐矿物除掉，若进一步提高铁精矿质量，关键是去除钠辉石、钠闪石、云母及长石这四种硅酸盐矿物，这些矿物本身含有硅酸铁，还嵌布微细铁矿物的包裹体。

在连续磨矿-两段弱磁选-磁力脱水槽-铁反浮选的工艺流程中，可从磁选尾矿中回收稀土矿物。从磁铁矿选矿流程浮选精矿的过程分析看，影响磁铁矿系列铁精矿质量的主要因素：一是部分含微细粒铁矿物包裹体的脉石矿物，尤其是硅酸盐矿物进入铁精矿；二是原矿中以磁黄铁矿形式存在的硫化铁经弱磁选作业进入精矿中。以上分析表明，无论磁铁矿还是氧化矿选矿工艺，硅铁分离都是最主要的攻关课题。

1991年将铁反浮选技术成功地推广到磁铁矿系列弱磁选精矿降杂上，形成弱磁选，磁力脱水槽，反浮选工艺。铁精矿品位由61%提高至64%，含氟由1.2%降低至0.5%。2001年的磁选柱处理弱磁选精矿的工业分流试验取得了降低二氧化硅含量的较好效果，精矿铁品位由61%提高至65%，二氧化硅含量由3.5%降至2.13%。

2.3.4 从白云鄂博矿选铁尾矿中分选稀土及稀土精矿的生产[13-14]

矿物型稀土矿的选矿方法包括重选、磁选和浮选。重选可以获得高品位的稀土精矿，但回收率较低，特别是对细粒稀土矿物的回收难度较大；磁选适用于具有磁性或弱磁性的稀土矿物的回收；浮选适应性强，回收率高，越来越引起人们的重视。而稀土元素性质活泼，亲氧性较强，故稀土矿物多以各种各样的含氧酸盐形式存在，且常与多种脉石矿物伴生，如重晶石、石英、铁锰矿物等，其与稀土矿在密度、磁性、可浮性等方面相似。因此，通常采用重、磁、浮联合工艺，以期获得先进的技术指标。

（1）浮选[52-68]

浮选是利用矿物界面性质的差异来分离和富集矿物的一种分选工艺。矿物的表面特性包括表面断裂键、表面电性、表面离子状态、表面元素电负性、表面极性、表面自由能、表面剩余能、表面不均匀性、表面积、表面溶解性以及表面结构和化学组成等。这些表面特性与矿物可浮性具有直接的关系，也为通过利用浮选药剂的作用来改变矿物表面特性达到分离矿物及改善浮选效果提供了机会。浮选药剂包括能产生大量气泡的起泡剂和捕收剂、抑制剂等，它们主要是一些表面活性剂和酸碱调理剂。例如：当在水中通入空气或由于水的搅动引起空气进入水中时，起泡剂的疏水端在气-液界面向气泡的空气一方定向，亲水端仍在溶液内，形成了气泡；捕收剂则吸附在固体矿粉的表面，并使其与气泡相连。

稀土矿物浮选需要利用稀土矿物与伴生矿物表面物理化学性质的差别来进行。通过加入浮选药剂、改变矿物的亲疏水性，再用其他调理剂，调整体系酸碱度和离子强度等参数，调节浮选药剂与不同矿物表面的结合程度，形成疏水表面，在鼓气产生的气泡表面聚集而悬浮在水面之上，并在浮选设备中完成浮选作业。由于矿物表面与浮选试剂的结合能力不同，将使不同矿物之间的可浮性能差异得以扩大。

在选矿实践中，有正浮选和反浮选之分，让某种矿物的可浮性增大而使之进入浮选泡沫中是正浮选，而让某矿物的可浮选性下降而进入矿浆水中则是反浮选。在自然界，可浮性好的矿物很少。大多数浮选都需要加入一种或多种能够与矿物表面结合的浮选试剂或捕收剂。采用浮选法使目标矿物与伴生脉石及其他矿物分离而获得精矿，是目前稀土生产中广泛采用的选矿方法。美国芒廷帕斯山稀土矿就是采用浮选法生产稀土精矿的。在海滨砂矿用重选获得重砂之后，也常用浮选从重砂中获得稀土精矿。

（2）浮选药剂[52-67]

天然矿物的可浮选性不足，差别也不大。所以，实际的浮选工艺都需要依靠加入一定量的带有疏水有机基团和配位功能的化学物质，使其与某些矿物表面的金属离子发生表面配位吸附，增强其疏水性。并依靠这种疏水性的变化使其能与气泡结合而附着在气泡上，并浮在水的表面。通过表面刮板将其与本体水分离，进入另外一个储槽。所加入的能够改变某一矿物可浮性的物质就是我们所说的浮选剂或捕收剂。而浮选药剂及其涉及的表面物理化学是浮选技术的基础内容。为了使浮选药剂对某一类矿物有更高的选择性，需要选择合理的浓度、pH，甚至离子强度。此时，需要加入一些其他的添加剂，如调理剂、抑制剂等。

长碳链饱和或不饱和脂肪酸类，如氧化石蜡皂和油酸及其钠盐，是氧化矿常用的捕收剂，但作为捕收剂浮选稀土矿物时选择性较差。这类捕收剂早期曾用于组成简单的稀土矿物如氟碳铈矿的浮选，且只能得到稀土品位低于 20%、回收率很低的稀土精矿。尽管在合适的 pH 值下，氟碳铈矿表面阳离子的水解会促进矿物表面对捕收剂的化学吸附，但油酸钠捕收氟碳铈矿则是化学与物理共吸附作用。

包头稀土矿的浮选技术研究最早是沿用国外以脂肪酸为捕收剂的研究路线。但由于包头矿的复杂性和特殊性，很难获得高品位的稀土精矿。从选矿观点看，白云鄂博矿石性质十分复杂，矿物结晶粒度细小且不均匀，矿物间共生关系密切、互相浸染现象显著，脉石种类多，与有用矿物可选性差异小，矿石类型多、成分变化大、多种有用成分需分别回收。

为提高稀土矿物的浮选效果，我国科技工作者率先将浮选氧化铜等矿物有效的烷基羟肟酸用于浮选稀土矿物。羟肟酸也称氧肟酸，能与 Cu^{2+}、Co^{2+}、Ni^{2+}、Fe^{3+}、Zn^{2+}等多种离子形成稳定的金属螯合物。因此，羟肟酸的羟肟基能与矿物表面的金属离子络合形成稳定的螯合物而吸附在矿物表面，是一种有机螯合捕收剂。羟肟酸最早由德国人波帕勒提出应用于选矿。后来，美国的彼得森等人研究了用辛基羟肟酸浮选硅孔雀石和铁矿的可能性。1969 年，他们均在美国获得专利。苏联的戈尔洛夫斯基等人曾用羟肟酸来浮选黑钨矿、黄绿石及其他稀有金属矿物和稀土金属矿物。

羟肟酸具有两种互变异构体，即异羟肟酸和羟肟酸，并且以异羟肟酸为主要成分。这两种互变异构体同时存在，在通常的条件下以异羟肟酸为主。两种互变异构体的酸性不同，但当它们解离时生成同样的阴离子见式（2-2）。

$$\underset{\text{异羟肟酸（酮式）}}{R-\overset{\overset{\displaystyle O}{\|}}{C}-NHOH} \Longleftrightarrow \underset{}{R-\overset{\overset{\displaystyle O^-}{\|}}{C}=NOH}\overset{H^+}{} \Longleftrightarrow \underset{\text{羟肟酸（醇式）}}{R-\overset{\overset{\displaystyle OH}{\|}}{C}=NOH} \tag{2-2}$$

由于羟肟酸具有弱酸性，易溶于稀碱水溶液中，所以工业上使用羟肟酸时，常先将羟肟酸溶解于稀碱液中配成水溶液使用。羟肟酸具有一个肟基，有较高的螯合能力，可与 Ti^{4+}、La^{3+}、Al^{3+}、Fe^{3+}、Cu^{2+}等金属离子形成难溶的金属螯合物：

$$M^{n+} + n[RCONHOH] \Longrightarrow M[RCONHO]_n + nH^+ \tag{2-3}$$

式中，R 表示疏水基团。发生配位反应的金属离子实际上是矿物表面因键断裂而裸露出来的。这些金属离子与矿物内部的氧原子、氟离子结合，但配位数没有达到饱和。所以，只需用剩余的断裂键空位及其拥有的一个电荷就能够与一个浮选试剂分子发生螯合反应，形成稳定的化学键而被吸附，使原本亲水性强的矿物表面被有机分子覆盖，变为疏水性表面。这种疏水性表面容易与气泡表面结合，成为一个整体而使其密度小于水溶液，导致矿物上浮。所以，羟肟酸在这里起捕收剂的作用，常称浮选试剂、浮选药剂、捕收剂。从表 2-2 数据可以看出，羟肟酸与碱土金属离子 Ca^{2+}形成的络合物稳定性较差，而与 Cu^{2+}、Fe^{3+}、Al^{3+}、Ti^{4+}、Ta^{5+}、Nb^{5+}等高价金属离子形成的络合物稳定性较强。因此，羟肟酸对赤铁矿、钛铁矿、红柱石、硅线石、黄绿石、钙钛矿、氟碳铈矿、硅孔雀石等矿物有较强的选择捕收性能。

表 2-2　金属羟肟酸盐的稳定常数[11-12,20]

离子	$\lg k_1$	$\lg k_2$	$\lg \beta_1$	$\lg k_3$	$\lg \beta_3$
H^+	9.35				
Ca^{2+}	2.4				
Fe^{2+}	4.8	3.7	8.5		
Fe^{3+}	11.42	10.68	21.10	7.23	28.33
La^{3+}	5.16	4.17	9.33	2.55	11.88
Ce^{3+}	5.45	4.34	9.79	3.0	12.80
Sm^{3+}	5.96	4.77	10.73	3.68	14.41
Gd^{3+}	6.10	4.76	10.86	3.07	13.93
Dy^{3+}	6.52	5.39	11.91	4.04	15.95
Yb^{3+}	6.61	5.59	12.20	4.29	16.49
Al^{3+}	7.95	7.34	15.29	6.18	21.47

（3）羟肟酸对稀土矿物的可浮性及机理研究[11-30]

羟肟酸是一种高选择性的氧化矿捕收剂，具有高效、低毒、选择性好的优点。普遍认为：羟肟酸在矿物表面发生的螯合吸附是其高浮选性能的主要原因。而通过有机基团的设计合成来调节它们对不同金属离子的螯合性能差异，是该类药剂选择性高的主要原因之一。

羟肟酸对铌铁矿、独居石、锆英石、石榴石的可浮性试验结果证明：这四种矿物在广泛的 pH 范围都具有较好的浮游性，但只有采用具有选择性的抑制剂，才能使独居石与石榴石获得良好的分离。有色金属研究院广东分院（现广州有色金属研究院）在羟肟酸合成和选矿应用方面做了较长时期的工作。1975 年底，实验室用 Na_2CO_3 作矿浆 pH 调整剂，Na_2SiF_6 作稀土矿物活化剂，$C_5 \sim C_9$ 羟肟酸对包头白云鄂博稀土矿的重选稀土精矿进行浮选，偶然发现当用大量水玻璃（20～30kg/t 给矿）抑制剂来抑制脉石矿物时，可获得稀土品位 60% 以上的稀土精矿。次年，在包钢有色三厂的半工业试验也证明了这个结果。

因此，在 20 世纪 70 年代中的工业试验中，首先采用了国内合成的 $C_5 \sim C_9$ 异羟肟酸及其盐类，从白云鄂博主东矿体及包钢选矿厂重选稀土粗精矿中，分选出 REO＞60% 高品位稀土精矿。由于 $C_5 \sim C_9$ 羟肟酸的生产不太稳定，捕收能力较弱，需要多段扫选。包头冶金研究所（现包头稀土研究院）在 1979 年成功研制出环烷基羟肟酸，采用一粗一精闭路流程，当给矿（重选精矿）品位为 35.82% 时，可生产出稀土品位 67.74%、回收率 66.75% 的稀土精矿。捕收剂环烷基羟肟酸用于工业生产，获得 REO＞60%、浮选作业回收率 60%～65% 的稀土精矿，并开始大规模工业生产。

包钢矿山研究所采用水杨羟肟酸作为稀土矿物捕收剂，水玻璃作为调整抑制剂，2 号油作为起泡剂，从包钢选矿厂的强磁中矿中选取稀土精矿，可获得稀土品位 63.50%、回收率 56.32% 的高品位稀土精矿，同时可获得品位 36.75%、回收率 30.05% 的稀土次精矿。

1985 年原包头冶金所又成功研制了 H205（邻羟基萘羟肟酸）捕收剂，试验结果表明 H205 对稀土矿物具有良好选择性，并大大简化了浮选药剂制度，仅需添加水玻璃，矿浆浮选 pH≈9。1986 年 7 月在选矿厂进行了工业试验，采用一粗一精闭路流程，当给矿（重选精矿）品位为 23.12% 时，可得到品位 62.32%、回收率 74.74% 的稀土精矿。H205 对稀土矿物有较好的选择捕收作用，从包头白云鄂博稀土矿的原矿、重选粗精矿、强磁中矿、强磁尾矿、总尾矿及尾矿坝中浮选稀土精矿，在山东微山、四川冕宁稀土矿中浮选稀土矿物，均可以获得稀土精矿品位 50%～64%、（作业）回收率 63%～90% 的浮选生产选别指标。

由于使用 H205 时需要在加入大量酒精的条件下加入氨水以使其生成邻羟基萘羟肟酸铵，但 H205 固体颗粒不能完全有效地溶解并生成铵盐。1992～1994 年包头稀土研究院又成功研制 H316 代替 H205，与水玻璃、起泡剂 J103 组合使用（矿浆 pH＝7～8）进行了工业试验。H316 和 H205 的工业对比试验结果表明，在稀土精矿品位相同（53%）时，H316 比 H205 提高回收率 10.09%，并且 H316 使用时不需用氨水配药，改善了工作环境。每吨稀土精矿成本降低 44.22 元，药剂成本降低 7.13%。

20 世纪 90 年代以后，稀土选矿一直采用具有双活化基团的异羟肟酸 8 号油作为捕收剂，在选择性和捕收能力上与之前药剂相比都有明显进步。包钢稀土选厂采用水玻璃（20°Bé，用量 4.5～5.0kg/t）作为抑制剂，异羟肟酸 8 号油（用量 600g/t）作为捕收剂，pH 7～8.5，浮选矿浆浓度 60%～65%，细度小于 0.074mm 的占 85%～90%，浮选温度 70℃左右，经过一粗二精浮选流程，稀土（以 REO 计）品位可由 7%左右提高至 50%。通过选别工艺和浮选药剂的技术创新，不但从氧化矿石中回收稀土，而且能够从磁铁矿石中回收稀土。长沙矿冶研究院和包钢选矿厂从强磁中矿脱水后进行稀土矿物浮选，采用水玻璃作脉石矿物抑制剂，H205 作捕收剂，H210 为起泡剂，经过一次粗选，一次扫选，二次精选，分别得到含稀土氧化物 61.44%、回收率 18.81%的稀土精矿；含稀土氧化物 39.91%、回收率 16.70%的稀土次精矿。随后，又研发了稀土浮选新药剂 LF-8（苯羟肟酸）和 LF-6 捕收剂代替 H205、H316 和 H103 在稀土高科稀选厂进行工业应用试验，最终获得了精矿稀土品位 60.63%（以 REO 计）、回收率 63.89%、精矿产率 10.75%、尾矿稀土品位 3.98%的工业试验指标。解决了使用药剂 H205、H316 和 H103 时价格高、氨水配制、高温浮选等问题。新药剂较原药剂每吨精矿节省捕收剂 4.48kg，节省起泡剂 2.26kg，加之低温节能，综合经济效益显著。

$C_5 \sim C_9$ 羟肟酸、$C_7 \sim C_9$ 羟肟酸、环状的环烷基羟肟酸、芳香烃类羟肟酸［如苯羟肟酸、甲苯羟肟酸、水杨羟肟酸、H205（3-羟基-2-萘甲羟肟酸）等］作为捕收剂分别对氟碳铈矿、独居石、稀土混合矿的可浮性进行研究，结果表明，在弱碱性介质中（pH 8～10），这几种羟肟酸对稀土矿物均有很好的捕收能力，在添加适当的调整剂或抑制剂后，或者使用不同的药剂组合和药剂制度，稀土矿物都能有效地与钙、钡、铁以及硅酸盐等伴生矿物分离，获得 REO≥60%的高品位稀土精矿。表 2-3 为 H205 分别浮选氟碳铈矿、独居石、稀土混合矿物的平均结果。

表 2-3 H205 分别浮选氟碳铈矿、独居石、稀土混合矿物的平均结果[20]

矿样	产品	品位(以 REO 计)/%	回收率 (以 REO 计)/%
氟碳铈矿	精矿	69.57	93.30
	尾矿	0.73	6.70
	给料	9.55	100.00
独居石	精矿	61.03	68.59
	尾矿	14.72	31.40
	给料	30.69	100.00
氟碳铈矿+独居石(3+2)	精矿	66.14	83.86
	尾矿	5.79	16.14
	给料	24.66	100.00

人们从羟肟酸与金属离子的螯合特性来探讨羟肟酸与金属氧化矿表面的吸附机理，认为羟肟酸属于硬碱类药剂，能与过渡金属铌、钽、稀土、铁等硬酸类金属形成稳定常数大的螯合物，与碱金属及碱土金属形成螯合物的稳定性相对较差（表 2-2）。可见，羟肟酸对赤铁矿、钛铁矿、红柱石、硅线石、黄绿石、钙钛矿、氟碳铈矿、硅孔雀石等氧化矿有较强的选择捕收性能。因此，在稀土矿物浮选中使用羟肟酸捕收剂能有效地从含 Ca^{2+}、Ba^{2+} 的矿物中分选出稀土矿物。在浮选中，羟肟酸与金属离子螯合时，可以"O,O"螯合或"O,N"螯合。与金属离子"O,O"螯合时，形成稳定的五元环；与金属离子"O,N"螯合时，形成四元环。由于四元环的张力较大，稳定性较差，形成"O,N"螯合的趋势较小。

"O, O"螯合五元环 "O, N"螯合四元环包头稀土院对羟肟酸浮选稀土矿物作用机理进行了大量的研究，认为羟肟酸与稀土矿物表面上的稀土离子发生配位化学反应，形成了稳定的五元环结构螯合物。在稀土矿物表面实现化学吸附，其稳定性受介质 pH、羟肟酸药剂用量、调整剂种类和用量、温度及其他离子等因素影响。羟肟酸的选择性和捕收性依据自身疏水基团的结构不同而异。通过研究羟基萘羟肟酸在氟碳铈矿表面的吸附行为后，认为羟基萘羟肟酸在氟碳铈矿表面吸附是以化学吸附为主，同时兼有物理吸附。吸附速度较快，且吸附牢固、稳定。

浮选是提高矿物型稀土精矿品位和回收率的关键方法，而捕收剂则决定了浮选效果的好坏。科技工作者结合浮选溶液化学、晶体化学和动电位、红外光谱、X 射线光电子能谱等手段对稀土浮选捕收剂的作用机理进行了深入研究，基本阐明了捕收剂与矿物之间的作用机制。由于羟肟酸与稀土元素阳离子形成的螯合物比与钙、镁等碱土金属阳离子形成的螯合物要稳定得多，可以在更宽的 pH 范围与稀土矿物表面的裸露稀土离子形成稳定的螯合物而产生化学吸附作用，这是羟肟酸类捕收剂被广泛应用于稀土矿物浮选的基本化学性质。溶液 pH 和共存竞争离子的存在，以及矿物表面的 zeta 电位都会影响这种稳定螯合物的形成。因此，可以通过溶液 pH 的调整和其他添加剂或调理剂来调节矿物粒子表面的金属离子与浮选剂形成稳定螯合物的能力大小，实现高效高选择性浮选。例如：水杨羟肟酸是以化学吸附形式结合在氟碳铈矿表面，从而改变氟碳铈矿的疏水性，使之上浮。而化学吸附的本质是它能与矿物表面的稀土离子键合，生成一种五元环螯合物。所以，羟肟酸（异羟肟酸）能与稀土、铌钽、铁等过渡金属离子形成稳定的五元环螯合物，因此羟肟酸（盐）作捕收剂较脂肪酸（盐）浮选稀土矿物的选择性和回收率都高。

水杨羟肟酸在独居石表面的吸附特性证明其发生的是化学吸附，吸附本质是羟肟酸根离子联合苯环上羟基中的氧原子与稀土金属离子发生化学反应，在独居石表面生成多环螯合物。辛基羟肟酸和改性烷基羟肟酸都能化学吸附在氟碳铈矿表面，且氟碳铈矿表面都存在一种五元环螯合物，但不同的是用改性烷基羟肟酸选别氟碳铈矿时，氟碳铈矿表面还存在大量疏水性基团的吸附，所以改性烷基羟肟酸与辛基羟肟酸相比，捕收能力更强，但选择性差。

萘基羟肟酸浮选氟碳铈矿和独居石时，随浮选温度的升高，萘基羟肟酸在氟碳铈矿和独居石表面的吸附量都增加了，但萘基羟肟酸在氟碳铈矿表面的吸附更加稳定，这也是氟碳铈矿的浮选效果优于独居石的原因。比较糠基羟肟酸、烟基羟肟酸以及葵二羟肟酸三种羟肟酸类捕收剂对氟碳铈矿的捕收性能，发现它们均能在氟碳铈矿表面产生化学吸附。因此，都具有良好的捕收效果，且葵二羟肟酸的捕收能力最强，使氟碳铈矿浮选回收率达到96%。将苯丙烯基羟肟酸用于氟碳铈矿浮选，与其他羟肟酸类捕收剂相比，一个最突出的特点就是该捕收剂的烯基与苯环、羟肟基形成了一个大的共轭结构，增加了电子云密度，使其与金属阳离子的亲核性更强，捕收能力更强。总之，羟肟酸类捕收剂通常与稀土矿物发生化学吸附，从而改变稀土矿物的疏水性，但矿浆 pH 值会影响稀土矿物阳离子的水解，进而影响捕收剂与稀土矿物之间的吸附。

辛基羟肟酸的作用下，pH 对氟碳铈矿、方解石、重晶石的可浮性的影响结果证明：氟碳铈矿在 pH 5～9.5 的范围内几乎全部上浮，而重晶石和方解石在 pH=9 处的浮选回收率最大，与羟肟酸的 pK_a 值对应。通过纯矿物浮选、zeta 电位测试及红外光谱分析，证明油酸钠在氟碳铈矿表面为化学吸附，在独居石表面为物理吸附；而辛羟肟酸在氟碳铈矿和独居石表面均为较强的化学吸附。认为羟肟酸对稀土矿物浮选时，羟肟酸与稀土金属形成稳定的络合物。因此，稀土矿物的表面特性决定了浮选药剂与矿物的吸附类型，浮选试验前应先了解矿物的表面电性、嵌布特性等性质。通过对磷灰石、萤石等矿物的电动学性质进行研究，可以发现不同矿物在变化的溶液环境下表现的表面电性不同，为矿物分选提供有利条件。

（4）羟肟酸类型和结构与浮选性能的关系[9-12,53-67]

目前在稀土选矿中应用的羟肟酸类稀土矿物捕收剂按其非极性基结构可分为两类，一类为烷烃类羟肟酸，如 $C_5 \sim C_9$ 烷基异羟肟酸、$C_7 \sim C_9$ 烷基异羟肟酸、环烷基异羟肟酸；另一类是芳香烃类羟肟酸，如苯异羟肟酸、水杨异羟肟酸、H205（3-羟基-2-萘甲羟肟酸）等。这两类捕收剂的不同之处只是疏水基团 R 不同。芳香烃类羟肟酸能形成 π-π 共轭，而烷烃类羟肟酸不能形成 π-π 共轭。从电子云的转移来讲，形成共轭双键体系较非共轭体系强，因此芳香烃类羟肟酸键合原子"O"上的电子云密度较烷烃类羟肟酸大，其螯合剂的碱性也较烷烃类羟肟酸强，与金属离子形成螯合物的稳定性也较相应烷烃类羟肟酸强。所以，含有共轭体系的芳香烃类羟肟酸稀土矿物捕收剂的选择性和捕收性能均优于非共轭体系的烷烃类羟肟酸，如表 2-4 所示。芳香烃类羟肟酸中，H205 为 3-羟基-2-萘甲羟肟酸，与水杨羟肟酸有相同的官能团，即位置相邻的—OH 和—C(OH)＝N—OH，但其非极性基团萘基比水杨羟肟酸的非极性基团苯基的非极性更强，因此具有更强的捕收能力。实践表明，其对稀土矿物的实际捕收效果优于水杨羟肟酸。羟肟酸螯合剂非极性基疏水烃链的长短对作为捕收剂的捕收能力和选择性有较大的影响。非极性基疏水烃链长度加长，捕收能力增强，但烃链过长，不仅水溶性差，而且还会导致选择性下降。

烷基（环烷基）异羟肟酸　　水杨异羟肟酸

邻苯二甲酮基羟肟酸胺　　3-羟基-2-萘甲羟肟酸（H205）

表 2-4　不同羟肟酸浮选包头稀土矿物小型试验结果[20]

药剂名称	品位（以 REO 计）/%	回收率（以 REO 计）/%
$C_5 \sim C_9$ 异羟肟酸	61.76	72.98
环烷基异羟肟酸	63.88	77.13
苯基异羟肟酸	60.34	81.19
水杨异羟肟酸	61.64	84.95
H205	67.36	84.04

羟肟酸捕收剂疏水基团 R 的长短对捕收剂的捕收力和选择性有较大的影响。如前所述，非极性基为芳香烃结构的羟肟酸捕收剂要比非极性基为烷烃结构的选择性好，而非极性基为烷烃结构的羟肟酸捕收剂要比非极性基为芳香烃结构的捕收能力强。在合成具有良好选择性且捕收能力适中的羟肟酸螯合捕收剂时，注意选择合适疏水基团 R 的长度是羟肟酸捕收剂的主要发展方向。

非极性基为芳香烃结构的羟肟酸，如水杨羟肟酸、H205 等稀土矿物捕收剂选择性好的原因，主要是由于在羟肟基邻位上引入了一个极性基羟基，形成的多元环螯合物较稳定，所以羟肟酸类稀土矿物捕收剂的合成将由单一极性基向多极性基的方向发展。将 H205 的同分异构体 1-羟基-2-萘甲羟肟酸，用于浮选包钢选矿厂稀土浮选给矿的试验结果表明，1-羟基-2-萘甲羟肟酸能有效地捕收稀土矿物，选别指标与 H205 相同。

2.3.5 包头稀土精矿生产工艺流程与三废处理[4,11,16,40]

1979～1986 年环烷基羟肟酸及 H205 相继应用后，稀土选矿技术获得突破，包钢开始在工业上大规模生产品位大于 60% 的稀土精矿。虽然浮选重选稀土精矿的稀土浮选作业回收率为 60%～74%，但由于重选稀土精矿对原矿石的回收率不到 3%，稀土精矿回收率太低，其产量也不高，满足不了市场的需求。为了提高稀土矿物的回收率，1990～1991 年包钢选矿厂采用弱磁选-强磁选-浮选工艺流程（见图 2-3），以中贫氧化矿石强磁中矿（含稀土 12%，对原矿稀土回收率 25%～30%）作为浮选稀土的原料，浮选组合药剂为 H205、水玻璃、H103。1990 年 6～11 月试生产期间的稀土精矿品位为 50%～60%，平均 55.62%，浮选作业回收率为 52.20%，稀土次精矿品位为 34.48%，浮选作业回收率为 20.55%，综合作业回收率为 72.75%，对原矿回收率为 18.37%，较改造前的稀土精矿回收率提高了 4～6 倍。

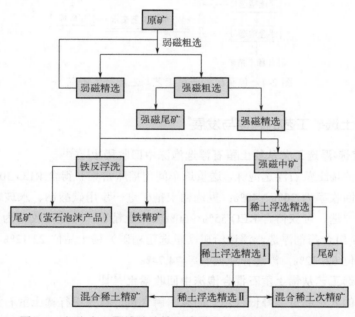

图 2-3　包头白云鄂博矿选铁和选稀土的弱磁-强磁-浮选流程

按照上述流程，包钢稀土选矿厂的浮选采用水玻璃（20°Bé、用量 4.5～5.0kg/t）作为抑制剂，采用双活化基团的异羟肟酸 8 号油（用量 600g/t）作为捕收剂，pH 7.0～8.5，浮选矿浆浓度 60%～65%，细度小于 0.074mm 的占 85%～90%，浮选温度 70℃左右，经过一粗二精浮选流程，稀土品位可由给料的 7% 左右提高至 50%，作业回收率 55% 左右。包头市达茂稀土有限责任公司和包钢白云铁矿博宇公司浮选的是含磁铁矿较多的原矿，采用弱磁选-浮选工艺流程，即原矿磨至小于 0.074mm 的占 90%，先弱磁选出磁铁矿，尾矿经浓缩后作为稀土入选原料，采用水玻璃、J102、H205 组合药剂，经过一粗一扫二精得到品位 50%～60%的稀土精矿和 34%～40% 的稀土次精矿。

图 2-4 是包头矿的主体选矿工艺与三废产生情况，以强磁中矿和强磁尾矿为浮选稀土的原料，经过 1 次浮选粗选、2 次浮选精选，获得混合稀土精矿。采选工艺过程的废气主要来源于矿石破碎产生的扬尘，需采用洒水方式抑尘。车间工作人员要做好防护，避免吸入这种带有矿物细小粒子的扬尘废气。采选过程的废水主要来源于选矿厂，含有少量浮选药剂和悬浮物，特征污染因子为 pH、化学需氧量、氨氮、悬浮物。稀选工艺废水包括浓缩废水、浮选废水和尾矿废水。它们与生产过程中产生的尾矿一起排入尾矿库，未经处理，在尾矿库经自然澄清后可返回选矿流程回用。废渣是指采选固体废物污染源，主要是选矿后的尾矿，排入尾矿库贮存，不排入外环境。

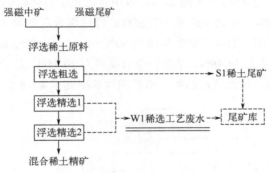

图 2-4　包头矿的选矿工艺与三废产生情况

2.3.6　包头稀土选矿工艺的延伸与发展*

（1）浮选-重选-浮选工艺从稀土萤石浮选泡沫中回收稀土[13-14]

选铁流程中的稀土萤石浮选泡沫，送重选车间用摇床富集获得含 REO 30%～35%的重选稀土精矿，作业回收率为 30%～40%；重选稀土精矿进一步用碳酸钠、水玻璃、氟硅酸钠、环烷羟肟酸进行浮选，可获得含 REO 55%～60%的稀土精矿，作业回收率为 50%～60%。采用水玻璃、H205 组合药剂浮选，浮选给矿（重选粗精矿）稀土品位 23.12%，工业试生产的浮选稀土精矿品位 62.32%，浮选作业回收率 74.74%。

（2）采用浮选工艺从稀土萤石混合泡沫中回收稀土[13-14]

为提高选铁的入选品位和降低铁精矿的氟、磷含量，首先进行稀土萤石混合浮选，稀土萤石混合泡沫水洗脱泥脱药后，采用碳酸钠、水玻璃、氟硅酸钠、C_5～C_9 羟肟酸及其铵盐等组合药剂进行浮选和分离。在原矿含铁 32.25%、含 REO 5.63%（混合泡沫含 REO 9%～12%）的条件下，获得如下工业试验指标：铁精矿含铁 61.38%、含氟 0.46%，铁回收率 80.83%；稀土精矿含 REO 60.49%，回收率 22.13%，稀土次精矿含 REO 37.29%，回收率 26.31%。采用水玻璃、H205 组合药剂浮选，浮选给矿（重选粗精矿）稀土品位 23.12%，浮选可得稀土精矿品位 62.32%，浮选作业回收率 74.74%。采用水玻璃、H205 组合药剂，浮选混合泡沫，可得稀土精矿品位 61.28%，浮选作业回收率 76.39%。

（3）采用优先浮选稀土工艺从尾矿库中回收稀土[42]

尾矿坝中的稀土矿物以氟碳铈矿为主，其次是独居石，铁含量在20%左右，稀土含量在6.0%以上；粒度较粗大，小于200目的占62.5%，稀土矿物单体解离差。实验采取再磨浮选工艺流程。在磨矿细度95%小于200目下，药剂组合为用水玻璃作为调整剂，H205作为稀土矿物捕收剂，J103作为起泡剂，经过一粗三精浮选流程，可得稀土品位61.77%、回收率60.60%的稀土精矿及稀土品位24.57%、回收率11.39%的次矿。

（4）超导高梯度磁选预处理提高白云鄂博矿稀土矿浮选效率[68-69]

与萤石比较，稀土矿物具有较高的磁性，利用磁选可将二者分离。但是由于稀土矿物的比磁化率绝对值很低，使用常规磁选的方法效率低下。为此，利用超导高梯度磁选机的特点及矿物比磁化系数的差异，在损失极少量稀土的情况下，使稀土矿物得到有效富集并将其与萤石等脉石矿物分离，从而降低易浮选脉石矿物对稀土浮选的干扰，使得进入浮选的物料性质得以改善，减少药剂用量，提高精矿产率及回收率。采用超导磁选和"一粗二精"闭路浮选的工艺流程，在抑制剂用量6.67kg/t、捕收剂用量0.56kg/t工艺参数下，可以获得品位51.93%、回收率76.71%、产率18.7%的稀土精矿。与未经超导高梯度预处理矿的浮选试验相比，采用超导高梯度磁选技术可将稀土精矿的回收率提高3.8%，产率提高6.3%，捕收剂用量由原来的2.22kg/t，降为0.56kg/t，药剂用量节省了75%，抑制剂由原来的8.89kg/t降为6.67kg/t，药剂用量节省了25%，有效地节约了成本。

（5）深度还原或一步焙烧-弱磁选工艺分离稀土尾矿中的铁与稀土[41,50,70]

稀土尾矿中铁矿物部分以单体的形式存在，部分呈微细粒包裹体或连生体分布于脉石矿物中。因此，采用常规的选矿方法很难分离其中的铁矿物。为此，科研工作者对稀土尾矿的综合利用进行了广泛的研究。包括微波还原-弱磁选工艺回收包钢稀土浮选尾矿中铁；重选-浮选联合流程和全浮选流程对包钢稀土尾矿进行稀土富集；反浮选-浮铌-浮铁工艺回收尾矿中的铌和铁；对磁化焙烧-弱磁选所得尾矿分别进行单一流程及一次粗选、三次精选、一次扫选的全流程来回收稀土；稀土、萤石混合浮选-泡沫分选法进行富集稀土；白云鄂博矿深度还原-磁选回收铁；稀土尾矿1300℃深度还原-弱磁选；白云鄂博中贫氧化矿微波磁化焙烧-磁选等。

所谓深度还原技术是将尾矿中的铁矿物经还原转化为金属铁颗粒。采用深度还原技术并结合荧光半定量分析、铁物相分析、XRD、SEM等手段，研究深度还原-弱磁选技术各工艺参数对回收稀土尾矿中铁矿物的影响规律。稀土尾矿深度还原焙烧后大部分铁氧化物还原为单质铁，并促进了脉石矿物的相对富集，实现了铁矿物与其他矿物的高效分离。同时焙烧产物中物质组成简单，有利于稀土尾矿中萤石矿物的富集回收。优选的稀土尾矿"深度还原-弱磁选"试验的最佳工艺参数为：烟煤质量分数30%、焙烧温度1300℃、焙烧时间60min，磨矿细度小于0.074mm的占75%、弱磁选磁场强度为118kA/m。在最佳工艺条件下所得铁精矿品位为80.76%，回收率93.24%。

东北大学研究了一步法焙烧白云鄂博弱磁尾矿工艺。该工艺就是在稀土弱磁尾矿中添加镁作为还原剂将铁氧化物还原为强磁性的Fe_3O_4，以及添加钙来分解稀土矿物，即铁矿物的还原与稀土矿物的分解在适当的焙烧温度下一步实现。研究发现：对包头稀土弱磁尾矿添加煤、$Ca(OH)_2$和NaOH，在焙烧温度650℃，焙烧时间60min，粗选磁场强度160mT，精选磁场强度100mT，矿浆流速0.80cm/s，矿浆浓度液固比25:1条件下，可以从全铁品位14.10%，稀土品位 9.45% 的稀土弱磁尾矿中获得全铁品位 57.10%、回收率 70.44% 的磁选精矿，REO 品位 12.27%、回收率 95.92% 的磁选尾矿。这为后续进一步利用稀土和铁等有价资源、实现稀土尾矿中有价资源综合利用目标提供了依据。

（6）低品位铁-稀土矿的分类选别[47-49]

低品位铁矿石最常规的处理工艺是优先弱磁选抛尾-阶段磨矿-阶段选别。该矿石中主要的有用铁矿物为磁铁矿和赤铁矿，且铁矿物嵌布粒度细，在各粒级中均匀分布。因此，直接采用阶段磨矿-阶段选别工艺，优先采用弱磁选回收磁性铁，弱磁尾矿采用强磁-浮选回收赤铁矿。

对于霓石型低品位铁-稀土矿石，原矿中 TFe 品位为 17.50%，稀土 REO 品位为 8.43%，主要的铁矿物为磁铁矿，主要的稀土矿物为氟碳铈矿和独居石；脉石矿物主要是霓石、重晶石和方解石等；据此，通过磨矿-两段弱磁选-再磨-弱磁选回收铁，在一段磨矿细度小于 0.074mm 90%、粗选磁场强度和精选磁场强度分别为 112kA/m 和 96kA/m、再磨细度为小于 0.0454mm 90% 和再磨磁场强度为 96kA/m 的条件下获得 TFe 品位 65.83%、回收率 69.86% 的铁精矿；选铁尾矿在浮选温度 60℃、水玻璃用量 2.1kg/t、捕收剂 H205 用量 1.0kg/t 的条件下经一次粗选、两次扫选的闭路试验可获得 REO 品位 50.89%、回收率 63.17% 的稀土精矿。

（7）以强磁尾矿为原料的高品位稀土精矿选矿技术[36,57]

基于弱磁-强磁-浮选工艺流程，可从该流程的强磁中矿、强磁尾矿和反浮泡沫尾矿中回收稀土矿物。采用 H205、水玻璃、J102 起泡剂组合药剂，在弱碱性矿浆中浮选稀土矿物，经一次粗选、一次扫选、二次或三次精选，得到 REO 50% 以上的混合稀土精矿和 REO 30% 左右的次精矿，浮选作业回收率在 70%～75% 之间。与此同时，将强磁车间的粗选-精选改为粗选-扫选，对扫选精矿进行反浮，反浮泡沫作为稀土浮选原料。这种原料的稀土含量为 22%～25%，比原来的强磁中矿高 10% 以上。在后续浮选作业中，经一粗两精，得到 REO 55%～60% 的精矿，再经第三次精选，可得到 60% 以上的精矿，并大大降低选矿成本。

包头稀土研究院对现行浮选工艺进行了深入研究，开展了"一粗一精一扫""一粗二精一扫""一粗三精一扫"浮选工艺流程试验研究，确定了最佳工艺流程为"一粗一精一扫"，实现了 50%、65% 高品位稀土精矿的共线产出。该流程以强磁尾矿为原料，分别产出 50% 和 65% 两种产品。其中 65% 高品位稀土精矿中稀土矿物含量达 91.8%，为后续分离企业减少化工原料消耗和污染物排放提供了优质精矿。

（8）组合药剂[13-14,40,52-54]

芳香烃类羟肟酸对稀土矿物的选择性较好，但作为浮选氟碳铈矿的捕收剂，其捕收能力略差，采取混合用药，芳香烃类羟肟酸与少量的捕收能力较强的环烷基羟肟酸配合使用，可弥补其缺点，显出良好的捕收能力。羟肟酸捕收剂选别性能好，但价格昂贵。羟肟酸与异辛醇和煤油混用的试验结果表明其协同效应明显。在保证选择性能的情况下，捕收能力得以加强。不仅减少了羟肟酸药剂的用量，而且还降低了工业生产的成本。证明羟肟酸捕收剂与其他捕收剂之间的药剂组合是提高稀土矿物浮选指标的有效途径。

2.3.7　综合回收铌、萤石、重晶石的试验研究*

（1）白云鄂博矿产资源综合利用问题[70-72]

虽然白云鄂博矿产资源综合利用研究已有几十年，但迄今为止，除了铁的回收率达到

74%，稀土回收率接近 20%外，铌、萤石、重晶石等资源大部分都进入尾矿。

白云鄂博矿区 Nb_2O_5 储量达 600 万吨，占国内储量 90%以上。主东矿是矿区中含铌量最多的矿段，其中氧化矿石所含铌又占主东矿全部铌储量的 80%以上。铌主要分布在铌铁矿、铌钙矿、铌铁金红石、黄绿石和易解石五种矿物中。在白云鄂博矿石中，铌矿物属少量矿物，从原矿中直接选铌是很不经济的，只有将铁矿物、稀土矿物选出，将其他脉石矿物尽可能多地排除，铌矿物得到富集后，综合回收铌才是经济合理的。对于氧化矿石，原矿含 Nb_2O_5 0.14%，经弱磁-强磁选作业后，初步富集到强磁选中矿中，铌矿物、稀土矿物与铁矿物初步得到分离，经过稀土浮选作业后，尾矿中铌品位达到 0.27%，再回收铌矿物。选矿回收铌的关键是实现铌矿物与硅酸盐矿物、萤石、碳酸岩矿物的有效分离。

1994 年长沙院与选矿厂、矿研所合作，进行强磁中矿选稀土选铌工业分流试验。在入选原料含 Nb_2O_5 0.187%时，获得铌精矿品位 1.668%，回收率 40.14%的指标，由于工艺药剂较复杂，铌精矿品位低，比巴西原矿中 Nb_2O_5 含量 2.5%～3.0%还低。巴西铌矿经过较简单的工艺，就可获得含 Nb_2O_5 65%的铌精矿。

1991 年，包钢与浙江冶金研究所合作，进行了从强磁选尾矿中回收稀土、萤石、重晶石的试验研究。闭路试验结果为：稀土、萤石、重晶石精矿品位分别为 48.5% REO、95.82% CaF_2、86.35% $BaSO_4$，回收率分别为 73.07%、25.85%、51.98%。

（2）白云鄂博地区尾矿中铁、铌、稀土、萤石综合回收研究[73]

白云鄂博地区尾矿中主要有价矿物为磁铁矿、赤铁矿、氟碳铈矿、独居石、萤石以及少量含铌矿物。其中 TFe 含量约 20%，主要赋存于磁铁矿、赤铁矿中，此外还有部分以硅酸铁形式赋存于普通辉石等硅酸盐矿物中。REO 含量约 6%，主要为氟碳铈矿和独居石，Nb_2O_5 含量 0.16%。

铁、稀土、铌与萤石强磁选，稀土、萤石分别浮选，铌铁还原焙烧，弱磁选工艺能够兼顾各类有价组分的回收，使 4 种组分得到较高的回收率和品位指标。联合工艺流程经优化后，可获得铁精矿、铌精矿、稀土精矿和萤石精矿 4 种产品。其中铁精矿产品的 TFe 品位可达 74.79%，对原矿 TFe 回收率为 80.04%；稀土最终精矿品位达到 30.12%，对原矿 REO 回收率达到 36.91%；经焙烧，弱磁选后的铌精矿以复合酸浸出，浸出液对原矿回收率为 49.82%；原矿中的萤石，10.12%经稀土浮选中矿、尾矿进入焙烧流程，该部分萤石被回收利用作为焙烧过程的助熔剂，剩余部分经萤石浮选富集可得到品位 80.08%的萤石精矿，对原矿回收率 65.55%，总回收率达到 75.67%。

采用弱磁、强磁、浮选、焙烧，弱磁工艺流程优于其他流程，可以有效回收稀土尾矿中 4 种有价成分。弱磁尾矿经过强磁工艺后，使萤石和稀土这两种难以分离的矿物预先分离，而稀土浮选尾矿经过还原焙烧后，铁矿物的磁性明显增加，易于铌和铁的弱磁分离。经过初步分选后，铁、稀土、铌和萤石粗精矿的回收率分别为 1.55%、57.33%、47.96% 和 56.14%，均保证了较高的回收率，经后续精选后可达到合格的精矿产品。稀土尾矿经弱磁预先分选磁铁矿，品位 53.15%，回收率 20.63%；而稀土、铌和萤石在弱磁铁粗精矿中的损失最小，分别为 1.82%、2.36%和 2.32%。

采用浮选工艺虽然可以有效地使稀土和萤石两种矿物与铌、铁两种矿物分离，但是不能使稀土和萤石有效分离，这是因为稀土与萤石可浮性较铌与铁大，但其本身可浮性差异较小。

采用还原焙烧、弱磁选工艺来分选铌和铁的效果优于磁浮工艺，因为还原焙烧后使弱磁性铁矿物还原为强磁性铁物质，采用弱磁工艺即可将铌和铁分开。

（3）白云鄂博富钾板岩综合开发利用现状[74-75]

白云鄂博主东矿开采范围内蕴藏着 1.6 亿吨富钾板岩，平均 K_2O 品位 12.14%。如何综合开发、利用富钾板岩是一项意义深远的工作。

1992 年天津地质研究所提交了《白云鄂博矿区及其外围宝玉石综合利用和评价》的报告，提出富钾板岩可适用于制作工艺品的玉石原料，将富钾板岩定名为白云玉。1999 年以来，包钢矿研所与中国科学院土肥研究所合作，以富钾板岩为主要原料，采用细菌解钾技术制成生物钾肥，在试验基地的田间肥效试验取得较好效果。利用富钾板岩制取氯化钾、碳酸钾、白炭黑等试验室试验也获得成功。

（4）白云鄂博钍资源综合开发利用现状[76]

钍一般用来制造合金以提高金属强度；灼烧二氧化钍会发出强烈的白光，因此曾经做煤气灯的白热纱罩。钍还是制造高级透镜的常用原料。钍衰变所储藏的能量，比铀、煤、石油和其他燃料总和还要多许多，而且钍的含量也要比铀多得多，所以钍是一种极有前途的能源。用中子轰击钍可以得到一种核燃料——铀-233（^{233}U）。而且钍是比铀更安全的核燃料，是未来核能利用的发展方向。

钍与轻稀土伴生，尤其是在独居石矿物中的伴生量较大。在氟碳铈矿和独居石中的钍就约占总钍量的 75%，其余分散在磁铁矿、钠闪石、萤石、易解石等矿物中。如表 2-5 所示，稀土精矿中的钍含量低，不能单独提取。只有在提取稀土的同时，把钍作为副产品回收或者为了避免放射性元素的污染而把钍提取出来，或利用或堆存。为了使钍不分散，必须提高稀土精矿的选矿作业回收率和整个流程中的综合利用率。

表 2-5　2002 年包钢生产过程主要原料、产品和渣中的二氧化钍含量

名称	白云铁矿石	稀土精矿（约 50%）	铁精矿	烧结矿	生铁
二氧化钍含量/%	0.0364	0.191	0.013	0.0057	未检出
名称	高炉渣	高温硫酸分解水浸干渣	1 号稀土合金	稀土合金渣	稀土富渣
二氧化钍含量/%	0.02	约 0.3	0.18	0.0152	0.0555

注：1#是最早对稀土合金的编号。

浓硫酸高温焙烧精矿，钍最后生成一种不溶于酸和水的焦磷酸钍。钍在生产过程中基本不被分散，几乎全部集中于废渣中。该废渣必须按放射性废渣要求集中专门设库堆存。为了回收利用钍，必须改变工艺，把高温焙烧改为低温焙烧，一般在 200～300℃焙烧。此时，钍与硫酸生成可溶于水和酸的硫酸钍，在硫酸溶液中把钍与稀土分离。另一种工艺是烧碱法分解精矿，一般要高品位精矿，杂质含量较少。稀土精矿在高温下与 NaOH 反应，稀土和钍与碱作用生成氢氧化稀土和钍，用水把其他能溶于水的盐类杂质洗去，可得到较纯的钍和稀土氢氧化物。然后用盐酸溶解，得到氯化稀土溶液（含钍）。调整该氯化稀土溶液的 pH 值，使溶液中的钍和铁等杂质水解而沉淀下来，与稀土得到较好的分离，钍则成为钍铁渣，用于分离二氧化钍或钍化合物。

分离钍一般是用萃取的方法。硫酸溶液中的钍可用伯胺类萃取剂萃取，因为钍是四价，铈也是四价，用别的萃取剂萃取铈，使钍与铈及其他三价稀土得到分离，钍从有机相反萃下来，可制成草酸钍或硝酸钍；如果是碱法工艺，得到的钍铁渣，可以用硝酸溶解，用 TBP 或 P350 进行萃取，制取硝酸钍。

硝酸钍还需要在硝酸体系用 TBP 进行萃取，制取纯硝酸钍，经沉淀分离和煅烧，得到氧化钍。制取核纯钍，要求总稀土量在 1mg/kg 以下，单一稀土元素含量在 $1\sim50\mu g/kg$（10^{-9}）范围之内。另外，对一些中子俘获截面大的元素如 Sm、Eu、Gd 等要求更严。还有一些非稀土元素，如硼、氟、铅等含量限制很严格。钍最有希望，也最吸引人的应用是作为核能材料。北京大学徐光宪院士曾提出了钍核能应用的发展模式：

① 用 2%的浓缩铀大力发展压水堆，积累所产生的钚–239（^{239}Pu）。

② 用 ^{239}Pu 建立快中子堆，在发电时，用快中子照射 Pu 资源，生产 ^{233}U。

③ 利用 ^{233}U 建造高效、经济的慢中子反应堆核电厂。

徐光宪院士指出，由于天然铀只含有 0.7%的可裂变元素 ^{235}U，假定废弃的贫铀中含 0.2% ^{235}U，则天然铀作为核燃料的利用率只有 0.5%。而天然 ^{232}Th 通过快中子反应可全部转化为可裂变元素 ^{233}U，作为核燃料的理论利用率可达 100%，比天然铀高 200 倍。我国白云鄂博钍资源储量居世界第二，可支持我国能源需求 $5000\sim10000$ 年，所以，钍是非常宝贵的未来能源。

（5）白云鄂博钪资源综合开发利用[77]

白云鄂博矿的各种岩石、矿石普遍含钪，且矿石中含钪量比岩石高。各类矿石中含 Sc_2O_3 $50\sim160mg/kg$，平均含钪 82mg/kg，相对于地壳富集了 $3\sim10$ 倍，其中在钠辉石型铌、稀土、铁矿石中 Sc_2O_3 含量最高，为 169mg/kg；含 Sc_2O_3 最低的矿石为钠闪石型铌、稀土、铁矿石，其 Sc_2O_3 含量为 40mg/kg。矿区内各类岩石中 Sc_2O_3 平均含量为 50mg/kg。

根据钪的赋存特点及矿物含量特征，钪在白云鄂博矿石选冶流程中有以下特点：

① 大约有 50%的钪分布在硅酸盐、碳酸盐和其他脉石矿物中，它们分布在选铁和稀土的尾矿中，Sc_2O_3 含量可达 250mg/kg，远高于钪的工业品位 $20\sim50mg/kg$。

② 有 30%的钪分散在磁铁矿和赤铁矿中，最后转入炼铁的炉渣或从烟囱逸走。

③ 只有大约 20%的钪分散在稀土矿物和铌矿物中，可在回收稀土和铌时回收。

根据矿石中几种硅酸盐矿物含钪量相对较高的现象，在采用稀选尾矿作为提钪原料时，应首先通过一定场强的磁选对稀选尾矿进行处理，使其中的钠闪石、钠辉石、黑云母得到富集，提高提钪原料中 Sc_2O_3 的含量。从含钪矿中提取钪，目前最常用的方法是酸溶法。首先用浓盐酸浸泡含矿物，氧化钪基本溶于盐酸中，将盐酸溶液反复洗涤，先用仲辛醇萃取铁，然后再用 TBP 萃取剂萃取钪，经三级萃取，而后浓缩，再用 10% 的氢氧化钠溶液进行反萃取，最后用草酸沉淀，将沉淀物灼烧成氧化钪。该回收工艺现已在攀枝花选矿厂应用，并成功地从尾矿中提取出 Sc_2O_3 纯度大于 9.8%、钪收率大于 80%的氧化钪产品。

2.3.8 四川牦牛坪稀土矿[4]

四川稀土矿属氟碳铈型稀土矿。稀土矿产资源集中分布于攀西地区，主要有冕宁县牦牛坪稀土矿区、德昌县大陆槽稀土矿区、冕宁县里庄羊房沟矿区、冕宁木洛矿区及冕宁三岔河矿区。构成了一个南北长约 300km 的稀土资源集中区。目前在开采的矿区主要为牦牛坪矿区和大陆槽矿区。

牦牛坪稀土矿床系与喜山期霓石碱性花岗岩有直接成因关系的碱性伟晶岩和方解石碳酸岩矿床。矿石中 80%（REO）分布于氟碳铈矿中。90% 以上的稀土以独立稀土矿物形式存在，其中绝大部分为氟碳铈矿，少量呈硅钛铈矿、氟碳钙铈矿、方铈矿（地表）等产出。矿床的工业矿物主要为氟碳铈矿，其次为氟碳钙铈矿，少量硅钛铈矿等，伴生矿物主要有重晶石、萤石、铁锰氧化物以及少量方铅矿等。原矿含 REO 较低、矿石风化严重，易碎。

（1）磁选-重选-浮选组合工艺[78-80]

对于牦牛坪稀土矿国内各单位曾做过许多试验工作。先后研究过优先浮选氟碳铈矿流程、优先浮选重晶石而后浮选氟碳铈矿工艺，以及重选-浮选工艺，均取得了较好的选别指标。图 2-5 为常用选矿工艺的流程图及三废情况。该工艺采用了磁选、重选、浮选三种选矿方法，能够先后选出稀土精矿、重晶石和萤石。废气主要来源于矿石破碎产生的扬尘，采用洒水方式抑尘，采选固体废物污染源主要是选矿后的尾矿，排入尾矿库贮存，不排入外环境。浮选工序产生的尾水，含少量浮选药剂和悬浮物，特征污染因子为化学需氧量、悬浮物、铅，经自然降解和静置沉淀后，约 80% 回用。

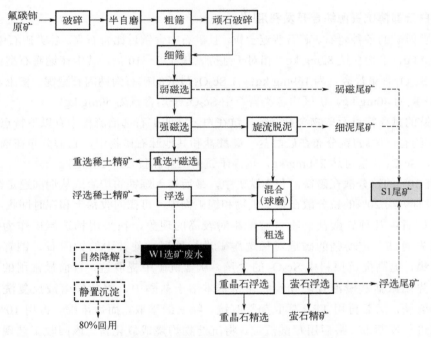

图 2-5　四川矿的选矿与三废产生情况

利用湿式高梯度强磁选-重选-浮选的组合工艺进行四川牦牛坪稀土矿选矿试验。首先用矿物自动分析仪（MLA）查明了矿物组成、嵌布粒度特征，对比分析了主要矿物的密度、莫氏硬度、比磁化系数和磁性的工艺特性差异。表 2-6 的结果表明：主要稀土矿物氟碳铈矿粒度多在 0.04～1.28mm 范围内，具有顺磁性，而重晶石、萤石、正长石和石英呈现非磁性，此磁性差异是强磁选能预先富集的关键矿物学因素。通过实验确定最佳工艺条件和结果如下。在粒径小于1.0mm、1.0T背景场强下湿式强磁选粗选，强磁选精矿分级成3个粒级物料：0.4～1.0mm物料进行粗砂摇床重选，0.074～0.4mm和小于0.074mm物料分别进行细砂摇床重选，各重选中矿合并，在0.6T背景场强下湿式强磁选精选，磁选精矿与重选精矿合并，获得REO品位65.49%、回收率67.80%的磁重稀土精矿；磁选精选中矿与摇床尾矿合并成REO 2.10%的稀土中矿，磨矿细度小于0.043mm的占70%，pH 8～9，水玻璃用量714g/t原矿，捕收剂GSY 1033g/t原矿下进行常温浮选，获得REO品位67.84%、回收率15.46%的浮选稀土精矿；两种稀土精矿REO平均品位65.93%、总回收率83.26%。

表2-6　矿中主要矿物的含量及特征参数

矿物名	含量/%	密度/(g/cm^3)	莫氏硬度	比磁化系数/(10^{-9}m^3/kg)
氟碳铈矿	3.22	4.7～5.1	4.0～4.5	460～2200
重晶石	17.69	4.3～4.5	3.0～4.0	0.25～0.44
萤石	13.34	3.0～3.2	4.0	1.54～0.14
正长石	29.98	2.5～2.65	6.0～6.5	0.25～0.61
石英	19.77	2.65	7.0	0.41～1.03

（2）重选-浮选流程[81-82]

原矿磨至小于0.074mm 50%，经分级后用摇床重选分选，获得一种含REO 35%的稀土次精矿，摇床中矿再磨至小于0.074mm 70%，采用碳酸钠、水玻璃、氟硅酸钠、C$_5$～C$_9$羟肟胺进行浮选，经一粗、一精、一扫闭路流程，获得含REO 50%～60%的稀土精矿，稀土回收率可达50%～60%。同样地，重选-浮选联合工艺用H316或L102作捕收剂，水玻璃作调整剂的组合用药制度对重选后含15%～30% REO的粗精矿进行浮选氟碳铈矿。在该工艺中重选只做预选作业，作为初步富集稀土矿物，然后经一次浮选一次精选，可得到稀土（以REO计）品位大于69%的氟碳铈矿精矿，作业回收率大于85%，以原矿稀土计回收率在66%以上。用H205作为捕收剂，在重选-浮选联合工艺中，可获得稀土品位大于65%，作业回收率90%的选别结果。重选-浮选联合工艺比单一重选工艺长，但稀土回收率和产品纯度分别提高5%和10%以上。

（3）混浮-强磁法从尾矿中回收稀土和萤石[83]

混合浮选技术是指在浮选含有两种或两种以上目的矿物的矿石时，先将矿石中要回收的两种以上目的矿物一起浮出并得到混合精矿的选矿技术。该技术利用有用矿物性质相近，而其他矿物与有用矿物性质相差较大或者用药剂改变其表面矿物性质造成与目的矿物性质差异较大的原理，采用混合浮选使目的矿物的聚集体整体上浮，与非目的矿物分离。由于混合浮选同时富集两种或以上的目的矿物，减少了作业流程，因此与优先浮选相比，混合浮选优点是减少磨矿费用和浮选机数量、降低药剂消耗。

对于稀土含量低于1%、萤石含量为2%～5%的低品位稀土、萤石矿，若采用优先浮选工艺流程，无论优先分选萤石或者稀土均会造成工艺流程过长，且药剂相互影响。经研究发现，稀土、萤石、重晶石及少量碳酸盐均为可浮性相近矿物，采用水玻璃为抑制剂抑制硅酸盐矿物，用廉价、高效的脂肪酸类捕收剂均能捕收稀土、萤石、重晶石等矿物。

重晶石的可浮性随着矿浆 pH 值的降低而逐渐降低，其最佳 pH 值为 9，而稀土、萤石在 7.5 左右仍然不受限制且脉石矿物仍被抑制。据此，将脂肪酸类药剂进行选择性及捕收能力的改性，最终确定混合浮选捕收剂 FCF-1 具有良好的捕收能力及选择性。经一次粗选、一次扫选、四次精选得到混合精矿。混合精矿中含有稀土、萤石及少量重晶石。稀土具有弱磁性，萤石及重晶石等脉石矿物均无磁性，可通过湿式强磁工艺进行分选。因此，确定了萤石稀土混合浮选-强磁选分离稀土工艺流程。

运用扫描电子显微镜微区能谱分析、AMICS 矿物自动分析等测试手段，确定了某尾矿的矿物主要由石英、钾长石、斜长石、重晶石、萤石、稀土矿物组成，其余脉石含量较低或量微。矿物组成种类较多，其中含少量铅、锰矿物，为方铅矿、菱铁锰矿、铅硬锰矿、硬锰矿等。为此，选取水玻璃、混合捕收剂 FCF-1、絮凝剂 BX-1 等药剂，采用一次粗选、四次精选、一次扫选的混浮工艺流程优先将重晶石浮选尾矿中的低品位稀土、萤石富集，再采用一次粗选，一次扫选，粗、扫精矿合并到精选的湿式强磁工艺，成功将萤石稀土混合浮选精矿中的稀土分离为合格稀土精矿。稀土精矿品位达到 68.42%，回收率达到 55.01%；磁选尾矿中萤石含量 68.42%，为后续萤石分离提供了高品位原料，成功解决了大多尾矿中稀土、萤石含量低，开发利用难度大、经济效益差等问题。

（4）磁-重联合分选试验[84-85]

牦牛坪某矿区稀土矿中 REO 含量为 6.21%，主要稀土矿物以氟碳铈矿为主，有较高的回收价值。其他矿物以长石、石英为主，其次为重晶石、萤石、云母等。所用矿石成分较为复杂，主要有价元素是稀土元素，其他杂质成分为 SiO_2、$BaSO_4$、CaF_2、Al_2O_3 以及 Fe 等。矿石中其他矿物以长石、石英为主，其次为重晶石、萤石、云母、角闪石及褐铁矿、赤铁矿，并含少量绿泥石、磷铝石。

在确定选矿工艺和条件时需要考虑共存矿物的共生关系、粒度和脉石矿物物理性质的影响。研究结果表明：大部分氟碳铈矿颗粒较为纯净，与脉石接触面平滑规整，因此大部分氟碳铈矿易单体解离，对回收较为有利，只有少部分氟碳铈矿内部或边缘见细粒脉石矿物分布，而此类则必须细磨才能达到解离。矿石中的氟碳铈矿含量较高，且为自形至半自形结晶，呈板状或长粒状，粒度分布多数为 0.03～0.8mm，氟碳铈矿、重晶石等虽颗粒较大，但其性脆，在矿石磨细时易产生过粉碎形成次生矿泥，为了消除矿泥对氟碳铈矿分离回收的不利影响，需注意磨矿过程的磨矿细度。氟碳铈矿与重晶石、褐铁矿、赤铁矿的密度相似，与褐铁矿、赤铁矿、角闪石等弱磁性矿物磁性相近，因此针对稀土矿物应采取多种选矿方法进行回收。

参照表 2-7 数据所做的工艺矿物学分析结果表明，氟碳铈矿与重晶石、褐铁矿、赤铁矿的密度相似，与褐铁矿、赤铁矿、角闪石等弱磁性矿物磁性相近，矿石中诸如石英、长石、萤石、云母、重晶石等 75% 含量以上的矿物与氟碳铈矿磁性差异较大，适宜首先采取磁选的工艺进行初步分选，可排除大部分的脉石矿物。之后再利用密度差异，采用重选的工艺将氟碳铈矿与角闪石、铅锰矿物等以及部分磁选夹杂的石英、萤石等分离。因磁选夹杂出的重晶石等与氟碳铈矿密度相近的矿物在重选中难以分离，最后采用再磁选的分离工艺，得到合格的氟碳铈精矿。其选矿工艺如图 2-6 所示。

表 2-7　一些主要矿物的特征及可选性(重选、磁选、浮选)程度

矿物名称	晶系	晶格能/(J/mol)	硬度	密度/(g/cm³)	比磁化系数/(10⁻⁹m³/kg)
氟碳铈矿	六方	5069（较易）	4~4.5	4.72~5.12（重）	11~13.5（极弱）
独居石	单斜	15320（难）	5~5.5	4.83~5.5（重）	18.6~11.3（极弱）
重晶石	斜方	2185（易）	3~3.5	4.3~4.5（中重）	−0.30（无）
赤铁矿	三方	16028（难）	5~6	5.0~5.3（重）	172~290（弱）
石英	三方，六方		7	2.65（轻）	−0.50（无）
长石	三斜		6~6.5	2.62~2.76（轻）	（无）
萤石	等轴	2679（易）	4	3.18（轻）	0.51（极弱）
白云母	单斜	5797（较易）	2.5	2.76~3.10（轻）	2.93（极弱）
角闪石	单斜		5~6	3.1~3.3（轻）	19~25.5（极弱）
磁铁矿		22993（难）		5.12（重）	大于4600（强）
黄铁矿		3503（易）		5.05（重）	3.9（极弱）
方解石				2.76（轻）	1.4（极弱）
钠闪石		30414（难）		3.25（轻）	37.9（弱）
钠辉石		34412（难）		3.57（轻）	67.3（弱）
磷灰石				3.25（轻）	5.4（极弱）
黑云母		30230（难）		3.13（轻）	48.3（弱）

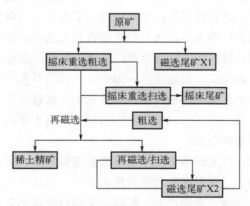

图 2-6　磁选-重选-磁选工艺流程图

　　试验采用磁选-摇床重选-再磁选的工艺流程，闭路试验可以得到 REO 品位 55%左右、回收率 79%左右的稀土精矿，回收指标较好。

　　试验所得到的摇床尾矿和磁选尾矿，仍然含有一定的稀土矿物。由于磁选、重选回收的粒级范围有限，一般回收下限为 0.037mm，则稀土矿物主要是细粒级在工艺流程中的损失，可以考虑后续通过微细粒浮选技术等手段综合回收，进一步提高回收率。

（5）强磁选预富集氟碳铈型稀土矿[79]

　　选矿预富集是处理低品位矿石技术措施，其主要特点为成本低、易操作、效率高，可为后续回收创造良好的条件。轻稀土矿普遍具有共伴生组分多、性质复杂、回收难度大的特征，单一的选矿技术难以有效地综合回收，通常采用重选、磁选、浮选和电选的组合工艺进行。作为矿物加工的第一步工序，选矿预富集作用至关重要，尤其是处理低品位矿石时更为重要。

如何选择预富集技术是实现工艺简短、经济可行的关键，应引起矿物加工工作者足够的重视。

四川牦牛坪稀土矿 REO 有资源储量 317 万吨，伴生重晶石 1976 万吨、萤石 1324 万吨、钼 8.53 万吨、铅 59.7 万吨和硫酸锶 82.9 万吨，综合回收意义重大。长期以来，选矿时只注重回收氟碳铈矿，而忽略综合回收价值巨大的多种伴生矿物，逐步形成了以摇床重选为核心技术的选矿工艺，包括单一重选、重选-浮选、重选-磁选-浮选等，但整体选矿 REO 回收率仅约为 50%，其余部分与伴生有价组分一并流失浪费。采用摇床重选-中矿干磁-磁尾浮选工艺的重选-磁选-浮选技术，可获得 REO 品位 62%～70%、总回收率 80%～85%的稀土精矿。但在规模化生产时，摇床预富集占地面积大，过程干湿交替，作业不连续，干式分选，粉尘污染，尤其是富集的少量放射性元素钍，若不加防范，对人体有潜在的严重危害。该流程不紧凑，有用矿物分散，不利于综合回收。为此，以详细剖析矿石工艺矿物学特性为基础，进行强磁选预富集选矿试验。采用自动矿物分析仪进行的工艺矿物学研究结果表明，该稀土矿石中稀土矿物种类多但非常集中，主要为氟碳铈矿，其次为氟碳钙铈矿、褐帘石，极少量独居石、磷钇矿、铈棉石、钍石等；钼矿物为彩钼铅矿；铅矿物种类多，有铅硬锰矿、磷铝铅矿、铅钒矿、白铅矿、彩钼铅矿等；铁矿物为少量的褐铁矿，微量的磁铁矿；非金属矿物有重晶石（含锶）和萤石；硫化矿物数量极微；脉石矿物主要为正长石、石英，少量黑云母、钠铁闪石、高岭土和霓石等。

检测矿物定量组成、嵌布粒度、粒级分析和单体解离度等工艺矿物学特征，分析比较不同矿物间的密度、磁性等工艺特性差异，确定该稀土矿重点回收对象为氟碳铈矿；其次是综合回收重晶石、萤石、钼铅矿物等。从选矿综合回收和工艺简洁性的角度分析，如何有效地对其预先富集，实现不同特性矿物的分流分类，并利于后续的深度分选，则是考虑的重点。各矿物密度数据显示，氟碳铈矿、铅硬锰矿、褐铁矿、重晶石和彩钼铅矿的密度较大，可采用重选与正长石、石英和萤石分离；磁性数据差异显示，氟碳铈矿、铅硬锰矿和褐铁矿均具有弱磁性，而正长石、石英、重晶石、萤石和彩钼铅矿则属于非磁性矿物，可通过强磁选实现弱磁性矿物与非磁性矿物的分流。

预富集方案有两种：一是重选预富集，二是强磁选预富集。采用前者，重晶石与氟碳铈矿会同步进入重选精矿中，后序磁选分离获得氟碳铈矿，重晶石再浮选回收；而分流到重选尾矿中的萤石，需再浮选回收。采用后者，氟碳铈矿则可与重晶石和萤石实现一步法分流，强磁精矿中的氟碳铈矿可重选或浮选集中精选；强磁尾矿中重晶石和萤石亦可集中浮选，比较简洁高效。对比可见，强磁选预先富集方法优于重选。

高梯度湿式强磁选试验结果表明，氟碳铈矿粒度较粗易解离，与重晶石和萤石等矿物磁性差异较大。因此，提出强磁选预富集氟碳铈矿的新思路。经 1.0T 背景磁场强度的湿式强磁选试验，**89.94% REO** 可一步分流至磁选精矿中，选矿富集比达 4.53，重晶石和萤石含量仅 5.76%和 4.58%，而 91.52%重晶石和 95.46% 萤石分流至磁选尾矿中，有利于进一步集中综合回收。因此，湿式强磁选预富集技术是处理低品位氟碳铈型稀土矿的有效途径之一。

（6）其他选矿工艺及效果

为了解决牦牛坪稀土矿品位低、嵌布粒度粗细不均匀等问题，广州有色金属研究院开发了"磁选-重选-浮选"联合选别流程[80]，根据牦牛坪稀土矿中所含氟碳铈矿显弱磁性的特点，采用湿式磁选法富集稀土矿，并利用重选法去除在磨矿中被铁物质污染的脉石矿物，然后通过浮选进一步对微细粒稀土矿进行选别，最终可获得品位 60%～72%、回收率 80%～85% 的稀土精矿，是一种指标先进的稀土矿选别工艺。

综合考虑稀土产品与脉石矿物的物理化学性质差异以及细粒级稀土矿的回收技术，选用"摇床-浮选"工艺进行试验，获得了 REO 品位 62.14%、回收率 86.68% 的稀土精矿，指标较好且药剂制度简单[81-82]。

采用"浮团聚-磁选"选矿工艺使得细粒级稀土矿物颗粒聚集，然后根据稀土矿与脉石矿物的磁性差异，利用强磁选提纯获得合格的精矿，为处理具有矿泥含量大、矿物嵌布粒度细、嵌布结构复杂等特点的稀土矿的选别提供了有效的方法[83]。

采用"磁选预富集-浮选-磁选提纯"选矿工艺从极低品位氟碳铈矿中分选稀土，磁选预富集过程可有效抛除多余脉石，降低浮选作业的入选矿量，而通过浮选及磁选提纯工艺可大大实现氟碳铈矿与非金属矿的分离，改善精矿质量，提高生产指标[84-85]。

由于风化作用的影响，稀土矿中会掺杂大量质量轻、动量小、比表面积大、表面能高的细泥，导致选别效果不佳。为改善其选矿工艺，对某稀土矿旋流器溢流产品进行了重、磁、浮等物理实验和焙烧-浸出等化学试验研究，结果表明，相较于物理分选，水浴加热浸出工艺可有效分离有用矿物和黏土，且焙烧活化后效果更佳[86-87]。

2.3.9 四川德昌大陆槽稀土矿[88-89]

德昌大陆槽稀土矿属单一氟碳铈矿型稀土矿床，D 级储量为稀土（以 REO 计）金属量 28 万吨，推测远景储量为 78 万吨，REO 品位 4%～6%。位于川西冕宁德昌稀土矿带，属于风化强烈的半风化矿，矿床上层严重风化或深度氧化，泥化严重，稀土矿物氟碳铈矿嵌布粒度极不均匀，大部分粒度细小，难以实现氟碳铈矿充分单体解离。而且氟碳铈矿性脆，在碎磨过程中易泥化，致使微细粒稀土矿物含量增大，其他可综合利用的矿物主要为锶重晶石-钡天青石系列矿物，如萤石、菱锶矿、方铅矿，脉石矿物主要是方解石、霓辉石。矿体平均品位 REO 1%～5%。矿石中有 84.27%～95.13% 的 REO 赋存于氟碳铈矿。稀土配分属强选择的富 Ce 轻稀土配分型，矿石稀土配分 Ce＞La＞Nd，LREO 为 98.31%，MREO 为 1.43%，HREO 为 0.26%。由于矿石结构及组成较复杂、风化严重、含泥较高、氟碳铈矿嵌布粒度不均匀、部分细粒级较难解离以及与氟碳铈矿密度和可浮性相近的脉石物含量较高等，导致稀土回收难度较大。

针对德昌大陆槽稀土矿石及矿物特性，氟碳铈矿主要采用单一重选、磁选和浮选及其组合分级分选及预富集等工艺进行选别，经过多年研究，氟碳铈矿的选别指标得到了极大的改善，但因氟碳铈矿与萤石、天青石和重晶石等主要脉石矿物的密度和可浮性相近，质量小、动量小、比表面积大和吸附能力强的微细粒氟碳铈矿易与粉屑细泥发生凝聚或絮凝成团，以及细泥和粉屑罩盖氟碳铈矿导致氟碳铈矿与脉石矿物分离效率低，且难以回收。采用一段闭路磨矿——粗一扫摇床重选—高梯度强磁选的重-磁联合工艺可以获得 REO 含量为 60%～65% 的稀土精矿，但 REO 回收率只有 30%～40%。

氟碳铈矿是顺磁性矿物，比磁化系数低，可采用强磁选进行选别，但常规强磁选设备产生的磁感应强度低，不足以提供有效分选微细弱磁性和微弱磁性矿物颗粒的磁场力，导致常规磁选设备不能有效回收该类型矿物。而超导技术在磁选设备中的应用使超导高梯度磁选机可提供足够高的磁感应强度，提高了作用于微弱磁性矿物颗粒的磁场力，并实现微弱磁性矿物的有效分选，为微弱磁性矿物的分选提供了契机。

大陆槽稀土矿中氟化钙、碳酸钙等含钙脉石矿物含量较高，其可浮性与稀土矿物相近。而比磁化系数和密度与稀土矿物有较大差异。因此可通过高梯度磁选或重选使稀土矿物与含钙脉石矿物分离。但重选对细粒级稀土矿物回收效果差，而高梯度磁选的分选粒级下限远低于重选，为此，采用先通过高梯度磁选将稀土矿物预富集，再对高梯度磁选精矿进行浮选的原则流程（见图2-7）。

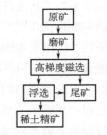

图2-7　高梯度磁选-浮选工艺

矿石中矿物种类较多，稀土矿物有氟碳钙铈矿、氟碳铈矿和少量含铈铅硬锰矿。硫化矿物含量低，主要有黄铁矿、黄铜矿、闪锌矿和方铅矿。其他矿物有天青石、重晶石、萤石、方解石、钙铝榴石、绿帘石、赤铁矿、褐铁矿、铁白云石、角闪石、石英、长石、金云母、黑云母、白云母、磷灰石等，其中萤石和天青石含量分别超过20%和30%，可考虑作为副产品综合回收。为此，将原矿闭路磨细至小于0.075mm占84.67%后，通过高梯度强磁选，可先行抛除产率达82.22%的尾矿。一是可消除可浮性与稀土矿物差异不大的萤石、方解石等含钙脉石矿物对稀土浮选的影响；二是可将矿石的REO品位由4.27%提高到16.15%，为浮选创造有利条件，降低浮选成本。

以碳酸钠为pH调整剂，水玻璃为抑制剂、新型羟肟酸类螯合剂GYF为捕收剂对高梯度磁选精矿进行一粗一扫二精闭路浮选，可获得REO品位为60.20%、REO回收率为63.00%的稀土精矿，REO回收率比原生产采用的重磁联合工艺提高20个百分点以上。根据超导高梯度磁选机的特点及矿物比磁化系数的差异，可将超导高梯度磁选机应用于四川德昌大陆槽稀土矿浮选精矿的除杂，实现微弱磁性矿物氟碳铈矿与无磁性矿物的高效分离，提高了分选精度，优化了产品质量。

微细粒稀土矿物的高效回收是获得高回收率稀土矿物的前提，采用羟肟酸捕收剂AHY和具有促进稀土矿捕收性能的起泡剂AOH之间的协同效应，改善了细粒和微细粒氟碳铈矿分选效果，提高了微细粒氟碳铈矿的回收。采用超导高梯度磁选机，可提供捕获微弱磁性氟碳铈矿颗粒的磁力，实现浮选精矿中微弱磁性矿物氟碳铈矿与天青石、重晶石和萤石等非磁性矿物的高效分离，采用一粗一扫闭路浮选和超导梯度磁选组合工艺，在最佳工艺参数条件下，获得REO品位63.56%、回收率82.21%的稀土精矿。将浮选精矿的REO品位由50.31%提高至63.56%，回收率仅降低了1.91%。

2.3.10　山东微山稀土矿[4,86,90-96]

山东微山稀土矿位于山东省微山县境内，系石英-重晶石-碳酸盐稀土矿床。矿石中稀土矿物以氟碳铈矿为主，伴生有重晶石及少量萤石，脉石矿物主要是方解石、石英等，属易选矿石。

微山稀土矿1991年采用水玻璃和L102作捕收剂，在弱碱性（pH 8～8.5）介质中进行浮选的工艺流程，可获得含REO＞60%的稀土精矿，回收率为60%～70%，以及含REO 32%的稀土次精矿，回收率为10%～15%的工业试验结果。并可获得含$BaSO_4$ 92%～94%的重晶石精矿，回收率为 72%～75% 的小型试验指标。目前，可根据市场需要生产 45%～50% 的稀土精矿，其回收率达 82%～85%，也可以按照用户要求生产含 REO 68% 以上的优质稀土精矿和重晶石精矿。选矿工艺见图 2-8（a）。

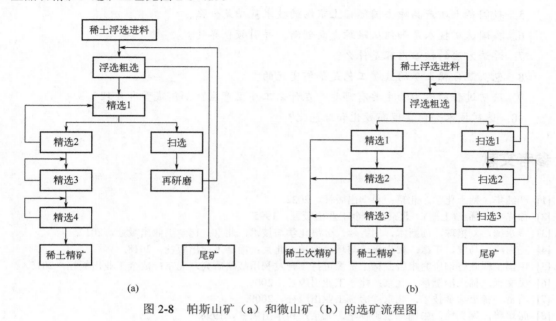

(a)   (b)

图 2-8　帕斯山矿（a）和微山矿（b）的选矿流程图

2.3.11　美国芒廷帕斯稀土矿[4,86]

美国芒廷帕斯（Mountain Pass，帕斯山）矿床位于加利福尼亚州，是一个著名的氟碳铈矿床，平均厚度为 75m，向西南倾斜 45°。氟碳铈矿是主要的 RE 矿物，REO 品位为 7.98%。矿石含约 65% 的方解石和/或白云石、20%～25% 的重晶石和其他脉石矿物，如锶石和滑石。帕斯山矿床于 1954 年由美国钼业公司（Molycorp）开采稀土。从 20 世纪 60 年代到 90 年代，该矿床是世界上最重要的稀土供应源。2000 年后帕斯山矿产关闭，2018 年重启生产。根据美国地质调查局的统计，2021 年美国稀土产量为 43000t，主要来自帕斯山矿床。

美国氟碳铈矿的传统选矿方法以高温浮选为主。把矿浆加热至 90℃，用精制塔尔油作捕收剂，六次搅拌调浆，经一次粗选、五次精选，获得 REO 60.63%、回收率 65.70% 的氟碳铈矿精矿。选矿工艺见图 2-8（b）。

目前，美国氟碳铈矿的选矿方法仍然是加温全浮选工艺，只是把矿浆加热的温度降低至60℃ 左右，改用我国研发的羟肟酸类捕收剂，经 2 次搅拌调浆，采用一次粗选、两次扫选、三次精选，获得 REO 62% 的氟碳铈矿精矿，回收率 70%。

思考题

1. 试述几种典型选矿技术的特点及其适用范围。
2. 试述包头混合稀土矿的特点及其选矿方法。

3. 我国已经开发和应用的矿物型稀土资源有哪几种？他们的组成和稀土配分及主要伴生元素如何？

4. 试述氟碳铈矿的特点及其选矿方法。

5. 我国稀土矿产品冲击国际稀土市场的技术基础是什么？

6. 我国选矿技术是如何从跟踪走向创新，并引领世界的？

7. 浮选方法的核心内容是什么？

8. 包头混合稀土矿的选矿工艺是如何变迁的？

9. 选矿过程的污染物主要有哪些？在什么工序里产生？如何减量和处理？

10. 选矿技术如何实现高效化和绿色化？

参考文献

[1] 严纯华. 稀土化学. 北京：科学出版社，2022.

[2] 徐光宪. 稀土(上册). 北京：冶金工业出版社，1995.

[3] 李永绣，刘艳珠，周新木，周雪珍. 分离化学与技术. 北京：化学工业出版社，2017.

[4] 杨占峰，马莹，王彦. 稀土采选与环境保护. 北京：冶金工业出版社，2018.

[5] 中国工程院咨询研究报告. 稀土资源可持续开发利用战略研究. 北京：冶金工业出版社，2015.

[6] 吴文远. 稀土冶金学. 北京：化学工业出版社. 2005.

[7] 石富. 稀土冶金技术. 北京：冶金工业出版社，2009.

[8] 张培善，陶克捷. 中国稀土矿物学. 北京：科学出版社，1998.

[9] 余永富. 我国稀土矿选矿技术及其发展. 中国矿业大学学报，2001, 30(6): 537-542.

[10] 余永富，罗积扬，李养正. 白云鄂博中贫氧化矿铁、稀土选矿试验研究. 矿冶工程，1992, 12(1): 16-20.

[11] 车丽萍，余永富. 我国稀土矿选矿生产现状及选矿技术进展. 稀土，2006, 27(1): 95-102.

[12] 车丽萍. 中国稀土矿选矿现状及发展方向. 矿业快报，2006, 25(6): 16-23.

[13] 张金山，郝文刚，屈奇奇. 我国稀土选矿联合工艺的发展现状. 中国矿业，2018, 27(1): 127-131.

[14] 时晗，何晓娟，胡真，等. 我国稀土矿选矿近十年研究现状及发展前景. 有色金属（选矿部分），2021(4): 18-25.

[15] 马莹，李娜，王其伟，等. 白云鄂博矿稀土资源的特点及研究开发现状. 中国稀土学报，2016, 34(6): 641-649.

[16] 林东鲁，李春龙，邬虎林. 白云鄂博特殊矿采选冶金工艺攻关与技术进步. 北京：冶金工业出版社，2006: 114-121.

[17] 燕洪全. 白云鄂博矿选矿技术攻关的回顾与展望. 矿业工程，2003, 1(1): 36-40.

[18] Cao S M, Cao Y J, Ma Z L, et al. Structural and electronic properties of bastnaesite and implications for surface reactions in flotation. J Rare Earths, 2020, 38: 332-338.

[19] Espiritu E R L, Naseri S, Waters K E. Surface chemistry and flotation behavior of dolomite, monazite and bastnäsite in the presence of benzohydroxamate, sodium oleate and phosphoric acid ester collectors. Colloids Surf A, 2018, 546: 254.

[20] 车丽萍，余永富，庞金兴. 羟肟酸类捕收剂在稀土矿物浮选中的应用及发展. 稀土，2004, 25(3): 49, 54.

[21] 熊文良，邓杰，邓善芝，等. 磷酸盐型稀土矿选冶联合分选工艺研究. 有色金属（选矿部分），2019(2): 55.

[22] Wanhala A K, Doughty B, Bryantsev V S, et al. Adsorption mechanism of alkyl hydroxamic acid onto bastnasite: Fundamental steps toward rational collector design for rare earth elements. J. Colloid Interface Sci, 2019, 553: 210.

[23] Cen P, Bian X, Liu Z, et al. Extraction of rare earths from bastnaesite concentrates: A critical review and perspective for the future. Miner Eng, 2021, 171: 107081.

[24] Kumari A, Panda R, Jha M K, et al. Process development to recover rare earth metals from monazite mineral: A review. Miner Eng, 2015, 79: 102.

[25] Fan H R, Yang K F, Hu F F, et al. The giant Bayan Obo REE-Nb-Fe deposit, China: Controversy and ore genesis. Geosci Front, 2016, 7(3): 335.

[26] Yang X, Lai X, Pirajno F, et al. Genesis of the Bayan Obo Fe-REE-Nb formation in Inner Mongolia, North China Craton: A perspective review. Precambrian Res, 2017, 288: 39.

[27] Pradip, Fuerstenau D W. Design and development of novel flotation reagents for the beneficiation of Mountain Pass rare-earth ore. Miner. Metall Process, 2013, 30(1): 1.

[28] Xiong W L, Deng J, Chen B Y, et al. Flotation, magnetic separation for the beneficiation of rare earth ores. Minerals Engineering, 2018(119): 49-56.

[29] Vucinic D R, Radulovic D S, Deusic S D. Electrokinetic properties of hydroxyapatite under flotation conditions. J Colloid In terf Sci, 2010, 43(1): 239-245.

[30] Zhao Y Y, Sun X, Meng D L, et al. Effect of phase transition during roasting of Mountain Pass rare earth concentrate on leaching efficiency of rare earths. J Rare Earths, 2023.

[31] 张巍. 西南某稀土尾矿选矿预富集工艺试验. 现代矿业, 2016, 32(2): 63-65.

[32] 高玉德, 邱显扬, 韩兆元, 等. 细粒级低品位钽铌稀土矿选矿工艺研究. 中国钨业, 2013, 28(4): 26-28.

[33] 邱雪明, 陆智, 程秦豫. 四川某稀土矿选矿工艺试验. 有色金属工程, 2015, 5(5): 46-49.

[34] 黄鹏, 林瑶, 刘爽, 等. 湖北某重稀土矿的选矿试验研究. 稀土, 2016, 37(2): 68-72.

[35] 向俊, 车小奎, 郑其, 等. 湖北某低品位稀土矿石选矿试验研究. 稀有金属, 2018, 42(12): 1316-1322.

[36] 李健民, 刘殿文, 孙运礼, 等. 某低品位混合稀土矿浮选试验研究. 稀土, 2017, 38(5): 120-126.

[37] 张鉴. 白云鄂博共生矿选矿技术现状与展望. 包钢科技, 2005, 31(4): 1-6.

[38] 姜立峰, 李玉刚. 白云鄂博磁铁矿矿石选别工艺. 包钢科技, 2005, 31(4): 14-16.

[39] 张文华, 郑煜, 秦永启. 包钢选矿厂尾矿的稀土选矿. 湿法冶金, 2002(1): 36-38.

[40] 曹惠昌. 稀土矿分选工艺及浮选药剂研究进展. 矿产保护与利用, 2017(3): 100-105.

[41] 余永富, 陈雯, 彭泽友. 包头强磁粗精矿还原焙烧-磁性分离提高铁精矿品位及降低稀土、铌含量的研究. 稀土, 2010, 31(2): 60-64.

[42] 李梅, 张栋梁, 柳召刚, 等. 白云鄂博尾矿优先浮选稀土的试验研究. 有色金属: 选矿部分, 2014(5): 58-61.

[43] 孟艳宁, 范红海, 陈金勇, 等. 白云鄂博稀土矿床中稀土伴生钍资源的分布特征研究. 地质论评, 2016, 62(z1): 395-396.

[44] 廖璐, 李红立, 尹江生, 等. 内蒙古某稀有稀土矿磁选-浮选-磁选-重选联合工艺选矿试验研究. 内蒙古科技与经济, 2016(3): 66-68.

[45] 宋素芬, 王化军. 白云鄂博氧化矿选矿工艺优化试验研究与应用. 铜业工程, 2012, 29(4): 18-21.

[46] 彭美旺, 杨富强, 陈红康. 混浮-强磁法从某尾矿中回收稀土、萤石. 铜业工程, 2021(3): 44-48.

[47] 许道刚, 王建英, 李保卫, 等. 白云鄂博矿中稀土、铁综合回收的新工艺研究. 中国稀土学报, 2015, 33(5): 633-640.

[48] 王维维, 候少春, 李二斗, 等. 白云鄂博霓石型低品位铁-稀土矿石矿选试验研究. 中国矿业, 2021, 30(9): 132-138.

[49] 王维维, 马莹, 李二斗, 等. 白云鄂博云母型低品位稀土-铁矿石选矿试验研究. 中国矿业, 2020, 29(S1): 498-501.

[50] 林海, 许晓芳, 董颖博, 等. 深度还原-弱磁选回收稀土尾矿中铁的试验研究. 东北大学学报(自然科学版), 2013, 34(7): 1039-1041.

[51] 李陕, 魏光普, 于晓燕, 等. 轻稀土矿环境风险评估及污染治理研究进展. 农业研究与应用, 2021, 34(1): 65-70.

[52] 曹永丹, 曹钊, 李解, 等. 白云鄂博稀土浮选研究现状及进展. 矿山机械, 2013, 41(1): 93.

[53] 李勇，左继成，刘艳辉. 羟肟酸类捕收剂在稀土选矿中的应用与研究发展，2007, 23(3): 30-33.

[54] 李文博，武锋，杨峰，等. 国内矿物型稀土选别工艺及浮选捕收剂机理研究新进展. 现代矿业，2019(6): 1-6.

[55] 罗家珂，陈祥勇. 从萤石、重晶石、方解石中优先浮选稀土矿物的研究. 中国稀土学报，1995, 3(3): 7-12.

[56] 李文博，武锋，杨峰，等. 国内矿物型稀土选别工艺及浮选捕收剂机理研究新进展. 现代矿业，2019(6): 3-6.

[57] Yang Z R, Bian X, Wu W Y. Flotation performance and adsorption mechanism of styrene phosphonic acid as a collector to synthetic $(Ce,La)_2O_3$. J Rare Earths, 2017, 35(6): 621-628.

[58] Cheng J Z, Hou Y B, Che L P. Flotation separation on rare earth minerals and gangues. J Rare Earths, 2007 (S1): 62-66.

[59] Jordens A, Marion C, Kuzmina O, et al. Surface chemistry considerations in the flotation of bastnäsite. Miner Eng, 2014, 66: 119.

[60] Marabini A M, Ciriachi M, Plescia P, et al. Chelating reagents for flotation. Miner Eng, 2007, 20(10): 1014-1025.

[61] Pavez O, Brandao P R G, Peres A E C. Adsorption of oleate a nd octyl, hydroxamate on to rare earths minerals. Miner Eng, 1996, 9(3): 357-366.

[62] Cao Z, Cao Y D, Qu Q Q, et al. Separation of bastnäsite from fluorite using ethylenediamine tetraacetic acid as depressant. Miner Eng, 2019, 134: 134-141.

[63] Hirajima T, Bissombolo A, Sasaki K, et al. Floatability of rare earth phosphors from waste fluorescent lamps. Int J Miner Process, 2005, 77(4):187-198.

[64] Oliveira M S, Santana R C, Ataide C H, et al. Recovery of apatite from flotation tailings. Sep Purif Technol, 2011, 79(1): 79-84.

[65] Liu W, Wang X, Miller J D. Collector chemistry for bastnaesite flotation-Recent developments. Miner Process Extr Metall Rev, 2019, 40(6): 370.

[66] Nie Q M, Qiu T S, Yan H S, et al. Flotation separation of bastnaesite from fluorite with an eco-friendly depressant polyepoxysuccinic acid and its depression mechanism. Appl Surf Sci, 2022, 590: 152941.

[67] Marion C, Li R, Waters K E. A review of reagents applied to rare-earth mineral flotation. Adv Colloid Interface Sci, 2020, 279: 102142.

[68] Delgado A V, González-Caballero F, Hunter R J, et al. Measurement and interpretation of electrokinetic phenomena. J Colloid Interface Sci, 2007, 309(2): 194.

[69] 秦家思，李侠，贾艳，等. 超导高梯度磁选预处理提高白云鄂博矿稀土矿浮选效率研究. 稀土，2021, 42(5): 144-151.

[70] 耿郑强，吴文远，边雪，等. 稀土尾矿"一步法"焙烧及弱磁选分离铁和稀土的研究. 稀土，2016, 37(5): 27-34.

[71] 王鑫，林海，董颖博，等. 不同磁浮工艺对综合回收某稀土尾矿中稀土、铁、铌和萤石的影响. 稀有金属，2014, 38(5): 846-854.

[72] 郭财胜，李梅，柳召刚，等. 白云鄂博稀土、铌资源综合利用现状及新思路. 稀土，2014, 35(1): 96-100.

[73] 张悦，林海，董颖博，等. 白云鄂博地区尾矿中铁、铌、稀土、萤石综合回收研究. 稀有金属，2017, 41(7): 799-804.

[74] 杨卫东，常立秋，郝胜利. 白云鄂博的富钾板岩资源. 西部资源，2006(6): 19-20.

[75] 李春龙，李小钢，徐广尧. 白云鄂博矿钾资源综合利用的研究. 稀有金属，2015, 39(5): 450-456.

[76] 徐光宪. 白云鄂博矿钍资源开发利用迫在眉睫. 稀土信息，2005(5): 4-5, 8.

[77] 刘璞，卢虎生，王路，等. 稀土资源投资决策研究——以白云鄂博氧化钪为例. 稀土，2021, 42(4): 148-158.

[78] 王成行，邱显扬，胡真，等. 水杨羟肟酸对氟碳铈矿的捕收机制研究. 中国稀土学报，2014, 32(6): 727-735.

[79] 王成行，胡真，邱显扬，等．强磁选预富集氟碳铈型稀土矿的可行性．稀土，2016, 37(3): 56.

[80] 王成行，胡真，邱显扬，等．磁选-重选-浮选组合新工艺分选氟碳铈矿型稀土矿的试验研究．稀有金属，2017, 41(10): 1151-1158.

[81] 温胜来，陈少学．四川某氟碳铈矿石选矿试验研究．金属矿山，2015(12): 79-82.

[82] 熊述清．四川某地稀土矿重浮联合选矿试验研究．矿产综合利用，2002(5): 3-6.

[83] 熊文良，邓善芝，曾小波，等．稀土矿的"浮团聚-磁选"新技术研究．稀土，2015, 36(6): 62-67.

[84] 熊文良，陈炳炎．四川冕宁稀土矿选矿试验研究．稀土，2009, 30(3): 89-92.

[85] 耿志强，曾令明，戴智飞，等．四川某稀土矿磁——重联合分选试验探索研究．铜业工程，2021(5): 19-23.

[86] 李芳积，曾兴兰．牦牛坪氟碳铈矿选矿工艺．上海第二工业大学学报，2003(1): 11-15.

[87] 曹声林，邱雪明，徐建新，等，某低品位稀土矿浮选工艺改造实践．有色金属（选矿部分），2022(5): 124-129.

[88] 张发明，林日孝，管则皋，等．大陆槽稀土矿石磁浮联合选矿工艺研究．金属矿山，2014(10): 98-102.

[89] 胡义明，周永诚，皇甫明柱，等．浮选，超导高梯度磁分选氟碳铈矿试验研究．稀有金属，2020, 44(3): 303,

[90] 何晓娟，饶金山，邱显扬，等．油酸钠和十二烷基磺酸钠浮选氟碳铈矿的机理研究．材料研究与应用，2013, 7(1): 42-45.

[91] 朱一民，吕小羽，陈通，等．新型饱和脂肪酸改性类药剂 DT-2 反浮选氟碳铈矿．矿产保护与利用，2018(3): 145-150.

[92] 朱申红，荀志运，冯婕，等．浮选氟碳铈矿的捕收剂及药剂混用的研究．金属矿山，2000, 47(8): 32-34.

[93] 赵春晖，陈宏超，岳学晨．新型浮选药剂 LF-8、LF-6 在稀土选矿生产中的应用．稀土，2000, 21(3): 1-8.

[94] 吴旭，王介良，曹钊．组合药剂对微细粒氟碳铈矿与萤石的浮选分离效率的影响．中国稀土学报，2023, 41(2): 313-319.

[95] 饶金山，何晓娟，罗传胜，等．辛基羟肟酸浮选氟碳铈矿机制研究．中国稀土学报，2015, 33(3): 370-377.

[96] 何晓娟，饶金山，罗传胜，等．改性烷基羟肟酸浮选氟碳铈矿机制研究．中国稀土学报，2016, 34(2): 244-251.

第3章
离子吸附型稀土资源的采选与环境保护

3.1 概述

我们在《离子吸附型稀土资源及绿色提取》[1]一书中,对该类资源的发现、开发和工业化生产进行了系统介绍。本章的基础内容也来自该书,尤其是一些最初的研究结果和数据,仍然保留了下来。这一资源的第一个国家发明奖"江西稀土洗提工艺"是由赣州908地调大队、赣州有色冶金研究所和江西大学共同获得的,其贡献分别是这一资源的发现、第一代氯化钠浸取工艺和第二代硫酸铵浸取工艺。硫酸铵浸取工艺的推广应用在国内外产生了巨大的影响,吸引了更多的单位纷纷加入这一资源的开发研究,包括江西省科学院、中南大学和中国科学院等单位在矿床地质地球化学和浸取富集技术方面的研究,以及长春应用化学研究所与南昌603厂,北京有色金属研究总院和长沙有色金属设计院与九江806厂的龙南低钇稀土萃取全分离两套工艺路线攻关研究。这些工作在文献[1-11]中都有介绍。

离子吸附型稀土矿床是由石英、黏土类矿物、长石和单一稀土矿物等组成。其中石英含量大(40%~50%),含有固体分散相的微量稀土。高岭石类矿物的含量次之(30%~40%),为离子态稀土的主要载体,也有少量以类质同相存在的稀土。长石类矿物的量在10%~15%之间,含有少量类质同相的稀土。云母含量一般为3%~5%,含离子态稀土和少量类质同相稀土。单一稀土矿主要为独居石、磷钇矿、氟碳铈矿和砷钇矿等。

由于离子态稀土是吸附于黏土类矿物的晶粒表面或晶层间,因此提取离子态稀土与黏土类矿物的性质密切相关。黏土类矿物是天然的铝硅酸盐,它们是由一层硅氧四面体和氢氧铝八面体层交替叠合而成(如高岭石类)或由两层硅氧四面体与夹在中间的一层氢氧铝八面体叠合而成(如云母类),其表面或层间均具有吸附和交换阳离子的能力。在适宜条件下,离子吸附态稀土可被浸矿剂或淋洗交换剂全部交换浸出,进入溶液并与原矿分离,经后续沉淀、洗涤-干燥-煅烧,即可得到纯度在92%的稀土精矿。但是,这种离子吸附型稀土在矿中的含量很低。最早发现和实现工业提取的矿床中,这种稀土的含量一般在千分之一左右,后来确定的工业开采品位为万分之五。随着提取技术的发展以及矿产品价格的提高,可以实现工业化开采的稀土品位按离子态稀土含量计可以低到万分之二,甚至更低,每生产一吨稀土氧化物,需要动用将近一万吨的原矿。所以,与前述内蒙古包头、四川冕宁、山东微山湖和美国加利福尼亚的矿物型稀土资源不同,无须将挖出的矿石经过破碎和球磨再进入选矿阶段。而是采用就地或近距离堆置的方法来完成采矿任务，接着进入浸取和富集分离等具有湿法冶金特征的化学选矿阶段，可以按照一体化要求来进行设计并完成工程化。

3.1.1　离子吸附型稀土的开发历程

离子型稀土矿的开发与生产历史可以大致分为五个阶段。前面四个阶段基本上可以按每十年一个阶段来划分：1969～1978 年，1979～1988 年，1989～1998 年，1999～2008 年；2009年后称为现阶段。

（1）发现、命名和氯化钠浸取（1969～1978 年）

该阶段为离子吸附型稀土的发现和开发起始期，主要完成了矿床的发现和提取工艺研究和中试，提出了氯化钠浸取-草酸沉淀稀土工艺与应用。这些工作主要由江西省地质局和江西有色冶金研究所完成。有少数矿点采用此工艺进行了小规模生产，累计产量不到 100t 产品。

（2）快速发展的硫酸铵浸取-碳酸氢铵沉淀结晶技术（1979～1988 年）

该阶段为离子吸附型稀土开发的快速发展期。其发展动力分别来自市场和技术两个方面。从市场上来讲，南方离子吸附型稀土已经引起了国际稀土市场的高度关注，各国都把这一资源作为一类宝贵的资源来采购和储存，销售量激增且价格高；从技术上来讲，江西大学完成的硫酸铵浸矿-草酸沉淀稀土工艺和硫酸铵浸矿-碳酸氢铵沉淀法提取稀土工艺在龙南稀土矿的大规模推广应用起到了非常重要的作用。与此同时，以江西有色冶金研究所为主的稀土提取技术在寻乌稀土矿建立了萃取分组生产线并生产富集物产品。在这些新技术的支持下，稀土矿的建设转向正规、生产规模扩大、矿点增多、生产工艺得到优化，并使离子型稀土的开发先由江西龙南和寻乌扩展到江西的定南、信丰、赣县、兴国、安远以及广东、福建和湖南等省。1984 年以后，国内外市场对离子型稀土需求量大增，离子型稀土矿的开发与生产进入腾飞的阶段，使经济效益显著增加。到 1987 年，仅江西省的稀土矿山就有约 200 个，混合稀土生产能力超过 5000t，矿山分组能力 100 多吨。加上这一时期，北方稀土选矿技术和工业化生产的突破性进展，我国稀土精矿的生产和供应能力给国际稀土原料市场产生了很大的冲击。这就是我们所说的中国稀土第一次冲击国际市场的技术进步和市场化成绩。

（3）产能过剩与堆浸和原地浸矿技术的发展（1989～1998 年）

1989 年，稀土出口受到影响，精矿产品价格大幅下降。从 1990 年到 1998 年，矿产量大，但价格一直在低位徘徊。为了降低生产成本和减少环境影响，大面积推广了碳酸稀土结晶沉淀方法。在这一时期，还发展了堆浸和原地浸矿采矿技术，使生产成本得到进一步下降。但产能扩张太猛，价格继续下降，矿山生产利润低。然而，低价的矿产品为稀土分离和后续稀土应用提供了极好的发展机会。

（4）环境污染与原地浸矿技术的推广应用（1999～2008 年）

由于精矿产品产量过剩，价格低，矿山生产企业的盈利不足，对环境保护的要求过于放松。加上对原地浸矿技术的环境污染问题没有清楚的认识，没有对其产生的尾矿进行有效的治理，导致了大面积的资源流失和环境污染，包括水土流失以及含稀土和铵的废水进入矿山水体导致的水污染。为减少稀土资源的流失，在龙南等原地浸矿技术推广面大的流域，有几十家从矿山尾矿渗漏水中回收稀土的个体企业。因为原地浸矿技术还很不成熟，尾矿中还残留有大量的硫酸铵和稀土，而且为了降低成本，矿山多数存在"采富弃贫"的做法。

（5）环境保护和流通整治与非铵浸取和沉淀技术的发展（2009～2018年）

2009年之后，国家开始了对离子型稀土开采秩序的整顿，成立了六大稀土集团，并将稀土资源开采权限集中到几个稀土集团，强化了对稀土开采的环保要求。由于原地浸矿技术的适应性还存在问题，浸出液渗漏导致的水环境污染和水土流失、滑坡塌方使矿山水环境受到破坏、尾矿废渣流失得不到及时修复，被国家环保督察要求停产整改，稀土市场供给严重短缺，稀土价格回升。为此，国家各部门围绕矿山开采工艺的绿色化和尾矿生态修复等重大难题组织了一系列的攻关研究，在尾矿残留浸矿剂去除与尾矿修复、非铵浸取剂和沉淀剂的提取工艺技术研发、原地浸矿工艺的优化等方面取得了一系列的新成果。

（6）稀土战略资源的集约发展与创新技术的推广应用（2019～2028年）

2019年5月20日，习近平总书记视察赣州并发表了重要讲话，将稀土产业的发展提高到一个新的战略高度。在赣州，先后组建了中国科学院赣江创新研究院(江西省稀土研究院)和中国稀土集团股份有限公司。尤其是中国稀土集团股份有限公司落地江西，为解决离子吸附型稀土资源开发中的关键技术问题和绿色化生产问题提供了基础条件。南昌大学在牵头承担的国家重点研发计划"离子吸附型稀土高效绿色开发与生态修复一体化技术"项目中，围绕矿层结构勘探、原地浸矿适用性评价、渗流预测与调控、可控生长堆浸矿、矿物基因信息获取、浸矿剂效率和尾矿稳定、分阶段浸取、协同浸取、沉淀-萃取富集、尾矿生态修复等等关键技术问题开展了大量工作，推出了一系列的创新技术。

3.1.2 离子吸附型稀土资源的特征

（1）早期认识[1-11]

① 稀土储存状态特殊　吸附在黏土类矿物上的离子态稀土，具有类似于离子交换吸附反应的物理化学特征，离子态稀土具有稳定性和可交换性。在无离子的中性水中不被浸出，但可与电解质中的阳离子发生交换反应而被浸出，且反应是可逆的。在一定的条件下，离子态稀土可全部地被洗涤下来，这是提取离子型稀土工艺的根据。与此同时，在黏土类矿物表面和层间，除吸附了稀土离子外，也吸附了钾、钠、钙、镁、铝等金属离子以及氢离子。氢离子的存在可以用该类矿物的交换酸性来证明，许多矿物的磨蚀pH值约为5.5。用中性或弱酸性盐类电解质溶液浸取时，氢离子和这些金属离子也都会被浸出，浸出液的pH值显弱酸性。另外，黏土矿物还具有很强的吸水性，且吸水后体积会有膨胀，呈黏性和胶状化，因为矿层中也含有蒙脱石类矿物。这些性能会直接影响到离子相稀土的交换性能。

② 稀土元素配分齐全　如表1-5所示，几种代表性的离子吸附型稀土的配分值表明，该类资源中各稀土元素的配分值都比较高。尤其是龙南稀土资源中的钇占62%以上，重稀土的配分值合计超过80%，铽、镝、镥、钬、铒等功能材料所需的元素都大大高于其他类型的稀土资源。这是它们受到全球普遍关注的主要原因，因为世界上这些中重稀土的资源量少。

③ 提取工艺简单　前已述及，吸附于黏土矿物之上的稀土离子可以与电解质溶液中的阳离子发生离子交换反应，且交换反应为可逆的。鉴于该类矿床的稀土元素配分齐全，尤其是中重稀土含量高，具有很高的应用价值。国内的研究单位和高等院校以及众多的企业都对该类资源的开采和应用技术研究投入了大量的财力和物力，取得了一系列的科技成果，形成了具有自主知识产权的独特的稀土采选和分离工艺。其工艺过程主要包括用电解质作浸矿剂浸

取稀土、浸出料液预处理除杂（或萃取富集）、用草酸或碳酸氢铵等沉淀稀土、经干燥或煅烧得到可用于后续萃取分离的氧化稀土或碳酸稀土等精矿。

④ 放射性比度低　原矿和精矿产品中的放射性强度为 $10^{-9} \sim 10^{-7}$ Ci/kg（$1Ci = 3.7 \times 10^{10}$ Bq），低于防护标准，属于非放射性资源。例如，福建长汀产稀土氧化物精矿产品的放射性比度；α 值为 7.55×10^3 Bq/kg，β 值为 1.5×10^3 Bq/kg，均低于国家标准 2×10^3 Bq/kg 和 7×10^3 Bq/kg。

（2）新认识[1,8]

① 极低含量　该类资源的稀土含量一般在千分之一左右。目前开采的稀土资源中，只有万分之几的稀土含量，跟包头是不可比的。正是这个极低含量，也就导致后面环境影响的普遍性。故在研究开采工艺时，必须考虑到这一点。要把收率提高到90%，确实是一个非常高的要求。

② 极不均匀　稀土在矿山的分布极不均匀，包括山与山之间的不均匀和矿层内部不同空间位置和不同矿粒之间的不均匀。所以，在讨论离子型稀土矿山的稀土分布时，不光是空间位置上稀土分布的不均匀，矿粒之间的稀土分布也是不均匀的。在研究原地浸矿时，注入浸取剂溶液在三维空间的渗流速度也是不一样的。这是原地浸矿存在浸矿盲区和收液不全导致的收率低、过度浸取导致的水土流失和滑坡塌方等问题的根本原因。当然，也正因为有这些不均匀特征，才会体现出矿床内部不同空间位置稀土分布以及三维空间不同方向渗流速度的一些变化规律。根据矿体内部不同空间位置、不同矿粒之间稀土元素的分异规律，可以讨论稀土元素在矿层中三维空间的富集成矿过程。这是几百万年以来矿体风化和稀土富集成矿结果的真实记录！对矿体内部稀土分布和渗流规律的研究，不仅仅是对矿体演化形成历史的追述，更重要的是还能认识这个矿体中液流的路线图，并对开采工艺提供指导。所以，基于不均匀分布这个特点，我们可以回答很多问题。例如，原地浸矿工艺的流出曲线为什么拖尾特别长；为什么稀土的收率不高；为什么矿区水污染这么严重，而且持续时间那么长；等等。

③ 极其独特　跟以前所述的开采容易相对应，开采技术及其独特的表述更合适。开采是否容易，要看评价的目标和标准怎么定。若从一般老百姓的要求来讲，确实简单！抓把盐泡泡，再沉淀一下，稀土就可以出来，烧一烧就可以卖了。早期的稀土开发场景可以用"一把锄头一把盐，进山挖矿可赚钱；筑池浸矿收宝贝，沉淀过滤烧稀土"来描述。但若从严格的环保要求和收率来考虑，就不是那么简单。要做好的话，需要考虑很多内容，包括对地质结构的认识和环境的保护。在这些方面，实际上我们还有很多事情需要做。很多时候，矿山企业在开矿时还是比较盲目的。在盲目的情况下，就会产生很多资源浪费和环境影响问题。"极其独特"这样一个表述，是指开采技术跟前面"开采容易"的说法相比，要求提高了，技术难度也就大了。所以，我们不能停留在只把稀土拿出来卖钱的层面去理解其中的科学技术问题。而是要从收率、环保、技术和科学等层面来提出独特的技术方案，满足发展要求。

④ 极大影响　包括该类资源对社会经济发展的极大影响和对环境的极大影响两个方面。早期说的配分全、中重稀土含量高所指的就是这类资源对社会经济发展的重要性；而环境影响方面原来只是用放射线低的特点来表达，是比北方稀土更好的特点。过去都说放射性低，这是相对于北方稀土的高放射性而言的，而对于南方稀土的开采，很少考虑放射性问题。从

目前我们掌握的一些情况来讲，其放射性问题和危害是存在的。我们知道，龙南足洞矿区的水是不拿来饮用的，每天都要从县城拉水进矿区，满足做饭饮用所需。这与重稀土矿区伴生的放射性铀和镭有关。当然，现在的环境影响不单纯是放射性问题，更为主要的是浸矿剂在尾矿中残留导致的水污染、尾矿水土流失导致的滑坡塌方问题。但实际上，正是因为上述极低含量的特点，所以稀土开采的环境影响面大。在南方，不是说一个省的问题，是很多省都存在的问题。

（3）新发展

离子吸附型稀土最早在江西龙南发现，并实现资源开发。曾被认为是中国独有的一类新型矿产资源。随着研究的深入和提取技术的进步，能够作为矿产资源的稀土品位要求下降，涉及的范围更广，找矿范围条件得到不断突破。目前，不仅在中国的资源范围扩大了，在世界上其他国家和地区也都有发现，包括缅甸、老挝、马来西亚、智利、澳大利亚、美国、巴西、俄罗斯，等等。其中，缅甸、老挝、马来西亚的稀土矿产品已经成为中国离子型稀土的一大来源。因此，关于国外离子型稀土资源的研究论文也多了起来。鉴于这一资源的重要性，在稀土学科发展报告中都给予了重点介绍[12-13]。文献[14-75]是近期围绕该类资源的特点、地质地球化学、勘探找矿等方面的部分论文。基于这些文章，可以从找矿范围、储量大小、开发潜力及其对稀土产业的影响，系统分析一下国内外对该类资源的认识和演变过程，并预测未来的发展趋势。

3.2 离子吸附型稀土的采矿

离子吸附型稀土矿的采矿技术主要包括池浸、堆浸、原地浸矿等。其中，前三十年以池浸为主，近三十年以堆浸和原地浸矿为主[1-11]。浸取过程中的溶质运移包括有对流运移、分子扩散运移、机械弥散运移。浸取工艺中渗透性的研究主要依据水力学的基本原理，其中应用最多的是达西（Darcy）定律，浸取过程中溶质运移受各种物理、化学和外界环境等因素的影响。可将矿中溶液分为可流动和不可流动溶液两类。如图 3-1 所示，可流动溶液在连通孔隙中自由流动，将有用成分从矿堆中带出，对溶质运移起关键作用。而矿物表面不饱和力场作用下形成的吸附液和薄膜液属于不可流动溶液。溶质在不同类型溶液中的运移机理截然不同，在不可流动溶液中，溶质以分子扩散形式运移；在可流动溶液中，以机械弥散和对流传质为主。

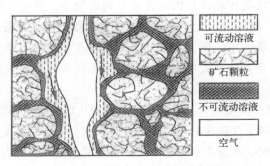

可流动溶液

矿石颗粒

不可流动溶液

空气

图 3-1 矿堆中溶液形态示意图

3.2.1　池浸法

这种方法是最早广泛应用的一种工业开采方法，其主要过程包括：

① 构筑浸矿池　在稀土矿体的下方位置，构筑浸矿池。早期一般为 $10\sim20m^3$ 的水泥池，下面用竹子支撑空麻袋作为矿层承载体和渗滤液透过分离滤布；

② 挖矿装池　剥离表土，开挖含稀土矿体、搬运到浸矿池，均匀堆置；

③ 稀土浸取　将按一定比例（浓度要求）配置的电解质（硫酸铵等）溶液作为浸矿剂加入浸矿池，利用电解质对池中黏土矿物表面离子吸附型稀土（或称离子相稀土）的浸取反应实现对稀土的渗、滤、洗、提或淋洗交换；为降低尾矿中的铵含量，在电解质溶液加完后，继续用清水淋洗（称为水顶补）；浸后矿物从池中清出，堆放；

④ 稀土溶液收集　接收流出的含稀土离子的渗滤液，得到含稀土母液，经管道或输液沟流入水冶车间的集液池或母液池；

⑤ 在附近车间进行水冶处理　采用池浸工艺浸取离子吸附型稀土，浸出液中的杂质离子含量一般较低。这样便可使浸矿液循环使用的同时保持稀土浸取率。浸出液经草酸沉淀获得草酸稀土，经一次灼烧的氧化物纯度就能达到大于 92% 的要求。池浸法的最大缺点是生产 1t 氧化稀土，需开采的地表面积达 $200\sim800m^2$，采剥矿量大于 $1000m^3$，排放的尾砂量达 $800\sim1000m^3$，造成表土和植被严重破坏、水土流失、环境污染和资源浪费。但是由于池浸法的操作简单、方法可靠、生产难度低，因此在早期有非常广泛的应用。但毕竟其劳动强度和人工成本都高。所以，在 20 世纪 90 年代以后逐渐被堆浸和原地浸矿方式所替代。

3.2.2　堆浸法

堆浸原理与池浸相似，不同之处是将矿石放入堆浸场中将稀土浸出。堆浸法最早可追溯到我国唐朝的铜矿堆浸，而且早已广泛应用于铀、铜、金、银等金属的提取。该法是在构筑好的堆场上装入原矿，构筑成矿堆，再从堆顶灌入浸矿剂溶液，经自然渗透，使稀土离子被交换出来，并从堆底的汇流渠流出浸出液，浸出结束卸尾后可进行二次建堆再浸。矿堆形状为堆底面积 $40\sim1000m^2$、堆量 $60\sim5000t$，堆高在 $1.5\sim5m$。在矿堆顶部四周构筑高为 $10\sim50cm$ 的围堰。堆底主要由防渗层、检漏电极、汇流渠、防渗层、流动层和过滤层等组成。在江西资溪离子型低钇富铕稀土矿（稀土品位为 0.04%～0.09%）中试用此法，可获得稀土浸取率 90%，浸出液的氧化稀土含量 $2\sim3.8g/L$，稀土收率达到 82%。堆浸与池浸相比，利用率提高了 30%～40%，回收率提高 10%～20%，浸出液浓度提高 1.5 倍以上，采运成本降低 20%～25%。

堆浸场可位于山坡、山谷或平地上，一般要有一定的坡度。对地面进行清理和平整后，应进行防渗处理。防渗材料可用黏土、沥青、钢筋混凝土、橡胶板或塑料薄膜等，如可将地面压实或夯实，其上铺聚乙烯塑料薄膜或高强度聚乙烯薄板或铺油毛毡，要求防渗层不漏液并能承受矿堆薄板压力。堆浸场周围应设置排洪沟以防止洪水进入矿堆。再设置相应的集液沟，集液沟一般为明沟，沟中设有矿泥沉淀池，使进入母液池的浸出液为澄清溶液。堆浸场周边可砌筑一定高度挡土墙，使矿堆边缘也有一定的矿层厚度。

构建堆浸场时应注意有效防止喷淋时泥沙矿石滑坡造成塌方，防止因矿堆透水缓慢而造成淋液从矿堆各面斜坡形成沟流，造成矿石流失或边坡塌方。要给整个矿堆底部留有透水空间，提高矿堆透水能力。筑堆方式的不同将直接影响到矿堆的渗透性，常用的筑堆方式主要有：多堆法、多层法、后退法、斜坡法、吊装法。多堆法是用皮带运输机或钩机将矿土堆成许多高 4~6m 的矿堆，然后用推土机或电耙推平，此法易产生沟流使矿堆渗浸不均匀，降低稀土浸取率。在后退式筑堆方式中，运输车辆不在矿堆上行走，从而避免了对矿堆的压实作用和粗细粒矿石的偏析现象，保持矿堆具有自然形成的渗透性。

溶浸液的布液方式将直接影响到矿堆内部溶浸液渗透的均匀性。通过提高喷淋强度，可缩短浸出周期；实施边坡喷淋，可扩大有效浸出面积；采用间歇喷淋作业制度和旋转喷淋式布液都将有利于提高浸取率。当规模较小，而且矿堆表面平整，矿堆内部颗粒分布较均匀时，采用堰塘灌溉式布液可使溶浸液渗透得更加均匀。通过钻孔或砂井堆布液，不仅能很好地适应渗透性差的高泥矿堆浸出，还可缩短溶浸液所携带气体成分达到堆中的时间，有效减少天气因素所带来的负面影响。此外，也可采用矿堆内部设置渗透装置来增强溶浸液的渗透效果。

虽然堆浸工艺采取了机械化的作业，开采效率得到提高，成本得以降低，但是堆浸工艺并没有从根本上改变采矿时对植被的破坏。据统计，每生产 1t 稀土产品，就产生 $1200~1500m^3$ 尾矿及削离物，破坏矿区植被，造成水土流失，严重威胁矿区生态环境；尾矿就地堆弃在半山腰以下，就地掩埋，造成半山腰以下的矿石无法利用，造成资源浪费，稀土资源的利用率仍不高。虽然浸出液中的稀土浓度高，但杂质含量也高，需要在后续富集提取过程加强对杂质的分离。

堆浸是许多冶金和资源回收的经典方法。虽然其实施过程会破坏植被，但其植被修复还是比较容易实现的。只要在开采过程中及时修复，其水土流失和生态破坏都是可以减少或避免的，甚至可以把生态修复得更好。离子吸附型稀土矿山开采过程中的尾矿荒漠化问题，都是没有及时修复所导致的，是管理上的问题。在工业生产实践中，需要重视的是在开采和浸取过程中如何减少或防止水土流失和滑坡塌方。为此，近年来我们在承担的国家重点研发计划项目中，提出了基于可生长堆的可控堆浸方法，其主要着眼点是通过控制堆浸的规模来防止水土流失，便于实现采浸修一体化。因此，我们没有必要把堆浸的危害妖魔化。

3.2.3　原地浸矿法

所谓原地浸矿或原地溶浸开采，就是在不破坏矿区地表植被、不开挖表土与矿石的情况下，将浸出电解质溶液经浅井（槽）直接注入矿体，利用电解质溶液中的阴阳离子将吸附在黏土矿物表面的稀土离子解吸下来，形成稀土浸出液（或称母液），最后从收集的浸出母液中回收稀土。该工艺主要解决池浸和堆浸工艺采矿时植被被毁、采完矿的半风化岩石植被再生困难、大量的尾矿堆放工程费用高、易造成水土流失等问题。采取原地注液，并通过打孔集液和堵漏等措施使浸出液集中收集，期望在不破坏植被和地貌的情况下将稀土提取出来。

该工艺要取得好的效果，需要针对具体的矿块设计好合理注液方法，使溶液控制在固定范围，防止出现浸矿死角。同时采取相应措施来堵漏，使浸出液能有效回收。为此，需要对矿块进行详细的生产地质勘探[76-80]，并对地质类型进行划分。根据不同的地质特点，设计不同的注、收液技术，一般可以分为三类：

① 简单工艺模型采用网井静压注液、自然集液、收液技术；

② 复杂工艺类型采用网井静压注液、封底堵漏强制收液技术;

③ 混合工艺地质类型采用浅井或沟槽混合注液、综合集液、收液技术,自然集液收液与负压收液相结合,集液沟与集液井收液相结合,矿块内外收液相结合的技术。在保证闭路循环的情况下,可减少废液排放与环境污染,提高资源利用率。

原地浸矿工艺条件下,离子型稀土开采在设计损失、稀土离子浸出和母液回收环节均存在资源流失,且采矿过程中地质影响因素繁多,各因素间相互影响,互为因果条件,具有不确定性和不精确性,是个复杂的系统工程。为此,原地浸矿技术研究一直是十分关注的内容,文献[81-99]列出了一些相关的研究报道,包括理论结果和实验结果,还有从尾矿中稀土和铵离子的分布来评价原地浸矿效率,判断实际存在的问题。大家可以根据这些文献总结一下原地浸矿技术的问题和未来需要开展的工作。

汤洵忠首先将原地浸矿应用于南方离子吸附型稀土的提取,主要采用了水封技术方案。赣州有色冶金研究所等单位采取了真空封底收液等方法,于 1993 年在龙南完成了万吨级规模的工业试验。

(1)原地浸矿方法的过程影响因素

该工艺包括在矿体表面打井、注入浸矿液浸矿、在矿底部钻出的水平或倾斜收液孔进行收液等工序。原地浸出过程按以下步骤进行:

① 电解质溶液沿注液井中风化矿体的孔裂隙在自然重力及侧压力下进入矿体,并附着在吸附了稀土离子的矿物表面。

② 溶液在重力作用下,在孔裂隙中扩散,挤出在矿体中的孔裂隙水。与此同时,溶液中的离子依靠其浓度优势或离子势优势与矿物表面的稀土离子发生相互作用,使稀土离子解吸下来,并进入浸出稀土母液。

③ 裂隙中已发生交换作用的稀土母液被不断加入的新鲜溶液挤出,与矿物里层尚未发生交换作用的稀土离子发生交换解吸作用。

④ 挤出的地下水及形成的稀土母液到达地下水位后,逐渐提高原地浸析采场的原有地下水位,形成原地浸析采场的母液饱和层。

⑤ 饱和层形成的地下水坡度到达一定的高度（＞15°）时,形成稳定的地下母液径流,流入集液沟中被收集。

⑥ 浸矿液注完后,加注顶水挤出残留在矿体中的稀土母液和电解质。

⑦ 在地面进行水冶处理。

浸出过程是一个包括渗透→扩散→交换→再扩散的多相固液交换过程,扩散动力是浓度差。针对不同的矿床类型,可以选择不同的收液措施。对于简单型,只需用自然收液方案;对复杂型则要采取人工强制收液措施,而对于混合型拟采用自然收液和人工强制收液相结合的办法。目前,在大面积使用原地浸析采矿的稀土矿山中,大多数是靠自然收液。这对于简单型的矿块有较好的收液效果、资源回收率达 85%以上。而对于矿体底板埋藏较深,尤其是那些低于当地浸蚀基准面、与当地潜水面交汇,底板起伏程度大的矿块,浸取效果差。对于发育在集中密集的渗漏性断裂裂隙带和底板开放型的矿床,若仅仅采用自然收液方式,将会使绝大部分母液流失。对于矿体中存在较大的断裂破碎带,特别是当这些破碎带贯通到基岩隔水层内时,会形成很大的泄漏通道,即使采用人工强制封底收液措施,也达不到理想的收液效果，贸然采用原地浸析将会造成重大损失。

（2）水封技术

汤洵忠等根据离子吸附型矿区地表，地下水是否属于同一流体来划分采场，进行采准。利用高位注水对离子吸附型稀土矿体进行周围和上下水封闭，通过构建的注液系统和浸出母液收集系统，注入电解质来使电解质中阴阳离子与吸附在矿石上的稀土离子进行交换，从而得到稀土浸出液，实现原地浸矿。利用这种"以水制水，用水封闭"的方法可以使稀土的浸取率提高到80%左右，并提高浸出液的稀土浓度，产品中的稀土含量可达95%。原地浸矿水封闭技术是基于等压力静止液水界面理论提出的。该理论指出，当原地浸析采矿边界外有一个压力与浸析矿体内的浸析溶液压力相等的地下水淋滤带和地下水饱和带时，在采场的边界上将产生一个相对静止的液水界面。该处液水相互抵制而不会产生渗透流动，形成一个有渗透扩散现象的相对静止的液水界面。该界面上电解质扩散范围较小，扩散速度将逐渐慢下来，只能在液水界面上产生一个很薄的液水模糊界线。而原地浸析采矿场的上方（山头或山脊）与采场的下方（山脚），一般都具有较大高差，此高差造成了浸析电解质溶液与浸出母液较大的地下径流水力坡度，在水力坡度驱使下，使原地浸析采矿时浸出的绝大部分母液流向设在采场下部的集液沟，在采场边界上只产生极少的损失。

针对不同类型矿山采场的原地浸矿，其水封闭技术也不尽相同。半山式的采场应在分水岭背后及地下水径流方向的下方进行水封闭，并控制水柱高度，使处于同一标高地段的溶液注入强度相等，使浸出母液最终在重力作用下，渗入集液沟。对于独立山头式采场，集液沟环山开挖形成一个闭合的集液体系，对集液沟、集液池的水封闭工作实现开采。对于半岛式采场，在布置采场时应仔细考察研究其固有的地下水径流方向，充分利用地形地貌，将集液系统布置在山凹地下水汇集处。而在山头山脊，母液可能外渗的地带布置水封闭实施水封。分段式全山采场在原地浸析采矿中也是常见的，主要采取"封下不封上"的原则来实施水封闭。即在采场地下水径流方向的下方开挖注水井，在注液的同时往注水井中注水，一方面可以用水挤出已采采场内的残液，另一方面防止新采场母液渗入已采区，造成损失。

集液沟开挖时要求将沟底开挖至基岩，如挖不出基岩，也要将沟底挖至当地地下水位以下，使采场侧集液沟的渗液面处于地下静止水面以上。在集液沟的外侧设置排水沟，调整排水沟的水面比集液沟底高。设置排水沟可因地制宜，利用外围水系，不需开挖排水沟，集液沟与排水沟中间即可出现相对静止的液水界面，可以确保母液不外渗，水不内渗。集液池一般设置在集液沟尾，容量较大。集液池底要挖至地下水位以下，并在外围建环形拦水坝，将排水沟中的水引入拦水坝中，使其储水水位略低于集液池最高储液液位。当池中母液被泵抽干后，外围水将缓慢向池里方向渗进。停泵后，母液液位将逐渐上升到高于外围水沟的水位，此时母液将出现外渗趋势。最终在土堤中形成一个液水界面，达到水封闭效果。

采用水封闭工艺还可以防止开采离子吸附型稀土矿时，由于该类矿床疏松，矿体孔裂隙发育，浸矿液和浸出母液从注液井经矿体孔隙向四周渗透扩散。例如，在采场的上方、左方、右方设置注水井，往注水井中加水，使上、左、右三面形成与母液水位相同的水幕，使浸矿液不能向外渗出，而只能沿向下的方向流入集液沟被收集。采用水封闭工艺的离子型稀土矿原地浸析采矿，其母液收集率可达95%以上，比不用水封闭工艺的采矿方法提高20%左右，每吨稀土产品可节约浸析电解质1t左右。

（3）顶水的作用与大循环技术

在离子型稀土矿原地浸析采矿中注入浸矿剂后，仍有许多已经与稀土离子发生了交换解吸作用的稀土母液含在矿体中。为此，还要加注顶补水，挤压含在浸析带与母液饱和带中的稀土母液，使其汇入集液沟、集液池。

以往常用的方法是顶水小循环：包括全山式顶水法、下部顶水注入法。全山式顶水法加进去的顶水进入矿层后只能起到冲淡上部渗入母液浓度的作用，使得采场集液沟母液浓度快速降低，高峰浓度母液维持时间很短，采矿日产量低，浸出周期加长。下部顶水注入法是将顶水注入山腰以下，山腰以下母液迅速被挤出，而上部母液则基本保持不流动，采矿结束后，使母液随着降雨作为顶水而渗出采场。此法的稀土收率低，硫酸铵耗量高。

顶水大循环技术主要分为四个阶段。首先，为使稀土离子充分交换反应，在电解质溶液注完后停止注水 2 天左右，井液下降一定高度以后再进行顶水加注。前期需对全山加注顶水，当山脚部位的内观井上、下层母液浓度相差数倍至数十倍时，可逐步从下排往上排关闭顶水闸阀，实施中期逐步收缩法加注顶水，从而可长时间地保持母液浓度处于高峰期。浸矿后期，当顶水逐步收缩至山脊部位时，只需保持山脊部位各排井的顶水即可。顶水末期，即当集液沟综合母液浓度接近工业母液最低浓度时，只保持山顶一排的顶水注入，直到采矿结束。

顶水大循环技术，可以确保采场母液浓度高且稳定，缩短采场生产周期 1～2 个月以上，提高稀土综合收率 10%～20%，每吨稀土电解质耗量降低 1～2t，每吨稀土电费降低 300～500 元，具有很高的应用价值。

（4）真空负压收液技术

赣州有色金属研究院提出了一种适用于底板渗漏的、离子吸附型稀土矿床的原地浸矿工艺。该工艺是先在矿体内钻孔，进行爆破松动，再开挖沟槽或钻孔，注入浸矿剂。在矿体底部钻凿集液水平或倾斜孔，集液孔内安设收液管，并与真空系统连接。真空泵抽气形成真空封底，浸出液则被抽入气水分离器，间断从匣阀排出，从而实现浸矿。该工艺存在的问题有：爆破松动会影响矿体地质结构形态和稳定性，破坏生态，引起渗流短路以致浸矿不完全，收率低；采用真空收液的现场难度大，成本高；负压封底的控制程度和范围小，母液流失严重，收液率低。因此，只能在简单地质类型且有自然基岩底板的矿山应用。对复杂地质类型不适合。

（5）网井注液、静压渗浸、封底堵漏、综合收液

赣州有色金属研究院提出了一套"以网井注液、静压渗浸、封底堵漏、综合收液"的技术路线。该工艺建立了离子稀土型稀土原地浸矿极限自由边界技术，应用渗透锥体，通过保持注液水头稳定，连续注液、渗透锥体由非饱和状态逐渐过渡到饱和状态，继而实现液体在稳定状态下流动，实现模糊控边。

袁长林等提出的离子吸附型稀土矿原地浸取工艺包括在矿体表面打井注入浸矿液浸矿、在矿体底部钻出的水平或倾斜收液孔进行收液工序，特征是在注液井中安装了稳压注液装置，实行自动调控稳压注液。收液孔整个孔道的下半圆孔壁进行了水泥浆液防渗漏处理，以解决复杂地质条件下的原地浸矿问题，使成本降低，收率增大。当矿体纵横向都超过 40m，收液孔开凿在巷道的两侧，水平巷道 1～1.2m 宽，1.6～1.8m 高。收液孔直径 70～120mm，深 15～

20m，孔距0.3～0.5m；巷道底部的母液导流沟用水泥浆做了防渗漏处理。

（6）浸矿盲区及其消除

在浸矿过程中仍有一些问题急需得到解决。例如，浸取过程中盲区的存在将直接影响到稀土的有效开采。原地浸矿盲区是指浸矿剂没有进入含稀土的矿床进行交换，其中的稀土离子没有被交换出来的区域。由于离子吸附型稀土原地浸矿时，浸矿层的渗透符合地下水动力学中不完整井渗流场理论。当浅井注液后，流体在矿体内的渗透将形成渗透锥体，渗透锥体随着浸矿剂的注入不断增大。如果矿体底板以下的隔水层面为倾斜面，锥体是不对称的，沿倾斜面下方向大，反其倾向方向小。锥体中央的饱和水区中的水除向四周扩展外，还沿斜面流动。这一流动符合达西定律，最终将从山坡坡脚流出。随着时间的推移，最终形成稳定的饱和渗透锥体，渗流场也由非饱和变化到饱和，由非稳定状态过渡到稳定状态。在多井注液情况中，各井的渗透锥体相交会，井内液位升高，它符合水力学中的叠加原理。邵亿生等对不完整的渗流场，运用孔隙介质中水流连续体的概念，推导和建立了二维平面上均质各向同性条件下渗流场的有效元计算方法和程序，并采用单井、双井、井群模型及其组合进行了模拟分析，将推导结果与现场条件试验结果比较也证实了推导的科学性。如果矿体底板之下的隔水层面深度很大，在坡脚大大低于当地侵蚀基准面，或在坡脚处矿体底界面在潜水面以下，或隔水层起伏变化很大，或存在较大的断裂破碎带泄漏通道等情况，则应在矿体底板之下设置负压钻孔。各钻孔的负压影响半径彼此相交，就可形成一个负压隔水面。当不断注液，渗透锥体扩展到该负压面，渗透水流的水力坡度改变，水流不再往下渗透，而转向负压钻孔，由钻孔流出。渗流场类似于存在天然隔水层面的情况。因此，原地浸矿最终形成稳定的渗透锥体的渗透范围也就会局限在一个稳定的范围内，而不必采取其他控制周边泄漏的措施。另外，根据不同情况，在坡底坡脚设置集液沟，或在矿体底板之下设置负压钻孔，就可以将浸出液很好地予以汇集和回收。

（7）稀土再（返）吸附及其消除

原地浸矿中容易出现稀土再（返）吸附现象，该现象易出现在矿体底板距风化壳基岩面较远，山脊与山脚相对高差大，矿量分布在山体上部，而在其下面区域的无矿带较长的情形。原地浸矿过程中，随着浸取的进行，稀土离子不断被交换解吸下来进入母液中，母液中的浸取剂阳离子越来越少，当低于某限值时，浸出液流经下面的无矿带区域时，矿土中黏土矿物表面因破键而出现的负电荷可以吸附母液中的稀土离子，使母液中的稀土离子又返回到黏土矿物中的吸附现象。因此，原地浸矿的渗浸山体可划分为6个区域：高浸矿区、弱浸矿区、平衡区、高反吸附区、弱反吸附区与未反吸附区。赣州有色金属研究院等通过实验验证了在浸矿中存在一个平衡点，当浸矿母液中硫铵浓度低于平衡点所需的硫酸铵浓度时，就可能出现反吸附现象。其实，母液在长距离的地下运行中，一直处于"解吸"与"吸附"的状态之中。因为在浸出母液运行方向上，浸析带大致可分为未浸析带、地下水饱和带、再吸附带、高峰浓度母液带、有效浸析带（解吸带）与已浸析带等6种情况。浸取剂阳离子将有效浸析带中的稀土交换完毕以后成为已浸析带。随着稀土离子被解吸下来，母液中稀土离子逐渐增多而形成高峰浓度母液带。高峰浓度母液带的最前面一段，浸取剂阳离子浓度低，交换解吸能力弱，在其向前流动的过程中，母液中的稀土离子会再次被黏土矿物吸附形成反吸附带。随着浸取进行，高峰浓度液向前推进，高峰浓度带变为有效浸析带，反吸附带的稀土离子被交换下来，又变为高峰浓度带。因此，在整个浸取带上一直存在吸附与解吸。受反吸附影响的浸矿，稀土母液浓度低，峰值较低，且低浓度稀土母液持续时间较长，严重降低了稀土开采经济效益。

在进行原地浸矿作业前，需要获得试验采场稀土的确切储量数据。为此，需要在选定的采场范围内以一定的网度布置探矿井。此井首期作为地质探井，以探清采场内的矿体厚度、品位、稀土富集规律、采场内地下水位等基本情况。一般地，在底板出露矿区，探井要求施工到未风化层或基岩；在底板未出露矿区，要求掘至地下水位以下。探矿井在采场注液期间，可作为采场内的观察井，以便监测采场注液期间采场内稀土浸出的情况，在采场顶水洗涤期间，又可作为顶水井用，做到一井三用。

针对原地浸矿工艺存在浸矿剂注入不均衡、淋洗不充分，造成资源浸取率偏低、浸矿剂残留量大、滑坡塌方等突出问题。需要围绕渗流、溶质运移和矿土强度参数弱化三个关键环节，研发离子型稀土资源原地浸矿高效流场调控技术，建立浸矿剂用量和浓度的计算方法，研发分区精准注收液技术，实现了充分浸矿淋洗。

原地浸矿工艺条件下，矿体结构面强非均质性将引起浸矿液优先渗漏、浸取不充分等问题，进而改变矿体结构特征，诱发滑坡等灾害。为此，需要针对非均质矿体结构优先渗流控制，围绕矿体结构面渗透特性、优先渗流控制条件和注液收液控制三个关键环节，研发非均质矿体结构渗流控制及注液和收液技术。

3.2.4 采矿方式的选择与原地浸矿适应性评价方法

我们在离子型稀土开发的环境工程模式中提出了需要根据地质勘探结果来选择浸矿方式的基本要求[6-7]。为此，在我们的重点研发计划项目中，由江西地质局第七地质大队等单位以采矿回采率达标作为原地浸矿适用性评价标准，提出了 10 条影响离子吸附型稀土矿采矿回采率的因素，并利用层次分析法综合分析影响因素间的相对重要程度关系，分析出主要影响因素 3 个，次主要影响因素 3 个，次要影响因素 4 个。其中，主要影响因素为：构造裂隙发育情况、底板情况、矿石渗透性；次主要影响因素为：地下水位与底板相对关系、风化壳均一性、矿体平均品位；次要影响因素为：矿体形态复杂程度、矿体厚度、山体倾角（矿体倾角）、地形高差。在此基础上利用经验法和模糊数学法构建了原地浸矿适用性综合评价模型。通过 24 个样本数据验证可知，矿山实际采矿回采率平均值为 87.75%，计算采矿回采率平均值为 87.75%，偏差率的方差为 0.000079，标准差为 0.0151。矿山实际采矿回采率与理论采矿回采率折线吻合较好，验证了该地质模型的可靠性。该量化评价体系为离子型稀土矿山原地浸矿工艺的使用提供了地质方面的参考依据。

3.3 离子吸附型稀土的化学选矿

3.3.1 浸取试剂与浸取能力大小次序

离子吸附型稀土矿床是由石英、黏土类矿物、长石和单一稀土矿物等组成。其中石英含量大（40%～50%），含有固体分散相的微量稀土。高岭石类矿物的含量次之（30%～40%），为离子相稀土的主要载体，也有少量以类质同相存在的稀土。长石类矿物的量在 10%～15% 之间，含有少量类质同相的稀土。云母含量一般为 3%～5%，含离子态稀土和少量类质同相稀土。由于离子相稀土是吸附于黏土类矿物的晶粒表面或晶层间，因此提取离子相稀土与黏土类矿物的性质密切相关。

离子吸附型稀土与化合物形态的稀土矿截然不同，在无离子的中性水中不被浸出，但可被电解质溶液浸出，且反应是可逆的。在黏土类矿物表面和层间，除吸附了稀土离子外，也吸附了钾、钠、钙、镁、铝等金属离子以及氢离子。在黏土矿物中，以多水高岭石的饱和吸附量最高，可达 24.87 毫克当量每百克，高岭石较小，仅 8~12 毫克当量每百克。因此，多水高岭石的分布区往往是稀土元素富集区。氢离子的存在可以用该类矿物的交换酸性来证明，许多矿物的磨蚀 pH 值约为 5.5。用中性或弱酸性盐类电解质溶液浸取时，氢离子和这些金属离子也都会被浸出，浸出液的 pH 值显弱酸性。另外，黏土矿物还具有很强的吸水性，且吸水后体积会有膨胀，呈黏性和胶状化，直接影响到离子相稀土的交换性能。

（1）电解质溶液浸取离子吸附型稀土的早期认识[1-5]

在离子吸附型稀土研究开发的早期，人们就比较了各种电解质和水对稀土离子的交换浸出特征。表 3-1 和表 3-2 对比列出了早期研究中发现的一些适当浓度的酸、碱和盐溶液对离子吸附型稀土的淋洗和平衡浸取的效果比较。证明在所试验的溶液中，纯水和乙醇不能将稀土离子浸出，其他各种电解质均具有交换浸出稀土离子的能力。

表 3-1 不同浸取剂淋浸离子型稀土的结果比较

试剂	浓度	pH 值	浸取率/%	试剂	浓度	pH 值	浸取率/%
盐酸	2%	0.5	52.92	柠檬酸铵	0.5mol/L	4.5	95.18
硫酸	2%	0.5	76.09	硫酸铁	1%	2.5	70
氯化铵	1mol/L	5	94.72	硫酸亚铁	1%	2.5	67
醋酸铵	1mol/L	6	94.66	硫酸铵	2%	4.5	98.5
氯化钠	1mol/L	5.4	97.53	自然水		7	0
氯化钾	1mol/L	5.4	92.99	乙醇	95%		0

表 3-2 不同浸取剂泡浸离子型稀土的结果比较

电解质	溶液浓度/(mol/L)	溶液 pH	浸泡时间/min	稀土浸取率/%
硫酸铵	0.5	5.01	15	81.81
醋酸铵	0.15	3.00①	15	73.15
氯化钠	1	5.72	15	76.54
柠檬酸三铵	0.10	5.34①	15	92.38
碳酸铵	1	9.01	40	69.19
碳酸钠	1	13.0	40	63.76
碳酸氢铵	1	8	40	13.29

①溶液 pH 加酸调节。

注：矿样 300g，品位 0.1226%，液固比 2。

从表 3-1 的结果来看，中性无机盐对稀土的浸取率均高于 90%，尤其是硫酸铵效果最好。而高价态的硫酸铁和硫酸亚铁以及盐酸和硫酸溶液对稀土的浸取效率不是很高，这与它们的酸度有关。从化学的观点来看，中性盐对稀土离子的浸取主要是阳离子交换反应，它们对黏土矿物的性质不会有大的影响。在酸性溶液中浸取率的降低不能单纯用离子交换反应来解释，因为在许多场合下，氢离子对金属离子的交换能力是很强的。所以，酸性条件下浸取率的下降不是离子对之间的交换问题，而是由酸性变化导致的黏土颗粒的表面性质变化所引起的。

表 3-2 的结果表明，采用钠和铵的碳酸盐也能浸出稀土，这是由可溶性稀土碳酸复盐配合物的形成所致。因此，其他可以与稀土离子形成可溶性稀土配合物的共存阴离子配体也都能够促进稀土离子的交换浸取。比如表 3-2 中列出的柠檬酸铵对稀土的高浸取率，主要就是来自柠檬酸根配位能力的贡献。因此，许多有机酸盐也都具有较强的交换浸取稀土离子的能力。总之，稀土浸取的化学基础主要是电解质阳离子对稀土离子的交换反应和阴离子与稀土离子的配位反应。

表 3-3 所列结果是在 0.1mol/L 的硫酸铵溶液中加入不同量硫酸溶液对万安矿 100～140 目级矿的浸取平衡结果。结果表明，在平衡浸取条件下，随着酸度的增大，浸出液中各种金属离子的浓度均有不同程度的增大，稀土的浸取率是增大的，与柱上淋洗的结果有所不同。增加幅度最大的还是铁和钪，它们在低酸区域的浸取率增大幅度较大，而在不加酸时的浸出浓度很低。这种差别来源于两种浸矿方式下动力学因素的差别。在平衡浸取时，反映的是电解质与矿中稀土离子的交换平衡状态，由热力学因素所决定。而在柱上淋洗时，由于酸度和浓度变化对黏土颗粒表面性质会产生影响，尤其是在酸性条件下，一些胶体粒子的形成会改变矿层的渗透性，从而影响稀土离子的交换浸取。因此，黏土矿物的表面化学特征是影响稀土离子浸出的化学基础。

表 3-3　不同酸度的硫酸铵（0.1mol/L）溶液对离子吸附型稀土及其他金属离子的浸取效果

10.5mol/L H$_2$SO$_4$ 加量 /mL	[Ca、Mg] /(mmol/L)	RE$_2$O$_3$ /(mg/mL)	Mn /(mg/L)	Fe /(mg/L)	Sc /(mg/L)
0	1.497	0.1038	10.0	0.4	0.9
1	1.937	0.1488	15.0	20	3.8
2.5	1.998	0.1486	20.5	41	4.9
5	2.002	0.1536	21.2	53	5.1
7.5	2.160	0.1600	24.0	64	5.8
10	2.090	0.1568	24.5	72	6.4
15	2.080	0.1584	27.5	85	7.1

注：万安矿 100～140 目，10g。$c(NH_4^+)$ = 0.1mol/L，固液比为 1∶5。

假设稀土离子的浸出属于离子交换的范畴，那么就可以用离子交换的相关理论来解释或预测。在离子交换理论中，最主要的一个理论是水化理论，也即离子交换过程中的离子都应该是以水合离子的形式迁移和交换的。因此，作为浸取试剂的阳离子与矿中稀土阳离子的交换势就与该阳离子的电荷数和离子半径相关。在相同的离子浓度、阴离子类型和浸出温度等条件下，不同金属阳离子的交换能力顺序有：$Tl^+ > K^+ > NH_4^+ > H^+ > Na^+ > Li^+$、$La^{3+} > Ce^{3+} > Pr^{3+} > \cdots > Lu^{3+}$、$Fe^{3+} > Al^{3+} > Ca^{2+}$。当然，溶液酸度、浓度和温度的改变也肯定会使交换次序发生变化，甚至出现相反的次序。例如，对于稀土元素的交换次序，根据水化理论，稀土离子从镧到镥，离子半径逐渐缩小，水合离子的半径增大，其被黏土矿物吸附的能力逐渐减小，被交换浸出的能力则增强。但在现有的报道中就有不同的次序，一种结果是符合水化理论的次序，轻稀土的交换迁移能力弱，且随镧系元素原子序数的增大，交换迁移能力逐渐增强；另一种结果则表明，交换迁移性能最好的是中稀土，而不是重稀土。这一次序明显与水化理论不符，尤其是中重稀土之间所表现的次序不能用水化理论来解释。这种差异，我们认为是稀土离子水解形成羟基稀土的能力次序与水化理论的共同作用所决定的。在轻、中稀土范围符合水化理论，但由于重稀土的水解 pH 最低，受溶液 pH 的影响大，所以在溶液 pH 接近稀土离子水解的条件下，重稀土会形成羟基水合离子，甚至氢氧化物，迁移能力减弱，从而使中稀土表现出更强的迁移能力和洗出性能。

（2）电解质阴离子对离子吸附型稀土浸取的贡献

表 3-4 是在氯化物体系中不同阳离子对稀土淋洗浸出效果的比较。可以看出，各种金属离子都可以对矿中的稀土进行交换浸出，但效果不同。在相近浓度条件下，一价阳离子的交换能力次序是：$NH_4^+ > K^+ > Na^+$；二价离子：钙＞镁。与硫酸盐浸取剂的浸取效果相比，相同浓度的氯化物电解质溶液对稀土的浸取效率要明显低一些，说明阴离子对浸取效果有明显的影响。

表 3-4　不同阳离子的氯化物溶液对离子吸附型稀土淋洗浸出的结果比较[1]

阳离子	Na^+	Na^+	H^+	K^+	NH_4^+	Mg^{2+}	Ca^{2+}
浓度/%	1	2	1	2	2	2	2
淋出率/%	33.3	56.3	56.9	74.4	88.3	58.5	83.7

注：矿样 400g，品位 0.1226%，液固比为 1，浓度为相应氯化物的浓度。

电解质阴离子对稀土浸出的影响主要与上面所说的与稀土离子的络合能力相关。配位能力越强，其相应电解质对稀土的浸取率越高。但也与这些阴离子与黏土矿物表面其他金属离子配位吸附所产生的颗粒表面特征的变化相关。文献[100]在双电层模型下提出了阴离子强化稀土浸出的吸附机理。因为阴离子的吸附会显著改变黏土矿物的表面电位和聚沉特征，这些都会影响浸取试剂的浸取效率和尾矿稳定性。另外，考虑到金属离子浸出的选择性时，阴离子对特定金属离子的配位助浸和沉淀抑浸能力和机制也是十分重要的内容。例如，对于铅的抑制浸出，采用硫酸盐的效果就相当明显，这是硫酸盐代替氯化物作为稀土离子浸出的关键因素之一。通过选择一些具有酸碱缓冲能力或金属配位能力的化合物作为浸取助剂来调节铝、铁、铀、钍和稀土的浸出选择性也是可行的。最为突出的是利用浸取试剂的阴阳离子对浸取效率和黏土矿物 zeta 电位的贡献大小及其相互关系来选择高效绿色浸取试剂，确定了硫酸铝作为新一代浸取试剂的关键组分的原因和效果，提出了以硫酸铝作为浸取试剂来提高浸取效率，降低污染物溢出量，减少水土流失风险的新工艺[101-105]。与此同时，一些有机酸及其盐在浸取时对黏土矿物 zeta 电位及其渗透特征的影响也得到证实[106-109]。

3.3.2　黏土矿物对电解质阴阳离子的吸附[1]

（1）黏土矿物的结构特点[110-114]

黏土矿物主要是层状构造硅酸盐。如图 3-2 所示，硅酸盐矿物是由硅氧四面体和铝氧八面体结合而成，其最稳定的基本结构单元是硅氧配位四面体（SiO_4^{4-}），它由一个中心硅原子和四个氧原子进行配位，形成一个等边四面体；层状硅酸盐的特征是按二维面以分子式为 $[Si_4O_{10}]^{4-}$ 呈六角网状连接，并无限展开。

由于四面体片含有负电荷，所以在形成矿物时四面体片仅能与阳离子或者附加氧离子结合的方式出现。四面体的配位结构适合体积较小的阳离子，主要是 Si^{4+}，少数是 Al^{3+} 和 Fe^{3+}。在层状构造中，四面体片并不能单独存在，它总是以某种方式与八面体片进行连接。八面体是由两层氧离子或氢氧离子紧密堆积而成，大的阳离子位于其中呈八面体配位。这种构型适应于 Al^{3+}、Mg^{2+}、Fe^{2+} 和 Fe^{3+} 等较大的阳离子配位，但不适应于更大的阳离子 Ca^{2+}、Na^+、K^+ 配位等。这种占据着八面体配位位置的阳离子称为八面体阳离子。八面体构造可以单独构成矿物，如三八面体构造的水镁石 $[Mg_3(OH)_8]$ 和二八面体构造的三水铝石 $[Al_2(OH)_6]$。四面体片与八面体片根据不同的比例方式叠合起来，就构成了层状构造硅酸盐矿物的基本结构层。

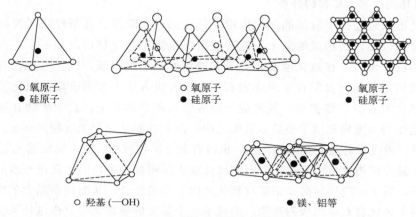

○ 氧原子　● 硅原子　　　　○ 氧原子　● 硅原子　　　　○ 氧原子　● 硅原子

○ 羟基（—OH）　　　　　● 镁、铝等

图 3-2　黏土矿物的基本结构单元

按照四面体片和八面体片的配合比例，可以把层状构造硅酸盐矿物的基本结构层分为 1∶1 层型和 2∶1 层型两个基本类型，如图 3-3 所示。高岭石是 1∶1 层型矿物的典型代表，白云母和蒙脱石是 2∶1 层型矿物的典型代表。1∶1 层型是由一个四面体片和一个八面体片结合而成的［图 3-3（a）］。在 1∶1 层中，四面体片未共用的氧成为八面体片的一部分，替代八面体片的 OH^-。所以，1∶1 层一共有五层原子面，包括三层大阴离子 $[OH^-$ 或 $O^{2-}]$ 面、两层分布在阴离子面之间的八面体阳离子面和 Si^{4+} 阳离子面。假如八面体片位于下边，那么第一个面全部是 OH^-，接着是八面体阳离子面，再就是 OH^- 和 O^{2-}（四面体顶氧）混合面，其后是阳离子面，最上边全部为 O^{2-} 面。三层大阴离子面的中间面同属于八面体片和四面体片。

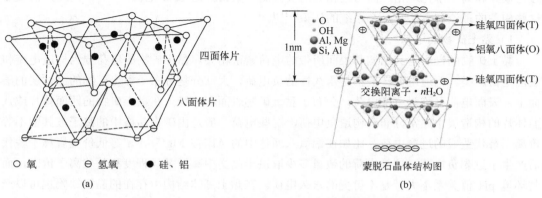

○ 氧　　⊖ 氢氧　　● 硅、铝

（a）

1nm

⊙ O
○ OH
● Al, Mg
● Si, Al

→ 硅氧四面体(T)

→ 铝氧八面体(O)

→ 硅氧四面体(T)

交换阳离子·$n\mathrm{H_2O}$

蒙脱石晶体结构图

（b）

图 3-3　1∶1（a）和 2∶1（b）层型黏土矿物结构图

2：1 层型由一个四面体片和一个八面体片结合而成［图 3-3（b）］。可以看出，2：1 层与 1：1 层是比较相似的，差别是另外一个四面体片的方位与第一个四面体片的方位刚好相反。图中最下面一个四面体片是另外一个 2：1 层的一部分。整个 2：1 层包含四层大阴离子面[O^{2-}、OH^-]和三层阳离子面。2：1 层的底面全部为 O^{2-}，其次为 Si^{4+} 离子面、O^{2-} 和 OH^- 混合面、八面体阳离子面，再其次是另外一个 O^{2-}、OH^- 混合面和另外一个 Si^{4+} 面，最后为 O^{2-} 面。2：1 层可以是二八面体的，也可以是三八面体。例如，白云母的结晶构造是一种 2：1 层型的二八面体层状构造硅酸盐。

（2）风化壳中黏土矿物的分布[1]

风化壳形成时经历了较深的风化作用，已达到成土阶段，甚至经历了脱硅作用。但剥蚀搬运作用较弱，使形成的黏土层能够保留或是短距离迁移后沉积下来，在其后的成岩作用下形成黏土岩。在风化速度相对于剥蚀速度较小的区域，风化残积物有可能一经形成即被搬运走，从而仅发育半风化岩石。在没有进入成土作用阶段的风化较弱地区结构也为半风化岩石型，该类型一般形成于砂岩等沉积岩体之上，黏土矿物并没有形成黏土层而只是作为填隙物充填于裂缝或孔隙之中。沉积间断是一个无沉积间断面，也即在形成的一段时间内既没有遭受到风化作用，也没有黏土矿物沉积。对于风化黏土层-半风化岩石型来说，黏土矿物含量由半风化岩石到风化黏土层明显增多，而且在进一步的风化和淋滤作用之下，黏土矿物逐渐向铁铝矿物转化并向下充填裂缝，从而使得黏土矿物在风化黏土层底部与半风化岩石顶部较为富集，形成了一个黏土矿物富集带。在这种风化壳上，长石含量由半风化岩石到风化黏土层明显降低，而高岭石的含量以及黏土矿物的总量却大大增加。这说明风化壳中长石矿物逐渐被侵蚀变化了，并逐步转化成了黏土矿物。花岗岩质风化壳中高岭石、伊利石、蛇纹石等黏土矿物含量由半风化岩石层到风化黏土层有着明显的增大趋势。

（3）黏土矿物吸附金属离子的特征参数及原因[1]

黏土矿物颗粒微小，比表面积大，同时带有电荷以及多个活性中心，这些结构上的独特性，使得黏土矿物具有许多一般矿物所不具备的特殊性质，如吸附性、离子交换性、分散性、凝聚性等。在离子吸附型稀土浸取机理和性能评价的研究中，人们已经把注意力转移到黏土矿物表面的离子吸附与迁移特征上来[100-112]。对离子吸附与迁移特征的描述需要基于双电层理论模型和离子水化理论，而与之相关的实验测定数据就是 zeta 电位[113-115]。为此，需要对这些相关的理论和方法有一个系统的认识[1,113]。

1）黏土矿物的电荷

黏土矿物的性质与其结构和表面所带的电荷紧密相关。黏土矿物的电荷分为构造电荷和表面电荷两类。构造电荷一般都是永久性的负电荷，大部分是分布于黏土矿物的晶体层的层面上。表面电荷又称为可变电荷，分布于黏土矿物表面和边缘。在黏土矿物的四面体片或八面体片的构造层中通常分布有构造负电荷，这些电荷一般是由矿物晶格中的离子被其他不等价离子替代造成的过剩电荷，比如在铝氧八面体中的 Al^{3+} 被 Mg^{2+}、Na^+ 等低价金属离子替代后产生了过剩负电荷。这类电荷的数量多少取决于晶格中离子替代程度和替代离子价态，而与环境 pH 值关系不大，是不可变的永久电荷。在黏土晶体结构中存在的晶格缺陷也可以产生构造电荷。不同的黏土矿物的构造电荷数量会因其离子替代情况和晶格缺陷的不同而不相同。例如，在蒙皂石中，每个单位晶胞含有 0.25～0.60 个构造负电荷，在伊利石中每个单位晶胞含有 0.6～1 个构造负电荷，主要源于硅氧四面体中 Al^{3+} 替代 Si^{4+}，而高岭石一般不含有构造电荷。

表面电荷的产生一般是源于黏土矿物表面的化学变化，或者黏土矿物表面发生的离子吸附。表面电荷受到环境 pH 的影响，是可变的。与构造电荷不同，表面电荷产生于黏土矿物的四面体片、八面体的基面或者边缘，而非结构层内部。在黏土矿物表面的 Si—O 断裂键和 Al—OH 断裂键能够通过水解作用而形成表面电荷，比如 O^{2-} 与 H^+ 连接形成 OH^-，这些分布于矿物表面的羟基具有酸碱两性的性质，既能够与 H^+ 结合形成表面正电荷，同时又能与 OH^- 结合产生表面负电荷：

$$MOH + H^+ \longrightarrow MOH_2^+ \tag{3-1}$$

$$MOH + OH^- \longrightarrow MO^- + H_2O \tag{3-2}$$

这些表面净电荷的正负取决于黏土矿物的构造和介质溶液的酸度和离子强度。黏土矿物的净电荷应为其所有表面正负电荷的代数和。一般情况下，黏土矿物的表面负电荷都要多于正电荷。因此，黏土矿物的表面电荷一般为负电荷。蒙皂石类黏土矿物的表面电荷一般小于总电荷的 1%，而在高岭石等黏土矿物由于离子替代量极小，表面电荷组成了总电荷的主要部分，是产生离子交换容量的基础特征。表 3-5 为几种黏土矿物的组成、结构和离子交换容量大小比较。离子型稀土矿床中的黏土矿物以高岭石和埃洛石为主，其吸附容量不大。这也是该类资源能够迁移富集成矿的主要原因。

表 3-5　离子型稀土矿床中主要的黏土矿物

黏土矿物	化学式	晶胞类型或形态	阳离子交换容量
高岭石类	$Al_2Si_2O_5(OH)_4$	双层结构	低
蒙脱石类	$Al_2O_3 \cdot 4SiO_2 \cdot nH_2O$	"三明治"夹心结构	高
伊利石类	$K_2O \cdot 3Al_2O_3 \cdot 6SiO_2 \cdot 2H_2O$	三层结构	中
埃洛石类	$Al_2[Si_2O_5](OH)_4 \cdot (1\sim2)H_2O$	管状	中低
坡缕石	$Mg_5Si_8O_{20}(OH)_2(H_2O)_4 \cdot nH_2O$	纤维状	中
海泡石	$(Si_{12})(Mg_8)O_{30}(OH)_4(OH_2)_4 \cdot 8H_2O$	纤维状	中

2）双电层理论

黏土粒子由于带有表面电荷，为保持电位平衡，必然会吸附反离子到颗粒表面附近，形成一层电荷与反离子的电荷相对应的带电层。在黏土吸附阳离子使其在黏土粒子表面富集时，由于离子浓度差和分子热运动，也存在使阳离子脱离界面的扩散运动。在黏土吸附和阳离子的自扩散运动的共同作用下，阳离子在黏土粒子与水的界面周围呈扩散状态分布，形成扩散双电层。在土壤胶体体系中，固液混合相在发生相对移动时，两相界面存在动电现象，其滑动面的电位被称为电动电位，即 zeta 电位。zeta 电位越大，黏土粒子间的排斥力越大，当 zeta 电位降低到某一临界值时，排斥力将弱于吸引力，黏土颗粒开始出现聚沉现象。由于范德华力与距离的六次方成反比，而库仑力与距离的二次方成反比，当粒子相互靠近时，范德华力增长快，当超过库仑力时，粒子聚沉。介质体系中阳离子的价数、水化程度、离子浓度都会对 zeta 电位产生影响，从而影响黏土矿物在介质中的悬浮稳定性。离子价数越高，库仑力越强，黏土粒子对离子的吸附越强，凝聚力越大。对于同价离子，水化半径越大的离子与黏土表面距离越远，凝聚力越小。一般而言，离子半径越小，水化离子半径越大。

黏土悬浮液体系的稳定性不仅和介质中阳离子有关，也会受到阴离子的影响。在高岭石悬浮液体系中提供足够数量的阴离子，可以中和黏土颗粒边沿表面上的弱正电荷，使分散体系更稳定。由于 pH 能够直接影响界面间的电位和电荷，因此介质的 pH 也是影响黏土矿物悬浮性能的关键因素。另外，黏土表面或边缘存在裸露的羟基基团，质子能够与其发生内配位，这将影响黏土的分散性能。

为了描述固体物质分散在电解质中物质与电荷的分布状态，1879 年亥姆霍兹（Helmholtz）根据静电引力作用提出了以"等量电荷分布于物质与电解质界面两边"为主要思想的平板电容模型。该模型中正负电荷分别排布在界面两侧，其厚度 σ 相当于离子的半径。该模型解释了在外加电场作用下，带电物质和溶液中的带相反电荷的离子分别向带相反电荷电极方向移动的电动现象，但是忽略了电解质离子在溶液中的热运动，并且无法解释物质的理论表面电势 φ_0 与实际测定的电势 ζ 的区别。

基于亥姆霍兹提出的平板电容模型，结合电解质离子在溶液中的热运动，古依（Gouy）、查普曼（Chapman）分别于 1910 年、1913 年提出了 Gouy-Chapman 模型，即扩散双电层模型。如图 3-4 所示，在扩散双电层模型中，电解质中的带相反电荷的离子，一部分因静电相互作用紧密地排布在带电固体物质表面，另一部分按照一定的浓度梯度扩散到本体溶液中，其分布可以用泊松-玻尔兹曼（Poisson-Boltzmann）公式表示。Gouy-Chapman 模型很好地解释了电解质溶液中扩散层的离子分布以及电势变化，但是仍无法解释物质的理论表面电势 φ_0 与实际测定 ζ 电势的区别。在扩散双电层模型中，双电层的厚度受电解质浓度的影响。在高浓度电解质中，双电层厚度会被压缩。根据 Debye-Hückel 公式，可计算出双电层的厚度 δ：

$$\delta = \sqrt{\frac{RT\varepsilon}{2cF^2}} \tag{3-3}$$

式中，δ 是双电层的厚度；ε 为介质的介电常数，F/m；c 为电解质浓度，mol/L；F 为法拉第常数［$1F = (96485.3383\pm0.0083)$C/mol］。在双电层结构中，紧密层厚度大概为 1～2 个离子直径距离，扩散层的厚度可以近似为：

$$\kappa^{-1} \approx \frac{10}{\sqrt{c}} \tag{3-4}$$

式中，κ^{-1} 为扩散层厚度，nm；c 为电解质浓度，mmol/L。

1924 年，Stern 基于 Gouy-Chapman 模型提出了 Stern 双电层模型，如图 3-4 所示。该模型是在静电作用的基础上同时考虑固体物质的吸附作用，认为固体表面与带相反电荷的离子形成了一个相对稳定的整体，其与外部接触的边界面称为滑移面。滑移面与本体溶液电势之差即为 ζ 电势，但是滑移面并非紧密层，Stern 双电层模型中，考虑到离子的水化效应，离子以水合离子的形式存在。Stern 紧密层厚度为 δ，大概 1～2 个分子直径距离，固体表面到距离 x_δ 处其电势由 φ_0 到 φ_δ 变化显著，考虑到滑移面和紧密层厚度差别极小，也将滑移面处电势 ζ 近似为紧密层电势 φ_δ。

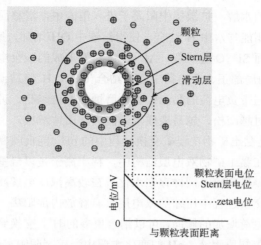

图 3-4　扩散双电层和 Stern 双电层模型与表面电位[113]

滑移面之外的扩散层中，带相反电荷的水合离子分布以及电势变化与 Gouy-Chapman 模型相同。Stern 双电层模型明确解释了物质的理论表面电势 φ_0 与实际测定 ζ 电势的区别，其应用在胶体分散系中，能很好地解释胶体的电动行为以及胶体粒子在溶液中的分散稳定性。

黏土粒子通常带有负电荷，为保持电位平衡，必然会吸附反离子到颗粒表面附近，产生黏土粒子表面的电荷与反离子的电荷相对应的电层。在黏土胶体体系中，黏土矿物悬浮稳定性通常受介质中阳离子、阴离子、pH、黏土表面或边缘存在裸露的羟基基团、质子的配位络合等影响，其本质是黏土粒子间的排斥力与吸引力的强弱影响黏土矿物悬浮稳定性，其主要理论是 DLVO 理论。

3）水化理论

离子的水化理论是指溶液中离子、基团的迁移和交换都是以水合离子的形式来进行的。一般情况下，水合离子随着离子势的增大，被黏土矿物吸附的能力变强，阳离子的电荷和水合离子半径的大小决定了其被黏土矿物吸附的能力。根据水化理论，稀土离子从镧离子到镥离子，离子半径逐渐缩小，水合离子的半径增大，其被黏土矿物吸附的能力逐渐减小，被交换浸出的能力则增强。这一结果是符合实际稀土离子的迁移次序，轻稀土的交换迁移能力弱，且镧系元素随原子序数增大，交换迁移能力逐渐增强。其中，重稀土组分离子会形成羟基水合离子，水解 pH 值低，被黏土吸附能力增强，迁移能力减弱，从而使中稀土组分离子表现出更强的迁移能力和浸出性能。黏土矿物的水化过程存在两个层面，黏粒的水化以及离子的水化。通过测黏土矿物的磨蚀 pH 值、交换 pH 值能反映黏土矿物黏粒及离子的水化特征。

磨蚀 pH 值测定的是黏土矿物在纯水中的 pH，其反映的是黏粒的水化特征。水化是由黏粒和离子的静电作用所引起的，黏粒在低电解质溶液中双电层间距变大，使更多的 OH^-、H^+ 进入层间。黏粒水化过程会产生膨胀作用，不仅会改变孔隙状况，堵塞溶液流动，同时吸水膨胀的黏土颗粒结构疏松，这是造成水土流失、山体滑坡的重要原因。磨蚀 pH 值能够在一定程度上判断原矿的结构疏松情况，从而反映出水土流失、山体滑坡的可能性。黏粒由于类质同象取代、表面键的断裂而呈负电荷，滑移面内部虽然包含阳离子，但其只能抵消部分负电荷并不能完全消除，黏土矿物扩散层中会存在维持电中性的阳离子。在纯水中，整个黏土矿物类似于强酸弱碱盐的水解，扩散层中阳离子进入溶液中，滑移面内部整体相当于一个带有负电荷的基团，该基团能与水中 H^+ 结合，使得溶液中 OH^- 增加，磨蚀 pH 值普遍较大。局部结构上，黏土颗粒表面 Si—O 键断裂、Al—O 键断裂形成的残余电荷也能通过水解作用影响 pH，断裂键处形成的局部正、负电荷中心能结合 OH^-、H^+ 使黏土矿物表面具有类似于酸碱两性的特征。对于普遍带负电荷的黏土矿物，磨蚀 pH 值越高，说明黏粒水化过程越强，水溶液中原矿的结构相对越疏松，越易造成水土流失、山体滑坡。

交换 pH 值测定的是黏土矿物在浸矿交换过程中的 pH，能反映黏土矿物进行离子交换过程中离子的水化特征。在黏土矿物双电层结构中，稀土离子是以羟基水合离子或者配位的水合阳离子等形式存在，浸矿剂离子同样存在水化，在较高浓度电解质溶液作用下，双电层被压缩，发生离子交换，交换过程中压缩的双电层具有释放内部阳离子的倾向。整个过程中黏土矿物双电层结构呈负电荷增加的倾向，可以结合更多的 H^+，交换到溶液中的阳离子水解结合 OH^-，但溶液整体为电解质溶液，pH 的变化主要由浸矿剂阴阳离子决定。

4）Zeta 电位及其测定[114]

固体物质与因静电作用及吸附作用而固定的离子，形成以滑移面为界的相对稳定的整体结构，在水溶液中固定的离子不会轻易脱离。当加入电解质并且浓度增大时，会压缩扩散层厚度并使得更多离子进入滑移面，发生交换反应，从而改变团粒的性质。Zeta 电位是 ζ 电势对应的电位，即滑移面到本体溶液之间的电势差所对应的电位。pH 值、介质黏度、介电常数、电导率都能影响 zeta 电位的测定，因此在使用 zeta 电位时往往需要交代其对应的 pH、电导率。

Zeta 电位可以反映出整个分散体系固-液界面甚至乳液滴界面的电性、电量、扩散层的厚度、等电点等性质，是研究界面反应过程、认识颗粒表面电性、了解界面反应机理、研究颗粒分散机理的重要参数。其中，当 zeta 电位为 0 时，即等电点处，团粒之间无静电斥力从而极易聚沉，物质在该分散状态下的理化性质会发生急剧的变化，比如黏度最小、膨胀度最小、渗透压最低、电导率最小、浊度最大等。

测量 zeta 电位的方法有电泳法、流动电位法、电渗法和超声波法。电泳法、流动电位法、电渗法原理相似，是通过测定电泳淌度计算 zeta 电位。在外电场的作用下，分散介质中的带电颗粒相对于静止悬浮液体向相反极性电极移动，相对运动的电荷产生并增加流动电压，通过测定流动电压、流动电流计算电泳淌度。通过 Henry 方程利用 zeta 电位与电泳淌度的关系测得 zeta 电位的大小，其公式如下：

$$\zeta = \frac{3\eta}{2\varepsilon} U_E g(\kappa a) \qquad (3\text{-}5)$$

式中，ζ 为 zeta 电位，mV；η 是液体的黏度系数，Pa·s；ε 是液体介电常数，F/m；U_E 是电泳淌度，$m^2/(V·s)$；根据 Hückel 近似 $g(\kappa a) = 1$，根据 Smoluchowski 近似 $g(\kappa a) = 1.5$。

超声波法由 Colloidal Dynamics 公司开发，被应用于测定高浓度胶体溶液。其原理是胶体溶液在电场作用下会产生声波，zeta 电位（ζ）越大，颗粒运动速度越快，产生的声波越强，通过测定产生的声波可以计算出颗粒的动态迁移速率 μ，通过动态迁移速率 μ 与 zeta 电位的关系测定 zeta 电位，其公式如下：

$$\mu = \frac{\varepsilon \zeta}{\eta} G(a) \tag{3-6}$$

式中，μ 为动态迁移速率；ζ 为 zeta 电位，mV；η 是液体的黏度系数，Pa·s；ε 是液体介电常数，F/m；$G(a)$ 是惯性因子，与 a 粒度有关。

通过黏土矿物的电动现象测定 zeta 电位，可以确定黏土矿物形成的相对稳定结构的电位即近似为滑动面的电位，从而来讨论矿物浸取过程中不同离子的吸附、解吸而造成的电荷分布、电荷密度变化情况。基于双电层模型，利用测定的 zeta 电位值，可以提出无机盐浸矿剂浸取过程的迁移机制。当高浓度电解质溶液中的一价阳离子与位于 Stern 层的稀土离子相互作用，阳离子被吸附于黏土表面，而稀土离子则从 Stern 层被交换到扩散层和本体溶液中。浸出后的尾矿中，吸附的大量一价阳离子在雨水浸淋时，由于浓度的急剧下降而又从内层 Stern 层迁移到扩散层，导致 zeta 电位变得更负。高价态的电解质离子对稀土离子的浸取是自发的，其吸附在 Stern 层的趋势强，使得尾矿中黏土矿物的 zeta 电位绝对值减小。

5）黏土矿物的分散与聚沉

分散性和聚沉性是黏土矿物的两种很重要的性质。对于自然土壤，分散性和聚沉性与水土流失和土质好坏相关。分散性又被称作悬浮性，是指黏土矿物以悬浮的状态长期存在于水相，难以澄清，也容易导致水土流失和滑坡塌方。另一方面是黏土矿物表面带有很多裸露的羟基，使黏土矿物带有较多负电的表面电荷，黏土颗粒间因同性电荷相排斥的性质而拥有很好的分散性。聚沉性是与分散性刚好相反的一种性质，是指悬浮液的分散性遭到破坏，细小黏土颗粒凝聚成大颗粒而沉降的性质。

介质的 pH、表面活性剂和介质类型均能影响黏土的沉降和分散稳定性，黏土表面和介质的极性变化是改变沉降分散行为的重要因素。增大介质中酸碱电解质的浓度，提高分散介质的极性，或者加入高浓度的表面活性剂，都能使黏土颗粒间的排斥力增强，分散稳定性提高，水土流失加强。

6）黏土矿物对金属离子的吸附特征

吸附是指在固相-气相、固相-液相、固相-固相、液相-气相、液相-液相等体系中，某个相的物质密度或溶于该相中的溶质浓度在界面上发生改变的现象。一般将具有吸附作用的物质称为吸附剂，而被吸附的物质称为吸附质。吸附剂对吸附质的吸附性能往往采用吸附等温线来表示，吸附等温线是指在一定温度下，吸附量与吸附质的压力（气相）或者浓度（液相）的关系曲线，通过该曲线的形状可以推测出吸附剂和吸附质的物理、化学作用。

黏土矿物具有颗粒细小、孔隙多、比表面积大和其特殊而复杂的层间结构等特点，这些特点决定了黏土矿物具有膨胀和吸附等性能。黏土矿物的吸附性能根据引起吸附作用的原因不同可以分为三类：物理吸附、化学吸附和离子交换吸附。

物理吸附是由于吸附剂与吸附质之间的分子间引力即范德华力或者氢键作用而产生的一种可逆吸附作用。化学吸附是指吸附剂与吸附质之间通过化学键的作用而产生的吸附。黏土矿物通常带有不饱和电荷，为了维持电性平衡，黏土矿物的表面上会吸附有等电荷量的异号离子。这些吸附在黏土矿物表面上的离子通过和溶液中的离子相互交换而吸附溶液中的离子，我们将这类吸附作用称为离子交换吸附。与黏土矿物结合的交换型离子常见的有 K^+、Na^+、Ca^{2+}、Mg^{2+}、NH_4^+、H^+、Al^{3+} 等阳离子，以及 Cl^-、NO_3^-、SO_4^{2-} 和 PO_3^{2-} 等阴离子。这也决定黏土矿物的交换性质可以根据表面电荷的正负性质不同而分为阳离子交换和阴离子交换两种。利用黏土矿物对阳离子的交换吸附作用可以很好地解释南方离子吸附型稀土矿的成矿机制和浸矿原理。

离子吸附型稀土矿床中与稀土相关的主要矿物为各种类型的黏土矿物，这些黏土矿物的尺度范围主要在纳米到微米之间。在微纳米颗粒及其表面科学中的一个特别重要的主题是原子、分子和离子在颗粒表面或界面上的吸附。因此，在研究该类稀土资源的形成机制和矿床特点时，自然就应该从黏土矿物的吸附特征来讨论稀土元素的地球化学行为，并为稀土离子的高效提取技术提供科学依据。事实上，黏土矿物粒子表面与水溶液界面上的金属离子吸附与解吸本来就是离子吸附型稀土矿床形成和资源开发研究中的核心科学问题。

7）黏土吸附金属离子的原因及能力次序

离子交换容量可用来衡量吸附剂对吸附质离子的交换能力大小。黏土矿物的阳离子交换容量是指在一定的 pH 值条件下，黏土矿物能够吸附的交换性阳离子的数量，它与黏土矿物表面负电荷的数量有直接关系。黏土矿物的表面负电荷的形成主要有结构内部的类质同象替换、边缘和外表面的键破裂及伴生羟基组分的分解等三种原因。由矿物结构中的类质同象替换产生的负电荷与酸度和离子活度等条件无关，属于不可变的永久性负电荷。而由键破裂及裸露羟基产生的负电荷会随着酸度值和离子活度等外部条件的改变而变化，是一种可变的负电荷。阳离子交换吸附具有等电荷量交换的特点，而且阳离子交换吸附是一种吸附和解吸相互可逆的过程，吸附和解吸的速度会受到阳离子浓度的影响。对于南方离子吸附型稀土矿，黏土矿物对稀土离子的吸附与解吸的反复作用伴随着矿山生成和矿山再生的整个过程。

对于同一种吸附剂而言，不同的吸附质离子会表现出不同的吸附能力。吸附能力的强弱一般受到吸附质离子的离子价数、离子半径、离子浓度以及共存离子的影响。在离子浓度相近的情况下，离子价态越高，黏土矿物表现出的交换能力越强。相应地，高价态的阳离子具有较强的内配位能力，也会使解吸较困难。例如，蒙脱石吸附剂对不同价态离子的吸附能力强弱为：$Fe^{3+} > Al^{3+} > Ca^{2+} > Na^+$。而对于相同价态的不同离子在浓度相差不大时，离子半径越小，水化半径越大，离子中心离黏土表面的吸附点越远，吸附能力越弱；反之，对于离子半径越大的阳离子，吸附能力越强。

离子浓度和共存离子对吸附能力的影响符合质量作用规律，也就是说离子交换的强弱受到两相中不同离子的相对浓度的制约。对于同一溶液中的 A^+、B^+ 两种一价离子而言，在共有的黏土吸附剂上的离子交换吸附平衡方程可以表达为：

$$A^+ + 黏土\text{-}B \xrightarrow{K} B^+ + 黏土\text{-}A \tag{3-7}$$

式中，K 为离子交换平衡常数。

离子交换平衡常数可用来表征吸附的难易程度。当 K 大于 1 时，说明 A^+ 较 B^+ 更容易被吸附，即 A^+ 会被优先吸附。离子吸附型稀土的浸取，就是采用往原矿内注入较高浓度的 Na^+ 或者 NH_4^+ 浸取剂，使其与原矿中的高价 RE^{3+} 交换，同时，Ca^{2+}、Mg^{2+}、Al^{3+} 等离子也会被交换到溶液中。

固-液相之间溶质的吸附，指的是溶液中的溶质在吸附剂固体表面上的净积累。这种过程仅仅发生在固相表面，但溶液中的溶质浓度降低也可能是由于沉淀。因此，在没有特定数据说明溶质浓度的降低及在固体表面的净积累是因为吸附过程还是沉淀过程，或者二者同时存在时，就可将浓度的降低和溶质的净积累称为吸着。在两相界面处，被吸附的物质称为吸附质，而吸附相称为吸附剂。吸附的结果是吸附剂的表面能降低，吸附质在吸附剂上富集。

在水悬浮溶液中，具有带电基团的固相表面对于悬浮液的电解质含量和 pH 特别敏感。在较高电解质浓度的情况下，固体表面可能具有高度束缚的反离子，使得离子交换成为唯一可获得的吸附机理，而不是分散力或疏水性相互作用。此时，不仅表面的双电层将缩小到几个纳米的厚度，而且表面和表面活性剂的相异电荷基团之间的引力，以及表面活性剂分子相同电荷之间的斥力都将被抑制，表现出线性吸附等温线。

在具有弱酸或弱碱基团的固体表面，其吸附过程对溶液 pH 值的变化也特别敏感。随着液相 pH 值的降低，固体表面的净电荷将趋于正电荷方向。当一个表面活性剂吸附在一个固体表面时，对表面性质产生影响的结果在很大程度上取决于吸附的决定性机理。对一个高度带电的表面，假若吸附是离子交换的结果，表面电性质不是改变太大。另一方面，假若离子配对为重要机理，则其 Stern 层的电位将减小，直到它被完全中和。在一个由静电斥力稳定化的分散体系中，表面电位的这种减小会导致稳定性的损失，最终粒子凝结和絮凝。

（4）黏土吸附等温线方程及其热力学和动力学问题[1]

吸附剂对吸附质的吸附性能往往用吸附等温线来表示，它直接反应吸附质在吸附剂和溶液之间的分配关系，是评价吸附机理的有效方法。吸附等温线涉及的是固-液界面从溶液中吸附的实验评价方法，常涉及测定发生吸附以后溶液中溶质浓度的变化。根据溶液浓度的变化来计算被吸附的吸附质的量，以及单位吸附剂上或单位表面积吸附的吸附质的量，以此对平衡溶液中吸附质的浓度作图，就可以得到该实验温度下的等温线。根据吸附等温线，可以讨论以下问题：①吸附质与吸附剂之间相互作用的本质；②吸附速度；③吸附等温线形状以及平台和拐点的意义；④吸附的程度（即单分子层或多分子层）；⑤溶剂与固体表面的相互作用（溶剂化效应）；⑥吸附分子在界面的取向；⑦温度、溶剂组成和 pH 值对上述因素的影响。

吸附剂和吸附质之间的相互作用可以分成相对弱的可逆物理吸附和较强的、有时不可逆的专性吸附或者化学吸附等两个大的类型。由于吸附机理的多种可能性，人们已用实验测定并归纳了许多种形状的等温线。固体表面的非均质本性决定了吸附过程的确切性质，将在很大程度上取决于表面特性，以及界面与其接触的溶剂和溶解物之间的相互作用。这些相互作用通常借助于吸附等温线来研究和解释。因此，吸附等温线是描写吸附过程最常用的基础数据，大体可分为五种基本类型。

① 单凸型　吸附量随平衡浓度的变化在开始时上升很快，随后趋于平缓，最后达到饱和吸附，不再随浓度增加而增大。这种吸附往往对应于单层吸附，在表面上吸附质的覆盖是单层的。属于这种吸附模型的吸附剂可从很低浓度的吸附质溶液中吸附吸附质。

② 先凸后凹的 S 型　在低浓度区域与第一种类似，但当吸附质浓度高于某一范围后，吸附量会出现第二个急剧上升阶段，这说明出现了第二层吸附。所以，这种吸附往往对应于多层吸附。属于这种吸附模型的吸附剂也可以从很低浓度的吸附质溶液中吸附吸附质，也适合于从高浓度吸附质溶液中吸附吸附质。

③ 单凹型　吸附量随平衡浓度的变化在一开始时上升不明显，随着吸附质浓度的升高，吸附量升高的趋势增大，没有明显的饱和吸附迹象，这种吸附对应于多层吸附。

④ 双 S 型　相当于两个单凸型中间通过一个过渡阶段相连。这种吸附往往对应于双层吸附。

⑤ 先凹后凸的 S 型　在低浓度区域与第三种类似，但当吸附质浓度高于某一范围后，吸附量的增加幅度减缓，出现饱和吸附现象。

当然，也存在吸附质在液相和固相之间的分配呈线性分配关系的情况。

一般情况下，固液吸附机理的解释均采用吸附等温线模型。Langmuir 吸附等温线、Freundlich 吸附等温线和 Temkin 吸附等温线是金属离子吸附最常用的吸附等温线类型。还有 BET 等温线方程、基于 Gibbs 法的各种等温线方程、基于势论理论的各种等温线方程。目前还没有一种理论可以很满意地解释所有的吸附行为。它们都是在一定的条件下对某些吸附系统的吸附现象进行解释。

Langmuir 单分子层吸附理论认为吸附质在吸附剂表面上的吸附是吸附质在吸附剂表面的吸附点上吸附和解吸两种相反过程达到动态平衡的结果。该理论基于被吸附的分子间没有相互作用，吸附剂表面是均匀的；固体的吸附能力来源于吸附剂表面的不饱和吸附点，吸附是单分子层的基本假设。Langmuir 吸附等温式表达为：

$$\frac{c_e}{Q_e} = \frac{1}{Q_m K_L} + \frac{c_e}{Q_m} \tag{3-8}$$

式中，Q_e 为单位质量吸附剂的平衡吸附量；c_e 为吸附时吸附质在液相中的平衡浓度；Q_m 为单位质量吸附剂的饱和吸附容量值；K_L 为 Langmuir 吸附常数，也被称为结合能系数，反映吸附剂对金属离子的亲和力大小。Langmuir 方程的基本特征可以表示一个无量纲系数 R_L，其定义式为：

$$R_L = \frac{1}{1 \mp K_L c_0} \tag{3-9}$$

根据 R_L 可以确定等温线的类型：$0 < R_L < 1$ 为有利吸附；$R_L > 1$ 为无利吸附；$R_L = 1$ 为线性吸附；$R_L = 0$ 为不可逆吸附。

Freundlich 吸附等温方程式被广泛应用于物理吸附和化学吸附，在溶液中的吸附应用通常比在气相中的吸附应用更为广泛。它是建立在实验基础上的一种吸附理论。其方程式如下：

$$\ln Q_e = \ln K_F + \frac{1}{n} \ln c_e \tag{3-10}$$

式中，K_F 为 Freundlich 吸附系数；n 为吸附常数；Q_e 为单位质量吸附剂的平衡吸附量；c_e 为吸附时吸附质在液相中的平衡浓度。

Temkin 提出了另一个吸附等温式，其吸附等温线方程可以用公式表示为：

$$Q_e = a + K_T + \ln c_e \tag{3-11}$$

式中，K_T 为 Temkin 吸附常数；a 为吸附常数；Q_e 为单位质量吸附剂的平衡吸附量；c_e 为吸附质在液相中的平衡浓度。Q_e 对 $\ln c_e$ 做拟合直线，拟合直线的斜率为吸附常数，截距为吸附常数。

当吸附反应的吸附等温线可用方程表示时，吸附规律的热力学函数可以用标准生成焓变 $\Delta H^\ominus$、标准熵变 $\Delta S^\ominus$ 和标准自由能变 $\Delta G^\ominus$ 表示，而且：

$$\Delta G^{\ominus} = -RT\ln K_{L} \qquad (3\text{-}12)$$

$$\Delta G^{\ominus} = \Delta H^{\ominus} - T\Delta S^{\ominus} \qquad (3\text{-}13)$$

式中，$R = 8.314\text{J}/(\text{mol}\cdot\text{K})$；$T$ 为溶液的热力学温度，K；K_L 为吸附常数。

通过测定一系列不同温度 T 下的吸附常数 K_L，计算 $\Delta G^{\ominus}$，并对 T 做拟合直线，其直线斜率的负值为 $\Delta S^{\ominus}$，直线的截距等于 $\Delta H^{\ominus}$。

动力学主要研究各种因素对化学反应速率的影响规律。通过了解各种因素对反应速率的影响，从而帮助人们确定最佳的反应条件，或者控制反应的进行，使反应按我们所设定的速率进行。动力学研究的主要内容：一是研究各种因素对化学反应速率影响的规律；二是研究化学反应过程经历的具体步骤即所谓反应机理；三是探索将热力学计算得到的可能性变为现实性；四是将实验测定的化学反应系统宏观量间的关系通过经验公式关联起来。

吸附质在吸附剂上的吸附过程十分复杂。由于吸附剂都是具有许多孔洞的多孔物质，吸附质从本体溶液到达颗粒内部的质量传递过程分为三个阶段：一是通过本体溶液的外扩散；二是通过颗粒周围水膜到颗粒表面的外部传递过程；三是从颗粒表面向颗粒孔隙内部的孔内部传递过程或称内扩散过程。相反地，脱附过程或解吸过程则是上述三个过程的逆过程。当吸附位不在孔内的时候，吸附和解吸只包含外扩散过程，所以速度会快很多。当吸附位处于孔内时则需要增加内扩散阶段，而内扩散往往又比外扩散复杂一些。所以，在研究吸附过程动力学时，需要考虑多种吸附位点的区别，并分别处理相应的吸附机理问题。吸附动力学的任务是研究吸附反应的速率和时间问题。固体吸附剂对溶液中溶质的吸附动力学过程可用伪一级（pseudo-first-order）、伪二级（pseudo-second-order）、韦伯-莫里斯（W-M）内扩散模型和班厄姆（Bangham）孔隙扩散模型来进行描述。对于固液吸附体系，伪一级和伪二级动力学模型是评价吸附动力学的两种最常用模型。伪一级反应的定义为：若其中一种反应物的浓度大大超过另一种反应物，或保持其中一种反应物浓度恒定不变的情况下，表现出一级反应特征的二级反应被称为伪一阶反应。伪一阶动力学模型是基于固体吸附量的 Lagergren 一级速率方程，其动力学方程式可用下式表达：

$$\ln\left(q_{e} - q_{t}\right) = \ln q_{e} - k_{1}t \qquad (3\text{-}14)$$

式中，t 为吸附时间；q_e 为单位吸附剂的平衡吸附量；q_t 为吸附时间 t 后吸附剂的实际吸附量；k_1 为伪一级反应吸附速率常数。

伪二阶动力学模型是基于以下假定：吸附反应速率受到化学吸附机理的控制，这种化学吸附与吸附剂和吸附质之间的电子共用或电子转移有关，其动力学模型的微分表达式如下：

$$\frac{\mathrm{d}q_{t}}{\mathrm{d}t} = k_{2}\left(q_{e} - q_{t}\right)^{2} \qquad (3\text{-}15)$$

经过变量分离后：

$$\frac{t}{q_{t}} = \frac{1}{2k_{2}q_{e}^{2}} + \frac{1}{q_{e}}t \qquad (3\text{-}16)$$

式中，t 为吸附时间；q_e 为单位吸附剂的平衡吸附量；q_t 为吸附时间 t 后吸附剂的实际吸附量；k_2 为伪二级反应吸附速率常数。天然吸附材料及黏土对金属离子的吸附研究中，常用的动力学模型是伪二级动力学模型。

W-M 模型常用来分析吸附过程的控制步骤，计算吸附剂颗粒内扩散速率常数。

$$q_t = k_{ip}t^{1/2} + C \tag{3-17}$$

式中，C 是涉及厚度和边界层的常数；k_{ip} 是内扩散常数；q_t 对 $t^{1/2}$ 作图是直线且经过原点，说明内扩散由单一速率控制。

Bangham 方程常被用来描述吸附过程中的孔道扩散机理。多用于气固吸附，研究气体向吸附材料的微孔的扩散、吸附及脱附过程；Bangham 模型能够较好反映具有较大比表面积的吸附材料在其吸附过程中受材料结构孔径的影响程度。

Bangham 公式可以表示为：

$$\frac{dq_e}{dt} = \frac{k(q_e - q_t)}{t^z} \tag{3-18}$$

积分整理后：

$$q_t = q_e - \frac{q_e}{\exp(kt^z)} \tag{3-19}$$

式中，t 为时间，h；z、k 为常数；

（5）黏土吸附稀土离子的等温线方程及其意义

黏土矿物吸附稀土离子的基本特征已经被广为研究，证明稀土离子很容易被黏土吸附，其吸附等温线可以很好地用 Langmuir、Freundlich 和 Temkin 等温线方程来描述。其中，Langmuir 等温线方程的相关系数最好。不同产地的黏土矿物对不同稀土元素的吸附有一定的差别，但总体来讲其吸附能力还是比较强的。从它们的吸附等温线来看，都属于优惠型等温线，即在低浓度时，随平衡溶液中稀土浓度的增大，吸附量急剧增大。所以，黏土矿物可以将水溶液中的低浓度稀土离子吸附到矿物表面。这些被吸附的稀土离子在纯水中也不会被解吸。

在黏土矿物对稀土的吸附中，黏土矿物的类型和本身结构、体系酸度和离子浓度等均是重要的影响因素。在相同的吸附条件下，蒙脱石对稀土离子的单位矿物吸附量和吸附率比高岭石和多水高岭石大。蒙脱石具有 2:1 的层状铝硅酸盐结构，而高岭石和多水高岭石为 1:1 型层状结构。对于同为 1:1 层型结构的高岭石与多水高岭石，前者对稀土的吸附量一般略低于后者，但也存在相反的情况。对于同种类型的黏土矿物，产地不同也会导致对稀土吸附率的差异，其可能的原因是黏土矿物的纯度、结晶程度和颗粒尺寸不同。颗粒尺寸越小、比表面积越大或晶体歪斜程度越厉害的黏土矿物，越利于吸附阳离子。

我们采用高岭石及多水高岭石为主的风化壳黏土矿物吸附 Sc^{3+} 和 Th^{4+}，并用 Langmuir、Freundlich 和 Temkin 吸附等温线方程来进行关联。证明这三种吸附等温线方程的拟合系数均达到显著相关水平。其中以 Langmuir 吸附等温线的相关性最好，见表 3-6。K_L 为 Langmuir 系数，也被称为结合能系数，它反映了黏土矿物对金属离子的亲和力大小。对于 A、B 两种矿样，均表现出：$Q_{m(Th)} > Q_{m(Sc)}$，$K_{L(Sc)} > K_{L(Th)}$；K_L 值大小与离子的离子势大小次序相符合，可以证明样品对 Sc^{3+}、Th^{4+} 的吸附主要为金属离子和黏土矿物间的离子交换吸附有关，吸附量应与黏土矿物的负电荷量有关，但 $Q_{m(Th)} > Q_{m(Sc)}$ 的次序说明了这两种金属离子不是以简单的裸离子形式吸附到黏土上，而可能是以溶液中的阴离子结合为更低价态的络阳离子形式。

表 3-6　两种黏土矿对 Sc^{3+}、Th^{4+} 的 Langmuir 吸附等温线方程关联结果

参数		Q_m	K_L	R^2	Langmuir 吸附等温线方程
矿 A	Sc^{3+}	7.862×10^{-3}	3.253×10^5	0.9993	
	Th^{4+}	1.41×10^{-2}	4.928×10^4	0.9996	$\dfrac{c_e}{Q_e}=\dfrac{1}{Q_mK_L}+\dfrac{c_e}{Q_m}$
矿 B	Sc^{3+}	7.289×10^{-3}	5.604×10^4	0.9986	
	Th^{4+}	8.937×10^{-3}	4.543×10^4	0.9997	

　　黏土矿物吸附金属离子是其最为基本的特性，但不同地区和不同产地黏土矿物所吸附的金属离子有较大的差异。为了便于比较金属离子在黏土矿物上的吸附特性，需要研究稀土离子与其他金属离子在黏土矿物上的相对吸附程度。通常，先用一价钠离子或铵离子对黏土矿物进行转型，然后再研究这些黏土矿物对稀土离子的吸附特点。

　　从龙南市足洞稀土矿区的尾砂坝内提取黏土矿物，通过转型，得到了几种典型的钠型和铵型黏土。采用震荡平衡的方法，在25℃下考察了各种黏土吸附剂对稀土离子的吸附等温线，计算其饱和吸附量，并与实际测定的结果进行了比较。图 3-5 为 Na^+ 型黏土吸附剂对稀土离子的吸附等温线及其 Langmuir 吸附等温线拟合结果。该吸附等温线为特别优惠的吸附等温线，在低浓度区域，随着平衡时稀土离子浓度的提高，黏土上的吸附负载量急剧增大，待到接近饱和吸附时，稀土负载量随平衡溶液中稀土离子浓度的变化趋于平缓。证明该类黏土比较适合于从低浓度稀土溶液中吸附稀土，且比较容易达到饱和吸附。

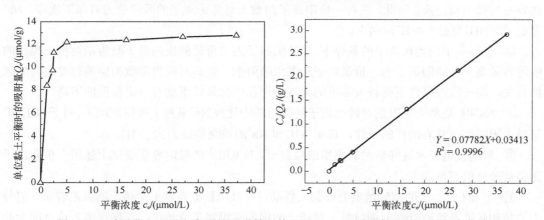

图 3-5　Na^+ 型黏土对稀土离子的吸附等温线及 Langmuir 吸附等温线方程拟合曲线

　　用 Langmuir 吸附等温线方程对各种黏土吸附稀土的实验数据进行直线拟合，能够得到相关性高于 0.99 的拟合直线，说明用 Langmuir 吸附模型能够很好地描述尾矿黏土吸附剂对三价稀土离子的吸附作用。

　　采用类似方法分别对氯化钠、氯化铵和硫酸铵在中性和酸性条件下转型的各种黏土吸附稀土的实验数据进行 Langmuir 吸附等温线方程拟合。通过曲线的斜率和截距计算出黏土对稀土的饱和吸附容量及吸附常数。结果如表 3-7 所示，很明显，由等温线计算出来的理论饱和吸附量与黏土吸附剂的实际饱和吸附量非常相近，进一步肯定了用 Langmuir 吸附等温线模型来解释黏土吸附剂对三价稀土离子的吸附机理是相当合适的。也就是说，黏土吸

附剂对三价稀土离子的吸附是以单分子层的吸附为主,其吸附等温线均符合第Ⅰ类吸附等温线模型。

表 3-7　Langmuir 吸附等温线方程拟合结果

黏土转型方法		截距	斜率	$Q_m/(\mu mol/g)$	$K_L/(L/\mu mol)$	R_L^2
纯水		0.09299	0.13609	7.348	1.463	0.991
硫酸(pH＝2)		0.01427	0.09715	10.293	6.808	0.998
氯化钠	中性	0.03346	0.0775	12.903	2.316	0.999
	酸性	0.02436	0.07973	12.542	3.273	1.000
氯化铵	中性	0.01604	0.08468	11.809	5.279	1.000
	酸性	0.01612	0.08827	11.329	5.476	0.999
硫酸铵	中性	0.02774	0.08143	12.280	2.935	0.999
	酸性	0.01249	0.08616	11.606	6.898	0.999

由表中数据也可以看出:

① 中性盐溶液转型的黏土吸附剂对稀土离子的吸附容量 Q_m,要比经酸性盐溶液转型的黏土吸附剂具有更大的吸附容量,但吸附常数大小次序刚好相反。说明在转型过程中酸的引入可以提高黏土对稀土的亲和力,但会减小吸附容量。

② NH_4^+型黏土吸附剂对稀土离子的吸附容量,要比 Na^+型黏土吸附剂的小,而比 H^+型黏土吸附剂大。说明阳离子对黏土吸附稀土是有影响的,稀土离子的吸附量越大,说明阳离子越容易被稀土所交换。因此,三种一价阳离子的黏土对稀土离子的吸附能力有如下次序: Na^+型黏土>NH_4^+型黏土>H^+型黏土。

③ 在阳离子同为铵离子的条件下,伴随阴离子为二价硫酸根的黏土吸附剂对稀土离子的吸附容量高于伴随阴离子为一价氯离子的黏土吸附剂。但其对吸附常数的影响程度还与酸碱性有关,即在酸性条件下有较大幅度的提高,而在中性条件下则有一定程度的下降。

④ Na^+-H^+基黏土吸附剂对稀土离子的吸附能力比纯 Na^+基黏土吸附剂略差,对于 NH_4^+-H^+基黏土吸附剂也具有同样的规律,说明 NH_4^+和 Na^+的被交换能力大于 H^+。

⑤ 只用去离子水洗涤后的对照组细粒黏土,对 REE^{3+}的吸附容量要比上述用一价阳离子无机盐改性的要低很多。

⑥ 用 pH 值为 2 的硫酸溶液处理黏土样品,可以明显提高黏土对稀土的吸附容量,但与中性盐和酸性盐溶液处理的细粒黏土对稀土的饱和吸附容量值相比,要低很多。这是因为此时的阳离子浓度低,仅为 0.01mol/L。而且在吸附稀土时氢离子被交换进入溶液后导致溶液酸度增强,使黏土对稀土离子的吸附能力下降。

不同温度下($T＝303\sim343K$)钠型黏土对 Gd^{3+}的吸附等温线及 $1/T$ 对 $\ln K_L$ 作图见图 3-6。根据所得直线的斜率及截距可求得不同温度下的熵变 $\Delta S^\ominus = 158.96 J \cdot mol/K$ 和焓变 $\Delta H^\ominus = 12.49 kJ/mol$。$\Delta H^\ominus < 0$,说明吸附反应是一个放热反应。在固-液吸附体系中,溶质分子吸附的同时必然伴随着溶剂分子的脱附,当吸附反应的标准熵变 $\Delta S^\ominus > 0$ 时,说明吸附过程是一个熵增过程,证明脱附的溶剂分子的熵增加大于吸附的溶质分子的熵减少。标准自由能变 $\Delta G^\ominus < 0$ 时,吸附反应可以自发产生。由实验数据可知钠型黏土对 Gd^{3+}的吸附过程焓变大于零、熵变大于零、吉布斯自由能小于零,熵变是主要驱动力的自发过程。

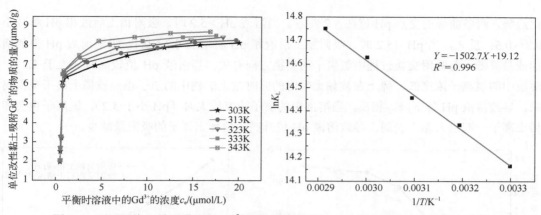

图 3-6　不同温度下钠型黏土对 Gd^{3+} 的吸附等温线与 $1/T$ 对 $\ln K_L$ 的热力学拟合曲线

图 3-7 为钠型、铵型黏土对 Gd^{3+} 的实际吸附量随接触时间的变化。结果表明，钠基黏土吸附剂对稀土离子的吸附非常迅速高效，吸附剂和吸附质接触 5min 即可以基本达到吸附平衡。图中同时示出了 1g 钠型黏土对 3.5mg（以 Yb_2O_3 计） Yb^{3+} 的吸附结果，证明钠型黏土对 Yb^{3+} 的吸附是比较快的。对钠型黏土吸附 Yb^{3+} 的动力学方程吸附进行了拟合，证明伪二级动力学模型拟合的线性关系好。

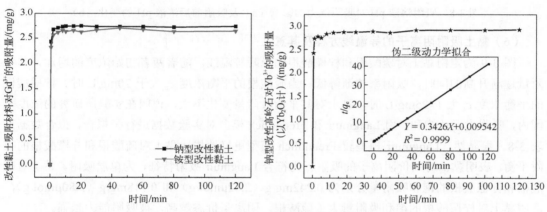

图 3-7　接触时间 t 对 Gd^{3+} 和 Yb^{3+} 吸附量的影响

图 3-8（a）为吸附溶液 pH 对吸附饱和量和吸附百分数的影响曲线。在 pH 为 1～8 范围内，随着 pH 的增加，单位吸附剂对稀土离子的吸附量和吸附百分数增加。pH<5 时，增加速度较快，pH>5 时，则趋于平缓，且它们的平衡吸附量相近。因此黏土矿物更容易从 pH>5 的溶液中吸附稀土离子。相反，当 pH 低于 5 时，吸附的稀土离子则有被氢离子交换浸取的趋势。所以，从稀土离子在黏土矿物和水溶液之间的迁移活力来看，溶液 pH 起着关键作用。这与黏土矿物的吸附能力和稀土离子的水解 pH 有关。一般规律是黏土矿物吸附金属离子的最佳 pH 值在接近该金属离子水解 pH 值的范围。稀土离子的水解 pH 值在 6～7 之间的比较多，所以在 pH=6 以后，黏土对稀土的吸附容量增加不多。

采用不同起始 pH 的稀土溶液与黏土矿物接触，测定吸附平衡时溶液的 pH 值，结果见图 3-8（b）。在吸附前后，液相 pH 存在很小幅度的变化，且在不同 pH 范围内存在不同的变化趋势，两条曲线的交点 pH 值在 5.2 左右。当溶液 pH>5.2 时，吸附稀土后液相 pH 将减小 0.3～0.5；反之，当 pH<5.2 时，吸附稀土后液相 pH 将增加 0.2～0.4。吸附前后 pH 值的增加或是降低，与吸附交换过程中氢离子的交换方向有关。当溶液 pH 值较高时（大于 5.2），溶液中的氢离子浓度低，稀土在被黏土吸附的同时黏土矿物中的质子也能被稀土离子交换出来，导致溶液 pH 值下降。相反，当溶液中的质子浓度较大时（pH 小于 5.2），氢离子也会和稀土离子一起进入黏土表面，导致溶液 pH 值升高，使稀土离子的吸附量减少。

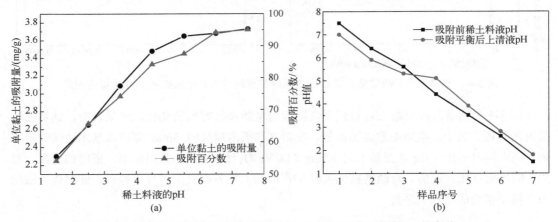

图 3-8　吸附溶液 pH 对吸附能力的影响（a）及吸附前后溶液 pH 的变化（b）

（6）黏土吸附阴离子的等温线方程及其意义[113]

图 3-9 为定南黏土对硫酸根和柠檬酸根的吸附等温线。随着两者初始浓度的增加，其吸附量逐渐升高的同时，吸附率逐渐降低。当硫酸根的平衡浓度 c_e 大于 20mg/L 时、柠檬酸根的平衡浓度 c_e 大于 25mg/L 时，黏土对其平衡吸附量变化不大，说明在实验所研究的浓度范围内，吸附量已达饱和。用 Langmuir 和 Freundlich 模型对实验数据进行了拟合，拟合数据见表 3-8。很显然，Langmuir 模型较 Freundlich 模型更好地描述黏土对硫酸根和柠檬酸根的吸附平衡，表明黏土对高价阴离子的吸附行为符合 Langmuir 吸附特征，为单层吸附。黏土对硫酸根和柠檬酸根的饱和吸附量分别为 0.242mg/g（2.52μmol/g）和 0.718mg/g（3.80μmol/g），证明黏土对柠檬酸根的饱和吸附量大于硫酸根，阴离子价态越高，被吸附能力越强。

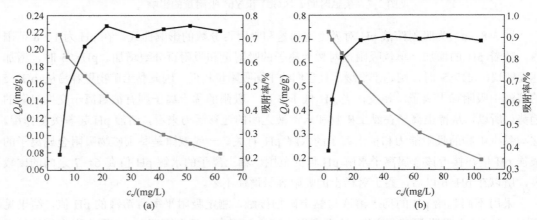

图 3-9　定南黏土对硫酸根（a）和柠檬酸根（b）的吸附等温线

表 3-8 定南黏土吸附硫酸根和柠檬酸根的 Langmuir 和 Freundlich 等温线参数

阴离子	Langmuir 模型			Freundlich 模型		
	Q_m/(mg/g)	K_L/(L/mg)	R^2	n	K_F	R^2
硫酸根	0.242	0.264	0.993	0.266	0.085	0.741
柠檬酸根	0.718	0.62	0.998	0.259	0.249	0.708

3.3.3 离子吸附型稀土的浸取方法与效率评价[1]

从离子吸附型稀土矿床中浸取稀土正好是吸附的反过程，是用电解质溶液将矿中的稀土离子交换下来。在稀土离子的浸取性能研究中，最常用的方法是平衡浸出和柱上淋洗浸出。迄今为止，已经研究了各种类型的电解质溶液解吸稀土的性能，包括浓度、酸度、时间、方式等条件对稀土浸出浓度或浸取率的影响。由于平衡浸取不能一次将稀土离子全部交换浸出，所以人们关注的是电解质浓度与稀土浸出浓度之间的关系。一般是随电解质浓度的增加，稀土浸出浓度也增加，但到一定程度后就不再增加，甚至有时还会下降。而在柱上淋洗浸出时，由于固相与液相的相对运动，实际上是由无数次的逆流交换准平衡反应组成，其交换浸出效率较高。但受柱层特征如装柱的松紧程度、颗粒大小级配情况等的影响大。

浸取方式对浸取有较大的影响。例如，用 2%硫酸铵分别采用三种方式对某矿进行浸取，包括：静止浸泡 1h、振荡浸取 1h、13mm 玻璃柱上淋洗。结果证明，柱上淋洗的效果最佳，可达 90%以上，静止浸泡和振荡浸取的效果都不是很好，其中振荡浸取的效果略高于静止浸泡。由于柱上淋洗时，浸取剂由上向下渗滤，液相连续不断接触固相，这不但有利于加速离子扩散，而且浸出液不断离开体系，有利于形成多次交换平衡，故柱上淋洗的浸取方式最佳。

（1）柱层淋洗浸取

在整个离子吸附型稀土提取技术研究中，采用最多的浸取方式是柱层淋洗交换浸取[116]。图 3-10 是实验室常用的研究稀土浸矿过程的基本装置。在实际淋洗时，一般是先按一定的液固比（溶液量与矿量的质量比）加入浸矿剂，观察溶液流出情况，分段或一次性接收流出液。待浸矿剂溶液完全进入矿层后再按一定的液固比加入水溶液，被称为顶补水，使未被矿石吸附的浸矿剂和交换出来的金属离子一起被水洗出。这种操作模式与池浸、堆浸和原地浸有对应关系，只是柱层尺度和形式不同而已。

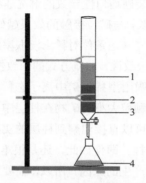

图 3-10 柱层浸取实验装置示意图
1—浸取剂/顶补水；2—矿样；3—缓冲层；4—浸出液

在离子吸附型稀土的交换浸出过程中，解吸的是稀土离子，吸附的是电解质中的阴阳离子。黏土对不同金属离子的吸附能力是有差别的，对三价稀土离子的吸附能力要远大于一价的钠离子和铵离子。所以，在这些离子的浓度相当的情况下，稀土离子是不能被钠和铵交换的。要使稀土离子被钠和铵解吸出来，必须大大提高钠和铵的浓度。在离子吸附型稀土的柱层吸附和解吸过程中，柱层中填充的是颗粒大小不一的原始矿物，包括石英、云母、高岭石、多水高岭石、埃洛石等。它们的吸水性能和对金属离子的吸附性质差别也大，对流出曲线的影响也大。

在离子吸附型稀土的交换浸出过程研究中，我们经常用流体穿漏时间和稀土流出曲线来评价柱层和交换浸出过程的好坏。而流出曲线的形状与离子的吸附等温线形状紧密相关。前已述及，黏土矿物对稀土离子的吸附等温线是非常优惠的，也即在低浓度区域，固相中的吸附量随液相中的浓度增大而急剧增大，到高浓度区域时则趋于平缓。反过来，当要解吸稀土时，开始时的高浓度区域的解吸效果会很好，而后期的低浓度区域会拖得很长，其流出曲线表现为拖尾峰。这在后面给出的一些流出曲线中可以得到证明。所以，在研究稀土离子的浸取条件时，我们首先需要了解影响柱层浸出效率的主要因素，具体包括以下五方面。

1）柱层填充松紧和均匀程度

我们在装柱过程中有意采用不同的装填方法，使柱层的松紧度和均匀性有明显的差别。然后采用相同的溶液进行淋洗浸取，测定流出液的穿漏时间，并分析流出液中的稀土含量，计算浸取率，结果如表 3-9。

表 3-9　装柱不均匀导致的淋洗速率与稀土浸取率的关系

实验号	1	2	3	4
穿漏时间/min	65	93	150	210
稀土淋洗率/%	55.8	70.0	81.1	91.2
条件备注	矿重 7kg，柱子直径 80mm 硫酸铵浓度 1%，液固比 1∶1			

结果表明装柱的均匀性对稀土离子的浸出影响很大。因为装柱不均匀将影响到浸矿剂在颗粒间的扩散和传递，以及与颗粒表面的接触程度。如果颗粒间隙太大，浸矿剂流经柱层的速度快，大部分溶液来不及进入颗粒内与稀土离子交换就离开了柱子，这样不仅降低了稀土的浸取率还浪费了药品。表 3-9 还显示了装柱均匀性导致的淋洗速率与稀土浸取率的关系。穿漏时间越长，溶液停留在柱层中的时间越长，与矿粒接触的效果越好，稀土交换浸出的百分率也越高。所以，在利用柱层淋洗交换方式研究其他条件对稀土浸取率的影响时，需要保持装柱方法的一致性。例如，矿物原料颗粒级配的一致性，加料方式的一致性，柱层高度的一致性，摇实与否，等等。我们在早期建立的测定离子吸附型稀土矿中离子态稀土含量的方法中，就要求对矿料进行分级与组合配矿，并尽量使不同颗粒大小的矿物在柱层中分布均匀，不产生沟流或偏流等现象。所以，采用透明的柱子材料，可以直接观察到柱层的实际情况，测定柱层高度。如果发现有沟流和偏流现象，则需要重新装柱。即使如此，还是很难做到不同试验之间的完全一致性。这也是文献报道中一些矛盾性结果产生的原因。所以，需要有多次平行试验，并用平行试验结果来计算试验误差。在天然矿体中，矿层的不均匀性是其基本特征。所以，在原地浸矿中，由于矿层不均匀性导致的沟流是使浸取率大大下降并产生长期水污染的主要原因。

2）柱层高度（或称柱比，即层高与柱直径的比值）

柱层高度直接与溶液经过该柱层时吸附-解吸循环次数相关。图 3-11 是我们所做的一组试验的结果比较。称取不同质量的同一种矿（里陂矿）进行装柱，柱直径相同，高度不同。采用 3%硫铵作为浸取剂，分段接收流出液，测定稀土浓度，直到流出液中稀土浓度为 0 时结束，计算稀土完全淋洗的矿样稀土品位。而实际使用的液固比为 1 左右，以此时的浸出稀土量计算浸取率，结果见表 3-10。结果显示，随着装柱高度的增加，淋洗率增大；但超过一定高度后，其增加幅度变缓。因为随着装柱高度的增大，固-液接触的时间变长，浸矿剂能更充分地与颗粒表面上或孔洞中的稀土离子交换，使更多的稀土离子被交换出来，淋洗率更高，浸出液中稀土浓度也更大。可见，矿石层高度大一些，其浸取交换效果更好，所需的交换剂溶液量也越小。

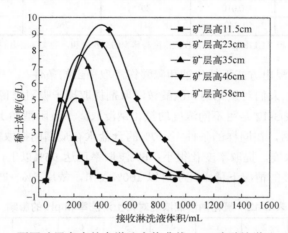

图 3-11　不同矿层高度的全淋洗交换曲线（3%硫酸铵淋洗里陂矿）

表 3-10　柱高和稀土淋洗率的关系

矿层高/cm	11.5	23	35	46	58
全淋洗品位/%	0.3148	0.2914	0.3129	0.2930	0.2949
淋洗率（液固比）/%	75.03/1.00	78.30/0.94	89.10/1.08	96.87/0.94	99.55/1.00

3）矿物颗粒大小、渗透速率和淋洗流速

表 3-11 所示为同一矿样粉碎与否的浸取流出溶液分析结果。两份里陂矿各 400g，都装柱在相同直径的柱子中，用 3%硫酸铵淋洗。从结果可知，粉碎处理矿样的浸出峰值更高，所需的浸矿剂少，稀土浸出时的渗浸速度与矿石粒径和孔隙率有关。给定孔隙率，粒径越小，流道就越弯曲越狭窄，渗透率自然越小，渗透率随着粒径的增加而减小。稀土浸取速率随矿石粒径的增加而降低，因为矿样颗粒更细，与浸取剂接触更充分，稀土离子更易被交换下来，因此其峰值的稀土浓度更高。

表 3-11　3%硫酸铵淋洗离子吸附型稀土的流出液体积与浓度的关系

序号	里陂矿 400g，不粉碎，柱直径 40mm			里陂矿 400g，粉碎，柱直径 40mm		
	硫酸铵体积 /mL	稀土浓度 /(g/L)	收液体积 /mL	硫酸铵体积 /mL	稀土浓度 /(g/L)	收液体积 /mL
1	200	7.023	70	200	9.175	60
2	80	4.40	87	80	6.063	87

序号	里陂矿 400g，不粉碎，柱直径 40mm			里陂矿 400g，粉碎，柱直径 40mm		
	硫酸铵体积/mL	稀土浓度/(g/L)	收液体积/mL	硫酸铵体积/mL	稀土浓度/(g/L)	收液体积/mL
3	80	2.399	80	80	1.034	82
4	80	1.288	92	80	0.122	83
5	80	0.461	81	100	0.023	83.5
6	80	0.125	80	60	0.023	84
7	80	0.040	82	80	0.011	82
8	80	0.031	82	80	0.011	83
9	80	0.017	77			
10	80	0.010	80			
合计	920	1.240g	811	760	1.1786g	644.5

注：合计中的"1.240g"和"1.1786g"指各接收液浓度与体积的乘积之和，为实际浸出的稀土量。

4）柱层淋洗交换浸出方式下氯化钠和硫酸铵浸取稀土的条件

在早期的研究中，人们对氯化钠和硫酸铵浸取剂提取离子吸附型稀土的性能和影响因素进行过大量的工作。表 3-12 是用不同浓度的氯化钠浸取离子吸附型稀土时，其浓度与稀土淋洗率的数据。结果表明，在同样的条件下，7%的食盐水有最高的提取率，5%以下提取率小于 90%；大于 7%的浓度，提取率变化很小；6%浸取率已达 95%以上，而 7%时，在固液比为 1 且淋洗速度比较慢的情况下稀土几乎可以 100%浸出，故用 6%～7%较为合适。

表 3-12　氯化钠溶液浓度对稀土淋洗率和 pH 的影响

氯化钠浓度/%	1	2	3	4	5	6	7	8	9	10
淋洗液 pH	5.22	5.22	5.17	5.02	5.06	4.98	5.00	4.98	5.00	4.96
淋出液 pH	4.96	4.98	4.97	4.80	4.88	4.86	4.89	4.69	4.86	4.88
淋洗率/%	33.28	56.32	77.26	87.02	90.76	97.28	102.0	93.09	98.07	97.51

注：液固比 1∶1，矿重 400g，柱层 30mm×320mm。

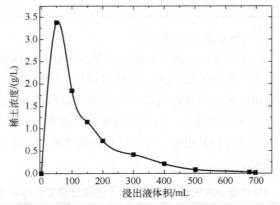

图 3-12　7%氯化钠溶液淋洗离子吸附型稀土的淋洗曲线
（pH＝5.34，柱层 30mm×320mm，流速 1.5mL/min）

采用 7%的氯化钠浸取稀土时，其流出液体积和稀土浓度的关系如图 3-12 所示。随着淋洗交换过程的进行，淋出液中稀土浓度由低急剧升高，然后又急剧降低，存在一个稀土浓度的峰值。同时也可以看出淋洗的拖尾现象。用不同浓度的硫酸铵浸取离子吸附型稀土矿，其浓度对稀土淋洗率的影响见表 3-13。

表 3-13　硫酸铵溶液浓度对稀土淋洗率的影响

硫酸铵浓度/%	1	2	3	4	5	6	7
淋洗液 pH	5.14	5.14	5.14	5.14	5.08	5.06	5.02
淋出液 pH	5.23	5.13	5.29	5.35	5.30	5.35	5.30
淋洗率/%	92.52	96.00	97.87	100.7	99.48	99.20	101.1
备注	矿重 400g，液固比 1∶1，柱层 30mm×320mm；全淋洗含量 0.107%						

比较不同硫酸铵浓度之间的淋洗效果，4%的硫酸铵浓度能达到最大值，但各浓度间淋洗效果相差不大，1%~4%的浓度都可作浸取剂，而 1%和 2%较合适。表 3-14 和表 3-15 为硫酸铵淋洗时浓度和矿样的流出液分析数据比较。

表 3-14　两种浓度的硫酸铵溶液淋洗离子吸附型稀土的流出液体积与浓度的关系比较

1%硫酸铵淋洗接收液（淋洗液 pH 5.20，柱层 30mm×324mm，流速 14mL/min）			6%硫酸铵淋洗接收液（淋洗液 pH 5.32，柱层 30mm×328mm，流速 15mL/min）		
体积/mL	稀土浓度/(g/L)	pH	体积/mL	稀土浓度/(g/L)	pH
50	3.370	4.91	50	7.031	5.05
50	2.984	4.94	50	1.195	5.24
51.5	1.172	4.96	52	0.2451	5.40
55	0.3135	5.11	50	0.0249	5.53
107	0.0719	5.46	100	0.0337	5.54
100	0.0286	5.38	102	0.0174	5.73
62	0.0213	5.68	106	0.0071	6.02
128	0.0107	5.70	172	0.0089	6.04
48	0	5.94	15	0	6.16

结果表明，提高硫酸铵溶液的浓度可以加速稀土离子的交换浸出，提高浸出液中的稀土浓度，缩短淋洗时间。矿样不同时，总体规律类似，但在吸水量、浸出液浓度等指标上有明显的差异。

图 3-13 是用 1.5% $(NH_4)_2SO_4$ 溶液淋洗龙南关西矿的淋洗曲线。与氯化钠溶液淋洗相比，其拖尾现象轻，证明硫酸铵的浸取能力比氯化钠强。

表 3-15　两种矿样用 2%硫酸铵淋洗离子吸附型稀土时流出液体积与浓度的关系比较

序号	黄沙岗矿 400g，稀土量 1.1081g（淋洗液 pH 5.32，柱直径 40mm，流速 14mL/min）			里陂矿 400g，稀土量 1.0309g（淋洗液 pH 5.32，柱直径 40mm，流速 15mL/min）		
	硫酸铵体积/mL	稀土浓度/(g/L)	收液体积/mL	硫酸铵体积/mL	稀土浓度/(g/L)	收液体积/mL
1	200	6.84	95	200	4.5271	75
2	100	3.7481	107	100	3.100	110
3	100	0.4650	103	100	2.284	97.5
4	100	0.0320	102	100	1.0496	103
5	100	0.0210	102	100	0.1473	107
6				100	0.026	100
合计	600		509	700		592.5

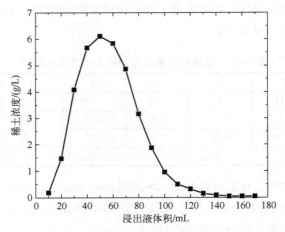

图 3-13　硫酸铵浸取稀土淋洗曲线 [1.5% (NH$_4$)$_2$SO$_4$]

如图 3-14 所示，NaCl 和(NH$_4$)$_2$SO$_4$ 两种浸矿剂对稀土的浸取率和浸取剂浓度间的关系对比可见，采用硫酸铵浸矿时浓度为 1%浸取率就可达 90%以上，而氯化钠浓度要 4%以上时浸取率才可达 90%以上。根据水化理论的观点，固液界面上的离子扩散和交换都是以水合离子进行的，水合半径随离子半径的增大而减小。水合半径大，扩散速度慢。虽然铵离子半径大于钠离子，但是铵离子水合半径小于钠离子的水合半径，故(NH$_4$)$_2$SO$_4$ 交换能力大于 NaCl。

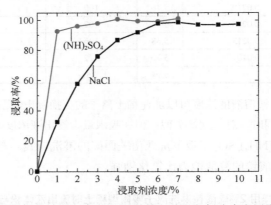

图 3-14　硫酸铵和氯化钠浸取离子吸附型稀土时浸取剂浓度和浸取率的关系比较

5）酸度及淋洗交换过程 pH 变化[1,117]

2%硫酸铵淋洗离子吸附型稀土时，淋洗率随浸取剂溶液 pH 的变化如图 3-15 所示。由图可知，在 pH 为 4 时有最大的淋洗率，在 pH 大于 6 之后，随着 pH 的升高淋洗率迅速下降。至 pH 为 10 时，稀土不再被交换出来。稀土离子在水中水解的 pH 值为 6~7.5。因此，稀土浸出液的 pH 值必须小于 6，最好在 4~5.5 之间。

表 3-16 为不同 pH 的硫酸铵溶液淋洗交换稀土前后的 pH 值变化情况。可以看出，在起始溶液 pH 低于 5 时，淋洗前后的 pH 值呈上升趋势，表明溶液中的氢离子参与了对稀土离子或其他离子的交换。而当起始 pH 高于 5 时，淋洗前后的 pH 值下降，证明有氢离子被交换浸

出或者是有氢氧根进入矿中。

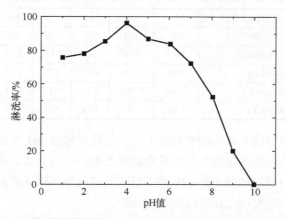

图 3-15　2%硫酸铵溶液的 pH 值对稀土淋洗率的影响（液固比 1）

表 3-16　硫酸铵溶液淋洗离子吸附型稀土前后的 pH 变化

淋洗液 pH 值	1.12	2.20	3.01	4.20	5.20	6.01	7.12	8.08	9.05	10.04
淋出液 pH 值	1.35	2.68	4.20	4.72	5.02	5.10	5.34	5.60	6.25	8.01
pH 变化值	0.23	0.48	1.19	0.52	−0.18	−0.91	−1.78	−2.48	−2.80	−2.03
条件备注	人工组合配矿 400g，淋洗液固比 1，硫酸铵浓度 2%									

　　氢离子对杂质金属离子的浸出影响更大，浸出液 pH 值过低，铝、铁等非稀土杂质的浸取率也相应提高，降低了浸出过程的选择性；表 3-17 是在 0.05mol/L 的硫酸铵中加入不同量的硫酸（浓度分别为 0.15mol/L 和 0.45mol/L）对万安矿进行淋洗的结果。

表 3-17　硫酸铵溶液酸性对万安矿的淋洗结果

接液体积 /mL	Sc_2O_3 /(mg/L)	RE_2O_3 /(mg/mL)	Fe /(mg/L)	Al /(mg/mL)	接液体积 mL	Sc_2O_3 /(mg/L)	RE_2O_3 /(mg/mL)	Fe /(mg/L)	Al/(mg/mL)
0.1mol/L NH_4^+ + 0.3mol/L H^+					0.1mol/L NH_4^+ + 0.9mol/L H^+				
10	13.6	2.42	14.6	0.6	10	29.2	2.9	84	3.17
15	14.27	1.44	56.7	0.92	15	13.6	1.2	104	0.85
25	5.5	0.53	45.1	0.7	20	5.4	0.35	78	0.87
21	5.0	0.20	38.0	0.25	25	2.8	0.11	68	0.42
40	1.6	0.07	29.0	0.18	52	1.7	0.027	55	0.16
58	0.6	0.04	26.4	0.061	53	1.1	0.015	41	0.18
50	1.1	0.02	16	0.05	41	0.8	0.013	32	0.09

　　表 3-18 分别为硫酸铵溶液中，加入不同量的酸后，对万安离子吸附型稀土及杂质离子的浸出数据。可以看出，几种三价离子的浸出量和浓度随淋洗剂酸浓度的变化规律是不一样的，证明其浸出性能存在差异。在有外加酸的情况下，稀土浸出量的变化不大，但与没有加酸时的浸出量相比要明显增多。酸度越大，淋出峰越前移，说明酸度的增大可使稀土提前淋出。而 Sc、Fe、Al 的浸出量则随酸浓度的增大持续增大。铁与铝的浸出量与淋洗液中的浓度均随酸度的增加而增大。

表 3-18　等摩尔系列法研究铵和氢离子的浓度比对矿中稀土及铝铁的淋洗效果

浸取液中 0.25mol/L 硫酸的体积/mL	0	10	30	50	60	90	120	150
浸取液中 0.25mol/L 硫酸铵的体积/mL	150	140	120	100	90	60	30	0
浸出液中 RE_2O_3 的总量/mg	16.5	36.6	36.2	35.0	36.1	36.0	36.6	35.2
浸出液中 Sc_2O_3 的总量/mg	0.05	0.344	0.76	0.74	0.78	0.88	0.76	1.08
浸出液中 Al 的总量/(mg/mL)	0.007	0.008	0.10	0.11	0.14	0.15	0.15	0.16
浸出液中 Fe 的总量/(mg/L)	1.68	11	30.8	31.6	67.2	70.4	60	195.2

　　由于各种离子吸附型稀土矿床的酸碱性不同，交换过程的 pH 变化也会有差别。我们用矿样的磨蚀 pH 来反映天然水浸蚀条件下矿物的酸性大小，与其成矿条件和稀土离子的迁移富集相关。同时，我们用矿样的交换 pH 值来反映不同电解质溶液对矿中质子或氢氧根的交换浸出性能，也可在一定程度上反映浸矿剂的特征。

　　三种矿物的磨蚀 pH 值和平衡浸取交换 pH 值测定结果如表 3-19 所示。其中磨蚀 pH 采用未筛的原矿与去离子水按照固液比 1:4 混合，磁力搅拌 30min 过滤后测定。平衡浸取交换 pH 采用未筛的原矿与 2%硫酸铵溶液（0.1506mol/L）按照固液比 1:4 混合，磁力搅拌 30min 过滤后测定。交换 pH 都低于磨蚀 pH，证明矿中的质子被电解质阳离子交换出来了。

表 3-19　三种矿样的磨蚀 pH 和交换 pH 及其差值比较

样品编号	龙南足洞		安远		定南	
	磨蚀 pH	交换 pH	磨蚀 pH	交换 pH	磨蚀 pH	交换 pH
1	5.47	4.34	6.13	4.3	5.70	4.5
2	5.35	4.33	6.14	4.32	6.18	4.49
3	5.5	4.33	6.18	4.28	5.76	4.48
4	5.74	4.39	5.92	4.43	5.72	4.72
5	5.67	4.39	5.93	4.39	5.69	4.75
6	5.68	4.43	6.24	4.37	5.71	4.74
均值	5.57	4.37	6.09	4.35	5.79	4.61

　　我们用安远和龙南关西的矿样进行了柱上淋洗实验。测定流出液的 pH 和稀土离子浓度，并对流出液体积作图。如图 3-16 所示，不同电解质淋洗时，它们的流出曲线是有差别的。pH 变化曲线所反映的是电解质在对离子型稀土交换浸出的同时，对矿中氢离子的交换量，可以认为是氢离子的流出曲线。在用硫酸铵和硫酸镁溶液淋洗时，pH 变化曲线类似，都是先降低后升高，但它们的最低点位置和最低值是不同的。硫酸铵浸取时的最低值更低，出现最低值的位置更前。相应地，在稀土流出曲线上，硫酸铵浸取时最高点的位置也更前。这些事实都证明，硫酸铵的浸取能力更强，不仅是对稀土的交换能力强，对矿中氢离子的交换能力也强。硫酸铝浸取时，pH 值持续下降。因为硫酸铝溶液本身是酸性的，pH 值低。开始时的 pH 值高于起始硫酸铝的 pH，说明硫酸铝中的氢离子也会参与到对其他离子的交换过程。硫酸铝浸取时，稀土流出曲线的峰更宽，更后。与硫酸铵相比，其浸取的速率会更低些。这应该跟黏土矿物的 zeta 电位也有关系。硫酸铵的强浸取能力与其矿物颗粒的悬浮性相关。悬浮性越好，浸取效率也高，因为颗粒的 zeta 电位高，颗粒之间的排斥力强，有利于交换出来的离子扩散进入溶液而加快其迁移过程。因此，淋洗交换过程的 pH 变化曲线也能直接反映浸取剂溶液的交换能力大小和速度[114]。

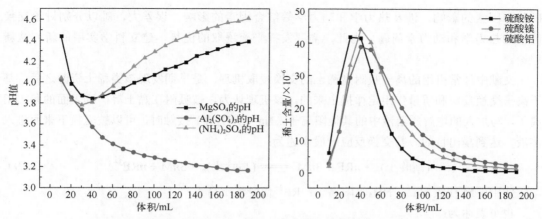

图 3-16 三种浸取剂对安远 1 号样浸取的 pH 变化曲线和稀土流出曲线

（当量硫酸铵、硫酸镁、硫酸铝与 300g 20 目以下安远矿固液比 1∶1 柱上淋洗浸取）

在柱上淋洗时，矿层的紧密程度、柱层高度都对交换浸取液的 pH 有影响。根据 pH 值变化与稀土浸出浓度的相关性，可以为评价电解质的浸取能力和矿层条件提供一种更好的方法。因为 pH 测定简单快速，能够满足生产要求。如图 3-17 所示，压实装柱可以显著提高安远矿样的稀土浸出效率，但对关西矿的贡献不大。因为安远矿样的黏土成分少，矿层的渗透性好，需要压实以增加浸矿剂溶液与矿样的接触时间。

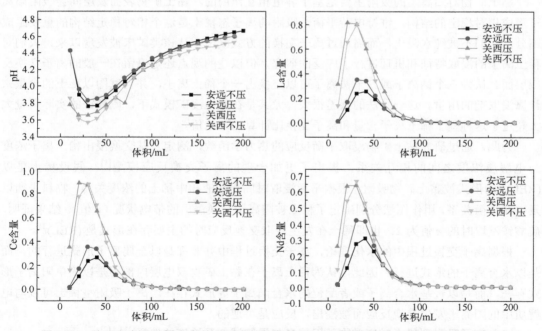

图 3-17 关西和安远矿样在自然和压实装柱条件下浸取过程的 pH 和稀土浓度变化曲线

（2）平衡浸取与交换反应机理[1]

在柱层淋洗浸取中，离子吸附型稀土的浸取效率除了受浸取剂种类和浸取剂浓度的影响外，还受浸取时间、浸取剂溶液 pH、温度、渗浸速度、浸取方式、矿石粒径和孔隙率、矿种等因素的影响，涉及热力学和动力学等综合因素的影响。误差大，难以分别讨论交换过程的热力学和动力学问题。为此，需要发挥平衡浸取的优势，建立科学实用的新方法新理论。

文献中经常引用的离子吸附型稀土的交换浸取机理，是早期发现该类稀土资源之后，基于离子交换反应和质量作用定律提出来的。该机理认为，被吸附在黏土等矿物表面的稀土阳离子，与加入的电解质溶液中的其他阳离子（Na^+、NH_4^+等）接触时，可以被交换下来而进入溶液，达到浸出目的。其交换反应一般表述为：

$$(高岭土)_m \cdot nRE + 3nM^+ \Longrightarrow (高岭土)_m \cdot 3nM + nRE^{3+} \tag{3-20}$$

式中，M 代表 Na^+、NH_4^+等阳离子；RE^{3+}代表稀土离子。

也可表述为：

$$\left[Al_4(Si_4O_{10})(OH)_8\right]_m \cdot nRE^{3+}_{(S)} + 3nNH_{4(aq)}^+ \Longrightarrow \left[Al_4(Si_4O_{10})(OH)_8\right]_m \cdot (NH_4^+)_{3n(S)} + nRE^{3+}_{(aq)}$$

$$\tag{3-21}$$

这种表述是基于离子电荷平衡和质量作用定律来描述的，并且假定稀土离子是以游离的正三价形式存在。事实上，稀土离子在矿中被吸附的形式并不都是简单的三价离子形式，也存在着与共存的阴离子配合的形式。当溶液 pH 值较高时，稀土还容易以羟基水合离子形式存在。

黏土矿物对阳离子的吸附主要是基于静电相互作用的。黏土矿物表面及层间会吸附阳离子形成相对稳定的结构，维持电荷平衡，吸附的离子态稀土是这个相对稳定结构的重要组成部分，它们不被纯水浸出，而需通过离子交换的方式浸出。从该类矿床被发现以来，人们对稀土离子的浸取特征和机理进行了广泛的研究，但以往的观点还是停留在一般的离子交换反应层面。认为三个钠离子或三个铵离子可以交换出一个稀土离子，并且试图以稀土的含量来计算浸取剂的用量。这一做法的误差很大，尤其是在原地浸矿模式下，硫酸铵的实际用量大大超过了这种基于稀土离子含量和离子交换比计算的理论值。

为此，通过研究黏土矿物浸取平衡反应的热力学函数，测定及其交换浸出稀土离子浓度与电解质浓度之间的相互关系，提出了更加合理的离子交换反应模型[1]。假设稀土是以$(REL)^{n+}$的形式被黏土矿物吸附，根据平衡浸取时固相和液相中稀土的浓度关系、物料平衡以及电荷平衡关系，用作图法分别确定了稀土被阳离子交换浸出的带电状况（n 值）。结果证明，硫酸铵浸取时的 n 值为 2，也即稀土在发生浸取交换反应时的主要存在形式是 $(REL)^{2+}$。

根据离子交换过程中的水化理论，离子交换过程中并非都是以金属离子形式进行的，而是以水合离子的形式进行。因此，认为稀土离子在黏土矿物双电层内部不是以简单阳离子形式存在，而是以羟基水合离子或者配位的水合阳离子等形式存在。离子吸附型稀土可以与电解质中的阳离子发生交换反应而被浸出，反应是可逆的。

（3）离子吸附型稀土矿床矿物基因信息与浸取试剂及浓度的选择[113-117]

1）离子吸附型稀土矿床矿物的基因信息及其作用

高效绿色提取技术研发的主要内容是要选择高效绿色的浸取试剂和浸取方法，优化浸取剂浓度和注液收液方法。这些工作需要依据矿床矿物和浸取试剂的特点来开展有针对性的研究。因此，我们把那些能够影响稀土和伴生元素浸取效率、浸取渗流速度、浸取过程、后续尾矿的水土流失和污染物溢出浓度等矿床矿物的基本特征称为矿床矿物的基因信息，并尽可能地将其纳入生产勘探内容。这些特征一般都与矿床矿物的形成历史和地球化学过程相关，也能直接影响到离子吸附型稀土浸出效率以及尾矿修复的难易和效果。例如，目前在资源勘探过程中主要测定的稀土离子含量与空间分布，对于确定资源量和注液区域非常重要，它们无疑是属于矿床矿物的基因信息。但还有一些我们以前并未关注或测定的参数也是能直接影响浸取和尾矿稳定的基因信息。例如，矿物的磨蚀 pH 和交换 pH，是矿物的酸性信息，主要用于讨论离子的浸出特性，尤其是铀、钍、铝等容易发生水解的金属离子的浸出，与浸取收率和选择性相关，也与后续回收处理工艺和要求相关。在通过添加络合剂、缓冲剂来控制杂质浸出，提高稀土浸出选择性等研究工作中，这两个参数也是十分重要的。

研究发现，不同浸取剂在不同浓度下浸取稀土的效率不同，但都与黏土矿物的 zeta 电位之间存在线性关系，是表征黏土矿物特征和浸取试剂浸取效率的关键参数，也与水土流失程度紧密相关。因此，把它作为矿物的基因信息具有重要意义。

为了获得更高的浸取效率，需要针对各矿床的特征来选择浸取试剂，制定浸取流程和稀土富集回收流程。上述基因信息的获取，可以为提出矿床勘探新方法、估算资源量和确定资源分布范围提供科学依据，也是选择浸取试剂、确定最佳浓度范围的主要依据。例如，zeta 电位与浸取率的相关性可用于说明浸取机理，其大小范围用于控制水土流失和溢出离子的浓度，评价环境影响和尾矿稳定性，并对渗透性评价提供依据。为此，南昌大学建立了基于尾矿黏土矿物 zeta 电位测定和稀土浸取效率的测定，来选择高效绿色浸取试剂的基本方法，提出了离子吸附型稀土交换浸出的新机理，并用于说明各种浸取剂的阴阳离子对稀土离子浸取效率的影响。基于浸取前后黏土矿物 zeta 电位测定和浸出液及水洗液中元素组分分析，可以确定尾矿的稳定性和产生污染物的程度或风险大小；基于黏土矿物酸性测定及浸取过程 pH 变化与稀土和主要杂质离子浸出量的相关性，可以评价浸矿过程的渗透特征和杂质离子含量，为针对不同矿产地的矿物特征来选择浸取试剂和浸矿工艺条件提供依据。

在研究黏土类矿物对金属离子的吸附或从黏土矿物表面解吸金属离子时，人们通常考虑的是离子交换反应[1]。因此，水化理论是人们用于解释不同电解质或离子对黏土矿物表面上的离子发生交换反应难易的基本依据。从物理化学的角度，这种离子交换体系中离子在矿物粒子表面的布居也能反映离子之间的交换关系。而离子在黏土颗粒表面的吸附和分布常用双电层理论来说明，相对应的测定指标就是颗粒的 zeta 电位[100-102,113-115]。但由于体系中高浓度的电解质对双电层的压缩和扰动，测定的 zeta 电位值只能说明在平衡时粒子与大量本体溶液中离子之间的相互作用。而我们更为关心的是浸取后尾矿的特征，遂将 zeta 电位测定扩展到测定浸取后，尾矿中黏土矿物重新在水中分散时所表现出来的 zeta 电位。这个时候的 zeta 电位可以反映在较高浓度下，电解质进入黏土矿物表面、滑移面以内紧密层的多少及其与表面的相互作用强弱。这正是电解质离子与矿物表面相互作用的强度，及其把稀土离子交换出来的真实反映。与此同时，这些离子从紧密层迁出，并进入扩散层的能力和数量，又与尾矿中这些离子在天然雨水浸淋下进入环境水体的难易和多少相关，是对环境造成影响和黏土矿物在水中分散能力的体现，是水土流失和滑坡塌方趋势的直接反映[100-102]。

2）离子吸附型稀土矿物的基础特征参数的连续滴定法测定[114-115]

基于上述结果，我们提出了一套确定离子吸附型稀土矿物的基础特征参数的连续滴定法，以减少所需的样品量和实验次数，且能够同时获取更多的基因信息。该方法能同时获得的矿物特征参数包括：原矿磨蚀pH值和颗粒级配、zeta电位和水平衡电导率，交换过程pH值变化、zeta电位变化、电导率变化和稀土及共存离子浸出浓度与电解质类型和浓度的相关性，以及稀土浸出后水浸洗过程离子释出量和黏土矿物zeta电位及其随水流失的程度。这些参数是选择浸取试剂和制定浸取流程的关键依据。具体方法是：将原矿通过湿法筛分，按颗粒目数确定各粒级样品的质量分数，同时获得小于800目的黏土样品用于后续研究，测定平衡水溶液的pH作为磨蚀pH；将筛分所得小于800目样品在80℃以下干燥，得到该矿的基础矿物；将基础矿物与纯净水混合，制备可用于测定黏土矿物zeta电位的悬浮浆料，其固含量在1%～20%区间；将上述悬浮浆料置于zeta电位测试仪的样品杯中，测定pH值、zeta电位和电导率；将电解质配制成一定浓度范围的溶液，用于对上述悬浮浆料的连续滴定。每加入一定体积（相当于悬浮液体积的0.1%～1%）的电解质溶液，在充分搅拌下读取稳定后的pH值、zeta电位值和电导值；读取数据后，用移液管取出与加入电解质相同量的溶液用于分析溶液中的稀土和铝离子浓度；重复滴定至zeta电位和稀土浓度无显著变化。

连续滴定实验完成后，过滤，将滤出的矿物重新分散到一定体积的纯净水中，测定相应的pH值、zeta电位值和电导值以及滤液中的稀土和电解质离子浓度，直至溶液中的离子浓度满足污染物排放要求。所获得的数据是评价尾矿安全稳定性和污染物产生量的主要依据。

所有能够用来浸取稀土离子的电解质，都可用这一方法来评价其浸取特征。但其浓度和加入的体积随不同电解质的浸取能力大小不同而有差别：硫酸铵、硫酸镁的浓度在0.1～0.3mol/L之间，硫酸钠在0.8～1.0mol/L之间，氯化铵、氯化钙、氯化镁等在0.4～0.6mol/L之间，硫酸铝在0.02～0.06mol/L之间。

每次滴定平衡，需要分析浸出液中的离子浓度，包括铵、镁、铝、钙阳离子和硫酸根、氯离子等与环境污染物相关的离子。为此，需用移液管取出与加入电解质相同体积的上清液用于分析浸出液中的离子浓度。取样是在悬浮液澄清后进行，用滤纸过滤掉可能的固体颗粒，用水洗入容量瓶中定容后再取样分析；稀土分析方法是偶氮胂Ⅲ比色法或ICP-IES、ICP-MS，其他离子的测定按现行的标准分析方法进行。

基于上述测定结果，可以根据稀土浸出浓度随电解质浓度和黏土矿物zeta电位值的变化关系，来确定最佳的浸取试剂类型和浓度。如果它们之间存在线性关系，则可以用它们的斜率大小及线性相关系数来评价。与此同时，可以根据浸出稀土后基础矿物在水中的zeta电位和离子释出浓度，来评价浸取试剂对水土流失和污染物排放的影响程度，用于选择浸取试剂，并确定合适的浸取流程。Zeta电位绝对值越小，释出离子浓度越小，越有利于尾矿的环境保护。

该法不仅解决了现行柱上淋洗方式确定浸取条件时流程长、消耗多、误差大等问题，而且还能确定降低废水产生量、减少水土流失的具体方法。图3-18和图3-19是硫酸盐电解质溶液滴定浸取定南稀土矿样的zeta电位和pH值、稀土浸取率和电导随浸取剂浓度的变化曲线。

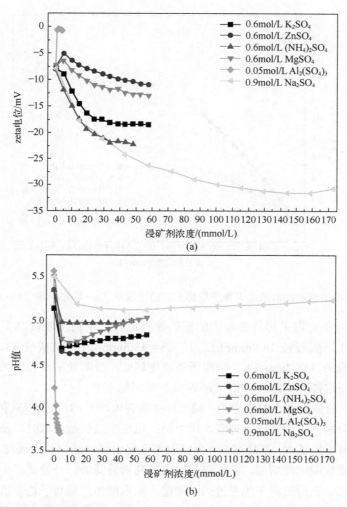

(a)

(b)

图 3-18 硫酸盐溶液连续滴浸定南离子型稀土矿的 zeta 电位（a）和 pH（b）与浓度的关系

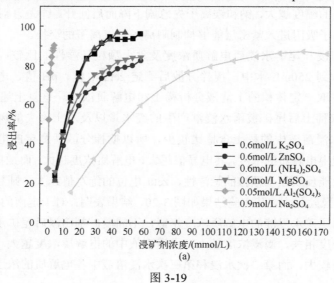

(a)

图 3-19

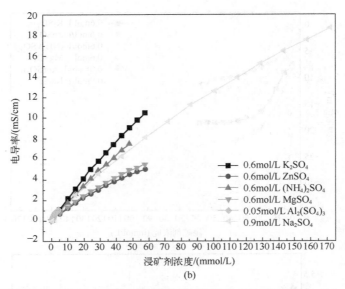

(b)

图 3-19　硫酸盐溶液连续滴浸定南离子型稀土矿的浸取率（a）和电导率（b）与浓度的关系

结果表明，对于定南矿样，硫酸铝的浸矿效果最好。满足浸取效率要求所需的硫酸铝浓度为 2.8mmol/L，硫酸铵 28.8mmol/L，硫酸钾 33.6mmol/L，硫酸镁 48mmol/L，硫酸锌 52.8mmol/L，硫酸钠 158.4mmol/L。按照所需浓度越低，浸取效率越高的关系，硫酸盐系列中不同阳离子的浸取能力次序为：铝>铵>钾>镁>锌>钠。

zeta 电位绝对值由小到大的次序为：铝<锌<镁钾<铵<钠；交换 pH 的最低值及 pH 变化趋势由大到小分别为：铝>锌>钾镁>铵>钠；说明在硫酸盐浸取时，zeta 电位变化规律符合水化理论。离子势越大，变化越高，但浸取率变化中钾铵越位到锌镁前，pH 变化中钾越位到镁前。zeta 电位随浓度增加，铝、镁、锌先升高而后降低，一价离子一直降低。证明在低浓度条件下，二、三价阳离子优先进入紧密层，浓度增加，阴离子也会进入，从而会抵消阳离子的作用；对于一价阳离子，进入紧密层的能力弱。阳离子对质子的交换能力越强，pH 随浓度增加而降低的幅度越大，钠和镁离子先急剧下降而后回升。锌先急剧下降，与铝类似。这是由于硫酸根离子吸附进入紧密层能够抑制阳离子对氢离子的交换。

不同浸矿剂滴浸和尾矿水浸后电解质浓度及黏土颗粒悬浮性的比较：滴浸结束后，过滤；滤饼重新分散到 250mL 水中，搅拌分散后测定 zeta 电位、pH 值、电导等特征参数，观察澄清情况，并取一定体积的上清液分析稀土和电解质浓度。重复上述步骤 3 次，评价每一种浸取剂浸取稀土后尾矿被雨水浸淋产生的废水量以及水土流失的风险大小。不同浸矿剂滴浸后尾矿水浸溶液中的稀土含量比较少，所以搅拌分散后测定的电导值很大程度上能反映水浸后溶液中电解质的浓度，其电导值越大，电解质浓度越大；而搅拌分散后测定 zeta 电位值很大程度上能反映黏土颗粒的悬浮性，zeta 电位的绝对值越大，则黏土颗粒的悬浮性越好，水土流失的风险越大。其实验结果如图 3-20，结果表明：对于定南的离子吸附型矿样，不同浸矿剂滴浸后尾矿水浸液的电解质浓度相似，不同浸矿剂滴浸后尾矿水浸液电解质浓度跟滴浸电解质的浓度相关，滴浸浓度越大，水浸溶液中的电解质浓度越大。第一次水浸溶液中电解质浓度相差较大，而第二次水浸和第三次水浸溶液中各电解质的浓度相差不大，尤其是第三次水浸溶液中各电解质浓度很接近，且与原矿的电导值相差不大。在硫酸体系中，不同浸矿剂滴浸后尾矿水浸时黏土颗粒的悬浮性次序为 K、Na、NH4＞Mg、Zn、Ca＞Al。

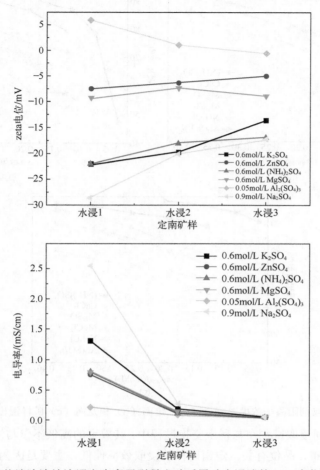

图 3-20　硫酸盐溶液连续滴浸定南离子型稀土矿后尾矿水浸洗的 zeta 电位和电导率变化

3）柱上淋洗方式验证连续滴定浸取方法的稀土浸取效率大小次序

为研究矿床矿物特征与浸矿剂及浸取工艺的相关性，以龙南、定南和安远三地的代表性矿样为代表，对比了硫酸铵、硫酸镁、硫酸铝、氯化钙四种主要浸取试剂及添加剂对各矿样的浸取效果，以探讨矿层和矿物特征差异在浸取效果上的表现及其相关性，为浸取剂和浸取工艺选择提供了依据。图 3-21 为几种常见的浸取剂 $(NH_4)_2SO_4$、$MgSO_4$、$Al_2(SO_4)_3$、NH_4Cl、$MgCl_2$、$CaCl_2$ 的阳离子浓度对安远、定南和龙南矿稀土浸出效率的影响。证明稀土浸出效率随浸取剂浓度增大而增加，而且浸取剂对不同地区矿样的浸出效率也有所差别。当$(NH_4)_2SO_4$、$MgSO_4$、NH_4Cl、$MgCl_2$、$CaCl_2$阳离子浓度达到 0.384mol/L 时，安远地区浸出效率分别达到 98.3%、96.6%、92.31%、91.4%、86.86%；而定南地区浸出效率只达到92.32%、87.65%、80%、86.1%、81.18%。当 $Al_2(SO_4)_3$ 浓度达到 0.199mol/L 时，安远矿样稀土浸出效率达到 99.06%，定南矿样则是 92.93%，而且在低浓度 $Al_2(SO_4)_3$ 条件下，两地区稀土浸出效率也有较大差别。

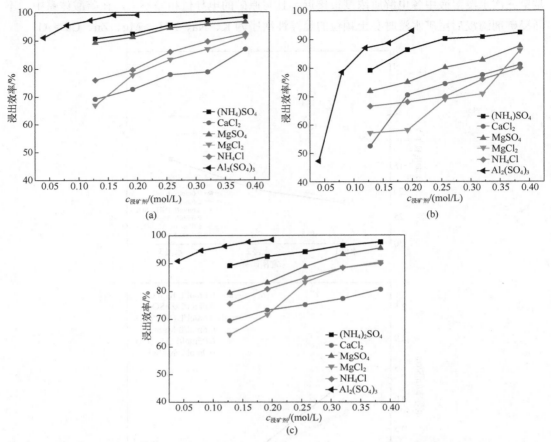

图 3-21　浸取剂阳离子浓度对安远（a）、定南（b）和龙南（c）矿样浸出的效率比较

由图可知，不同浸取试剂在与稀土交换过程中，其效率的高低不仅与浸取剂的种类有关，也与矿样的粒级分布、品位有关。定南矿样的浸取效率偏低，主要是因为其细颗粒黏土含量高，吸水量大。只要提高液固比，稀土浸取率也就可以提高到所需的要求。

图 3-21 的结果与图 3-18、图 3-19 所反映出的不同电解质对稀土浸出的能力次序一致，直接证明连续滴定方法可以客观地测定出矿物和浸取试剂相互作用的基本特征参数，用于比较不同电解质对矿中离子型稀土的浸取能力大小次序，为选择合适的浸取剂及其浓度范围提供科学依据。在所研究的这些电解质溶液中，硫酸铝的浸取能力最强。因此，硫酸铝作为离子型稀土的浸取剂时，可在较低浓度下，实现稀土的高效浸出。这主要得益于 Al^{3+} 相较于其他几种阳离子，黏土矿物对其有更强的吸附能力，使得稀土离子能够更多地被交换下来。$CaCl_2$ 作为浸取试剂，虽然其浸出效率没有其余几种那么高，不过其浸出效率在不同地区最高均达到了 80% 以上，也能把大部分易浸取部分的稀土浸取出来。

4）低场磁共振法确定电解质溶液与稀土浸取效率大小次序的关系[113]

低场磁共振技术是基于水质子核磁共振信号的测量，来研究水分子受外部磁场的影响程度。水分子的氢核被外部磁场磁化，并通过共振吸收能量可以跃迁到高能态。当外加磁场消失时，氢核将从高能态转变到低能态。这种从高能态到低能态的转变被称为弛豫，所需的时间被称为弛豫时间。氢核自由度越高，与磁场作用越强，所需的弛豫时间越长，反之越短。稀土离子，尤其是钆离子，具有 7 个成单电子，产生的磁矩最大，对氢核的约束最大。对于离子吸附型稀土浸出过程来说，相同体积稀土浸出液的核磁信号，即弛豫时间取决于与水产生作用的稀土离子含量。与水产生作用的稀土离子含量越高，氢离子的自由度越低，则测得的弛豫时间越短。定义弛豫效率为弛豫时间的倒数，则弛豫效率与稀土离子浓度成正比。为此，通过研究不同浓度稀土溶液对弛豫时间的影响，可建立核磁信号与浸出液稀土含量之间的定量关系。

采用钆负载的黏土矿物为实验对象，用不同浓度和种类的电解质溶液去浸取稀土，测定溶液中和黏土矿物表面水质子的磁共振信号，计算弛豫率。图 3-22（书后另见彩图）为负载钆的黏土在水溶液中悬浮后，测定的横向弛豫时间与负载量的关系图。黏土矿物表面的水受黏土的吸附，其自由度受到限制，弛豫时间短，而本体水的弛豫时间较长。随着钆负载量的增大，黏土表面和本体水质子的弛豫时间都缩短。证明黏土吸附的钆离子在水溶液中有少量的解吸，可以用于测量稀土离子在黏土表面的吸附解吸平衡。

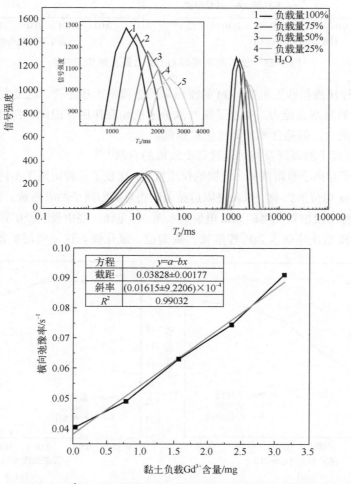

图 3-22　不同 Gd^{3+} 负载量的黏土的 T_2 谱图和钆负载量与弛豫率的关系图

图 3-23 为浸矿剂浓度与 Gd 浸出量及弛豫率的关系图。表明 Gd 浸出量与弛豫率的变化趋势相同，且都随着浓度增大而增大，并且两者都在 Gd 完全浸出时维持稳定的数值。对比不同浸矿剂 Gd 浸出量及弛豫率的关系可以看出：对于不同的无机盐浸矿剂，Gd 的浸出量从大到小顺序依次为硫酸铝＞氯化铝＞硫酸铵＞硫酸镁＞氯化铵＞氯化镁，弛豫率次序与 Gd 浸出量一致。与前面连续滴定法的结果一致，证明是研究电解质浸取能力次序的好方法。

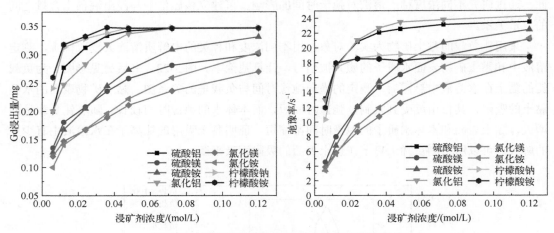

图 3-23　浸矿剂浓度与 Gd 浸出量及弛豫率关系

然而，对比柠檬酸盐和无机盐，Gd 的浸出量与弛豫率次序不符。这是由于柠檬酸盐在溶液中与稀土离子的强络合能力，减小了钆与水分子的相互作用。因此，虽然柠檬酸盐对 Gd 的浸出量大于无机盐，但弛豫率反而比无机盐低。

5）黏土对阴离子的吸附及其对促进稀土浸取的贡献[113]

为探究阴离子对离子吸附型稀土浸取的作用机制，比较了三种阴离子不同的浸矿剂对稀土浸出量、尾矿 zeta 电位的影响，以及浸取后黏土矿物对阴阳离子的吸附量。图 3-24 为铵盐浸矿剂浓度与定南稀土浸出量及尾矿 zeta 电位关系图，可见稀土浸出量随浸矿剂浓度的增大而增大，直至平衡，浸出次序依次为柠檬酸铵、硫酸铵、氯化铵。这说明浸矿剂阳离子相同时，

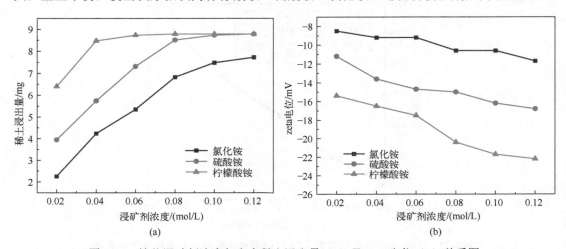

图 3-24　铵盐浸矿剂浓度与定南稀土浸出量（a）及 zeta 电位（b）关系图

阴离子对稀土浸出占主要作用，阴离子对浸取效率的影响以柠檬酸根最好，硫酸根其次，氯离子最小。Zeta 电位值可以反映矿物表面的电性及稳定性，zeta 电位绝对值越大，所带电性越大，同时胶体越稳定。如图 3-24（b）所示，三种浸矿剂浸矿后尾矿的 zeta 电位绝对值次序依次为柠檬酸铵、硫酸铵、氯化铵，可见三种阴离子对尾矿电位的贡献程度不同。

图 3-25 为黏土对三种阴离子的吸附量随浸取剂浓度的变化关系图。证明阴离子价态越高，被矿物吸附的量越多。由于三种阴离子的价态不同，柠檬酸根、硫酸根和氯离子分别为负三价、负二价和负一价。吸附量越大，zeta 电位值越负，可以抵消更多的正电荷，也可以吸附更多的铵离子。黏土矿物对阴离子的吸附实验也证明，阴离子价态越高，黏土对其饱和吸附量越高。三种铵盐浸取后，铵离子吸附数大小与浸矿剂浸取能力及对应阴离子吸附数次序相同，表明阴离子被吸附后会降低矿物表面电位，促使更多的阳离子趋向双电层与稀土离子进行交换，从而促进了稀土浸出量的提高。以硫酸盐浸取离子型稀土为例，其阴离子促进的浸取过程机制可以用图 3-26 来表示。

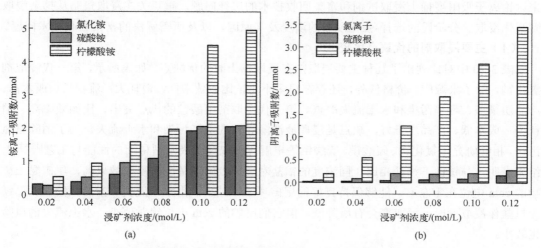

图 3-25　浸矿剂浓度与定南矿对铵离子吸附数（a）及阴离子（b）吸附数关系图

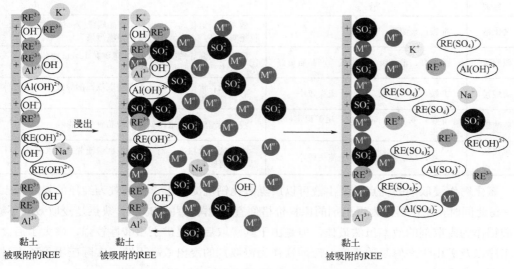

图 3-26　阴离子的表面吸附促进稀土离子浸出的机理图

硫酸盐对稀土的浸出能力比氯化物和硝酸盐的都高，是因为硫酸根更容易与黏土表层的阳离子发生配位吸附，进入紧密层，与那里的稀土离子和铝离子形成配合物，降低了这些离子配位单元的表观电荷密度，更容易被其他阳离子交换而进入扩散层或进入溶液本体，表现出更好的浸取效率。

3.3.4　浸取试剂和浸取策略的变迁[118-140]

离子吸附型稀土的生产主要包括浸取-富集回收-水循环-尾矿修复等环节。理论上，所有电解质溶液均可用于浸取稀土，但浸出效率和选择性不同，后续稀土富集回收的流程、产品质量和生产成本以及环境影响程度也不尽相同。因此，当使用非铵浸取试剂时，需要根据浸取试剂的特点来调整浸取策略，并优化富集回收稀土的技术路线，以寻求超越硫酸铵的新型浸取剂和浸取-富集回收技术。下面从浸取效率、试剂消耗、产品质量、环境保护等多个维度来讨论离子吸附型稀土浸取试剂和富集回收技术的选择问题，重点关注浸取策略从抑杂浸取到强化浸取、分阶段的选择-强化浸取的演变及其原因，以及所需解决的富集回收技术问题。

（1）主要浸取剂的优缺点比较[118]

表 3-20 中对比列出了几种主要浸取剂在浸取稀土时的优缺点。如表所示，第一代浸取剂氯化钠，除了来源广、价格低外，还存在很多不足，比如效率低、消耗大、流程长、成本高、产品质量差、环境污染和水土流失严重。第二代浸取剂硫酸铵的优点突出，比如效率高、消耗少、成本低、产品质量好，缺点是浸取液泄漏导致的氨氮污染和水土流失。为了消除氨氮污染，相继研究了氯化钙、硫酸镁、硫酸铝等电解质浸取离子吸附型稀土的性能与工艺[121-137]。结果表明，与铵盐、镁盐相比，同浓度的铝盐对离子吸附型稀土的浸取效果高，尾矿黏土矿物的 zeta 电位在零左右，能够保持良好的尾矿环境，减少矿山水土流失和滑坡风险。钙、镁无机盐作浸取剂时，浸取率会有所降低，但它们尾矿的 zeta 电位绝对值小，水土流失的风险也较小。

表 3-20　几种主要浸取试剂的优缺点

浸取剂	优点	缺点
氯化钠	非铵，来源广，价格低	效率低、消耗大、流程长、产品质量差；尾矿黏土 zeta 电位绝对值高，水土流失严重，环境污染大
硫酸铵	效率高、消耗少、成本低、产品质量好	浸取液泄漏导致的氨氮污染，尾矿黏土 zeta 电位绝对值高，水土流失严重，环境污染大
硫酸镁	非铵，尾矿较稳定，水土流失较小	效率低，价格高，消耗大，浸取液泄漏导致的水污染，对产品质量有影响
硫酸铝	非铵，效率高，消耗少，尾矿稳定，水土流失小	浸取液泄漏导致水污染，对产品质量有影响
氯化镁氯化钙	非铵，尾矿较稳定，水土流失较小	效率低，价格高，消耗大，浸取液泄漏导致水污染，对产品质量有影响

氯化钙作浸取剂的优点是浸出液可以用氢氧化钙沉淀稀土，得到较为纯净的氢氧稀土产品。与此同时，氯化钙作为浸出剂的原料价格便宜，能降低生产成本，缺点是浸取效率不够。硫酸铝作为浸取剂的效率虽然最佳，但是由于其浸取后的尾矿土壤酸性较强，增大了后续除杂工序以及矿山生态修复的难度。硫酸镁作为浸取剂的浸出效率不够，实际应用于矿山时单耗过高，成本增大。

（2）抑杂浸取[117-120]

在离子吸附型稀土矿层中，除了有可浸出的稀土外，还有较多的离子吸附型杂质离子。其中，铝是最为普遍的一种共存杂质。铝离子与稀土离子在 P507 萃取分离过程中的萃取分离行为非常相似，容易混入产品降低产品质量。消除杂质对产品质量的影响有两个基本途径[1]：一是先对浸出液进行净化，利用铝与稀土离子水解沉淀所需 pH 的不同来去除大部分的铝，再用草酸或碳酸氢铵来沉淀稀土；二是在浸取过程中减少这些杂质的浸出。关于浸出液净化，前面已经做了详细的介绍。需要指出的是当杂质离子与稀土离子的物质的量之比一直提高时，浸出液净化的难度也越来越大。

抑杂浸取的通行做法是在浸取剂中加入一些添加剂来抑制铝的浸出[117]。添加剂的作用主要通过调节浸取过程的 pH 值或让铝形成难溶性的化合物而留在矿层内。也可以利用浸取过程铝离子和稀土离子的浸出时间差异来延迟铝的浸出。例如，使用氯化铵-硝酸铵 =（1∶1）复配浸取剂来浸取离子吸附型稀土，延迟铝的浸出时间。通过时间差来减小铝的浸出，获得较单一浸矿剂浸出杂质含量更少的浸出液。

欧阳克氙等[119]通过比较碳酸氢铵、HZA、尿素和磺基水杨酸添加在浸取剂中抑制铝浸出的效果，发现最佳抑铝剂是 HZA，在 0.05%的浓度下浸出液铝含量下降 56.85%，且几乎不会影响稀土的浸出效率。以硫酸铵作为浸取剂，甲酸盐、磺基水杨酸及酒石酸等低分子量有机酸/盐作为抑杂剂的浸取结果表明：有机酸根与主要的杂质铝、铁等形成配合物，能够达到一定抑制效果。例如，随着磺基水杨酸用量递增，浸出液中铝离子浸出含量从 273.23mg/L 降到 47.19mg/L。使用酒石酸作为抑杂剂，酒石酸浓度为 0.35%时对重稀土矿中杂质铝离子和铁离子的去除率能够达到 90.56%和 94.21%，稀土浸出效率达到 98%；对中重稀土矿中杂质铝离子和铁离子的去除率能够达到 90%以上。但在原地浸矿时，流出液的 pH 范围大，当添加抑杂剂的量小时，其实际应用效果不够理想。添加量大时，稀土的浸出效率不够高。且由于抑杂剂的价格较高，无疑加大了成本，限制了它们在生产中的大面积推广。仅仅依靠抑制杂质的浸出，无法保证浸取效率，无法解决氨氮污染问题。

（3）强化浸取[118]

通过控制浸出液的 pH 值是降低铝浸出量的简单方法，但稀土的浸取率也会受到一定程度的影响。因此，人们在寻求一些能够只抑制杂质的浸取而不降低稀土浸取率，甚至提高稀土浸取率的试剂和方法。由于硫酸镁的浸取能力不如硫酸铵[123-127]，因此，如何强化它的浸取效率是其得到实际应用所必须解决的问题。一些能够与稀土形成可溶性配合物，并能控制溶液 pH 在 5 以上的有机酸及其盐被用作强化浸取稀土的添加剂，还有那些具有还原性质的有机酸，以提高对胶态相稀土尤其是铈的浸取效率[106]。但是，在原地浸矿模式下，浸出液的 pH 跨度大，添加的试剂量不足以将 pH 缓冲到铝的水解 pH 值以上。与此同时，一些配体与铝的配位能力甚至高于与稀土的配位。这不仅没有抑制，而且更加强化了铝的浸出。所以，抑制杂质浸取的效果难以实现。因此，后续的浸取策略转到以强化浸取为主，包括通过提高浸取液酸性的酸性强化浸取、以铝盐为基础的高价阳离子强化浸取、添加柠檬酸钠等强配位能力的配位强化浸取以及通过改善矿物表面特征和液流渗透性的过程强化等等。

1）酸性强化浸取[117,128]

浸取液酸性对浸取效率的影响从一开始就得到关注和研究。结果表明，相同当量浓度的硫酸铵与盐酸和硫酸相比，其浸取率更高，说明增加酸度并不直接提高稀土浸取率。而且，在柱浸模式下，浸取剂的 pH 在 4～9 之间变化，浸出液的 pH 基本稳定在 5～5.5 之间，可以认为黏土矿物对溶液酸性具有缓冲能力。但是，在高的柱比和原地浸矿模式下，分阶段接收的流出液的 pH 则是先下降再上升，最低 pH 可以在 4 以下。此时，稀土的浸取率更高，还有大量的铝被同时浸出。根据我们对离子吸附型稀土的理解，把它们分为易浸稀土和难浸稀土两类。易浸稀土是硫酸铵溶液能在一般淋洗条件下浸取出来的稀土，主要是被黏土矿物基本面吸附的稀土离子；而难浸稀土是需要适当提高溶液酸度（pH 在 2～4 之间）才能被浸出的，它们主要是被胶态氢氧化铝、氢氧化铁锰专性吸附的，或本身就是以胶态存在的稀土，如水解的四价铈胶体。与此同时，易浸稀土的解吸并不是随溶液酸性增大而增大的。当溶液酸性比较高时，黏土矿物的表面性质会发生变化。例如，黏土矿物表面的 zeta 电位和双电层厚度、持水量等改变，会影响淋洗浸出过程的动力学，使渗流速度变慢、出液量减小，稀土的浸取效率下降。因此，我们提出了先用一般无机盐浸取易浸稀土，后续再适当提高酸度到 pH = 2～4 之间的分阶段浸取方法，确保浸取效率的提高。由于溶液酸性的提高，尾矿酸度增大，这一利用确保尾矿渗滤水达到环保要求。所以，需要增加一段石灰水护尾工序，把尾矿渗滤水的 pH 调整到 6～9 之间。这一护尾工序对于先行单纯的硫酸铵浸矿的尾矿处理也是非常必要的。实际上，现行原地浸矿实施矿区水污染严重的一个主要原因就是没有这一工序，建议在后续的技术标准中加上。矿区废水 pH 值长期处在 4～6 之间，没有达到环保要求，能使黏土矿物表面的铵和金属离子进入水体而污染环境。

2）基于铝盐的高价阳离子强化浸取[104,130,133,137]

把硫酸铝作为新一代高效绿色浸取试剂是南昌大学首先提出来的，并一直在引领这一研究。有很多人曾对这一研究持怀疑态度，主要是在矿山和分离企业的实际工作中受铝的负面影响太深刻！认为硫酸铝不可行的原因主要是硫酸铝的污染问题以及稀土与铝的分离难题。我们提出把硫酸铝作为新一代浸取试剂的理由更多，包括硫酸铝、氯化铝、明矾、聚合硫酸铝、聚合氯化铝等是工业上常用的水处理剂，用于去除水中的悬浮泥沙颗粒；现行硫酸铵浸矿工艺的浸出液中同样存在较高浓度的铝，有的矿区甚至超过了稀土的浓度。所以，铝的环境问题本身就已经存在，不是新问题。矿区铝水解渣太多，是矿山固废的主要来源之一，需要妥善处理。其中，循环利用是解决其环保问题的主要技术路线。因此，采用铝盐浸取可以大大减少矿区浸取剂的使用量，节约成本，减少污染物；硫酸铝是无机盐中浸取能力最强的，所需浓度最低，浸出液中的铝含量可以控制在所需的浓度范围；现行的一些后续稀土分离富集技术同样可以用于从这种浸出液中回收稀土，并使铝循环使用；硫酸铝还是一种比较好的土壤改良剂，它可以使尾矿中黏土矿物的 zeta 电位绝对值趋近于零，增加土壤颗粒团粒性能，减少水土流失。

当然，要使硫酸铝用于实际浸矿，还需解决一些理论和技术难题。首先是基础理论和方法问题。我们突破了单纯的离子交换观点，把双电层模型与离子水化理论相结合，基于浸取过程和浸取后尾矿水浸淋时黏土矿物的 zeta 电位变化，研究了各种浸取试剂在不同浓度下浸取稀土时这些 zeta 电位与稀土浸取率和尾矿稳定性的相互关系，证明硫酸铝是所试验的所有无机盐电解质中浸取能力最强的。据此，提出了绿色高效浸取试剂的选择方法和依据，以及稀土浸取机理，即稀土离子与电解质阴阳离子在双电层中的分布规律和迁移机制，并与可测定的 zeta 电位相关联，评价阴阳离子对稀土浸出的贡献，解释各种电解质溶液交换浸出稀土的能力次序。以此为基础，还提出了连续滴定浸取新方法，把浸取剂的种类、浓度选择与矿物的基本特征参数（基因信息、黏土矿物 zeta、平衡和 pH、电导和稀土及特征离子浓度）相关联，评价浸取剂的效率及尾矿的悬浮稳定性和水土流水趋势。将这一方法用于不同产地的离子型稀土矿样，均证明了硫酸铝浸矿效率最高的事实。因此，与硫酸铵和硫酸镁相比，硫酸铝无疑是稀土强化浸取试剂。

其次是要解决从含较高浓度铝的稀土浸出液中富集回收稀土的方法，这不只是硫酸铝浸矿时需要，对于硫酸铵镁原地浸出的稀土浸出液也都需要。当铝的量比稀土低时，可以沿用以前的预处理除杂-再沉淀稀土技术。当铝的浓度超过稀土时，可以考虑萃取分离技术，尤其是采用一些优先萃取稀土而对铝萃取能力差的萃取剂。但是，对于低浓度稀土的萃取富集还需要考虑萃余液的除油难题，以满足浸取剂的循环使用要求。因此，尽量减少稀土萃取量和萃余液水相的量，是降低萃取富集成本和环保压力的基本策略。这样，将预处理除杂、沉淀富集和萃取分离技术相结合是解决高杂质含量稀土浸出液中稀土富集回收的主要方向。

再进一步，减少硫酸铝和其他浸取剂的消耗，实现浸取剂的循环利用，则是新工艺研究的目标要求。这不仅可以降低生产成本，而且能够简化后续稀土的富集分离流程。为此，我们采用连续滴定浸取的方法，系统研究了硫酸铝与各种无机盐电解质的复配溶液浸取稀土的效率与浓度和配比的关系，发现了铝盐与多种低价态无机盐可以对离子吸附型稀土产生协同浸取作用[113,137]，而且是在铝的用量比较低的区域。利用这种协同效应，可以在强化稀土浸取的同时，降低硫酸铝用量和浸出液中铝的浓度，减少富集回收过程的除杂和分离压力。为此，分别推出了铝盐与低价无机盐的系列协同浸取体系，包括铝与钠、镁、钙、钾的硫酸盐体系、氯化物体系以及硫酸盐-氯化物体系。浸取过程所需铝和低价无机盐的浓度都比它们单独使用的要低，而且由于矿层中也含有较多的低价阳离子，实际的低价无机盐消耗量很低，甚至可以平衡。整个浸取过程消耗的只是少量的铝，而且铝又可以从预处理渣中回收。事实上，铝盐作为浸出效率最高的无机浸取剂，可以与多种硫酸盐和氯化物进行复配浸取或分阶段浸取或梯度浸取稀土，达到提高效率、促进稀土流出峰前移、峰浓度提高、拖尾减少的目的。因此，通过铝离子的强交换能力，不仅能够补齐其他浸取剂浸出效率不足的短板，而且能够将其他浸取剂阳离子一并浸出，在提高浸出效率的同时，实现浸取剂回收和循环利用。现在已经有很多研究单位和一线的生产技术人员通过各自的实验，也证明了硫酸铝的强浸取能力，纷纷加入了硫酸铝浸矿技术的开发队伍。

3）配位强化浸取[138-139]

常见的浸取剂都是无机盐，但从一开始就有研究者对有机酸/盐作为浸取剂进行了相应的研究。发现当有机酸/盐浓度增大，稀土浸出效率随之增大。但是随着有机酸/盐用量的增大，黏土颗粒的 zeta 电位绝对值增大，颗粒间的电斥性发生膨胀而难以沉降，溶液渗流速度下降，固液分离不易，生产周期过长。

针对有机酸/盐渗流速度慢、浸取效率不够的难点，南昌大学根据连续滴定浸取的测定结果，研究提出了使用柠檬酸钠-低浓度无机盐的分阶段浸取新方法，即先用少量有机酸/盐溶液，使大部分稀土浸出，再用无机盐浸取，提高效率并稳定尾矿，解决有机酸/盐浸取过程中渗流速度太慢的问题，加入无机盐后尾矿 pH 值可达到 6 以上。针对柠檬酸盐浸出液中稀土离子沉淀受到影响的事实，还分别提出了用沉淀-萃取或直接萃取的方法富集回收稀土的方法。

4）通过改善矿物表面特征和液流渗透性的过程强化[118]

浸取剂的种类和浓度直接影响到浸取过程的渗流速度、浸出效率和杂质含量。通过在浸取剂中加入其他一些试剂，也能影响渗流速度，进而强化浸取过程。因此，通过不同浸取剂的配合来调谐渗流速度可以提高浸取效率。

离子吸附型稀土矿主要矿样成分是由高岭石、埃洛石还有伊利石等黏土矿物组成。由于黏土矿物具有颗粒小、比表面积大、孔隙小、加入浸取剂后形成双电层等特征，因此浸取过程中的渗流速度过慢，生产周期拉长，成本拉高。以硫酸铵作浸取剂为例，除了温度会影响溶液的黏度而使浸取剂在矿体中的流速发生变化外，不同浓度硫酸铵在矿体中的渗流速度也不一样。如果先使用高浓度的浸取剂溶液，会引起孔隙增大而加快渗流速度，后使用低浓度以减少浸取剂单耗，降低成本。在硫酸铵中添加表面改性剂能改变黏土矿物的表面润湿性和持水性，如通过在硫酸铵中添加 0.04% 的十二烷基硫酸钠表面活性剂能够改善离子吸附稀土矿的渗流效果，并且能够降低 25% 的硫酸铵用量，浸出速率提升 20%，浸出效率增大 5%。用硫酸铵浸取低品位离子型稀土时加入田菁胶，能够提高矿物表面的润湿性，减少浸取过程中的交换阻力，从而达到提高渗透效率和浸取效率的目的。难渗透型矿土使用硫酸铵浸取时添加甲酸铵能够很好地增强渗流速率，当 0.1mol/L 的硫酸铵中加入 0.032mol/L 的甲酸铵时，达到最佳渗流速度和浸出效果，且具有抑制铝的浸出能力。

原地浸矿过程中，如果石英砂或者大颗粒矿石过多，会导致渗透性太好，浸取剂流速过快，部分稀土未被完全浸取出来，造成稀土收率不够。因此，使用降低渗流速度的浸取剂能够发挥一定作用。有机酸/盐能够显著降低浸取过程中的渗流速度，因为黏土对有机酸的吸附而导致其 zeta 电位绝对值增大，颗粒间电斥性强，所以渗流速率下降。实际上，与纯水相比，能够导致黏土矿物粒子 zeta 电位绝对值增大的浸取试剂都能够降低渗流速度，其中有机酸及其盐的作用更为显著。因此，利用这些添加剂来调节渗流速度是强化稀土浸取的有效方法之一，值得研究。

5）还原-强化浸取[106-107]

黄小卫等提出使用少量硫酸亚铁和硫酸镁复配，通过氧化还原反应将胶态吸附的稀土浸出，优化了镁盐的浸出效果。同时，还重点研究了在硫酸镁浸取稀土时加入适量的抗坏血酸对胶体稀土，尤其是铈的强化浸出作用，取得了较好结果，可降低硫酸镁消耗，浸取率达到了 86.2%，铈的配分值也有明显提高。

6）分阶段的选择-强化浸取[103-105,133]

在前述酸强化浸取中，我们采用了分阶段浸取的方法。这一方法也可以用来设计一些首先实施选择性浸取、再用铝盐和有机酸络合剂来强化浸取剩余稀土的技术方案，提高总体浸取效率。其设计思路是第一阶段先用一些浸取能力不是很强的浸取剂，如氯化钙、氯化镁、硫酸镁等将大部分稀土浸出，而铝的浸出量更少，可大大提高对稀土的浸取选择性。选择性浸出液中，杂质铝与稀土的比例很低，可以采用一般的预处理除杂，甚至用直接沉淀的方法回收稀土；第二阶段的强化浸取液则需要通过沉淀富集和萃取分离的方法来获得稀土产品。

这种基于铝盐的超强浸取能力，构建的铝盐与其他无机盐分阶段浸取和石灰水护尾的浸取工艺流程，不仅达到了选择浸取和强化浸取的双重目标，减少后续富集回收成本消耗，获得高质量的矿山产品，而且铝离子的强交换能力还能将尾矿中其他浸出剂交换出来，实现循环利用，减少污染。

3.3.5　从离子吸附型稀土浸出液中提取稀土

（1）浸出液的净化[1,103-105,117-118]

离子吸附型稀土从浸出工段中得到的稀土浸出液常被称为稀土母液，其组成比较复杂，且随不同地区和浸矿条件而表现出较大差别。除稀土离子外，还含有 Al^{3+}、Fe^{3+}、Ca^{3+}、Mg^{2+}、Pb^{2+}、Mn^{2+}、SiO_3^{2-}、K^+ 和 Na^+ 等杂质离子和大量未消耗完的淋洗剂，同时还有一些混进的机械杂质，例如极细颗粒的黏土。离子吸附型稀土浸取液杂质含量直接影响稀土产品的纯度。根据国家针对离子吸附型稀土精矿产品制定了的相关行业标准，要求混合稀土氧化物的产品质量标准为稀土总量 REO 不小于 92%，水分含量以及 Al_2O_3 含量分别不大于 0.3% 和 0.5%，ThO_2 含量不大于 0.05%。在实际生产中，常见的杂质主要是铝、钙、硅等能呈离子状态进入浸取液中的杂质离子。例如，浸取液中铝含量有时高达 2000mg/L，钙含量高达 300mg/L。如果直接用草酸或碳酸氢铵对浸出液中的稀土进行沉淀，那所获得的稀土产品中的杂质含量较高，纯度满足不了要求。为了适应稀土分离厂的要求，需将这些非稀土杂质与稀土元素进行分离，降低稀土产品中的杂质含量。为此，必须在沉淀稀土之前对稀土料液进行除杂净化，否则就无法通过一次沉淀和煅烧获得合格的稀土产品。

在硫酸铵浸矿法中，淋出液中铝离子浓度低，从澄清溶液中直接用草酸沉淀稀土，经洗涤、干燥和煅烧后所得到的氧化物产品纯度很容易达到 92% 以上。只是草酸的消耗量大一些，所以也没有强调对浸出液进行除杂处理的要求。真正系统研究稀土浸出液除杂技术的是我们在研究用碳酸氢铵沉淀稀土工艺时开展的[1]。因为碳酸氢铵沉淀稀土时的溶液 pH 在 6～8 之间，许多金属离子都能和稀土一起被沉淀下来。沉淀的选择性差，影响最终产品的纯度。为此，在 1982～1985 年期间，我们在碳酸氢铵沉淀法提取稀土工艺的研究中提出了多种预处理除杂方法，并作为该工艺中的一个关键工序加以强调。通过小试、中试和工业化试验，于 1985 年 7～8 月在龙南市稀土矿实现了工业化应用。该技术的内容有：①易水解金属离子的水解去除，例如对于铝和铁，效果很好；②胶体吸附和共聚沉去除金属离子和细颗粒悬浮杂质，包括硅、铝、铅离子等；③硫化物去除重金属铅、铜、镉、镍等。

尽管硫酸盐浸出液中的铅浓度低，但这些重金属还是容易随碳酸稀土一起沉淀而影响产品纯度。当这些杂质的存在使产品的质量受到影响，就应该考虑使用硫化物沉淀法。这三项内容可以同时使用，也可以分别使用，关键要看浸出液中的杂质离子种类和含量大小范围。对于铝含量低的料液，可以直接用碳酸氢铵来调节 pH 使铝、铁和部分稀土一起水解析出。如果用氨水来调节 pH 值，需要调节到较高的 pH 值才能有好的效果，或有意加入些铝盐，利用羟基铝将细颗粒悬浮物聚沉，达到更好的效果。

预处理除杂过程中，可以同时存在金属离子水解沉淀、多种金属离子共沉淀、金属离子硫化物沉淀，以及这些沉淀相互之间或与悬浮的细泥沙之间的聚沉现象。因此，在预处理除杂时，部分稀土离子的损失是存在的，因为很难控制在氢氧化铝沉淀时稀土完全不参与共沉淀。这样，在离子吸附型稀土生产过程中也就出现了含稀土的预处理渣。这种预处理渣主要含杂质离子和稀土的氢氧化物或碳酸盐或硫化物，将所含的稀土循环回收，确保稀土收率。

中和沉淀是用氨水、氢氧化钠、碳酸氢铵或碳酸钠等碱性物质为中和剂来调节溶液 pH 到 4.5～6 之间。利用一些非稀土杂质离子与稀土氢氧化物或碳酸盐溶解度的不同，或者说产生沉淀所需要的 pH 不同来使它们先后析出，并通过固液分离来达到分离目的。一些主要金属离子形成氢氧化物沉淀的 pH 值见表 3-21。稀土氢氧化物的溶度积常数、水中的溶解度和沉淀 pH 值见表 3-22。由于镧系收缩现象，镧系元素的离子半径及碱性均随原子序数的增加而减小。镧的碱性最强，随原子序数增加依次减小，镥的碱性最弱。一般来说镧的碱性近似于钙，镥的碱性近似于铝。因此，稀土元素水解沉淀的 pH 值从镧至镥依次减小。中和沉淀法去除非稀土杂质是在 pH = 5 以下开始沉淀非稀土离子，如 Al^{3+}、Zr^{4+}、Th^{4+}、Co^{3+}、Fe^{3+} 等。Cu^{2+}、Ba^{2+}、Pb^{2+} 等杂质离子开始沉淀的 pH 值与稀土离子接近，很难用中和法将它们完全分开。而对于 Fe^{2+}、Mn^{4+}，可预先将其氧化，再在中和时除去。

表 3-21　一些金属离子开始沉淀和重新溶解的 pH

化学反应方程式	开始沉淀	重新溶解	化学反应方程式	开始沉淀	重新溶解
$Co^{3+} + 3OH^- \longrightarrow Co(OH)_3 \downarrow$	0.5		$Cu^{2+} + 2OH^- \longrightarrow Cu(OH)_2 \downarrow$	5.0	14.0
$Ce^{4+} + 4OH^- \longrightarrow Ce(OH)_4 \downarrow$	0.7		$Be^{2+} + 2OH^- \longrightarrow Be(OH)_2 \downarrow$	5.8	
$Zr^{4+} + 4OH^- \longrightarrow Zr(OH)_4 \downarrow$	1.0		$Lu^{3+} + 3OH^- \longrightarrow Lu(OH)_3 \downarrow$	6.4	
$Sn^{2+} + 2OH^- \longrightarrow Sn(OH)_2 \downarrow$	1.5	13.0	$Pb^{2+} + 2OH^- \longrightarrow Pb(OH)_2 \downarrow$	6.5	
$Th^{4+} + 4OH^- \longrightarrow Th(OH)_4 \downarrow$	3.0		$Zn^{2+} + 2OH^- \longrightarrow Zn(OH)_2 \downarrow$	6.8	13.5
$Fe^{3+} + 3OH^- \longrightarrow Fe(OH)_3 \downarrow$	3.3		$Mn^{2+} + 2OH^- \longrightarrow Mn(OH)_2 \downarrow$	7.8	14.0
$In^{3+} + 3OH^- \longrightarrow In(OH)_3 \downarrow$	3.4	14.0	$La^{3+} + 3OH^- \longrightarrow La(OH)_3 \downarrow$	8.0	
$Bi^{3+} + 3OH^- \longrightarrow Bi(OH)_3 \downarrow$	4.0		$Cd^{2+} + 2OH^- \longrightarrow Cd(OH)_2 \downarrow$	8.3	
$Al^{3+} + 3OH^- \longrightarrow Al(OH)_3 \downarrow$	4.7	10.6	$Fe^{2+} + 2OH^- \longrightarrow Fe(OH)_2 \downarrow$	9.1	

表 3-22　稀土氢氧化物的溶度积常数及沉淀 pH

氢氧化稀土	溶度积常数 K_{sp}	水中溶解度（25℃）/（μmol/L）	沉淀 pH
$La(OH)_3$	$1.0×10^{-19}$	13.2	8.0
$Ce(OH)_3$	$1.5×10^{-20}$	3.1	7.4
$Pr(OH)_3$	$2.7×10^{-20}$	5.5	7.1
$Nd(OH)_3$	$1.9×10^{-21}$	5.3	7.0
$Sm(OH)_3$	$6.8×10^{-22}$	3.0	6.8
$Eu(OH)_3$	$3.4×10^{-22}$	2.7	6.8
$Gd(OH)_3$	$2.1×10^{-22}$	2.8	6.8
$Tb(OH)_3$	$2.0×10^{-22}$	1.9	6.3
$Dy(OH)_3$	$1.4×10^{-22}$	2.8	
$Ho(OH)_3$	$5.0×10^{-23}$	1.9	
$Er(OH)_3$	$1.3×10^{-23}$	2.1	6.8
$Tm(OH)_3$	$2.3×10^{-24}$	1.9	
$Yb(OH)_3$	$2.9×10^{-24}$	2.1	6.3
$Lu(OH)_3$	$2.5×10^{-24}$	1.6	6.4
$Y(OH)_3$	$1.6×10^{-23}$	3.1	6.8
$Ce(OH)_4$	$4.0×10^{-51}$		0.8

采用氢氧化物作中和剂时，一般是碱性弱的金属离子先形成沉淀。例如，铁和铝形成氢氧化物沉淀的溶度积很小 [$Al(OH)_3$ 的 $K_{sp} = 1.3×10^{-33}$、$Fe(OH)_3$ 的 $K_{sp} = 4.0×10^{-38}$]，在 pH 为 6 以前可以沉淀完全，而稀土氢氧化物的溶度积比它们大，在 pH 为 6 时还不产生沉淀。因此，控制适当的 pH 就可以使杂质基本沉淀完全，而稀土留在溶液中，经固液分离实现除杂目的。

从稀土料液中去除非稀土杂质时，常利用氨水的弱碱性提供 OH^- 离子与一些金属离子（如 Fe^{3+}、Al^{3+} 等）沉淀。在稀土料液中加入氨水时，随溶液 pH 值的逐渐升高，四价的锆、钍、钛等将首先析出沉淀，三价铁和钪容易先形成沉淀，其次是铝生成氢氧化铝沉淀。

$$Fe^{3+} + 3OH^- \longrightarrow Fe(OH)_3 \downarrow \qquad K_{sp} = 4.0×10^{-38} \quad (pH > 3.3) \qquad (3-22)$$

$$Al^{3+} + 3OH^- \longrightarrow Al(OH)_3 \downarrow \qquad K_{sp} = 1.3×10^{-33} \quad (pH > 4.7) \qquad (3-23)$$

$$RE^{3+} + 3OH^- \longrightarrow RE(OH)_3 \downarrow \qquad K_{sp} = 3.0×10^{-24} \quad (pH > 6.4) \qquad (3-24)$$

因此，铝与稀土之间的分离是最困难的，也是我们需要重点考虑的。根据它们的溶度积常数，可以确定它们水解沉淀所需的 pM 值与溶液 pH 之间的关系为：

$$pM_{Al(OH)_3} = 3pH - 9.11 \qquad (3-25)$$

$$pM_{RE(OH)_3} = 3pH - 18.48 \qquad (3-26)$$

尽管铝水解析出氢氧化物的 pH 在 4.7 以上就行，但形成的氢氧化铝颗粒细小，具有胶体性质，很难沉降和过滤分离。所以，一般需要将 pH 调到 5 以上，甚至 6 以上时，产生的沉淀才好实现固液分离。而 pH 值的提高，增加了稀土与铝形成共沉淀的趋势，也就增加了稀土的损失率。钙和镁也可形成氢氧化物沉淀：

$$Mg^{2+} + 2OH^- \longrightarrow Mg(OH)_2 \downarrow \qquad (3-27)$$

$$Ca^{2+} + 2OH^- \longrightarrow Ca(OH)_2 \downarrow \qquad (3-28)$$

但它们的溶度积较大，在 pH 为 8 以前基本可以不考虑它们的形成。但实际上，钙和镁的浓度也还是会降低一些，这主要是基于上述的共沉淀原理或基于氢氧化物对它们的吸附特征来实现的。表 3-23 是水解 pH 与稀土损失率之间的关系。可以看出，在稀土水解的 pH 以下，稀土离子的损失就表现出来了。这可以用共沉淀和吸附的作用来解释。表中数据还表明，若要控制稀土损失率在 5% 左右，需控制溶液 pH 值在 5.50～6.00 范围。

表 3-23   用氨水作碱性试剂时除杂溶液 pH 值与稀土损失率的关系

溶液 pH	3.21	5.27	6.00	6.25	6.45	6.69
起始稀土浓度/(mg/mL)	8.16					
水解平衡稀土浓度/(mg/mL)	8.16	7.87	7.73	7.51	7.31	6.99
稀土损失率/%	0	3.55	5.25	7.91	10.41	14.33

碳酸氢铵是一种典型的弱酸弱碱盐，在水溶液中存在下列平衡：

$$NH_4HCO_3 \Longrightarrow NH_4^+ + HCO_3^-$$
$$NH_4^+ \Longrightarrow NH_3 + H^+$$
$$HCO_3^- + H_2O \Longrightarrow H_2CO_3 + OH^- \qquad (3\text{-}29)$$
$$H_2CO_3 \Longrightarrow H_2O + CO_2$$
$$HCO_3^- \Longrightarrow CO_3^{2-} + H^+$$

由于铵离子的水解不如碳酸氢根，水解产生的氢离子不如氢氧根离子多，因此碳酸氢铵在水溶液中呈碱性。碳酸氢铵在溶液中提供 CO_3^{2-}、HCO_3^- 等离子，与一些金属离子（如 Ca^{2+}、Pb^{2+} 等）形成碳酸盐（$CaCO_3$、$PbCO_3$）沉淀。当使用碳酸氢铵沉淀稀土料液中的非稀土杂质时，也有少量稀土离子会形成碳酸盐、碱式碳酸盐及复盐等沉淀而被除去。发生的离子反应为：

$$Al^{3+} + 3OH^- \longrightarrow Al(OH)_3 \downarrow \qquad (3\text{-}30)$$
$$Fe^{3+} + 3OH^- \longrightarrow Fe(OH)_3 \downarrow \qquad (3\text{-}31)$$
$$2RE^{3+} + 3CO_3^{2-} \Longrightarrow RE_2(CO_3)_3 \downarrow \qquad (3\text{-}32)$$
$$Ca^{2+} + CO_3^{2-} \Longrightarrow CaCO_3 \downarrow \qquad (3\text{-}33)$$
$$Mg^{2+} + CO_3^{2-} \Longrightarrow MgCO_3 \downarrow \qquad (3\text{-}34)$$

表 3-24 是用碳酸氢铵除杂时溶液 pH 值与稀土损失率的关系。若让稀土损失率在 5%左右，则需控制溶液 pH 值在 5.80～6.00 之间。表 3-25 为碳酸氢铵加量对预处理除杂效果和稀土损失率的影响。

表 3-24　用碳酸氢铵作沉淀剂除杂时溶液 pH 值与稀土损失率的关系

溶液 pH	3.21	5.36	5.80	6.00	6.20	6.30
起始稀土浓度/(mg/mL)	8.16					
水解平衡稀土浓度/(mg/mL)	8.16	7.98	7.78	7.73	7.65	7.42
稀土损失率/%	0	2.20	4.67	5.26	6.25	8.82

表 3-25　碳酸氢铵加量对预处理除杂效果和稀土损失率的影响

5%碳酸氢铵加量/mL	0	1.0	2.0	3.0	4.0
起始稀土含量（以 REO 计）/(g/L)	0.6790(起始料液体积为1L)				
预处理后稀土含量（以 REO 计）/(g/L)	0.6790	0.6770	0.6730	0.6590	0.6190
稀土损失率/%	0	0.3	0.9	2.9	8.9
氧化稀土纯度/%	93.0	95.6	95.7	96.2	96.6
氧化稀土含氧化硅/%	0.69	0.40	0.20	0.20	0.20
氧化稀土含氧化铝/%	0.56	0.25	0.15	0.05	0.06

碳酸氢铵是一种弱酸弱碱盐，在水溶液中呈碱性。由于稀土离子能与碳铵中的 CO_3^{2-} 形成碳酸稀土沉淀，而 pH 值又直接影响溶液中 CO_3^{2-} 的含量。实际上，淋出液中稀土离子浓度为 1g/L 时加入碳酸氢铵，pH＝5 就开始有碳酸稀土沉淀产生。因此，采用碳酸氢铵除杂的稀土损失较大。碳酸氢铵用量越大，稀土损失越多。净化稀土溶液时，生成胶状的氢氧化物沉淀，其颗粒很细，过滤很慢，常在沉淀中吸附很多溶液，造成稀土的损失。针对胶体过滤速度慢

的特点，可加入聚丙烯酰胺絮凝剂助滤。氢氧化物沉淀法可与其他稀土沉淀法配合使用，常用作其他稀土沉淀前的预处理作业。另外，采用中和法除杂时，杂质离子浓度不宜太高。否则，稀土的损失会增大。

氨水和碳酸氢铵主要用来除铝、铁等离子。其中，氨水除杂方法的稀土损失量少，铝离子去除率高。但由于氨水在矿山使用不方便，其应用受到了限制。硫化物主要用于除重金属离子。由于许多重金属的硫化物都是溶度积很小的沉淀，所以可采用硫化钠或硫化铵等硫化物去除稀土母液中的铁、镍、铅、锰和铜等微量的重金属杂质，得到纯度较高的稀土化合物。硫化钠是弱酸强碱盐，在水中水解后溶液呈碱性：

$$\left.\begin{array}{r} Na_2S \rightleftharpoons 2Na^+ + S^{2-} \\ S^{2-} + H_2O \rightleftharpoons HS^- + OH^- \\ HS^- + H_2O \rightleftharpoons H_2S + OH^- \end{array}\right\} \qquad (3\text{-}35)$$

稀土浸出液中加入硫化钠，很快有黑色沉淀产生。两价重金属离子形成硫化物沉淀的化学反应为：

$$M^{2+} + S^{2-} \rightleftharpoons MS\downarrow \quad (M = Cu^{2+}、Pb^{2+}、Zn^{2+}、Fe^{2+}、Mn^{2+}) \qquad (3\text{-}36)$$

它们的溶度积常数 K_{sp} 分别为 6.00×10^{-26}、9.04×10^{-29}、1.20×10^{-23}、1.59×10^{-19}、2.00×10^{-10}。当实际体系 pH=5 时，溶液中的重金属离子 Cu^{2+}、Pb^{2+}、Zn^{2+} 和 Fe^{2+} 等都已经形成了硫化物沉淀，只有 Mn^{2+} 仍留在溶液中。因此，硫化钠可作为淋出液除重金属离子的试剂，其用量应大于化学计量，除杂后溶液中 Na_2S 的浓度保持在 10^{-2}mol/L 以上。为避免溶液中过量的硫化钠被空气氧化成单质硫，影响后续的稀土回收作业，应缩短被处理的时间。

硫化钠在酸性介质中容易分解出硫化氢，极易使人中毒，因此在使用时，一定要先用氨水调节母液 pH，既可以除杂又可以使母液 pH 值上升，再使用硫化铵或硫化钠就可以大大减少分解出硫化氢的量，同时也可降低硫化铵和硫化钠的用量。

料液经过除杂净化后再用沉淀法回收稀土，可获得易沉、易滤和易洗的稀土沉淀物，提高稀土产品纯度、降低试剂耗量和成本、简化操作。

（2）从浸出液中富集分离稀土[1]

离子吸附型稀土经上述浸取和预处理除杂所得到稀土溶液的浓度比较低，一般为 0.5～2g/L。从这种稀土溶液中沉淀稀土并得到最终产品时，消耗的沉淀剂比较多。为此，人们希望能够得到更高浓度的稀土溶液以降低后续处理成本，或者为进一步的单一稀土萃取分离准备合格料液。围绕这一目标，自 20 世纪 80 年代以来就相继开展了许多研究工作。有些成果曾得到使用，但大多数还没有得到应用。下面，将简单介绍这些方面的主要研究结果。

1）萃取富集

离子吸附型稀土矿采用电解质浸出稀土工艺，得到的是组成复杂的稀土浸出液，其中除含有大量的浸出剂外，还含有 Ca^{2+}、Fe^{3+}、Al^{3+}、Pb^{2+} 等。如果采用溶剂萃取法或萃取分组法直接生产可溶性稀土盐料液，萃余液在补加浸矿剂后再返回浸出。这不仅可以减少生产工序，还可大幅度降低生产成本。但其难点是萃取剂及有机相的溶解和乳化夹带损失，返回浸矿时需要预先除油，回收萃取剂。否则，萃取剂损失不仅导致成本高，而且对环境的影响更大，水处理成本更高。

萃取法是一种有效的从浸出液中富集稀土的方法，其优点在于可得到高浓度的稀土液，获得的产品纯度和回收率都很高，而且可以对稀土元素进行分组。通过萃取剂的选择，萃取条件的改变，可以在实现除杂的同时富集稀土。富集的稀土溶液可直接再用于以后的分离提纯，是一种简便快捷的富集方法。然而，萃取法用于离子吸附型稀土浸出液的富集，所面临的主要问题是浸出液量大，有机萃取剂的溶解或乳化损耗大；其次是浸出液中的杂质离子的含量相对较高，易导致乳化或三相的产生，不利于萃取。如果能够找到解决萃取过程中萃取剂流失和乳化问题的方法和设备，则萃取法就很有应用前景。下面介绍几种主要的萃取剂[1,104,118]，其结构式如下所示：

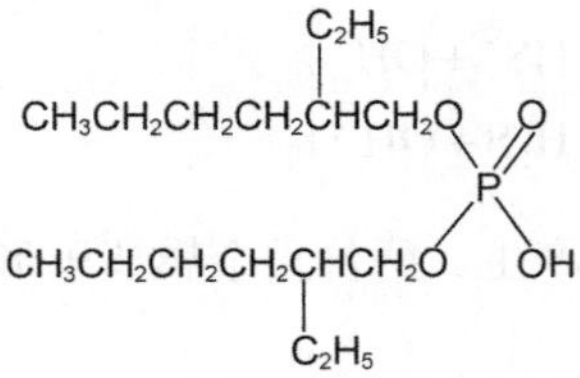

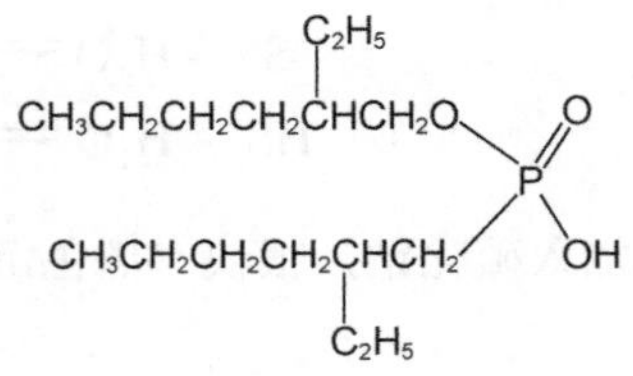

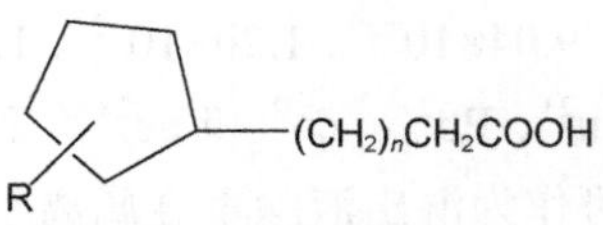

二(2-乙基己基)磷酸酯（P204）是工业上广泛使用的酸性磷氧萃取剂。酸性磷氧萃取剂分子中仍保留有一个羟基未被烷基或烷氧基代替，分子具有酸性，萃取反应中放出氢离子将阻止金属离子的进一步萃取。因此，为了增加有机相的萃取容量，常用的方法是先用浓氨水或氢氧化钠进行皂化。

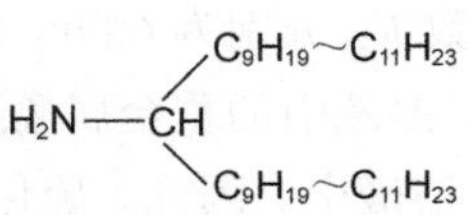

针对寻乌为代表的低钇富铕稀土矿，赣州有色冶金研究所基于 P204 研究出了一套从母液直接萃取分组稀土的新工艺，建成了年产 50t 氧化稀土的稀土萃取分组生产线。其工艺过程为：先对母液净化除铝，消除铝对萃取的不利影响；再使用 P204-煤油直接萃取稀土。工艺中稀土的直收率达 95%，其他 5%主要是镧和铈等。萃取有机相组成为 P204（1mol/L）-15%仲辛醇（ROH）-煤油或 P204（1mol/L）-15%TBP-煤油。对于稀土质量浓度约 10g/L 的溶液，相比为 1，用 P204 萃取可浓缩富集到 25g/L。采用皂化 P204 萃取剂可以提高对稀土的萃取量，但容易生成一个油包水型的微乳状液体系。在这里 P204 的钠盐或铵盐是生成微乳状液的表面活性剂，仲辛醇或 TBP 是辅助表面活性剂。这是萃取剂损失的主要途径。

P204 中的一个烷氧基被烷基取代生成的 2-乙基己基膦酸单（2-乙基己基）酯即是 P507。P507 也是一元酸，但是分子中有一个具有斥电子性的烷基，其酸性比 P204 弱，对稀土的萃取能力也比 P204 小。但萃取所需水相酸度和反萃酸度较低，有利于稀土的富集分离。但当杂质含量高、有机相负载浓度大时，分离效果并不理想[141-143]。

池汝安等利用 P507 实现了从稀土矿浸出液提取稀土元素[144]。离子吸附型稀土用 2%的硫酸铵浸取后，其中氧化稀土浓度为 1.84g/L，经除杂后浓度为 1.79g/L。再用 P507（体积分数 50%，皂化摩尔分数为 30%）和磺化煤油组成的萃取体系进行多级逆流萃取。萃取相比＝有机相/水相 ＝ 1/8，在离心萃取器内进行二级逆流萃取，萃取率为 93%。负载稀土的有机相再用 6mol/L 的盐酸反萃，反萃相比 ＝ 有机相/水相 ＝ 8/1，反萃率为 98%。

黄小卫等采用 P204 与 P507 来分阶段离心萃取富集稀土，环烷酸价格低廉，萃取平衡酸度低，易反萃。工业用环烷酸是一种混合物，分子量在 200～400 之间。同时利用稀土与铝的萃取动力学差别，采用离心萃取器来实现稀土与铝的分离[145-146]。该技术在多个矿山进行了工业化生产实验，采用的是 P507 作萃取剂。经萃取、洗涤、反萃，获得高浓度氯化稀土料液，供分离企业使用。但离心萃取器易受杂质影响，萃余液循环使用需要除油。为此，增加了料液净化和气浮法除油装置，需要增加投资和处理成本。

中国科学院长春应用化学研究所利用环烷酸离心萃取法从离子吸附型稀土矿浸出液中提取氯化稀土工艺，采用在环烷酸-煤油萃取体系中掺以高效氨复合剂、协萃剂、抑萃剂等添加剂的方法，借助离心萃取技术克服了有机相乳化损失等问题，利用盐酸反萃法得到浓缩的混合稀土氯化物溶液。以环烷酸（30%～40%）-煤油（70%～60%）-氧肟酸（0.1%～0.5%）为萃取有机相，添加氨复合添加剂，料液为离子吸附型稀土的硫酸铵浸出液，其 pH ＝ 4～4.6，以稀土氧化物计的浓度为 1.0～1.2g/L。萃取有机相和氨复合剂从同一入相口进入，料液则从另一入相口进入离心萃取器，其流量比 ＝ V_a（矿液）∶V_0（有机相）∶V（氨复合添加剂）＝（8～15）∶1∶（0.03～0.05）。萃取时，通过氨复合添加剂的量控制水相平衡 pH 在 6.5～7 之间。经单级或串级离心萃取后，再用 6～7mol/L 的盐酸半逆流反萃，经 4～6 级和三级水洗，可得到氯化稀土富集液，其中氧化稀土含量高达 200～250g/L。

一般在金属离子开始水解的 pH 时，该金属离子在环烷酸体系两相中的分配比 D 达到最大值。而 Al^{3+}、Fe^{3+} 的水解 pH 比 RE^{3+} 的水解 pH 低，可以在较低的 pH 时用环烷酸进行萃取分离。例如，适当皂化的环烷酸（20%）-异辛醇（20%）-煤油（60%）的萃取体系，萃取除杂在单级搅拌桶中进行，控制平衡水相 pH3.5 左右，则铝和铁萃入有机相，而稀土留在水相中，可实现稀土浸取液的除杂富集[147-149]。

伯胺 N1923 是国产仲碳伯胺萃取剂。该萃取剂由中国科学院上海有机化学研究所和长春应用化学研究所研究用于分离稀土和钍，有较高的分离系数，且特别容易反萃取。伯胺 N1923 萃取金属离子属于离子缔合萃取体系，被萃取金属离子以络阴离子、萃取剂以离子缔合方式形成萃合物被萃入有机相[150-151]。由于伯胺在水中的溶解度不是很小，在其有机相中还需要加入仲辛醇等中性有机化合物来调节萃取剂的溶解度和分相性能。

李德谦研究了伯胺 N1923 萃取 H_2SO_4、Ln(Ⅲ)、Fe(Ⅲ)和 Th(Ⅳ)的平衡规律[150]。通过分配法、饱和法及 IR 测定，提出了不同酸度下 H_2SO_4、Ln(Ⅲ)、Fe(Ⅲ)和 Th(Ⅳ)的萃取机理。结果显示，稀土的萃取率与稀土的原子序数呈"四分组"效应，各单一稀土的萃取率随着硫酸浓度的增加而下降，下降的幅度基本上是随原子序数的增大而增大。在不同酸度下萃取混合稀土的结果表明，稀土萃取率随着酸度的增大而降低。

N1923 适合于从硫酸介质中萃取稀土，而在硝酸和盐酸介质中，稀土的萃取率很小。因此，可以用作反萃取剂。由于伯胺 N1923 有较大的水溶性，需加入分散剂，如仲辛醇等才能保证其良好的分相性能。为此，通过加入不同含量的仲辛醇配成萃取剂有机相，研究了萃取有机相组成对萃取的影响，其结果如表 3-26 所示。结果表明，随着有机相中仲辛醇含量的增大，萃取率降低。但是，从质子化分相结果和萃取后的分相结果来看，伯胺 N1923（20%）-仲辛醇（10%）-煤油（70%）萃取剂组成最利于分相，其萃取率也可以达 99%以上。

表 3-26 不同仲辛醇含量对稀土的萃取率　　　　单位：%

N1923+仲辛醇+煤油	20+5+75	20+10+70	20+20+60	20+40+40	20+60+40
萃取率	99.42	99.13	97.30	95.07	83.48

对混合稀土用氢氧化钠调节 pH 除杂，过滤后的稀土溶液直接用质子化 N1923（15%）-仲辛醇（40%）-煤油（40%）有机相萃取，在相比为 1 的情况下萃取各稀土元素的结果如表 3-27 所示。稀土元素的萃取率随着原子序数的增加呈现降低的趋势（La 除外）。尤其值得一提的是，其对 Sc 的萃取率低，只有 23.08%。比较了 HNO_3、NH_4NO_3、HCl、NH_4Cl 等多种酸和盐及其组合对 N1923 萃取有机相中稀土的反萃性能。结果表明，不同反萃剂的反萃能力有 $HNO_3 > NH_4NO_3 > HCl > NH_4Cl$。即 NO_3^- 对有机相中稀土的反萃能力比 Cl^- 大，这与伯胺萃取酸的能力次序是一致的，即 NO_3^- 被伯胺萃取的能力较强，因而对萃取有机相中稀土的反萃能力也强。当阴离子相同时，H^+ 比 NH_4^+ 具有更强的反萃能力。Sc 与 La、Y 的反萃性能有较大的差别，因此可用反萃法分离 Sc 与其他稀土。如用 HNO_3 作反萃剂，当反萃浓度为 0.6mol/L 时 La 的反萃率接近 100%，而 Sc 的反萃率为 0，可以实现单级反萃分离 Sc。

表 3-27 N1923 萃取各稀土元素的萃取率

RE	萃取率/%	RE	萃取率/%	RE	萃取率/%	RE	萃取率/%
La	99.82	Sm	99.77	Dy	98.99	Yb	97.17
Ce	99.86	Eu	99.66	Ho	98.57	Lu	96.67
Pr	99.85	Gd	99.53	Er	98.35	Y	97.74
Nd	99.81	Tb	99.29	Tm	97.63	Sc	23.08

2）沉淀-浮选富集[1]

沉淀-浮选提取稀土是利用表面活性剂物质在气-液界面上所产生的吸附现象，使离子与表面活性剂形成不溶的沉淀物，并附着在气泡上，而后浮选分离。作为捕收剂的表面活性剂，一端是一个疏水性较强的疏水基，且在溶液中带负电，另一端是两个极性的亲水基。捕收剂与流动载体加入浮选槽内，由于静电作用，稀土阳离子与捕收剂阴离子相互接近，接触后形成沉淀。生成的沉淀由于搅拌作用和充气作用，不能沉积下来，形成微小的颗粒附着在气泡上，随气泡一起上浮，达到分离回收的目的。该法从离子吸附型稀土矿的 $(NH_4)_2SO_4$ 浸出液中提取稀土，对含 RE_2O_3 1g/L 的浸出液，提取率可达 98%以上。浮选的泡沫产品含 RE_2O_3 45%左右，灼烧后，产品中稀土总量（RE_2O_3）大于 95%，且杂质含量少。

3）吸附富集[104,152]

浸取液中稀土离子呈三价状态，可以用阳离子交换树脂来吸附富集。强酸型阳离子交换树脂吸附稀土的吸附分配比大，受低价金属离子的影响小，可以在酸性条件下吸附稀土，树脂对稀土的饱和吸附量达到 188mg/g 树脂。因此，阳离子交换树脂是吸附富集稀土的一类很好的吸附剂。

阳离子交换纤维对稀土离子具有强吸附能力。而且由于其纤维状结构与溶液的接触面大，具有吸附速度快的特点，克服了阳离子交换树脂的不足。不仅可以用于从浸出液中吸附回收稀土，而且可以用于稀土的分组分离。南昌大学研究了以 Vs-1 型阳离子交换纤维为交换剂，柠檬酸或 EDTA 为淋洗剂，以 Fe^{3+}-H^+、Cu^{2+}-H^+ 为延缓离子，对离子吸附型稀土浸出液进行直接分组分离，得到多种富集物和单一稀土产品。湖南稀土金属材料研究所也研究了离子交换法处理离子吸附型稀土浸出液制备氯化稀土的工艺，得到的氯化稀土溶液产品达到了后续分离要求，省去了沉淀法中的沉淀-过滤-煅烧等工序，降低了试剂消耗和生产成本。

天然黏土矿物对稀土离子的吸附性能同样可以用于从离子吸附型稀土浸出液中富集回收稀土。利用黏土类矿物对稀土离子的吸附特点，尤其适合于从低浓度稀土溶液中吸附富集稀土。周新木等采用蛭石作为吸附剂，从低浓度稀土浸出液中吸附富集稀土离子，达到浓缩富集稀土的目的。蛭石是一种含水铁镁硅酸盐矿物，系由云母类矿物热液蚀变或风化作用后的产物，对金属离子具有很强的吸附能力。南昌大学还提出了分别用离子型稀土尾矿中的细颗粒黏土和粗颗粒黏土来吸附回收矿山废水中的低浓度和极低浓度稀土离子，达到稀土回收和废水处理双重目标。

4）液膜富集[1,104]

液膜技术是 20 世纪 60 年代末提出，并在 70 年代初期就发展起来的一种新型分离技术。它将萃取和反萃取同时设计到一个分离体系，是萃取和反萃取同时进行的传质分离过程。其传质机理是模拟生物膜的促进传质输送过程，在分离时具有高效、快速、选择性强和节能等优点。用此项技术可以从低品位稀土矿浸出的稀溶液或稀土工业冶金废水回收稀土元素。

液膜就是一层很薄的液体。根据液膜的结构不同，可把它分为三种，即乳状液膜、支撑体液膜和静电准液膜。虽然它们在形态结构上不同，但传质机理基本相同。液膜萃取过程主要由三个步骤组成：外相中待萃溶质向膜表面扩散，与膜中的萃取剂形成萃合物；萃合物在膜内向内表面扩散；在膜内表面的被萃物被内相反萃并向内相低浓度区扩散。在待分离溶质向膜内相迁移的同时，膜内相中的 H^+ 由高浓度区向低浓度区迁移。正是以膜内与外两相中 H^+ 浓度梯度的差别为动力，才使待萃离子由低浓度区向高浓度区迁移。

膜相的组成实际上与萃取有机相的类似，不同之处在于增加了表面活性剂的量，使有机相能够形成乳状液而不聚集分相。因此，作为液膜萃取分离的第一步就是乳状液的制备，其水相一般是稀土萃取有机相的反萃剂溶液。第二步是将制备的乳状液与含稀土的浸取液混合接触，稀土离子在膜相与外水相之间发生萃取反应，使稀土萃取到膜相中，并在膜内依靠萃合物的浓度梯度传递，到达膜内相表面，在膜内相与膜相之间实现反萃。稀土进入内水相，而内水相中的氢离子反向传递经过膜相进入膜外相。将乳状液与外水相分离，乳状液经过破乳，得到含高浓度稀土的内水相溶液和有机相，分相后可以得到有机相和所需要的高浓度稀土溶液。

液膜萃取分离的缺点还在于表面活性剂的使用导致有机相的分散和溶解的损失问题。为此，相继发展了支撑液膜法、静电式准液膜法和内耦合萃反交替法。支撑液膜法可以看成是在萃取有机相和反萃水相之间用一微孔聚丙烯膜隔开，而有机相又与料液混合，料液中的稀土被有机相萃取，再与支撑膜接触，并通过该膜传递到水相。静电式液膜法可以看成是在有机相中插入一特制挡板，该挡板在通电状态下可以让有机相自由通过，而水相不能通过。因此，在被分隔的两个有机相中一个加料液，另一个加反萃液，这样的话，与料液接触的有机相萃取稀土后通过该特制挡板进入另一侧与反萃液接触，达到反萃和富集目标。在这两种方式中无须加入表面活性剂，有机相与水相的分相性能好，油溶损失减少。

内耦合萃反交替分离法是基于混合澄清萃取槽来设计的一套连续式萃取与反萃取同时进行的新工艺，其设备为一种双混合澄清槽，在萃取侧与反萃侧中间的隔板主要用于隔断萃取和反萃两侧的下水端，又能为两侧上端的有机相提供通道。与乳状液膜法相比，它的油相不需要表面活性剂，无须制乳和破乳工序。与支撑液膜相比，它以特制的挡板代替了多孔固体膜，解决了膜的稳定性问题，也加速了传质过程。与静电式液膜法相比，其传质效率更高，工艺和设备简单，对物料的适应性强，为工业化应用提供了条件。

5）膜法浓缩[104,153]

用于稀土料液浓缩的膜材料，按照截留离子大小或分子量大小的不同，可以归属为不同的膜分离方法。其中，反渗透膜能够截留水中的所有金属离子，但所需的压力大，主要用于纯水制备、海水淡化。低浓度稀土浸出液中除了稀土之外，还有铝、镁、钙、钾、铵、钠、铷等离子，它们都能够被反渗透膜截留下来。但是，随着富集倍数的增大，所需的压力也越来越大。而且，浸出液中的金属离子水解或沉淀的产生会覆盖在膜表面而影响其渗透通量。所以，单纯的反渗透膜用于矿山浸出液浓缩的实际效果并不理想。选择不同规格的纳滤膜，可以调节截留离子的大小。例如，TPW1-8040 膜组件，能让大部分钠透过而硫酸镁的透过率小于 10%，稀土和铝则能完全截留。其操作压力不高，使用效果较好。图 3-27 分别对比示出了采用该类膜组件设计的两种代表性浓缩工艺流程。前一流程为简单的一次性膜浓缩工艺，适合于料液浓度不低的情况，料液通过膜组件，获得淡水透过液和浓缩液。透过的淡水可以循环用于配制浸矿剂溶液，浓缩液用于直接萃取分离或沉淀富集分离，能够大大降低萃取接触的水相量，降低有机相损失，提高萃取富集的稀土浓度；或者降低沉淀剂的消耗，有利于碳酸稀土的结晶。后一流程则更加适合于低浓度浸出液或废水中稀土的富集回收，提高浓缩液中稀土浓度的场合。

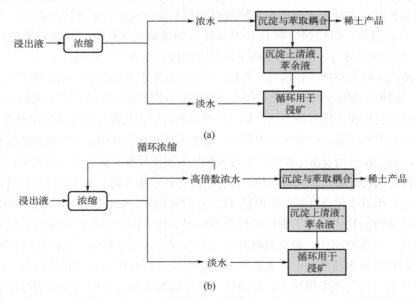

图 3-27　基于膜组件的离子型稀土浸出液的单次(a)和循环（b）浓缩流程示意图

（3）离子吸附型精矿的生产[1]

沉淀法是目前从离子型稀土矿浸取液中提取富集稀土，并生产稀土精矿产品的主要方法。依据所采用沉淀剂的不同可分为草酸沉淀法、氢氧化物和碳酸盐沉淀法。其原理是利用稀土阳离子和沉淀剂阴离子生成难溶化合物的溶度积远小于杂质的溶度积，因而采用过滤可以达到使稀土与杂质离子分离的目的。

1）草酸沉淀法

草酸是二元酸，在溶液中存在下列电离平衡：

$$
\left.\begin{array}{ll}
H_2C_2O_4 \rightleftharpoons HC_2O_4^- + H^+ & K_1 = 5.38 \times 10^{-2}(298K) \\
HC_2O_4^- \rightleftharpoons C_2O_4^{2-} + H^+ & K_2 = 5.42 \times 10^{-5}(298K)
\end{array}\right\} \tag{3-37}
$$

草酸在水溶液中的存在形式有草酸、草酸氢根、草酸根，其总浓度也是这三者的总和。溶液中各组分的百分含量 ϕ 对 pH 作图，如图 3-28 所示。

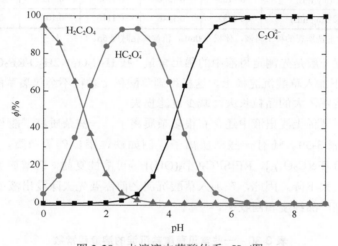

图 3-28　水溶液中草酸体系 pH-ϕ 图

由图可知当溶液 pH 大于 7 时，几乎全部电离成 $C_2O_4^{2-}$；当 pH 为 3 时，草酸绝大部分是以草酸氢根 $HC_2O_4^-$ 存在；pH 为 1 时，溶液中草酸、草酸根各占 50% 左右；pH 为 0 时，草酸含量占到 95%，几乎都以草酸的形式存在。

稀土离子与溶液中的草酸根反应生成草酸稀土沉淀，其化学方程式如下：

$$
2RE^{3+} + 3H_2C_2O_4 + xH_2O \Longrightarrow RE_2(C_2O_4)_3 \cdot xH_2O \downarrow + 6H^+ \tag{3-38}
$$

由反应可知：酸度会影响沉淀的生成，生成 1mol 稀土草酸沉淀，就会产生 6mol 的氢离子。随着反应的进行，酸浓度增大，这不利于草酸稀土沉淀的进一步生成。表 3-28 为草酸用量对稀土沉淀率和产物纯度的影响数据。随着草酸与氧化稀土质量比的增大，稀土沉淀率增大。产品纯度随着质量比的增大呈现的是先增大后降低的趋势。在质量比为 2 左右时最高，这也是因为草酸浓度的增大，杂质离子的沉淀量也增大，产品纯度降低。草酸用量对稀土沉淀率、产物纯度和母液中草酸及氧化钙含量的影响见表 3-29。母液中草酸含量随草酸加入量增加而增加，同时钙的含量却相应减少。溶液中钙被沉淀下来得越多，产品纯度越低。

表 3-28　草酸用量对稀土沉淀率和产物纯度的影响

草酸加量/g	0.2	0.3	0.4	0.5	0.6	0.7
沉淀率（草酸/氧化稀土质量比）	0.81	1.22	1.63	2.03	2.44	2.84
氧化稀土质量/g	0.1252	0.1709	0.2186	0.2361	0.2407	0.2405
纯度/%	91.83	94.33	95.44	97.26	96.25	96.16
沉淀率/%	50.91	69.51	88.91	96.02	97.9	97.81

注：2%硫酸铵溶液淋洗所得的稀土料液，体积100mL，含氧化稀土0.2459g。

表 3-29　草酸用量对稀土沉淀率、产物纯度和母液中草酸及氧化钙含量的影响

草酸加量/g	0.2	0.3	0.4	0.5	0.6	0.7
沉淀率（草酸与氧化稀土质量比）	1.6	1.8	2.0	2.2	2.4	2.6
纯度/%	92.9	92.75	92.52	92.38	91.31	90.66
沉淀率/%	94.83	96.91	98.94	99.58	99.78	100
母液中草酸含量/(mg/mL)	0.1153	0.1300	0.1995	0.3128	0.4469	0.5905
母液中氧化钙含量/(mg/mL)	0.1182	0.1146	0.1110	0.1075	0.0716	0.0215

注：1%硫酸铵溶液淋洗所得的稀土料液，体积400mL，沉淀陈化时间6h。

草酸沉淀过程一般是先测定母液中的稀土含量，按 $H_2C_2O_4 \cdot 2H_2O/RE_2O_3$ 质量比为 1.8～2.2，在搅拌条件下加入草酸沉淀稀土。这样得到草酸稀土颗粒不会包裹草酸，沉淀陈化 6～8h，使小的颗粒溶解，大的晶粒长大，减少过滤损失。

由于离子吸附型稀土浸出液中还含有很多杂质离子，一些杂质离子能与草酸生成难溶的草酸盐沉淀，见表 3-30。还有一些杂质离子，例如铁、铝、硅等杂质，它们与草酸生成 $RE[Al(C_2O_4)_3]$、$RE[Fe(C_2O_4)_3]$、$RE[Si(C_2O_4)_3(OH)]$ 等可溶性复盐，既增加了草酸的用量，又使稀土沉淀收率大大下降。因此，在加入草酸沉淀之前需要先去除浸出液中杂质离子，以节省草酸用量，提高产品纯度和回收率。

表 3-30　一些常见草酸盐沉淀的溶度积常数

草酸盐	溶度积	草酸盐	溶度积
$Bi_2(C_2O_4)_3$	4.0×10^{-36}	PbC_2O_4	4.8×10^{-10}
$Y_2(C_2O_4)_3$	5.3×10^{-29}	CaC_2O_4	4.0×10^{9}
$La_2(C_2O_4)_3$	2.5×10^{-27}	$MgC_2O_4 \cdot 2H_2O$	1.0×10^{-8}
$Th(C_2O_4)_2$	1.0×10^{-22}	CuC_2O_4	2.3×10^{-8}
$MnC_2O_4 \cdot 2H_2O$	1.1×10^{-15}	ZnC_2O_4	2.7×10^{-8}
$Hg_2C_2O_4$	2.0×10^{-13}	BaC_2O_4	1.6×10^{-7}
NiC_2O_4	4.0×10^{-10}	$FeC_2O_4 \cdot 2H_2O$	3.2×10^{-7}

在实际生产过程中，由于稀土草酸盐，特别是重稀土草酸盐在酸性介质中的溶解，铁、铝等杂质形成草酸配合物，反应生成的酸使草酸质子化等等，使得实际生产过程中草酸的用量超出理论用量。但草酸沉淀法的设备简单，操作容易，工艺成熟，稀土与共存离子分离效果好，沉淀结晶性能好。特别是当用铵盐作浸取剂时，沉淀出的草酸稀土经灼烧后所得的混合氧化稀土容易满足 RE_2O_3 大于 92%的要求。表 3-31 是我们早期研究硫酸铵浸矿-草酸沉淀稀土时的扩大试验结果。稀土浸取率都在 91%以上，纯度在 94%以上。

表 3-31　硫酸铵浸矿-草酸沉淀法扩大试验结果

矿样号	1	2	3
矿中含氧化稀土量/g	70.72	68.36	110.0
液固比 1 时淋出液体积/L	82.5	80.8	83.0
淋出液中含氧化稀土量/g	67.15	64.96	102.7
稀土浸取率/%	94.9	95.0	93.4
沉淀煅烧后稀土产物量/g	63.75	61.7	97.5
产物纯度/%	95.32	95.55	94.2
总回收率/%	86.1	86.2	83.4
条件备注	矿石重 100kg，柱直径 300mm，矿层高度 1000mm，硫酸铵浓度 1%，液固比 1，沉淀比 2.0		

2）碳酸氢铵沉淀法

碳酸氢铵是一个两性物质，在溶液中存在下列电离和水解平衡。

$$
\left.
\begin{aligned}
&NH_4HCO_3 \Longleftrightarrow NH_4^+ + HCO_3^- \\
&NH_4^+ + H_2O \Longleftrightarrow NH_3 \cdot H_2O + H^+ \quad K_n = 5.4\times10^{-10} \\
&HCO_3^- \Longleftrightarrow CO_3^{2-} + H^+ \quad K_2 = 5.6\times10^{-10} \\
&HCO_3^- + H_2O \Longleftrightarrow H_2CO_3 + OH^- \quad K_h = 3.5\times10^{-7} \\
&H_2CO_3 \Longleftrightarrow HCO_3^- + H^+ \quad K_2 = 3.8\times10^{-11}
\end{aligned}
\right\}
\qquad (3\text{-}39)
$$

它在水中既能电离出氢离子又能水解出氢氧根离子，但铵离子水解常数远小于碳酸氢根的水解常数，可见 NH_4HCO_3 是一个碱性更强的两性物质。

碳酸氢铵在水中极易溶解，在溶液中的存在形式有 HCO_3^-、CO_3^{2-}、H_2CO_3，其总浓度也是这三者的总和。溶液中各组分的百分含量 ϕ 对 pH 作图，如图 3-29 所示。pH<4 时，主要变成碳酸以 CO_2 形式挥发了；pH 为 9 左右时，几乎都以 HCO_3^- 形式存在；pH 为 12 时，98.3% 都以 CO_3^{2-} 形式存在，此时 HCO_3^{2-} 含量不到 2%。

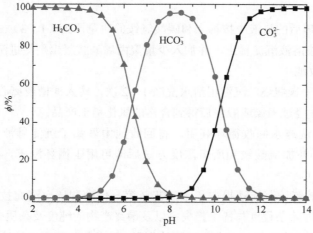

图 3-29　碳酸体系 pH-ϕ 图

稀土离子与碳酸氢铵的沉淀反应如下：

$$2RE^{3+} + 6HCO_3^{2-} \rightleftharpoons RE_2(CO_3)_3 \downarrow + 3CO_2 \uparrow + 3H_2O \qquad (3\text{-}40)$$

碳酸稀土沉淀中用于沉淀的有效部分是碳酸根。由于碳酸氢铵是两性物质，氢离子浓度会影响碳酸根的含量，从而影响到稀土的沉淀率。表 3-32 中列出了一些稀土碳酸盐与草酸盐在水中溶解度的比较。

表 3-32　稀土的碳酸盐和草酸盐在水中的溶解度数据

碳酸盐（无水）	溶解度(25℃)/(g/L)	草酸盐（十水盐）	溶解度（25℃）/(g/L)
$La_2(CO_3)_3$	0.00011	$La_2(C_2O_4)_3$	0.00168
$Ce_2(CO_3)_3$	0.000324	$Ce_2(C_2O_4)_3$	0.00131
$Pr_2(CO_3)_3$	0.000919	$Pr_2(C_2O_4)_3$	0.0098
$Nd_2(CO_3)_3$	0.00162	$Nd_2(C_2O_4)_3$	0.0076
$Sm_2(CO_3)_3$	0.00091	$Sm_2(C_2O_4)_3$	0.0052
$Gd_2(CO_3)_3$	0.0037	$Gd_2(C_2O_4)_3$	0.024
$Yb_2(CO_3)_3$	0.00263	$Yb_2(C_2O_4)_3$	0.154
$Y_2(CO_3)_3$	0.0039	$Y_2(C_2O_4)_3$	0.021

结果表明，稀土碳酸盐在水中的溶解度比草酸稀土在水中的溶解度低；重稀土的溶解度比轻稀土大得多，钇为镧的十多倍，镱是镧的一百多倍。因此，碳酸氢铵沉淀稀土比草酸沉淀稀土的沉淀率要高，收率会更高一些，成本可大大降低。江西大学研发的 $(NH_4)_2SO_4$ 淋洗，NH_4HCO_3 沉淀法提取稀土的生产工艺，可以从低品位稀土矿中提取得到稀土氧化物总量高的稀土精矿或稀土碳酸盐。该技术在 1982 年完成小试研究和效果评价，1985 年完成了工业化生产试验。1986 年申请了发明专利（CN 86100671），并通过了专家鉴定。前已述及，在碳酸氢铵沉淀法提取稀土工艺中，由于沉淀对金属离子的选择性差，所以在沉淀稀土前需要进行预处理除杂。工艺主要包括以下工段：

① 预处理除杂。首先往稀土料液加入碳酸氢铵或氨水溶液中和处理，至料液 pH 在 5.2～5.5 之间，使杂质和部分稀土先行沉淀，并与共存的细颗粒泥沙一起共沉，上清液转入沉淀池；

② 沉淀。在处理后的料液中按稀土和碳酸氢铵的质量比为（1∶3）～（1∶4）的量加入 5%～10% 的碳酸氢铵溶液沉淀稀土，并加入少量聚丙烯酰胺凝聚剂促进沉淀絮凝，陈化 1～2h，上清液转入回收池；

③ 过滤洗涤和干燥煅烧。沉淀用清水洗涤 1～2 次，转入滤槽或离心机过滤洗涤，洗涤水打入回收池，固体经过干燥或煅烧后得到合格的氧化稀土产品；

④ 沉淀母液和洗涤水回收循环利用。将回收池中聚集了沉淀母液和洗涤水用酸中和至溶液 pH 4～4.5，补加硫酸铵到所需浓度方法后即可用于循环浸矿，实现废水的全部返回使用。

这是最早的碳酸氢铵沉淀法提取稀土工艺（第一代碳酸稀土沉淀技术）的基本步骤。表 3-35 列出了预处理除杂程度与稀土损失率以及最终产物的纯度及杂质含量测定结果，证明预处理除杂对于保证产物质量起着非常重要的作用。该工艺与草酸沉淀法相比，原料成本低，无毒性，对环境无污染，缩短了生产周期。另外，用碳酸氢铵沉淀浸出液中的稀土时，浸出液中共存的碱金属离子、铵离子以及无机酸根等离子不会因为形成复盐沉淀而污染产品。而且沉淀剂中的铵离子以及溶液中存在的阳离子都可以作为后续淋洗剂得到循环利用，进一步节约了硫酸铵的消耗，降低了材料成本。

碳酸氢铵的用量与稀土沉淀率之间的关系密切。图 3-30 是分别取除杂后的富钇重稀土料液（稀土浓度为 1.084g/L）按不同的沉淀比进行沉淀试验的结果，表明随着碳铵沉淀比增大，稀土的沉淀率也增高，沉淀率在沉淀比 3.5 以后趋于稳定，而产品纯度先随沉淀比加大而升高，而后又降低，在 3.5 处出现峰值。

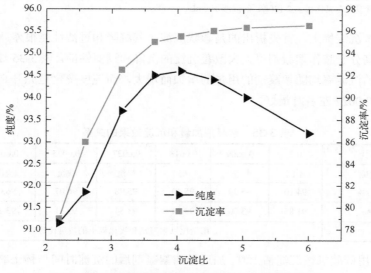

图 3-30　碳酸氢铵沉淀比和沉淀率、产品纯度关系

在用碱金属碳酸盐沉淀稀土时，若加入过量碳酸盐，稀土可生成溶解度更大的碳酸稀土复盐而造成沉淀损失，如 $2La_2(CO_3)_3 \cdot 3Na_2CO_3 \cdot 2H_2O$、$La_2(CO_3)_3 \cdot K_2CO_3 \cdot 2H_2O$、$La_2(CO_3)_3 \cdot (NH_4)_2CO_3 \cdot 4H_2O$。而且，随着原子序数的增加，生成碳酸复盐的趋势也增加。同理，若稀土浸出液中含有过量的碱金属、Na^+、K^+ 等，也可与稀土生成复盐，使沉淀率降低。而用碳酸氢铵作沉淀剂，形成复盐的趋势很低，不至于对沉淀率产生明显的影响。若含有 Fe^{3+}、Fe^{2+}、Al^{3+}、Mn^{2+}、Ca^{2+}、Mg^{2+} 等杂质，它们对最终产品纯度有影响[154-155]。一些常见杂质碳酸盐的溶度积列于表 3-33 中。由于不同金属杂质离子与碳酸氢铵的反应不尽相同，对最终产品纯度的影响也不一样。在无稀土存在时，铝、铁可与碳酸氢铵反应形成沉淀，而二价锰、钙、镁离子的溶液中加入碳酸氢铵，开始时均无沉淀产生，陈化后 Mn 会有少量沉淀，钙、镁仍没有沉淀。因此，Al、Fe、Mn 对稀土产品纯度会有直接影响。表 3-34 结果所示，Al、Fe 的加入对稀土产品纯度的影响最大，Mn 次之。通过洗涤，纯度的提高也是有限的。Ca、Mg 的存在对纯度也会有影响，但通过洗涤可以使纯度大幅度提高，表明它们主要以吸附共沉淀形式进入沉淀，吸附的这部分杂质可以通过洗涤来除去。当 Al、Mn 存在时，洗涤前后纯度也有 4～5 个百分点的提高。说明也有可洗去的杂质，其中 Mn 可认为是也有一部分是以吸附共沉淀形式进入沉淀的，而 Al 则是由于羟基聚合铝的形成与碳酸稀土一起共存。

表 3-33　常见杂质的碳酸盐沉淀的溶度积

碳酸盐	$MgCO_3$	$CaCO_3$	$FeCO_3$	$MnCO_3$	$PbCO_3$
溶度积 K_{sp}	$3.5×10^{-8}$	$2.9×10^{-9}$	$3.2×10^{-11}$	$1.8×10^{-11}$	$7.4×10^{-14}$

表 3-34　共存杂质离子对稀土产品纯度的影响[155]

共存杂质离子	Al^{3+}	Fe^{2+}	Ca^{2+}	Mn^{2+}	Mg^{2+}
浓度/(mg/mL)	0.215	0.321	0.400	0.325	0.098
直滤产品纯度/%	81.84	90.06	84.30	90.17	97.27
洗涤产品纯度/%	86.61	90.08	97.21	94.51	97.53

注：所用稀土料液为含氧化稀土 2.130g/L 的溶液 100mL。

用碳酸氢铵沉淀稀土，首先析出的是絮状沉淀，其沉降和过滤性能很差。试验证明，沉淀后加入少量高分子胺作絮凝剂可大大改善沉淀的沉降和过滤性能。表 3-35 结果表明，沉淀的速度和稀土的沉淀率均随絮凝剂的用量的增加而增大，而纯度变化是先升高后下降，在絮凝剂用量比为 0.0027 左右时最好。

表 3-35　絮凝剂加量和沉淀效果的关系

絮凝剂用量比	0.5	0.0009	0.0018	0.0027	0.0035	0.0045	0.0058
沉淀沉降性能	不沉	慢沉	沉	快沉	快沉	快沉	快沉
稀土沉淀率/%	94.10	95.09	95.40	95.98	96.07	96.09	96.20
产品纯度/%	91.85	93.00	93.24	93.54	93.31	93.22	93.13
备注	用量比以絮凝剂和氧化稀土的质量比计算						

表 3-36 为用碳酸氢铵沉淀稀土时，加适量的絮凝剂后的沉淀时间与稀土氧化物纯度和沉淀率的数据，可见静置时间的增加会使产品纯度降低。在静置过程中多余的碳酸氢铵的进一步水解会使溶液的 pH 值升高，并使溶液中的稀土及其他杂质进入产品，从而导致稀土沉淀率升高而纯度下降。因此，静置时间不宜过长，一般以 1.5～2h 为好。上述技术于 1985 年在龙南稀土矿得到成功应用，产品质量和稀土回收率都达到了预期要求。正如前面所说，其唯一不足是沉淀的过滤性能不如草酸稀土。

表 3-36　沉淀静置时间对纯度和沉淀率的影响

静置时间/h	0.5	1.0	1.5	2.0	2.5	3.0	3.5	4.0
平衡 pH 值	6.71	6.76	6.79	6.82	6.84	6.89	6.89	6.91
产品纯度/%	92.46	93.18	94.02	94.11	93.85	93.76	93.68	93.64
稀土沉淀率/%	94.35	95.18	95.25	96.32	96.45	96.65	96.66	96.73

注：沉淀比为 3.5，絮凝比为 0.0025。

在碳酸稀土沉淀工艺的推广过程中，矿山车间经常发现滤箱中的碳酸稀土长时间放置后，其体积会减小很多。开始以为是有人偷了滤箱中的稀土，经检查发现是因为无定形碳酸稀土在陈化过程中实现了结晶转化。沉淀层体积大大减小了，但产品总量没有减少。因此，在随后的几年中，我们和矿山一起开展了结晶碳酸稀土的制备工艺条件研究。针对不同矿山的浸出稀土料液，研发了多套碳酸稀土结晶沉淀方法，包括陈化转晶法、晶种转晶法、两步转晶法和饱和转晶法。在20世纪80年代，这些方法就分别在矿山推广应用，同时也转让到上饶713、九江806等分离厂，实现了工业化应用。这些方法与稀土料液中的稀土配分还有对应关系，在推广应用时应根据不同产地的稀土配分采用相应的方法。

例如，对于以轻稀土配分占90%以上的稀土料液，碳酸氢铵沉淀稀土后在20℃保温陈化20h即可得到颗粒较大的结晶碳酸稀土沉淀，体积可缩小到原来的二十分之一，且过滤洗涤后，纯度可提高2%以上。因此，采用简单的陈化转晶法就可以实现结晶，只是所需时间较长。

对于以轻稀土配分为主的大部分稀土矿和富铕中钇稀土矿的料液，在絮状的碳酸稀土沉淀中加入适量晶种，放置陈化24h以后也可得到粒状结晶沉淀，沉淀体积缩小程度与晶种量成正比。晶种法用于轻稀土类型稀土的结晶可以在更短的时间内完成结晶。而对于富钇重稀土料液，前两种转晶法的适用性差一些。但更适合于用饱和转晶法来实现结晶转化。例如，往该类碳酸稀土絮状沉淀中加入饱和碳酸氢铵溶液，在常温下保持一段时间即可得到结晶碳酸稀土沉淀，饱和碳铵溶液量越多，晶态化时间越短。对于中钇富铕型重稀土料液，用加入碳铵饱和溶液和晶种的方法效果最好。稀土溶液酸度、陈化时间、温度以及转晶的容器形状等都对转晶的程度和质量有影响。

两步转晶法是分两步进行的。第一步是让一部分稀土沉淀，控制碳酸氢铵的加量在理论量的60%～90%之间，在这种条件下经过一段时间的陈化，无定形沉淀比较容易转化为结晶态。随后再加入碳酸氢铵到稀土沉淀完全，再陈化一些时间，让所有的碳酸稀土实现结晶转化。在碳酸氢铵沉淀稀土工艺推广应用过程中，国内其他单位也陆续开展了工业化碳酸稀土结晶工艺技术的研究。主要是采用晶种来加速结晶转化。这些方法我们统称为第二代碳酸稀土沉淀技术，是通过晶种的加入来促进结晶转化。

在碳酸稀土结晶过程中，各种因素并不是简单地独立影响着碳酸稀土的结晶过程，而是相互关联，交叉影响。其中，结晶过程机理及其理论指导下的结晶技术研究一直是世界结晶领域的共性难题。为此，南昌大学围绕矿山混合稀土浸出液和分离企业的单一稀土和富集物的碳酸稀土的结晶过程和晶粒控制技术，开展了从基础研究到工程化应用的系统研发工作[1,154-157]。

稀土与碳酸氢铵（钠）的离子反应方程式为：

$$2RE^{3+} + 3HCO_3^- \longrightarrow RE_2(CO_3)_3\downarrow + 3H^+ \tag{3-41}$$

反应生成的质子继续与碳酸氢根反应放出二氧化碳气体：

$$H^+ + HCO_3^- \longrightarrow CO_2\uparrow + H_2O \tag{3-42}$$

两者合并后的总反应为：

$$2RE^{3+} + 6HCO_3^- \longrightarrow RE_2(CO_3)_3\downarrow + 3CO_2\uparrow + 3H_2O \tag{3-43}$$

李平等在讨论碳酸氢铵与稀土沉淀反应时认为是分阶段的。当溶液的pH<7时，主要放出CO_2：

$$RE^{3+} + NH_4HCO_3 \longrightarrow REOH^{2+} + NH_4^+ + CO_2\uparrow \tag{3-44}$$

$$RE^{3+} + 2NH_4HCO_3 \longrightarrow RE(OH)_2^+ + 2NH_4^+ + 2CO_2\uparrow \tag{3-45}$$

当碳酸氢铵稍过量，pH＞7，则生成稀土碳酸盐放出氨气：

$$2RE(OH)_2^+ + 3NH_4HCO_3 \longrightarrow RE_2(CO_3)_3 \cdot 4H_2O + 2NH_4^+ + NH_3 \uparrow \qquad (3\text{-}46)$$

大量的实验证实，碳酸稀土可以在 pH＜7 的条件下形成并稳定存在。碳酸是一种二元弱酸，金属碳酸盐在酸性条件下会被分解。因此，碳酸稀土稳定存在的 pH 值应该在 4 以上。而实际上，开始反应时碳酸稀土沉淀的 pH 值一般在 4～5 之间，浓度高时可在 pH＜4 的条件下形成。为此，我们以沉淀与结晶过程中的 pH 变化和组成研究为突破口，重新确定了稀土与碳酸氢铵反应的方程式。

为研究碳酸氢铵沉淀稀土时的 pH 值变化特征（碳酸稀土的沉淀与结晶过程），我们采用分段加料的反应方式，对每一加料后的反应和陈化过程进行 pH 原位测定。例如，向 100mL 铈料液中，每隔 5min 加 10mL 碳酸氢铵溶液，测定其 pH 随时间的变化。结果显示，在没有结晶存在和形成结晶的情况下，每一次加料后的 pH 值随时间的变化关系都是先急剧下降，然后慢慢回升。这是由于进入沉淀的是 CO_3^{2-} 而不是 HCO_3^-，因此沉淀每消耗一个 CO_3^{2-} 便放出一个 H^+，放出的 H^+ 又与 HCO_3^- 反应。也即在 NH_4HCO_3 与稀土离子反应形成沉淀时伴随着 pH 值的迅速下降：

$$RECl_3 + xNH_4HCO_3 \longrightarrow RECl_{3-2x}(CO_3)_x \downarrow + xNH_4Cl + xHCl \qquad (3\text{-}47)$$

pH 值在数秒内降到最低点，随后回升：

$$H^+ + HCO_3^- \longrightarrow CO_2 \uparrow + H_2O \qquad (3\text{-}48)$$

$$RECl_{3-2x}(CO_3)_x \cdot nH_2O + 2xHCl \longrightarrow RECl_3 + xCO_2 \uparrow + (x+n)H_2O \qquad (3\text{-}49)$$

初始生成的沉淀中含有一定量的氯离子。由于沉淀反应速度快，加入的碳酸铵大部分都能与稀土反应，放出的盐酸使溶液 pH 值快速下降（数秒之内下降到最低点），随后再与溶液中的碳酸氢根按上一个反应式反应或与碳酸稀土反应，使 pH 值回升，放出二氧化碳并产生气泡。

如果在适当条件下陈化，无定形碳酸稀土能够转化为晶型碳酸稀土，则伴随着溶液 pH 值的下降和少量 CO_2 气体的放出，沉淀层体积减小。省略结晶水的方程式为：

$$2RECl_{3-2x}(CO_3)_x + (3-2x)NH_4HCO_3 \longrightarrow RE_2(CO_3)_3 + (3-2x)HCl + (3-2x)NH_4Cl \qquad (3\text{-}50)$$

每次加料完后，pH 值从最低点上升到一个极大值后又出现明显下降，伴随着 pH 值的下降，沉淀由无定形转变为结晶体。悬浮液的黏度下降、沉降性能变好，产物的 X 射线衍射峰增强。因此，这一 pH 下降可作为碳酸稀土结晶与否的标志。

在稀土离子与碳酸氢盐的沉淀反应中，反应产物与两者之间的配比、加料方式、反应温度、陈化时间等息息相关。其中，反应物浓度是影响沉淀结晶的主要因素，而反应物在沉淀反应时的瞬间浓度和加料方式休戚相关。结果表明，当向稀土料液中加入碳酸氢铵溶液，由于碳酸稀土的溶解度 S 很小，过饱和度大，由 $V = K(Q-S)/S$ 可知形成沉淀的聚集速度很大，所以首先析出的是无定形沉淀。伴随着 pH 和沉淀层厚度下降的是稀土沉淀由无定形向晶型的转变。

碳酸稀土结晶机理和工艺技术研究的突破口：一是发现了碳酸稀土沉淀在陈化过程中发生结晶时溶液 pH 值的下降现象，并基于 pH 值在整个碳酸稀土沉淀和结晶过程中的变化，修正了结晶沉淀反应；二是确定了碳酸稀土可以在 pH＜7 的条件下形成并稳定存在，开始形成碳酸稀土沉淀的 pH 值一般在 4～5 之间，浓度高时甚至可在 pH<4 的条件下形成；三是证明了当稀土完全沉淀所得到的碳酸稀土在后续陈化过程中的结晶转化速度很慢，而当沉淀剂量不足或过量时、稀土沉淀的结晶转化可以更好地实现。对于轻稀土碳酸盐而言，在沉淀不完全时有更快的结晶速度，而对于重稀土元素，则在过量碳酸氢铵存在时更容易实现快速结晶。基于不同类型的稀土碳酸盐存在各自的能够实现快速结晶活性区域。因此，通过控制不同的加料比范围或 pH 值范围，可以实现稀土碳酸盐的快速结晶。我们把这种能够更快实现结晶转化的加料比或 pH 值范围确定为该稀土的结晶活性区域。在总结无数次实验现象和结晶转化规律的基础上，提出了碳酸稀土结晶活性区域概念，而且还可以根据陈化过程溶液 pH 值的变化特点和溶液 pH 值变化来确定各种碳酸稀土的结晶活性区域。

在早期碳酸稀土的研究中，人们习惯性地采用了沉淀剂过量的完全沉淀方法。不同反应加料比和 pH 范围对稀土结晶速度的影响实验结果证明，在这种正好沉淀完全的条件下，碳酸稀土的结晶速度是最慢的。对于轻稀土元素，当稀土离子完全沉淀后所得到的碳酸稀土为无定形沉淀，在陈化过程中的结晶转化速度很慢。而当沉淀剂量不足、有稀土离子残留时，可以更好地实现碳酸稀土由无定形向结晶形态的转化。因此，轻稀土元素的结晶活性区域在低配比区，即沉淀剂的用量小于理论值。例如，碳酸镧结晶活性区域位于低配比区 0.5～2.85 之间，而在高配比区其结晶是惰性的。在常温下，中重稀土元素的结晶活性区域在高配比区，即在沉淀剂过量的情况下，可以实行快速结晶得到晶型碳酸稀土。

在碳酸稀土的沉淀结晶过程中，陈化时间的长短直接与沉淀晶型转变的百分数相关。在判断碳酸稀土在某一条件下是否有结晶活性时，最为主要的判据是结晶时间。结晶完全所需陈化时间随物质本身的性质不同而不同。例如，轻稀土碳酸盐在低配比区域（沉淀剂加量低于理论计算值，pH 值在 4～5.5 之间）可以在较短时间内实现由无定形沉淀向结晶体的完全转变，而在高配比区域（沉淀剂加量高于理论计算值，pH 值在 6～7.5 之间）则需要较长的时间。这就是为什么早期有关晶型碳酸稀土的制备都需数天、一星期或几十天的陈化时间，这显然不适合于工业应用。所以，结晶活性区域概念的提出不仅对于研究碳酸稀土结晶有重要意义，而且更主要的价值在于指导结晶条件的选择，实现快速结晶。

就反应物浓度的影响而言，它和加料方式、加料比等一起作用来影响碳酸稀土的沉淀和结晶。碳酸稀土沉淀的形成以及陈化过程中，沉淀由无定形向晶型的转化受加料比以及加料方式的影响很大。加料方式分为三种，分别是正序加料、同步加料和反序加料。正序加料即沉淀剂加到稀土料液中，反应瞬间的稀土离子浓度远大于沉淀剂的浓度，随着沉淀剂的加入，这种趋势慢慢变小。反序加料是指稀土料液加到沉淀剂中，溶液瞬间的过饱度极大，容易形成无定形沉淀，同正序加料相反。同步加料是指稀土料液和沉淀剂同时加入反应釜中进行反应。因此，可以选择在该稀土的结晶活性区域内的加料配比条件下进行反应，并且可以保持加料比稳定在选定的区域，获得快速的结晶效果。这一加料方式与晶种的作用相结合，可以取得更好的效果，这是我们提出的第三代碳酸稀土结晶沉淀方法的基本原理。落实到具体的方法上，可以用类似吃火锅的方法，实现连续加料、连续出料的快速结晶沉淀目标。晶种和基本的加料配比堪称是火锅底料或汤料，随后便是同比加料和同步出料。在这种反应条件下，反应物的浓度或过饱和度可以稳定在一定范围，使成核结晶速度稳定，获得理想的反应结晶效果。这一方法是我们的碳酸稀土结晶沉淀方法专利技术的核心内容，在矿山和分离企业的各种稀土料液的碳酸稀土沉淀结晶中得到推广应用。

在处理含有杂质的稀土料液时，一些易水解的金属杂质离子（Al^{3+}、Ca^{2+}、Fe^{3+}、Zn^{2+}、Si^{4+}等）的存在对于结晶过程有很大的影响。因此，对于母液杂质含量较高的结晶（沉淀）反应，必须预先除杂才能保证最终产品的纯度。大量的实验结果证明，通过控制反应过程pH值，也可以改变稀土料液中杂质离子的状态，使杂质离子以适当形式被钝化或去除。同时，pH值的改变也可能改变晶面对杂质离子的吸附能力，减少包裹，得到高纯度的碳酸稀土产品。对于那些能以吸附共沉淀形式进入产品的杂质，尽可能通过控制沉淀过程除去，选择合适的结晶方法，改变沉淀结晶速度和改善表面特性，最大限度地消除杂质带来的不利影响。

3）氢氧化物沉淀法[158-167]

稀土可与碱（氨水或碱金属氢氧化物）反应，生成稀土的氢氧化物沉淀。该沉淀体积较大、呈凝胶状、难沉降、难过滤、难洗涤。这一方法在最开始开采离子吸附型稀土时就曾使用过。但由于其缺点，后逐渐被取代，现在生产中不常用。

虽然氢氧化稀土沉淀法有不少缺点，使其不利于生产利用，但经过改善，也具有应用前景。例如，利用氧化钙和晶种混合剂作沉淀剂生产稀土的方法。氧化钙作沉淀剂时，其用量比例为稀土量：氧化钙 = 1：（2～3），氧化钙直接加入或调浆石灰乳后加入。氧化钙和晶种组成混合剂作沉淀剂时，混合沉淀剂其用量比例为稀土量：氧化钙：晶种 = 1：（2～3）：（1/3～3），在新加入晶种或留有晶种的沉淀池中，用石灰乳调溶液 pH 为 8～9 来沉淀稀土。产品中稀土品位为 40%～45%（以 REO 计），氧化钙含量为 0.5%左右，氧化铝含量为 0.01%～0.03%。

用石灰作沉淀剂，从离子吸附型稀土的氯化钙浸出液中沉淀稀土，与萃取和优溶等方法相结合，可以制备出高浓度的混合氯化稀土净化料液。如前所述，从离子吸附型稀土资源中提取稀土的经典方法是用硫酸铵浸取，浸出液经过预处理除杂后用碳酸氢铵富集沉淀稀土，得到碳酸稀土，再经焙烧得到氧化稀土产品。由于在浸取离子吸附型稀土时，伴生的离子吸附型铝、铁、钙、镁、钾、钠等也能被浸出。尤其是采用原地浸矿方式进行生产时，缺乏有效的过程控制方法，浸矿剂消耗过多，致使浸出液中的杂质离子含量更高，产品中铝和硫酸根等杂质含量超标，对后续萃取分离的效率和产品质量也产生了很大的负面影响。

高浓度混合氯化稀土溶液是实现稀土元素高效清洁分离的关键原料。由于离子型稀土矿浸出液中杂质离子含量高，现行离子吸附型稀土分离企业从矿山企业购得的混合氧化稀土或碳酸稀土原料纯度低。用盐酸溶解碳酸稀土和氧化稀土来制备高浓度氯化稀土溶液时，要求稀土浓度在 1.0mol/L 以上。此时，铁、硅、铝、铅的含量范围分别为 300～400mg/L、100～200mg/L、2500～5000mg/L、8～10mg/L。这种氯化稀土溶液不能直接用作稀土萃取分离的料液，需进一步通过碱中和到 pH = 3～4，使铁铝水解产生沉淀，经长时间静置澄清才能获得可以用于萃取分离的氯化稀土料液。但其中硅约 50mg/L，铝约 1000mg/L，铅约 1mg/L，对后续萃取的分相性能（产生乳化，形成三相，影响分离）和产品质量（铝含量超标严重）仍有较大影响。要将铝含量进一步降低到 300mg/L 以下，稀土损失增大，产生较多的放射性酸溶渣和水解沉淀渣，对车间和周边环境产生严重的影响。

为此，如何以较低的稀土损失、较低的成本和较短的处理时间来获得铝和硫酸根含量低的氯化稀土料液，一直是稀土湿法冶金领域的关键共性难题[147-149]。目前工业上应用的方法是从高浓度的氯化稀土料液中采用多种方法来除杂。例如，赣州有色冶金研究所在优化的工艺条件下，控制料液起始 pH = 3.5，以铝起始浓度 1900～5000mg/L、铁起始浓度 75～130mg/L 的 1.20～1.40mol/L 氯化稀土为原料，采用皂化度 0.06～0.14mol/L 的异癸酸有机萃取剂，经几十级串级萃取，能够得到 RE 约 1.20mol/L、Fe＜1mg/L、Al＜280mg/L、Si＜29mg/L、Pb＜4mg/L，稀土收率大于 98.5%的合格氯化稀土溶液。

在高浓度氯化稀土净化溶液的生产过程中，还需解决浸取过程的氨氮污染问题。例如，用硫酸镁浸取稀土新工艺，用氧化钙、氧化镁分别或共同作为稀土的沉淀剂，从硫酸盐浸出液中沉淀稀土，证明沉淀产物为氢氧化稀土和碱式硫酸稀土[161-163]。煅烧后获得的稀土产品的纯度只有 80%多，其中硫酸根含量超过 10%。使用琥珀酸钠等脱除剂水洗可以将产物的硫酸根含量降至 6.5%左右，但是耗费较高，且容易造成环境问题。采用氧化钙、碳酸钠等复合沉淀剂，能使 REO 纯度达到 90%左右[164]。

采用一些优先萃取稀土而不萃取铝的新型萃取剂来从低浓度稀土浸出液中富集稀土，有望取得更好的分离效果。例如，用 P204 萃取富集，硫酸反萃稀土，随后用传统的硫酸稀土钠复盐沉淀和碱转化法来回收稀土。但要从大量的低浓度浸出液中萃取稀土，有机相损失大，又面临含油废水的污染和成本太高的问题。赣州有色冶金研究所先后于 20 世纪 70～80 年代和 21 世纪初在寻乌实施了 P204 直接萃取分组和 P507 萃取分离工艺，由于 P204 萃取能力强，中重稀土反萃酸度高，导致反萃级数达 30 多级，酸耗高；P507 萃取平衡酸度低，导致铁、铝水解乳化，造成有机相溶解及乳化损失。而且混合澄清萃取槽不适应于高流比大流量萃取，难以连续稳定运行，应用难度大。

离子吸附型稀土提取分离新技术的竞争力需要从高效率、低消耗、低成本、绿色化、高质量等多个方面来体现。南昌大学针对现行硫酸铵原地浸矿和碳酸氢铵沉淀法存在的氨氮污染和产品质量以及矿山水土流失和滑坡塌方等问题，重点从浸矿剂和沉淀剂的非铵化及其协同作用来寻求解决方案，并从高效浸取和环保绿色两个出发点，提出了硫酸铝浸取离子吸附型稀土的新工艺。结果证明，即使是在低浓度的情况下，硫酸铝对稀土的浸出效率也很高，且尾矿的 zeta 电位绝对值小，有助于黏土颗粒的聚集并减少水土流失，这对解决浸取效率和矿山环境保护问题都有贡献。但是单一用硫酸铝浸取剂后续的富集分离需要用成本更高的萃取法。为此，又提出了氯化钙-硫酸铝分阶段浸取的新工艺[104-105]，即第一段使用氯化钙浸矿，得到氯化稀土浸出液；第二段使用硫酸铝浸矿。这样既解决了大量硫酸铝浸出液中稀土的分离困难问题，又解决了氯化钙浸取能力不足以及氨氮污染等问题。关于氯化钙浸取离子吸附型稀土的性能，在 20 世纪就有报道，近十年来，为了避免氨氮污染问题而又引起了人们的注意。采用氯化钙镁浸取稀土的另一个优势是可以用价廉易得的 $CaO/Ca(OH)_2$ 作为沉淀剂，并与后续萃取分离有效衔接，实现有价元素的综合回收与循环利用，这对于离子吸附型稀土的高效绿色提取和分离提纯技术的发展具有重要意义。

用石灰作沉淀剂，从氯化稀土和硫酸稀土溶液中沉淀稀土。沉淀温度、终点 pH、石灰水浓度以及加料速度等因素对沉淀产物纯度、沉淀率以及结晶性都有影响。图 3-31 是溶液 pH

与石灰水加量之间的关系图和稀土沉淀率与溶液 pH 值的关系图。在氯化稀土溶液中，随着石灰水的加入，溶液 pH 先是急剧升高，到 pH 为 6.9 时开始发生转折，其变化趋于平缓。此时，加入的碱与稀土发生沉淀反应，稀土离子进入沉淀，溶液 pH 值不会显著提高；随着加料比的继续增加，pH 上升的幅度也慢慢增加，到 pH 大于 9.5 时所需的加料比约为 1.9。在硫酸稀土溶液中，pH 值随石灰水加量的变化曲线类似，但出现沉淀所需的石灰水加量和沉淀完成后，pH 出现急剧增大所需的石灰水加量都更少。与此同时，随着沉淀 pH 的不断上升，稀土沉淀率增大。在氯化稀土溶液中，pH = 6.6 之前，稀土沉淀率为 0，随后才增加；pH 为 6.9 时，稀土已经开始沉淀，对应的加料比约为 0.2。随着石灰水的继续加入，溶液 pH 逐渐升高，稀土沉淀效率也不断提高，并呈现出分阶段的变化关系。在沉淀率 60% 左右和 90% 左右分别出现平台，此时 pH 的小范围升高并没有导致沉淀率的显著提高。当加料比（CaO/RE^{3+}）达到 2 左右时，沉淀 pH 大于 9.5，稀土离子沉淀率达到 99% 以上，可以认为稀土已经被完全沉淀。在硫酸盐介质中，pH = 6.4 之前，稀土沉淀率为 0，随后才增加；pH 为 6.6 时，稀土已经开始沉淀，对应的加料比约为 0.1。稀土离子完全沉淀时所需的 pH 为 9.1，所需的加料比（CaO/RE^{3+}）约为 1.7，均小于氯化物体系的加料比，证明从硫酸稀土溶液中沉淀稀土不是单纯依靠氢氧根的贡献。根据后续产物纯度和硫酸根含量的分析结果，证明有碱式硫酸稀土进入沉淀，从而减少了氢氧根的消耗量。另外，其沉淀率与 pH 变化关系没有表现出与氯化物体系相似的分阶段特征，这也证明在此体系中稀土的沉淀不是单纯依靠氢氧根的作用。

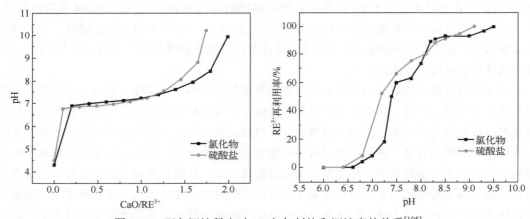

图 3-31　石灰沉淀稀土时 pH 与加料比和沉淀率的关系[105]

石灰水从氯化稀土溶液中沉淀所得稀土产物的 XRD 图的衍射峰，比从硫酸稀土溶液中沉淀所得产物的要更明显，说明从氯化稀土中沉淀所得的产物结晶性更好或纯度更高。表 3-37 列出了不同条件下，石灰水沉淀稀土产物的 XRD 衍射法测得的晶粒尺寸，以及煅烧后氧化物的纯度和硫酸根含量的分析结果。可以看出，从氯化物体系所得稀土沉淀产物的结晶性，要明显好于硫酸盐体系，晶粒尺寸要明显大一些。并且在氯化稀土体系中，随着沉淀温度的升高以及加料速度的减慢，晶粒增大，表明结晶性也逐渐变好。更为突出的是，分别从氯化物和硫酸盐溶液中得到的稀土沉淀产物的纯度差别更大。从稀土氯化物中沉淀的产物，经煅烧后所得的氧化物纯度多数都接近 100%，只是在较高温度和较快的加料速度下才有所下降，但也在98%以上，只有少量硫酸根存在。而硫酸稀土溶液中沉淀所得氧化稀土的纯度都在83%以下，硫酸根含量在17%～20%之间。证明用石灰从稀土硫酸盐浸出液中沉淀稀土时，有碱式硫酸稀土形成。

表3-37　不同温度和加料速度下沉淀产物的晶粒尺寸、纯度和硫酸根含量[105]

介质	指标	温度/℃				加料速度/(mL/min)			
		25	35	45	55	0.8	1.4	2.8	4.2
氯化物	D/nm	10.9	11.3	14.2	15.7	14.2	11.7	11.6	8.5
硫酸盐	D/nm	0.1	0.2	0.2	0.2	1.3	0.7	0.6	0.6
氯化物	REO/%	约100	约100	约100	98.6	100	100	98.5	98.1
硫酸盐	REO/%	82.5	81.5	82.1	80.8	82.3	80.6	78.8	78.0
氯化物	SO_4^{2-}/%	0.2	0	0.05	0.2	0.1	0.07	0.1	0
硫酸盐	SO_4^{2-}/%	19.5	18.5	17.3	20.3	18.6	19.3	20.1	18.6

表3-38是在沉淀温度为45℃、搅拌速度为200r/min、石灰水加料速度为1mL/min、终点pH为9.5的条件下，在氯化稀土与硫酸稀土溶液中分别添加了0、5%、10%、15%、20%的Al^{3+}后沉淀产物的纯度分析结果。结果表明，氯化稀土的石灰沉淀产物纯度由99%逐渐下降至了85.3%，而硫酸稀土的石灰沉淀产物纯度由83.6%下降至76%。产物中氧化铝的含量随着铝离子添加量的增多而增加，说明铝离子会进入沉淀产物，导致沉淀产品纯度下降。

表3-38　Al^{3+}加量对沉淀产物纯度的影响[105]

沉淀产物	稀土介质	稀土溶液中Al^{3+}的添加比例				
		0	5%	10%	15%	20%
REO/%	氯化物	99	96.2	91.5	88.7	85.3
	硫酸盐	83.6	82	80.7	78.1	76
Al_2O_3/%	氯化物	0	4.3	9	13.1	16.7
	硫酸盐	0	3.8	7.4	10.6	13.8

图3-32是定南县离子吸附型稀土矿的氯化钙浸出液，在不同预处理pH值下，浸出液中稀土和铝的浓度以及去除率的变化。证明用氢氧化物作沉淀剂时，可以提高预处理除杂pH到6以上，此时稀土的损失仍然可以忽略不计，而铝的去除率高。现行矿山稀土浸出液中水解除铝的方法是用碳酸氢铵中和溶液pH到5.4～5.5。为了获得铝含量更低的稀土溶液，需要进一步提高水解除杂的pH。由于碳酸稀土沉淀的pH值较低，再提高pH值会增加稀土损失。在硫酸盐浸出液中，用石灰或氨水或氢氧化钠来调节pH，硫酸稀土和硫酸钙的共沉淀也会导致稀土损失。所以，目前矿山的预处理除杂工段控制的pH不能太高，这是导致矿山产品中铝、铀等杂质离子含量偏高的主要问题。因此，采用氯化物来浸取离子吸附型稀土则可以突破水解除杂对pH的限制，提高除杂效果，获得高纯度的氢氧化稀土或氧化稀土产品。

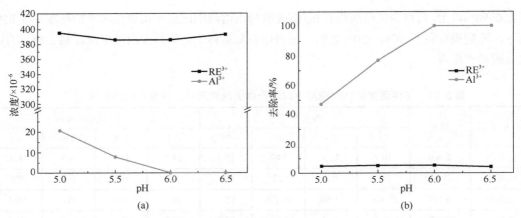

图 3-32　预处理后的稀土和铝离子浓度(a)以及稀土和铝的去除率(b)[105]

图 3-33（a）为石灰水预处理后的浸出液，再用石灰水完全沉淀后的氢氧化稀土沉淀所占体积比。可以看出，氢氧化稀土沉淀沉降后的体积占浸出液的体积比在 6.5%～3.5% 之间，折算为稀土浓度在 5.5g/L 左右。提高水解 pH 值，不仅可以提高铝的去除率，而且有利于沉淀的聚集沉降和固液分离，获得体积更小、浓度更高的氢氧化稀土浆液。若用于直接皂化 P507 有机相，经多级逆流反萃获得高浓度的氯化稀土溶液，可以减少萃余水相的量。相比于直接用有机相萃取浸出液，可减少 90% 以上的水相萃取工作量，大大减少有机相损失量，节约生产成本，使萃取富集方法的竞争力得到提升。与此同时，将沉淀浆料过滤、水洗、烘干后用盐酸溶解，即可获得高浓度的氯化稀土料液。图 3-33（b）为上述氢氧化稀土浆料经水洗干燥后的固体用 10mL 1：1 盐酸溶解得到的氯化稀土料液的稀土浓度，当固液比 S(g)：L(mL) 达到 1：2 时，稀土浓度达到了 1mol/L，ICP 测定的铝浓度低于其检出限。增加酸浓度和固液比，可进一步提高氯化稀土的浓度和氧化铝含量，若氯化稀土的浓度需要控制在 1.2～1.5mol/L 之间，氧化铝的含量可以控制 30mg/L 以内，为现行分离企业 300mg/L 限值的十分之一。

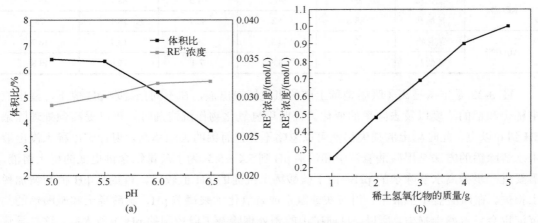

图 3-33　预处理 pH 对沉淀体积占比和沉淀浆液中的稀土浓度的影响(a)及
盐酸直接溶解氢氧化稀土所得氯化稀土的浓度(b)[105]

根据上述实验结果，以氯化物代替硫酸盐来浸取离子吸附型稀土，是获得低杂质含量的氢氧化稀土和高浓度氯化稀土的有效途径。采用氯化钙-硫酸铝分阶段浸取来提高离子吸附型稀土的浸取效率，可同时满足获得低杂质含量的氧化稀土和氯化稀土的生产要求。为此，设计了如图 3-34 所示的离子吸附型稀土浸取和富集回收的新流程。首先，氯化钙-硫酸铝分阶段浸取可以得到两段浸出液：第一段是氯化钙浸出液，第二段是硫酸铝浸出液。氯化钙浸出液使用石灰水进行沉淀，沉淀的上清液主要成分是氯化钙，可以用于循环浸矿，得到的氢氧化稀土沉淀经过抽滤水洗可以得到氢氧化稀土富集产物。将沉淀产物用盐酸优溶，控制pH≥4，得到的溶液就是高浓度的氯化稀土净化料液。未溶解的酸溶渣主要成分是氢氧化铝和部分未溶解的氢氧化稀土，将这部分酸溶渣用稀硫酸溶解，使用质子化的伯胺 N1923 萃取有机相萃取稀土，萃余水相主要是硫酸铝，经除油后循环用于浸矿。第二阶段硫酸铝浸出液也可以先沉淀出氢氧化物，分离出来的沉淀渣与前述优溶渣合并后调 pH 在 3 左右，用 N1923 萃取。有机相中的稀土用盐酸反萃，与氯化稀土浸出液合并，循环进入沉淀。

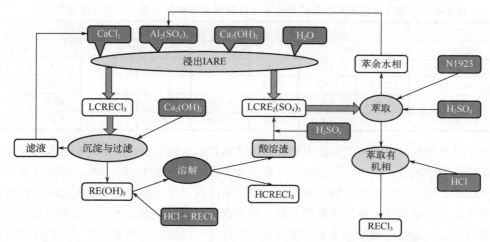

图 3-34　氯化钙-硫酸铝分阶段浸取离子吸附型稀土及其富集回收工艺流程图

将含有 5%铝离子的氯化稀土或硫酸稀土溶液进行石灰沉淀，得到的沉淀产物烘干后用盐酸优溶至 pH 分别为 4、4.5 和 5。表 3-39 为优溶后氯化稀土溶液中的稀土离子、铝离子和硫酸根含量。可以看出，所得优溶液的稀土含量都达到了 180g/L 以上，分光光度法测定的铝含量小于 15mg/L，折合成氧化铝含量小于 30mg/L。同时证明，从氯化稀土中沉淀所得的氢氧化稀土的盐酸优溶液中，硫酸根的含量很低。表中数据还证明，盐酸优溶渣经硫酸溶解后，用伯胺 N1923 萃取的萃余液中铝含量高于 340mg/L，稀土含量在 5～7mg/L 之间，稀土萃取率达到 99%，铝的可循环利用率在 98%以上。有机相经硫酸铵洗铝，氯化铵反萃液中稀土含量在 5g/L 左右，铝离子含量低于检出限，实现了稀土与铝的高效分离，制备出了高浓度的氯化稀土净化料液，证明了上述技术方案的可行性[105]。

表 3-39　氯化稀土溶液与酸溶渣回收过程中萃余液和反萃液中的稀土、铝和硫酸根的含量

溶液	指标	pH=4	pH=4.5	pH=5
氯化稀土	RE^{3+}/(g/L)	181.7	189.4	195.6
	Al^{3+}/(mg/L)	13.2	7.5	6.9
	SO_4^{2-}/(g/L)	NT	NT	NT

溶液	指标	pH=4	pH=4.5	pH=5
萃余液	RE^{3+}/(mg/L)	5.0	6.4	5.7
	Al^{3+}/(mg/L)	354	361	348
反萃液	RE^{3+}/(g/L)	5.7	5.2	4.9
	Al^{3+}/(mg/L)	NT	NT	NT

用相同的方法处理江西省定南县离子型稀土矿的 $CaCl_2$ 浸出液,实验结果如表 3-40 所示。结果表明,通过盐酸优溶的方法并调节 pH≥4,可以得到铝含量小于 15mg/L,硫酸根含量低于检出限的高浓度氯化稀土净化溶液。酸溶渣用硫酸溶解后,经 N1923 萃取,氯化铵或盐酸反萃,可以实现稀土离子和铝离子的分离,得到低铝含量的氯化稀土料液。当优溶 pH 为 4.1 时,稀土的回收率达到 99%,而 98.5% 的铝留在萃余液中,可循环浸矿。

表 3-40 优溶 pH 值及其制备的氯化稀土以及萃余液和反萃液中的成分浓度和占比

项目	浓度/(g/L)				百分比/%			
元素	RE		Al		RE		Al	
pH	4.1	4.5	4.1	4.5	4.1	4.5	4.1	4.5
氯化稀土溶液	208.4	184.2	0.014	0.011	73	50	0.05	0.06
萃余液	0.09	0.8	0.813	0.821	0.07	5	98.5	98.85
反萃溶液	3.6	7.4	0.012	0.009	26	45	1.45	1.09

以上结果表明,用石灰沉淀稀土时,溶液中共存的硫酸根和铝离子均能进入沉淀产品而影响沉淀产物的质量。其中,硫酸根的存在使其产品纯度降低 17%~18%,铝也基本能够全部进入沉淀产物,对纯度的影响与其在溶液中的浓度成正比。要获得高纯度高浓度的氯化稀土,首先需要制备出低硫酸根含量的氢氧化稀土或氧化稀土。用氯化钙、氯化镁及其混合物代替硫酸铵、硫酸镁来浸取离子吸附型稀土是解决这一问题的有效途径之一。后续硫酸铝的使用可以减弱甚至消除氯离子对土壤盐碱化的影响,同时还要关注对地表水地下水的影响,满足环保要求。采用氯化钙、氯化镁浸矿时,铝的浸取率比硫酸铵浸取时要低很多,采用预处理去除杂质铝的压力要小得多。验证了氯化钙-硫酸铝分阶段浸取离子吸附型稀土,石灰沉淀法富集回收稀土、盐酸优溶法制备高浓度氯化稀土料液的可行性。

(4)沉淀母液循环利用[1]

我们把沉淀后的上清液称为沉淀母液,该母液中含有大量的硫酸铵和一些过量的沉淀剂。因此,母液回收使用不单是解决水排放问题,也是企业节约成本、提高效益的关键内容。

表 3-41 是硫酸铵浸矿时硫酸铵量的变化数据。结果表明,硫酸铵的可回收利用率达到 64% 以上,高的可以在 70% 以上。其中顶补水的使用可以使铵的回收率提高 10% 以上,而且也能提高稀土收率。因此,沉淀母液的回收对于降低生产成本和减少废水排放起着十分重要的作用。

表 3-41 硫酸铵浸矿过程各阶段铵量分析结果及可回收率

矿重/kg	7	7	7	7	100
柱层直径与高度/mm	80×1000	80×1000	80×1000	80×1000	300×1000
硫酸铵加入量/g	67.64	65.47	66.34	65.47	869.22

淋出硫酸铵/g	35.33	40.51	43.64	36.47	593.05
顶补水液固比	0.15	0.15	0.15	0.15	0.1
顶出液中硫酸铵质量/g	8.19	6.01	3.55	6.21	90.01
可回收硫酸铵质量/g	43.52	46.52	47.20	42.68	683.06
可回收百分率/%	64.34	71.06	71.15	65.19	78.58
顶补回收硫铵/%	18.82	13.99	7.54	14.55	13.18
顶补回收稀土/%	2	5	3.4	11.3	1.33

注：硫酸铵浓度 1%，淋洗液固比 1，柱层高 1000mm。

1）草酸沉淀母液

用铵或钠交换浸出稀土的标准摩尔反应自由能是一个不大的正值，反应是非自发的。要使反应进行，需要加大钠和铵的浓度。这样，在稀土浸出液中也含有较高浓度的氯化钠或硫酸铵。在硫酸铵浸矿工艺中，一般采用 1%～2% 的硫酸铵溶液作浸矿剂，用草酸从稀土浸出液中沉淀稀土。沉淀母液中所含的硫酸铵量约占原加入硫酸铵的 60% 以上。因此，合理解决好母液再生循环使用问题，不但可以减小排水量，减少对环境的影响，而且能够节约硫酸铵和水的用量，是控制消耗降低成本的关键。

要解决硫酸铵浸矿-草酸沉淀稀土工艺中沉淀母液的回收循环问题，关键是要消除剩余草酸对稀土浸取的影响。表 3-42 是采用柱层淋洗时硫酸铵溶液中的草酸根含量对稀土淋洗率的影响。结果表明，随草酸根含量的增加，稀土淋洗交换率下降，但幅度不算太大。淋洗前后，溶液中的草酸根含量降低，说明草酸根会与矿中的金属离子结合，包括稀土、钙、铝等。硫酸铵溶液中草酸浓度的增大会显著降低稀土浸取率，而且酸度偏高，不利于后续浸矿。要消除这一影响，必须将溶液 pH 调整到 4～6 之间，草酸浓度降低到 0.1mg/mL 以下，最好是0.05mg/mL 以下，越低越好。

表 3-42　硫酸铵溶液中草酸含量对柱层循环浸矿淋洗率的影响

1.5%硫酸铵溶液中草酸浓度/(mg/mL)	0.2676	0.1338	0.0669
柱层淋洗率/%	95.33	98.33	99.50
淋出液中草酸浓度/(mg/mL)	0.1334	0.05131	0.05776
淋出液中钙离子浓度/(mg/mL)	0.07892	0.08413	0.08218

草酸沉淀稀土时，溶液的 pH 在 1.6～2.0 之间，酸度较大。此时，游离草酸根的浓度不是很高，而草酸的比例大。而且，一些金属离子还留在溶液中，包括少量的稀土离子，而硫酸铵溶液的循环使用主要受其中所含草酸的影响。因此，中和法处理母液并回收使用的基本原理是将 pH 调节到容易产生金属草酸盐沉淀的区域，例如 pH 4～6 之间，其中的草酸与共存的金属离子形成草酸盐固体析出，补加适当的硫酸铵就可以循环用于浸矿。去除草酸根的方法有许多，最简单的是用钙沉淀法，但钙离子的加入会影响后续产品的纯度。通过调节溶液的 pH 值到中性范围，也可以利用溶液中残留的稀土和钙离子来去除大部分的草酸。但在沉淀母液中，稀土和钙离子浓度都很低，不足以达到降低草酸含量还不影响后续稀土浸出的浓度范围。开始提出的方法就是单独用氨水和碳酸氢铵中和方法来处理沉淀母液，效果不佳。

表 3-43 和表 3-44 为用碳酸氢铵中和法处理草酸沉淀废水的循环浸矿情况。结果表明，

调节的 pH 值对于循环使用的淋洗效率有很大影响。而且，碳酸氢铵中和后的静置过程中溶液 pH 还会继续升高。过高的 pH 值对后续浸取过程的稀土浸取率影响大。这是因为碳酸氢根离子的水解需要一定的时间，如果碳酸氢根离子的浓度大，也会与稀土形成沉淀，进而影响稀土的浸出。所以，合适的 pH 值是控制循环溶液的 pH 在 4.5～5 之间。表 3-45 的多次循环使用效果证明，单独的碳酸氢铵中和法由于草酸根的去除效果不是太好，对稀土淋洗浸取率还是有一定的影响。尤其是当溶液的 pH 值控制不够好时，稀土浸取率会明显下降。其问题在于仅仅依靠母液中残余的金属离子还不足以将草酸根彻底去除。为此，我们提出了石灰和碳酸氢铵中和法。

表 3-43　碳酸氢铵中和法处理草酸稀土沉淀母液的循环浸取效果（一）

草酸稀土沉淀母液 pH 值	1.9	1.88	1.85
加碳酸氢铵中和后 pH 值	4.42	4.50	6.00
加碳酸氢铵中和并静置 2h 后 pH 值	4.66	4.52	6.50
循环使用前调整 pH 值	4.66	4.74	6.50
浸泡浸取时的平衡稀土浓度/(mg/mL)	0.8618	0.9811	0.0266
淋洗时的稀土淋洗率/%	98.93	99.50	66.44
淋出液状况	清	清	有白色颗粒物

表 3-44　碳酸氢铵中和法处理草酸稀土沉淀母液的循环浸取效果（二）

循环周次	I-1	I-2	I-3	I-4	L-1	L-2	L-3
原矿稀土含量/g	1.3452	1.3452	1.6320	1.6320	1.6320	1.6320	1.6320
淋出液体积/mL	1350	1305	1300	1330	1300	1330	1300
淋出液稀土浓度/(mg/mL)	0.9729	0.9687	1.176	1.0788	1.0094	1.1487	1.1825
淋出液中稀土含量/g	1.3134	1.2642	1.5275	1.4348	1.3132	1.5278	1.5373
淋洗率/%	97.64	93.98	93.60	87.92	80.40	93.62	94.20
产物纯度/%	91.27	93.00	94.17	93.50	93.61	93.38	95.57
淋出液中含硫铵/(mg/mL)	12.87	13.14	13.31	12.96		13.56	13.56
硫酸铵回收百分率/%	63.01	63.39	52.27	60.79		57.89	60.40
加碳铵量/(g/1700mL)	2.8	2.4	3.4	2.8	1.6	3.1	2.9
加硫铵量/(g/1700mL)	8.2	8.4	8.2	8.3	7.6	7.8	7.8
淋洗液中氧化钙/(mg/mL)	0.1453	0.0348	0.0841	0.0840			
淋洗液中草酸/(mg/mL)			0.1364	0.1433		0.1253	0.1672
淋出液中草酸/(mg/mL)			0.0573	0.0495		0.0601	0.0592

　　表 3-45 是碳酸氢铵中和法与石灰+碳酸氢铵中和法在草酸稀土沉淀母液处理上的实际效果比较。结果表明，原始沉淀母液中的草酸含量较高，而钙浓度低。单纯用碳酸氢铵中和到 pH＝4 以上，草酸的去除率在 50% 以上，钙浓度降到很低。单独用石灰中和，到 pH＝2.6 时的草酸去除率达到 80% 以上，但溶液中钙含量太高，会影响到产品纯度。合理调整石灰和碳酸氢铵的加料比，可以使草酸的去除率达到 85% 以上，不影响到后续的稀土浸出，也能使钙离子浓度不至于太高，不影响到后续产品的纯度。因此，这是一个很好的方法。据此，我们确定了处理草酸稀土沉淀母液并满足循环浸矿要求的相关技术为：测定沉淀母液的 pH 及其

草酸、钙和硫酸铵含量；加入石灰使溶液中的钙含量在 0.2mg/mL 左右；用碳酸氢铵中和至 4.5 左右；补加硫酸铵到所需浸矿剂的浓度范围；静置 2~3h，监控溶液 pH 值，若 pH 升高到 5 以上，则用少量酸将 pH 调回到 4.5 左右。这是 1984 年在龙南稀土矿推广的方法，解决了该矿在试验硫酸铵浸矿法提取稀土工艺时碰到的母液循环使用效果不好、稀土回收率下降的实际问题，是硫酸铵浸矿工艺全面推广到矿山使用的关键技术。

表 3-45　石灰、碳酸氢铵单独或共同处理草酸稀土沉淀母液的效果比较

石灰加量/g	0	0	0.4	0.1	0.05
碳酸氢铵加量/mL	0	20	0	13	17
pH	2.19	4~4.12	2.6	4~4.14	4~4.14
草酸浓度/(mg/mL)	0.4633	0.1992	0.0825	0.0649	0.1544
钙浓度/(mg/mL)	0.0424	0.0091	0.3446	0.0511	0.0171

2）碳酸氢铵沉淀母液[1]

沉淀剂采用碳酸氢铵，沉淀后母液 pH 为 7，沉淀后母液和洗涤碳酸稀土滤液中含碳酸氢铵。用 1.5%硫酸铵溶液以液固比为 1 进行淋洗，硫酸铵的损失率约为 30%。沉淀时，碳酸氢铵的加入会使铵浓度升高。通常采用硫酸中和多余的碳酸氢铵，生成硫酸铵。此时 pH 约为 4.5，硫酸铵浓度为 1.2%~1.3%，补加适量硫酸铵即可进行循环浸矿。闭路循环试验结果见表 3-46。在闭路的多次循环实验中，稀土产品纯度和淋洗率都是比较好的，回收液的淋洗效果与新配的 1%的硫酸铵溶液淋洗结果相近。氧化稀土纯度在 92%以上，不受循环周次的影响，铵的损失基本稳定，淋出液中钙含量维持在 0.03%左右。

表 3-46　碳酸稀土沉淀母液不同循环周次对稀土淋洗率和其他指标的影响

循环周次		1	2	3	4	5	6	7	8	9	平均
稀土淋洗率/%		86.63	100.5	94.62	88.04	99.13	99.16	95.03	96.66	97.93	95.30
氧化物纯度/%		94.52	94.02	92.27	93.38	95.57	89.48	93.32	92.96	94.98	93.39
稀土沉淀率/%		98.87	98.17	97.40	98.01	93.92	96.27	95.92	95.42	96.56	96.73
Ca,Mg 含量 /(mg/L)	淋出液	215.7	327.3	362.7	337.1	284.0	238.2	256.9	269.6	270.4	284.66
	母液	197.6	280.4	333.4	298.5	250.7	236.7	223.0	225.5	227.0	252.5
硫铵损失量/%		25.91	26.93	27.13	25.21	25.48	26.19	24.36	28.74	23.29	25.92
母液含硫铵量/%		1.346	1.323	1.358	1.246	1.211	1.244	1.309	1.199	1.347	1.287

3.3.6　浸取与富集回收技术的耦合[118]

基于前面的讨论，可以认为要提高浸取效率，浸取策略应该由抑杂浸取向强化浸取以及分阶段的选择-强化浸取发展。这种变迁将使稀土及杂质离子的浸出量都增加，其后续富集回收技术也需要变革以支撑浸取策略的演变。变革的动力来自浸取效率和产品质量提高的迫切要求，还要满足环保和降低消耗与成本的基本要求。

图 3-35 概括了离子吸附型稀土浸取试剂、浸取策略、回收方法和富集试剂的耦合联动模式。实际的试剂和方法会更多，比如强化浸取中就包括多种强化浸取方法，也要用到一些试剂，例如低浓度酸、有机酸及其盐、缓冲试剂、表面改性剂等。

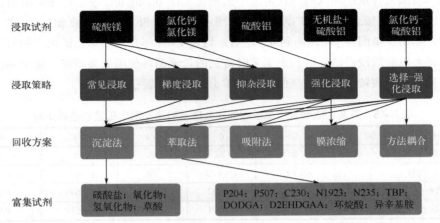

图 3-35　离子吸附型稀土浸取试剂、浸取策略、回收方法和富集试剂之间的耦合模式

浸取试剂：硫酸镁　氯化钙/氯化镁　硫酸铝　无机盐+硫酸铝　氯化钙-硫酸铝

浸取策略：常见浸取　梯度浸取　抑杂浸取　强化浸取　选择-强化浸取

回收方案：沉淀法　萃取法　吸附法　膜浓缩　方法耦合

富集试剂：碳酸盐；氧化物；氢氧化物；草酸　　P204；P507；C230；N1923；N235；TBP；DODGA；D2EHDGAA；环烷酸；异辛基胺

　　沉淀分离由于简单方便、成本低，是料液净化和固液分离的主要方法。从硫酸铵浸出的稀土溶液中沉淀回收稀土，可以采用草酸和碳酸盐沉淀剂，并获得比较好的产品质量，成本也低。用氢氧化物作沉淀剂也行，只是沉淀产物的结晶性不好，固液分离困难。采用比氨水碱性更强的碱来沉淀稀土时，还会导致氨气释放而损失。在几种二价和三价的阳离子氯化物和硫酸盐电解质浸取剂中，钙只有氯化物可用，而镁和铝可以有硫酸盐和氯化物介质之分。钙、镁盐作浸取剂时，效率不如铵盐。从其浸出液中以草酸稀土、碳酸稀土、氢氧化稀土形式沉淀稀土时，产品纯度和试剂消耗也不如硫酸铵作浸取剂时好。

　　从非铵试剂的稀土浸出液中沉淀稀土时，沉淀剂的选择需要考虑阳离子和阴离子是否会产生共沉淀，而导致产品纯度降低。在硫酸盐介质中，要防止低溶解度硫酸稀土及其复盐的析出，尤其是当用碱金属和碱土金属氢氧化物作沉淀剂时，还会析出碱式硫酸稀土沉淀，使产品纯度降低。

　　碳酸稀土沉淀法是目前工业上应用最为广泛的稀土富集方法，成本低、操作简单、分离效果好。碳酸稀土沉淀法一般需先对浸出液进行除杂，才能获得符合质量要求的碳酸稀土。碳酸氢盐沉淀法主要采用碳酸氢铵、碳酸氢钠、碳酸氢镁等碳酸氢盐沉淀富集稀土。如果允许铵盐的使用，碳酸氢铵沉淀法是优先选项。

　　氢氧化稀土沉淀法具有沉淀残留稀土浓度低、材料单耗低等优点。目前，工业上已出现了采用氧化钙、氧化镁等新型无铵沉淀剂应用于稀土沉淀富集中。石灰是一种价廉的沉淀剂，但在硫酸盐介质中的应用受硫酸钙的析出而影响纯度。在氯化物介质中，石灰可以用来沉淀稀土而不至于由于钙和氯离子的共沉淀影响到产品纯度。氧化镁作为稀土沉淀剂，得到氢氧化稀土，是除杂、沉淀一些高价离子的传统沉淀剂，包括稀土。只是氧化镁碱性不够强，溶解度不大，直接用固体沉淀时会由于新生难溶氢氧化物的包裹而降低其沉淀效果，利用率下降；沉淀中还有氧化镁或氢氧化镁存在，产物纯度低，这在硫酸盐介质中尤其突出。为避免氧化镁的这点不足，在氯化物介质中可以使用钙、镁混合氧化物和氢氧化物来除杂和沉淀稀土。使用氧化钙沉淀硫酸稀土，所得氢氧化稀土焙烧后的 REO 含量低于 82%，产品中会夹杂大量硫酸根。胡秋雨采用氧化钙分别从硫酸稀土和氯化稀土溶液中沉淀稀土，证明从氯化稀土溶液中沉淀得到的产物纯度高，适合于制备高浓度的氯化稀土净化料液。刘聪采用石灰浆液进行离子吸附型稀土浸出液除杂、沉淀，上清液返回矿山。孙东江开发了一种离子吸附型稀土矿无氨开采工艺，采用氧化镁沉淀浸出液中的稀土离子。

草酸稀土沉淀一般需要经过煅烧和酸溶才能得到氯化稀土料液，草酸和能源无法二次回收利用。中国科学院厦门稀土材料研究所孙晓琦团队研发了一种新型有机沉淀剂，这种有机沉淀剂可选择性地沉淀稀土离子，过滤后用盐酸进行固/液反应，再生有机沉淀剂，实现有机沉淀剂的循环利用。南昌大学则以草酸稀土沉淀为基础，通过浓盐酸溶解和萃取草酸与盐酸，获得高浓度的氯化稀土料液，草酸和盐酸以及萃取剂都能循环利用。

有研稀土使用硫酸镁作为浸取剂，浸出液经过 P507 萃取剂串级离心萃取-水洗-反萃等工序，得到高浓度氯化稀土，与传统工艺相比缩短了工艺流程，提高了稀土的回收率。南昌大学用 N1923 从离子吸附型稀土浸出液中直接萃取稀土，铝及其他低价金属离子留在水相，其分离系数可以达到 10^5。采用 N1923 可以从浸出液中优先萃取钍和铀，N235 从酸性硫酸介质中可以选择性萃取铀，而钍和稀土不被萃取，可用于优先萃取回收铀，再结合水解沉淀来除钍和铝铁，获得净化稀土料液。中国科学院则重点研发了 C230 以及酰胺酸 D2EHDGAA、DODGA 等优先萃取稀土而对铝萃取能力弱的萃取剂及其分离性能[170]。

（1）浸取-富集-分离的耦合

赣州稀土集团孙东江团队使用硫酸镁作为浸取剂，浸出液使用氧化镁富集回收稀土，目前已在赣州稀土矿山开展工业应用试验，以实现生产过程的无铵化。但硫酸镁浸取效率较低，矿山产品稀土总量不高（10%～15%之间），后续杂质离子的分离转移到冶炼分离企业，且工序烦琐，包括优溶、酸溶、除杂、碳酸稀土沉淀结晶、铵皂化萃取、铵镁铝的回收利用等。由于污染物全部"下山"，重金属和放射性元素从矿山向分离企业迁移、向城市聚集，潜在的环境危害更大，处理的难度也更大[131,165]。

黄小卫团队采用 P507 非平衡离心萃取富集稀土，稀土富集 500 倍以上，与传统工艺相比，缩减了 5 个工序，回收率提高 8%～10%；但硫酸镁作为浸取剂的浸出效率不突出、消耗大、价格和生产成本较高。若全部浸出液需要萃取，其油溶损失，除油压力和设备投资都大，更为关键的问题是离心萃取装备造价高，维护难。尤其是受矿山杂质的影响大，效果难以稳定。如果把澄清去泥沙、水解除铝杂质、膜浓缩、离心萃取装备清洗、澄清除油、气浮除油、油污分离回收等等工序加上，工序也偏多。

许瑞高等研究了酸溶碳酸钙或石灰所得的氯化钙溶液浸取-石灰沉淀稀土的工艺路线，获得了较好的效果[133-136]。同时，与杨幼明团队使用钙盐与少量铝、铁、铵盐进行浸取，后续浸出液使用氧化钙浆液富集回收稀土。原理是通过氯化铝、氯化铁、氯化铵对氯化钙调节酸性，提高稀土浸取效率和出峰值，减少拖尾现象。孟祥龙使用镁/钙盐复合浸出，低浓度浸出液使用轻烧氧化镁除杂，用氧化钙/碳酸钠进行复合沉淀，可获得 90%左右的精矿产品，实现无铵生产，成本降低 30%以上。

南昌大学李永绣等使用分阶段浸取离子吸附型稀土，提出硫酸铵-硫酸铝、硫酸镁-硫酸铝[102]和氯化钙-硫酸铝等分阶段浸取方法[132]。一阶段使用沉淀法富集稀土产品，二阶段硫酸铝浸出液通过沉淀富集后用 N1923 萃取剂回收剩余稀土。分阶段浸取相较于单纯硫酸铝浸取能够大大减小萃取工作量，通过石灰水护尾，后续土壤 pH 值达到生态标准，降低生产成本和减小环境危害。最近，又提出了铝盐与低价无机盐的协同强化浸取工艺[137]。可以分别在硫酸盐和氯化物介质中进行。与此同时，研发了不同富集工艺的耦合来处理各种稀土浸出液。关键策略是先把杂质去除干净，暂时让稀土的损失大一些，再将预处理渣分解后进行萃取分离。例如，可以控制稀土进渣的量在 20%以内，沉淀渣酸溶的料液体积在原浸出液的 5%～10%，这相当于减少了 80%的萃取工作量和 90%的有机相损失以及水除油工作量。当然，也可以通过膜浓缩技术，让稀土浓度增加十倍再萃取，可以减少 90%的有机相损失以及水除油工作量。

当矿山富集技术与分离企业的萃取分离技术相耦合时，可以取得更进一步的物质循环利用效率。例如，氢氧化稀土直接用于萃取剂的皂化并制备高浓度的氯化稀土，可以减少后续萃取分离的酸碱消耗，缩短流程[167-168]。将草酸稀土沉淀用于分离企业制备氯化稀土料液，可以发挥草酸的分离功能，且能循环利用。因此，浸取试剂本身存在的一些不足可以通过它们之间的相互耦合和后续富集回收流程的优化来克服，并有可能发挥出更好的效益。

以往的草酸稀土沉淀需要煅烧之后才能用酸溶解，制备出用于萃取分离的氯化稀土料液消耗能源，草酸也不能循环利用。南昌大学把草酸稀土沉淀与萃取草酸和无机酸技术相耦合，用于稀土的富集并制备高浓度的氯化稀土料液，实现草酸及过量盐酸的循环和碳减排及节能降耗[169]。例如，硫酸铝-硫酸镁协同强化浸取离子吸附型稀土的浸出液，通过膜法浓缩，获得高浓度稀土浸出液。用草酸沉淀，获得的草酸稀土沉淀用浓盐酸溶解，同时使用中性膦类萃取剂进行多级萃取，有机相的草酸，可通过反洗重复使用，水相则是高浓度氯化稀土净化液和剩余酸，用异辛胺萃取盐酸后即可得到合格的高浓度料液。如图 3-36 所示。

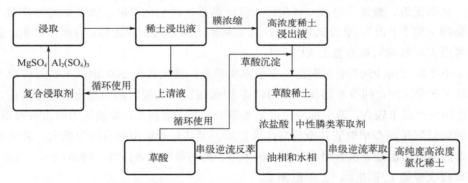

图 3-36　硫酸镁-硫酸铝协同强化浸取离子吸附型稀土及其富集工艺流程图[118]

这种结合膜浓缩法、溶剂萃取法和草酸沉淀法来处理强化浸出液的方法，是突破稀土浸出液中杂质离子严重影响产品纯度这一关键共性难题的又一关键创新技术。针对不同类型的浸出液，可以发展出不同的耦合方式方法。

从提高浸取效率和无铵化要求出发，浸取试剂的改变促使浸取策略从抑杂浸取向强化浸取和分阶段的选择-强化浸取演变。研究结果证明已经达到了提高浸出效率和整个工艺流程的无铵化的要求，可以实现浸取工艺与富集工艺的衔接，形成闭环工艺，降低生产成本。

（2）资源勘探与浸取冶炼和修复的耦合联动

环境问题的解决不单单是浸取和富集回收的任务，更主要的是要从浸矿方式方法和过程控制技术来解决。离子吸附型稀土矿绿色提取工艺不仅应该从开采效率、环境影响、产品质量及生产成本等综合来考虑，还要充分结合矿山地质结构、浸出液渗流和生态修复技术来优化工程设计，避免浸出液无组织流失，实现采-浸-修一体化。

1）稀土资源开发的环境工程模式及其必然性[6-8]

图3-37示出了环境工程模式的基本内容和要求，包括技术和管理两个层面。从技术层面来看，资源和生产勘探是确定技术类型和完成可行性研究报告的基础，且在提交的技术方案中必须包含对尾矿和尾水的合理处置等环境工程内容和要求。技术实施效果和环境影响评价是判断技术方案和管理措施是否执行到位，环境保护目标是否达到的主要依据。考虑到浸矿液的循环使用问题，企业的开采作业要有连续性，前一矿块产生的沉淀废水需要用于下一矿块的采冶。因此，在一个流域内只需选择一家具备稀土开采和环境保护技术的大企业来承接，避免多个企业的全面开花式的开采。

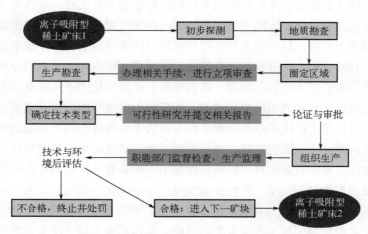

图 3-37　离子吸附型稀土资源开发的环境工程模式[8]

2）原地浸矿的效率要求需要依托勘探结果和过程调控才能有保障

离子吸附型矿床的显著特点是不均匀性。因此，缺乏稀土分布和地质水文条件数据的原地浸析采矿技术是不靠谱的，是导致稀土资源和水土流失以及环境事故的主要原因。因为影响原地浸出效率的两个主要因素是溶浸液与矿层的接触程度（采矿率）和浸出液的收集百分数（收液率）。它们不仅与稀土在矿中的分布情况及溶浸液种类和浓度有关，而且与矿床特征和风化壳的结构有关，尤其是矿层的渗透系数及其空间变化规律。溶液在矿床内部的迁移和渗透的不均匀性必然导致注入浸矿剂溶液流向的不可预见性。

就离子吸附型稀土矿床而言，因含有许多种黏土矿物和脉石矿物，也存在一些裂隙和断面。因此，在矿床中的不同部位，以及一个部位的不同方向所表现出的渗透性是有差别的。在同一位置上，溶液向上下左右的垂直和水平方向的迁移也是不同的。因为这种差异直接影响到稀土离子的迁移方向，可以从离子吸附型稀土的空间分布来加以研究。通过对空间某一点注入溶液的渗流场研究，可以分析该位置附近水平和垂直方向的迁移系数的相对大小。由于稀土浸取效果与浸取剂通过矿层的渗透规律有关，大部分注入溶液往往集中地往流动阻力小、渗透性好的全风化层和砂层区域通过，产生所谓的过流现象，导致矿层滑坡。在黏土成分高的表层和致密性好的半风化层区域流入的流体量小，流体进去后也不容易流出，产生所谓的滞流现象，导致淋洗流出曲线严重拖尾。为此，需要开展原地和空间分辨的地质水文基本参数测定工作，主要是渗透系数及渗流场的测定，并根据矿床的水渗透性特征来规划和设计原地浸出的具体注液和收液方法。吴爱祥等、杨保华研究了离子型稀土矿原地和堆浸中溶浸液渗流规律的影响因素；罗嗣海等对离子吸附型稀土矿原矿和筛分样进行了室内常水头柱浸试验。总的来讲，有关离子吸附型稀土矿床渗透系数测定和利用的研究还很少。

原地浸出过程难以控制的原因之一是地质状况复杂，浸矿剂在矿体裂隙中的渗流方向难以把握。当岩体的透水性很小，而岩体内部的结构面互相切割和连通可形成良好的透水通道，此时的岩体渗流多为裂隙网络渗流，其渗流特征呈现不均匀性、非连续性和各向异性等特点。因此，裂隙介质的渗透性比孔隙介质的更为复杂。除此之外，地貌、地形、风化等多种因素都能影响到裂隙岩体的渗透性。在垂直方向上岩体的结构变化，也说明了裂隙水渗流在垂直方向上具有一定的分带性。因此，在制定具体的原地浸出方案之前，应该有详细的稀土元素空间分布和地质水文资料等矿床的"基因"数据，作为采冶和环境工程的设计依据。

离子吸附型稀土矿中，稀土元素的迁移与水流方向密切相关。离子吸附型稀土矿床中，稀土元素的含量和配分的空间分布特征直接与矿床形成过程中稀土元素的分异相关，是稀土元素地球化学理论研究的核心科学问题，是当前离子吸附型稀土研究的重点内容[1,8,14]。对离子吸附型稀土形成机制和特点的研究和掌握、新资源的发现和圈定具有重要的指导意义和现实价值。离子吸附型稀土矿床形成的必要条件是母岩中含有稀土，火山活动的差异性导致岩石类型不同及所含的稀土元素也不同。离子吸附型稀土矿成矿母岩具有时代规律，重稀土在燕山晚期达到高峰。离子吸附型稀土矿床形成的另一个必要条件是具有合适的外生条件。含有稀土元素的母岩在物理、化学、生物及微生物作用下风化，褐帘石等原生稀土矿物的风化分解提供了离子型稀土矿的稀土来源；长石等造岩矿物的风化分解形成了稀土离子的载体矿物；适宜的水文条件提供了稀土次生富集的可能，从而形成了稀土次生富集的离子型稀土矿床。稀土元素的富集程度由很多因素决定，稀土迁入大于迁出，就容易富集成矿。因此，离子吸附型稀土的分布和迁移规律研究可以为资源探测新技术的发展提供科学依据。事实上，不仅是稀土本身的迁移规律，而且一些非稀土元素的迁移和分布特征也能反映出矿床中稀土离子的分布状态，据此也可以提出新的探矿方法。例如 Rb、Sr、Pb 等，适合于用简便的手持式 XRF 技术进行现场检测，其检出限都在百万分之几。而在稀土元素中只有 Y 的检出限在百万分之几的范围。因此，如果能够确定 Rb、Sr、Pb 在离子吸附型矿床中的迁移和分布规律及其与稀土分布的相关性，就可以用来圈定离子吸附型稀土的富集范围，提出比直接测定稀土更为方便的方法。因此，系统研究该类矿床中离子吸附态稀土和伴生金属元素的含量范围、存在形式和空间分布及其相关性不仅是离子吸附型稀土和重金属元素地球化学的主要内容，也是圈定离子吸附型稀土富集区域、计算稀土储量的主要依据。

原地浸矿过程的监测与调控是保证原地浸矿效率和环境影响程度的必要内容。然而，在过去很长一段时间里，这一工作非常薄弱。矿山水污染产生的主要源头是矿体中注入的和尾矿中残留的浸矿剂外泄或被雨水浸淋产生的。而在原地浸矿方式下，作业时间长且面积大、地质结构不清，很容易导致浸矿剂外泄。所以，原地浸矿方法表面上环保，实际上污染更大。其直接的证据就是单位产品的$(NH_4)_2SO_4$消耗量增大很多。因此，在环境工程模式中，我们强调了详细的生产勘探数据对原地浸矿的重要性。在浸矿方式上，我们主张根据生产勘探数据来确定是采取原地浸矿还是堆浸，也可以是两种方法的有机结合。因此，堆浸和原地浸出方案的制定需要同时满足稀土收率和环境保护的要求。未来原地浸矿技术的发展方向应该是发展建立在生产勘探数据基础上的精准注液和收液技术上。近十年来，原地浸矿工程技术得到了很好的发展，主要包括注液和收液系统的科学设计以及实施过程的监测和控制。稀土收率要求一直在 75%和 80%之间选择，但这些收率数据需要与具体的计算依据和方法相对应才有实际意义。在现有的一些收率计算方法中，以动用矿块的稀土储量数据为基础所得的收率数据偏高。因为储量数据与边界品位的要求相关，而原有的边界品位要求偏高，圈定的资源范围窄。实际上的原地浸出范围会超过圈定的资源范围，导致按稀土产量和资源量计算的稀土收率数据偏高。因此，有必要下调边界品位要求，与前述关于资源圈定依据和方法的更新相配套，改变现有的收率计算方法。

事实上，目前实施的离子吸附型稀土原地浸析技术方案及其科学基础还存在很大分歧。由于缺乏离子吸附型稀土高效提取和利用技术的科学基础，导致大量可开采资源的浪费，且环境影响大，滑坡塌方风险高。采矿方式及其控制的难易程度对于降低环境污染起着十分重要的作用。如果原地浸出满足不了这一要求，堆浸也是一个很好的选择。但不管是采用哪种浸矿方式，都需要有确切的监测数据来计算。因此，我们提出把矿山水文地质勘探常用的高密度电法用于原地浸矿和堆浸过程的监测与控制，并且正在矿山开展试验研究，预期会对离子吸附型稀土浸矿效率的测评和工艺的优化提供很好的数据支撑。

3）浸矿与生态修复的耦合尾矿的稳定与生态修复

尽管浸矿剂和浸矿工艺的进步能够在减少废水量和稳定尾矿上起到积极作用。但要彻底消除环境影响，还需要基于稀土资源开发"醉翁之意不在酒，在乎山水之间也"的基本理念，按照"环境工程模式"的要求来开展工作。主张以资源勘探结果为基础来确定具体的技术方案，发展精细的堆浸和原地浸矿技术。

但是，不管采取哪种浸矿方式，都需要与后续尾矿生态修复工作相结合。在现有的原地浸矿技术中，由于浸矿剂循环量大，储液池容量不够，很多矿山生产上使用的顶补水还是浸矿剂溶液，这势必导致闭矿后的尾矿中仍然有高浓度的浸矿剂残留，进而导致后续 1～3 年内环境水污染物超标。因此，如果不解决浸矿液循环使用与水顶补作业的矛盾问题，以及大雨天浸矿液的外泄问题，原地浸矿的环境污染难以避免。

原地浸析技术导致滑坡现象的普遍发生证明原地浸析技术采矿后的尾矿是水土流失的高风险源。因此，不管是采用哪种浸矿方式，尾矿的稳定与生态修复都是实施环境工程模式的重点任务。为此，我们提出了更加适合于采-浸-修一体化的可控堆浸方法，设计了一些可生长式的堆浸结构和浸矿与生态修复一体化的采浸方法，并进行了现场试验研究，取得了很好的效果。

3.3.7 稀土矿山富集与后续稀土萃取分离的衔接[104]

目前在稀土矿山广泛采用的稀土富集技术及水冶流程是以碳酸稀土结晶沉淀方法为核心发展起来的。图 3-38 是针对离子吸附型稀土浸出液的浓度范围和杂质含量拟定的富集回收、物质循环并与萃取分离联动耦合的技术方案示意图。随着资源开采边界品位的下调，需要发展针对低浓度稀土浸出液，尤其是酸性浸出液和高价金属盐浸出液中稀土的富集及其与杂质离子的分离技术。

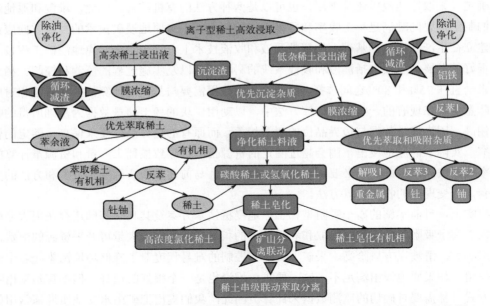

图 3-38　从浸出液中富集稀土、物质循环减排并与稀土萃取分离联动的技术路线图

从低浓度稀土浸出液和废水中，富集回收稀土的技术研究仍然需要加强。目前的萃取和膜富集技术还不具备全面取代沉淀法和吸附法的技术条件，但在一些需要分离共存杂质离子的场合，可以充分体现萃取的优势。例如，在对 Al 的分离和 Sc 的回收、稀土的分组以及 U、Th 等放射元素的处置上，萃取法的应用潜力很大。尤其是在高价离子电解质用于稀土的浸取时更具应用价值，是解决矿山废渣废水的必要内容。其中，铝、铀的合理利用是提高效率、降低消耗和环境影响的技术关键。

铝、铀在稀土萃取分离线中的弥散分布和纠缠不清，导致稀土分离效率和产品质量的降低，还有严重的环境污染，包括废渣及其放射性污染。下面主要以稀土与铝的分离为例，讨论这些伴随杂质对稀土生产过程和产品质量的影响以及导致的环境污染问题。要解决这些问题，还需要从环境保护、稀土产品质量和生产成本等多方面的要求出发，提出经济实用且高效的分离体系或分离流程，让稀土与铝做到"相敬如宾"。尤其是针对矿山提取流程和产品质量的优化要求，重点讨论了以沉淀和萃取相结合的从稀土浸出液中富集稀土、生产极低铝含量稀土矿产品的新方法，并与稀土分离流程实现联动耦合。

在离子吸附型稀土矿床中，氧化铝的含量一般都大于 10%，而且其中所含的一部分离子吸附型铝和铁锰胶体共生的铝可以被现行使用的浸取试剂所浸出。在浸取剂种类和浓度一致的条件下，铝的浸出量与矿中所含的离子吸附型铝量和矿物酸性有关，提高酸度可以使铝的浸出量大增。鉴于铝对后续稀土富集和分离的影响，早期离子型稀土矿产品中铝的含量被限制在 0.3%以下。在用氯化钠浸取时，龙南重稀土矿床中浸出的铝含量不高，采用草酸沉淀时铝一般留在溶液中，进入沉淀中的少量铝，在煅烧后的氧化物水洗除钠过程中，也会随氢氧化钠进入洗涤水中，确保产品中的铝含量能够达到 0.3%以下的质量要求。

与此同时，游离铝离子及其化合物也是人们普遍关注的一种污染物。由于离子型稀土尾矿渗淋水的 pH 偏低，其铝离子和稀土离子含量常常超标。因此，在原地浸矿周边的水体中，不只是持久性的氨、氮、镁超标问题，还有稀土和铝含量的持续超标。因为在原地浸矿过程中，浸矿剂浓度的提高和浸矿层高度的加大，都会导致浸出液的酸度提高，产生大量的这种铀、钍、铁、铝、铅等杂质含量高的低浓度稀土溶液。因此，从这种稀溶液中回收稀土，必须预先除杂。但由于稀土与铝的相似性，一些稀土被共同沉淀而进入沉淀渣，降低了稀土的直接收率。若要减少稀土损失，铝与稀土就不能彻底分离，矿产品中的铝含量增大。为此，离子型稀土产品中的氧化铝含量要求由原先的 0.3%以下放松到现在的 1.5%以下。即使如此，许多矿山还是满足不了这个要求，氧化铝含量甚至达到 5%以上。如图 3-39 所示，由于矿产品中铝含量高，分离过程会产生大量的含铝预沉淀渣；而且在萃取分离过程中铝对产品质量和萃取负载量的影响直接导致了生产效率和产品质量的下降以及环保压力的增大。

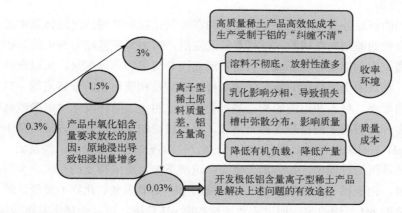

图 3-39   离子型稀土产品中氧化铝含量升高对稀土萃取分离的影响及其消除办法

（1）稀土与铝的分离基础

在稀土湿法冶炼过程中，稀土和铝均以三价状态存在于溶液中，或被沉淀、被萃取、被吸附。它们的价态相同，都属于硬酸，都能够发生水解形成氢氧化物。铝的离子半径为 0.57，而稀土离子的离子半径从镧到镥缓慢减少，从 1.17 减少到 0.78。钇的离子半径为 0.89，居于重稀土钬铒之间。钪的离子半径为 0.67，在镧系元素之外，更接近铝。

由于稀土与铝的离子半径不同，产生沉淀所需的 pH 不同。铝相对较小的离子半径和高的电荷密度，使铝离子在中性水溶液中的浓度非常低，因为它可以形成难溶性的氢氧化铝。稀土在 pH 7 左右的溶液中游离浓度较高，对环境的危害更大。另外，铝既能够形成可溶性羟基配合物，又能发生聚合。当溶液 pH 小于 3，铝将以水合铝离子存在，提高溶液 pH 到环境中性 pH 范围，形成不溶的氢氧化铝，继续提高 pH 到大于 9，将形成铝的羟基络合物或铝酸盐而溶解。铝在溶液中存在形态的多样性、性质的差异性和过程的时效性导致一些萃取剂萃取铝的能力居于稀土元素之间，且飘忽不定。因为铝的水溶液化学非常复杂，除了水解过程和产物的 pH 和温度依赖性，还有配位和水解过程的时间依赖性。在 pH 2.5 以下，可以认为是以纯粹的三价水合铝离子存在，随着 pH 的升高，一些聚合羟基铝配合物相继形成，而且其百分比分布也在不断变化。在 pH 范围 2.5～3.35 之间，主要存在形式及其含量大小次序为 Al^{3+}，$Al_2(OH)_4^{2+}$；而在 pH = 3.35～3.55 的微小变化范围之内，又产生一些新的物种，浓度大小次序为：$Al^{3+} > Al_2(OH)_4^{2+} > Al_6(OH)_{15}^{3+} > Al_{13}(OH)_{24}^{7+}$。继续提高 pH 到 4，那些水解聚合形态的量增加，而游离铝离子分数降低，其含量次序为 $Al_{13}(OH)_{24}^{7+}>Al_6(OH)_{15}^{3+}>Al_2(OH)_4^{2+}>Al^{3+}$。因此，对于以酸性阳离子交换反应为基础的萃取体系，对铝离子的萃取能力随 pH 的依赖性必定受这种存在形式的变化而产生大的变化，包括它们的萃取能力大小及其次序均会发生变化。当聚合羟基铝中的羟基数占比较高时，还将发生无机粒子的胶体化和有机溶剂的乳化，影响萃取分相和分离效果。

当然，与稀土离子之间的性质差别相比，铝与稀土的差别还是非常明显的。例如，在草酸沉淀和氢氧化物沉淀体系中，都可以利用铝更容易形成可溶性配合物而与稀土分离。只是由于所需的沉淀剂浓度较高，消耗大，成本高，以及由于过量原料的使用导致的污染物增多而不愿使用。

1）沉淀分离

稀土与铝的沉淀分离方法主要是基于它们在氢氧化物和草酸盐沉淀体系中形成沉淀和可溶性配位化合物的差别来完成的。一些有机沉淀剂，例如 8-羟基喹啉等也能与铝发生沉淀而用于沉淀分离。由于铝更容易形成氢氧化物沉淀而非硫化物和碳酸盐，所以在硫化物和碳酸盐沉淀体系，涉及的仍然是铝的氢氧化物与稀土碳酸盐和硫化物的分离问题，其差异性比单纯的氢氧化物要小。稀土和铝的磷酸盐是难溶的，已用于去除环境水中的磷或高磷血症的治疗。对于含多种杂质离子的低浓度稀土溶液，前面讨论的预处理除杂方法是基于不同金属离子水解沉淀 pH 不同来进行的。调节 pH = 5～6，使溶液中的大部分铝、铁及铀、钍等沉淀下来。但在预处理沉淀过程中，部分稀土也会共沉淀下来，造成稀土的损失。尤其是当使用碳酸盐沉淀铝时，由于稀土产生碳酸盐沉淀所需的 pH 比形成氢氧化物的要低，致使稀土与铝之间实现分离的 pH 范围收窄。所以需要严格控制 pH 范围，以减少稀土共沉淀损失。

草酸沉淀稀土得到广泛工业应用，是因为大部分金属离子不在酸性条件下产生沉淀，选择性高，而且结晶性能好，过滤快。但当有较多的铝和铁存在时，可溶配合物的形成需要消耗大量的草酸，成本增加。

2）萃取分离

酸性磷类萃取剂在萃取分离稀土与铝时，由于半萃 pH 相近，使得稀土与铝难以有效分离。在 P507 萃取体系中，铝与轻稀土的萃取能力差别小。在高的相比和高萃取剂浓度下，过量自由萃取剂的存在导致铝被共萃。例如，P507-煤油-盐酸萃取体系分离 LaCe/PrNd 工艺条件下，铝离子属于易萃元素，会在反萃段 PrNd 出口中积累富集，这就造成了镨钕溶液中铝离子偏高的问题。为此，在 P507-煤油-$RECl_3$-HCl 的萃取体系中只好采用分步反萃法来实现铝的去除，即首先将 80%～90% 的负载镨钕有机相反萃得到 Al_2O_3/REO 小于 0.05% 的料液，再对有机相二次反萃，得到其余 10%～20% 镨钕的 Al 含量高的反萃液。贾江涛等报道了铝在稀土萃取分离流程中的分布及分离方法，证明铝在 Sm/Eu/Gd 和 Sm-Gd/Tb/Dy 两个分离段中广泛分布，铝的走向与难萃稀土组分一致，主要富集于氧化钐或钐铕钆富集物中。

环烷酸萃取金属元素的序列为：$Fe^{3+}>Th^{4+}>Zr^{4+}>U^{4+}>In^{3+}>Tl^{3+}>Ga^{3+}>UO_2^{2+}>Sn^{2+}>Al^{3+}>Hg^{2+}>Cu^{2+}>Zn^{2+}>Pb^{2+}>Ag^+>Cd^{2+}>RE^{3+}$。在相同条件下，铝离子先于稀土离子从浸出液中被萃取出来。在这一萃取体系中，铝常常会以 $Al(OH)_2^+$ 为核心形成悬浮颗粒，使有机相出现乳化现象。为此，众多学者对环烷酸萃取分离稀土料液中的铝离子进行了大量研究。李剑虹等研究发现铝和稀土的分离系数受 pH 的影响很大，pH 增大不但会导致羧酸的溶解损失增大，而且会引起铝离子发生水解乳化，分离系数 $\beta_{Al/RE}$ 随着料液 pH 值的升高急剧减小。因此，调节溶液的酸碱度也可以有效地将稀土浸出液中的铝离子去除。对于稀土与铝的分离，氯代环烷酸比环烷酸更具优越性，可以有效避免乳化现象的发生。但稀土与铝的分离系数受皂化度、料液酸度及铝离子浓度等因素影响较大。最常用的方法是环烷酸萃取法除铝，环烷酸萃取法萃取金属离子的序列为 $Fe^{3+} > Al^{3+} > RE^{3+}$，所以稀土料液中的 Fe 杂质会被优先除去。环烷酸萃取除铝的缺点是易产生乳化，导致静置时间长，甚至产生冻胶，使工艺不能继续进行。而且环烷酸需要加入异辛醇作为相改良剂，易造成酯化而使得有机相浓度下降。

伯胺属于给受电子型有机溶剂，其分子中的氮原子和氢原子分别具有给电子性质和受体性质。从已有的研究看来，酸性条件下金属以络阴离子形式被 N1923 萃取，属于离子缔合萃取机理。伯胺对稀土与钍的分离系数较高，可以高效地从硫酸体系中分离钍、稀土和铁，而且对稀土元素表现出"倒序"萃取现象。研究发现，N1923 对杂质离子的选择性较高，且在富集低浓度酸性稀土溶液方面具有明显的优势。

3）吸附及多重平衡分离

由于铝和稀土的电荷、尺寸和水化焓的相似性使铝与酸性阳离子交换树脂吸附的稀土相竞争。所以，单纯依靠树脂或简单的以非化学吸附为特征的吸附剂来分离稀土与铝是十分困难的。从乙二醇胺酸中提取的配体在稀土和铝之间具有较高的选择性，这为稀土/铝的选择性吸附分离提供了依据。将这些官能团合成到树脂上，可以从含高浓度铝的稀土溶液中提取稀土，而几乎没有铝的共吸附。在柱层分离的洗脱过程中，稀土通常比铝保留得更长。因此，基于多重平衡原理，共吸附的铝可以通过有机配体的选择性洗脱来分离，或者在吸附体系中加入可以优先与铝配位的有机配体，来提高稀土与铝的分离选择性。一些能够与铝形成络阴离子的有机配体，可以与阴离子交换树脂构成优先吸附铝的分离体系。在柠檬酸等有机酸及其盐的介质中通过阳离子交换纤维来优先吸附铝，而稀土吸附很少，控制酸性范围，可实现稀土与铝的分离。

（2）稀土与铝铀等杂质的分离实践

前面，我们已经介绍了在研究碳酸氢铵沉淀法提取稀土工艺时，提出的用水解沉淀法来去除铝离子及含硅铝泥沙的方法。该方法主要利用水解形成的正电性胶体聚合铝离子来去除浸出液中的大量悬浮泥沙，同时又利用部分稀土与铝的共沉淀来去除剩余的少量铝。在硫酸盐介质中，三价铁的水解范围在 pH = 2.5～4 之间，铝在 4～5 之间，三价稀土氢氧化物（钪除外）的沉淀 pH 在 6.8～8.0 范围。氯化物溶液中，钍沉淀物主要发生在 2.5～5.5 的 pH 范围内，铀（Ⅵ）沉淀发生在 5.5～7.0 的 pH 范围内。由于稀土与钍水解 pH 相差较大而与铀沉淀的 pH 相近，可以利用水解法沉淀分离钍，但无法分离铀。稀土与铝的水解 pH 有较大的差别，但它们共存时仍然存在交叉共沉淀而降低分离效果。

最早在工业上使用的浸-萃一体化技术是赣州有色冶金研究所在寻乌稀土矿推广应用的氯化钠浸出-P204 萃取分组法提取稀土工艺。后续针对硫酸铵浸取工艺，还分别研究了 P204、P507、环烷酸、N1923 等萃取富集方法。为克服 P204 萃取重稀土后难以反萃的问题，有研稀土还提出了 P204-P507 分阶段萃取富集方法。这些方法对于稀土的富集均有很好的效果。但面对大量低浓度稀土溶液的萃取，有机相消耗太大，成本高，环保压力大。

新萃取试剂的设计合成，应该针对具体的料液及其分离要求来考虑。对于低铝含量稀土溶液的处理，应该采用优先萃取铝杂质的萃取体系，例如羧酸类萃取剂。设计目标应以提高稀土与铝的分离选择性和抗乳化能力为主。孙晓琦等合成了一种正丁基酚异丙酸，并比较了它在非皂化和皂化状态下萃取分离稀土与铝的效果，证明比环烷酸具有更好的分离和分相效果。采用两步连续萃取分离方法，可以完全将稀土与铝分开，不发生乳化现象[170]。

对于有大量铝离子存在下的低浓度稀土料液，应选择或设计合成能优先萃取稀土的萃取试剂。N1923 是用于这一目标的有效萃取试剂，适合于在硫酸介质中优先萃取稀土。采用酰胺酸或在中性磷类化合物中引入含氮配位基团，是寻找优先萃取稀土而不萃或少萃铝的萃取剂的一条可靠途径。

基于萃取分离方法的保障，我们在浸取时就可以用铝盐来提高稀土浸取率，提出了基于铝资源回收利用的离子型稀土高效浸取新流程。这一工艺的特点是将铝用于离子型稀土的浸取，与浸出液中铝与稀土的分离工艺衔接起来，实现稀土与铝及其他元素的高效低成本分离，开发低铝矿山产品，满足稀土分离企业无放射性废渣分离流程的要求，并解决矿山氨氮污染的问题。我们同时考虑消除氨氮污染和提高稀土收率、稳定尾矿等问题，提出了以硫酸铝作为新一代绿色浸取剂的离子吸附型稀土提取新工艺，证明硫酸铝的浸取效率是最高的，尾矿也更稳定。因为铝离子被黏土稳定吸附，尾矿 zeta 电位绝对值趋于 0mV，可以减少水土流失和滑坡塌方风险。

采用先沉淀富集，再萃取分离的组合方法，可以与多种浸取方法相结合，形成一系列的浸取和富集分离流程[168]。例如，前面已经介绍的硫酸铵-硫酸铝、硫酸镁-硫酸铝、氯化钙镁-硫酸（氯化）铝等两段浸矿方法，铝盐与低价无机盐的协同浸取方法。结合萃取和沉淀富集流程，可以生产出能够满足高质量、低铝矿山产品的开发要求，与分离企业的稀土串级萃取分离耦合，构建无放射性废渣清洁分离新流程。用萃取方法来分离稀土与铝、铀、钍，是构建无放射性废渣稀土萃取分离流程的重要内容。除 N1923 外，N235 对铀和铁的萃取选择性高，而 P227 萃取剂则可以优先萃重稀土，在实现轻重稀土分组之后，也可以直接进行重稀土的分离。因此，以 N1923 萃取剂为主体，结合 N235 和 P227 萃取剂的使用，可以实现稀土浸出液和沉淀渣中稀土与铀、钍、铁、铝元素的分离与回收。最近，廖伍平等报道了用其合成的 2-乙基己基氨基甲基膦酸二(2-乙基己基)酯萃取剂，直接从浸出液中萃取铀、钍，再用 N1923 萃取分离稀土与铝，实现稀土与铀、钍和铝分离[171]。杨帆课题组合成的新型萃取剂 N,N-二异辛基-3-氧戊酰胺酸（D₂EHDGAA）和 N-[N,N-二(2-乙基己基)氨基羰基甲基]甘氨酸（D₂EHAG），都可以在高铝条件下优先萃取稀土，可以用于稀土与铝的高效分离。

长汀金龙稀土有限公司自主开发了一种新型萃取剂，二苯氨基氧代羧酸[172]。该萃取剂合成极其简单，不使用易燃易溶溶剂和制毒化工原料，成本低廉，与精制烷酸产品相当。萃取剂无毒，不易燃，无臭味，配制的有机相亦无臭味。用于稀土分离时，皂化液碱可以快速加入，含有该萃取剂的有机相不乳化；有机相分相速度快，液-液界面清晰，无第三相生成；不需要加相改良剂异辛醇，有机相可循环使用，长期使用后有效浓度不下降。

思考题

1. 离子吸附型稀土资源是在龙南首先发现并命名的，也曾认为是我国独有的一类资源，后来在国外好几个国家也发现了类似的稀土资源，并突破了纬度和海拔的限制。请结合具体实例，说明或评价这种变化。

2. 离子吸附型稀土的化学选矿技术有何突破？意义如何？

3. 对离子型稀土特点的认识有何变化？这种变化对提取技术的研究会有什么新的要求？

4. 离子吸附型稀土的高效化和绿色化提取需要解决哪些问题？最为主要的问题又是哪几个？

5. 我国稀土矿产品冲击国际稀土市场的技术基础是什么？

6. 我国选矿技术是如何从跟踪走向创新，并引领世界的？

7. 试述离子型稀土浸矿试剂的演变及其内在原因。

8. 为什么说铝的问题是离子型稀土高效绿色开发需要解决的关键问题？

9. 试述沉淀法分离杂质并富集稀土的基本方法和条件控制范围。

10. 萃取、吸附、膜分离等技术如何与沉淀技术相互联动耦合？

参考文献

[1] 李永绣. 离子吸附型稀土资源与绿色提取. 北京：化学工业出版社，2014.

[2] 贺伦燕，王似男. 我国南方离子吸附型稀土矿. 稀土，1989, 10(1): 39.

[3] 贺伦燕，冯天泽，傅师曦，等. 硫酸铵淋洗从离子型稀土矿中提取稀土的工艺研究. 稀土，1983, 4(3): 1-4.

[4] 贺伦燕，李永绣. 离子吸附型稀土矿中稀土离子的交换性能与离子相稀土含量测定. 稀有金属，1985, 4 (1): 67.

[5] 贺伦燕，冯天泽，吴景探，等. 离子吸附型重稀土矿中稀土离子的交换性能和影响因素. 江西大学学报(自然科学版)，1988, 12(3): 76-83.

[6] 李永绣，张玲，周新木. 南方离子型稀土的资源和环境保护性开采模式. 稀土，2010, 31(2): 80-85.

[7] 李永绣，周新木，刘艳珠，等. 离子吸附型稀土高效提取和分离技术进展. 中国稀土学报，2012, 30(3): 257-264.

[8] 许秋华，孙园园，周雪珍，等. 离子吸附型稀土资源绿色提取. 中国稀土学报，2016, 34(6): 650.

[9] 池汝安，田君. 风化壳淋积型稀土矿述评. 中国稀土学报，2007, 25(6): 641.

[10] 李天煜，熊治廷. 南方离子型稀土矿开发中的资源环境问题与对策. 国土与自然资源研究，2003(3): 42-44.

[11] Huang X W, Long Z Q, Wang L S, et al. Technology development for rare earth cleaner hydrometallurgy in China. Rare Metals, 2015, 34(4): 215-222.

[12] 严纯华. 中国学科发展战略. 稀土化学. 北京：科学出版社，2022.

[13] 中国科学技术协会，中国稀土学会. 2014—2015 稀土科学技术学科发展报告. 北京：中国科学技术出版社，2016.

[14] Xu Q H, Yang L F, Wang D S, et al. Evaluating the fractionation of ion-adsorption rare earths for in-situ leaching and metallogenic mechanism. J Rare Earths, 2018, 36(12): 1333-1341.

[15] 许秋华，杨丽芬，张丽，等. 基于浸取 pH 依赖性的离子吸附型稀土分类及高效浸取方法. 无机化学学报，2018, 34(1): 112-122.

[16] Wang D, Zhao Z, Yu Y, et al. Exploration and research progress on ion-adsorption type REE deposit in South China. China Geol, 2018, 1: 414-423.

[17] Lu L , Liu Y, Liu H, et al. Geochemical and geochronological constraints on the genesis of ion-adsorption-type ree mineralization in the lincang pluton. SW China, Minerals, 2020, 10: 1-23.

[18] Yusoff Z M, Ngwenya B T, Parsons I. Mobility and fractionation of REEs during deep weathering of geochemically contrasting granites in a tropical setting, Malaysia. Chem Geol, 2013, 349-350: 71-86.

[19] Ishihara S, Hua R, Hoshino M, et al. REE abundance and REE minerals in granitic rocks in the Nanling Range, Jiangxi province, Southern China, and generation of the REE-rich weathered crust deposits. Resour. Geol, 2008, 58: 355-372.

[20] Pavón E, Alba M D. Swelling layered minerals applications: A solid state NMR overview. Prog Nucl Magn Reson Spectrosc, 2021, 124-125: 99-128.

[21] Xiao Y, Huang L, Long Z, et al. Adsorption ability of rare earth elements on clay minerals and its practical performance. J Rare Earths, 2016, 34: 543-548.

[22] Alshameri A, He H , Xin C, et al. Understanding the role of natural clay minerals as effective adsorbents and alternative source of rare earth elements: Adsorption operative parameters. Hydrometallurgy, 2019, 185: 149-163.

[23] Tohar S Z, Yunus M Y M. Mineralogy and BCR sequential leaching of ion adsorption type REE: A novelty study at Johor, Malaysia. Phys Chem Earth, 2020, 120: 102947.

[24] Estrade G, Marquis E, Smith M, et al. REE concentration processes in ion adsorption deposits: Evidence from the Ambohimirahavavy alkaline complex in Madagascar. Ore Geol Rev, 2019, 112: 103027.

[25] Sanematsu K, Kon Y, Imai A, et al. Geochemical and mineralogical characteristics of ion-adsorption type REE mineralization in Phuket, Thailand. Miner Depos, 2013, 48: 437-451.

[26] Bao Z, Zhao Z. Geochemistry of mineralization with exchangeable REY in the weathering crusts of granitic rocks in South China. Ore Geol Rev, 2008, 33: 519-535.

[27] Yaraghi A, Ariffifin K S, Baharun N. Comparison of characteristics and geochemical behaviors of REEs in two weathered granitic profiles generated from metamictized bedrocks in Western Peninsular Malaysia. J Asian Earth Sci, 2020, 199 (5): 104385.

[28] Tohar S Z, Yunus M Y M. Mineralogy and BCR sequential leaching of ion adsorption type REE: A novelty study at Johor, Malaysia. Phys Chem Earth, 2020, 120 (10): 102947.

[29] Antoniassi J L, Uliana D, Contessotto R, et al. Process mineralogy of rare earths from deeply weathered alkali-carbonatite deposits in Brazil. J Mater Res Technol, 2020, 9(4): 8842-8853.

[30] 黄华谷, 胡启锋, 程亮开, 等. 广东禾尚田矿区新类型风化壳离子吸附型稀土矿的发现及意义. 地质与勘探, 2014, 50(5): 893.

[31] 邹佳作, 聂飞, 郭金承. 四川冕宁-德昌地区发现离子吸附型稀土矿点. 中国地质, 2023, 50(2): 648-649.

[32] 王学求, 周建, 张必敏, 等. 云南红河州超大规模离子吸附型稀土矿的发现及其意义. 地球学报, 2022, 43(4): 509-519.

[33] 黄玉凤, 谭伟, 包志伟, 等. 母岩特征对上犹复式岩体中风化壳离子吸附型重稀土矿形成的制约. 大地构造与成矿学, 2022, 46(2): 303-317.

[34] 彭春龙. 三明市域离子吸附型稀土矿远景评价. 能源与环境, 2023 (2): 20-23.

[35] 张民, 何显川, 谭伟, 等. 云南临沧花岗岩离子吸附型稀土矿床地球化学特征及其成因讨论. 中国地质, 2022, 49(1): 201-214.

[36] 陆蕾, 王成辉, 王登红, 等. 云南邦棍尖山花岗岩的岩石学、地球化学和年代学特征对离子吸附型稀土成矿的制约. 地质学报, 2023, 97(5): 1494-1507.

[37] 黄健, 谭伟, 梁晓亮, 等. 富稀土副矿物的风化特征及其对稀土成矿过程的影响——以广东仁居离子吸附型稀土矿床为例. 地球化学, 2022, 51(6): 684-695.

[38] 伍普球, 周靖雯, 黄健, 等. 离子吸附型稀土矿床中稀土的富集-分异特征: 铁氧化物-黏土矿物复合体的约束. 地球化学, 2022, 51(3): 271-282.

[39] 陈小平, 郑燕, 彭江波, 等. 老挝 MK 离子吸附型稀土矿成矿及其矿化分布特征. 地质与勘探, 2022, 58(6): 1341-1352.

[40] 张民, 谭伟, 何显川, 等. 云南省澜沧县离子吸附型稀土矿床地质特征分析与成矿过程探讨. 矿

床地质，2022, 41(3): 567-584.

[41] 熊永柱，刘壮，兰春雨，等. 横向注液条件下离子吸附型稀土堆体渗透特性模型试验研究. 金属矿山，2022 (10): 88-94.

[42] 曾招金，祝向平，张彬，等. 云南中基性火山岩风化壳离子吸附稀土成矿作用分析——以腾冲龙井山安山岩风化壳型稀土矿床为例. 地球学报，2021, 42(6): 936-944.

[43] 自然资源部. 西澳克莱山发现离子吸附型稀土矿. 稀土信息，2022 (5): 18.

[44] 杜盛华. 离子吸附型稀土矿找矿勘查中的工作方法应用分析. 华北自然资源，2022 (5): 26-29.

[45] 王登红，赵芝，于扬，等. 我国离子吸附型稀土矿产科学研究和调查评价新进展. 地球学报，2017, 38(3): 321-325.

[46] 李江. 广东怀集县古城离子吸附型稀土矿床地质特征及找矿标志. 世界有色金属，2022(2): 61-63.

[47] 刘浏. 广东城口地区离子吸附型稀土矿矿床特征及找矿前景分析. 世界有色金属，2022(18): 88-90.

[48] 王臻，肖仪武，冯凯. 离子吸附型稀土矿成矿特点及元素赋存形式. 有色金属（选矿部分），2021(6): 43-51.

[49] 蓝信杰，张保涛，卢文姬，等. 云南勐海地区离子吸附型稀土矿控矿因素及找矿前景. 地质与勘探，2021, 57(4): 935-946.

[50] 王长兵，倪光清，瞿亮，等. 花岗岩风化壳中 Ce 地球化学特征及其找矿意义——以滇西岔河离子吸附型稀土矿床为例. 矿床地质，2021, 40(5): 1013-1028.

[51] 潘泽伟，卢映祥，罗建宏，等. 滇西陇川营盘山离子吸附型稀土矿稀土元素分布特征. 地质与勘探，2021, 57(4): 784-795.

[52] 陈曹军，邓志祥，吴清华，等. 滇西盈江地区新泡山离子吸附型稀土矿床成矿条件及找矿前景. 地质与勘探，2021, 57(4): 751-761.

[53] 王登红，赵芝，于扬，等. 我国离子吸附型稀土矿产科学研究和调查评价新进展. 地球学报，2017, 38(3): 317-320.

[54] 于扬，王登红，田兆雪，等. 稀土矿区环境调查 SMAIMA 方法体系、评价模型及其应用——以赣南离子吸附型稀土矿山为例. 地球学报，2017, 38(3): 335-344.

[55] 赵汀，王登红，王瑞江，等. 离子吸附型稀土矿储量动态估算方法(RiRee)及其拓展运用. 地球学报，2017, 38(3): 326-334.

[56] 付伟，赵芹，罗鹏，等. 中国南方离子吸附型稀土矿床成矿类型及其母岩控矿因素探讨. 地质学报，2022, 96(11):3901-3923.

[57] 刘新星，陈毓川，王登红，等. 基于 DEM 的南岭东段离子吸附型稀土矿成矿地貌条件分析. 地球学报，2016, 37(2): 174-184.

[58] 李瑞，王建荣，凌恳，等. 粤东丰顺-揭西地区离子吸附型重稀土矿床内生成矿条件探讨. 华南地质，2021, 37(2): 177-192.

[59] 王学田，李百球，吴丹，等. 离子吸附型稀土矿中浸出相稀土元素含量的浸取方法研究. 分析测试技术与仪器，2021, 27(2): 113-120.

[60] 徐波，黄旭，蔡晓兵，等. 长江中下游安徽段离子吸附型稀土矿成矿条件分析. 四川地质学报，2021, 41(2): 209-214.

[61] 潘鑫，王文斌，张桂良. 赣州南部地区离子吸附型稀土矿成矿花岗岩特征分析. 世界有色金属，2021(19): 160-161.

[62] 黄文生. 仁差盆地凝灰岩风化壳离子吸附型稀土矿成矿特征. 世界有色金属，2021(8): 167-169, 172.

[63] 杨朋，胡胜华，聂开红，等. 黄陵断穹某离子吸附型稀土矿点成矿地质特征. 资源环境与工程，2021, 35(5): 625-629.

[64] 邓志祥，燕利军，余中明. 盈江县旧城地区离子吸附型稀土矿特征及控矿条件. 云南地质，2021 (3): 345-350.

[65] 曾凯，李朗田，祝向平，等. 滇西勐往-曼卖地区离子吸附型稀土矿成矿规律与找矿潜力. 地质与勘探，2019, 55(1): 19-29.

[66] 侯海峰，杜庆安，林建绥，等. 贵州水城-纳雍地区峨眉山玄武岩风化壳离子吸附型稀土矿床地质特征及资源潜力. 地质与勘探，2019, 55(z1): 351-356.

[67] 王小六，刘殿蕊，柴文超，等. 云南宣威地区离子吸附型稀土成矿条件与找矿思路. 地质与勘探，2019, 55(z1): 343-350.

[68] 蒲东. 离子吸附型稀土多金属矿围岩蚀变特征及其与矿化的关系. 中国金属通报，2020 (13): 54-55.

[69] 吴非易，戴塔根，邓德虎，等. 湖南省大坪矿区离子吸附型稀土矿成矿母岩岩石地球化学特征. 内蒙古科技与经济，2020(16): 71-73,76.

[70] 夏小洪，刘图强，尹川，等. 四川攀枝花-西昌地区离子吸附型(中-重)稀土矿床的首次发现及其重要意义. 地质论评，2022, 68(4): 1540-1543.

[71] 苑鸿庆，李社宏，缪秉魁，等. 广东惠东地区离子吸附型稀土矿床地球化学特征. 现代地质，2016, 30(6): 1267-1275.

[72] 李社宏，严松，缪秉魁，等. 中南地区与花岗岩有关的离子吸附型稀土矿床成矿预测. 桂林理工大学学报，2016, 36(1): 9-16.

[73] 赵延朋，卢见昆，杨人毅，等. 老挝 XK 离子吸附型稀土矿床斑状二长花岗岩地球化学特征及地质意义. 矿产与地质，2019, 33(2): 213-219.

[74] 覃丰，谭杰，周业泉，等. 广西崇左地区火山岩风化壳离子吸附型稀土矿床地质特征及成因. 矿产与地质，2019, 33(2): 234-241.

[75] 段凯波，王登红，熊先孝，等. 贵州织金磷矿床中离子吸附型稀土的存在及初步定量. 岩矿测试，2014, 33(1): 118-125.

[76] 陈志，吴盛，傅群和，等. 原地浸矿工艺对矿床开采技术条件勘查工作的要求. 现代矿业，2018, 34(1): 117-120.

[77] 肖文刚，黄凯龙，朱健玲. 离子型稀土矿生产勘探成果在原地浸矿开采设计中的应用. 中国金属通报，2020(12): 27-28.

[78] 赵彬，佘宗华，康虔，等. 离子型稀土原地浸矿开采技术适用性评价与分类. 矿冶工程，2017, 37(3): 6-10.

[79] 计策，秦东. 浅析南方离子型稀土原地浸矿开采前水文地质调查的重要性. 大众科技，2015(5): 39-40, 43.

[80] 汤洵忠，李茂楠. 离子型稀土矿原地浸析采矿的生产勘探. 矿冶工程，2002, 22(4): 27-29.

[81] 肖智政，汤洵忠，王新民，等. 底板深潜式离子型稀土矿原地浸析采矿试验研究(上). 化工矿物与加工，2003, 32(11): 16-18; (下). 化工矿物与加工，2003, 32(12): 9-11.

[82] 郭钟群，赵奎，金解放，等. 离子吸附型稀土原地浸矿溶质运移基础研究. 有色金属工程，2019, 9(2): 76-83.

[83] 王钰霖，胡世丽，洪本根，等. 原地浸矿过程中注液边界的应力路径变化规律. 矿冶工程，2019, 39(4): 20-24.

[84] 李晓波，梁焘茂，杨庆阳，等. 离子型稀土矿山原地浸矿注液系统的优化及应用. 现代矿业，2019, 35(7): 176-178,190.

[85] 胡世丽，洪本根，罗嗣海，等. 裸脚式稀土矿山原地浸矿的边坡稳定性分析. 工程地质学报，2017, 25(1): 110-116.

[86] 祝怡斌，周连碧，李青. 离子型稀土原地浸矿水污染控制措施. 有色金属（选矿部分），2011 (6): 46-49.

[87] 郭阶庆. 提高福建某离子型稀土矿原地浸矿回收率的措施. 现代矿业，2016 (8): 83-86.

[88] 郑先坤，冯秀娟，陈哲，等. 离子型稀土原地浸矿废弃地中残存稀土分布规律及配分特征. 稀土，2020, 41(3): 60-67.

[89] 饶睿，李明才，张树标，等. 离子型稀土原地浸矿采场滑坡特征及防控试验研究. 稀土，2016, 37(6): 26-31.

[90] 郑先坤，冯秀娟，陈哲，等. 离子型稀土矿原地浸矿废弃地中残存的氮素垂直分布规律及意义. 稀土，2020, 41(4): 30-40.

[91] 魏明远，秦磊，王观石，等．原地浸矿经验注液下离子型稀土残留规律．中国有色金属学报，2023，33(4): 1287-1296.

[92] 黄德晟，李华杰，郭勇军，等．离子型稀土原地浸矿注收液控制系统研究．工业控制计算机，2022，35(10): 48-49.

[93] 李春，邵亿生．离子型稀土矿原地浸矿中反吸附问题的探讨．江西有色金属，2001, 15(4): 5-8.

[94] 王观石，谢芳芳，罗嗣海，等．原地浸矿经验注液下离子型稀土浸出和氨氮残留规律．中国有色金属学报，2020, 30(6): 1454-1465.

[95] 赖兆添，姚渝州．采用原地浸矿工艺的风化壳淋积型稀土矿山"三率"问题的探讨．稀土，2010，31(2): 86-88.

[96] 彭伟．试论离子吸附型稀土矿原地浸析采矿法．中国科技纵横，2018 (3): 167-168.

[97] 张小平，黄符桢，汤国平，等．火山岩风化壳离子型稀土原地浸矿工艺研究．中国高新技术企业，2009 (20): 66-68.

[98] 孙业志，吴爱祥，黎剑华，等．原地浸出采矿中溶浸剂的作用机理与流动特性．矿业研究与开发，2001, 21(3): 1-3.

[99] 侯潇，许秋华，孙圆圆，等．离子吸附型稀土原地浸析尾矿中稀土和铵的残留量分布及其意义．稀土，2016, 37(4): 1-9.

[100] Xu Q H, Sun Y Y, Yang L F, et al. Leaching mechanism of ion-adsorption rare earth by mono valence cation electrolytes and the corresponding environmental impact. J Clean Prod, 2019, 211: 566-573.

[101] Yang L F, Wang D S, Li C C, et al. Searching for a high efficiency and environmental benign reagent to leach ion-adsorption rare earths based on the zeta potential of clay particles. Green Chem, 2018, 20 (19): 4528-4536.

[102] Yang L F, Li C C, Wang D S, et al. Leaching ion adsorption rare earth by aluminum sulfate for increasing efficiency and lowering the environmental impact. J Rare Earths, 2019, 37: 429-437.

[103] 李翠翠，杨丽芬，王悦，等．伯胺 N1923 从离子吸附型稀土浸出液中萃取分离稀土与铝．中国稀土学报，2019, 37(3): 352-360.

[104] 李艳阳，胡秋雨，李鸿阳，等．稀土与铝：从纠缠不清到相敬如宾．中国稀土学报，2021, 39(3): 479-489.

[105] 胡秋雨，李艳阳，徐少东，等．从离子吸附型稀土浸出液到高浓度混合氯化稀土净化溶液．中国稀土学报，2022, 40(6): 1045-1055.

[106] Lai F G, Gao G H, Huang L, et al. Compound leaching of rare earth from the ion-adsorption type rare earth ore with magnesium sulfate and ascorbic acid. Hydrometallurgy, 2018, 179: 25.

[107] Wang L, Liao C F, Yang Y M, et al. Effects of organic acids on the leaching process of ion-adsorption type rare earth ore. J Rare Earths, 2017, 35(12): 1233-1238.

[108] Zou H L, Zhang Z Y, Chen Z, et al. Seepage process on weathered crust elution-deposited rare earth ores with ammonium carboxylate solution. Physicochemical Problems of Mineral Processing, 2020, 56(1): 89-101.

[109] Zhang Y B, Zhang B Y, Yang S Q, et al. Enhancing the leaching effect of an ion-absorbed rare earth ore by ameliorating the seepage effect with sodium dodecyl sulfate surfactant. Inter J Mining Sci Tech, 2021, 31(6): 995-1002.

[110] Worasith N, Goodman B A. Clay mineral products for improving environmental quality. Appl Clay Sci, 2023, 242: 106980.

[111] Wu Z X, Chen Y, Wang Y, et al. Review of rare earth element (REE) adsorption on and desorption from clay minerals: Application to formation and mining of ion-adsorption REE deposits. Ore Geo Rev, 2023, 157: 105446.

[112] Balkanloo P G, Marjani A P, Zanbili F, et al. Clay mineral/polymer composite: characteristics, synthesis, and application in Li-ion batteries: A review. Appl Clay Sci, 2022, 228: 106632.

[113] 王冰．阴离子在黏土矿物表面的配位吸附及其对浸出离子吸附型稀土的强化作用．南昌：南昌大

学，2023.

[114] 周华娇. 离子吸附型稀土浸取特征评价与浸取剂选择. 南昌：南昌大学，2022.

[115] 李永绣，周华娇，李静，等. 用于浸取离子吸附型稀土矿物的浸取剂浓度的测定方法：CN114323828A，2022-04-12.

[116] 孔维长. 福建龙岩高泥质风化壳淋积型稀土矿柱浸工艺研究. 中国稀土学报，2018, 36(4): 476-485.

[117] 许秋华，杨丽芬，张丽，等. 基于浸取 pH 依赖性的离子吸附型稀土分类及高效浸取方法. 无机化学学报，2018, 34(1): 112-122.

[118] 刘艳珠，丁正雄，孔维长，等. 离子吸附型稀土浸取试剂和富集回收技术的演变——从抑杂浸取到强化浸取及分阶段的选择-强化浸取. 中国稀土学报，2023, 41(3): 610-622.

[119] 欧阳克氙，饶国华，姚慧琴，等. 南方稀土矿抑铝浸出研究. 稀有金属与硬质合金，2003, 31(4):1-3.

[120] Qiu T S, Fang X H, Wu H Q, et al. Leaching behaviors of iron and aluminum elements of ion-absorbed-rare-earth ore with a new impurity depressant. Trans Nonferrous Metals Soc China, 2014, 24(9):2986-2990.

[121] Feng J, Zhou F , Chi R A , et al. Effect of a novel compound on leaching process of weathered crust elution-deposited rare earth ore. Miner Eng, 2018, 129: 63-70.

[122] He Z Y, Zhang J Y, Yu J X, et al. Kinetics of column leaching of rare earth and aluminum from weathered crust elution-deposited rare earth ore with ammonium salt solutions. Hydrometallurgy, 2016, 163: 33.

[123] Xiao Y F, Feng Z Y, Huang X W, et al. Recovery of rare earths from weathered crust elution-deposited rare earth ore without ammonia-nitrogen pollution: Ⅰ. Leaching with magnesium sulfate. Hydrometallurgy, 2015, 153: 58-65.

[124] Xiao Y F, Feng Z Y, Huang X W, et al. Recovery of rare earth from the ion-adsorption type rare earth ore: Ⅱ. Compound leaching. Hydrometallurgy, 2016, 163: 83-90.

[125] 黄小卫，于瀛，冯宗玉. 等. 一种从离子型稀土原矿提取稀土的方法. CN 102190325A, 2011.

[126] 王瑞祥，幼明，杨斌，等. 一种离子吸附型稀土提取方法. CN 103266224A, 2013.

[127] 许瑞高，钟化云，李早发. 离子吸附型稀土矿非铵盐浸取稀土的工艺. CN 103436720 A, 2013.

[128] 李永绣，许秋华，王悦，等. 一种提高离子型稀土浸取率和尾矿安全性的方法. CN 103695670A, 2014.

[129] 黄小卫，肖燕飞，冯宗玉，等. 一种用于浸取离子型吸附矿中稀土的浸取剂和浸取方法. CN 105483373A, 2014.

[130] 李永绣，杨丽芬，李萃萃，等. 一种以硫酸铝为浸取剂的离子吸附型稀土高效绿色提取方法. CN 106367622 A, 2016.

[131] 孙东江，王志勇，王有霖，等. 南方离子型稀土矿无氨开采工艺. CN 107217139A, 2017-09-29.

[132] 李永绣，李鸿阳，王康，等. 一种离子吸附型稀土的提取方法. CN 111926180 A, 2020.

[133] 许瑞高，李星岚，钟化云. 以盐酸溶解钙盐制取氯化钙直接浸取离子型稀土的工艺. CN 110144456A, 2019.

[134] 刘聪，钟化云，李纯，等. 一种离子型稀土矿钙盐体系绿色提取方法. CN 112176209A, 2021-01-05.

[135] 许瑞高，刘聪，牛飞，等. 一种离子型稀土矿浸矿闭矿后废水处理方法. CN 112456620A, 2021-03-09.

[136] 杨幼明，许瑞高，李纯，等. 一种离子型稀土矿钙盐绿色提取方法. CN 112410554A, 2021-02-26.

[137] 李永绣，王昆，丁正雄，等. 铝盐与低价无机盐协同浸取离子吸附型稀土的方法. CN 202210983514.8, 2022-08-17.

[138] 李永绣，万雪梅，丁正雄，等. 离子型稀土的强化浸取方法：CN 202210982298.5, 2022-08-17.

[139] 李琼，何正艳，张臻悦，等. 柠檬酸盐配位浸出风化壳淋积型稀土矿回收稀土的研究. 稀土，2015, 36(1): 18-22.

[140] Zhang Z, Chi R, Chen Z, et al. Effects of ion characteristics on the leaching of weathered crust elution-deposited rare earth ore. Front Chem, 2020, 8: 1-14.

[141] Wu W Y, Zhang F Y, Bian X, et al. Effect of loaded organic phase containing mixtures of silicon and

aluminum, single iron on extraction of lanthanum in saponification P507-HCl system. J Rare Earths, 2013, 31(7): 722-726.

[142] Wu W Y, Li D, Zhao Z H, et al. Formation mechanism of micro emulsion on aluminum and lanthanum extraction in P507-HCl system. J Rare Earths, 2010, 28(s1):174-178.

[143] Wang Y B, Wang Y L, Su X, et al. Complete separation of aluminum from rare earths using two-stage solvent extraction. Hydrometallurgy, 2018, 179: 181-187.

[144] 池汝安，何培炯，徐景明，等．萃取法从稀土矿浸出液中提取稀土的方法．CN 1099072A，1995-02-22.

[145] 黄小卫，王良士，冯宗玉，等．低浓度稀土溶液萃取回收稀土的方法．CN 104294063A，2015.

[146] Huang X W, Dong J S, Wang L S, et al. Selective recovery of rare earth elements from ion-adsorption rare earth element ores by stepwise extraction with HEH(EHP) and HDEHP. Green Chem, 2017, 19(5), 1345.

[147] Yang X L, Qiu T S. Influence of aluminum ions distribution on the removal of aluminum from rare earth solutions using saponified naphthenic acid. Sep Purif Tech, 2017, 186: 290-296.

[148] 韩旗英，刘志强，杨金华，等．用环烷酸从稀土料液中萃取除铝新工艺技术．稀土，2013, 34(3): 74-77.

[149] 周洁英，陈东英，张积锴，等．一种稀土料液除铝的方法．CN 111944998A，2020.

[150] 李德谦，纪恩瑞，徐雯，等．伯胺 N1923 从硫酸溶液中萃取稀土元素(Ⅲ)、铁(Ⅲ)和钍(Ⅳ)的机理．应用化学，1987(2): 36-41.

[151] 李永绣，杨丽芬，李萃萃，等．用伯胺萃取剂从低含量稀土溶液中萃取回收稀土的方法．中国．CN 106367620A，2016.

[152] Li J H, Gao Y, Gao Y, et al. Study on aluminum removal through 5-sulfosalicylic acid targeting complexing and D290 resin adsorption. Miner Eng, 2020, 147: 106175.

[153] 王志高，王金荣，丁婷，等．膜分离集成技术浓缩离子型稀土矿浸出液试验研究．湿法冶金，2014, 33(6): 469.

[154] 胡平贵，焦晓燕，何小彬，等．碳酸氢铵沉淀钇基重稀土时共存铁、铝杂质离子的行为研究．稀土，2000, 21(5): 3-6.

[155] 李永绣，何小彬．RECl$_3$ 与 NH$_4$HCO$_3$ 的沉淀反应及伴生杂质的共沉淀行为．稀土；1999, 20(2): 19.

[156] 李永绣，胡平贵，何小彬．碳酸稀土结晶沉淀方法．CN 1141882, 1995.

[157] 李永绣，黎敏，何小彬，等．碳酸稀土沉淀与结晶过程．中国有色金属学报，1998, 8(1): 165.

[158] 黄日平．氧化钙用于稀土溶液沉淀剂的生产工艺．CN 101475202A，2009.

[159] 黄日平，钟月明，邬元旭，等．离子型稀土矿浸矿除杂沉淀的新方法．CN 101476033, 2009.

[160] 黄小卫，龙志奇，李红卫，等．一种沉淀稀土的方法．CN 101798627A，2009.

[161] 肖燕飞，黄莉，徐志峰，等．一种分步沉淀回收离子吸附型稀土矿浸出液中稀土的方法．CN 105132720A, 2015.

[162] Lai A B, Lai F G, Huang L, et al. Non-ammonia enrichment of rare earth elements from rare earth leaching liquor in a magnesium salt system I: Precipitation by calcium oxide. Hydrometallurgy, 2020, 193: 105318.

[163] Huang L, Gao G H, Wu R, et al. Non-ammonia enrichment of rare earth by magnesium oxide from rare earth leaching liquor in magnesium salt system. J Rare Earths, 2019, 37: 886-894.

[164] 孟祥龙，冯宗玉，黄小卫，等．氧化钙沉淀硫酸稀土过程中杂质的分布与去除．稀有金属，2018, 42(10): 1114-1120.

[165] 孙东江，王志勇，林海，等．南方离子吸附型稀土矿浸取母液中回收稀土工艺．CN 104561614 A, 2015.

[166] 黄小卫，肖燕飞，冯宗玉，等．一种含氢氧化稀土和稀土碳酸盐的稀土复合化合物及其制备方法．CN 105861828A, 2015.

[167] 周雪珍，李鸿阳，王康，等．一种稀土碱法沉淀转化分解及分离方法．CN 112126802 A, 2020.

[168] 李永绣，李翠翠，杨丽芬，等. 从低含量稀土溶液和沉淀渣中回收和循环利用有价元素的方法. CN 106367621A, 2016.

[169] 刘艳珠，刘历辉，李永绣，等. 高浓度高纯度稀土无机盐溶液的制备方法. CN 202210983519.0, 2022-08-17.

[170] 孙晓琦，胡逸文，倪帅男. 一种萃取剂及其制备方法与应用. CN 110699546A, 2021-09-14.

[171] Yang X J, Zhang Z F, Kuang S T, et al. Removal of thorium and uranium from leach solutions of ion-adsorption rare earth ores by solvent extraction with Cextrant 230. Hydrometallurgy, 2020, 194: 105343.

[172] 王艳良，吴玉远，肖文涛，等. 一种二苯氨基氧代羧酸萃取剂其制备方法及应用. CN 202011534764.0, 2020.

第**4**章
稀土精矿的浸取分解与三废处理

4.1　浸取方法及其分类[1-2]

采用酸、碱、盐等试剂使稀土精矿或氧化物分解，并使被浸组分转入水溶液的过程称为浸取分解。为了达到高的浸出效率，针对不同的稀土矿物需要采用不同的浸取试剂和方法。衡量浸取效率的指标并不是单一地只看被浸组分的浸取率，而是多样的，还包括浸取过程的选择性、试剂耗量等。在追求高浸出效率的同时，也需要客观地面对浸取分解过程中可能产生的环境污染问题，做到废水和废气净化后达标排放，废渣处理后有选择地达标排放，不能一味只贪求经济效益，要牢记"绿水青山就是金山银山"。

本章主要介绍稀土浸取分解与三废处理。浸取方法和过程的分类主要是依据溶解反应和浸取试剂的类型来进行。

4.1.1　依据浸取反应类型的分类

浸取方法按照有价成分转入溶液中的溶解反应（主反应）的特点，分为五大类八小类浸取反应类型，见表4-1。

表 4-1　基于浸取剂类型的浸取方法分类

序号	浸取方法	常用浸取剂
1	水浸取	水
2	盐（电解质）浸取	钠盐、铵盐、钾盐、氯化铁、硫酸铁、氯化铜、次氯酸钠
3	酸浸取	盐酸、硫酸、硝酸、亚硫酸
4	碱浸取	氢氧化钠、碳酸钠、氨水、硫化钠、氰化钠
5	细菌浸取	菌种+硫酸+硫酸铁
6	多种综合溶解浸取	氧化剂+配位剂

① 水或溶剂溶解浸取　是最简单的浸取。例如：锆英砂碱焙烧中的锆酸钠溶出。

② 无价态变化的化学溶解　包括电解质离子交换浸取、酸溶解反应浸取、碱溶解反应浸取、复分解反应。

③ 有氧化还原反应的化学溶解　例如，有的矿物很难溶解，需要加氧化剂。如空气中的氧是一种优良的氧化剂。金属硫化物在无氧参加反应时达到水的临界温度也不溶于水。但只

要有氧参加，在 150℃ 就可以溶解。再如在通氧下用硫酸浸取硫化锌矿可以得到硫酸锌和硫及水，所以也称之为氧浸取。细菌参与的溶解反应多半也是有氧化还原反应的浸取过程。

④ 有配位反应的浸取　有配合物生成的化学分解。例如氰化物浸取金、银等。

⑤ 多种综合溶解反应浸取　包括酸碱溶解、氧化还原溶解、配位溶解中的两种及两种以上的作用。

4.1.2　依据浸取剂类型的分类

① 水浸取　单纯使用水来浸取的过程，包括先在较高温度下焙烧所进行酸或碱以及盐的分解反应之后的水浸取。其浸取过程以溶解反应为主。

② 盐浸取　利用盐溶液来进行的浸取；视盐的作用又可以分为很多小类。例如，离子交换浸取、配位浸取、氧化还原浸取，等等。离子吸附型稀土的浸取就是属于这一类型。

③ 酸浸取　主要是用盐酸、硝酸、硫酸、氢氟酸及其他们的混合物来分解矿物。例如，用盐酸来分解离子吸附型稀土精矿、用浓硫酸来分解包头矿，等等。

④ 碱浸取（氨浸）　包括氢氧化钠、碳酸钠、氨水等碱性试剂来分解矿物，或者实现从一些难溶盐类矿物向氢氧化物的沉淀转化来分离有价元素；独居石的碱分解就是用碱与磷酸盐反应，形成难溶的氢氧化稀土和易溶的磷酸三钠。

⑤ 氧浸取　一般涉及需要氧气参加的溶解反应，与氧化反应相关。

⑥ 氯化浸取　例如，氯盐浸取硫化矿 Sb_2S_3，属于盐浸取，但又涉及氧化还原和配位化学反应。

⑦ 细菌浸取　利用一些特定细菌在繁殖过程的化学反应来分解矿物。例如，对于一般的酸溶效果不好的硫化物矿，可以用细菌来浸取，直接得到可溶性的硫酸盐（$CuFeS_2+O_2$+细菌）。

⑧ 电化学浸取　电场作用下利用阳极氧化硫化矿。

⑨ 多重作用共同浸取。

表 4-2 列出了一些常见的浸取剂及其对应的处理对象。

表 4-2　一些常用的浸取剂及其应用

浸取方法	浸取剂	浸取矿物对象和类型	反应特点
水浸取	水	直接溶于水的硫酸铜等	水溶性矿物
酸浸取	HF	铌、钽矿	生成氟的配合物矿
	HCl	褐帘石、硅铍钇矿	硅酸盐类矿物
	H_2SO_4	独居石、磷钇矿、氟碳铈矿及含钛矿物	碱性脉石的矿物
碱浸取	NH_3	Cu、Ni、Co 硫化物	酸性脉石的矿物
	Na_2CO_3	白钨矿、铀矿、氟碳铈矿	
	NaOH	氟碳铈矿、独居石	
盐+配位浸取	NaCN	金银矿	配位反应
	Na_2S	Sb_2S_3、HgS	处理砷、锑硫矿
	NaCl	$PbSO_4$、$PbCl_3$	铅盐
	$FeCl_3$，$FeSO_4$	硫化铜矿、黄铜矿、氧化铀矿	作氧化剂
盐浸取	铵盐、钠盐	离子吸附型矿	淋积型稀土矿
细菌浸取	细菌	铜、钴、锰矿	

也可以依据其他特征来进行分类，例如，根据浸出原料分为金属浸出、氧化物浸出、硫化物浸出和其他盐类浸出；依浸出温度和压力条件分为高温高压浸出和常温常压浸出。

4.2 包头混合型稀土矿的分解与冶炼工艺[3-14]

包头混合型稀土矿是世界第一大轻稀土资源和第二大钍资源。它是由氟碳铈矿和独居石组成的混合型的稀土矿，其中氟碳铈矿占大多数，两者的相对含量为（9:1）～（6:4）。经过选矿之后的精矿，REO 可以占到 60% 以上，一般企业处理的精矿品位在 50%～60% 之间。包头混合型稀土矿的组分非常复杂，是公认的难处理矿种[15]。因此，其能否合理开发、综合利用是引起科研工作者广泛关注的重大课题，具有重要的现实意义。目前工业上处理包头混合型稀土矿的分解与冶炼工艺主要有酸法工艺和碱法工艺[16]。

4.2.1 酸法工艺及其三废处理[14-18]

包头稀土精矿为氟碳铈矿和独居石的混合物。其处理方法有浓硫酸高温焙烧法、烧碱分解法、碳酸钠焙烧法、高温氯化法等。目前工业上 90% 以上的包头稀土精矿采用浓硫酸高温焙烧法处理。该法焙烧温度高，形成大量高温废气，氟以 HF 溢出，浓硫酸分解放出大量含硫（S）酸性废气，其中含有 HF、SiF_4、SO_3 等混合气体，需大量水用来降温和吸收废气。处理 1t 稀土精矿产生 60～70kg HF 和 300kg 以上含硫废气，需用水 $10m^3$，而且形成的混合酸废水酸回收难度大、成本高，放射性废渣量大。包头稀土精矿中所含的氟和磷较高，将氟和磷回收并转化为可利用的产品具有非常重大的意义。烧碱工艺分解包头矿的应用面占 10%，虽然无有害气体产生，废渣量小，废水中的 NaF、Na_3PO_4 可用苛化法回收利用，但对稀土精矿的质量要求高，而且矿物分解时间长，稀土、Th、F 等均比较分散，稀土收率低，成本较高。近年来，国内处理独居石的产能大增，几乎都是用碱法处理。

（1）酸法工艺

从 20 世纪 70 年代开始，硫酸法分解包头混合稀土矿的工艺研究经历了三代。目前工业上采用的是北京有色冶金设计研究总院研发的第三代硫酸工艺法进行处理。其应用面占包头混合稀土矿的 90% 以上。第一代浓硫酸焙烧包头稀土精矿工艺如图 4-1 所示。此工艺将精矿与浓硫酸均匀混合，一定温度下分解，矿物中的稀土、钍转变成可溶于水的硫酸盐。受当时选矿条件的限制，只能得到稀土品位较低的混合型稀土矿，其中铁、钙等杂质的含量较高，使得酸消耗高，水浸过程有大量的杂质进入浸出液。该工艺流程冗长，固液分离转化次数多，稀土的损失大。浓硫酸分解包头稀土矿的主要反应：

$$2REFCO_3 + 3H_2SO_4 = RE_2(SO_4)_3 + 2HF + 2CO_2 + 2H_2O$$

$$2REPO_4 + 3H_2SO_4 = RE_2(SO_4)_3 + 2H_3PO_4$$

$$Th_3(PO_4)_4 + 6H_2SO_4 = 3Th(SO_4)_2 + 4H_3PO_4$$

$$CaF_2 + H_2SO_4 = CaSO_4 + 2HF$$

$$SiO_2 + 4HF = SiF_4 + 2H_2O$$

$$Fe_2O_3 + 3H_2SO_4 = Fe_2(SO_4)_3 + 3H_2O$$

图 4-1　第一代酸法工艺流程图

　　随着选矿工艺的发展，可以得到品位 60% 的精矿，其中杂质的含量明显降低。在之前工艺的基础上，提高了硫酸法分解温度，为第二代硫酸法工艺，如图 4-2 所示。

图 4-2　第二代酸法工艺流程图

　　20 世纪 80 年代中期，北京有色金属研究总院开发了浓硫酸强化焙烧分解包头混合稀土矿的新工艺。在高温焙烧工艺中，铁、磷、钍在高温下反应形成溶解度小的焦磷酸盐而存在于浸取滤渣中。

$$2H_3PO_4 \longrightarrow H_4P_2O_7 + H_2O \uparrow$$
$$Th(SO_4)_2 + H_4P_2O_7 \longrightarrow ThP_2O_7 + 2H_2SO_4$$
$$2Fe_2(SO_4)_3 + 3H_4P_2O_7 \longrightarrow Fe_4(P_2O_7)_3 + 6H_2SO_4$$

　　当铁、钍不足时，稀土也能形成焦磷酸盐。因此，高温焙烧工艺还可以加铁，让铁与磷结合，生成磷酸铁，从而避免过量焦磷酸根与稀土结合，提高稀土收率。此时，铁钍渣中的稀土含量会更低一些，但渣量会增加。

　　这样，进入水浸液中的杂质大大减少，从而可以简化先前的复盐沉淀、碱转化、优溶生产氯化稀土的工艺流程，提高稀土的回收率。浸出液净化后直接用环烷酸萃取转型，反萃后得到氯化稀土料液，可以直接进入稀土萃取分离阶段。但是，该工艺仍然存在很多问题，例如，产生大量的废水，焙烧过程中生成焦磷酸钍，渣中的钍不能得到有效的利用，对环境造成很大的危害，氟、硫的废气未得到有效回收，设备易腐蚀，生产条件差，等等。

　　萃取分离技术的发展，促进第三代硫酸法工艺的形成。第三代酸法工艺采用 P204 萃取分离转型，如图 4-3 所示。第三代工艺易于大规模生产，成本较低，稀土的回收率较高，但是钍资源仍然得不到有效利用，硫、氟的回收难度大，环境污染严重。

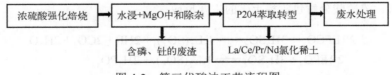

图 4-3　第三代酸法工艺流程图

　　由于 P204 的萃取能力强，重稀土的反萃困难。加上 P507 萃取分离技术的提出，国内建设了不少的 P507 萃取分离线。为此，对第三代酸法工艺的改进首先是采用碳酸氢铵来沉淀稀土，得到的混合碳酸稀土用盐酸溶解，便可以制得混合氯化稀土料液，再接 P507 萃取分离。这一方法要消耗大量的碳酸氢铵，在氨氮排放标准提出之后，需要用非铵试剂来替代。其中，氧化镁是比较好的一种方案。但由于氧化镁的溶解度不大，且含有较多的钙，还有一些铁、铝杂质会增加后续分离的负担，主要是硫酸钙的析出会堵塞管道，需要将氧化镁中的杂质去除。为此，有研稀土和甘肃稀土合作，通过碳化转型，制备碳酸氢镁，用于中和余酸、皂化酸性萃取剂有机相、沉淀稀土。利用的是氧化镁和氢氧化镁的碱性，通过碳化提纯或结合萃取分离来解决氧化镁中钙、铝、铁杂质的分离问题。采用净化的碳酸氢镁或氢氧化镁来中和包头硫酸焙烧矿的浸出液，或者与水浸同步进行，可以降低浸出渣量，减少浸出液中钙、铁、铝杂质的含量，方便后续直接用 P507 萃取稀土，部分萃取或全萃取稀土进入萃取分离阶段。产出废水为硫酸镁，而不是硫酸铵，这给环境保护减轻了很大压力。但这种废水也不能直接排放，可以通过膜浓缩后蒸发回收硫酸镁或硫酸铵产品。

（2）酸法工艺产生的废气处理

图 4-4 是现有混合稀土精矿浓硫酸焙烧方法及主要产生的三废。煅烧是在一条内径 1.5～2.2m、长度 25～35m 的单级回转焙烧窑中进行。在保证窑尾温度达到 200℃以上时，窑头通过燃煤、燃烧重油、燃烧煤气或天然气使窑头温度达到 800℃以上。该工艺会产生大量的含有 HF、SO_2、H_2SO_4 的尾气，现有的技术通常是采用水喷淋回收混酸工艺对尾气进行治理。喷淋过程不仅加入大量的水，而且所得回收的废酸液为低浓度混合酸，需进一步浓缩和分离工艺处理才能得到应用，因此存在能耗高、工艺复杂、处理时间长、水资源浪费严重以及一次投资大等诸多问题。

G1 焙烧废气来源于稀土精矿浓硫酸高温焙烧工序，该废气主要含有硫酸雾、二氧化硫、氢氟酸、氟硅酸。目前采用的治理措施主要为多级喷淋后酸回收。经过多级喷淋，废气中的硫酸雾、氢氟酸、氟硅酸进入水相，达到一定浓度以后采用蒸馏塔蒸馏分离硫酸和氢氟酸。得到的硫酸可以回用到生产过程中，氢氟酸作为产品出售或经过氟盐生产工序，得到氟化物产品进行销售。此时尾气中还有二氧化硫，经过脱硫装置后，尾气达标排放。G2 灼烧废气是稀土碳酸盐或草酸盐在炉窑内高温灼烧时产生的，主要污染物为粉尘颗粒物和燃煤带来的二氧化硫、氮氧化物和烟尘。为了达标排放，目前行业内通过使用煤气、液化气和天然气等清洁能源，可从源头上减少二氧化硫的产生量，同时采用袋式除尘器或多管除尘器处理粉尘颗粒物，再经过换热回收热量后，达标排放。G3 含有机物酸雾废气是由于在工艺过程中采用 P507、煤油作为萃取剂和稀释剂，有机物、盐酸挥发并逸出槽体，造成无组织废气排放。采用在萃取槽上面四周和搅拌机轴处加设水封的方法，可将逸出的酸性有机废气封存在槽内，减少萃取车间的无组织废气污染。该技术主要是人工维护成本，不产生二次污染，方法简单、投资少，被冶炼企业广泛采用。

为了克服现行工艺中废气处理方法的不足，人们围绕包头稀土精矿浓硫酸低温焙烧分解方法做了大量研究工作。徐光宪等详细研究了包头稀土精矿浓硫酸分解机理与低温焙烧分解的工艺方法。按照图 4-4，包头稀土精矿浓硫酸分解的具体工艺过程，回转焙烧前期主要发生反应，即产生 HF 尾气的反应，而反应后期随物料带入和反应生成的水分越来越少，物料越接近窑头（加热端）反应温度越高，反应大量发生，硫酸的挥发亦开始出现，即反应后期产生大量含硫的酸性尾气。不同反应期产生的不同成分的酸性尾气在现有工艺中被合并回收，这种工艺方法显然是不合理的。因此，包头稀土精矿浓硫酸分解采用分段焙烧，焙烧尾气分别回收是一种合理的选择。

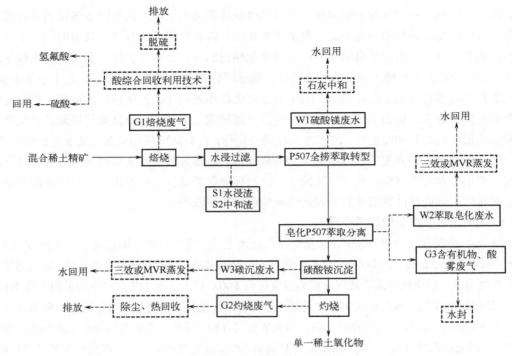

图 4-4　酸法工艺及三废处理流程图

（3）酸法工艺产生的废水处理

按照图 4-4 酸法工艺中产生的废水主要有：

W1 硫酸镁废水，转型废水，主要污染物为硫酸镁。目前该废水采用石灰中和法处理，处理后的水回用至生产过程中；

W2 萃取皂化废水：根据皂化剂的不同，萃取皂化废水的污染因子不同。例如：氨皂化废水的主要污染因子为氨氮（氯化铵浓度为 80.0～100.0g/L）和化学需氧量；液碱皂化的主要污染因子是氯化钠（浓度为 80.0～120.0g/L）和化学需氧量。

W3 碳沉废水主要污染物为氨氮和化学需氧量，其中 NH_4^+ 浓度为 10.0～60.0g/L，化学需氧量为 300.0～1600.0mg/L。目前低浓度的氯化铵废水直接回用，配制碳铵溶液；高浓度氯化铵废水采用多效或 MVR 蒸发的方式得到氯化铵和冷凝水，氯化铵外售，冷凝水回用至生产过程。

长期以来，我国的水资源综合利用率较低，随着现代工业的蓬勃发展，水资源的污染愈来愈重，可用水资源日益锐减。因此，节约用水、提高工业用水的回用率以及综合利用率、降低水资源的破坏和污染等是当代稀土冶金工作者的重要责任。按照图 4-4，稀土冶金生产过程中，矿物的分选富集、分解处理、分离及提纯等过程需要消耗大量的淡水，同时产生不同类型含有多种有害物质的废水。由于稀土矿中伴生有放射性元素铀、镭、钍等以及氟、磷等有害元素，在稀土选冶过程中，这些放射性物质和有害物质部分转移至废水中。生产过程中所用的酸、碱及盐类试剂，也一同带入废水中。稀土工业废水按所含有害元素大致可以分为含放射性、含氟、含氨氮废水以及酸或碱性废水等。

废水处理是将有害污染物从废水中分离出来，并将其转化为无害或有利用价值的物质，从而使废水达到回用或国家规定排放标准的过程。随着稀土工业的发展，废水中污染物的种类复杂多样，不仅对环境产生较大的影响，而且制约着稀土工业持续健康地发展。随着环保意识的增强，国家对废水排放标准提高，因此稀土废水的处理和废水的回用和综合利用已成为稀土工业中不可忽视的重要环节。

废水处理技术按照其作用原理可以分为三种：物理法、化学法、生物法。稀土工业中废水处理方法主要是物理法和化学法。物理法包括沉降、气浮过滤及渗滤等。其主要作用对象是废水中呈悬浮固体状态的物质，在处理过程中不改变其化学性质。化学处理法是利用化学试剂与稀土废水中的有害物质发生化学反应，从而使废水中的有害物质形成沉淀被除去或以有价值的副产品回收。稀土废水化学处理工艺中常用的有中和法、沉淀法、氧化还原法等。生物法是利用微生物的分解作用去除稀土废水中的污染物，从而达到净化目的的一种处理方法。

上述各种稀土废水处理手段均有一定的适用范围和相应的使用条件。由于废水的成分复杂，不可依赖于一种处理方法达到净化的目的。根据废水中有害成分的种类和含量，可采用多种处理手段联合处理，才能以较低的成本达到较好的处理效果。

按照稀土废水处理程度可以分为一级处理、二级处理和三级处理。

一级处理主要是根据废水中有害物质的各种物理性质，利用物理方法除去废水中呈悬浮状态的固体污染物。一级处理仅仅是稀土废水处理工艺中的预处理，只能除去少量的 BOD（biochemical oxygen demand），还需进行二级处理。二级处理主要采用生物降解法，去除废水中呈胶体和溶解状态的有机污染物。在二级处理过程中，90%的 BOD 被去除。现代工业废水，常采用一级处理和二级处理联合法。三级处理主要是去除二级处理未能除去的有害污染物，包括微生物无法降解的有机物和能导致水体富营养化的氮、磷等可溶性无机物。其包括活性炭吸附、离子交换、高级氧化、电渗析、生物除磷脱氮法等。

（4）酸法工艺产生的废渣处理

S1 水浸渣：存放于渣库。主要含 3.0% REO、0.25%～0.50% ThO_2、8%～12%的全铁。平均每分解 1t 50% REO 稀土精矿，产生 0.6t 的水浸渣（干重）。

S2 中和渣：返回水浸工序，含胶状 $Fe(OH)_3$、稀土、MgO。

随着多年的稀土冶炼生产，产出了大量稀土废渣。2013 年包头稀土研究院提出了一种关于稀土酸法工艺废渣中稀土、钍和铁的回收工艺。该工艺将废渣与一种酸或混合酸溶液按酸渣比为（0.2～1）：1 进行混合，在 60℃至沸腾的条件下搅拌浸出，浸出终点以二次废渣中 ThO≤0.05%，过滤洗涤滤饼后得到浸出液和二次废渣；浸出液经伯胺萃取，硝酸反萃成 $Th(NO_3)_4$ 溶液。萃钍余液经碱调节，沉淀出 $Fe(OH)_3$ 副产品，滤液为稀土料液产品。该工艺的优点是：实现了水浸废渣中 REO、ThO_2、Fe 的溶出，二次废渣渣量减少一半以上，可直接作为稀土选矿原料或工业原材料使用，达到了废渣资源综合回收利用的目的。

4.2.2 烧碱法工艺及其三废处理[16-21]

（1）烧碱法工艺

白云鄂博稀土精矿也可以用烧碱分解浸出。碱法工艺的特点是：要求精矿的品位高、杂质含量低、分解过程无有害气体产生，废渣量少，废水也比较容易处理。由于浮选法得到的稀土精矿中含有大量的萤石（CaF_2），在碱分解过程中会消耗烧碱而发生分解反应，生成难溶于水的 $Ca_3(PO_4)_2$，酸溶时又极易生成磷酸稀土沉淀。这不仅消耗了烧碱，增加了生产成本，而且还降低了稀土回收率。因此，在烧碱分解前，必须通过化学处理法将钙脱除[19]。

烧碱法分解的主要反应如下：

$$REFCO_3 + 3NaOH = RE(OH)_3 + NaF + Na_2CO_3$$
$$REPO_4 + 3NaOH = RE(OH)_3 + Na_3PO_4$$
$$Th_3(PO_4)_4 + 12NaOH = 3Th(OH)_4 + 4Na_3PO_4$$
$$CaF_2 + 2NaOH = Ca(OH)_2 + 2NaF$$
$$BaSO_4 + 2NaOH = Ba(OH)_2 + Na_2SO_4$$

（2）碱法工艺产生的废气处理

根据工艺图 4-5 可知，产生的废气包括三个部分：G1 盐酸雾、G2 灼烧废气、G3 含有机物的酸雾废气。其中 G1 盐酸雾是由化学除钙过程中盐酸挥发所产生的废气，采用碱喷淋方法吸收。喷淋液为碱分解后洗碱饼的水，喷淋废水主要成分是氯化钠，与碱转废水合并处理。G2 灼烧废气为碳酸稀土灼烧氧化物所产生的废气，来源于碳酸稀土灼烧工序。主要含粉尘、二氧化碳和水以及燃煤带来的二氧化硫、氮氧化物、烟尘，可以经过多管旋风除尘、换热回收热量后，达标排放。G3 为含有机物的酸雾废气，来自萃取分离过程中挥发的废气，采用前述水封法处理。

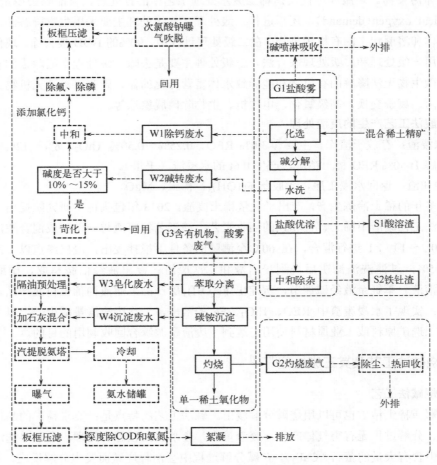

图 4-5 碱法工艺及三废处理流程图

（3）碱法工艺产生的废水处理

按照工艺图 4-5，当碱转废水（W2）的碱度达不到苛化要求时，与除钙废水（W1）混合进行酸碱中和后，添加氯化钙，使其中的氟、磷与钙结合，生成沉淀与水分离、过滤，滤渣主要成分是氟化钙、磷酸钙，可作为建筑材料的原料，滤液经曝气吹脱后回用到生产工艺中；当碱转废水（W2）的碱度达到苛化要求时，进行苛化，最后返回到碱分解工序利用。W3 皂化废水和 W4 沉淀废水主要成分是氯化铵，两种废水混合后集中处理，采用氨氮废水处理工艺。

（4）碱法工艺产生的废渣处理

每分解 1t 精矿产出约 0.04t S1 酸溶渣和 0.15t S2 铁钍渣。对于 S1 酸溶渣，主要是未分解的独居石，REO 含量高，非放射性废渣渣量小，可以返回至工艺中重新使用。S2 铁钍渣的放射性比活度在 10^6Bq/kg 的水平，较酸法废渣高一个数量级，放射性废渣按照国家相关要求，密封储存在放射性渣库。

4.2.3　低温硫酸法浸取及钍资源综合利用[22-26]*

白云鄂博稀土矿物主要由氟碳铈矿和独居石组成，除了稀土资源外，还含有大量的 Fe、Th、P、F 等资源，而近年来，Th 作为核电燃料，越来越受到人们的关注，在国际上掀起了钍核能的研究热潮。但在提取稀土的工艺选择中，钍资源的利用技术问题起了关键作用。由于钍还没有可观的市场需求，分离提取出来的钍没有销路，还要好好保管。所以，工业上一直采用高温浓硫酸焙烧工艺来处理稀土矿，此法虽然简单可行，也取得了很好的经济效益，但是在高温焙烧时会将 Th "烧死" 在渣中，这不仅造成废渣放射性超标，还严重威胁当地生态环境和居民安全，使得钍资源得不到有效利用。因此，如何能在高效提取稀土的同时，减少钍资源的浪费也是研究重点之一。

针对包头混合型稀土矿硫酸分解法存在的环境问题、放射性钍资源浪费等弊端，包头稀土研究院的马莹等对包头稀土矿的浓硫酸低温焙烧工艺进行了研究[23]，实验得到了包头稀土精矿低温焙烧较佳的工艺条件，保证了稀土矿的分解。研发的低温预处理浓硫酸焙烧分解高品位混合稀土精矿是将高品位混合稀土精矿与浓硫酸按一定比例混合后，先预先反应一段时间（熟化），再在 180～550℃ 下低温焙烧 0.5～5.0h；确定的最佳工艺条件为：温度 200～250℃，矿酸比 1∶1.5。温度控制是该工艺的关键，因为需要使稀土和钍都能转变为硫酸盐。温度低，转化不完全，收率低；温度高，钍以焦磷酸钍进渣；而且当温度高于 338℃ 时，硫酸的分解损失加大，稀土分解效率下降。而利用现成的回转窑，很难将温度控制在 200～250℃ 之间。胡克强[25]采用焙烧窑在 150～337℃ 之间煅烧，利用碳酸氢铵分解的氨气来吸收氟化氢，制备氟化氢铵，用于制备氟化稀土，降低了废气处理成本，对焙烧窑的强度要求也大大降低。

将焙烧矿与水混合，按固液比（1∶2）～（1∶6.0）在 10～30℃ 下搅拌浸出 0.3～4.5h，得到水浸液和水浸渣。水浸液用 N1923 等有机相萃取钍之后，加入碳铵沉淀稀土，制备的碳酸稀土与盐酸反应得到酸浸液，酸浸液经氨水调节 pH 可得铁铝铀钍水解渣和合格的 $RECl_3$ 溶液；水浸渣经水洗处理后得到水洗渣和水洗液，水洗液可返回继续水浸浓硫酸焙烧矿，水洗渣作为低放射性渣存储。

低温硫酸焙烧工艺为钍资源能够回收利用提供了条件。但如何将提取出来的钍进一步进行纯化也很重要，针对料液中钍的回收，一般采用溶剂萃取法进行。常用的萃取剂有中性膦萃取剂，如 TBP（磷酸三丁酯）、环己基膦酸二仲丁酯、正戊基膦酸二正戊酯、甲基膦酸二庚酯等和胺类萃取剂（伯胺、叔胺等）。陈继、李德谦等提出的一种分离钍的纯化方法，将不同中性膦型萃取剂与不同的有机溶剂混合，根据分离对象的不同，可选用不同组合类型得到有机相。使用所述有机相对原料液进行萃取得到第一萃取液，在用洗涤液洗涤第一萃取液后，用反萃液反萃取所述第一萃取液中的钍元素，得到反萃液，用草酸盐从反萃液中沉淀钍，固液分离后灼烧沉淀，得到氧化钍。钍的纯度从 80%～99% 提高到 99.99% 以上，收率大于 98%。廖伍平等[27]提出用合成含氨基中性膦萃取剂来分离铈-氟和钍的方法，此萃取剂对四价铈、氟和钍具有选择性萃取能力，反萃过程分相良好，循环使用性质稳定，易于合成，简化了工艺，降低了铈萃取分离成本。从源头上回收了对环境有害的元素氟及放射性元素钍，全流程无放射性废水、废渣的产生，是一种清洁、环境友好的分离工艺。

4.2.4　针对节水降耗和氟、磷资源分类回收的浸取与富集新工艺[28-42]*

为解决包头混合稀土精矿浸取分解过程的效率和污染难题，包头稀土研究院、内蒙古科技大学、东北大学、北京科技大学、中国科学院长春应用化学研究所、中国科学院过程工程研究所、甘肃稀土、有研稀土等单位已经开展了很多研究工作。提出了包括硫酸稀土焙烧矿直接转化提取稀土清洁生产、稀土精矿液碱低温焙烧分解、$NaOH\text{-}Na_2CO_3$ 焙烧分解法、硫酸法低温分解-高温焙烧分解、酸-碱两步分解、焙烧矿-盐酸逆流优溶浸出、盐酸浸出分离稀土及氟资源转化、铝盐、$Ca(OH)_2$ 和 $NaClO_3$ 氧化焙烧-盐酸浸出、酸-碱联合低温分解等新工艺。

例如：将硫酸稀土焙烧矿直接转化提取稀土清洁生产工艺[28]，直接转化生产碳酸稀土，并使水可实现全循环利用，回收非稀土 Ca 等物质。采用混合稀土精矿液碱低温焙烧分解工艺[20]，将混合稀土精矿与氢氧化钠按质量比（1∶0.5）～（1∶1.5）进行混合，在 150～550℃焙烧 0.5～4h，将焙烧得到的焙烧矿水洗至中性，用盐酸优先溶解稀土，控制 pH＝4～5，得到氯化稀土溶液。

综合考虑稀土矿中 F、P 及 Th 等资源的有效回收及环境污染的问题，提出了包头稀土矿"两步法"分解新工艺[29]。通过焙烧和硫酸浸出氟碳铈矿，采用萃取方法分离出 Ce（Ⅳ）、F、RE（Ⅲ）和 Th；用 NaOH 溶液浸出分解独居石矿，过滤后得到含碱的溶液和稀土碱饼；含碱的溶液结晶，得到磷酸钠；将稀土碱饼氧化，酸转化后，萃取分离 Ce（Ⅳ）、F、RE（Ⅲ）和 Th。从根本上解决了混合稀土精矿现行分解工艺的不足，避免了各种废气、废水、废渣的产生，提高了有价元素稀土、钍、氟和磷资源的利用率。还有一种处理包头稀土精矿的两步法工艺[30]，先将包头矿氧化焙烧，用硫酸溶液浸出得到第一浸出液和独居石，固液分离后的独居石再用浓硫酸低温焙烧，水浸后得到第二浸出液。

也可以将包头混合型稀土精矿在 350～600℃温度下进行活化焙烧 1～6h，再将活化焙烧矿用 3～8mol/L 盐酸溶液进行逆流优溶浸出，得到低酸度的少铈氯化稀土溶液和盐酸优浸渣。盐酸优浸渣水洗脱水后的浸出渣再和浓硫酸按比例混合、焙烧，得到硫酸焙烧矿。硫酸焙烧矿进行后续的水浸、中和除杂工序，得到硫酸稀土溶液。采用盐酸逆流浸出所得稀土溶液的浓度高达 250g/L，有利于后续萃取分离，盐酸优化浸出避免了四价铈的浸出，可以有效避免配位氟的浸出，从而避免萃取过程中产生氟化稀土而影响分相[31]。

混合稀土精矿液碱焙烧资源综合回收的分解工艺[32]，包括：将混合稀土精矿与氢氧化钠按质量比混合后在 200~600℃进行焙烧 0.5~4h；将焙烧矿水洗至中性，焙烧矿水洗液回收氟和氢氧化钠；碱饼用盐酸优先溶解，得到少铈氯化稀土溶液，萃取稀土后回收氯化钙；盐酸优溶后的渣进行盐酸还原溶解，得到富铈氯化稀土溶液；富铈氯化稀土溶液用 TBP 等萃取磷酸，富铈氯化稀土溶液经中和沉淀，得到铈富集物；该法可以实现液碱焙烧混合稀土矿的连续生产，使稀土、钍、氟、磷、钙等资源综合回收，无废气和放射性废渣，实现清洁生产和资源综合回收。

采用分步法硫酸稀土焙烧分解包头稀土精矿[33]，吸取低温焙烧和高温焙烧的工艺优点，将包头稀土精矿硫酸法焙烧工艺分为两步进行，既减少了放射性废渣和尾气废水的产生，又回收了工艺过程中多余的硫酸，而且工艺连续性强，劳动强度低。根据硫酸溶液分解氟碳铈矿与独居石矿的温度窗口以及反应效率差异，通过程序控温、控制硫酸溶液浓度以及硫酸溶液用量（硫酸溶液绝对过量），分步分解稀土氟化物和稀土磷酸盐，能够将稀土元素与氟资源和磷资源几乎完全分离，并为氟资源和磷资源的分别回收创造条件。首先，在 100~140℃分解稀土氟化物，硫酸溶液几乎不分解，使尾气（蒸气）吸收即得到纯度高的氢氟酸，可直接利用。然后，在 150~300℃单独分解稀土磷酸盐，分解后，稀土离子主要存在于酸浸渣中，而磷酸根离子主要存在于酸浸液中。酸浸液中其他杂质较少，可通过酸浸液的循环利用来富集磷酸根，再对磷资源进行综合利用。而酸浸渣通过处理得到纯度高的稀土硫酸盐水溶液，这样可以实现稀土磷酸盐分解后磷酸根与稀土离子的分离，避免了磷酸根对稀土离子的影响。

将低温硫酸分解氟碳铈矿与碱法分解独居石相结合的酸碱联合流程[33]是先在 120~180℃下用硫酸焙烧分解，水浸取液经水解除铁钍得到磷酸铁钍渣和硫酸稀土溶液。水浸渣经重选，分离硫酸钙后的独居石矿物与上述水解的磷酸铁钍混合，一起用碱法分解，盐酸优溶、水解除铁钍，得到氯化稀土料液和酸溶渣、铁钍渣。

将包头稀土精矿与铝盐、$Ca(OH)_2$ 和 $NaClO_3$ 氧化焙烧后用盐酸浸出[34-36]，浸出液中氟铝以络合物形式存在，采用复盐沉淀法将浸出液中的稀土沉淀过滤后，加热搅拌滤液并调节 pH 值到 3.5~4，使氟铝络合物转化为冰晶石(Na_3AlF_6)沉淀，水洗过滤干燥后即得到冰晶石产品。

或者将白云鄂博稀土精矿加入盐酸和氯化铝中，在 85℃浸出，氟碳铈矿溶解，而独居石不溶解，浸出液中的氟以络合物形式存在[37]。采用复盐沉淀稀土，然后过滤，稀土复盐与独居石共同采用碱法微波加热分解。该方法可以避免大量酸性气体的产生，但氟资源回收利用与氯化铝循环利用的问题未得到解决。

在 $NaOH-Na_2CO_3$ 焙烧分解法中，分解过程分两个阶段进行：在 110~150℃之间，氢氧化钠与精矿发生分解反应，形成稀土氢氧化物；在 380~430℃之间，碳酸钠起主要作用，分解产物以稀土氧化物为主。在 500℃煅烧 90min，碳酸钠加量 20%、氢氧化钠加量 16%，稀土分解浸取率 99%。

包头矿中氧化钙含量较高，直接与碱反应也会消耗碱，并且生成的氢氧化钙会与形成的磷酸三钠反应形成磷酸钙而使磷难以彻底分离；盐酸浸出时磷酸根的存在会生成磷酸稀土而降低收率。为此，需要采用含钙量低的精矿，或增加一步优先低酸除钙步骤。当原矿钙含量低时，也可以在碱分解后先进行低酸洗钙工序。

从上述研究进展看，包头稀土精矿分解工艺的研究重点是在保证稀土浸取率的条件下，综合回收氟、磷等伴生元素，且成本要低、效率要高，杜绝环境污染。像两段硫酸煅烧法、硫酸浆液浸取含氟稀土矿物+碱分解磷酸盐矿物两段法，以及氯化铝+盐酸浸取法等新工艺，都要在保证稀土浸取率的前提下，优化伴生元素的回收利用工艺，解决环境保护难题。

上述分阶段的精细化浸取和物质回收利用工艺路线，很有发展前景。但所涉及的反应机理还有待进一步揭示，一些具体条件还需要优化，以提高物质回收所得产品的纯度，打通循环利用链，解决环境污染问题。最为有效的方法是与上下游工序对接。例如：氯化铝+盐酸浸取法新工艺，若不能与现行的萃取富集和分离方法对接，氟、磷的回收效果差，原料消耗就降不下来。而要达到目标，需要解决稀土与铝的分离及其氟和磷的高效利用，以及酸和碱的循环利用难题，实现各工序之间的无缝对接，甚至联动耦合。

为此，我们提出了用硫酸铝来强化包头混合矿的硫酸分解，同时解决稀土与铝分离难题的工作计划。研究结果证明：单纯在硫酸介质中的稀土浸取率并不理想，但对萤石和氟碳铈矿的浸出选择性好，能够很好地回收大部分的高纯度氟化氢和硫酸钙。硫酸铝的引入能够提高氟碳铈矿的分解率，氟不以氟化氢气体释出，但也需要引入一定比例的盐酸，才能完全分解氟碳铈矿。未分解的独居石则用碱法处理，获得磷酸三钠副产品，消除了现行碱法分解工艺中钙的干扰和氟对磷酸三钠纯度的影响，其减排和增值效果值得期待。考虑到氟化物的存在对独居石碱分解有促进作用，因此，第一阶段氟碳铈矿的分解也无须十分彻底，合适的分解率控制对于降低成本和强化后续碱分解率的贡献及其机理值得深入研究。为此，需将盐酸+硫酸+铝盐强化分解新方法与后续碱分解、萃取分离和材料制备等工序对接耦合，重点解决从浸出液中萃取余酸并分离稀土与铝，以及铌、锆、钪等关键科学与技术问题，包括：复杂体系中含氟物料的选择与强化浸取，碱分解过程的强化浸取，浸出液中稀土与铝、钍、铀、铌、锆等元素萃取分离，钙、磷、氟及铝的综合回收与材料化增值、物质循环利用，废水处理达标和减排等一系列难题的新理论和新方法。

4.3　氟碳铈矿的分解与冶炼工艺[5,12-13,39-44]

氟碳铈矿是一种单体稀土氟碳酸盐矿物 $REFCO_3$ 或 $RE_2(CO_3)_3 \cdot REF_3$，这种矿物及其精矿具有稀土含量高、钍含量低、主含轻稀土（铈占稀土元素的 50% 左右）、放射性低等特点。以美国芒廷帕斯矿山为代表，是目前西方国家稀土工业的主要原料来源。我国四川和山东单一氟碳铈矿资源的化学组成和稀土配分见表 4-3 和表 4-4。

表 4-3　氟碳铈矿的化学组成（质量分数）　　　　　　　单位：%

成分	RE_xO_y	ThO_2	F	CaO	$BaSO_4$	Fe_2O_3	SiO_2	灼减量
含量	68~72	<0.1	5~5.5	0.5~1.0	0.5~1.0	0.3~0.5	0.5~1.0	19~21

表 4-4　某氟碳铈矿的稀土配分（质量分数）　　　　　　　单位：%

成分	La_2O_3	CeO_2	Pr_6O_{11}	Nd_2O_3	Sm_2O_3	Eu_2O_3	Gd_2O_3	Y_2O_3	其他
含量	31.0	50.5	5.0	12.9	0.53	0.1	0.2	0.05	0.02

氟碳铈矿容易分解，在空气中 400℃ 以上可分解成稀土氢氧化物和氟氧化物，在常温下，盐酸、硫酸和硝酸可用于溶解氟碳铈矿中的碳酸盐，基于氟碳铈矿这种易分解的特性，往往依据不同产品方案选择不同的处理方法。工业生产中通常有两种方法：一种是生产混合稀土氯化物的盐酸-氢氧

化钠工艺，一种是生产单一稀土化合物的氧化焙烧-盐酸浸取工艺。我国氟碳铈矿主产地是四川省，生产中所采用的方法以空气氧化焙烧-盐酸浸取为主，下面主要讲氧化焙烧-盐酸浸取工艺。

4.3.1 浸出与冶炼工艺

本法处理氟碳铈矿的工艺流程示于图 4-6。氟碳铈矿在空气中 450～550℃焙烧时，首先分解成氟氧化物，同时，铈被氧化成正四价：

$$REFCO_3 \Longrightarrow REOF + CO_2 \uparrow \tag{4-1}$$

$$6CeOF+O_2 \Longrightarrow 2Ce_3O_4F_3（即 2CeO_2 \cdot CeF_3）\tag{4-2}$$

焙烧温度超过 700℃时，在水蒸气存在下，氟氧化物又分解为氧化物：

$$2REOF + H_2O \Longrightarrow RE_2O_3 + 2HF \uparrow \tag{4-3}$$

$$3Ce_2O_3 + O_2 \Longrightarrow Ce_6O_{11}（即 4CeO_2 \cdot Ce_2O_3）\tag{4-4}$$

高温焙烧过程中氟基本上逸去，且铈转变成难溶于稀酸的二氧化铈，故可采用优先浸出三价稀土的方法，达到铈与其他稀土初步分离的目的。

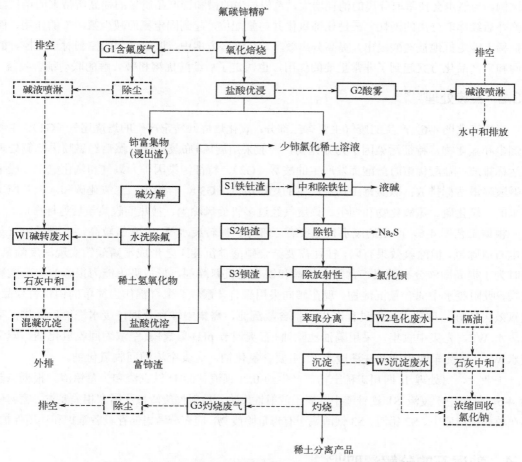

图 4-6　氟碳铈矿氧化焙烧-盐酸浸出工艺及三废处理流程图

经过焙烧冷却后的精矿，先在浸出槽中用水调浆，然后边搅拌边加入盐酸进行优溶。在优溶过程中，由于盐酸不断消耗，体系的酸度不高、二氧化铈不易溶解而与未分解的精矿留在沉淀中。此沉淀物可作为进一步提铈的原料。因为在此过程中，优先浸出的是非铈稀土。所以，这种方法也常称为"优浸"。在盐酸溶解时，由于 Cl⁻ 具有还原性，故可使部分四价铈还原成三价而进入溶液。采用逆流浸取，得到高浓度的优溶液，可用作萃取分组的原料，从而获得钐铕钆富集物和少铈结晶氯化稀土，供进一步分离单一稀土使用。

氟碳铈矿的上述浸取和分离流程利用了空气氧化铈的作用，基于铈的变价性质，绝大部分铈以难溶的氧化铈形式存在，采用盐酸优溶法不仅可以让铈与其他稀土得到分离，而且还减少了盐酸的消耗量。但其不足一是流程长，不连续；二是钍和氟分散在渣和废水中难以回收，也给环境治理带来困难；三是氧化铈产品不纯，利用价值不高，部分高价值的镨残留，降低了其商业价值。而且钍的残留还会导致稀土产品的应用受限；为此，需要研发新的高效清洁分离流程，并且要求流程短、成本低。这肯定会有很大的压力。现有的研究工作主要有几个方面：一是将富铈产品强化浸出，在还原剂存在下，使其分解浸出，再经萃取分离来生产高纯度产品。二是在分解时加入助剂，例如加入碳酸氢钠等，以保护铈不被氧化，提高酸浸出稀土的比例。当然也会使萃取分离的消耗增大，希望损失的镨和铈产品质量的提高所带来的增值能够弥补后续萃取分离的消耗。三是让铈氧化并与氟配位，起到固定氟而减少氟污染的作用，而其他稀土能更好地被盐酸浸出，提高分离效率。在这些方案中，煅烧过程的控制对于调控铈的走向和氟产品化方案起到了非常重要的作用，也决定了后续酸优溶和碱分解的联动耦合效益。

4.3.2　三废处理[5,18]

根据工艺图 4-6，产生的废气主要有三部分：氧化焙烧回转窑产生的焙烧尾气（G1），主要含烟尘和氟化物，特征污染因子为氟化物，一般采用旋风+布袋除尘，然后经碱喷淋除氟处理后达标排放；盐酸优溶时盐酸挥发产生的酸雾（G2），特征污染因子为氯气和氯化氢，一般采用碱液喷淋达标排放；碳酸稀土灼烧产生的灼烧废气（G3），含粉尘、二氧化碳和水以及燃煤带来的二氧化硫、氮氧化物和烟尘。该废气经过多管旋风除尘、换热回收热量后达标排放。

根据工艺图 4-6，产生的废水也主要有三部分：碱转废水 W1，含氟较高，主要采用石灰或电石渣除氟，但除氟效果有限，往往需要结合磷酸盐沉淀工艺形成氟磷酸钙实现深度除氟，同时为了提高固液分离效果，常加入铝盐和铁盐无机絮凝剂，形成吸附能力很强的絮凝氢氧化物，吸附废水中的含氟沉淀物。现在倾向采用聚合硫酸铁、聚合铝作为简单的铝铁替代品，除氟效果较好。该技术处理过程产生大量含氟沉淀，需集中堆存处理，废水澄清后外排；皂化废水 W2，先集中收集，采用隔油池除油+石灰调节 pH+曝气+真空浓缩回收氯化钠；碳沉废水 W3（沉淀车间母液及洗涤废水），主要含氯化钠，送真空浓缩回收氯化钠。

工业上，每处理 1t 四川矿稀土精矿产生约 0.2t 钡渣、0.01t 铁钍渣和少量铅渣。根据工艺图 4-6，钍集中于废渣 S1 铁钍渣中，属于放射性废物，放射性废渣按照国家相关要求，密封储存在放射性渣库中。S2 铅渣、S3 钡渣属于有毒危险废物，应充分考虑储存设备维护和环境保护。

4.4　独居石的分解浸取[1,5,44]

独居石是稀土工业的重要原料，目前主要产于澳大利亚、南非、巴西、马来西亚、印度等国家。独居石是稀土和钍的磷酸盐矿物 $REPO_4$、$Th_3(PO_4)_4$，其化学组成具有以下特点：

① 精矿中独居石的矿物量为 95%～98%，其中含有 RE_2O_3 50%～60%，铈组元素占矿物稀土总量的 95%～98%；

② 磷的含量高，P_2O_5 25%～27%；

③ 放射性元素 Th、U 含量较高，ThO_2 4%～12%，U_3O_8（$UO_2·2UO_3$，所含的铀以 U_3O_8 形式存在）0.3%～0.5%、存在微量的 Th 和 U 放射性衰变产物 Ra；

④ 含有少量金红石（TiO_2）、钛铁矿（$FeO·TiO_2$）、锆英石（$ZrO_2·SiO_2$）以及石英（SiO_2）等矿物。

工业上处理独居石的方法主要有浓硫酸分解和苛性钠（NaOH）溶液分解两种工艺。1950年以前主要采用浓硫酸分解法，之后普遍采用碱法分解。碱法的特点是：含量仅低于稀土的磷以磷酸三钠的形式分离出来，随后将铀、钍同时与稀土分离，最终得到氯化稀土。这样精矿中的有价成分与分解所用的化工试剂几乎全部能回收，经济合理。

4.4.1 碱分解工艺

反应工艺如图 4-7，氢氧化钠在热的条件下反应，实际上是发生沉淀转化反应，即稀土的磷酸盐转化为氢氧化物，而磷酸盐转变成可溶的磷酸三钠，其中共存的钍也发生类似的反应：

$$REPO_4 + 3NaOH \Longrightarrow RE(OH)_3\downarrow + Na_3PO_4 \qquad (4\text{-}5)$$

$$Th_3(PO_4)_4 + 12NaOH \Longrightarrow 3Th(OH)_4\downarrow + 4Na_3PO_4 \qquad (4\text{-}6)$$

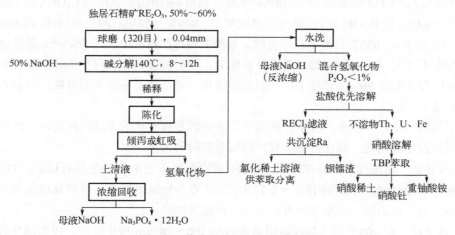

图 4-7　碱分解独居石工艺流程图

形成的氢氧化稀土会覆盖到磷酸稀土表面而阻止其进一步的反应。为使这一反应能够进行完全，需要将原矿湿磨至 300～350 目，采用 47%～50%的高浓度 NaOH，以 NaOH/精矿=1.3～1.5，在 140℃分解反应 3～5h，使分解率达 97%。分解之后，需要将可溶性的磷酸三钠分离。主要的方法是过滤。要取得好的分离效果，需要使颗粒的物理性能好，颗粒大，易于过滤操作。为此，需要陈化后过滤。例如：在 100～105℃陈化 1h；在 80℃保温过滤，再压滤洗涤滤饼，以稀碱液和水洗至 P_2O_5 含量低于 0.3%。或者在 70℃陈化 6～7h，若低于 60℃，磷酸三钠易析出；温度过高，因物料翻动不利于颗粒沉降，陈化中止后，倾去上清液，再以热水洗涤下层固体，一是洗碱，二是洗磷。过滤后得到的滤饼主要是氢氧化稀土和其他不溶性渣。为此，采用盐酸来浸出其中的稀土并与钍铀分离。控制适当的酸度，使绝大多数的稀土被溶解而钍铀铁钛和磷进入渣中。为了避免过低的稀土浓度，一般平衡 pH 值采用 4.5 更合适。具体溶解方法为：先用工业盐酸将洗好的滤饼溶至体系 pH = 2.5～3.5，此时有部分 Th、U 溶出，然后再中和，使平衡时 pH = 4.5 左右；前段溶出的 Th、Fe 又沉淀下来，此法可使 90%稀土溶出，pH 调整好后再煮沸 1h 以保证 Th、U 的沉淀完全。优溶后用板框压滤机过滤，得到含混稀土氯化物的溶液和钍、铀渣。

优溶液含有放射性镭（Ra），一般采用与硫酸钡共沉淀法将镭带下来，因 Ra 在溶液中浓度很小，单独用硫酸根沉淀不可行。

$$Ba^{2+}(Ra^{2+}) + SO_4^{2-} = BaSO_4(RaSO_4) \qquad (4-7)$$

$$K_{sp}(BaSO_4) = 1.1 \times 10^{-10}, \quad K_{sp}(RaSO_4) = 4.1 \times 10^{-10}$$

控制离子浓度积 $c(Ba^{2+}) \times c(SO_4^{2-})$ 约 10^{-4} 数量级，就使得 $RaSO_4$ 随大量的 $BaSO_4$ 沉淀而被共沉淀下来。

独居石分解反应消耗的碱量不足投入量的 40%，参与反应的碱形成磷酸三钠，剩余的碱必须回收利用。为此，将碱分解液与部分洗液进行蒸发浓缩，溶液沸点达 135℃，此时 NaOH 浓度为 47%，而溶液中 99%磷酸三钠结晶析出。回收的烧碱液再返回到分解独居石工序循环使用。得到的磷酸三钠含有放射性物质，必须除去。具体方法是以热水溶解粗晶，加热至沸，再加入锌和硫酸亚铁作还原剂，UO_2^{2+} 还原成 U^{4+}，加入石灰水，利用 $Fe(OH)_3$ 共沉淀使 $U(OH)_4$ 沉淀除去。

鉴于 Na_2CO_3 比 NaOH 便宜，研究结果表明，在 800℃与独居石的反应迅速，在 900℃ 3～4h 就能反应完全，1000℃熔融下反应更快。另外发现：在精矿中加入 3%～5%重量的含氟化合物（如萤石等），在 800～825℃便可分解完全，而不加氟化物，同样条件下分解率不超过 98%，被认为是生成 SiF_4 而破坏了矿物的晶体结构。烧结物不易溶于无机酸，但加入氟离子则溶于盐酸。

为了提高效率，降低生产成本，提出了许多分解独居石矿的方法。主要研究内容以降低烧碱消耗量及能源消耗、强化分解过程、缩短分解时间为主。

① 压热法 用浓度 63%～73%的 NaOH 溶液在高压釜中分解独居石精矿，213℃分解 6h，分解率大于 99%，NaOH/精矿 = 0.75/1。其优点是烧碱消耗小，后期处理方便。缺点是反应设备复杂，压力高，大型生产难以实现，产物易结块。

② 熔融法 在 400℃用 3 倍理论用量烧碱与 100～280μm 精矿反应，可全部分解矿石。而当精矿达 35μm，烧碱量 1.5 倍理论量，温度相同，分解率也达到 99.7%，但分解产物不易溶于无机酸，需加浓度大于 0.75%的 F^-，使 RE、Th 生成氟配合物而加速溶解。

③ 热球磨法 将球磨与分解两步工序合并进行。尽管提高分解温度到 160℃，分解时间 6h，但独居石分解仍不完全，约 95.7%。而在热球磨内分解 80 目的独居石精矿，160℃分解 2～3h，分解率就大于 99%，碱用量为精矿质量的 65%～70%。

如果提高分解温度到 175℃，用量为理论量的 150%（碱/矿 = 75%），分解 4.5～6h 即可达到全部分解。如果延长分解时间，分解率反而下降，这是由于分解过程的反应向逆方向进行，使得已分解的 $RE(OH)_3$ 又生成 $REPO_4$。而生成的磷酸盐难溶于后工序的盐酸溶液中，使分解率下降。

4.4.2 三废处理

独居石精矿含 REO50%、ThO_2 5.5%～7.5%、U_3O_8 0.2%～0.4%。以独居石为原料生产氯化稀土的冶炼厂，属于开放性的放射性企业。采用碱法优溶工艺，生产过程中产生酸性废气、含铀钍的废水处理方式和前面所讲的差不多。

这里强调的是废渣，酸溶渣具有放射性，其放射性比活度为 $5.5×10^5$Bq/kg，镭钡渣为 $6.2×10^4$Bq/kg，放射性废渣难处理。因此，钍的回收利用受到了人们的普遍关注。据了解，我国处理独居石的企业，也没按开放性放射工厂设计，放射性防护设施不完善，排出的"三废"不达标，放射性辐射污染严重，有的企业因环保污染严重已经停产。

据了解，我国处理独居石的企业，也没按开放性放射工厂设计，放射性防护设施不完善，排出的"三废"不达标，放射性辐射污染严重，现在有的企业因环保污染严重已经停产。2006年全国稀土企业生产冶炼分离产品产量达到了 11.66 万吨，至少用了 13 万吨（以 REO 计）矿产品，产生的废水量估计为 2000 万～2500 万吨。如果氨氮含量 300～2000mg/L，超出国家排放标准几十倍到 80 倍，如此之多的废水，真正有效处理达标排放的企业不多，如渗入地下，排入天然水体，会造成严重污染。

高钍矿物型稀土资源的开发都涉及放射性问题。全国利用包头稀土、四川稀土和微山稀土精矿冶炼生产企业，从 1992 年到 2006 年统计总共用了稀土 REO 81.21 万吨，相当于 50% REO 精矿 162.41 万吨，含 ThO_2 0.2%～0.3%，有 3248～4872t ThO_2 进入各种废渣。历年来大量积累的放射性比活度超标废渣，绝大部分又没有妥善安全处理，给环境造成了放射性辐射污染危害。国家规定放射性废渣要按照国家相关要求，密封储存在放射性渣库。在稀土精矿冶炼工艺中需将钍回收，避免钍的分散所导致的环境污染。这需要打开钍的应用市场，而钍能发电是解决这一困局的值得期待的突破口。

4.5 离子吸附型稀土精矿的分解浸取[45-48]

离子吸附型稀土精矿主要有氧化稀土、氢氧化稀土、碳酸稀土等。离子型稀土精矿的分解浸出过程如图 4-8，主要是指氧化稀土、碳酸稀土和氢氧化稀土通过盐酸作用形成氯化稀土，氯化稀土再通过萃取分离，得到单一稀土氯化物。单一稀土氯化物在草酸或碳酸氢铵作用下形成草酸稀土或碳酸稀土沉淀，再通过灼烧生成单一稀土氧化物。

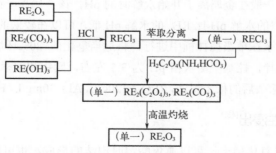

图 4-8　离子吸附型稀土精矿的分解浸取工艺图

4.5.1　精矿的盐酸分解

氧化稀土精矿（REO≥92%）的盐酸分解过程，主要发生的化学反应如下：

$$RE_2O_3 + 6HCl \Longrightarrow 2RECl_3 + 3H_2O \qquad (4-8)$$

经过过滤与洗涤，滤液送萃取作原料，少量不溶渣则送渣库堆存。

采用盐酸来溶解氧化稀土，一般需要使用过量的酸，而且为了保证稀土料液的浓度要求，需要使用浓度比较高的盐酸。为了加快浸出速度，一般需要进行加热。由于溶解反应也会放热，常常会因为局部浓度过高，溶解放热导致局部过热而使物料结块，或使物料飞溅而导致溶解不完全或损失。因此，常用的方法是先用水与氧化稀土粉末调浆，然后再加入盐酸和加热。

碳酸稀土和氢氧化稀土的盐酸分解同氧化稀土精矿的盐酸分解，主要发生的化学反应如下：

$$RE_2(CO_3)_3 + 6HCl \Longrightarrow 2RECl_3 + 3H_2O + 3CO_2 \qquad (4-9)$$
$$RE(OH)_3 + 3HCl \Longrightarrow RECl_3 + 3H_2O \qquad (4-10)$$

纯度高的碳酸稀土和氢氧化稀土用盐酸溶解的速度更快。所以，在碳酸稀土的溶解过程需要注意二氧化碳的逸出导致的冒槽。当纯度不高，尤其是含铝量高时，溶解的溶液很难澄清。

4.5.2　氯化稀土溶液的净化

混合稀土氧化物用盐酸溶解，所得稀土溶液中含有铝、铁、铅、硅等杂质，如稀土浓度为300g/L，则铝可达400～1000mg/L，铁含量300mg/L左右，铅为50mg/L左右。此溶液若直接用于萃取分离稀土，其杂质首先是在萃取过程中引起乳化，影响萃取操作的顺利进行，其次还影响产品质量。特别是环烷酸萃取体系，在较高的pH范围内进行萃取，铝、铁、铅杂质生成亲水性水合氢氧化物，易形成稳定的水包油型乳状液。因此，萃取料液进入萃取体系之前，应将上述杂质除去。

① 氨水调pH除铝铁　在稀土料液加入氨水，控制pH，使铝生成氢氧化铝沉淀。$Fe(OH)_3$沉淀的pH比$RE(OH)_3$沉淀的pH低，同样，铁也随着生成氢氧化铁沉淀。滤出沉淀物，可除去大部分铝和铁。

② 硫化物除铅　氢氧化铅沉淀的pH比稀土氢氧化物高，在氨水调pH除铝、铁过程中，不能使铅与稀土分离，但pH较低时，铅易与硫生成硫化物沉淀而被除去。即在稀土料液中加入硫化物溶液，充分搅拌，控制pH为3.5。通过此法可将稀土料液中铅含量降至2mg/L。

③ 环烷酸萃取除杂　经氨水调pH除铝铁后，料液中还含有少量铝和铁，必须进行深度净化。环烷酸体系中，一般在金属离子开始水解时的pH，该金属离子在两相中的分配比 D 达到最大值，而Al^{3+}、Fe^{3+}的水解pH比RE^{3+}的水解pH低，可以在较低的pH时用环烷酸进行萃取分离。环烷酸萃取除杂在单级搅拌桶中进行，将适当皂化的 20%环烷酸-20%异辛醇-60%煤油，与稀土料液混合搅拌，控制平衡水相pH为3.5左右，则铝和铁萃入有机相，而稀土留在水相中。经环烷酸萃取除杂后的稀土料液，REO＞120g/L，Al＜30mg/L，Fe＜2mg/L，Pb＜2mg/L。

4.5.3　稀土的选择性浸出[45]

将碳酸稀土煅烧成氧化稀土，可以避免酸溶时泡沫的形成，也可以提高稀土与铝的溶出选择性。控制酸的用量和方法，可以实现稀土优溶目标。要实现稀土的选择性优溶，需要避免过高的酸度和温度，使铝的溶出速度减慢，不形成胶体羟基铝。为此，需要先让氧化稀土充分水化（轻稀土镧的氧化物在水中能直接转化为氢氧化镧），增加溶液的热传导性能，通过提高溶液的离子强度来防止羟基聚合铝阳离子的形成或促进其聚集沉降。五矿稀土研究院提出的一种低杂质稀土料液的制备方法中，通过加入可溶性无机盐来促进稀土的溶解而降低铝等杂质的溶出。该方法可以大大降低浸出液中铝、铁、铀、钍等杂质的含量，加快溶解反应速度，降低溶解过程酸度，减少溶解过程中酸雾的生成。但仍然需要通过工业实验来确定其可行性。

4.5.4　主要稀土废水处理方法与处理原则[18]

稀土生产中产生的废水，含有多种化学物质，如果做不到有效治理，会严重污染环境。根据稀土生产中排出废水组成成分的不同，其处理方法也是多种多样，下面介绍三种稀土废水的处理方法。

（1）放射性稀土废水的处理

稀土生产中放射性废水的主要来源是独居石矿的碱法分解，这种废水尽管组成比较复杂，放射性元素超过了国家标准，但仍属于低水平放射性废水。其处理方法可分为化学处理法和离子交换树脂法两大类。

1）化学处理法

由于废水中放射性元素的氢氧化物、碳酸盐、磷酸盐等化合物大多是不溶的，因此化学方法处理低放射性废水大多是采用沉淀法。化学处理的目的是使废水中的放射性元素移到沉淀的富集物中去，从而使大体积的废液放射性强度达到国家允许排放标准而排放。化学处理法的特点是费用低廉，对大部分放射性元素的去除率显著，设备简单，操作方便，因而在我国的核能和稀土工厂去除废水中放射性元素都采用化学沉淀法。

① 中和沉淀除铀和钍　向废水中加入烧碱溶液，调 pH 值在 7～9 之间，铀和钍则以氢氧化物形式沉淀，化学反应式为：

$$Th^{4+} + 4NaOH \longrightarrow Th(OH)_4 \downarrow + 4Na^+ \tag{4-11}$$

$$UO_2^{2+} + 2NaOH \longrightarrow UO_2(OH)_2 \downarrow + 2Na^+ \tag{4-12}$$

有时，中和沉淀也可以用氢氧化钙做中和剂，过程中也可加入铝盐（硫酸铝）、铁盐等形成胶体（絮凝物）吸附放射性元素的沉淀物。

② 硫酸盐共晶沉淀除镭　在有硫酸根离子存在的情况下，向除铀、钍后的废水中加入浓度 10%的氯化钡溶液[1]，使其生成硫酸钡沉淀，同时镭亦生成硫酸镭并与硫酸钡形成晶沉淀而析出。化学反应式为：

$$Ba^{2+} + Ra^{2+} + 2SO_4^{2-} \longrightarrow BaRa(SO_4)_2 \downarrow \tag{4-13}$$

③ 高分子絮凝剂除悬浮物　在稀土生产厂中所用的絮凝剂大部分是高分子聚丙烯酰胺（PHP）。按分子量的大小可以分为适用于碱性介质中的 PHP 絮凝剂和适用于酸性介质中的 PHP 絮凝剂。PHP 是一种表面活性剂，水解后会生成很多活性基团，能降低溶液中离子扩散层和吸附层间的电位，能吸附很多悬浮物和胶状物，并把它们紧密地联成一个絮状团聚物，使悬浮物和胶状物加速沉降。

2）离子交换树脂法

离子交换树脂法去除溶液中放射性元素所用的离子交换剂，有离子交换树脂和无机离子交换剂。离子交换树脂法仅适用于溶液中杂质离子浓度比较小的情况，当溶液中含有大量杂质离子时，不仅影响了离子交换树脂的使用周期，而且降低了离子交换树脂的饱和交换容量。一般认为常量竞争离子的浓度小于 $1.0\sim1.5kg/L$ 的放射性废水，适于使用离子交换树脂法处理，而且在进行离子交换处理时往往需要首先除去常量竞争离子。为此可以使用二级离子交换柱，其中第一级主要用来除去常量竞争离子，第二级主要除去放射性离子。因此离子交换树脂法特别适用于处理经过化学沉淀后的放射性废水，以及含盐量少和浊度很小的放射性废水。

无机离子交换剂处理中低水平的放射性废水也是应用较为广泛的一种方法。应用较多的无机离子交换有各类黏土矿（如蒙脱土、高岭土、膨润土、蛭石等）、凝灰石、锰矿石等。黏土矿的组成及其特殊的结构使其可以吸附水中的 H^+，形成可进行阳离子交换的物质。有些黏土矿如高岭土、蛭石，颗粒微小，在水中呈胶体状态，通常以吸附的方式处理放射性废水。黏土矿处理放射性废水往往附加凝絮沉淀处理，以使放射性黏土容易沉降，获得良好的分离效果。对含低放射性的废水（含少量天然镭、钍和铀），用软锰矿吸附处理（$pH=7\sim8$），也能获得良好的效果。

（2）含氟废水的处理

在用酸法或碱法处理混合型稀土精矿时产生的废水，其含氟量、pH 值均超过了国家排放标准，酸性废水氟含量超标 $120\sim280$ 倍，碱性废水氟含量超标 $40\sim50$ 倍。这样的废水需经处理后才能排放。

① 酸性含氟废水的处理　常温下，用石灰制成浓度（CaO）为 50%～70%石灰乳溶液加入含氟废水中，使氟以氟化钙沉淀析出，沉降时间 0.5～1.0h，同时硫酸被中和并达到排放的酸度要求。化学反应式为：

$$Ca(OH)_2 + 2HF \longrightarrow CaF_2\downarrow + 2H_2O \tag{4-14}$$

$$Ca(OH)_2 + H_2SO_4 \longrightarrow CaSO_4 + 2H_2O \tag{4-15}$$

此法主要装置有废水集存池、中和沉淀槽、过滤机和废水泵等。废水经处理后含氟量降至 10mg/L 以下，$pH=6\sim8$，达到排放标准的要求。

② 碱性含氟废水的处理　常温下，向废水加入浓度（CaO）为 10%的石灰乳溶液，使氟以氟化钙沉淀析出，氟含量由 0.4～0.5g/L 降至 15～20mg/L，然后再加入偏磷酸钠和铝盐作为沉淀剂，使氟进一步生成氟铝磷酸盐析出，化学反应式为：

$$Ca(OH)_2 + 2NaF \longrightarrow CaF_2 + 2NaOH \tag{4-16}$$

$$NaPO_2 + Al^{3+} + 3F^- \longrightarrow NaPO_2\cdot AlF_3 \tag{4-17}$$

一次除氟时 $1m^3$ 废水加入溶液 $0.025m^3$ 作业，反应时间 45min，沉降时间 0.5～1.0h。二次除氟时，$1m^3$ 废水加入偏铝酸钠 40g，铝盐 160g，废水最终 $pH=6\sim7$。主要设备有废水集存池、除氟反应槽、过滤机等。废水经两次除氟后，含氟量一般小于 10mg/L，$pH=6\sim7$，达到排放标准。

（3）含酸废水的处理

用氯化稀土制取氧化稀土时，草酸沉淀稀土后的母液含酸较高（$pH\leqslant1.5$），主要是盐酸和草酸，需经处理后才能排放。这样的废水处理比较简单，用废烧碱液或石灰乳液进行中和处理，降低酸度即可，化学反应式为：

$$Ca(OH)_2 + 2HCl \longrightarrow CaCl_2 \downarrow + 2H_2O \qquad (4-18)$$

$$Ca(OH)_2 + H_2C_2O_4 \longrightarrow CaC_2O_4 + 2H_2O \qquad (4-19)$$

中和处理后的废水清亮，酸度降至 pH＝7～8，不含有害物质，符合排放标准。

根据稀土生产中排出废水组成成分的不同，其处理方法也有差异，一般可采用沉淀法。处理废水中的放射性成分和氟，对酸、碱的处理则采用中和法。

稀土废水处理应遵循以下原则：

① 选择的处理方法，其工艺技术稳定可靠，先进合理，处理效果好，作业方便，技术指标高。

② 选用的各种设备简单合理，制造容易，维修方便。

③ 最终排放的废水要确保达到国家排放标准的要求。

④ 建设投资费用少，处理废水的成本低。

4.5.5　稀土废渣的特点

在稀土选矿及冶炼生产过程中所产生的废渣性质不同，其主要特点如下：

① 各种废渣中都含有不等量的放射性元素钍、铀和镭，因此，各种废渣均具有不同水平的放射性比活度。

② 低放射废渣的渣量较多，建渣场或渣坝堆存时需占较大的场地。例如稀土选矿的尾矿渣，生产稀土合金的合金渣，硫酸焙烧处理包头稀土精矿的水浸渣等的渣量大。

③ 稀土生产中排出属放射性废渣的渣量较少，但比活度较高。例如酸法分解 1t 离子型稀土精矿（REO≥92）产生的酸溶渣为 0.14t，用碱法处理独居石精矿后产生的镭钡渣量极少。

④ 稀土生产中产生一些废渣含有不少的有价元素，需要临时堆存，然后再进行综合利用回收。例如优溶渣中含稀土（以 REO 计）25%～30%，钍 0.78%和铀 0.34%，可回收生产稀土氯化物、硝酸钍和重铀酸铵等产品，提高经济效益。

4.6　浸取方式[1]

矿产资源的综合利用要求和能源、环保等方面的限制，促使湿法冶金技术的发展，形成了许多不同的浸取方式和方法，其分类也是多种多样。按固液接触方式可分为搅拌浸取和渗滤浸取。按浸取时温度压力条件可分为常压浸取和热压浸取，按浸出试剂又可分为水溶剂浸取和非水溶剂浸取等。

4.6.1　搅拌浸取方法

磨细物料一般是原矿、选矿中矿、尾矿和粗精矿以及低品位表外矿和冶金中间产品等。物料的浸出目标金属可以单质、氧化物、硫化物或其他盐类形式存在。

浸取是固、液两相，甚至是固、液、气三相的多相反应过程。该过程在固体表面进行，受离子迁移扩散作用的影响。液、固浸取过程的主要步骤是：①浸取剂通过矿粒的裂隙向内扩散；②矿粒中反应点的化学反应；③已溶解的物质向外扩散进入溶液。

显而易见，为了加速浸取过程，磨细物料的搅拌浸取具有极大优势，因为物料磨细，增大矿粒的有效表面积，获得了较大的反应能力；也减少了扩散层厚度，增大了扩散系数；防止了矿粒沉降，加快了矿粒表面的液体更新速度。

搅拌浸取是继筑堆渗滤浸取之后，人类最早采用的矿石浸取方式。其优点是设备简单，仅需槽、泵一类设备，可以连续运行，也可间断运行，操作简单，流程组合灵活，规模可大可小，更可取的是浸取率高，资源利用率高。缺点是须配有磨矿、固液分离等工序，相应运行费用高。

搅拌浸取方法主要有三种：机械搅拌（图 4-9）、气流（蒸汽或空气）搅拌（图 4-10）、流态化逆流浸取槽（图 4-11）和气流-机械混合搅拌（图 4-12）。

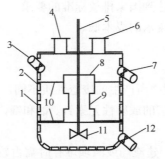

图 4-9　机械搅拌浸取槽

1—壳体；2—防腐层；3—进料口；4—排气孔；5—主轴；6—人孔；
7—溢流孔；8—循环筒；9—循环孔；10—支架；11—搅拌浆；12—排料口

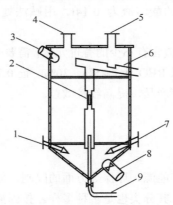

图 4-10　空气搅拌浸取槽

1—蒸气管；2—循环孔；3—进料口；4—排气孔；
5—人孔；6—溢流槽；7—蒸气管；8—事故排浆管；9—空气管

流态化逆流浸出在流态化逆流浸出槽中进行，其塔的结构如图 4-11 所示。上部为浓密扩大室，中部为圆柱体，底部为圆锥体，塔顶有排气孔和观察孔。矿土制浆后用泵送入塔内，进料管上细下粗，出口处装有倒锥，以使矿浆稳定均匀地沿着倒锥四周流向塔内。在塔的中段加入浸矿剂进行逆流浸出，在塔的下部加入洗涤水进行逆流洗涤，洗涤后的粗砂经粗砂排料口排出。浸出矿浆由溢流口流出，经固液分离后可得澄清的稀土浸出液。浸出时须严格控制进料、排料、浸矿剂和洗水流量及界面位置，一般采用调节排砂量的方法保持稳定的界面。流态化逆流浸取得到的是除去粗砂后的浸出矿浆，减少了后续固液分离作业的处理量。

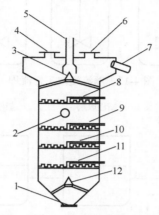

图 4-11　流态化逆流浸取槽

1—粗砂排料口；2—窥视镜；3—进料锥；4—排气孔；5—进料管；6—观察孔；7—溢流口；
8,9—硫酸配管；10,11—洗涤水分配管；12—粗砂排料锥

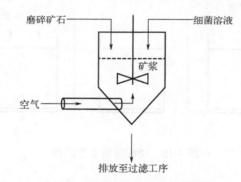

图 4-12　气流-机械混合单槽搅拌

4.6.2　搅拌浸取的连续操作制度

依浸取剂与被浸矿物料的相对运动方式可以分为顺流浸取、错流浸取和逆流浸取三种。

① 顺流浸取　浸取剂与被浸矿物的流动方向相同，此时浸出液中目的组分的含量较高，浸取剂消耗量较小，但浸出速度慢，时间较长，其工艺流程图如图 4-13。

② 错流浸取　浸取剂与被浸矿物料的流动方向相错,每次浸出后的浸渣均与新浸取剂接触，浸出速度高，浸取率高，但浸出液体积大，浸出液中目的组分的含量低，浸取剂消耗量大，其工艺流程图如图 4-14。

③ 逆流浸取　浸取剂与被浸矿物料运动方向相反，即经几次浸出而贫化后的矿物与新鲜浸取剂接触，而原始被浸矿物则与浸出液接触，可较充分地利用浸出液中的剩余浸取剂，浸出液中目的组分含量高，浸取剂消耗量较小，但浸出速度较低，时间较长，需较多的浸出段数，其工艺流程如图 4-15。

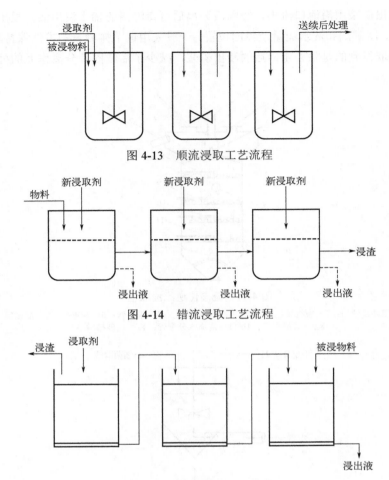

图 4-13　顺流浸取工艺流程

图 4-14　错流浸取工艺流程

图 4-15　逆流浸取工艺流程

4.7　浸取过程的动力学基础[1]

浸取动力学主要是研究浸取速率与其相关影响因素之间关系的学科，通过研究浸取过程速度控制步骤，确定采取相关有效措施强化浸取过程，提高浸取效率。很多科研工作者进行了动力学的相关研究。

4.7.1　浸取过程的历程及其速度的一般方程

浸取过程就是在水溶液中利用浸取剂与固体物料如矿物原料、冶金过程的固态中间产品、烟尘、渣等作用，使有价元素和主要伴生元素或杂质分别进入不同的相如水相和渣相以达到初步分离的目的过程。

除个别例外，所有稀有金属的工业生产流程中，几乎都包括有一个或多个浸出工序，它广泛用于矿物原料的分解、处理某些冶金中间产品或废渣以回收有价元素或除去杂质，因此研究浸取过程理论和工艺对改善和发展有色冶金过程具有重大的意义。

浸取过程主要是通过一系列化学反应实现的,浸取过程的速度对冶金过程有很大的意义。提高浸取速度,则在一定的浸取时间内能保证得到更高的浸取率,或在保证一定的浸取率的情况下,能缩短浸取时间或减少浸取剂用量。

在化学反应中,反应速率的定义是:单位时间单位体积(或面积)内的反应物消耗量或产物生成量。均相反应是指气相或单一液相中发生的反应。

$$aA + bB \longrightarrow rR + qQ \tag{4-20}$$

若以单位流体体积内反应物 A 消耗的物质的量表示,则反应速率 r_A 可表示为:

$$r_A = -\frac{dn_A}{Vdt} \tag{4-21}$$

如果反应在恒容条件下进行,则可用浓度变化来表示反应速率:

$$r_A = -\frac{dc_A}{dt} \tag{4-22}$$

同样,可以用其他反应物或生成物来表示该反应的反应速率。而且各物质反应速率存在如下关系:

$$\frac{r_A}{a} = \frac{r_B}{b} = \frac{r_R}{r} = \frac{r_Q}{q} \tag{4-23}$$

在实际研究中,最为关注的是化学反应速率与浓度之间的关系。对于反应物分子在碰撞中一步直接转化为生成物分子的基元反应,其速率与反应物浓度的乘积成正比,其中各浓度的次方就是反应式中各成分的系数。

$$aA + bB \longrightarrow rR + qQ$$
$$r_A = kc_A^a c_B^b \tag{4-24}$$

式中,k 称为反应速率常数,和温度有关。

许多反应是在等温恒容下进行的。对于单一的一级反应,其速率方程式:

$$A \longrightarrow R$$

$$r_A = -\frac{dc_A}{dt} = kc_A \tag{4-25}$$

如果初始浓度为 c_{A0},则其积分如下:

$$\int_0^t kdt = -\int_{c_{A0}}^{c_A} \frac{dc_A}{c_A} \tag{4-26}$$

$$kt = -\ln\frac{c_A}{c_{A0}} \tag{4-27}$$

如果反应百分率为: $X_A = (c_{A0} - c_A)/c_{A0}$,则 $-kt = \ln(1 - X_A)$。对于二级或 n 级的反应,可以类推出它们的动力学方程及其积分式。

4.7.2　多相反应的特征

湿法冶金中的绝大多数反应是多相反应。包括:固-液反应(浸取、沉淀、置换)、液-气反应（气体氧化、气体还原）、液-液反应（萃取）。因此，多相反应的特点是反应发生在两相界面上，反应速度常与反应物在界面处的浓度有关，同时也与反应产物在界面的浓度及性质有关。所以，反应速度与反应物接近界面的速度、生成物离开界面的速度以及界面反应速度都有关。其中最慢的一个步骤决定整个反应速度。在一些固、液反应中，扩散常常是最慢步骤。

另外，多相反应速度还与界面的性质、界面的几何形状、界面面积以及界面上有无新相生成有关。

反应的实际速度由最慢的一步决定，这一步成为整个反应的控制步骤。

由于吸附很快达到平衡，所以多相反应的速度主要由化学反应和扩散决定。当以扩散为控制步骤时，称多相反应处于扩散区；以化学反应为控制步骤时，称反应处于动力学区；当扩散和化学反应两者都对多相反应速度影响很大时，叫作混合控制或中间控制，此种情形称为过渡区。

一般多相反应的控制步骤可以用活化能和温度系数的大小进行初步判别。

扩散速度用下式表示：

$$\frac{dn}{dt} = \frac{D_i A}{\delta}(c - c_s) \tag{4-28}$$

式中，D_i 是 i 离子的扩散系数；A 为表面积；δ 为扩散层厚度；c 是反应物在溶液中的浓度；c_s 是反应物在固体表面的浓度。

① 如果反应速度比浸取剂离子扩散速度快，则 $c_s = 0$ 属扩散控制：

$$v = \frac{dn}{dt} = \frac{DA}{\delta}c = k_1 A c \tag{4-29}$$

② 如果化学反应速度比扩散速度慢，则属化学反应控制：

$$v = k_2 A c_s^n \tag{4-30}$$

③ 如果化学反应速度和扩散速度大小相近，则属混合控制：

$$v = k_1 A (c - c_s) = k_2 A c_s^n \tag{4-31}$$

令 $n = 1$

$$c_s = \frac{k_1}{k_1 + k_2} \times c \tag{4-32}$$

将 c_s 代入上述任一公式得：

$$v = k_2 A c_s = k_2 A \frac{k_1}{k_1 + k_2} A c = K A c \tag{4-33}$$

从上式可知，如 $k_1 \ll k_2$，则

$$v = k_1 A c = \frac{D}{\delta} A c \tag{4-34}$$

当 $k_1 \gg k_2$ 时，属于化学反应控制

$$v = k_2 A c \tag{4-35}$$

温度或浓度的改变都可能改变反应机理。例如，化学反应速度和扩散速度都受温度的影响，但扩散速度的温度系数小，温度每升高1℃，扩散速度约增加1%～3%，而化学反应速度约增加10%。有许多反应，低温时化学反应速度慢，反应处于动力学区；高温时，反应速度显著增加，但扩散速度增加不多，因此反应处于扩散区；中间温度处于过渡区。图4-16是lg$k$与1/T的关系，AB是扩散区，CD为动力学区，BC为过渡区。

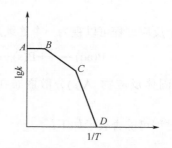

图4-16 多相反应速度的不同区域与温度的关系

浓度对反应机理也有影响。当溶剂浓度增加时，反应过程可由扩散控制转变为化学反应控制。浓度低时，扩散速度小，扩散为控制步骤。浓度增大后，当扩散速度增加到超过化学反应速度时，过程转化为化学反应控制。

4.7.3 多相反应的类型与反应过程

湿法冶金中的反应多半是固-液多相反应。虽然有的反应有气体参与，但气体是先溶解于水溶液中，然后参与反应，所以实质上仍是液-固反应。溶浸采矿中的液-固反应主要有三种类型。

① 生成物可溶于水，固相的大小随反应时间而减小直至完全消失，称为"未反应核减缩型"，反应式可表示为：

$$A(s) + B(aq) === P(aq)$$

（4-36）

例如：$2H^+(aq) + CuO(s) === Cu^{2+}(aq) + H_2O(l)$

这种反应过程由下列步骤完成：

a. 反应物 B 的水溶物种（离子或分子）由溶液本体扩散穿过边界层进入固体反应物的表面上，这是外扩散；

反应物水溶物种通过固体反应物 A 的孔穴、裂隙向 A 内部扩散称为内扩散。外扩散表示为：

$$B(aq) \longrightarrow B(s)$$

式中，B(s)代表经扩散进达到固体反应物 A 表面上的 B 组分。

b. B(s)在 A 表面上被吸附：

$$B(s) \longrightarrow B(ad)$$

B(ad)表示被 A 表面吸附的 B 组分。

c. A 表面上发生化学反应：

$$B(ad) + A \longrightarrow P(ad)$$

P(ad) 为被吸附在 A 表面上的化学反应产物 P。

d. 生成物 P 从 A 表面脱附：

$$P(ad) \longrightarrow P(s)$$

e. 生成物从 A 表面反扩散到溶液本体：

$$P(s) \longrightarrow P(aq)$$

整个反应过程可以视为一个连续反应（串联反应）

$$B(aq) \longrightarrow B(s) \longrightarrow B(ad) + A \longrightarrow P(s) \longrightarrow P(aq) \qquad (4\text{-}37)$$

② 固体反应物 A(s)分散嵌布在不反应的脉石基体中，溶浸采矿时矿块的浸出大多如此。

其过程可综合表示如下：

$$B(aq) \xrightarrow{\text{外扩散}} B(s) \begin{array}{l} \nearrow \text{与A反应} \longrightarrow P \\ \searrow \text{内扩散} \quad B(s,2) + A \longrightarrow P \end{array}$$

③ 生成物为固态并附着在未反应矿物核上，可表示为：

$$A(s) + B(aq) \longrightarrow P(s) \qquad (4\text{-}38)$$

称为粒径不变的未反应核收缩模型。

如独居石的碱分解反应：

$$REPO_4(s) + 3NaOH(aq) \longrightarrow RE(OH)_3(s) + Na_3PO_4(aq)$$

还有固体反应物中某一组分被选择性溶解，如离子型稀土的浸取反应：

$$RE \cdot Clay(s) + 3NH_4^+(aq)(l) \longrightarrow 3NH_4 \cdot Clay(s) + RE^{3+}(aq)(l)$$

4.7.4 粒径不变的未反应核收缩模型的动力学

假设在一个致密球形粒子中进行液固相反应：

$$aA(l) + bB(s) \longrightarrow rR(l) + qQ(s) \qquad (4\text{-}39)$$

反应进行时，生成物 Q 构成了新的固体外壳，中心部分是未反应的固相 B，设想这两者的边界上有一个无厚度的界面存在，则可认为反应就发生在这个界面上。反应的主要过程是：①液体反应物 A 通过液膜扩散到固体表面；②A 通过灰层（固体产物）扩散到未反应核的表面；③A 与固相 B 在表面上进行反应；④生成的液相产物 R 通过灰层扩散到粒子表面；⑤再通过液膜扩散到溶液本体。

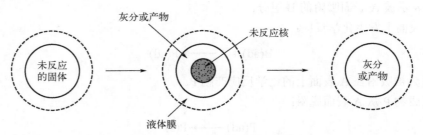

图 4-17 形成固体产物的液固相反应过程

这 5 个步骤中，谁的阻力最大，谁就是整个链条的控制环节。如液膜扩散、化学反应、灰层扩散均有可能成为控制步骤。当各部分共同控制时，则有一个综合反应速率。形成固体产物的液固相反应过程如图 4-17。

（1）外扩散速率

此时表面与液相主体之间的传质速率（j_A）与反应速率（r_A）相等，

$$r_A = -\frac{dn_A}{Vdt} = -\frac{dc_A}{dt} = kc_A \qquad (4\text{-}40)$$

$$j_A = k_f(c_{A0} - c_{As}) \qquad (4\text{-}41)$$

式中，c_{As} 为固体表面上液体反应物 A 的浓度；k_f 为传质系数。

$r_A = j_A$，则 $-\dfrac{dn_A}{Vdt} = k_f(c_{A0} - c_{As})$，而 $bdn_A = dn_B = 4\pi\rho_m r_c^2 dr_c$，$\rho_m$ 为固体 B 的摩尔密度。

由于为液膜控制，固体表面上的反应物浓度 c_{As} 为 0，$V = \dfrac{4}{3}\pi r_0^3$，则有：

$$dt = -\frac{3\rho_m r_c^2}{bk_f c_{A0} r_0^3}dr_c \qquad (4\text{-}42)$$

在 $0\sim t$，$r_0\sim r_c$ 范围内积分有：

$$t = \frac{\rho_m}{bk_f c_{A0}}\left(1 - \frac{r_c^3}{r_0^3}\right) \qquad (4\text{-}43)$$

如果粒子全部反应完全，所需要的时间为 t'，此时 $r_c = 0$，则

$$t' = \frac{\rho_m}{bk_f c_{A0}} \qquad (4\text{-}44)$$

若假设粒子的转化率为 X_B，则

$$1 - X_B = \frac{(4/3)\pi r_c^3}{(4/3)\pi r_0^3} \qquad (4\text{-}45)$$

$$\frac{t}{t'} = 1 - \left(\frac{r_c}{r_0}\right)^3$$

（2）通过灰层速率

即 $r_c = 0$，采用流体膜扩散速率同样方法计算，可得：

$$t = \frac{\rho_m r_0^2}{6bD_s c_{A0}}\left[1 - 3\left(\frac{r_c}{r_0}\right)^2 + 2\left(\frac{r_c}{r_0}\right)^3\right] \qquad (4\text{-}46)$$

$$t' = \frac{\rho_m r_0^2}{6bD_s c_{A0}} \qquad (4\text{-}47)$$

$$\frac{t}{t'} = 1 - 3\left(\frac{r_c}{r_0}\right)^2 + 2\left(\frac{r_c}{r_0}\right)^3 \qquad (4\text{-}48)$$

（3）化学反应速率

对不可逆一级反应，同样方法推导，有：

$$t = \frac{\rho_m}{bkc_{A0}}(r_0 - r_c)$$ （4-49）

$$\frac{t}{t'} = 1 - \frac{r_c}{r_0}$$ （4-50）

（4）综合反应速率

$$\frac{t}{t'} = \eta_1\left[1 - \left(\frac{r_c}{r_0}\right)^3\right] + \eta_2\left[1 - 3\left(\frac{r_c}{r_0}\right)^2 + 2\left(\frac{r_c}{r_0}\right)^3\right] + \eta_3\left(1 - \frac{r_c}{r_0}\right)$$ （4-51）

式中，η_1、η_2、η_3 分别表示液膜扩散、灰层扩散及界面上化学反应的阻力与总阻力之比，因此，$\sum_{i=1}^{3}\eta_i = 1$。

当 $\eta_1 = 1$ 时，相当于流体膜内的扩散是控制步骤；

当 $\eta_2 = 1$ 时，相当于灰层扩散是控制步骤；

当 $\eta_3 = 1$ 时，相当于化学反应是控制步骤。

多数情况下，实验需要测定不同反应时间下的转化率或反应百分数。主要是通过测定浸出液中的目标产物的浓度或反应物的浓度来计算。再把物质的量与矿物粒子的半径变化相关联，就可以计算出相应的矿物粒子的半径。

4.7.5 浸取动力学控制步骤的判断与提高浸取效率的基本途径

在实验研究中，我们可以通过反应过程的一些特征来判断其控制步骤，并采用相应的措施来加快反应速度，提高浸取效率。

① 对于外扩散控制，其表观活化能较小，为 4～12kJ/mol；加快搅拌速度和提高浸取剂浓度能迅速提高浸出速度。因此，可以通过加强搅拌、加热、提高浸取剂浓度来加快浸出。

② 对于内扩散控制，其表观活化能也较小，为 4～12kJ/mol；原矿粒度对浸取率有明显影响，但搅拌强度对浸取率几乎没影响。所以，降低矿粒粒度、降低固膜厚度、提高温度等都能加快反应速度。

③ 对于化学反应控制，其浸取率随温度升高迅速增加，表观活化能大于 41.8kJ/mol；而且反应速度与浸取剂浓度的 n 次方成比例；但搅拌过程对浸出速度无明显影响。因此，提高反应温度和浸取剂浓度、降低颗粒的原始半径是加快反应速度的有效方法。

有了上述认识，我们可以通过一些简单的方法来判断浸出过程的控制步骤。首先是改变温度法：测出不同温度下的反应速率常数，根据阿伦尼乌斯公式求出表观活化能。扩散控制的表观活化能为 4～12kJ/mol，化学反应控制的表观活化能为大于 41.8kJ/mol。其次是改变搅拌强度法，因为搅拌只对外扩散的浸出速率有影响。最为系统的方法是通过测定不同反应时间的浸取率，将实验数据如时间和浸取率代入相应的动力学方程式中，符合哪个控制方程式，即属于哪个控制。

4.8 主要稀土矿种的浸取技术最新研究动态[*]

（1）铝盐辅助浸出包头稀土矿

包头混合型稀土精矿的分解大部分是采用浓硫酸焙烧法。分解精矿时所产生的含氟、硫废气对环境污染较为严重，且能耗较高。采用 HCl-AlCl₃ 溶液处理包头混合型稀土精矿可以减少废气的产生。此时，精矿中的氟碳铈矿被分解，稀土元素和氟被浸出。其中稀土元素以氯化稀土、氟以络合物的形式进入浸出液中，从而起到了固氟的作用。而精矿中的独居石在 HCl-AlCl₃ 溶液体系不反应，留在浸出渣中，达到了氟碳铈矿与独居石分离的目的。独居石则在后续氢氧化钠溶液分解工艺中分解。HCl-AlCl₃ 络合浸出工艺虽能减少废气、废水的产生，但在药品的使用量上还是较大的。为此，可以采用硫酸+硫酸铝、硫酸+盐酸+铝盐、硫酸+硝酸+铝盐等多种复合浸取剂来分解包头矿中的氟碳铈矿，降低消耗和成本。为此，需研究提出从浸出液中富集分离稀土与铝的新方法，获得萃取分离所需的氯化稀土料液。

（2）高碱浓度和加料比条件下的包头混合稀土矿碱法分解

将 REO 大于 60%（质量分数）的高品位混合稀土精矿与浓度>60%（质量分数）的氢氧化钠溶液进行混合，精矿与氢氧化钠的质量比为（1:3.5）~（1:7.5），混合料浆在 150~160℃下反应 0.2~1h，然后在大于 60℃温度下进行热过滤，过滤得到的碱饼水洗到中性；再用 6~10mol/L 的盐酸进行溶解，控制 pH 4~5，得到纯净的氯化稀土溶液。其优点是：采用在高的碱矿比条件下进行高浓度液碱反应，体系流动性好、碱浓度变化小、反应温度高且不易波动、反应时间短，易于实现连续化生产，解决了高品位混合稀土精矿液碱分解工艺的连续化工业生产问题，实现了碱分解工艺的连续化生产。

（3）直接从离子吸附型稀土的无铵浸出液中富集稀土并与萃取有机相皂化工艺相衔接

在第 3 章中，介绍了利用硫酸铝的强浸取能力来强化稀土的浸出，同时制备出低铝低硫酸根的高浓度氯化稀土料液的方法。采用价廉的石灰先调节 pH 到 6 左右，使铝等杂质完全沉淀下来而被除去。溶液再用石灰沉淀稀土，控制 pH 为 9.3~9.5，得到高纯度的氢氧化稀土，干燥后直接用盐酸溶解来制备低铝低硫酸根的高浓度氯化稀土。所得氢氧化稀土也可以在氯化稀土存在下，经过多级连续皂化获得合格的皂化有机相，水相循环不排放皂化废水。这一方法不仅可以克服矿山浸萃一体化技术有机相损失导致的环境污染和成本高等问题，保证后续萃取分离过程不产生皂化废水和放射性废渣，而且所得皂化有机相和高浓度氯化稀土料液可以有机相和水相双进料模式将皂化过程的分离功能带入稀土萃取分离工序，优化分离流程，提高分离效率。矿山沉淀的氢氧化稀土或碳酸稀土浆液也可以在经过简单的澄清浓缩后在氯化钙存在下直接皂化 P507 有机相，氯化钙溶液在体系中循环，减少或消除皂化废水的产生。

（4）皂化反应与溶解反应的耦合以降低酸碱消耗，减少皂化废水并制备高浓度稀土料液

目前国内稀土分离厂主要采用 P507 萃取分离稀土元素。但是在 P507 皂化、萃取分离稀土元素的过程中会产生大量的皂化废水（高盐废水）。这样的废水处理难度大、成本高，企业难以承受。稀土元素的萃取分离是在有机相和水相逆流接触过程中不同稀土离子之间经历无数次的相互置换反应来实现的。因此，可以把原来有机相钠皂和氨皂后的萃取段第 2 级以后的有机相都看成是稀土皂化有机相。而原来的稀土皂化有机相是先经过钠皂和氨皂有机相在萃取段第 1 级之前增加几级逆流皂化槽，与水相中稀土的交换反应来制备的。如果能够采用稀土碱性试剂把这一转换过程取消，则可以不用氢氧化钠或氨水而直接得到稀土皂化有机相。为此，研究提出了以碳酸稀土和氧化稀土为皂化试剂的稀土皂化有机相制备方法，已经在工业上得到应用。开始的方法需要把碳酸稀土粉碎造浆以增加碳酸稀土与 P507 有机相的接触面来改善反应的动力学条件，皂化废水的量仍然较大。评价稀土资源开发技术好坏的一个关键内容是其环境效益，需要尽可能使包括水在内的所有物料得到循环利用。P507-煤油有机相萃取稀土为离子交换机理，对溶液中的稀土离子可以直接萃取且速度快。但 P507-煤油有机相与碳酸稀土直接反应时，由于碳酸稀土的油溶性差，其界面反应速度慢，且反应后放出的二氧化碳气体在油-固界面上聚集会阻止反应的进一步进行。为了改善皂化反应的动力学条件，南昌大学采用早期以碳酸稀土制备草酸稀土、磷酸稀土时的方法，在反应体系中加入适当的游离稀土离子或先加入一定量的酸使碳酸稀土部分溶解，再加入酸性萃取剂有机相，使萃取反应发生在有机相和水相之间，碳酸稀土溶解反应发生在固体和水溶液之间，使皂化反应能够快速稳定地进行。

如何以经济环保的方法处理和减少皂化废水是稀土行业亟待解决的问题。为了解决上述问题，提出了一套以稀土氢氧化物和碳酸盐来皂化 P507 萃取剂的方法，而且水相能够一直循环使用，大大减少皂化废水。具体方法是对高浓度料液进行直接萃取，释放的 H^+ 进入萃余水相积累，萃余水相进入溶料单元，对氢氧化稀土或碳酸稀土进行 2~3 级的溶解、澄清和过滤，随后继续参与稀土皂化的过程。利用该方案，在萃取分离的过程中稀土负载有机相浓度高，皂化过程中分相清晰、无乳化现象，而且水相一直在体系内循环，减少了传统萃取分离过程中的酸碱消耗和废水产生量。

（5）其他方法

利用一些稀土金属的绝对饱和磁化强度高于铁的性质，在槽体外部加上一个磁场，并利用涡流电加热来提升碱分解独居石物料的分解率，每处理 1t 矿石可多产生 20kg 混合氯化稀土，电加热法的耗能也比传统工艺更加节能。利用非氧化性保护气氛在密闭加热环境下进行碱分解独居石的工艺，稀土在碱分解过程中形成三价稀土氢氧化物，由于非氧气氛的保护避免了独居石中配分占 50%左右的铈氧化为四价氢氧化铈，降低碱分解的碱耗。

思考题

1. 试述包头混合稀土精矿浸出分解的技术演变及其策略变化。
2. 比较包头稀土的高温硫酸法、低温硫酸法和碱法的特点及未来的发展趋势。
3. 四川稀土矿的浸出与包头的不同点在哪里？有何考虑？
4. 离子吸附型稀土的浸出反应简单，但要达到理想效果却不容易，原因为何？
5. 独居石是广为采用的一类矿物资源，请分析其常用浸取分解方法的优缺点。
6. 包头矿分解浸出的环境污染问题如何解决？
7. 四川矿分解浸出过程的环境污染又如何解决？
8. 离子型稀土精矿分解的主要污染物有哪些？如何解决？
9. 铝是精矿分解浸出过程中需要重点分离的杂质，请比较包头、四川、包头等几种主要精矿分解技术中是如何处理铝的问题的。

  10. 放射性污染是几种稀土资源都必须重点关注的问题。请比较这几种精矿分解浸出过程放射性物质的走向及控制方法。

参考文献

[1] 李永绣，刘艳珠，周新木，等. 分离化学与技术. 北京：化学工业出版社，2017.

[2] Shahbaz A. A systematic review on leaching of rare earth metals from primary and secondary sources. Mine Eng, 2022, 184: 107632.

[3] 中国科学技术协会，中国稀土学会. 2014—2015 稀土科学技术学科发展报告. 北京：中国科学技术出版社，2016.

[4] 徐光宪. 稀土（上、中、下）. 北京：冶金工业出版社，1995.

[5] 杨占峰，马莹，王彦. 稀土采选与环境保护. 北京：冶金工业出版社，2018.

[6] 吴文远，边雪. 稀土冶金技术. 北京：科学出版社，2012.

[7] 李梅，柳召刚. 稀土现代冶金. 北京：科学出版社，2016.

[8] 李良才. 稀土提取及分离. 呼和浩特：内蒙古科学技术出版社，2011.

[9] 廖春发. 稀土冶金学. 北京：冶金工业出版社，2019.

[10] 陈寿椿. 重要的无机化学反应. 上海：上海科学技术出版社，1982.

[11] 池汝安，王淀佐. 稀土选矿及提取技术. 北京，科学出版社，1996.

[12] 国家自然科学基金委员会，中国科学院. 中国学科发展战略. 稀土化学. 北京：科学出版社，2022.

[13] 黄小卫，李红卫，薛向欣，等，我国稀土湿法冶金发展状况及研究进展. 中国稀土学报，2006，24(2)：129-133，583-588.

[14] 马莹，李娜，王其伟，等. 白云鄂博矿稀土资源的特点及研究开发现状. 中国稀土学报，2016，34(6)：641-649.

[15] 马升峰，孟志军，王振江，等. 白云鄂博高品位混合稀土精矿特性分析. 中国冶金，2021，31(06)：7-13.

[16] 王猛，黄小卫，冯宗玉，等. 包头混合型稀土矿冶炼分离过程的绿色工艺进展及趋势. 稀有金属，2019，43(11)：1131-1141.

[17] 许国华，柳凌云，刘磊，等. 包头稀土矿冶炼分离废水废气资源化工艺简介. 包钢科技，2020，46(06)：84-87.

[18] 王国珍. 稀土冶炼"三废"及放射性污染现状及治理建议. 稀土信息，2007(8)：19-23.

[19] 马升峰，许延辉，刘铃声，等. 包头混合型稀土矿盐酸洗钙工艺研究. 稀土，2017，38(05)：75-82.

[20] 许延辉 刘海蛟 崔建国，等. 混合稀土精矿液碱焙烧资源综合回收工艺：CN 102212674A，2011.

[21] Li M, Li J, Zhang D, et al. Decomposition of mixed rare earth concentrate by NaOH roasting and kinetics of hydrochloric acid leaching process. J. Rare Earths, 2020, 38(9): 1019.

[22] 赵铭，谢隆安，胡政波. 混合稀土精矿浓硫酸低温焙烧工业化的研究. 包钢科技，2013，39(3)：47-49.

[23] 马莹，许延辉，常叔，等. 包头稀土精矿浓硫酸低温焙烧工艺技术研究. 稀土，2010，31(2)：20-23.

[24] Wang X, Liu J, Li M, et al. Decomposition reaction kinetics of Baotou RE concentrate with concentrated sulfuric acid at low temperature. Rare Met, 2010, 29(2): 121.

[25] 胡克强. 酸法分解包头稀土矿新工艺：CN1246540A，1998.

[26] 李永绣，冶晓凡，胡晓倩，等. 从稀土矿中回收稀土和铝氧的方法. CN 116970808A，2023.

[27] 廖伍平，邝圣庭，薛天宇，等. 中性膦萃取剂用于萃取分离铈(IV)或钍(IV)的用途和方法：CN201610227923.

[28] 鲁毅强，杨启山. 一种硫酸稀土焙烧矿直接转化提取稀土清洁化生产工艺. CN 200810225955.1.

[29] 陈继，邹丹，李德谦，等. 一种分解包头稀土矿的工艺方法. CN 103045851A，2013.

[30] 崔建国，徐萌，王哲，等．分解混合稀土矿的方法．CN 111270092A, 2020.

[31] 郭小龙 白立忠 韩满璇，等．一种包头混合型稀土精矿分解处理工艺．CN 109136590A, 2019.

[32] 李梅，张晓伟，柳召刚，等．一种碱法低温分解稀土精矿的方法．CN 103103350A.

[33] 赵治华，王志强，柳勇，等．分步法硫酸稀土焙烧分解包头稀土精矿．CN 1847419A, 2006.

[34] 崔建国，王哲，侯睿恩，等．酸碱联合分解混合型稀土精矿的方法．CN 201710152283.5.

[35] 李梅，张晓伟，柳召刚，等．稀土精矿盐酸浸出液分离稀土及氟资源转化的方法．CN 102899488A, 2013.

[36] 张晓伟，李梅，柳召刚．等．包头稀土精矿的配合浸出及动力学．中国有色金属学报，2014, 24(8): 2137-2144.

[37] Kumar M, Babu M N, Mankhand T R, et al. Precipitation of sodium silicofluoride (Na_2SiF_6) and cryolite (Na_3AlF_6) from HF/HCl leach liquors of aluminosilicates. Hydrometallurgy, 2010, 104(2): 304-307.

[38] Li M, Zhang X W, Liu Z G, et al. Kinetics of leaching fluoride from mixed rare earth concentrate with hydrochloric acid and aluminum chloride. Hydrometallurgy, 2013,140: 71-76.

[39] 张国成，黄小卫．氟碳铈矿冶炼工艺述评．稀有金属，1997, 21(3): 34-40.

[40] Liu C H, Zhang H P, Luo B, et al. A quantitative recovery process of rare earth in bastnaesite leachate for energy saving and emission reduction. Mine Eng, 2022,190: 107920.

[41] Wang L S, Yu Y, Huang X W, et al. Toward greener comprehensive utilization of bastnaesite: Simultaneous recovery of cerium, fluorine, and thorium from bastnaesite leach liquor using HEH(EHP). Chem Eng J. 2013,215-216: 162-166.

[42] Liu J, Dou Z H, Zhang T A. Leaching of rare earths from mechanochemically decomposed bastnaesite. Miner Eng, 2020, 145: 106052.

[43] Cen P, Bian X, Wu W Y, et al. A sustainable green technology for separation and simultaneous recovery of rare earth elements and fluorine in bastnaesite concentrates. Sep Purif Tech, 2021, 274: 118380.

[44] 马升峰，郭文亮，孟志军，等．氯化镁焙烧分解独居石的反应机理．中国有色金属学报，2021, 31(5): 1413-1421.

[45] 廖春生，刘艳，吴声，等．一种低杂质稀土料液的制备方法．CN 202110178949.

[46] Zhou Y, Liu J X, Cheng G J, et al. Kinetics and mechanism of hydrochloric acid leaching of rare earths from Bayan Obo slag and recovery of rare earth oxalate and high purity oxides. Hydrometallurgy, 2022, 208: 105782.

[47] Li J, Li M, Zhang D, et al. Clean production technology of Baiyun Obo rare earth concentrate decomposed by $Al(OH)_3$-NaOH. Chem Eng J, 2020, 382: 122790.

[48] Zhang B, Xue X X, Yang H. A novel process for recovery of scandium, rare earth and niobium from Bayan Obo tailings: NaCl-$Ca(OH)_2$-coal roasting and acid leaching. Miner Eng, 2022, 178: 107401.

第 5 章

稀土元素萃取化学与串级萃取分离工艺

5.1 概述[1-4]

5.1.1 溶剂萃取技术及其重要性

溶剂萃取，又称液液萃取，它是利用溶质在两种互不相溶或部分互溶的液相之间的分配差异来实现混合物分离或提纯的方法。溶剂萃取法具有选择性好、回收率高、设备简单、操作简便、快速、分离效果好、适应性强、易于实现自动化和实现大规模连续化生产等特点。

溶剂萃取具有悠久的历史，早在远古时期，人们就利用萃取方法来提取中草药。随着石油炼制和化学工业的发展，液液萃取已广泛应用于石油化工的各类有机物质分离和提纯工艺之中。更为广泛和更具有意义的是开发了具有螯合配位功能的有机化合物作为萃取剂，并基于它们与金属离子所形成的憎水性配位化合物的可萃性差异来实现金属离子的分离。这是第二次世界大战以来原子能工业成功实现萃取法分离铀、钚和放射性同位素的基础。目前，在核燃料的加工和后处理领域，溶剂萃取法几乎完全代替了传统的化学沉淀法。

从 20 世纪 40 年代开始的金属元素分离研究中，稀土就是人们关注的焦点。到 20 世纪 70 年代，萃取分离稀土的技术已经得到应用，70～90 年代，稀土萃取技术得到快速发展，几乎所有的稀土元素都可以用这一方法来实现分离和纯化，产品纯度也从原先的 99.0%提高到 99.99%。只要应用需要，99.999%到 99.9999%甚至更高纯度的稀土产品也可以通过溶剂萃取法实现。

早期的稀土分离主要依靠离子交换和色谱分离。现在，除了极少数特殊高纯稀土元素还采用到色谱分离技术外，其他稍微有点需求量的高纯产品基本上都被萃取分离技术所替代。随着现代工业的发展，人们对分离技术提出了越来越高的要求。面对新要求，作为"成熟"的单元操作，萃取分离也面临着新的挑战。通过萃取分离与其他单元操作过程的耦合、萃取分离与反应过程的耦合、萃取分离过程与化学作用或附加外场的耦合等来实现萃取过程的强化，已经成为萃取分离领域研究开发的重要方向。

5.1.2 溶剂萃取的基本原理和过程

向液体混合物（原料液）中加入一个或多个与其基本不相混溶的液体，形成第二相，并利用原料液中各组分在两个液相中的溶解度不同而使原料液混合物得以分离的方法就是化学工业中通常所说的溶剂萃取法。实现液-液萃取的关键是被萃物在两相之间存在着选择性分配。一般的萃取过程需要有两个液相，而且通常是一个有机相，一个水相，这两个液相是基本不互相混溶的，在非搅拌条件下它们能够很好地实现相分离。任何一种物质在这两个相之间分配都遵循"相似相溶"规则，而且有一个与其分子结构特点相关联的分配系数，被定义为有机相中的浓度与水相中的浓度之比。由于有机化合物和非极性化合物容易被有机相溶解，而且在水相中的溶解很少，所以有机化合物和非极性化合物就有较大的分配系数。相反，对于一些极性和无机化合物，它们在水中的溶解性会很好，其分配系数就小。因此，在这样一个两相体系中，可以利用不同物质在两相之间的分配系数差别来实现分离。

萃取操作的基本过程如图 5-1 所示。将一定量萃取剂或溶剂（有机相）加入原料液（水相）中，然后加以搅拌，使原料液与萃取剂充分混合，溶质通过相界面由原料液向有机相中扩散，所以萃取操作与精馏、吸收等过程一样，也属于两相间的传质过程。搅拌停止后，两液相因不相混溶和密度不同而分层：一层以 S（溶剂和萃取剂）为主，并溶有较多的溶质，称为萃取相，以 E 表示；另一层以水相 B 为主，且含有未被萃取完的溶质和其他伴生组分，称为萃余相，以 R 表示。若溶剂 S 和 B 为部分互溶，则萃取相中还含有少量的 B，萃余相中亦含有少量的 S。

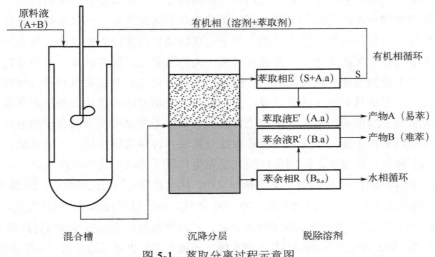

图 5-1 萃取分离过程示意图

由图 5-1 可知，萃取操作并未得到纯净的组分，而是新的混合液：萃取相（液）E 和萃余相（液）R。为了得到产品 A，并回收溶剂以供循环使用，尚需对这两相中的组分分别进行分离。可以采用蒸馏或蒸发的方法，更多的是采用反萃后再沉淀或结晶的方法，得到产品 A。分离 A 后的有机相可以循环使用。萃余相中的 B 也可以用沉淀或结晶等方法与水溶液分离，得到 B 产品。

5.1.3 液液萃取平衡及相关的参数

绝大多数的萃取分离技术是基于平衡的萃取过程，是溶质分子在两相之间的分配达到平衡后才通过相分离来实现的。因此，需要对萃取的平衡过程及其表达有系统的掌握。液液萃取中的基本概念包括分配常数、分配比（分配系数）、萃取率、相比、萃取比（萃取因子）、萃取分离因数，等等。

（1）能斯特定律与分配常数

1891 年，能斯特（Nernst）提出了分配定律，用以阐明液-液分配平衡关系。能斯特分配定律的基本内容可以表述为，某一溶质 A 溶解在两个互不相溶的液相中时，若溶质 A 在两相中的分子形态相同，在给定的温度 T 下，两相接触达到平衡后，溶质 A 在两相中的平衡浓度的比值 Λ 为一常数，且不随溶质浓度的变化而改变。

$$\Lambda = \frac{[A]_{org}}{[A]_{aq}} = 常数 \tag{5-1}$$

式中，下角标 org 代表萃取相，aq 代表水相。

这一常数 Λ 称为分配常数。研究在平衡条件下，存在于每一相中的热力学条件，对于了解分配定律的近似公式的实质是有用的。能斯特定律可以用热力学方法来证明。在温度和压力不变的条件下达到平衡时，每一相中被溶解物质的化学位 μ 是相等的：

$$\mu_{aq} = \mu_{org}$$

$$\mu_{aq} = \mu_{aq}^0 + RT \ln a_{aq} ; \quad \mu_{org} = \mu_{org}^0 + RT \ln a_{org}$$

$$\mu_{aq}^0 + RT \ln a_{aq} = \mu_{org}^0 + RT \ln a_{org}$$

$$RT(\ln a_{org} - \ln a_{aq}) = -(\mu_{org}^0 - \mu_{aq}^0)$$

$$\Lambda^0 = \frac{a_{org}}{a_{aq}} = e^{-(\mu_{org}^0 - \mu_{aq}^0)/(RT)} = \Lambda \frac{r_{org}}{r_{aq}} \tag{5-2}$$

在萃取过程中，若被萃取溶质 A 在两相中的分子形态相同，分配常数保持为常数值是有条件的，即被萃取溶质 A 在料液相的活度系数与其在萃取相的活度系数之比为常数时，分配常数 Λ 才保持恒定。实验研究结果表明，满足能斯特分配定律、保持为常数的条件一般是被萃取溶质 A 在两相内的存在状态相同，而且均处于稀溶液状态。实际的分配平衡并不能都满足分配定律严格的热力学条件。只有当被溶解物质的浓度很小时，活度系数比近似等于 1，此时 Λ 才是常数。其次，分配定律是以在任一相中分配着的物质都具有同等大小的质点为前提条件。

（2）萃取过程的参数表达

1）分配比

实际上，对于大多数萃取体系和萃取过程来说，被萃取组分在两相内的存在状态相同及均处于低浓度状态的前提条件往往是不成立的。

一方面，在复杂的萃取体系内被萃取组分因解离、缔合、水解、配位等多种原因，很难在两相中以相同的状态存在；另一方面，由于工艺研究和生产中处理物料的总量比较大，被萃取组分在两相内不可能总是处于浓度很低的状态。在实际的萃取过程中，被萃取组分在两相平衡时的浓度比值不可能保持常数，而往往是随被萃取组分浓度的变化而改变的。也很难确定两种中的组分是否一致，或存在的多种组分的实际浓度。为此，引入分配比（D，又称分配系数）来表征被萃取组分在两相的平衡分配关系。被萃取物质 A 在两相中的分配行为可以理解为被萃取物质 A 在两相中存在的多种形态 A_1、A_2、……、A_n 的分配总效应。在通常情况下，实验测定值代表每相中被萃取物质多种存在形态的总浓度。体系的分配系数或分配比 D 可以定义为：当萃取体系在一定条件下达到平衡时，被萃取物质在萃取相（org）中的总浓度与在料液水相（aq）中的总浓度之比：

$$D = \frac{[A_1]_{org} + [A_2]_{org} + \cdots + [A_i]_{org}}{[A_1]_{aq} + [A_2]_{aq} + \cdots + [A_i]_{aq}} = \frac{c_{org(tatol)}}{c_{aq(tatol)}} \qquad (5-3)$$

分配比一般由实验测定。显然，只有在比较简单的体系中，才可能出现 $D = \Lambda$ 的关系。而对于大多数萃取过程，分配比不等于分配常数，即 $D \neq \Lambda$。分配比是随被萃取物质的浓度、料液相的酸度、料液相中其他物质的存在、萃取剂的浓度、稀释剂性质和萃取温度等条件的改变而变化。在实际应用中，分配比更具有实用价值。D 值越大，即被萃取物质在萃取相中的浓度越大，被萃取物质越容易进入萃取相中，表示在一定条件下萃取剂的萃取能力越强。极端情况下，$D = 0$ 表示物质完全不被萃取，$D = \infty$ 表示物质完全被萃取。

分配比 D 值的大小既与被萃取物质与萃取剂相结合而进入萃取相的能力强弱有关，又与建立分配平衡时的外界条件有关。控制一定的条件可以使被萃取物质尽可能多地从料液相转入萃取相，实现萃取。反之，也可以通过改变条件使被萃取物质从萃取相进入水相，完成反萃取，实现有价物质的分离、富集和萃取剂的再生。

2）萃取率

萃取率表示萃取过程中被萃取物质由料液相转入萃取相的量占被萃取物质在原始料液相中的总量的百分比，萃取率 q 为萃取相中被萃取物质的量与原始料液相中被萃取物质的总量的比值×100%，即：

$$q = \frac{Q_{org}}{Q_{org} + Q_{aq}} \times 100\% = \frac{c_{org} V_{org}}{c_{org} V_{org} + C_{aq} V_{aq}} \times 100\% = \frac{DR}{DR + 1} \times 100\% \qquad （5-4）$$

式中，R 为相比。对于间歇萃取过程，萃取相体积 V（m^3）和料液相体积 L（m^3）之比称为相比；对于连续萃取过程，萃取相体积流量 V（m^3/s）和料液相体积流量 L（m^3/s）之比也称为相比或两相流比。根据这一定义，相比 R 为：

$$R = \frac{V}{L} \qquad （5-5）$$

则分配比和萃取率之间的关系可表示为：

$$D = \frac{q}{R - qR} \qquad （5-6）$$

当 $R = 1$，则：

$$D = \frac{q}{1 - q} \qquad （5-7）$$

一般 D 值变化范围很大，而 q 只在 0~100 之间变化。D 值的大小是由被萃取物质本身的性质及萃取剂等多种因素决定的。相比越大，即萃取剂的相对用量越多，萃取率也就越高，这是由萃取过程的操作条件决定的。

3）萃取比

为了分析和计算的方便，通常将分配比 D 值和相比 R 的乘积定义为萃取因子或萃取比 E。萃取比表示被萃取物质在两相间达到分配平衡时在萃取相中的量与在水相中的量之比，也称为"质量分配系数"。萃取因子在萃取过程计算中经常使用。

$$E = \frac{M_{1org} + M_{2org} + \cdots + M_{iorg}}{M_{1aq} + M_{2aq} + \cdots + M_{iaq}} = \frac{M_{org(tatol)}}{M_{aq(tatol)}} = \frac{c_{org}V_{org}}{c_{aq}V_{aq}} = DR \tag{5-8}$$

4）分离系数（因数）

通常情况下，萃取分离不只是把某一组分从料液相中提取出来，而是要将料液相中的多个组分分离开来。以两种待分离物质的萃取分离为例，在一定条件下进行萃取分离时，两种待分离物质在两相间的萃取分配比的比值，称为萃取分离系数（因数），常用 β 表示。若 A 和 B 分别表示两种待分离物质，则：

$$\beta_{A/B} = \frac{D_A}{D_B} \tag{5-9}$$

式中，β 即为分离因数。一般来说，β 值越大，分离效果越好。但应注意，分离因数并不能在所有的情况下都确切地反映出分离效果。因为 β 值只取决于分配比，反映分配的浓度关系，而与两相体积比无关。分离系数也可以用两种物质的萃取比之比来计算。当相比为 1 时，两种计算的结果一致。

$$\beta_{A/B} = \frac{E_A}{E_B} \tag{5-10}$$

萃取分离系数定量表示了某个萃取体系分离料液中两种物质的难易程度。β 值越大，分离效果越好，即萃取剂对某一物质分离的选择性越高。$D_A = D_B$，则 $\beta = 1$，表明利用该萃取体系完全不能把 A、B 两种物质分离开。通常情况下，把易萃取物质的分配系数 D_A 放在萃取分离因数表达式的分子位置，而把难萃取物质的分配系数 D_B 放在分母位置，所以，一般表达的 $\beta > 1$。

5）萃余率

萃余率是指萃取后某物质在萃余液中的量与起始量之间的比值。根据物料平衡关系，萃取率与萃余率之和应为 100%或 1。它们与分配比、萃取比和相比的关系为：

$$\Phi = 1 - q = 1 - \frac{DR}{1 + DR} = \frac{1}{1 + DR} = \frac{1}{1 + E} \tag{5-11}$$

6）萃取等温线、饱和容量与饱和度

在一定温度下，测定萃取平衡时有机相和水相中被萃取物的浓度，然后以有机相的浓度对水相浓度作图，可以得到该温度下该有机相对被萃取物的萃取等温线。该曲线在开始时，有机相浓度随水相浓度的增大而迅速增大，但当水相浓度高到一定程度后，有机相的浓度趋向平稳，说明有机相萃取达到饱和。增加水相浓度，有机相也不再多萃取了。也说明一定浓度的有机相对被萃物的萃取容量是一定的，这个趋于饱和的容量就称为饱和容量。但在实际的萃取过程中，并不会使有机相的萃取达到饱和萃取，因为饱和萃取时，对不同物质之间的分离选择性不高,而且有机相的密度增大,黏度增大,分相性能变差,对萃取分离过程不利。实际生产过程的萃取容量一般是饱和容量的 50%～90%,这个比例被称为饱和度,这与萃取体系的性质有关。需要通过实验研究来确定,在保证分相性能和分离系数最好的前提下,饱和度越大越好,这样可以获得大的生产能力。

(3)萃取反应的平衡常数及热力学函数

研究萃取机理的主要内容包括萃取反应的确定和萃取平衡常数及相关热力学函数的测定。以酸性萃取剂萃取金属离子为例,其萃取反应及对应的平衡常数可写成:

$$M^{n+} + n(HR)_2 \rightleftharpoons M(HR_2)_n + nH^+ \tag{5-12}$$

$$K = \frac{[M(HR_2)_n]_{org}[H^+]^n}{[M^{n+}]_{aq}[(HR)_2]_{org}^n} \tag{5-13}$$

为此,需要先确定反应方程式中的 n 值,再计算平衡常数 K。

具体方法是在一定温度下,通过改变反应物浓度和酸度,测定萃取平衡时的分配比 D,该 D 值相当于式(5-13)中的一部分:

$$D = \frac{[M(HR_2)_n]_{org}}{[M^{n+}]_{aq}} \tag{5-14}$$

因此有:

$$K = D\frac{[H^+]_{aq}^n}{[(HR)_2]_{org}^n} \tag{5-15}$$

$$\lg K = \lg D + n\lg[H^+]_{aq} - n\lg[(HR)_2]_{org} \tag{5-16}$$

$$\lg D = \lg K + n\text{pH} + n\lg[(HR)_2]_{org} \tag{5-17}$$

按照式(5-17),在固定酸度下,测定不同萃取剂浓度下的萃取比,以 $\lg D$ 对 $\lg[(HR)_2]_{org}$ 作图,应该得到一直线,其斜率为 n,利用截距值求 K。同样地,在固定萃取剂浓度下,测定不同酸度下的萃取比,以 $\lg D$ 对平衡 pH 作图,应该得到一直线,其斜率为 n,利用截距值求 K。

基于不同温度下的萃取平衡常数值,可以根据式(5-18)求出不同温度下的自由能变化,并通过式(5-19)～式(5-22)求出其他热力学函数值。用于讨论萃取过程机理和影响萃取的因素。

$$-RT\ln K = \Delta G^{\ominus} \tag{5-18}$$

$$\Delta G^{\ominus} = \Delta H^{\ominus} - T\Delta S^{\ominus} \tag{5-19}$$

$$\left[\frac{\partial\left(\dfrac{\Delta G^{\ominus}}{T}\right)}{\partial T}\right]_p = -\frac{\Delta H^{\ominus}}{T^2} \tag{5-20}$$

$$\frac{\partial\ln K}{\partial T} = \frac{\Delta H}{RT^2} \tag{5-21}$$

$$\lg K_2 - \lg K_1 = \frac{\Delta H}{2.303R}\left(\frac{T_2 - T_1}{T_1 T_2}\right)$$

（5-22）

（4）液-液萃取技术的研究内容及方法

液-液萃取技术的研究内容主要包括萃取剂种类和组成的设计、合成与筛选，萃取平衡特性和动力学特性研究，萃取方式及工艺流程和条件的确定，萃取设备的选型及设计，新型萃取分离技术的研究开发等。

液-液萃取单元操作的研究发展过程中，形成了两种基本的研究方法，即实验研究方法和数学模型方法。实际的液-液萃取过程涉及的影响因素很多，各种因素的影响还不能完全用迄今已掌握的物理、化学和数学等基本原理定量地预测，必须通过实验方法来分析。通过小型实验确定各种因素的影响规律和适宜的工艺条件，然后应用研究结果指导生产实际，进行实际生产过程与设备的设计与改进。

数学模型方法是液-液萃取研究的另一种方法。用数学模型方法研究萃取过程时，首先要分析过程的机理。在充分认识的基础上，对过程机理进行不失真的合理简化，得出反映过程机理的物理模型；然后，用数学方法描述这一物理模型，得到数学模型，并用适当的数学方法求解数学模型，所得的结果一般包括反映过程特性的模型参数；最后通过实验，求出模型参数。这种方法是在理论指导下得出的数学模型，同时又通过实验求出模型参数并检验模型的可靠性，属于半理论半经验方法。由于计算技术的发展，特别是现代计算机技术的快速发展，使复杂数学模型的求解越来越快捷，并实现仿真模拟。

5.2 溶剂萃取化学[1-4]

5.2.1 物理萃取和化学萃取

如果按照萃取过程中是否发生了化学反应来进行分类的话，萃取分离可以分为物理萃取和化学萃取两大类。

（1）物理萃取

被分离物在萃取过程中不发生化学反应的物质传递过程为物理萃取。它利用不同溶质在两种互不相溶的液相中的不同分配关系将其分离开来。其基本依据是"相似相溶"规则。物理萃取过程比较适合于用有机溶剂去回收和处理疏水性较强的溶质体系，如含氮含磷类有机农药、除草剂以及硝基苯等。物理萃取对于极性有机物稀溶液的分离是不理想的，选择对极性有机物有较大分配系数的溶剂来萃取时，该溶剂在水中的溶解度也大。这会带来较大的溶剂流失、二次污染或加重残液脱溶剂的负荷。

（2）化学萃取

许多液-液萃取过程常伴有化学反应，即存在溶质与萃取剂之间的化学作用。而且也正是这些化学反应的存在才使不同物质之间的差异性得以显现，并扩大了物质之间的分离差异。这类伴有化学反应的传质过程，称为化学萃取。基于可逆配位反应的萃取分离方法（简称配位萃取法），对于金属离子、无机化合物和极性有机物稀溶液的分离具有高效性和高选择性。在这类工艺过程中，稀溶液中待分离溶质与含有配位剂的萃取溶剂相接触，配位剂与待分离溶质反应形成配合物，并使其转移至萃取相内。相分离后再进行逆向反应使溶质与有机相分离并得以回收，萃取溶剂也得到循环使用。

由于配位剂之间、配位剂与稀释剂之间、配位剂与待分离溶质之间、配位剂与水分子之间都有出现氢键缔合的可能，这就使有机相内萃合物的组成确定十分复杂。配位萃取法分离过程中的配位剂、稀释剂及待分离溶质都是有机化合物，这些有机分子所拥有的特殊官能团带来的诱导效应、共轭效应以及空间位阻效应等都将影响萃合物的成键机理等。

从萃取机理分析，液液萃取过程可以分为简单分子萃取、中性配位萃取、酸性配位萃取、离子缔合萃取和协同萃取五个类型。在众多的萃取体系中，简单分子的萃取和分离属于物理萃取范畴。但决定物质萃取能力的因素还是其化学组成和结构特征，需要从分子间的相互作用和界面相互作用来加以理解。而中性溶剂化配位萃取、酸性配位萃取、离子对缔合萃取和协同萃取等则属于化学萃取。在这些萃取中，尽管萃取反应对于萃取的发生和差异化起着决定性的作用，但还是需要通过形成产物的物理性能差异来实现相间传质过程。因此，所有萃取过程都涉及化学问题。也即萃取化学研究的核心内容是掌握溶质的分子结构与萃取分配的相关性，并通过调控和改变溶质分子的组成和结构来调控其萃取性能，实现物质之间性质差异最大化。

5.2.2　物理萃取中的化学问题

在物理萃取过程中，被萃溶质在水相和有机相中都是以中性分子的形式存在，且萃取溶剂与被萃溶质之间没有发生化学缔合。但在物理萃取过程中，并非完全没有化学反应的存在。例如，水相中弱酸、弱碱的解离，羧酸分子在有机相发生自缔合等。

（1）物质的溶解特性

溶质在两相中的分配是与两相中溶质分子及溶剂分子之间的相互作用密切相关的。全面考虑溶剂-溶剂之间、溶质-溶质之间、溶质-溶剂之间的相互作用，讨论物质的溶解度规律，是研究物质在液液两相中的分配及其影响因素的重要内容。

溶解就是两种纯物质，即溶剂和溶质生成它们的分子混合物溶液的过程。这一溶解过程能够进行，其自由能的变化必须是负的。由于溶解过程包含了两种纯物质的混合，所以溶解过程总是伴随着正的熵变。从公式 $\Delta G = \Delta H - T\Delta S$ 可以看出，如果溶解过程的吸热不是太大，即正值不太大时，正的熵变过程可以产生负的自由能变化。溶质分子之间存在相互作用，而溶解是这些分子分割成单个分子或离子的过程，是吸热过程。所需能量按溶质分子间力的增大而增大，其能量大小呈现出的顺序为：

非极性溶质＜极性溶质＜可相互形成氢键的溶质＜离子型溶质

由于溶剂分子之间也存在相互作用，溶剂为了接纳溶质分子的进入，同样需要吸收能量，破坏分子间的结合。这个过程所需的能量依溶剂分子间相互作用的增强而增大，其能量大小呈现出的顺序为：

非极性溶剂＜极性溶剂＜可相互形成氢键的溶剂

同时，当溶质分子的体积增大时，容纳溶质的空间亦增大，需要破坏更多的溶剂分子间的结合，所需的能量也增大。

当溶质分子分散进入溶剂，它们与邻近的溶剂分子相互作用，这一相互作用过程是放热的。释放的能量依据溶质分子与溶剂分子相互作用的增强而增大，其能量大小呈现出的顺序为：

溶剂和溶质分子都是非极性物质＜溶剂和溶质分子中一种是非极性物质，另一种是极性物质＜溶剂和溶质分子都是极性物质＜溶质分子可以被溶剂分子溶剂化的物质。

如果扯开溶质分子或溶剂分子所需能量较小，而溶质与溶剂相互作用释放的能量较大，那么总的焓变就可能是负值（放热）或焓变的正值不太大（吸热不是太大），此时物质的溶解过程就容易实现。反之，当溶质分子彼此的结合力很强时，溶质就仅仅可能溶于与溶质相互作用较大的溶剂；当溶剂分子之间自缔合作用很强时（例如，水为溶剂），溶剂仅能溶解与其形成很强的溶质-溶剂相互作用的溶质分子。

物质在溶剂中的溶解度是衡量溶液中溶质分子和溶剂分子之间相互作用的最简单、最方便的量。从溶解度数据估计溶质-溶剂的相互作用时，破坏溶质-溶质间相互作用所造成的能量损失及破坏溶剂-溶剂间相互作用所造成的能量损失都必须考虑在内。物质的溶解特性分析需要全面考虑溶剂-溶剂之间、溶质-溶质之间、溶质-溶剂之间的相互作用。溶质-溶质之间、溶剂-溶剂之间和溶质-溶剂之间都存在范德华力，也可能存在氢键作用。范德华力存在于任何分子之间，其大小随分子的极化率和偶极矩的增大而增大。氢键作用比范德华力强得多。氢键可以是一个氢原子和两个氧原子形成的桥式结构 O—H···O，如水溶液中水分子的氢键缔合；氢键也可以是 A—H···B 桥式结构，其中，A 和 B 是电负性大而半径小的原子，如 O、N、F 等。氢键 A—H···B 的形成有赖于液体分子具有给电子原子 B 和受电子的 A—H 键。

1）物质在水中的溶解特性

溶质分子进入水中，需要破坏水分子间的氢键。因此，大多数在水中具有较大溶解能力的物质，总有一个或几个基团能与水形成氢键，补偿破坏水分子间氢键所需的能量。如果溶质分子和水分子间的相互作用仅仅是范德华力，那么，获得的能量将不能补偿要消耗的能量，溶解过程就难以进行了。

直链烷烃的极化率较小，溶质分子和水分子的相互作用很弱，溶解混合时相互作用所获得的能量不足以补偿拆散水分子氢键所需损失的能量。随着直链烷烃分子越大，溶解所需的"空腔"越大，破坏水中氢键所需的能量越大，其在水中的溶解度越小。在直链烷烃分子中引入羟基取代基，形成的直链醇在水中的溶解度比直链烷烃在水中溶解度明显增大。直链醇分子间形成的氢键增强了溶质-溶质间的相互作用，因而导致破坏这一结合时能量损失增大。直链醇分子进入水相后，生成氢键所获得的能量足以抵消破坏溶质-溶质、溶剂-溶剂结合的能量损失，从总的效果看，溶解度增大了。如果醇类中的烃基部分增大，溶解度将减小，因为分子体积增加会使破坏溶剂-溶剂结合的能量损失增加。

水分子依据其极性与金属离子或其他离子相互作用，称作水合。以金属离子（M^{n+}）为例，水分子中氧的孤对电子与 M^{n+} 形成配位键。水合金属离子可表达为 $[M \cdot mH_2O]^{n+}$，代表离子周围有 m 个水分子，这些水分子是以配位键直接与中心离子结合的，称作内层水分子，反映着水合作用的强弱。外围水分子还可以以氢键作用与内层水结合，这部分水分子称作外层水。离子的水合作用是随离子势 Z^2/R 的增加而增强的。离子电荷 Z 越大，离子的水合作用越强；对于电荷数相同的离子，其离子半径 R 越小，离子的水合作用越大。在水中以中性分子存在的物质，其水合作用很弱。

2）物质在有机溶剂中的溶解特性

物质在有机溶剂中的溶解过程和在水溶液中的溶解过程是相同的，是溶质分子（离子）分散为单个或溶剂化分子（离子）的过程。为了使这些单个分子（离子）进入有机溶剂，必须克服溶剂-溶剂间的相互作用。与水相比，有机溶剂中的分子间力通常要小得多，破坏溶剂-溶剂间的相互作用的过程焓变要小一些。当溶剂分子的极性增大时，过程焓变也会增大。当溶剂间有氢键作用（如醇类）时，过程焓变就会更大。溶质与溶剂相互作用的大小和它们的性质密切相关。若溶质和溶剂都是非极性物质，则其相互作用最小，分子的极性增大，其相互作用增大，若能形成氢键或实现化学缔合，其相互作用更强。

徐光宪等指出，有机物或有机溶剂可以按照是否存在受电子的 A—H 键或给电子原子 B 而分为四种类型：

① N 型溶剂，或称惰性溶剂，既不存在受电子的 A—H 键，也不存在给电子原子 B，不能形成氢键。如烷烃类、苯、四氯化碳、二硫化碳、煤油等。

② A 型溶剂，即受电子型溶剂，含有 A—H 键，其中 A 为电负性大的元素，如 N、O、F 等。一般的 C—H 键，如 CH_4 中的 C—H 键不能形成氢键。但 CH_4 中的 H 被 Cl 取代后，由于 Cl 原子的诱导作用，碳原子的电负性增强，能够形成氢键。

③ B 型溶剂，即给电子型溶剂，如醚、酮、醛、酯、叔胺等，含有给电子原子 B，能与 A 型溶剂生成氢键。

④ AB 型溶剂，即给、受电子型溶剂，分子中同时具有受电子的 A—H 键和给电子原子 B。AB 型溶剂又可细分为三种，其中，AB(1)型溶剂为交链氢键缔合溶剂，如水、多元醇、氨基取代醇、羟基羧酸、多元羧酸、多元酚等；AB(2)型溶剂为直链氢键缔合溶剂，如醇、胺、羧酸等；AB(3)型溶剂为可生成内氢键的分子，如邻硝基苯酚等，这类溶剂中的 A—H 键因已形成内氢键而不再起作用，因此，AB(3)型溶剂的性质与 N 型溶剂或 B 型溶剂的性质比较相似。

两种液体混合后形成的氢键数目或强度大于混合前氢键的数目或强度，则有利于物质在有机溶剂中的溶解或两种液体的互溶；反之，则不利于物质在有机溶剂中的溶解或两种液体的互溶。具体地说：

AB 型与 N 型，如水与苯、四氯化碳、煤油等几乎完全不互溶；AB 型与 A 型、AB 型与 B 型、AB 型与 AB 型，在混合前后都存在氢键，溶解或互溶的程度以混合前后氢键的强弱而定；A 型与 B 型，在混合后形成氢键，有利于溶解或互溶，如氯仿与丙酮可互溶；A 型与 A 型、B 型与 B 型、N 型与 A 型、N 型与 B 型，在混合前后都没有氢键形成，液体溶解或互溶的程度取决于混合前后范德华力的强弱，与分子的偶极矩和极化率有关，一般可利用"相似相溶"原理来判断溶解度的大小；AB(3)型可生成内氢键，其特征与一般 AB 型不同，与 N 型或 B 型的特征相似。值得提及的是，离子在其他极性溶剂（如乙醇）中也可能发生类似水合的过程，溶剂分子给体原子的电子对与离子形成配位键，这一过程称为离子的溶剂化。

（2）物理萃取的各种影响因素

1）空腔作用能和空腔效应

物理萃取过程可以看作被萃溶质 F 在水相和有机相中两个溶解过程的竞争。化学萃取过程也涉及萃取配位化合物分子在两相之间的分配和传质过程，只是被萃取的化合物是通过化学反应形成的。在水相中，水分子之间存在范德华力和氢键作用，可以用 Aq-Aq 表示这种作用。F 溶于水相，首先需要破坏水相中某些 Aq-Aq 的结合，形成空腔来容纳溶质 F，同时形成 F-Aq 的结合。同样，在有机相中，溶剂分子之间也存在范德华力。一些溶剂分子间还有氢键作用，溶剂分子间的相互作用以 S-S 表示。溶质 F 要溶于有机相，必须先破坏某些 S-S 结合，形成空腔来容纳 F，并形成 F-S 的结合。萃取过程可表示为：

$$S\text{-}S + 2(F\text{-}Aq) \longrightarrow Aq\text{-}Aq + 2(F\text{-}S) \tag{5-23}$$

如果令 $E_{S\text{-}S}$、$E_{F\text{-}Aq}$、$E_{Aq\text{-}Aq}$、$E_{F\text{-}S}$ 分别代表破坏 S-S 结合、F-Aq 结合、Aq-Aq 结合及 F-S 结合所需要的能量，其中，$E_{S\text{-}S}$、$E_{Aq\text{-}Aq}$ 分别为有机相空腔作用能和水相空腔作用能，则萃取能 ΔE_0 可以表示为：

$$\Delta E_0 = E_{S\text{-}S} + 2E_{F\text{-}Aq} - E_{Aq\text{-}Aq} - 2E_{F\text{-}S} \tag{5-24}$$

空腔作用能与空腔表面积 A 成正比。如果被萃溶质 F 在水相中和有机相中均以同一分子形式存在，并近似将溶质分子看作半径为 R 的球形分子，则

$$E_{Aq\text{-}Aq} = K_{Aq}A = K_{Aq} \times 4\pi R^2$$
$$E_{S\text{-}S} = K_S A = K_S \times 4\pi R^2$$
$$E_{Aq\text{-}Aq} - E_{S\text{-}S} = K_{Aq}A - K_S A = 4\pi(K_{Aq} - K_S)R^2 \tag{5-25}$$

式中，K_{Aq}、K_s 为比例常数。K_s 的大小随溶剂类型的不同而不同。在 N 型溶剂、A 型溶剂和 B 型溶剂中，溶剂分子之间只存在范德华力，所以，K_s 值较小。其中非极性、不含易极化的 π 键且分子量又不大的溶剂的 K_s 值最小。在 AB 型溶剂中，由于存在氢键缔合作用，K_s 值较大，其中 AB(1) 型溶剂的 K_s 值最大。水是 AB(1) 型溶剂中氢键缔合能力最强的。因此，$K_{Aq} > K_s$。设 $K_s/K_{Aq} = \gamma$，则

$$E_{Aq\text{-}Aq} - E_{S\text{-}S} = 4\pi K_{Aq}(1 - \gamma)R^2 \tag{5-26}$$

$E_{Aq\text{-}Aq} - E_{S\text{-}S}$ 的值越大，表示空腔效应越大，越有利于萃取。

如果其他条件相同，则被萃溶质分子 F 越大，越有利于萃取。

许多实验数据表明，被萃溶质分子 F 越大，空腔效应越明显，越有利于萃取。例如，有机同系物在异丁醇-水体系或乙醚-水体系的分配系数数据随分子量的增大而增大，大约每增加一个 —CH$_2$— 基团，分配系数增大 2～4 倍。若 $\alpha = D_1/D_0 = D_2/D_1 = \cdots = D_n/D_{n-1}$，即 α 为每增加一个 —CH$_2$— 基团后分配系数增大的倍数。在化学萃取中，萃合物分子比相应的萃取剂和被萃物要大很多。这也是化学萃取能够大大提高萃取效果的原因。

2）被萃溶质亲水基团的影响

亲水基团是指能与水分子形成氢键的基团，如—OH、—NH$_2$、＝NH、—COOH、—SO$_3$H 等。被萃溶质 F 如含有亲水基团，其分配系数要比不含亲水基团的溶质小得多。这是由于溶质的亲水基团可以与水分子形成氢键，使 $E_{F\text{-}Aq}$ 增大，从而使萃取能增大，不利于萃取。例如：苯乙酸在异丁醇-水体系中的分配系数为 28，而羟基苯乙酸在同一体系中的分配系数则仅为 5.1，两者的比值为 $\alpha = 28/5.1 = 5.5$，即溶质分子中增加了一个 OH 取代基，分配系数降低到原来的 1/5.5。在乙醚-水体系中，同样是这两种溶质，其 α 值比异丁醇-水体系的 α 值要大。这是因为异丁醇是 AB 型溶剂，有很强的氢键作用，可以和溶质形成—O—H⋯B—A 和 H—

O···A—B 两种氢键；乙醚是 B 型溶剂，仅可能和溶质形成—O—H···B 类型的氢键。正丁醇与溶质的氢键作用要比乙醚与溶质的氢键作用大，由于溶质-溶剂的作用能 E_{F-S} 可以部分抵消水相中溶质-溶剂的作用能 E_{F-Aq}，所以，同样是在苯乙酸中引入—OH，异丁醇-羟基苯乙酸的作用能大于乙醚-羟基苯乙酸的作用能，分配系数减小的倍数 α 在异丁醇-水中要比乙醚-水中小。

由于—NH_2 基团的碱性强度比—OH 的要大，增加—NH_2 基团的影响会更大。例如，在羧酸中引入—NH_2 基团，可以形成分子内电离，大大增强了 F-Aq 的结合力，分配系数降低的倍数 α 特别大；有的分子中引入—NH_2 基团后，由于自身能形成内氢键（如邻氨基苯甲酸），所以 F-Aq 作用的变化不显著；在吡啶中，F-Aq 的作用已经很大，再引入一个—NH_2 基团，对 F-Aq 作用的影响不大。

当甲基或次甲基被—COOH 取代后，对于异丁醇-水体系 α 为 1.6～21，对于乙醚-水体系 α 值为 4.4～172，引入—COOH 能够形成氨基酸的，由于强烈的分子内电离，其分配系数减小的倍数 α 特别大。当—COOH 基团被—$CONH_2$ 取代时，分子的亲水性增大，分配系数下降。总之，亲水基团的引入，增强了 F-Aq 的结合力，使 E_{F-Aq} 增大，从而使萃取能 $\Delta E^{\ominus}$ 也增大，不利于萃取。另外，通过分析物质在有机溶剂中的溶解度数据或在水中的溶解度数据，有时不能直接得出物质疏水性的大小顺序，因为溶质-溶质间、溶剂-溶剂间的相互作用以及体积效应也是溶解度的影响因素。

3）被萃溶质疏水基团的影响

乙酰丙酮及其苯基取代物（苯甲酰丙酮、二苯甲酰甲烷）在苯中及在 0.1mol/L $NaClO_4$ 溶液中的溶解度数据说明：虽然苯基取代甲基会增加溶质分子的疏水性，但溶质在苯中及在 0.1mol/L $NaClO_4$ 溶液中的溶解度都降低了。苯基取代使溶质在苯中的溶解度降低的原因主要是体积效应，溶质分子与苯分子之间的相互作用可能没有多少差别。乙酰丙酮及其苯基取代物苯甲酰丙酮的亲水基团主要是分子中的两个羰基氧，或由于互变异构作用而生成的羟基。一个苯基取代一个甲基后，并未明显地改变两个羰基氧的基本性质。苯基取代甲基，溶质在水中的溶解度降低的主要原因是体积效应，即一个较大的分子进入水中，破坏水分子间的相互作用需要更大的能量。而且，体积效应对溶质在水中溶解度的影响要比对溶质在苯中溶解度的影响明显得多，因为溶质进入水中时，需要克服大得多的分子间力。十分明显的是，苯基取代甲基大大增加了平衡两相的分配系数，一个苯基取代一个甲基后，分配系数增大了 200余倍。因此，可以得到的结论应该是：疏水性的增强意味着平衡两相分配系数的提高，但并不一定说明溶质和有机溶剂间有较强的相互作用；一般地说，具有较低平衡两相分配系数的亲水性溶质，应与水分子有较强的相互作用，溶质与水的相互作用大致相同时，较大溶质分子的体积效应会使平衡两相分配系数增大。

4）水合作用的影响

水合作用越强，式中 E_{F-Aq} 就越大，越不利于萃取。离子电荷 Z 越大，离子水合作用越强，E_{F-Aq} 就越大，越不利于萃取。例如，利用四苯基胂氯（$C_6H_5)_4AsCl$-氯仿作萃取剂可以萃取 MnO_4^-、ReO_4^-、TcO_4^-、但不能萃取 MoO_4^{2-}、MnO_4^{2-} 等二价离子。对于电荷数相同的离子，其离子半径 R 越小，离子的水合作用越大，E_{F-Aq} 就越大，越不利于萃取。例如，四苯基胂氯 $(C_6H_5)_4AsCl$ 萃取 ReO_4^- 时实际上是小半径的 Cl^- 进入水相，而水化作用弱，半径大的 ReO_4^- 进入有机相。中性分子的水合作用很弱，容易被萃取。例如，I_2 在水中以可溶性分子存在，容易被惰性溶剂 CCl_4 和苯等萃取。

5）溶质与有机溶剂相互作用的影响

十分明显，萃取过程中的 E_{F-S} 值越大，就越有利于萃取。E_{F-S} 的大小取决于溶质与溶剂的结合作用的强弱。例如，被萃溶质与溶剂存在氢键作用时，有利于溶质的萃取。乙酸与 N 型溶剂不存在氢键作用，其在 N 型溶剂-水体系中的分配系数很小；乙酸与 AB 型溶剂或 B 型溶剂的同系物存在氢键缔合作用，其在 AB 型溶剂-水体系或 B 型溶剂-水体系中的分配系数较大。在 AB 型溶剂或 B 型溶剂的同系物中，随着分子中碳原子数的增大，其性质进一步向 N 型溶剂的性质靠拢。

5.2.3 化学萃取中的萃取剂

化学萃取是当单纯依靠被分离对象本身在油水两相之间的分配比还不能达到理想萃取率和分离效果时，采取的一类通过化学反应来对分离体系进行改造，从而使被萃物的可萃性增强或可分离性增大的方法。该类方法主要用于解决极性有机化合物和无机金属离子及非金属离子的萃取和分离问题。我们把那些能够与被萃物反应，形成可萃取配合物（萃合物）的物质称为萃取剂。在极性有机化合物的萃取中，往往用一些能够与它们形成酸碱加合物的功能化合物作为萃取剂，而在金属离子的萃取分离中，加入的是能与金属离子形成有机配位化合物的有机配体作为萃取剂。

金属离子及极性分子由于水合作用很强，直接萃取是很难完成分离任务的。而利用一些萃取剂与待分离物质的特殊作用，破坏待分离物质的水合作用影响，可以达到萃取分离的目的。例如，萃取剂与待分离的金属离子形成中性螯合物，使金属离子的配位数达到饱和，消除"水合"的可能性；根据空腔作用规律，生成螯合物的分子体积大，有利于萃取；形成的螯合物稳定性大，其外缘基团为疏水基团，能够使萃取进行得比较完全。

中性含磷类萃取剂、酸性含磷类萃取剂和胺类萃取剂等作为化学萃取中的典型萃取剂，可以分别通过氢键缔合、离子交换和离子对缔合等反应机制与待萃溶质形成一定组成的萃合物，使 E_{F-S} 值明显提高，有利于萃取过程的实现。按照空腔效应，形成的萃合物分子较大，有利于萃取；萃合物的外缘基团大多是 C—H 化合物，根据"相似相溶"原理，更易溶于有机相中而不易溶于水中；萃合物的外缘基团把亲水基团包藏在内部，阻止了亲水基团的"水化"作用，有利于萃取的进行。

根据不同体系的分离要求，已经出现了许多种的工业用萃取剂，一些新型的萃取剂也在不断开发过程中。对于工业用萃取剂应该满足如下的要求：①萃取能力强、萃取容量大；②选择性高；③化学稳定性强；④溶剂损失小；⑤萃取剂物性适当；⑥易于反萃取和溶质回收；⑦安全操作；⑧经济性好。

事实上，上述条件很难同时满足。一般需要根据实际工业应用的条件，综合考虑这些因素，发挥某一萃取体系的特殊优势，设法克服其不足。对于工业上的大规模应用，萃取剂的高效性和经济性则是选择萃取剂的两个关键条件。除此之外，还需要重点考虑有机相的溶解损失，避免二次污染。

常用的萃取剂按其组成和结构特征，必须具备以下 2 个条件：

① 萃取剂分子中至少有一个萃取功能基，它们含有 O、N、P、S 等原子，有孤对电子，是电子给予体或配位原子，能与被萃取溶质结合形成萃合物。

② 萃取剂分子中必须有相当长的烃链或芳环，一方面是使萃取剂难溶于水相而减少萃取剂的溶解损失；另一方面，可与被萃物形成难溶于水而易溶于有机相的萃合物，实现相转移。如果碳链过长、碳原子数目过多、分子量太大，循环使用过程由于发生降解，水溶性增加，萃取容量降低。因此，一般萃取剂的分子量介于 350～500 之间为宜。

常用的萃取剂按其组成和结构特征，可以分为中性配位萃取剂、酸性配位萃取剂、胺类萃取剂和螯合萃取剂。

（1）中性配位萃取剂

① 中性含氧类萃取剂　包括醇（ROH）、醚（ROR）、醛（RCHO）、酮（RCOR）、酯（RCOOR）等，其中以醇、醚、酮最为多见。严格地说，中性含氧类萃取剂与待分离溶质之间存在一定的化学缔合作用，主要表现为 C—O—H—O 类型的氢键。与中性含磷类萃取剂和待分离物之间的化学作用相比较，C—O—H—O 类型氢键的键能比 P—O—H—O 类型氢键的键能要弱得多。因此，中性含氧类萃取剂作为萃取剂的助溶剂或稀释剂使用时，可忽略它们与待分离物之间存在的化学缔合作用。

② 中性含硫类萃取剂　硫醚（R_2S）和亚砜是两种可以用作萃取剂的含硫化合物，如二辛基硫醚、二辛基亚砜等。亚砜同时具有氧原子和硫原子，在萃取贵金属时以硫为给体原子。

③ 取代酰胺类萃取剂　例如，取代乙酰胺的通式为 $R^1CONR^2R^3$，它是以羰基作为官能团的弱碱性萃取剂，这类萃取剂的羰基上的氧给电子能力比酮类强，抗氧化能力比酮类及醇类强。取代酰胺类萃取剂具有稳定性高、水溶性小、挥发性低、选择性好等优点。N,N-二甲庚基乙酰胺已用于含酚废水的萃取处理过程。

④ 中性含磷类萃取剂　以磷酸三丁酯（TBP）为代表的中性含磷类萃取剂是研究及应用最为广泛的中性配位萃取剂。中性含磷类萃取剂的化学性能稳定、能耐强酸、强碱、强氧化剂、闪点高、操作安全、抗水解和抗辐照能力较强。中性含磷类萃取剂的萃取动力学性能良好，其萃取容量比酸性含磷类配位萃取剂和胺类萃取剂的要大。

中性含磷类萃取剂的通式可以表示为 G_3PO，其中，基团 G 代表烷基 R、烷氧基 RO 或芳香基。由于磷酰基极性的增加，它们的黏度和在非极性溶剂中的溶解度按 $(RO)_3PO <R(RO)_2PO < R_2(RO)PO < R_3PO$ 的次序增加。中性含磷类萃取剂均具有 P=O 官能团，通过氧原子上的孤对电子与待萃溶质形成氢键缔合物和配位键，实现萃取。中性含磷类萃取剂是中等强度的路易斯碱，如果基团 G 代表的是烷氧基 RO，由于电负性大的氧原子的存在，使烷氧基 RO 的拉电子的能力增强，P=O 官能团上氧原子的孤对电子有被拉过去的倾向，碱性减弱，与待萃溶质形成氢键的能力相应减弱。随分子中 C—P 键数目的增加，烷基 R 拉电子的能力明显减弱，P=O 官能团上氧原子的孤对电子与待萃溶质形成氢键的能力相应增强，即碱性增大，因而，萃取剂的萃取能力也增强。中性含磷萃取剂的萃取能力按下述顺序递增：

$$(RO)_3PO < R(RO)_2PO < R_2(RO)PO < R_3PO$$

如果将 $(RO)_3PO$ 中的 R 由烷基改变为吸电子能力较强的芳香基，如磷酸二丁基苯基酯或磷酸三苯基酯，其萃取能力会降低。中性含磷类萃取剂包括磷酸三烷酯、烷基膦酸二烷酯、二烷基膦酸烷基酯、三烷基氧膦四类。它们的结构通式分别为：

$$\begin{array}{cccc} RO & R & R & R \\ R'O-P=O & R'O-P=O & R'-P=O & R'-P=O \\ R''O & R''O & R''O & R'' \end{array}$$

（其中，R、R′、R″为烷基、芳香基或环烷基）

在磷酸三烷酯类萃取剂中，应用最广泛的是 TBP。其结构中的 P=O 键上氧原子的孤对电子具有很强的给电子能力。烷基膦酸二烷酯以甲基膦酸二甲庚酯（P350）为代表，是一个比 TBP 萃取能力更强的萃取剂。二烷基膦酸烷基酯类萃取剂因为较难合成，工业上尚无应用。三烷基氧膦类萃取剂以三丁基氧膦（TBPO）、三辛基氧膦（TOPO）为代表。特别是 TOPO，由于它在水中的溶解度很小，是很好的萃取剂。TBPO 的烷基碳数为 $C_7 \sim C_9$，常温下为液体，经常和稀释剂煤油混合使用。三烷基氧膦比磷酸三烷酯具有更强的碱性。表 5-1 列出了 TBP、丁基膦酸二丁酯（DBBP）和 P350 的物理化学性质。

表 5-1　TBP、DBBP、P350 的物理化学性质

参数	TBP	DBBP	P350
分子量	266.3	250.3	320.3
沸点/℃	121（1mmHg）	116～118（1mmHg）	120～122（0.2mmHg）
密度（25℃）/(kg/m³)	976.0（水饱和）	949.2	914.8
折射率/25℃	1.4223	1.4303	1.4360
黏度（25℃）/mPa·s	3.32	3.39	7.568
表面张力（25℃）/(mN/m)	27.4	25.5	28.9
介电常数（20℃）	8.05	6.89	4.55
溶解度（25℃）/(g/L)	0.39	0.68	0.61
凝固点/℃	−71	−70	−73
闪点/℃	145	134	165
燃点/℃	212	203	219
红外吸收光谱 $v_{P=O}$/cm⁻¹	1265, 1280	1250	1250

注：1mmHg = 133.32Pa。

（2）酸性配位萃取剂

① 羧酸类萃取剂　包括有机合成的 Versatic 酸和石油分馏副产物环烷酸和脂肪酸。Versatic 酸，又称叔碳酸。其结构特征在于羧基的 α 碳位上与 3 个烃基相连（其中至少有一个甲基）。α-碳上叔碳化的高度支化结构，使叔碳酸有良好的耐水解性和防腐性，是性能良好的金属萃取剂。例如，Versatic-9 是 2,2,4,4-四甲基戊酸（质量分数 0.56）和 2-异丙基-2,3-二甲基丁酸（质量分数 0.27）及其他 9 个碳的叔碳酸异构体的混合物。又如，Versatic-911 是叔碳酸（$C_9 \sim C_{11}$）的异构体的混合物。Versatic 酸作为萃取剂在稀土分离中有较多研究和应用。

石油分馏副产物脂肪酸，碳链多在 7～9 个碳，水溶性较大，已很少作为萃取剂使用。合成的脂肪酸萃取剂用于稀土金属分离，碳链为 16～17 个碳。α-卤代脂肪酸由于 α-碳位上取代卤素的介入，其酸性比相应的脂肪酸明显增强。最常见的 α-溴代十二烷基酸，又称 α-溴代月桂酸，在萃取研究中涉及较多。

环烷酸萃取剂主要为环戊烷的衍生物，结构为：

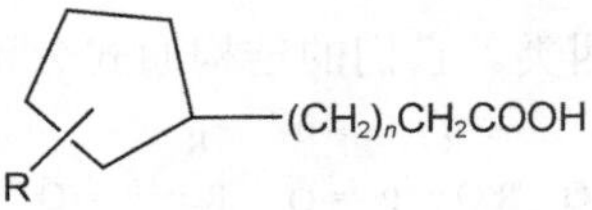

其中，$n=6\sim8$；$R=(CH_2)_mH$ 或 H，各个 R 基可以是相同的烷基，也可以是不同类别的烷基。环烷酸萃取剂在稀土分离中主要用于钇的分离。

② 磺酸类萃取剂　磺酸的通式为 RSO_2OH，是一类强酸性萃取剂。磺酸由于分子结构中存在—SO_3H，使之具有较大的吸湿性和水溶性。作为萃取剂，需要引入长链烷基苯或萘作为取代基。具有代表性的萃取剂是双壬基萘磺酸（DNNSA）。磺酸根离子常常是强表面活性剂，故与其他萃取剂混合使用，很少单独作萃取剂用。

③ 酸性含磷类萃取剂　此类萃取剂为弱酸性有机化合物（可以用 HA 代表），它们既溶于有机相，也溶于水相，通常在有机相的溶解度更大。在两相之间存在一定的分配，且与水相的组成，特别是水相的 pH 值密切相关。

酸性含磷类萃取剂的种类很多，大体上可以分为三类：

第一类为一元酸，其中包括：

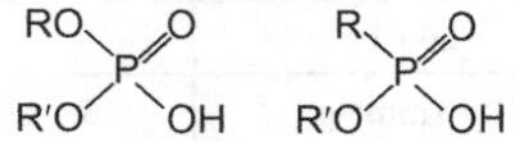

第二类为二元酸，其中包括：

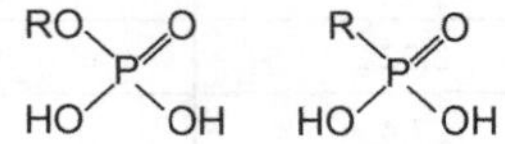

第三类为双磷酰化合物，其中包括：

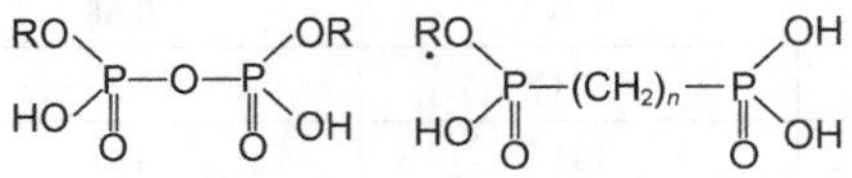

这三类萃取剂中，最主要的是一元酸 P204 和 P507 就属于这一类，都是工业上广泛应用的酸性磷氧型萃取剂。另外，像 TBP 的水解产物膦酸二丁酯（DBP）等也属于这一类。P204 是一种有机弱酸，在很多非极性溶剂（如煤油、苯等）中，通过氢键发生分子间自缔合，它们在这些溶剂中通常以二聚体形式存在，其表观分子量为 322.48。二（2-乙基己基）磷酸酯中的一个烷氧基被烷基取代后，即生成 P507。酸性磷氧型萃取剂分子中仍保留有一个羟基未被烷基或烷氧基代替，分子呈酸性。该类萃取剂在反应中会放出氢离子，这将阻止金属离子萃取交换，因此，为增加有机相的萃取负载量，须先用氢氧化钠或氨水中和，这个步骤称为皂化。它们的结构式为：

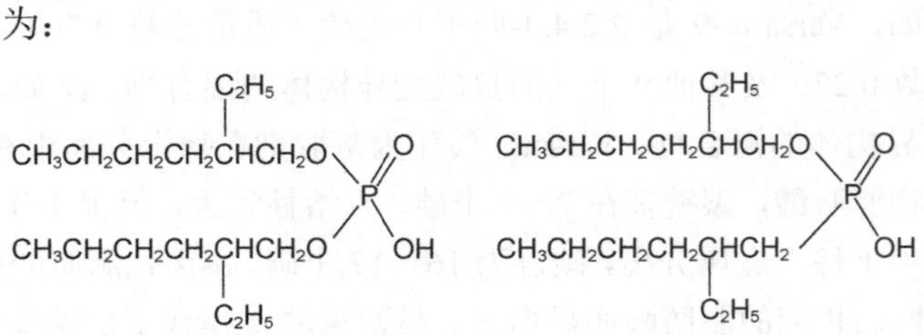

P204　　　　　　　　　　　P507

P204 和 P507 的萃取能力都随溶液酸度的增大而降低，随金属阳离子电荷数的增大而降低。P507 受烷基 R 的斥电子性影响，酸性比 P204 弱，萃取比小，萃取所需水相酸度和反萃酸度较低，酸碱消耗少，稀土分离效果更好，20 世纪 80 年代后逐渐替代 P204 被广泛应用于稀土的分离。表 5-2 列出了 P204、P507 和 Cyanex272 的物理化学性质。

表 5-2　P204、P507 和 Cyanex272 的物理化学性质

参数	P204	P507	Cyanex272
分子量	322.48	306.4	290.43
沸点/℃	233（760mmHg）	235（760mmHg）	>300（760mmHg）
密度（25℃）/(kg/m³)	970.0	947.5	920
黏度（25℃）/mPa·s	34.77	36.00	14.20
溶解度（25℃）/(g/L)	0.012	0.010(pH=4)	0.038(pH=4)
燃点/℃	233	235	
折射率	1.4417	1.4490	1.4596
毒性（小白鼠口服）LD$_{50}$/(g/kg)		2.526	4.9

（3）胺类萃取剂

与磷类萃取剂相比较，胺类萃取剂的发展较晚，但胺类萃取剂的选择性好、稳定性强，能适用于多种分离体系。胺类萃取剂可以看作是氨的烷基取代物。氨分子中的三个氢逐步被烷基取代，生成不同的胺（伯胺、仲胺和叔胺）及四级铵盐（季铵盐）。

一级胺（伯胺）　二级胺（仲胺）　三级胺（叔胺）　四级铵盐（季铵盐）

用作萃取剂的有机胺分子量通常为 250～600，分子量小于 250 的烷基胺在水中的溶解度较大，造成萃取剂在水相中的溶解损失。分子量大于 600 的烷基胺则大部分是固体，在有机稀释剂中的溶解度小，往往会带来分相困难及萃取容量小的缺陷。在伯胺、仲胺和叔胺中，最为常用的萃取剂是叔胺。伯胺和仲胺含有亲水性基团，使伯胺和仲胺在水中的溶解度比分子量相同的叔胺大。另外，伯胺在有机溶剂中，会使有机相溶解相当多的水，对萃取不利。所以，直链的伯胺一般不用作萃取剂，但带有很多支链的伯胺、仲胺可以作为萃取剂。

胺类萃取剂的不足之处在于胺类萃取剂本身并不是其与待分离溶质形成的萃合物的良好溶剂，使用时必须增添极性稀释剂与之形成混合溶剂。例如，有机羧酸与三辛胺缔合形成的萃合物不宜溶于三辛胺-煤油中，萃取过程会有第三相出现，影响萃取效率，需要加入醇类来增大萃合物在有机相的溶解度，以提高萃取能力。表 5-3 列出了我国工业生产中使用的伯胺（N1923）、三辛胺（TOA）、三烷基胺（N235）与季铵盐（N263）这几种胺类萃取剂的物理化学性质。

表 5-3　N1923、TOA、N235、N263 的物理化学性质

参数	N1923	TOA	N235	N263
分子量	280.7	353.6	349	459.2
沸点（压力，mmHg）/℃	140～202（5）	180～202（3）	180～230（3）	
密度（25℃）/(kg/m³)	815.4	812.1	815.3	895.1

项目	N1923	TOA	N235	N263
折射率（20℃）	1.4530	1.4459	1.4525	1.4687
黏度（25℃）/mPa·s	7.77	8.41	10.4	12.04
表面张力（25℃）/(mN/m)		28.35	28.2	31.1
介电常数（20℃）		2.25	2.44	
溶解度（25℃）/(g/L)	0.0625（0.5mol/L H$_2$SO$_4$）	<0.01	<0.01	0.04
凝固点/℃		−46	−64	−4
闪点/℃		188	189	150
燃点/℃		226	226	179
毒性（小白鼠口服）LD$_{50}$/(g/kg)	2.938		4.42	

胺类萃取剂分子由亲水性部分和疏水性部分构成。当烷基碳链增长或烷基被芳基取代时，其疏水性增大，有利于萃取，但这一因素往往是次要的。胺类萃取剂的萃取能力主要取决于萃取剂的碱性和它的空间效应。当氨分子中的氢逐步被烷基取代后，由于烷基的诱导效应，使 N 原子带有更强的电负性，更容易与质子结合，即萃取剂碱性增强，萃取能力增大。但是，随烷基数目的增多，体积亦增大，受空间效应的影响，对胺与质子的结合起到了阻碍作用，使萃取能力下降，而增加了萃取剂的选择性。总之，胺类萃取剂的萃取能力一般随伯、仲、叔胺的次序及烷基支链化程度的增加而增强；其诱导效应增大，萃取能力增强；同时，随着这个次序的变化，空间效应也增大，萃取能力减弱，萃取剂的选择性加大。

在惰性稀释剂中，胺类萃取剂易发生自身的氢键缔合，降低萃取能力；在极性稀释剂中，特别是质子化稀释剂中，胺类萃取剂的自身氢键缔合受到抑制，萃取剂的萃取能力得以增强。另外稀释剂的极性大或稀释剂的介电常数大，可以为胺类萃取剂与待萃取溶质形成的离子对缔合物提供稳定的存在环境，从而提高萃取剂的萃取能力。

（4）螯合萃取剂

螯合萃取剂有极高的选择性，在分析和工业上都可应用。在工业中应用的螯合萃取剂仅在铜及少量稀有金属的萃取工艺中出现。螯合萃取剂按其结构可以分为羟肟萃取剂、取代 8-羟基喹啉、β-二酮、吡啶羧酸酯。羟肟萃取剂的基本结构如下：

羟肟酸类

其中，R 包括苯基、甲基和氢，分别构成了二苯甲酮肟、苯乙酮肟、苯甲醛肟；取代基 R′为壬基或十二烷基。羟肟萃取剂与铜形成稳定的螯合物，具有很高的选择性，因而广泛应用于铜的萃取工艺中。

取代 8-羟基喹啉萃取剂的典型代表是代号为 Kelex100 的油溶性萃取剂，结构式为：

Kelex100

喹啉中的 N 和 O 为给体原子。两个萃取剂分子的 H$^+$ 与 Cu^{2+} 交换，生成中性萃合物。使用 Kelexl00 萃取剂的铜提取分离工艺，铜的萃取速度和反萃取速度均快于二苯甲酮肟萃取剂。

工业用 β-二酮萃取剂的代表是 LIX54 萃取剂，其结构式为：

$$C_{12}H_{25} — \bigcirc — \underset{O}{C} — \underset{H_2}{C} — \underset{O}{C} — CH_3$$

LIX54

5.3　稀土元素萃取化学[1-10]

稀土盐是强电解质，它们在水中的溶解度大。只有当稀土离子与有机溶剂分子生成一种在有机溶剂中比在水中更易溶解的化合物时才有可能实现萃取。因此，当物质由水溶液相向有机溶剂相转移时，应该是在生成能够被萃取到有机溶剂中的化合物之前，配位于稀土离子周围的水分子部分或全部被除掉。生成不带电荷的化合物是稀土离子被萃取到有机溶剂中的先决条件。它们具有很低的介电常数，容易被有机相萃取。

稀土萃取分离技术的发展离不开高效萃取剂的使用。为寻找选择性更高的萃取剂，开展了大量的稀土溶液配位化学的研究工作。将配合物形成导致的稳定性和油溶性差别作为稀土元素分离的依据，是配位化学和分离化学的成功结合。溶液中的分离方法如萃取法、离子交换法都与配合物的形成及其稳定性有密切关系。绝大部分的萃取过程是配合物的形成过程，而要研究萃取过程的化学，必须研究溶液中配合物的形成与稳定性问题。

稀土的溶剂萃取绝大部分均伴随有化学反应发生。根据萃取剂类型，尤其是萃取反应的机理可以对萃取体系进行分类。按照萃取化学反应的不同，萃取体系可以分成四类主要萃取体系。它们的萃取机理和主要特点如下。

5.3.1　中性配位萃取体系（中性溶剂化配位萃取）

中性萃取体系是无机物萃取中最早被发现和利用的，也是最早用于稀土元素提取分离的萃取体系。所用萃取剂为 5.2.3 小节中所介绍的中性配位萃取剂。

（1）特征

当组分以生成中性溶剂化配合物的机理被萃取时，具有以下三个特征：

① 被萃取的稀土化合物以中性分子存在；

② 萃取剂本身是中性分子，也是以中性分子如 TBP 等形式发生萃合作用；

③ 被萃化合物与萃取剂组成中性溶剂合物，其中萃取剂的功能基直接与中心原子（原子团）配位的称为一次溶剂化。

（2）基本反应

① 与水分子的反应：中性磷氧萃取剂能与水生成 1∶1 的配合物，它是由氢键缔合而成的。

② 与酸的反应：中性磷氧萃取剂能萃取酸，通常生成 1∶1 的配合物。不少人研究了 TBP 萃取硝酸的机理，证明了 HNO$_3$ 在 TBP 中的电离度小于 1%。徐光宪等利用对应溶液法原理研究了这一体系，求得未解离的 HNO$_3$ 在两相中的能斯特分配平衡常数很小。这说明在有机

相中基本上没有自由的硝酸分子存在。红外光谱证明 TBP 萃取 HNO_3 是以分子形式结合，属中性配位萃取机理。

③ 萃取稀土硝酸盐的反应：中性磷（膦）氧萃取剂萃取稀土是通过磷酰氧上未配位的孤对电子与中性稀土化合物中的稀土离子配位，生成配位键的中性萃取配合物，其中萃取三价硝酸稀土的反应为（以 TBP 例）：

$$RE^{3+} + 3NO_3^- + 3TBP_{org} \rightleftharpoons RE(NO_3) \cdot 3TBP_{(org)} \qquad （5-27）$$

式中，TBP 亦可为 P350 等其他中性磷（膦）氧萃取剂。红外光谱研究表明：P350 萃取稀土元素时，磷氧键参与配合，而与磷氧碳键无关。

硝酸稀土在硝酸盐底液中，以 RE^{3+}、$RE(NO_3)^{2+}$、$RE(NO_3)_2^+$、$RE(NO_3)_3$ 等形式存在，其中中性的 $RE(NO_3)_3$ 有利于萃取，3 价稀土离子 RE^{3+} 的配位数可在 6～12 之间变化，NO_3^- 中有两个氧原子可与稀土离子配位，三个硝酸根占用 6 个配位数，尚余 0～6 个配位数，所以 $RE(NO_3)_3$ 在水溶液中是水化的 $RE(NO_3)_3 \cdot xH_2O$，它不能直接被惰性溶剂如煤油等所萃取。在此情况下，若添加 TBP 或 P350 等中性萃取剂，就能挤掉原先配位的水分子，形成丧失亲水性的 $RE(NO_3)_3 \cdot 3TBP$。其中 TBP 也可以是 P350 等其他中性磷（膦）氧萃取剂。黄春辉等测定了 $La(NO_3)_3 \cdot 3Ph_3PO$ 的结构，结果表明其中 La^{3+} 的配位数是 9，即硝酸根采取通常的双齿配位形式，而每个三苯基氧膦则是单齿配位，分子具有 C_s 对称性。中性磷（膦）氧萃取剂在 HNO_3 介质中萃取稀土时，还发生萃取 HNO_3 生成 $HNO_3 \cdot TBP$ 配合物的反应。用 100% TBP 在无盐析剂的硝酸介质中萃取稀土元素时，存在着稀土与硝酸的竞争萃取。镧的配合能力最弱，HNO_3 与 $La(NO_3)_3$ 竞争配位 TBP 的作用比较明显。但铕及原子序数大于铕的重稀土元素与 TBP 的配位能力较强，它们不但能与 TBP 配位，还能把 $TBP \cdot HNO_3$ 配合物中的 TBP 夺过来而释放出 HNO_3，如下式所示：

$$Eu^{3+} + 3NO_3^- + 3TBP \cdot HNO_{3(org)} \rightleftharpoons Eu(NO_3)_3 \cdot 3TBP_{(org)} + 3HNO_3 \qquad （5-28）$$

即 HNO_3 的竞争作用相对较弱。在其他条件一定时，萃合物的稳定性与稀土离子半径有关。同价稀土离子，半径越小，萃合物越稳定，分配比 D 越大。如用 TBP 在 10mol/L HNO_3 介质中萃取镧系元素时，其分配比 D 随原子半径减小依次增大。但在多数情况下，中性磷（膦）氧萃取剂萃取稀土元素的分配比，并不随原子序数的增加而单调变化。

中性配位萃取的反应通式可表示为：

$$M^{m+} + mL^- + eE \rightleftharpoons ML_mE_e \qquad （E = 萃取剂） \qquad （5-29）$$

$$K = \frac{[ML_m(E)_e]_{org}}{[M^{m+}]_{aq}[L]_{aq}^m[E]_{aq}^e} = D\frac{1}{[L]_{aq}^m[E]_{aq}^e} \qquad （5-30）$$

$$\lg K = \lg D - m\lg[L] - e\lg[E] \qquad （5-31）$$

$$\lg D = \lg K + m\lg[L] + e\lg[E] \qquad （5-32）$$

对酸的萃取：

$$aH^+ + aA^- + eE \rightleftharpoons (HA)_{aq}(E_e)_{org} \qquad （5-33）$$

5.3.2 离子缔合萃取体系

指由阳离子与阴离子相互缔合进入有机相而被萃取的体系。离子缔合萃取体系的特点是被萃取金属离子与无机酸根形成配阴离子，它们与萃取剂阳离子形成离子对而进入有机相，被萃取离子与萃取剂无直接键合。所用萃取剂为 5.2.3 小节中所介绍的胺类萃取剂、大环多元醚萃取剂、中性螯合萃取剂等。

（1）特点

① 萃取剂以阳离子［阴离子］形式存在；

② 金属离子以配阴离子［阳离子］或金属酸根形式存在；

③ 萃取反应为萃取剂阳离子和金属配阴离子相缔合，或相反的情况。

（2）萃取反应

① 胺与酸的反应：萃取酸是胺的基本性质，称两相中和反应：

$$R_3N_{org} + H^+ + NO_3^- \rightleftharpoons [R_3NH^+NO_3^-]_{org} \qquad (5\text{-}34)$$

$$K_{11} = \frac{[R_3NH^+NO_3^-]_{org}}{[R_3N][H^+][NO_3^-]} \qquad (5\text{-}35)$$

② 金属络阴离子的生成反应：

$$M^{m+} + nX^- \rightleftharpoons MX_n^{(n-m)-} \ (n>m) \qquad (5\text{-}36)$$

$$K_{MX_n} = \frac{[MX_n^{(n-m)-}]_{org}}{[M^{m+}][X^-]^n} \qquad (5\text{-}37)$$

③ 阴离子的交换反应，生成的铵盐能与水相中的阴离子进行离子交换：

$$[R_3NH^+X^-]_{org} + A^- \rightleftharpoons [R_3NH^+A^-]_{org} + X^- \qquad (5\text{-}38)$$

$$(n-m)[R_3NH^+X^-]_{org} + MX_n^{(n-m)-} \rightleftharpoons \{[R_3NH^+]_{n-m}[MX_n]^{(n-m)-}\}_{org} + (n-m)X^- \qquad (5\text{-}39)$$

$$K_{交} = \frac{[(R_3NH^+)_{n-m}MX_n^{(n-m)-}]_{org}[X^-]^{n-m}}{[R_3NHX]_{org}^{n-m}[MX_n^{n-m}]} \qquad (5\text{-}40)$$

④ 总的萃取反应

$$M^{m+} + nX^- + (n-m)[R_3N]_{org} + (n-m)H^+ \rightleftharpoons \{[R_3NH^+]_{n-m}[MX_n]^{(n-m)-}\}_{(org)} \qquad (5\text{-}41)$$

$$K_{ex} = \frac{[(R_3NH^+)_{n-m}(MX_n)^{(n-m)-}]_{org}}{[M^{m+}][R_3N]_{org}^{n-m}[X^-]^n[H^+]^{n-m}} = K_{交}K_{11}^{n-m}K_{MX_n} \qquad (5\text{-}42)$$

$$D = \frac{[(R_3NH^+)_{n-m}(MX_n)^{(n-m)-}]_{(org)}}{[M^{m+}]} = \{[R_3N]_{org}^{n-m}[X^-]^n[H^+]^{n-m}\}K_{交}K_{11}^{n-m}K_{MX_n} \qquad (5\text{-}43)$$

$$\lg D = (n-m)\lg[R_3N]_{org} + n\lg[X^-] + (n-m)\lg[H^+]) + \lg K_{交} + (n-m)\lg K_{11} + \lg K_{MX_n} \qquad (5\text{-}44)$$

萃取机理研究结果认为：有一种情况是萃取剂与水化质子结合再与阴离子形成离子对，故称之为水化或溶剂化机理。这类萃取的基本特点是高酸萃取（NH₄SCN 体系除外），低酸反萃，作为反萃取剂的可以是水、稀酸或碱。

（3）影响因素

① 萃取剂的两相中和常数及其与阴离子的交换反应常数；

② 金属离子形成配阴离子的能力；

③ 伴随阴离子的浓度及其与稀土的配位能力；

④ 酸度是保证胺质子化的条件，也能与配阴离子竞争而起反萃取作用。

（4）机理及例子

烷基胺或季铵盐萃取稀土盐类的反应一般认为有两种：

$$(n-m)[R_3NH^+X^-]_{org} + REX_n^{(n-m)-} \Longrightarrow \{[R_3NH^+]_{n-m}[REX]_n^{(n-m)-}\}_{org} + (n-m)X^- \quad (5\text{-}45)$$

$$(n-m)[R_3NH^+X^-]_{org} + REX_m \Longrightarrow \{[R_3NH^+]_{n-m}[REX_n]^{(n-m)-}\}_{org} \quad (5\text{-}46)$$

式（5-45）表示萃取过程中铵盐中的 X 和带负电的配合物 $REX_n^{(n-m)-}$（$m<n$）的交换过程。而式（5-46）表示的萃取过程是中性配合物 REX_m 加合到铵盐上的过程。大多数情况下是将碱性萃取剂用于萃取酸性溶液中的金属离子，此时有机相中的胺呈铵盐形式。季铵盐对稀土的萃取受水相介质影响很大，如图 5-2 所示。在硝酸介质中，其萃取分配比随原子序数增加而减小，即所谓"倒序"；而在硫氰酸盐介质中，分配比随原子序数增加而增大。研究结果表明：这与稀土离子与水相中阴离子的配位度 Y（1）有很大的相关性。当以硝酸甲基三烷基胺萃取硝酸稀土时，加入 $LiNO_3$ 作盐析剂，可增大稀土的萃取率。此即助萃配合作用。季铵盐萃取硝酸稀土，因为萃取配合物$(R_4N)^+[RE(NO_3)_4]^-$中有硝酸根，在水相中添加硝酸盐，由于其助萃配合作用和盐析作用可以大大提高分配比 D。

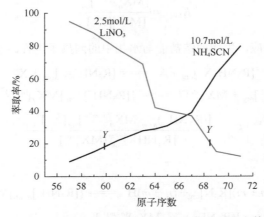

图 5-2　Aliquot-335 在 NO_3^- 和 SCN^- 体系中稀土萃取率随原子序数的变化及 Y 位置

在 $N263\text{-}RE(NO_3)_3/LiNO_3$ 萃取体系中，萃取率呈现出随原子序数的增大而减小的"倒序"现象。当存在二乙三胺五乙酸（DTPA）配合剂时，水相中形成的稀土配合物是随原子序数的增大而增大的，因而进一步减小了原子序数大的元素的萃取率，从而可增大元素之间的分离系数。例如，季铵盐优先萃取 Pr^{3+}，而 DTPA 在水相中优先螯合 Nd^{3+}，从而使 Pr/Nd 的分离系数大大增加。像这种使水相中 DTPA 螯合的 Pr 与有机相中季铵盐缔合的 Nd 发生交换的反应称为配位交换萃取（亦把这类萃取体系称为推拉萃取体系）。配位交换萃取体系的特点在于水相中的配合剂对稀土有配合作用，同时有机相稀土与水相的稀土之间有交换作用，即水相中有正序配位的抑萃配合剂，水相和有机相间又存在着稀土的交换。

在 N263-DTPA 配位交换体系中，盐析剂的作用是重要的，因为在 DTPA 配位了较多的难萃组分之后，希望不配位的部分尽可能地被萃入有机相，以充分发挥"推拉"作用。通过单级最优条件试验，即改变一些条件如萃取剂浓度、起始稀土浓度、相比及盐析剂的种类和浓度、酸度等来考察什么条件下分离系数 β 最大，以获取好的分离效果。如在盐析剂浓度为 6.0mol/L，相比 O/A = 3，DTPA 浓度为 0.180mol/L 时，实际测得的分离系数 $\beta_{Pr/Nd}$ 高达 5.8。

5.3.3 酸性配位萃取体系(阳离子交换萃取体系)

（1）特点

① 萃取剂是一种有机酸 HA 或 H_MA，它既溶于水相又溶于有机相，在两相间有一个分配。所用萃取剂为 5.2.3 小节中所介绍的酸性配位萃取剂和螯合萃取剂。

② 被萃物是稀土阳离子 RE^{n+}。

③ 它与 HA 作用生成配合物或螯合物 REA_n 而进入有机相被萃取。或者说水相的被萃金属离子与有机酸中的氢离子之间通过交换机理形成萃合物。

（2）萃取反应

$$RE^{n+}(aq) + nHA(org) \rightleftharpoons REA_n(org) + nH^+(aq) \tag{5-47}$$

$$K = \frac{[MA_n]_{org}[H^+]_{aq}^n}{[M^{n+}]_{aq}[HA]_{org}^n} = D\frac{[H^+]_{aq}^n}{[HA]_{aq}^n} \tag{5-48}$$

$$\lg K = \lg D + n\lg[H^+]_{aq} - n\lg[HA]_{org} \tag{5-49}$$

$$\lg D = \lg K - n\lg[H^+]_{aq} + n\lg[HA]_{org} = \lg K + n\text{pH}_{aq} + n\lg[HA]_{org} \tag{5-50}$$

酸性配位萃取体系中的以（2-乙基己基）膦酸单（2-乙基己基）酯为代表的酸性磷（膦）酸萃取体系和以环烷酸为代表的羧酸萃取体系在稀土分离工业生产中得到广泛的应用。酸性配位萃取剂萃取稀土的过程较复杂，包括四个平衡过程：

萃取剂在两相中的溶解分配平衡，如式（5-51）所示：

$$HA \rightleftharpoons HA_{org} \qquad K_d = \frac{[HA]_{org}}{[HA]} \tag{5-51}$$

萃取剂在水相中的解离，如式（5-52）所示；

$$HA \rightleftharpoons H^+ + A^- \qquad K_a = \frac{[H^+][A^-]}{[HA]} \tag{5-52}$$

水相稀土离子与解离的萃取剂阴离子在水相中配合，如式（5-53）所示；

$$M^{n+} + nA^- \rightleftharpoons MA_{n(org)} \qquad \beta_n = \frac{[MA_n]}{[M^{n+}][A^-]^n} \tag{5-53}$$

在水相中生成的萃取配合物溶于有机相，如式（5-54）所示。

$$MA_n \rightleftharpoons MA_{n(org)} \qquad K_D = \frac{[MA_n]_{org}}{[MA_n]} \tag{5-54}$$

综合上述各种反应，总的萃取反应如式（5-47）所示。萃取平衡常数为：

$$K_{ex} = K_D\beta_n\frac{K_a^n}{K_d^n} \tag{5-55}$$

式中，K_a 为酸性萃取剂的解离常数；β_n 为萃取配合物 REA$_3$ 的稳定常数；K_D 为萃取配合物 REA$_3$ 在两相间的分配常数；K_d 为萃取剂在两相间的分配常数。当然，以上讨论的情况属于最简单的一类。除此之外萃取剂还可能有聚合平衡，萃取配合物也可能不止一种。一个萃取体系往往是一个多种配位平衡同时存在的一个复杂体系。

所用萃取剂在有机相中常以二聚形式存在：

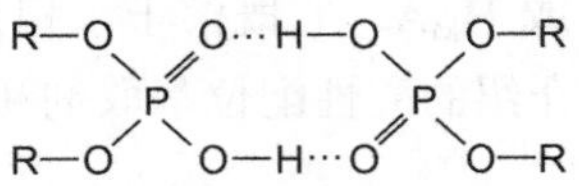

它们与金属配位后生成的萃合物具有螯环结构：

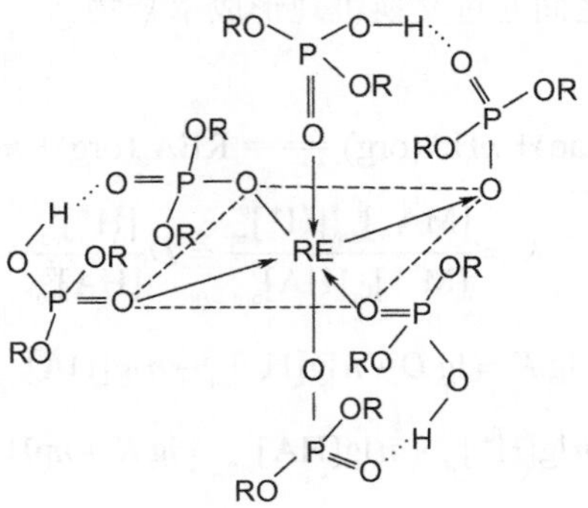

这类萃合物的结构中有三个八原子环，其中四个氧原子在一个平面上，但是这种螯环中有氢键存在，故稳定性不如螯合萃取剂生成的螯环。

就酸性而言，酸性磷型萃取剂比螯合萃取剂与羧酸萃取剂均要强，故能在较酸性的溶液中进行萃取；就螯合物的稳定性而言，羧酸最差，而 P204 居中，因为它们的萃取机理相同，所以影响萃取的因素也相似。

酸性磷型萃取剂（如 P204）在低酸度下以 >P(O)(OH) 为反应基团，萃取稀土离子主要以 OH 基的 H$^+$ 与稀土离子进行阳离子交换来实现的，故它的萃取能力主要决定于其酸性强弱。在萃取稀土离子的反应中，磷酸酯萃取剂的磷酰氧原子也参加配位。当被萃取稀土离子价数相同时，半径越小，萃取配合物越稳定，分配比越大。由于"镧系收缩"，稀土元素离子半径随原子序数增加而减小，其萃取平衡常数、配合物稳定性和分配比均随原子序数增加而增加。如 P204 萃取三价稀土离子是正序萃取。

水相中酸浓度不仅影响分配比（lg$D$ 对 pH 作图可得一组斜率为 n 的直线，如图 5-3）、分离系数，还影响 P204 萃取稀土离子的机理。在低酸度或中等酸度下，是按阳离子交换反应进行萃取。在水相无机酸浓度较高时，P204 的解离受到抑制，按阳离子交换反应进行的萃取也受到抑制。萃取是由磷酰基（P=O）的氧原子成为电子给予体而实现的。酸根阴离子如 Cl$^-$、NO$_3^-$、SO$_4^{2-}$ 对分配比和分离系数也有影响，并且是以它们在水相中与稀土离子配合能力的强弱表现出来的。

在稀土分离的工业实践中，当稀土料液量过大时，常常因为这种高聚物的析出而发生乳化。红外光谱表明：过量的 (RO)$_2$POOH 加入，磷（膦）酸酯以中性分子通过 P=O 单齿配位，从而破坏了高聚物的结构，使乳化层消失。因而使用酸性磷酸酯萃取稀土时，一般均应使萃

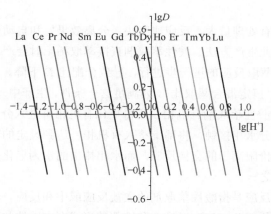

图 5-3   HDEHP 萃取稀土时 $\lg D$-pH 关系(1mol/L HDEHP-甲苯-0.05mol/L LnCl$_3$)

取剂与稀土的比例保持 6∶1 的水平，以免高聚物的析出而发生乳化。工业应用最为广泛的羧酸萃取剂是环烷酸。它对稀土萃取时分配比对原子序数的依赖关系的数据表明环烷酸萃取混合稀土时，重稀土比轻稀土容易萃取；离子半径在 Er^{3+}、Tm^{3+} 之间的 Y^{3+} 落在轻稀土部分。

在环烷酸萃取体系中，分离系数明显地随水相组分不同而不同。这一点有别于萃取体系的分离系数 $\beta_{A/B}$，可近似地视为常数的一般情况，即 $\beta_{A/B}$ 不随水相中 A 和 B 的浓度变化而变化。如从环烷酸萃取 La/Y 二元体系的分离系数 $\beta_{La/Y}$ 对平衡水相中镧钇物质的量比 N 所作的图上可以看到 $\beta_{La/Y}$ 随 N 增大而减小。而且只有假设以下萃取平衡同时存在时，试验曲线与拟合数据符合得很好。

$$2La^{3+} + 6HA \Longrightarrow La_2A_6 + 6H^+ \qquad K_{11} \qquad (5\text{-}56)$$

$$2Y^{3+} + 6HA \Longrightarrow Y_2A_6 + 6H^+ \qquad K_{22} \qquad (5\text{-}57)$$

$$La^{3+} + Y^{3+} + 6HA \Longrightarrow LaYA_6 + 6H^+ \qquad K_{12} \qquad (5\text{-}58)$$

这一结果说明：镧钇环烷酸萃合物主要以二聚物存在于有机相；三个平衡常数中 $K_{12}>K_{22}>K_{11}$，说明镧钇异核配合物要比镧镧或钇钇同核配合物更稳定，这已为实验所证明。当以 LaCl$_3$ 和 YCl$_3$ 为 1∶1 混合物与环己乙酸反应培养单晶时，所得的萃合物是镧钇异核萃合物，而不是 La-Y、La-La、Y-Y 三种萃合物的混合物。镧钇双核配合物的存在，说明萃取分离系数随被分离元素的组成变化而变化的本质。为正确使用环烷酸萃取分离体系提供了理论依据。

（3）影响因素

① 酸度：根据式（5-47）和式（5-50）可知，提高水相溶液的酸性会抑制萃取反应的进行，导致萃取能力（分配比）下降。

② 萃取剂的影响由配合物稳定常数和萃取剂酸电离常数决定：根据式（5-55），K_a 增大，将导致 K_{ex} 增加，K_d 增大对 K_{ex} 增大有利。一个配体如果酸性强（K_a 增大），则其配位能力降低（β_n 减小）。但由于平衡常数与酸电离常数的关系是指数关系，其影响比稳定常数的贡献大。因此，提高萃取剂的酸性可以提高萃取能力。

③ 萃取剂在两相中的分配：根据式（5-55），萃取剂和萃合物在两相的分配对萃取平衡常数的影响程度也是不同的。萃合物的分配常数越大越好，而萃取剂则相反。要取得好的萃取效率，萃取剂在水相中要有一定的分配。

（4）有机相的皂化

溶剂萃取法由于具有处理量大、反应速度快、分离效果好和自动化程度高等优点而成为国内外高纯度稀土的工业生产方法。酸性萃取剂直接萃取稀土时会产生质子，致使水相的酸度逐渐增大，进而抑制萃取反应的进一步进行，导致分配比 D 下降。另外，在串级萃取理论中，一个基本假设就是"恒定混合萃取比"。为满足这一条件，生产中一般需要预先用 NH_4OH 或 $NaOH$ 等溶液来皂化酸性萃取剂有机相。所得皂化有机相再进入分流萃取的萃取段 1 级，与萃取段 2 级过来的部分水相接触，将稀土萃入有机相，达到设定的萃取量要求。此时发生的是稀土与铵、钠等低价阳离子的交换反应，而水相排出的水为皂化废水，含高浓度盐，是稀土分离厂的主要废水之一。

酸性萃取剂的皂化反应是指酸性萃取剂的成盐反应或中和反应。传统的有机相皂化方式有氨皂和钠皂，目的是使部分 P507 以钠盐和铵盐的形式存在。这些皂化的有机相可以与水相中的稀土离子进行阳离子交换而实现萃取，其萃取量与皂化度直接相关。萃取工业中常用的皂化剂有氨水、NH_4HCO_3、Na_2CO_3、$NaOH$。钠皂成本比较高，且容易导致高纯度稀土产品中钠离子超标；而氨皂则存在氨氮废水的处理问题。

（氢）氧化钙、氧化镁、稀土碳酸盐、稀土氧化物、稀土氢氧化物等碱性试剂也可以用作皂化试剂。采用成本比较低的钙皂和镁皂方式，可以避免废水中的氨氮指标，但钙和镁成分复杂、皂化过程、有机相损失大，导致废水中磷含量、重金属和 COD 难以控制、产品非稀土杂质超标等问题。

5.3.4 协同萃取体系

当两种或两种以上的萃取剂混合物同时萃取某一金属离子或其化合物时，如其分配比显著大于每一萃取剂在相同浓度等条件下单独使用时的分配比之和，即 $D_{协同} > D_{加和} = D_1 + D_2$，称这一体系有协同效应。如 $D_{协同} < D_{加和}$，称为反协同效应；$D_{协同} \approx D_{加和}$，称为无协同效应。

常用协萃系数 R 表示协同效应的大小：$R = D_{协同}/D_{加和}$。

协同萃取效应产生的直接原因是形成的萃合物更稳定，油溶性更好。可以从下面几个原理来解释。

① 配位饱和原理：该原理是基于形成配合物的稳定性与被萃能力之间的关系提出来的。也即，根据配位化学理论，任何一种金属离子都倾向于满足其最大配位数要求，形成稳定的配位化合物。因此，配位饱和的配合物对应于稳定性好的配合物，其萃取能力也强。当采用一种萃取剂萃取时，由于配体的空间位阻问题，常常使金属离子的配位达不到饱和，形成的配合物的稳定性不够好，萃取能力弱。而当加入第二配体时，可以克服空间位阻限制而形成配位数饱和的配合物，其稳定性和可萃取性能得到大大提高，产生了协同萃取效果。

② 疏水性原理：与配位饱和相关联，当一种萃取剂萃取时，未饱和的配位数可以由溶剂水来占据，此时虽然达到了配位饱和，但由于水的存在，使其亲油性不够，萃取能力不够。当加入第二配体时，可以将配位水分子取代出来，形成疏水性更好的稳定配合物，大大提高萃取性能。

③ 电中性原理：该原理认为，被萃配合物在有机相要稳定存在，需要是电中性的。一般来说，被萃物的电荷越低，越分散，其萃取能力越强。因此，当一种萃取剂萃取金属离子时，

形成的配合物是带电的，则其萃取能力弱。加入第二配体后，可以形成不带电的稳定配合物，使萃取能力得到大大提高。

④ 空间位阻效应：该原理与疏水性原理中所述的配体空间位阻导致的配位不饱和相关，当加入第二配体，能够克服空间位阻的影响而形成饱和配位的萃合物，使萃取能力大大提高。

协同萃取现象的实质是存在于水相中的被萃取金属离子在两种以上萃取剂（配体）的作用下，生成了一种在热力学上更稳定、在有机相溶解度更大的混合配体的萃取配合物，因而是金属离子由水相转入有机相的标志，即分配比大幅度提高。产生协同萃取的原因主要是加入另一萃取剂后生成憎水性更大的稳定萃合物。其机理可以是上述原理中的一个或多个因素作用的结果。可能有三种历程：一是打开一个或几个螯合环，空出的配位由另一萃取剂所占据；二是稀土的配位尚未饱和，占据剩余配位的水分子被加入的另一萃取剂所取代；三是加入另一萃取剂时，水分子并未被取代，而是稀土离子的配位界扩大了，增大了配位数。

对于研究最多的酸性螯合剂 HX 与中性萃取剂 S 组成的协萃体系，其反应为：

$$Ln^{3+}+ aHX_{(org)} + bS_{org} \Longrightarrow LnX_aS_{b(org)} + aH^+ \tag{5-59}$$

式中，$b = 1$ 或 2。

$$Ln^{3+}+ 3HTTA_{org} + bTBP_{org} \Longrightarrow Ln(TTA)_3(TBP)_{borg} + 3H^+ \tag{5-60}$$

三价稀土离子半径较大，其配位数可以是 6～12。当生成 $Ln(TTA)_3 \cdot (H_2O)_n$ 时，其中 $n = 1$ 或 2，配位尚未饱和。因此还可以发生去水合作用，第二个萃取剂 S 把水分子挤走而与稀土离子配合，形成配位数为 7 的 $Ln(TTA)_3TBP$，还可以进一步扩大稀土离子的配位数而生成配位数为 8 的 $Ln(TTA)_3(TBP)_2$。

又如，三种 β-双酮（HA）萃取剂：HPMTFP、HPMBP 和 HTTA，分别与中性膦类萃取剂 TPPO（S）对钕进行协同萃取。三个协萃体系对钕的萃取分配比随 β-双酮（HA）与 TPPO（S）的摩尔分数变化而变化：当 TPPO 的摩尔分数为 0 时，即三种 β-双酮单独萃取钕时，其萃取能力的次序 HPMTFP＞HPMBP＞HTTA；当加入 TPPO 后，由于协萃作用，钕的总分配比均不同程度地增加，但萃取次序未发生变化。HPMTEP 萃取稀土时，用斜率法和饱和法都证明萃合物中稀土与 HPMTFP 的比例为 1∶3，对固体萃合物的研究表明萃合物的分子式为 $Nd(PMTFP)_3 \cdot (H_2O)_2$，通过对其单晶 X 射线结构分析证明：萃合物中钕与 8 个氧原子配位，其中 6 个氧原子来自 3 个双齿的 β-双酮，$Nd(PMTFP)_3 \cdot (TPPO)_2$ 的合成及结构研究也证明了这一点。由于萃合物中不再含有水分子，萃合物的油溶性大大增加，钕的分配比得到大幅度的提高。

5.3.5　添加剂的作用机制

① 稀释剂：稀释剂的种类和性质对于萃取平衡有影响，因为稀释剂对于萃取剂的热力学活度有影响，因而导致平衡常数改变。例如，胺类萃取剂，使用的稀释剂的介电常数越大，萃取率就越高。

② 盐析剂与盐析效应：加入某种电解质，可以增加可萃合物的浓度，提高分配比，这种电解质称为盐析剂。因为加入的盐类对于分配物质的活度有影响，例如增加了阴离子浓度，导致萃取配位物浓度的增加；电解质的阳离子强烈地连接水分子，降低水相中自由水分子的

浓度，减少水分子的溶剂化作用。

此外，稀土盐与同类型碱金属盐、碱土金属盐和铵盐等在水溶液中有配位倾向。虽然这种配位物的稳定性很弱，但其稳定性随稀土的原子序数的增加而减小，它的作用与 *D-Z* 关系曲线相辅相成，不是同等地增加分配比，而是显著地增大了分离因数。通常使用如锂盐、铵盐、钠盐、铝盐等。显然，增加稀土浓度，同样会起到"自盐析"的效果。但有时稀土浓度过高会带来不利的影响。同时，提高原液中稀土的浓度有时并不一定很容易办到。

③ 助萃和抑萃剂：在萃取体系中，萃取剂与被萃取物结合而萃取到有机相形成萃合物，绝大部分的稀土萃取过程是配合物的形成过程。而在水相中除含有待分离的物质外，还可能含有配位剂、盐析剂、无机酸等。水相中存在的配位剂对稀土萃取可以产生抑萃配合和助萃配合作用。为了阻止溶液中某些金属离子生成可萃取配合物，改善萃取过程的选择性，可使用掩蔽剂。这种掩蔽剂本身就是一种配位剂。例如乙二胺四乙酸等，它们的作用是与溶液中某些金属离子生成较稳定的带电荷（大部分是带负电荷）的络离子，将金属离子掩蔽起来而不被萃取。但这种弱酸性配位剂，对于强酸性溶液的萃取则不能起到有效的作用。

5.3.6 萃取过程动力学

萃取反应的速度即达到平衡所需时间对于选择萃取设备的类型、萃取设备的大小及溶剂的用量有明显的影响，甚至当两种金属的反应速度相差较大时，还可利用这种差异实现动力学分离。但实际上与萃取的工业应用及萃取化学的其他分支相比较，萃取动力学的研究是相当不足的。因为对于大部分实际应用的萃取体系而言，反应速度一般很快，在几分钟内就能达到平衡。

萃取动力学研究的影响因素复杂，而且受实验技术的影响，采用不同的研究方法往往会得到不同的结论，因此至今无法得出统一的结论，甚至对不同的萃取体系，也无法得到适合这一类体系的一致结论。

（1）萃取动力学过程分类

由于萃取是涉及在两个液相中进行的带有化学反应的传质过程，可将萃取过程按动力学特征分为三类，即动力学控制、扩散控制和混合类型的萃取过程。由于萃取反应既可发生在相内也可发生在相界面上，从而使萃取过程的动力学变得更加复杂。

① 扩散控制的萃取过程：当化学反应发生在相界面上且速度快时，界面上反应物及生成物的比例与界面反应平衡表示式中各物质的浓度关系相一致。萃取速度与搅拌强度及界面积有关，而且扩散慢的物质浓度也有影响。

② 化学反应控制的萃取过程：这类过程的化学反应速度相当慢，因此研究控制萃取速度的一个或若干个化学反应发生的位置很重要，即判明反应是发生在相内或者是相界面上还是在界面附近很薄的一个相邻区域内。

a. 相内化学反应控制的情况：此时萃取剂的溶解度和分配常数随稀释剂的种类及水相离子强度不同而变化，萃取剂在水相的解离常数及相比是重要的影响参数。

b. 界面化学反应控制的情况：此时界面积、反应物的界面活度及与界面上分子优先取向有关的分子的几何排列是研究动力学的重要参数。

（2）不同萃取体系的动力学特征

迄今为止，对不同萃取体系的动力学研究极不平衡。相对而言阳离子交换体系的动力学研究，特别是对螯合萃取剂的动力学行为研究较为集中。

① 酸性萃取剂：现有对酸性有机磷萃取金属离子的动力学资料表明多数具有界面化学反应控制特征，也有一些存在混合扩散-化学反应动力学特征。

② 螯合萃取剂：用非水溶性的双硫腙（铅试剂）萃取二价锌离子的速度控制步骤随 Zn 浓度变化而变化，在高 Zn 浓度条件下，双硫腙扩散至界面是控制步骤。而在低 Zn 浓度下，界面上双硫腙阴离子与 Zn^{2+} 的化学反应是控制步骤。

胺萃取酸的情况可以三月桂胺的甲苯溶液萃取盐酸的结果来说明，萃取具有两个慢的过程：一为界面化学反应，二为生成的铵盐从界面离去的过程。

$$H^+ + R_i \Longleftrightarrow (RH)_i^+ \qquad （慢） \tag{5-61}$$

$$Cl^- + (RH)_i^+ \Longleftrightarrow (RHCl)_i \qquad （快） \tag{5-62}$$

$$(RHCl)_i + \overline{R} \Longleftrightarrow \overline{RHCl} + R_i \qquad （慢） \tag{5-63}$$

下标 i 代表界面浓度。对于铵盐萃取金属的情况，由于铵盐的界面活性很大，有理由相信在这一体系内界面反应也占有优势。

在中性溶剂化配位体系，动力学研究的主要对象是中性有机磷萃取剂，对 HNO₃-TBP、HSCN-TBP、HNO₃-TOPO、HSCN-TOPO 体系以水反萃的动力学研究表明，其传质过程为界面化学反应所控制，而随着反应的进行变为扩散控制。在扩散控制的情况下，萃取剂从有机相内向界面的扩散是控制步骤。而对 HClO₄-TBP 体系而言，整个过程传质似乎均为扩散所控制。

（3）影响萃取速度的因素

在动力学研究中，需要从各种影响萃取速度的因素和程度来判别究竟是哪种速度控制的反应过程。

① 搅拌强度及界面积：扩散控制的萃取过程速度与搅拌强度、界面积大小均有关系，随搅拌强度增加，其速度呈规律性地上升。而化学反应控制的情况则比较复杂。在相内化学反应控制的情况下，萃取速度与界面大小及搅拌强度均无关系。在界面化学反应控制的情况下，萃取速度与搅拌强度无关，但随界面积增大而增大。若被萃金属的萃取反应为一级反应，其他组分大大过量的条件下，控制步骤的 $K_v = f(S)$ 的关系为直线关系（K_v 为速率常数）。图 5-4 为一级化学反应的 K_v 与比表面积 S 的关系。

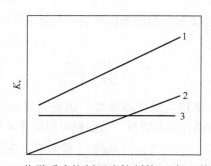

图 5-4 化学反应控制下应控制的 K_v 与 S 的关系

如图 5-4 所示，界面化学反应控制时，直线 2 通过原点，表示界面积影响很大。相内化学反应控制时，直线 3 与横轴平行，表示与界面积无关。如为混合控制过程，则出现如直线 1 所表示的关系。根据变更界面积大小的方法对 81 种螯合萃取体系进行研究，结果表明：大多数萃取过程属于界面化学反应控制，只有极少数属于相内反应和混合控制过程。

② 温度：如果是扩散控制，温度上升，则黏度与界面张力下降，萃取速度会有所上升，但影响不是那么明显，而对于化学反应控制的过程，则温度影响非常显著。一般而言，化学反应控制的萃取活化能大于 42kJ/mol，但也并非绝对如此，有的化学反应控制的萃取活化能也很小。

③ 水相成分：由速率表示式可见，被萃金属离子浓度对萃取速度有直接影响。随浓度的变化，速度的控制步骤会发生变化；与此同时，水相酸度和其他阴离子配位体对萃取过程也有影响。

④ 有机相组成：由速率表示式可见，萃取剂浓度和稀释剂对萃取速度有影响，因为它们影响萃取剂的聚合作用，从而影响到各组分的活度系数及反应活化能。因此，同一萃取剂用不同稀释剂对同一水相的同一金属离子萃取时的反应级数是不相同的。

5.4　萃取过程的界面化学与胶体化学[1-4]

溶剂萃取过程是一相分散在另一相中而发生的传质过程，巨大的表面积对传质速率有重要的意义。因此了解界面物理化学性质对于认识萃取机理、过程动力学及传质的影响因素是至关重要的。

5.4.1　萃取体系的界面性质

（1）界面张力

界面张力与溶液中被吸附的表面活性物质浓度有关。在低浓度萃取时界面张力降低较少，δ 与 $\ln c$ 关系呈凸形。随着界面吸附萃取剂分子浓度的增加，界面张力降低。当浓度进一步增加，界面张力呈线性关系下降。被吸附的分子以单分子层紧密堆集，分子面积为常数。当浓度更高时，情况变得更复杂，将会出现生成胶团的情况，此时界面张力停止随萃取剂浓度的变化。

界面张力数据能用于估计平衡界面的表面浓度，在金属萃取中通常用吉布斯等温线进行估算，以吉布斯公式表示为：　　　　　　　　　，

$$\Gamma = -\frac{1}{RT} \times \frac{d\sigma}{d\ln c} \tag{5-64}$$

Γ 代表表面过剩值，它比相内浓度高很多，因而可以假设它等于表面浓度。最大的 $d\sigma / d(\ln c)$ 值可从 σ 与 $\ln c$ 的线性关系获得。当然也可用微分 σ 与 c 的函数而得到这种关系。有许多经验方程能用于描述界面张力等温线 $d\sigma/dc$。借助于微分这些方程，并引入 $d\sigma/dc$ 项于吉布斯等温线的表示式中，能直接计算表面过剩值。

（2）界面电位

在油水界面上吸附的表面活性物质，其亲水基穿过界面朝向水相一边引起附近水的

偶极分子取向。从而引起一个横跨界面的相体积的位差 φ。φ 的大小随体系不同而异，并与有关参数如温度、pH、离子强度有关。正因为界面位与分子取向及它们与水相中金属离子的相互反应有关，故界面位差的研究结果可用于界面张力研究，帮助人们深入研究萃取过程。

（3）界面黏度

液-液界面上的吸附达到饱和时，将产生一个黏滞的单分子层。而测量液-液界面上的黏度是很困难的。尽管如此，界面黏度数据对解释萃取机理是有价值的。例如当单分子层沿着液体表面流动时，它下面的一些液体被带着一起移动，反过来运动的主体相将拖住均匀的单分子层，最终两个相反的作用力将达到平衡。

5.4.2 界面现象与传质

在研究通过界面的相间传质时，通常是假设界面上萃取达到平衡，没有传质阻力。事实上，即使在清洁界面的情况，由于萃取是通过非均相反应进行，而且这种反应速度有时还很慢，所以分配并未达到平衡，故消耗了部分传质推动力。

（1）界面扰动

在两相接触后的液-液界面处往往存在着激烈活动的区域。在两相接触后的几秒内，界面开始表现出很强的活动能力。一般认为，界面上发生传质时，界面浓度不可能完全均匀，因此界面张力也不完全相等。根据热力学原理，界面张力较低的表面面积扩展而使整个表面趋于表面能最低的稳定状态是自发过程，因而产生界面扰动。

（2）相间传质

界面扰动现象总是和同时发生的传质联系在一起。当传质过程很快时，这种效应就更为明显。反过来，当存在显著的界面扰动时，传质速率也特别高。实验表明，界面扰动可能使传质速率提高几倍。但是界面扰动现象的产生与传质方向密切相关，当溶质从分散相朝着连续相方向传递时，界面活动性加强。当溶质朝相反方向传递时，却不产生界面扰动。一般而言，表面活性物质会抑制界面的不稳定性，制止界面扰动，其原因可能是它们在水面形成的单分子层堵塞传质表面，形成传质的界面阻力或者降低了界面活动性，使界面运动变弱，故传质系数降低。

5.4.3 萃取体系中胶体的生成及影响

（1）胶团、反胶团和微乳状液

在油-水体系中，如果溶液中表面活性剂的浓度增大到一定值时，这些表面活性剂会形成一定数目的聚集体并且使溶液主体的很多物质性质发生变化。常见的聚集体组织有胶团、反胶团和微乳状液。简单分子缔合的平衡如下：

$$n\mathrm{S} \Longleftrightarrow \mathrm{S}_n \qquad K = [\mathrm{S}_n]/[\mathrm{S}]^n \qquad\qquad (5\text{-}65)$$

$[\mathrm{S}_n]$ 代表胶团浓度，n 为聚集数，是胶团大小的一种量度，一般 n 为 50～100 之间。经典胶团的结构类型认为胶团近似球形，表面活性剂分子的极性头向外，疏水基团向内自由接触，这样使界面能降至最低，胶团核心几乎没有水存在。形成胶团时溶液中表面活性剂的浓度称为临界胶团浓度或 CMC 值，一般在 0.1～1.0mol/L 之间。而聚集数随烷基链长度的增加而增加，也随温度的升高而增加。这表明聚集数随溶解度参数增加或溶剂极性减小而增加，盐的种类和浓度及表面活性剂浓度均影响聚集数。

胶团有离子型与非离子型之分，其形状可以是球形，也可以是柱形。当表面活性剂浓度超过临界值，长的可变形的柱状胶团可以缠绕起来形成胶束有机凝胶，这种胶凝作用伴随黏度增加。有机凝胶的胶冻组织如果由许多晶粒构成，则成为结晶有机凝胶。在一定的条件下，油水体系中还会有液晶及无定形沉淀生成。胶团的主要用途是能增加难溶化合物的溶解度，利用此特点发展了胶团萃取技术。相反，表面活性剂分子的极性头可向内排列，而非极性头向外朝向有机相，因此聚集体内可以有水存在，故称之为反胶团。反胶团一般小于 10nm，比胶团要小。它们依据表面活性剂的类型以单层分散或多层分散的形式存在，其形状可以从球形到柱形，一般随被加溶水量的增加从非对称球形向球形转变。研究表明其形状与平衡离子种类及它们的水合离子半径有关。反胶团的大小还取决于盐的种类和浓度、溶剂、表面活性剂的种类和浓度以及温度等。

反胶团内的水与主体水相中的水具有不同的物理化学性质。反胶团内水的黏度是主体水的 200 倍，其极性与氯仿相似。另外，反胶团内的水由于表面活性剂分子的极性头电离具有很高的电荷浓度，有能力加溶更多的水形成更大的聚集体，生成所谓 W/O 型微乳状液。反胶团与微乳状液之间有一定的差别，早期的胶体化学研究发现液珠大小范围为 100～600nm 的乳状液是透明的，后称为微乳状液。而反胶团也是透明的，因而有些文献中认为反胶团就是微乳状液。徐光宪教授研究环烷酸萃取机理时，总结了微乳状液的特征：①其外观为透明或半透明的一相；②其分散颗粒的体积通常在 100～200Å 之间，比一般胶体颗粒（>2000Å）小，但比典型的胶团（<100Å）大；③是热力学稳定体系，用超速离心也不易使它分相，而一般胶体是不稳定体系；④界面张力很低，趋近于 0，大约为 10^{-9}N/cm；⑤形成时经常需两种或更多种表面活性剂存在，而且表面活性剂的浓度也要求比较大，如 10%～20%或更多。

与一般乳状液相同，微乳状液也有 W/O 型或 O/W 不同类型。胶团、微乳状液、反胶团三者均为热力学稳定体系，相互间有天然的内在联系，有许多相似之处，但并不是一回事。在一定的条件与范围内，反胶团与微乳状液同时存在，它们之间的界限确实可以很模糊。在实际工作中关心的是这些含水胶体组织的增溶作用，即它对提高萃取能力的影响，及由此而引起的萃取体系的一系列性质和行为的变化。

（2）界面絮凝物

连续萃取作业中，常常在两相界面之间出现一些稳定的高黏度胶体分散组织，它们看起来像糨糊、乳浊液或胶冻，有时也部分漂浮在有机相的上部。通常将其视作多相乳状物，常称絮凝物或污物。文献中也有用泥流、凝块或凝团等术语来表述。这种多相乳状物一般由固体微粒、水相、有机相共同组成。这些胶体组织有：

① 胶冻或水凝胶。常出现在含有机磷萃取剂及 Si、Zr 等元素的萃取体系。

② 胶束有机凝胶。例如 D2EHPA 钠盐有可能形成这种胶体组织。

③ 结晶有机凝胶。一种在有机相中生成的胶冻（即有机凝胶），透明，属于非触变性胶体，能生成萃取中的污物。

④ 松散无定形沉淀：在 D2EHPA（工业级）/镧系氢氧化物/癸烷/水体系中，在一定的 D2EHPA 与氯氧化物浓度比范围内会产生这种沉淀，例如对 $Nd(OH)_3$，在 $[D2EHPA]/[Nd(OH)_3]<$ 1.5（D2EPHA 的浓度为 0.3mol/L）时，相应有 D2EPHA 的单取代碱式盐 $Nd(OH)_2D2EHPA$ 存在，此时会有松散无定形沉淀产生，如果$[D2EPHA]/[Nd(OH)_3]$的比例较高，则产生致密结晶沉淀和有机溶液，参与污物的形成。

⑤ 水凝胶或结晶有机凝胶或无定形沉淀所稳定的乳状液参与污物的形成。如果从乳状液的稳定性理论来分析这种多相乳状物，认为它是乳状液的"分层"现象，此时一个乳状液分裂成两个乳状液，在一层中分散相比原来的多，在另一层中则相反。对铜萃取中絮凝物的研究表明，稳定这种分层乳状液的乳化剂包括由浸出液带来的微细的矿粒，例如云母、高岭土、α-石英结晶等；在萃取过程中由于化学反应产生的沉淀，例如胶体硅、黄钾铁矾等；料液中腐殖酸含量过高也可导致絮凝物生成；有机相的组分也可能是稳定乳状液，是形成絮凝物的主要因素；空气也有间接影响。

（3）界面絮凝物的处理

① 选择混合室中有机相为连续相，可使絮凝物体积尽量小，因为絮凝物大部分情况为水包油系；

② 尽量预先除去进入萃取槽的料液中夹带的微小固体数量；

③ 减少空气进入萃取槽：预先充满溶液，降低搅拌速度，在液面处加筛板；

④ 长期使用过的有机相可用添加的黏土进行处理，对于系统中存在的絮凝物，通常采用定期从萃取槽中抽出进行离心过滤或压滤办法处理，也可在一个存放有机相的贮槽内将絮凝物加入搅拌，从而使乳状液破裂，残留的固体再进行过滤处理。

5.4.4 溶剂萃取中微乳状液（ME）的生成及对萃取机理的解释*

一些重要的萃取剂和许多表面活性剂的结构非常相似，分子中都有一个亲油基团和亲水基团，因此萃取剂本身就是一种典型的表面活性剂，有形成 ME 的必要条件。

（1）皂化环烷酸及其微乳状液

环烷酸用于萃取金属离子之前必须先用氢氧化铵或氢氧化钠进行皂化处理。但皂化后萃取剂体积显著增大，皂化环烷酸萃取金属离子后，相体积又明显减少，油相中大量水又重新回到水相；有机相中的碱含量比环烷酸的含量高出许多。

皂化环烷酸的含水量从 5%起可达 20%（K、Na、Li 皂）或 50%（NH_4 皂），而外观始终保持清澈透明。用重水（D_2O）代替 H_2O 配碱并皂化环烷酸，对皂化环烷酸进行红外光谱研究，通过取代 H_2O 在近红外区的振动吸收定量测出的水量证实了有机相中存在水。皂化有机相的光散射实验证实，从不同角度观察，有机相呈现不同的颜色，证明它不是真溶液体系。

用二甲酚橙进行显色，1600×显微镜（分辨率为 2000～3000Å）的观察结果证明分散水滴直径小于 2000Å。在 0℃用超速离心机（42000r/min）离心皂化有机相 5min，没有任何水相析出，表明它不是一般乳状液，而是异常稳定的一种液-液分散体系，是水以自由水滴形式分散作油相中的微乳状液，其结构模型如图 5-5。

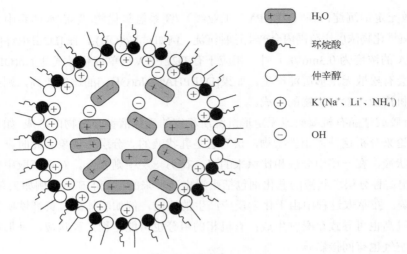

	H_2O
	环烷酸
	仲辛醇
	$K^+(Na^+、Li^+、NH_4^+)$
	OH

图 5-5　皂化环烷酸微乳液结构示意图

（2）皂化萃取剂萃取稀土的机理

皂化成环烷酸盐后形成微乳状液，二聚环烷酸分子已不存在。皂化环烷酸萃取稀土离子的过程实际上是油水界面上的离子交换反应：

$$3\overline{NH_4R} + RE^{3+} \Longrightarrow \overline{RER_3} + 3NH_4^+ \tag{5-66}$$

此时，由于离子型表面活性剂 $RCOONH_4$ 的消失，导致微乳状液破乳，使其中所含的大量水从有机相析出，返回水相。近红外光谱研究证明，皂化萃取剂萃取稀土时，稀土离子被萃取多少，微乳状液相应破乳多少，当稀土离子浓度小于皂化萃取剂的饱和萃取容量时，过剩的萃取剂仍以微乳状液状态存在于有机相中。

皂化环烷酸对大部分二价金属离子萃取的情况与稀土类似，但萃取饱和后有机相的含水量有所差别。如 Ni^{2+}、Zn^{2+}、Cu^{2+} 等饱和萃取时有机相含水量小于 0.02%，Mn^{2+}、Cd^{2+}、Pb^{2+} 等的饱和有机相中含水量稍高，为千分之几，而 Ca^{2+} 与萃取稀土离子的情况有所不同，饱和萃取后，有机相还含有 1% 以上的水，且对温度十分敏感，高于 30℃ 时，有机相析出水而变浑浊，温度降低，体系又重新变成透明相。

P204（1mol/L）-15%仲辛醇-煤油及 P204（lmol/L）-15%TBP-煤油有机相的皂化和萃取情况与环烷酸类似。皂化后有机相含 20%甚至 50%浓度的 $NH_3 \cdot H_2O$ 或 NaOH 水溶液，外观清澈透明，不析出水相。皂化 P204 萃取剂同样是生成了一个油包水型的微乳状液体系。此时 P204 形成离子缔合物$(RO)_2PONH_4$（Na），用它萃取稀土离子时，萃取反应发生在微乳状液界面上。同样萃取稀土离子后生成稳定的螯合物，而螯合物不具界面表面活性剂性质，故引起 ME 破乳，水进入水相中。

N263-仲辛醇-煤油体系萃取分离稀土时，属于离子缔合体系萃取机理。如使用有机相与含盐析剂（如 NH_4NO_3）的水相互平衡，有机相的含水量可达百分之几。用这种含水萃取剂与稀土料液（同样含盐析剂）平衡，发现萃取稀土的过程也是一个析出水的过程，当稀土含量达到饱和时，有机相中含水量小于 0.02%，表明季铵盐萃取过程同样伴随有机相中微乳状液的生成和破乳。

5.4.5 乳化的形成及其消除*

为了保证萃取过程有正常的传质速率，要求两相有足够的接触面积，这样势必有一个液相要形成细小的液滴分散到另一相中。在正常情况下，当停止搅拌后，由于两相的不互溶性及密度差，混合液会自动地分为两个液层，这一过程的速度很快，因此萃取作业才能实现连续化。

（1）乳化的产生

在实际萃取作业中，由于搅拌过于激烈，分散液滴直径达到 0.1 至几十微米之间，形成乳状液。当这种乳状液被稳定，搅拌停止后需经过很长时间才分相，使连续萃取作业无法进行，这一现象就称为乳化。乳状液通常可分为水包油型和油包水型：如分散相是油，连续相是水溶液，称作水包油型（O/W）乳状液；如分散相是水溶液，连续相是油，叫作油包水型（W/O）乳状液。在萃取作业中，一般称占据设备整个断面的液相为连续相，以液滴状态分散到另一液相的称为分散相。假设液珠是尺寸均一的刚件球体，做紧密堆积时，分散相的体积分数（分散相体积对两相总体积的比值）不能超过 74%，因此对于一定的萃取体系，如相比小于 25/75，则有机相为分散相，相比大于 75/25，则水相为分散相。在这两个相比之间，界面张力对乳状液的类型有决定性影响，因为表面活性剂能使界面张力降低。所以，如果表面活性剂使水的界面张力降低，则形成 O/W 型乳状液，如果表面活性剂使油的界面张力降低，则形成 W/O 型乳状液。但是表面活性剂并不一定能使乳状液都很稳定，造成乳化的关键因素是界面膜的强度和紧密程度。当表面活性物质使界面张力降低，并在界面上发生吸附，其结构和足够的浓度使得它们能定向排列形成一层稳定的膜，就会造成乳化。此时的表面活性物质就是一种乳化剂。因此，表面活性物质的存在，是乳化形成的必要条件，界面膜的强度和紧密程度是乳化的充分条件。研究萃取过程乳化的成因就是要寻找什么成分是乳化剂。

有机相中的那些具有表面活性特征的组分，都可能成为乳化剂。这些物质来源于：①萃取剂本身；②萃取剂中存在的杂质及在循环使用过程中由于无机酸和辐照等的影响使萃取剂降解所产生的一些杂质；③稀释剂、助溶剂中的杂质；④传动皮带屑、萃取设备在使用过程中自然降解产生的一些杂质等与萃取剂产生了相互溶解等。

这些表面活性物质可以是醇、醚、酯、有机羧酸和无机酸酯（如硝酸丁酯、亚硝酸丁酯）以及有机酸的盐和铵盐等。它们在水中的溶解度大小不一，有可能成为乳化剂。如果它们是亲水性的，就可能形成水包油型乳状液，如果它们是亲油性的，就可能形成油包水型乳状液。但绝不能认为所有这些表面活性物质一定都是乳化剂，否则，萃取作业将无法进行。是否能成为乳化剂，还与下列因素有关：

① 萃取过程实际哪一相是分散相，如表面活性物质亲连续相，则乳状液稳定，它有可能成为乳化剂：如果它刚好亲分散相，反而会有利于分相；

② 存在的表面活性物质能否形成坚固薄膜，即它们的结构和浓度如何，如果亲连续相的表面活性物质又能形成坚固的界面膜，则可能成为乳化剂；

③ 体系中存在的各种表面活性物质之间的相互影响。

极细的固体微粒也可能成为乳化剂，这与水和油对固体微粒的润湿性有关。固体也分为憎水和亲水两类，这与它们的极性有关。在萃取过程中，机械设备设施带入萃取槽中的锈屑、皮带屑、尘埃、矿渣、碳粒等逐步积累并溶解于体系中，产生乳化；以及存在于溶液中的 Fe^{3+}、Al^{3+}、$SiO_2 \cdot H_2O$、$BaSO_4$、$CaSO_4$ 及繁殖的细菌等因体系平衡酸值的变化都可能引起乳化。例如 $Fe(OH)_3$ 是一种亲水性固体，水能很好地润湿它，所以它降低水相表面张力，是 O/W 型的乳化剂；而碳粒是憎水性较强的固体粉末，是 W/O 型乳化剂。

固体如不在界面上而是全部在水相中或有机相中，则不产生乳化。当能润湿固体的一相恰好是分散相而不是连续相时，则可能不引起乳化。所以萃取体系中，如有固体存在，应使润湿固体的一相成为分散相。这就是矿浆萃取时，往往控制相比在 3/1～4/1 甚至更高的原因。

絮状或高度分散的沉淀比粒状的乳化作用强。当用酸分解矿石时，表面看起来是清澈的滤液中，实质上有许多粒度 <1μm 的 $Fe(OH)_3$ 等胶体粒子存在。当两相混合时，这部分胶体微粒就在相界面上发生聚沉作用，生成所谓触变胶体（胶体粒子相互搭接而聚沉，产生凝胶，但不稳定，在搅拌情况下又可分散）。它们是很好的水包油型乳化剂，由于界面聚沉而产生的这种触变胶体越多，乳化现象越严重。

由于电解质可以使两亲化合物溶液的界面张力降低，所以可能造成乳化。因此，少量电解质可以稳定油包水型乳状液。当水相酸度发生变化时，一些杂质金属离子，例如铁，可能水解成为氢氧化物而导致乳化。脂肪酸与金属离子生成的盐是很好的乳化剂，如 K、Na、Cs 等一价金属的脂肪酸盐是水包油型乳状液的稳定剂。与其相反，Ca、Mg、Zn、Al 等二价和三价金属离子的脂肪酸盐都是油包水型乳状液的稳定剂。有些萃取剂，由于它们极性基团之间的氢键作用，可以相互连接成一个大的聚合物分子，例如用环烷酸铵作萃取剂时由于分子间的氢键作用而发生聚合作用，使有机相在混合时整个分散系的黏度增加，从而使乳状液稳定，难于分层。所以用这类萃取剂时，一定要稀释，萃取剂的浓度不能太高。

激烈地搅拌常常使液珠过于分散，强烈的摩擦作用又使液滴带电，难于聚结，因而有利于稳定乳状液的生成。此外，温度的变化也有影响。升高温度，液体的密度下降，黏度也下降，因此在温度不同时，两相液体的密度差和黏度会发生变化，从而影响分相的速度，如 P350 体系、环烷酸体系等萃取时温度太低，则有机相发黏、流动性差、难于分相。

（2）乳状液的鉴别及乳化的预防和消除

乳状液的鉴别是预防和消除乳化的第一步。防乳和破乳分三步进行：首先，观察乳状液的状态，鉴别乳化物的类型；其次，分析乳化物的组成；最后，进行必要的乳化原因探索试验，提出消除乳化的方法。

根据乳状液分散相和连续相的性质差别，可以有多种鉴别方法。包括：稀释法；电导法；染色法；滤纸润湿法；等等。根据乳状液的类别和可能产生的原因分析，可以从以下方面来进行处理和消除乳状液：①原料的预处理以去除胶体和固体颗粒；②有机相的预处理和组成的调整，以消除萃取过程产生的一些乳化剂；③转相破乳法；④化学破乳法；⑤控制工艺条件破乳，包括酸度、温度、搅拌强度，等等。

5.4.6 萃取过程三相的生成与相调节剂*

（1）形成三相的原因

在溶剂萃取过程中，有时在两相之间形成一个密度居于两相之间的第二有机液层的现象被称为三相。产生三相的主要原因在于有机相对萃合物或其衍生物的溶解能力问题。具体说来可认为是：①第二萃合物的形成；②萃合物在有机相中的溶解度有限，当被萃取金属离子浓度过高时，就可能形成三相；③萃合物在有机相内的聚合作用；④反应温度过低；⑤水相阴离子的种类，生成三相的倾向有下列次序：硫酸盐＞酸式硫酸盐＞盐酸盐＞硝酸盐。

目前有关形成三相的报道已涉及有机磷酸酯、醚及胺等萃取剂，而 TBP 是最易形成三相的一种萃取剂。以往的研究已经证明，对高酸与高金属盐浓度的溶液，TBP 的萃合物以离子对形式存在，这种离子对化合物是具有两亲性的表面活性剂，与典型表面活性剂一样，它本身能参与非极性有机溶剂中反胶体的生成。随着酸与金属萃取量的增加，黏度急剧增加；体系电导发生激烈变化，水分子被萃取使有机相体积增大是体系中存在反胶团及微乳状液的证据。而在油相中存在的反胶团之间会发生交互作用，引起这种交互作用可能是溶解的水滴之间的范德华力或者是疏水的表面活性剂链之间的空间交互作用力，在这种交互作用力足够大的情况下，反胶团开始产生聚结作用而"挤"出油分子，甚至发生相分离和沉淀或者凝胶作用。其结果是有机相分裂为两相，上部为无胶团有机相，下部为较重的富集有胶团的有机相。

（2）相调节剂及其对萃取过程的影响

相调节剂又被称为极性改善剂。加入相调节剂是克服三相的主要办法。异癸醇及壬基酚是国外普遍采用的相调节剂，而国内却多采用仲辛醇，尽管仲辛醇中含有具有腐烂苹果臭味的 2-辛酮，但由于它价廉易得，故仍有较广泛的应用。在萃取过程中加入相调节剂一方面可以解决三相的问题，另一方面也会影响有机相的萃取性能。与此同时，相调节剂也会影响从有机相中洗涤共萃的杂质元素。

选择相调节剂与稀释剂的决定性因素是相澄清分离速度。到目前为止，我们还只能依靠实验方法进行选择。因此，既要考虑试剂成本，也要考虑它们的物理性质，同时还要考虑它们对萃取、洗涤、反萃各方面的影响。相澄清分离速度影响澄清器面积，因此影响到溶剂的储备量及成本；由于它们影响萃取平衡，故影响到萃取级数的多少及投资成本。

正确选择稀释剂与相调节剂是实现工厂最经济设计的前提条件。一般要求稀释剂与被萃物不发生直接的化学结合作用，但稀释剂对萃取过程的影响非常复杂。一般而言，芳香烃含量高，相分离好，澄清时间缩短，萃取剂的稳定性也增加。但是过高的芳香烃含量却会使有机相的平衡负荷量降低，萃取速度和反萃情况均会变差。

但是稀释剂中芳香烃含量对不同类型的萃取剂却有不同的影响，例如对 D2EHPA、LIX和 Kelex 类萃取剂，稀释剂中芳烃含量超过 25%时会导致金属萃取量下降，但对胺类和 TBP的影响却相反。随稀释剂中芳香烃含量增加，稀释剂的惰性减弱，稀释剂有可能以某种方式进入萃合物。单壬基磷酸从含铝的酸溶液中萃取铝时，芳香烃含量相差很大的稀释剂可以得到完全相同的萃取结果。

稀释剂的物理性质是黏度、密度及闪点。它们一方面决定了它的分相性能，另一方面也影响到生产的安全、设备的投资及溶剂存储量，而有机相的物理性质却有赖于用稀释剂进行调节。众所周知，有机相金属负荷高，则密度增加，萃取剂浓度增加，有机相的密度也增加。因此，随着萃取过程进行，有机相与水相之密度差会缩小，因而会影响到分相性能。随有机相金属负荷量的增加，黏度显著增加。在这种情况下，为了减少黏度的影响和增加分相速度，可以提高操作温度或用稀释剂降低黏度。

萃取剂在有机相中可能以单体分子形态存在，也可能以聚合形态存在。而稀释剂对聚合程度有明显影响，这也可能是稀释剂的极性对萃取过程有重要影响的原因。D2EHPA 在极性稀释剂中以单分子形态存在，而在非极性稀释剂中则以二聚形态存在，甚至还有聚合形态化合物存在。脂肪羧酸和磺酸在非极性稀释剂中一般是二聚合形态，分子间氢键对提高它们的二聚作用有利。烷基胺也有聚合作用，而稀释剂的性质和它的溶剂化能力是影响烷基胺聚合的两个主要因素。萃取剂在有机相的聚合作用如果能导致生成金属可萃配合物形式的萃取剂的成分降低，则会对萃取过程造成不利影响。

以 D2EHPA 为例，在二聚情况下，萃取反应为：

$$M_n^+ + \overline{n(HA)_2} \Longrightarrow \overline{M(A \cdot HA)_n} + nH^+ \tag{5-67}$$

而在单分子占优势的情况下，萃取反应：

$$M^{n+} + \overline{nHA} \Longrightarrow \overline{MA_n} + nH^+ \tag{5-68}$$

MAn 的被萃取能力低于 $M(A \cdot HA)_n$，所以总的趋势是在非极性溶剂中的萃合常数大于在极性溶剂中的萃合常数。稀释剂对中性磷萃取剂萃取金属的能力有类似的影响。如 TBP 萃取金属时，在低负载情况下，用非极性稀释剂时的分配比比用极性稀释剂时的分配比高。

一般地，希望萃取剂与萃合物在稀释剂中溶解度大一些，在水中溶解度小一些。为此采取增大萃取剂的碳链长度或支链化程度的措施。显然，同一萃取剂在同一水相与不同的稀释剂之间的分配常数不同。按常规，其值大一些对萃取过程是有利的。但就酸性配位萃取体系而言，则不尽然，分配比 D 与 Λ / λ^n 有关，根据"相似相溶"原理，一般 λ 大，Λ 也大，但 λ 有 n 次方，所以萃取剂的两相分配常数越大，分配比越小。

从有机物的互溶性出发，有许多工作都将注意力放在金属萃取程度与溶解度参数的关系方面，溶解度参数以 δ 表示，它来源于正规溶液理论，是"相似相溶"规则的理论依据，它是一个溶液性质的综合性指标。其一般表示式为：

$$\delta = \left(\frac{\Delta H - RT}{M / D} \right)^{1/2} \tag{5-69}$$

式中，ΔH 为蒸发焓；M 为分子量；D 为密度。δ 与稀释剂的表面张力（σ）之间的关系为：

$$\delta = 3.75 \left[\frac{\sigma}{(M / D)^{1/3}} \right]^{1/2} \tag{5-70}$$

因此，根据表面张力数据估计溶解度参数，研究金属萃取率与 δ 的关系。

5.5 稀土萃取分离技术[1-17]

5.5.1 稀土萃取分离技术的发展简况

稀土萃取分离技术的发展是以稀土配位化学的发展为基础的。要实现稀土的萃取分离，首先要选用合适的萃取剂。一些萃取剂与稀土金属配合物的稳定性随金属阳离子体积的增大而下降，配合物稳定常数与金属离子半径的倒数呈线性关系，但也不一定呈单调的变化。当配合物主要为静电键合时，稳定常数与 Z^2/r 值有关，其中 z 和 r 分别为金属离子的电荷与半径。Pearson 以原子（或离子）半径大小、正电荷多少、极化率大小及电负性高低来划分酸碱软硬。据此，根据金属离子（酸）与配位原子（碱）的软硬或交界属性的匹配原理，稀土元素属硬酸，所以它们易为属硬碱的含氧配体所萃取。稀土配位数为 3～12 的配合物均已合成得到，其中最常见的配位数为 8 和 9。

1949 年，Warf 成功地用磷酸三丁酯（TBP）从硝酸溶液中萃取 Ce^{4+}，使它与三价稀土分离。1957 年，Peppard 首次报道了用二(2-乙基己基)磷酸酯（P204）萃取稀土元素，到 20 世纪 60 年代后期，在工业生产上实现了 P204 萃取分离稀土元素。与此同时，还研究了用 2-乙基己基磷酸单 2-乙基己基酯（P507）萃取锕系元素和钷，直至 20 世纪 70 年代初，中国科学院上海有机化学研究所成功地在工业规模上合成了 P507，为 P507 萃取分离稀土元素的工艺研究奠定了物质基础。大量的研究结果表明：P507 是萃取分离稀土元素的优良萃取剂，但对重稀土的萃取能力较强，反萃不容易。因此，后续又研究了萃取能力更弱一些的萃取剂 Cyanex272、P227 等萃取剂分离重稀土的性能，期望能够开发出性能全面优于 P507 的萃取剂。在氧化钇的生产上，广泛采用了环烷酸作萃取剂。针对其稳定性问题，开发出了性能优于环烷酸的新型羟酸萃取剂 CA12（仲辛基苯氧基取代乙酸），期望能用于制备高纯氧化钇。而甲基膦酸二甲庚酯（P350）、仲碳伯胺 N1923 是具有我国资源特点的萃取剂，有较多的研究，有一些工业化应用成果。

5.5.2 稀土萃取分离的工艺流程

在工业上，环烷酸、P507、Cyanex272 等萃取剂的配合使用可以实现稀土元素的全分离提纯，单一稀土氧化物纯度也可达 99.999%。如图 5-6 所示为经典的离子吸附型稀土分离流程中使用了 P507 和环烷酸这几种萃取剂，以及后来为降低反萃酸度而开发的 Cyanex272、P227 等萃取剂，都属于酸性配位萃取剂。图 5-7 所示为以高纯氧化钇生产为特征的分离流程，广泛使用的是环烷酸等羧酸类萃取剂。

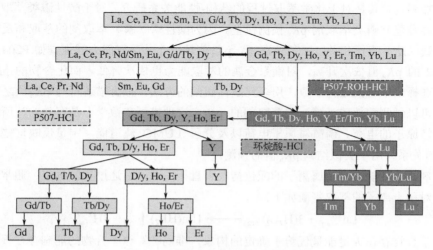

图 5-6　南方离子型稀土分离流程

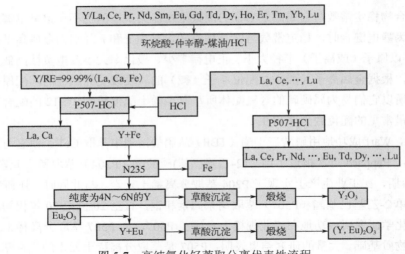

图 5-7　高纯氧化钇萃取分离代表性流程

5.5.3　优于 P507 萃取分离稀土的体系创新与优化[12-26]

从 20 世纪 90 年代开始，人们一直在寻求萃取综合性能优于 P507 的新型萃取剂。这一工作的主要出发点是在保证萃取分离系数不降低的前提下，如何来解决重稀土的反萃酸度高和反萃不完全的技术问题。为此，有两条基本研究路线一直在开展：一是从萃取剂的分子设计和合成、萃取剂的结构与萃取性能关系的研究入手，开发新型萃取剂[18-20]；二是通过萃取体系的优化来达到降低反萃酸度的目标[21-27]。前者相继推出了 Cyanex272、P227、P229 等萃取剂。这几种萃取剂的酸性均比 P507 弱，因此，对稀土的萃取能力也弱，相反，对重稀土的反萃率就高。后者则通过与中性醇或有机胺的联合使用来降低反萃酸度。

（1）优于 P507 的重稀土萃取分离试剂

新型萃取剂的设计与合成对于发展新的萃取分离体系具有重要意义。定量结构-性质关系在现代合成化学、药物化学、环境化学等领域的应用已经比较广泛，但在液液萃取体系的应用还需要加强，尤其是对于化学萃取过程的结构-性能关系研究。对于酸性磷类萃取剂，最为重要的内容是建立磷类萃取剂 pK_a 预测模型。因为酸性磷（膦）萃取剂的萃取和反萃性能与酸解离常数（K_a）直接相关。一般情况下，pK_a 值越低，其萃取能力越强。如 P204、P507、Cyanex272 的 pK_a 值依次升高，对镧系金属的萃取能力也依次降低。而化合物的 pK_a 值由结构确定，选择磷中心的结构参数，用多元线性回归的方法，拟合描述符与 pK_a 值之间的数值关系式，可以预测酸性磷（膦）类萃取剂的 pK_a。这种模型在数学上是有效的，所选择的描述符包括氢原子的电荷、磷酰氧原子电荷以及分子 LUMO 轨道能，定量反映这些描述符与 pK_a 之间的关系、用于类似结构 pK_a 值的预测。

萃取剂的分离能力与金属离子的配位情况有直接关系，可通过实验确定。通常，酸性膦类萃取剂对稀土离子的萃取平衡如下：

$$Ln^{3+}_{(aq)} + 3(H_2L_2)_{(org)} \longrightarrow [Ln(HL_2)_3]_{(org)} + 3H^+_{(aq)} \tag{5-71}$$

由于萃合物存在大量能量优势不确定的构象，准确计算该萃合物的能态存在很大困难，难以用于结构性能关系研究。然而，对于多配体配合物，总体平衡常数与逐级平衡常数之间存在相似的变化规律。故简化了萃取反应和对应的萃合物，试图用该反应的能量变化来反映萃取剂与金属离子的配位情况。

$$[Ln(H_2O)_9]^{3+}_{(aq)} + \frac{1}{2}(H_2L_2)_{(aq)} \longrightarrow [LnL(H_2O)_8]^{2+}_{(org)} + (H_3O)^+_{(aq)} \qquad (5\text{-}72)$$

对比了萃取反应的能量变化与实验测得的萃取效果，发现两者在趋势上吻合很好。国内外的科研工作者合成开发了一系列具有特殊结构的萃取剂。二(2,4,4-三甲基戊基)次膦酸（Cyanex272，HBT-MPP）萃取剂，作为最典型的二烷基次膦酸，其结构中的烃基产生了较大的空间位阻效应，且含有两个 C—P 键，使其具有较大的分离系数和选择性。因为 Cyanex272 结构中不含有酯氧原子，这使得 Cyanex272 的 pK_a 值远大于 P204 和 P507。因此 Cyanex272 萃取时所需的酸度更低，反萃更容易。但同时 Cyanex272 存在萃取容量低、易产生乳化等问题，且其主要应用在国外，国内无法实现高纯度的自主生产。以次磷酸钠为磷源合成了非对称二烷基次膦酸萃取剂（2,3-二甲基丁基）(2,4,4′-三甲基戊基)次膦酸的萃取能力介于 P507 和 Cyanex 272 之间，更接近 Cyanex 272。但对稀土离子的萃取容量高于 Cyanex 272，同时提高了对稀土离子的分离性能，降低了反萃酸度。

P227 是最近确定的一种有可能取代 P507 的萃取剂[10,20]。上海有机化学研究所和长春应用化学研究所对该萃取剂的综合萃取性能进行了系统研究，并与 P507 和 Cyanex272 进行比较。P507、Cyanex272 与 P227 萃取剂的稀土（La~Lu、Y）分离性能的对比研究（见图 5-8 和表 5-4）结果表明：Cyanex272 和 P227 的萃取平衡常数相近，比 P507 的萃取平衡常数低 4 个数量级。P227、Cyanex272 和 P507 对于重稀土（Ho~Lu）的平均分离系数分别为 2.72、2.33 及 1.85。因此，P227 在重稀土分离方面具有较大优势。按照工业萃取剂的要求，分别从萃取效率、萃取分离系数、萃取容量、反萃酸度、萃取平衡速度、稳定性、水中溶解度、安全性等方面进行了系统的评价。

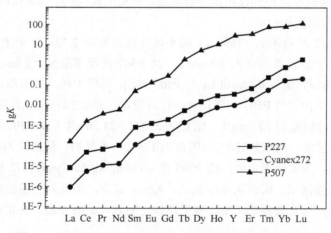

图 5-8　P507、Cyanex272、P227 对稀土萃取的平衡常数

表 5-4　P507、Cyanex272、P227 对稀土的萃取分离因数 $\beta_{A/B}$ 对比

$\beta_{A/B}$	Ce/La	Pr/Ce	Nd/Pr	Gd/Eu	Tb/Gd	Dy/Tb	Y/Ho	Er/Y	Tm/Er	Yb/Tm	Lu/Yb
P507	10.55	2.21	1.63	2.07	6.26	2.74	2.47	1.16	2.03	1.12	1.40
C272	6.33	1.91	1.20	1.30	3.38	2.39	1.31	1.90	2.66	2.96	1.20
P227	6.04	1.41	1.50	1.51	2.92	2.62	1.23	1.80	2.33	3.04	2.38

该萃取剂除了上面所述的萃取分离效果好外，其主要优点有：

① 对重稀土的反萃酸度低：用盐酸完全反萃负载有机相（以 Lu 为例）时，P227 和 Cyanex272 的反萃酸度分别为 1.5mol/L 和 1.3mol/L；而 P507 的负载有机相，即使用 6mol/L 盐酸也不能完全反萃。

② 萃取容量高：有机相浓度为 1mol/L 时，P227 和 Cyanex272 饱和容量分别为 0.150mol/L 和 0.088mol/L。由此可见，P227 的饱和容量与 P507 相当，达到 0.156mol/L，远大于 Cyanex272 的饱和容量。

③ 萃取平衡时间适中，温度对 P227 的萃取平衡速率影响较小。在 25℃下，La、Sm 的萃取在 5min 内即达到平衡，而 Yb 的萃取率随时间的延长而增加，需要 20min 以上才达到平衡。

④ 水中溶解度低：P227、Cyanex272、P507 室温下在纯水中的溶解度分别为 4.79mmol/L、7.30mmol/L、9.93mmol/L，显然，P227 在水中的溶解度最小。

⑤ 萃取剂稳定，循环使用寿命长：抗杂质离子的干扰能力强，在硅、铝、铁等容易造成萃取过程乳化的杂质离子存在下，萃取分相性能良好。

⑥ 萃取剂的毒性低，使用安全。

与此同时，为克服格氏试剂法合成 P227 的条件苛刻、产率低、成本高等不足，开发了 P227 微波辅助自由基加成合成路线，降低了反应温度，缩短了反应时间，减少了副反应的发生，有效提高了反应的转化率和产物的纯度。机理研究表明，微波的作用使该反应能在非均相体系中进行，实现了水相体系下二烷基次磷酸的合成。

$$\text{NaPH}_2\text{O}_2 \; + \quad \xrightarrow[\text{H}_2\text{O, 300W的微波}]{\text{DTBP, AcOH}} \qquad \qquad \qquad \qquad \qquad \qquad \tag{5-73}$$

此外，为避免实验室阶段的柱色谱分离提纯，开发了其 Na 盐、Co 盐的重结晶提纯工艺，从而实现了 P227 的规模化合成。

综上所述，P227 对重稀土（Ho-Lu）的平均分离系数为 2.72，大于 P507 的平均分离系数（1.85），对重稀土的反萃酸度为 1.5mol/L，比 P507 的反萃酸度（3.5mol/L）低；P227 浓度为 1mol/L 时的饱和容量为 0.15mol/L，与 P507 相当；对轻中稀土的萃取可在 5min 内平衡，对重稀土需 20min 平衡，与 P507 相当；化学性质稳定，30 次循环后依然保持良好的萃取/反萃性能；在水中的溶解度为 13.9mg/L，比 Cyanex272（21.2mg/L）及 P507（24.9mg/L）更低；具有较好的抗杂质性能；沸点＞300℃，闪点为 174℃，不易燃，使用较为安全；其大鼠经口 LD_{50} 为 6810mg/kg，为实际无毒级，比 P507 的 4940mg/kg 和 Cyanex272 的 3500mg/kg 高，毒性更小。皮肤刺激测试，眼睛刺激性测试、Ames 试验，哺乳动物微核测试结果都显示出较佳的生物安全性；且合成方法简便，易于规模化制备，证明 P227 在重稀土分离方面综合性能优于 P507。

盐酸体系中 P227 萃取 La、Lu、Fe、Al、Ca 的半萃取 pH 值分别为：3.21、2.01、0.31、2.01、4.37。可见，在盐酸体系中 P227 可实现铁、钙与稀土的分离。但铝的半萃取 pH 介于稀土的镧与镥之间，更接近重稀土，对重稀土分离的影响大。

在 1mol/L 的萃取剂浓度下，P507 在负载 9.5g/L 铁的时候发生乳化，而 Cyanex272 在负载 15.8g/L 铁时发生乳化现象，P227 在负载 19.2g/L 铁时的分相效果仍然很好。在 P507 萃取体系中，由于铁难以反萃，导致萃取剂中毒，影响萃取剂的使用寿命。P227 萃取铁的最佳反萃酸度为 2mol/L，此时有机相的单级反萃率为 98%（负载浓度 0.519g/L）和 80%(负载浓度 3.198g/L)，通过 2 级反萃，可将有机相中负载的铁完全反萃。铝的最佳反萃酸度为 2～3mol/L，此时反萃率为 98%，通过两级可以完全反萃负载有机相中的金属。若使用低于 2mol/L 的盐酸反萃，则难以抑制水相中三氯化铝的水解，导致水相浑浊，严重影响分相效果。

（2）重稀土分离与高纯镥的工业化生产技术[14-15,21-27]

对 P507 萃取体系进行改造，通过加入第二组分来调谐 P507 对稀土的萃取能力，尤其是下调对中稀土的萃取能力。严纯华团队则通过加入胺类萃取剂或在 P507 上接上胺类萃取剂，通过促进氢离子在两相之间的传递来提高反萃性能[18-19]。李德谦团队[24-25]的工作策略是通过加入异辛醇等来降低稀土的萃取能力，促进其反萃能够更加完全。

由于镧系收缩，使重稀土离子半径比轻稀土更小，导致 P507 对镥等重稀土配位容易而难以反萃。致使 P507 萃取流程的重稀土反萃酸度高，铥镱镥反萃不完全，难以获得高纯重稀土产品；且重稀土离子的萃取速率较慢，达到萃取平衡时间较长，影响生产效率；针对这些技术难题，长春应化所提出了应用 P507-Cyanex272（1∶1）分离镥等重稀土工艺。但 Cyanex272 的价格高，稳定性差，难以推广应用。为此，发明了 P507-ROH（异辛醇）重稀土分离新体系，突破了重稀土分离工艺的产业化难题。

① 热力学机理。P507-ROH 萃取稀土的分配系数曲线具有明显的四分组效应，分配系数顺序未发生变化，Y 在 Ho 和 Er 之间。随着 ROH 的加入，稀土元素的分配系数降低，选择性增大，平均分离系数 β 大于单一 P507 体系。通过加入较强界面活性的 ROH，与 P507 形成氢键，有效缓解 P507 与重稀土间的强络合作用，改变了萃合物的氢键排布和配位环境，使萃取反应的配位平衡发生移动，提高了重稀土的反萃性能和选择性，同时也改善了萃取过程的界面现象。采用斜率法研究了 P507 对 Lu^{3+} 的萃取热力学机制。根据拟合直线方程得到 P507 对 Lu^{3+} 的萃取机制：

$$Lu^{3+}_{(aq)} + 3H_2A_{2(org)} \Longrightarrow LuA_3(HA)_{3(org)} + 3H^+_{(aq)} \qquad (5-74)$$

$$H_2A_{2(org)} + nROH_{(org)} \Longrightarrow H_2A_2 \cdot nROH_{(org)} \qquad (5-75)$$

式中，H_2A_2 代表 P507 二聚体。ROH 对 P507 萃取稀土的影响可以解释为异辛醇能够与萃合物 $LuA_3(HA)_3$ 的外层配位环境中的 P=O 产生氢键作用，使 $LuA_3(HA)_3$ 萃合物的结构产生松动，配位键键能降低，有利于质子对稀土离子的反萃。用 4.5mol/L HCl 反萃时，P507 体系中 Lu^{3+} 的反萃率仅为 81.40%，有机相中添加 10% 和 30% ROH 时，反萃率分别达到 88.49% 和 95.62%。无论在萃取前加入 ROH，还是在萃取后加入，重稀土的反萃能力均不变。在更高的 HCl 浓度下，P507 会同时发生溶剂化萃取反应，并不利于反萃，方程式如下：

$$Lu^{3+}_{(aq)} + 3Cl^-_{(aq)} + 2(H_2A_2)_{(org)} \Longrightarrow LuCl_3 \cdot 4HA_{(org)} \qquad (5-76)$$

② 萃取动力学。P507-ROH 体系中接触时间对 Lu^{3+} 和 Yb^{3+} 分配比和分离系数的结果表明：Yb^{3+} 达到平衡所需的时间较 Lu^{3+} 短，分离系数（β）也随着接触时间的延长逐渐增大，体系平衡后达到最大值。这与 P507 体系分离稀土离子的动力学结论是一致的，镧系元素 β 值有一个重要的共性，即都在萃取初期就已达到一定的值，而且随时间的延长，β 值增加（或减小）不大。与此同时，每一个 RE(Ⅲ)的分配比都随时间的延长而增大，镧系元素萃取的"四

分组效应"不仅在平衡时存在，在萃取初期就已显现。

利用层流恒界面池法研究了 P507-ROH 萃取 Yb^{3+} 的传质动力学，综合搅拌速率判别法、界面判别法和温度判别法，证明萃取过程为伴随有界面反应的扩散传质。随着体系中 ROH 的加入，扩散速率常数 D 降低；随 ROH 加入量的增多，P507-ROH 的界面张力减小，界面活性降低。随温度的升高，体系的界面张力增加。考察了萃取剂浓度、酸度等因素对萃取速率的影响，得出了 P507-ROH 萃取 Yb^{3+} 的速率方程：

$$R_F = k_F[Yb(OH)^{2+}]_{(aq)}[H_2A_2]^{1/2}_{(org)} \qquad (5-77)$$

式中，R_F 为萃取速率；k_F 为萃取速率常数。Yb^{3+} 的传质速率随着 ROH 加入增多而减慢，ROH 对萃取体系相间传质的影响，可归因于表面活性剂与萃取剂间的相互作用能够堵塞传质、降低界面活性。

③ 分离平衡酸度调控技术[26]。稀土萃取分离的本质是稀土离子之间的交换过程，即易萃组分（Lu^{3+}）连续不断地将难萃组分（Yb^{3+}）从有机相交换到水相，从而达到稀土离子之间的相互分离。要保持体系稀土离子之间只交换、不发生净的萃取或反萃反应，平衡酸度是关键因素。轻稀土分离的酸度一般控制在 pH 值为 3～4，而重稀土的分离必须带有余酸，因此重稀土分离的整个工艺调控非常复杂。平衡酸度对有机相负载的影响结果表明：平衡酸度为 0.65～0.81mol/L 时，Yb^{3+} 与 Lu^{3+} 只发生交换、不发生萃取或反萃反应。

④ 非平衡态级数补偿技术。研究了接触时间对水相 Yb^{3+} 和 Lu^{3+} 浓度的影响，结果表明，随着接触时间的增加，水相中的 Lu^{3+} 不断地将有机相中的 Yb^{3+} 交换到水相，从而达到 Yb^{3+} 和 Lu^{3+} 的分离。交换率在萃取初期达到一定数值，随着时间延长，交换率缓慢增加。对于工业生产而言，镱/镥交换的平衡态时间太长。要提高生产效率，需要缩短萃取时间，使萃取主要在非平衡态下进行。例如对于相同规模设备，将接触时间由 30min 降低到 6min，产量可提高 5 倍。为此，提出用非平衡态级数补偿技术来分离重稀土。采用非平衡态萃取模式，萃取接触时间为 6min，适当增加萃取级数进行补偿，可提高生产效率。

⑤ P507-ROH 循环使用过程中 ROH 含量的现场快速测定。在标准萃取体系和条件下，确定了稀土离子的萃取率随 P507 与 ROH 含量的变化规律，建立标准对照曲线。对于实际应用中的待测有机相，测得其对相应稀土离子的萃取性能，通过参照标准曲线与方程，可准确、快速计算出 ROH 含量[27]。

⑥ 工业应用。基于上述的基础和工艺参数研究，进行了 P507-ROH 体系从铒镱镥富集物（6%～8%Lu）中分离镥的工艺设计。与江西金世纪新材料股份有限公司合作完成了工程示范。结果表明，在长期运行过程中，P507 浓度和循环有机相饱和容量稳定，关键部分级序 Lu 和 Yb 的分离系数基本在 1.6～1.8 之间，验证了实验室模拟试验结果，达到了预期的目标。

⑦ P507-ROH 优先铒/铥分组的方法[22-23]。离子型稀土矿分离主体工艺均采用 P507（P507-ROH）-磺化煤油和环烷酸-ROH-磺化煤油体系。为了解决重稀土分离难题，发明了离子型稀土 P507-ROH 优先铒/铥分组的方法，发展了离子型稀土矿分组分离工艺流程。以高钇型离子矿为例，首先采用 P507-ROH 铒/铥分组得到高钇富集物和铥镱镥富集物。有机相经过串级逆流反萃，可分离制备铥镱镥单一重稀土产品。水相中的高钇富集物采用羧酸类萃取剂（HA）分离制备 Y_2O_3，最后 La～Er 富集物用 P507 分组分离制备单一稀土。

高钇型离子型稀土的 P507-ROH 铒/铥分组分液漏斗串级模拟实验结果表明：有机相出口铥镱镥含量从 3.8% 提高到 99.2%，水相出口为不含铥镱镥的富钇料液。第一步铒/铥分组得到了铥镱镥富集物，提高了镥等重稀土的分离效率，可与现有 Lu_2O_3 等重稀土分离工艺衔接，易于实现工业化，同时降低了铒/铥分组水相平衡酸度，减少了酸碱消耗。

采用长春应化用化学研究所的发明专利技术，多家重稀土分离骨干企业建成了离子型稀土矿重稀土高效分离生产线，实现了高纯重稀土产品的规模化生产。生产出纯度＞99.999%的 Lu_2O_3，99.9%～99.99%的 Tm_2O_3 和 Yb_2O_3 产品，产生了较好的经济和社会效益。新体系反萃酸度小于 5mol/L，重稀土反萃完全，有机相直接循环利用。

5.5.4 优于环烷酸萃取分离稀土的体系创新与优化[28-29]

（1）仲辛基苯氧基取代乙酸萃取剂及其萃取分离体系

由于环烷酸是一种石油化工中的副产品，随着我国炼油技术的进步，环烷酸这一产品可能会消失。上海有机化学研究所叶伟贞等开发的商品名为 CA12 和 CA100 的萃取剂是仲辛基苯氧基取代乙酸。它们可有效地将钇与全部镧系元素分离，并可克服环烷酸萃取分离钇时有机相浓度降低的问题，萃取性能稳定，其化学成分稳定可控，分离系数大，尤其是钇与钬铒之间的分离系数大，有利于高纯钇的萃取法生产。但萃取体系中重稀土与钇的分离系数显著低于环烷酸体系。因此，需要对羧酸萃取剂分子结构进行调控，开发一种既能够克服萃取有机相浓度降低问题，又对重稀土和钇分离系数较高的萃取剂。长春应用化学研究所采用仲辛基苯氧基取代乙酸（CA12）和一盐基磷（膦）酸如 P204、P507、Cyanex272、Cyanex302 等的混合物来萃取分离钇与其他稀土，制得高纯氧化钇产品。但为解决羧酸萃取剂体系乳化问题，萃取剂体系中通常加入醇类相改良剂，而醇易与羧酸发生酯化反应，导致萃取剂有效浓度降低。

（2）膦酰基羧酸萃取剂及萃取分离体系[30-32]

廖伍平等[30]提出了一种将膦酰基羧酸或其盐作为萃取剂用于分离钇的用途和方法，所述膦酰基羧酸或其盐作为萃取剂能够将钇和其他中重稀土元素分离，或将钇和非钇稀土元素直接分离。针对膦酰基羧酸或其盐配制的萃取体系在不添加相改良剂的情况下易乳化的问题，他们又提出了将膦酰基羟基乙酸或其盐、膦氨基酸化合物作为钇与非钇稀土元素分离的萃取剂。其结构见图 5-9，其中，膦酰基羟基乙酸中的 R^1 和 R^2 各自独立地选自 $C_{1\sim14}$ 烷基或烷氧基，且 R^1 和 R^2 的总碳原子数≥10。膦氨基酸化合物中，R^1 和 R^2 各自独立地选自 C_1～C_{14} 烷基，且 R^1 和 R^2 的总碳原子数为 10 或更大；R^3 选自氢、C_1～C_6 烷基或 C_6～C_{12} 芳基；Z 为 C_1～C_{12} 亚烷基，R^4 和 R^5 各自独立地选自氢、C_1～C_{10} 烷基、C_3～C_{10} 环烷基和 C_6～C_{12} 芳基，或者 R^4 和 R^5 和与其相连接的碳原子共同形成 C_3～C_{10} 环烷基。

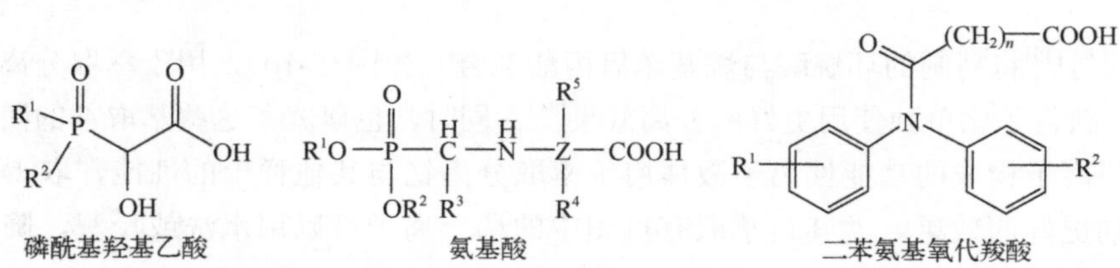

图 5-9　膦酰基羟基、膦氨基酸、二苯氨基氧代羧酸的分子结构

在膦酰基羟基乙酸或其盐萃取分离钇与其他稀土时，在羧酸类萃取剂（如仲辛基苯氧基取代乙酸、仲壬基苯氧基取代乙酸）的辅助下，能够将稀土料液中的非钇稀土元素萃入有机相，在水相中得到高纯度的钇，实现钇和非钇稀土元素的直接分离[31]。而且，膦酰基羟基乙酸或其盐配制的萃取体系在不添加相改良剂的情况下也不易乳化，两相分相良好，可以不用或者少用相改良剂。膦酰基羟基乙酸萃取剂对非钇稀土元素的萃取能力均高于钇，可以在较低的 pH 值下实现钇的分离。此外，膦酰基羟基乙酸化合物合成方法简单，所需化工原料易得，成本低廉，能有效地降低钇与其他稀土元素分离的成本。与此同时，含磷氨基酸化合物作为萃取剂的萃取分离好，分离系数大，合成方法简单，原料简单易得，成本低廉，具有较高的工业应用价值。

针对富含钇和重稀土的离子吸附型稀土料液，廖伍平等[32]开发了新型萃取剂 2-((双(2-乙基己基)氧基)磷酰基)-2-羟基乙酸（HPOAc），其对轻中重稀土元素和钇都具有良好的分离性能。

合成了氨基酸性膦萃取剂 2-乙基己基氨基甲基膦酸单 2-乙基己基酯（HEHAMP，H_2A_2）和庚基氨基甲基膦酸单 2-乙基己酯（HEHHAP，H_2L_2）。HEHAMP 和 P507（H_2B_2）对重稀土离子表现出协同萃取效果，当 HEHAMP 的摩尔分数为 0.5 时，对 Lu、Yb、Tm、Er、Y 和 Ho 的协同系数分别达到最大值 2.89、2.76、2.54、2.14、2.14 和 2.06，随着原子序数的增加而增大。与单一的萃取体系相比，HEHAMP 和 P507（H_2B_2）的协萃体系对重稀土的分离能力明显更优异，其反萃性能也强于 P507。与此同时，HEHHAP 对重稀土的分离能力优于轻稀土，萃取过程按阳离子交换机制进行，对重稀土元素与 Y 的分离系数 $\beta_{Er/Y}$、$\beta_{Tm/Y}$、$\beta_{Yb/Y}$ 和 $\beta_{Lu/Y}$ 分别为 2.18、9.36、14.9 和 24.3，都大于相同条件下的 P204 和 P507 体系，这说明在以 HCl 为反萃剂时，HEHHAP 能更有效地从重稀土元素中分离钇。

（3）二苯氨基氧代羧酸萃取剂及萃取体系[33-36]

厦门钨业提出了一种二苯氨基氧代羧酸萃取剂，其结构式对比列在图 5-9 中。其中，R^1 和 R^2 独立地选自 H 或 $C_1 \sim C_9$ 的烷基，n 为 1～6。该类萃取剂也能有效地将钇与镧系元素分离。与工业应用的环烷酸萃取剂相比，其萃取剂组分单一，化学结构稳定，萃取有机相浓度不降低，萃取性能稳定。并且，这类萃取剂对轻稀土元素和钇的分离系数明显高于环烷酸，对重稀土元素和钇的分离系数同样高于环烷酸，能完全取代环烷酸，具有良好的应用前景。

二苯氨基氧代羧酸萃取剂的制备方法也简单，包括以下步骤：将二烷基苯胺、烷基二酸单乙酯酰氯、有机溶剂和有机碱混合后进行反应，得到反应液；将所述反应液与水混合，得到油相和水相；将所述油相减压蒸馏，得到二苯氨基氧代羧酸单乙酯；将所述二苯氨基氧代羧酸单乙酯在氢氧化钠溶液中加热回流，经酸化、减压蒸馏后，得到二苯氨基氧代羧酸萃取剂。

孙晓琦等[35]将精制的环烷酸与烷基苯氧丙酸混合（如图 5-10），用于萃取分离钇与其他稀土元素，获得了比单独使用更好的分离效果[36]。同时，也研究了这些萃取剂的阴离子与季镂或季铵阳离子构成的功能性离子液体用于萃取分离钇与其他稀土的性能，取得了比单纯羧酸萃取剂更好的效果。尤其是萃取有机相中的稀土离子可以用水洗或反萃，降低了酸的消耗。

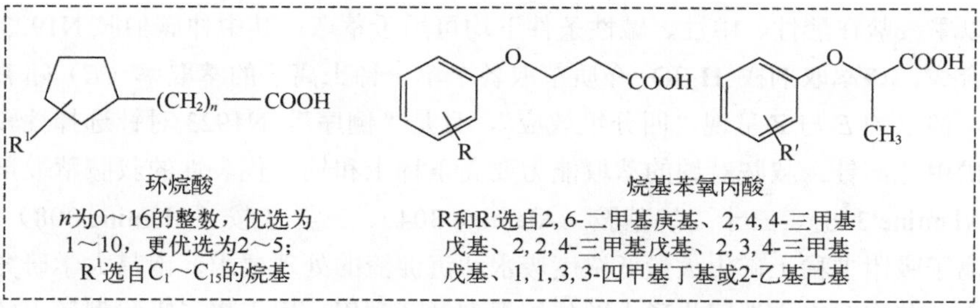

图 5-10　用于萃取分离钇与其他稀土的羧酸类萃取剂

3-氧-戊二酰胺类萃取剂（DGA）是在双酰胺类萃取剂的基础上将 R^3 换成醚氧键结构 $\text{---CH}_2\text{OCH}_2\text{---}$，这种结构的分子较容易发生变形，以适应不同金属离子的配位。由于醚氧 O 原子提供了一个可用于金属离子配位的位点，相较于双齿配体的丙二酰胺类等萃取剂可以认为是三齿配体，其萃取能力更强。例如：N,N'-二甲基-N,N'-二辛基-3-氧-戊二酰胺（DMDOGA）萃取剂能有效地在 HNO_3 溶液中萃取三价稀土离子，且分配比随水相中 HNO_3 浓度的增加而增加。三价稀土离子与 DMDOGA 在有机相中能形成 1∶2 型单核配合物。

5.5.5　稀土与非稀土杂质萃取分离体系的创新与优化*

包头稀土精矿以及四川、山东、美国的氟碳铈矿中都伴生有钍和铀。尤其是在磷酸盐矿物中的伴生量较高。它们的分解浸出液中都含有这些高价态的金属离子，而且被萃取的能力强，需要优先去除才能不干扰稀土的萃取分离。以硫酸铝为主的新型浸矿剂的离子型稀土浸取液中，随着稀土浸取率的提高，也必然增加伴生铀钍的共同浸出。因此，需要开发适合从高铝稀土浸出液中实现稀土与铀、钍、铝等高价金属离子分离的新型萃取体系。

（1）含氮有机膦（磷）萃取剂[37-40]

是指向有机磷萃取剂分子中引入 N 原子而形成的新的一类萃取剂，由于 N 原子改变了 P=O 双键的电子云密度，因此改变了萃取剂对金属离子的配位能力。廖伍平等[40]合成了含氮磷（膦）类萃取剂 2-乙基己基-N,N'-二(2-乙基己基)磷酰胺和 2-乙基己基氨基甲基膦酸二(2-乙基己基)酯（代号 Cextrant 230），并研究了其对钍和三价稀土离子的萃取性能，发现前者在 HNO_3 溶液中对钍有很好的萃取能力，可以高效地将钍与稀土离子分离。表现出比 Cyanex 923（四种三烷基氧化膦组成的混合萃取剂）、TBP（磷酸三丁酯）和 DEHEHP [2-乙基己基膦酸二(2-乙基己基)酯] 更优异的萃取能力。还发现 Cextrant 230 在硫酸介质中对 Ce(Ⅳ)和 Th(Ⅳ)有良好的萃取能力，萃取络合物分别为 $Ce(HSO_4)_2SO_4 \cdot 2Cextrant\ 230$ 和 $Th(HSO_4)_2SO_4 \cdot Cextrant\ 230$。Ce(Ⅳ)/Th(Ⅳ)的最大分离系数可达 14.7，基于以上研究结果，提出了从氟碳铈矿浸出液中萃取分离铈和钍的萃取工艺，产品铈和钍的纯度分别达到 99.9%和 99%，收率分别为 92%和 98%。证明在四价铈的萃取上 Cextrant 230 完全可以替代价格高昂的进口萃取剂 Cyanex 923。

（2）氮配位系列稀土萃取剂

主要是胺类萃取剂，包括伯胺、仲胺、叔胺和季胺。该类萃取剂的萃取反应机制是阴离子交换或加成。伯胺、仲胺、叔胺属于中强度的碱性萃取剂，萃取过程中首先与酸生成铵盐阳离子（RNH_3^+、$R_2NH_2^+$、R_3NH^+），然后再与萃取金属离子的络合阴离子缔合，因此这三种萃取剂须在酸性条件下进行萃取。而季铵盐本身就含有 R_4N^+，故可以直接与金属配位阴离子缔合，所以季铵盐在酸性、中性、碱性条件下均可用于萃取。其中仲碳伯胺 N1923 由上海有机所自主合成，该萃取剂在 H_2SO_4 介质萃取各个单一稀土离子的萃取率（E）随着酸度的增加而下降，稀土的 E 与 Z 呈现"四分组效应"，且是"倒序"。N1923 对钍选择性较高，常用于从稀土矿中分离钍。叔胺对铀的萃取能力要高于稀土和钍。代表性的叔胺萃取剂包括十二烷基胺（Alamine 336）、三十二烷基胺（Alamine 304）、三异辛胺（Alamine 308）等。

针对离子吸附型稀土矿山大量低浓度废水和沉淀渣的处理要求，南昌大学研究了以伯胺萃取剂为主的萃取分离方法回收稀土并使铝得到循环利用，用于离子吸附型稀土的浸矿。这些技术不仅可以使废水废渣中的有价元素得到回收，而且解决了环境污染问题，所生产的产品纯度高[41-42]。

（3）氮氧配位系列稀土萃取剂[43-45]

主要是指酰胺类稀土萃取剂，分为单酰胺类、酰亚胺类、双酰胺类以及 3-氧戊二酰胺类。酰胺类稀土萃取剂特有的 N—C≡O 结构，使得电子可以在 N、C、O 三个原子上发生离域，增加了配位原子的电负性，这使得萃取剂与稀土离子形成的配合物非常稳定。酰胺类萃取剂具有能完全燃烧、无毒性、易于合成、不容易水解等优势，是最有发展潜力的萃取剂。

单酰胺类化合物作为稀土元素萃取剂是因为酰胺萃取剂的羰基氧具有很强的碱性，易萃取酸而使其萃取稀土离子的性能下降。单酰胺类萃取剂虽然具备水解和耐辐射稳定性，但因为酰胺同系物之间的萃取性能差别很小，在萃取稀土金属离子时，当稀土浓度达到一定数值时酸度增大，很容易产生第三相。

当单酰胺 N 原子上连接两个羰基的结构称为酰亚胺，关于酰亚胺类稀土萃取剂的研究报道较少。一系列的酰亚胺萃取剂对镥的萃取性能研究结果发现，酰亚胺取代基支链化会降低对镥的萃取能力，同时随着直链长度的增加，萃取能力不断增强。例如 N-正丁基二乙酰亚胺（简称 BDAI）对铈有很好的萃取性能，在适当条件下铈能被完全萃取。但是该类萃取剂对酸度十分敏感，酸度的改变对萃取性能的影响很大，且合成困难，有毒，易分解，在使用的过程中需要大量盐析剂，不利于工业化生产。

在单酰胺萃取剂上增加一个 —N—C≡O 基团，形成双齿配体双酰胺萃取剂。由于 N 原子的增加，增强了其亲脂性，所以对稀土离子的萃取性能更好。酰胺类萃取剂研究较多的主要是丙二酰胺类、丁二酰胺类。目前，丙二酰胺化合物中被筛选出萃取分离效果最好的两个化合物 N,N'-二甲基-N,N'-二丁基十四烷基丙二酰胺（DMDBTDMA）和 N,N'-二甲基-N,N'-二辛基-2-（2-己基乙氧基）丙二酰胺（DMDOHEMA），被用于从核废料中萃取分离稀土元素。例如：含有双琥珀酰胺（BisSCA）骨架的萃取剂，在 HNO_3 溶液中萃取 U(Ⅵ)、Th(Ⅳ) 和 Eu(Ⅲ)的性能显示其对 U(Ⅵ)有较强的萃取能力，BisSCA 萃取剂与铀酰离子能形成 1:1 的配合物。当使用 TBDE-Bis SCA 萃取剂时，在 6.0mol/L HNO_3 溶液中，Th(Ⅳ)/Eu(Ⅲ)的最大分离因子达到 166.6，表明这些 BisSCA 萃取剂在分离稀土元素和 Eu(Ⅵ)、Th(Ⅳ)上有很大潜力。

通过 N,N-二正辛基-3-氧杂戊二酸单酰胺（DODGAA）和 N,N-二异辛基-3-氧杂戊二酸单酰胺（D2EHDGAA）两个萃取剂，研究了氧戊酰胺萃取剂萃取分离稀土与伴生杂质离子的效果和机制，筛选出高效的 D2EHDGAA 萃取体系，应用于离子型稀土浸出液中萃取富集稀土工艺。这些萃取剂萃取铀钍的能力强，萃取稀土的能力次之，萃取铝的能力较差。在较低 pH 条件下的萃取性能好，分相良好，无乳化产生；稀土回收率高，与铝分离效果好，反萃取酸度低，酸耗少[45]。

（4）羧酸类萃取剂[46-47]

POAA 为 2-(4-(2,4,4-三甲基戊烷-2-基)苯氧基)乙酸。未皂化的 POAA 对钍有较好的选择性，未皂化的 POAA 基本不萃取稀土，优化萃取条件能够使得钍的萃取效率达到 99%以上；用皂化后的 POAA 沉淀富集稀土，具有沉降速度快、沉淀颗粒尺寸大、环境影响小和可循环使用的优点。

5.5.6 离子液体萃取分离稀土[48]*

离子液体是由特定阳离子和阴离子组合而成的在室温或接近室温条件下呈液态的一类化合物。因其具有挥发性低、电化学窗口宽、导电性强、离子迁移率高、易回收以及结构特性可调等物理化学特性，越来越广泛地被用于有机合成、分析化学、电化学、溶剂萃取、反应催化等过程的研究中。

在稀土元素萃取分离过程中，离子液体不仅可用作萃取剂，也可作为稀释剂、协萃剂或同时作为萃取剂和稀释剂。与传统萃取体系相比，离子液体萃取体系在稀土萃取分离过程中具有萃取效率高、选择性好、稳定性好、挥发性小等优点。然而，离子液体萃取剂体系在萃取过程中也存在一定的缺陷，比如某些条件下通过离子交换机理进行稀土元素的萃取分离时，离子液体的阳离子或阴离子会进入水相中，导致离子液体的重复利用率不够高等问题。

非功能化离子液体主要有咪唑类离子液体（$[C_n mim]^+$）、季铵盐类离子液体（$[Nxxxx]^+$）、季鏻盐类离子液体（$[Pxxxx]^+$）和哌啶类离子液体（$[C_n C_m Pip]^+$）。用于稀土萃取分离的非功能化离子液体既可用作溶剂/稀释剂，也可作为萃取剂和协萃剂。咪唑类离子液体作为稀释剂用于稀土元素的萃取分离是报道最早、研究最多的非功能化离子液体。以咪唑类离子液体 $[C_4 mim]PF_6$ 为稀释剂，正辛基苯基-N,N'-二异丁胺基甲酰甲基氧化膦（CMPO）对稀土的萃取分配比是 CMPO-正十二烷体系的 1000 倍，而且达到同样的萃取容量时萃取剂的使用量仅为正十二烷体系的 10%左右，大幅降低了萃取剂的使用量。斜率法表明 CMPO-$[C_4 mim]PF_6$ 萃取稀土的萃合物为 $Ln^{3+} \cdot 3(CMPO)$，稀土元素是以离子交换的形式进入有机相中的，见下式：

$$Ln^{3+}_{(aq)} + 3CMPO_{(org)} + 3C_4 mim^+_{(org)} \rightleftharpoons Ln^{3+} \cdot (CMPO)_{3(org)} + 3C_4 mim^+_{(aq)} \quad (5-78)$$

$[C_4 mim]PF_6$ 除作为稀释剂起到溶解稀释的作用外，还通过离子交换过程参与萃取反应，从而促进稀土元素的萃取分离，起到协萃剂的作用，这与分子溶剂的作用明显不同。该类离子液体对萃取过程的强化作用受两方面的影响最为显著：一是阳离子的交换能力；二是对萃取剂及萃合物的溶解能力。另外，离子液体的阴离子种类以及水相中阴离子种类与浓度也影响该萃取体系对稀土元素的分离能力。

阳离子的交换能力与其亲水性有关，而后者直接受咪唑烷烃基团链长的影响。一般来说，亲水性强的阳离子更易发生离子交换，疏水性强的阳离子则抑制离子交换。随着咪唑烷基链长增加，离子液体对稀土的萃取能力降低，证明阳离子烷基链长增加将抑制离子交换过程。

咪唑类离子液体对萃取剂及萃合物的溶解能力受萃取剂类型影响显著。以 P204 为萃取剂、$[C_n mim]NTf_2$（$n = 4, 6, 8, 10$）或 $[C_n mim]BETI$（$n = 4, 6, 8, 10$）为稀释剂进行稀土元素萃取分离的研究结果表明：P204-[$C_n$mim]NTf$_2$/BETI（$n = 4, 6, 8$）体系对轻稀土和重稀土的萃取效率和分离能力均明显提高。但受到 P204 在离子液体中溶解度的限制，仅可在极低浓度范围适用。一般认为，离子液体阴离子对咪唑类离子液体体系萃取性能的影响与其阳离子趋势相反，即疏水性强的阴离子有利于提高稀土元素的萃取效率。然而情况也有例外，在硝酸稀土体系中，增加水相中硝酸钠的浓度可明显增加 Cyanex923-[P66614]/[N1888]/[C_{10}mim]NTf$_2$ 体系对 Nd^{3+} 的萃取能力，但不影响 Cyanex923-[N1444]/[C_4mim]NTf$_2$ 体系对 Nd^{3+} 的萃取效率，原因在于前三种体系中离子液体疏水性强，萃取过程倾向于从水相中萃取含硝酸根的缔合离子。因此，增加水相中的硝酸根浓度有助于提高萃取效率。后两种体系因阳离子亲水性强使得萃取通过阳离子交换进行，水相中的阴离子不参与萃取过程，因而其浓度变化不影响萃取效果。氯化稀土体系的情况与此相似，氯离子亲水性强，与稀土离子缔合能力弱，萃取时不易进入萃取相中，倾向于以阳离子交换形式进行萃取，水相中氯离子浓度变化不影响咪唑类离子液体萃取体系对稀土元素的分离能力。

离子交换提高了萃取效率，但却造成了诸多不利后果：一是离子液体的阳离子进入了水相，造成离子液体损失，无法有效实现离子液体的重复利用；二是负载离子液体的洗脱困难，一些萃取剂在离子液体中的萃取过程不受酸浓度的影响，因而不易通过控制酸的浓度实现负载离子液体的洗脱。

非功能化离子液体为稀释剂的萃取体系，其对稀土元素的萃取机理除式（5-78）所示的阳离子交换机理外，还有质子交换机理和阴离子交换机理。但阴离子交换机理报道较少，这也是导致离子液体无法有效重复利用的原因。所以在实际应用中应避免这一糟糕情形的发生。有效的方法是降低有机相中萃取剂的浓度或选择水中溶解度低的阴离子，抑制萃取过程发生阴离子交换。

离子液体萃取以阳离子交换机理最为常见，虽然萃取效率高，但仍面临离子液体如何重复利用的问题。阴离子交换机理也面临同样的问题。而质子交换机理可以避免离子液体的损失和负载离子液体洗脱困难的问题，因而是开发以非功能化离子液体为稀释剂的萃取体系的重点方向。

除促进稀土元素的萃取效率外，非功能化离子液体为稀释剂也可提高某些稀土元素的分离系数。但总体来看，它们对相邻稀土元素的分离系数仍然偏低，因而目前主要适用于轻稀土/重稀土或稀土与其他元素的分离。除上述热力学方面的差异外，非功能化离子液体作为稀释剂与传统分子溶剂在萃取动力学上的差异明显。采用离子液体为稀释剂时的萃取平衡时间需要 10min，比采用常规分子溶剂二甲苯醚时增加 1 倍，主要原因是离子液体的黏度比分子溶剂大，萃取过程受扩散过程影响显著，需提高萃取过程的温度以提高萃取速率。除黏度外，离子液体的密度、胶束特性、亲水性也影响萃取速率。稀释剂亲水性越强，萃取体系达到萃取平衡的时间越短。

以季铵盐、季鏻盐等为阳离子，NO$_3^-$ 或 SCN$^-$ 等无机离子为阴离子的非功能化离子液体作为萃取剂用于稀土元素的分离逐渐受到关注。通过阴离子分割萃取方法，以[A336]SCN 或 [P66614]SCN 为萃取剂分离高浓度混合氯化稀土。如图 5-11 所示，结果表明[P66614]SCN 对相邻稀土元素具有更高的分离因子，水相中 MgCl$_2$ 浓度为 4mol/L 时的饱和萃取容量在 $0.14 \sim 0.26$mol/L 之间，而[A336]SCN 对相邻元素的分配比和饱和容量相对更高。离子对萃取机理如式（5-79）所示（以[P66614]SCN为例）：

$$Ln^{3+}_a + 3Cl^-_a + x[P66614]SCN_{IL} \rightleftharpoons [(P66614)_{(x-3)}(LnSCN_x)_{(3-x)}]_{IL} + 3[P66614]Cl_{IL} \quad (5\text{-}79)$$

这一萃取对稀土的萃取能力受控于水相中氯盐的浓度，并随其浓度的增加而增大，因而可通过改变水相中的氯盐浓度完成稀土元素的萃取和洗脱，从而避免了传统萃取体系因受控于 pH 而需要皂化/酸洗的缺陷；该体系中，离子液体既作为萃取剂也作为稀释剂，不需煤油等分子溶剂，安全性高；适用于高浓度氯化稀土的分离。

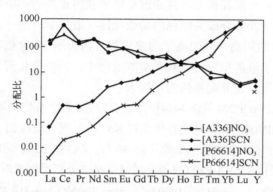

图 5-11　[A336]/[P66614]SCN 和[A336]/[P66614]NO₃ 离子液体对稀土的萃取分配比

但这两种离子液体对轻稀土的分配比偏低，且 SCN⁻不稳定、易降解、有毒性，离绿色萃取体系的要求还有差距。以 NO₃⁻为阴离子的季铵盐/季磷盐离子液体可避免这一缺陷，而且这类离子液体对轻稀土和中稀土具有更高的分配比（如图 5-11），但对稀土元素的分离系数却远低于相应的 SCN⁻类离子液体。结果显示该类离子液体对稀土元素呈现逆序萃取，即优先萃取轻稀土，这说明硝酸季铵盐或季磷盐离子液体与稀土离子的相互作用随稀土元素原子序数增加而减弱。因而，通过在水相中添加络合剂如乙二胺四乙酸或二乙烯三胺五乙酸可增大相邻稀土元素间的分离因子。

非功能化离子液体作为协萃剂，与常规的萃取剂（DEHEHP，Cyanex923，P507 等）组合的协同萃取也是稀土分离的研究热点之一。作为协萃剂的非功能化离子液体可以通过促进萃取络合物的形成来强化稀土元素分离，而且在这一过程中不发生离子交换，从而可以避免离子液体损失。与传统 DEHEHP-正己烷体系或[C₈mim]PF₆ 纯体系相比，DEHEHP-[C₈mim]PF₆ 萃取体系对 Ce⁴⁺的萃取效率更高。该萃取体系中起萃取剂作用的主要是 DEHEHP，萃取机理为离子对萃取，如式（5-80）所示。不同于[C₈mim]PF₆ 纯体系的阴离子交换过程，从而避免了 PF₆⁻离子进入水相，导致离子液体无法有效重复利用的问题。

$$Ce^{4+}aq + 4NO_3^-{}_a + HF_a + DEHEHPIL \rightleftharpoons Ce(HF)(NO_3)_4 \cdot DEHEHPIL \quad (5\text{-}80)$$

用常规的工业萃取 P507 与[N1444]NO₃ 构筑协同萃取体系以强化稀土元素间的分离，即通过不同相中的萃取剂/络合剂与稀土元素相互作用的差异增加相邻稀土元素间的分离系数。因为 P507 对重稀土的作用更强，而[N1444]NO₃ 对轻稀土的作用更强。由于 P507 与[N1444]NO₃ 互不相溶，萃取完成后轻稀土元素留在离子液体相中，而重稀土元素则进入 P507 相中。该体系对 Pr/Nd 的分离系数达到 3.5 以上，接近常规 P507 体系的 2.5 倍。该体系也适合其他稀土元素间的分离，为非功能化离子液体在稀土分离中的应用提供了新方法。但基于三相萃取体系，导致萃取过程更加复杂。

功能化离子液体是含有 P=O、C=O 等功能基团的离子液体，在萃取体系中起到萃取剂或协萃剂的作用。近年来用于稀土萃取分离的功能化离子液体主要包括磷酸酯/亚磷酸/次磷酸类离子液体、羧酸类离子液体以及一些带有类似功能基团的其他离子液体。由于功能化离子液体具有较高的黏度，需采用分子溶剂或非功能化离子液体作为稀释剂来开展萃取分离稀土的研究。即便如此，功能化离子液体体系所需萃取平衡时间依旧较长，通常需 30～60min。

工业上主要用 P204 分离轻稀土，并通过皂化来获得更高的萃取容量，从而产生了大量的氨氮废水。因此，将 P204 合成为绿色的功能化离子液体萃取剂一直是研究的热点方向。P204 基功能化离子液体的阴离子和阳离子均参与萃合物的形成，避免了萃取过程发生离子交换，在萃取过程中无离子液体损失。而且在萃取过程中，该功能化离子液体的阴离子和阳离子起到较强的内协同作用，使分配系数明显增大。

[C_6mim]P204、[C_1C_6Pyrr]P204 及[N4444]P204 对硝酸体系中 Nd^{3+} 的萃取分离试验结果表明：在优化条件下，[C_6mim]P204-[N1444]NTf_2 体系对 Nd^{3+} 的分配系数达到 10^3，远高于在非功能化离子液体[C_6mim]NTf_2 纯体系中的分配系数（约 10^{-2}）。[A336]P204 功能化离子液体对 Eu^{3+} 的分配系数远高于 P204 及[A336]Cl-P204 体系，通过斜率法分析得出萃取机理如式（5-81）所示。

$$Eu^{3+}_{(aq)} + 3NO_3^-{}_{(aq)} + 3[A_{336}]P204_{(org)} \rightleftharpoons Eu(NO_3)_3 \cdot 3[A_{336}]P204_{(org)} \quad (5\text{-}81)$$

P_{204} 基功能化离子液体中，阳离子还影响萃取剂对稀土元素的分离系数。将[N4444]P204、[N1888]P204 以及[P66614]P204 萃取剂，分别以[C_6mim]NTf_2 和对二异丙苯为稀释剂，考察了从含 1mol/L 羟基乙酸、0.1mol/L DTPA 的水溶液中分离稀土元素的效果。结果表明，由于阳离子的空间位阻效应，三种离子液体的分离系数均高于 P204。进一步的研究结果表明：阳离子尺寸对 P204 基功能化离子液体的萃取和分离性能影响明显。[N2222]P204、[N4444]P204、[N6666]P204、[N8888]P204 以及[N1888]P204 在稀释剂[C_{10}mim]NTf_2/BETI 中对硝酸稀土混合物的萃取结果表明：这些 P204 基功能化离子液体对稀土的分配和分离系数随阳离子尺寸增大而变小，以[N2222]P204 效果最优。

正庚烷中[N2222]P204、[N4444]P204、[N6666]P204 以及[N8888]P204 对氯化稀土的分离效果表明，阳离子对分配系数的强化能力与上述结果类似，即分配比遵循[N2222]$^+$>[N4444]$^+$>[N6666]$^+$>[N8888]$^+$次序，但分离系数次序为[N2222]$^+$<[N4444]$^+$<[N8888]$^+$<[N6666]$^+$，与非功能化离子液体为稀释剂时的顺序相反，说明稀释剂影响 P204 基功能化离子液体对稀土元素的分离系数。而且，P204 基功能化离子液体对稀土元素的分配系数也受到稀释剂的影响。比如，在[C_6mim]NTf_2 中[N4444]/[N1888]/[P66614]P204 三种萃取剂对稀土元素的分配系数均高于对二异丙苯，原因是离子液体萃合物与非功能化离子液体稀释剂的相似相溶性更强。

与 P507 相比，P507 基功能化离子液体在稀土元素的萃取和分离能力上也有所改善。一方面，功能化离子液体可避免 P507 作为萃取剂时因氢键作用而形成二聚体；另一方面，该类离子液体的阴离子和阳离子间具有明显的内协同效应，从而强化其萃取性能。对[A336]P507 分离 14 种稀土元素的分离系数的研究表明，[A336]P507 适合于硝酸稀土体系中的重稀土元素间的分离或氯化稀土体系中的轻稀土元素的分离（图 5-12），这与[A336]P204 的性能一致，但功能化离子液体[A336]P507 的萃取容量更小，不推荐用于萃取分离轻稀土。[A336]P507

在硝酸体系中对稀土元素的平均分离系数 $\beta z+1/z$ 为 3.61，与[A336]P204 的 3.67 相近，而在盐酸体系中为 2.75，略高于[A336]P204 的 2.59。

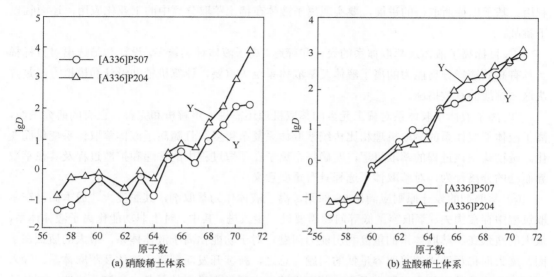

图 5-12 [A336]P507 和[A336]P204 离子液体在硝酸或盐酸介质中对稀土的萃取分配比变化

功能化离子液体萃取稀土离子过程伴随着质子萃取。一方面，与 P507 相比，由于[A336]⁺ 和 P507⁻ 的相互作用使离子液体可在更低的 pH 条件下分离水相中的 HCl；另一方面，水相中 Cl⁻浓度的增加可使[A336]P507 萃取 HCl 的 pH 向更高处转移。说明离子液体在氯化稀土体系中萃取过程的机理为表观上的离子对萃取机理和实质上离子交换机理的复杂过程，如式 （5-82）所示，式中 $0<n<3$。表明 P507 基功能化离子液体的洗脱和再生过程可以与常规的方式一样，通过酸洗和碱洗再生进行。

$$Ln^{3+}_{aq} + 3[R_4N]A_{org} + nCl^-_{aq} \Longleftrightarrow LnCl_n[R_4N]_nA_{3org} + (3-n)[R_4N]^+_{org} \qquad (5-82)$$

离子液体萃取稀土的研究还涉及次磷酸酯类离子液体（Cyanex272/P227 类）、环烷酸类离子液体（CA12/CA100 类）、阴离子为双酮基的功能化离子液体([A336]TTA、[A336]TFA 和 [A336]BTA)以及在 CA12 类离子液体的基础上，通过在苯环上引入第二个羧酸基团设计的 [P66614]₂BDOAC 和[P66614]₂IOPAA 等。国内开展这一领域研究的主要是由长春应用化学研究所李德谦和陈继团队及其毕业分配在中国科学院过程所、厦门稀土材料研究所等单位的学生们建立的科研团队。不论是功能化离子液体还是非功能化离子液体，其作为稀释剂、萃取剂或协萃剂用于稀土元素的萃取分离具有以下优势：提高萃取体系对稀土元素的分配系数；增加萃取体系对稀土元素的选择性；优化负载相的洗脱和再生条件。

非功能化离子液体萃取体系还具有黏度小、纯体系可用于稀土元素的萃取分离的特点，尤其基于阴离子分割法建立的[A336]/[P66614](SCN/NO₃)等离子液体体系，已应用到工业浓度水平，萃取容量也远高于目前的工业萃取体系，不足之处在于水相中需添加高浓度的盐析剂，形成大量高浓度含盐废水。

功能化离子液体因其功能化基团与稀土元素的结合能力更强，萃取效率更高，分离系数也较大，P507 基离子液体是典型的代表，不足之处在于黏度大，因而需要稀释剂，而且萃取容量偏低。总体看来，基于目前的研究成果，可通过调节阴阳离子功能基团的结构、调控阴阳离子的种类、优化萃取体系组成等实现稀土元素的高效分离及萃取体系的绿色循环利用。基于以往所取得的进展，要实现离子液体在稀土萃取分离中的工业化应用，还面临以下挑战：

① 目标离子液体及萃取体系的设计和筛选。离子液体种类繁多，设计和筛选出对目标稀土具有高效选择分离能力的离子液体及萃取体系至关重要，计算机辅助设计和模拟方法是解决这一挑战的有效措施。

② 离子液体萃取体系对稀土元素的萃取机理还需进一步解析和完善。已有的研究表明，离子液体萃取体系的萃取机理相比传统萃取体系复杂得多，且随离子液体萃取体系变化而变化。透彻认识该过程的萃取机理，明确每个离子在萃取过程中的传递和扩散过程及其在萃取界面处的分离行为，对萃取体系选择具有重要意义。

③ 萃取剂的设计原则应满足 9S 原则，离子液体作为萃取剂，其黏度大、成本高，在萃取过程中存在损失、萃取容量低等问题需要进一步改进。其中，对于非功能化离子液体体系，最大的瓶颈在于萃取体系的重复利用能力问题；对于功能化离子液体体系，最大的瓶颈在于因黏度大而稀释造成的萃取容量低的问题。总之，持续开发新型离子液体及萃取体系，深入开展离子液体萃取体系对稀土元素的萃取机理，实现稀土元素的绿色、经济、快速、高效地萃取分离的主要内容与目标。

5.5.7　离子液体-萃淋树脂法分离稀土[49]*

萃淋树脂法是将含官能团的萃取剂以微小液滴的形式分散到聚合物载体中，高效地从混合溶液中选择性分离出组分离子，兼具液-液萃取和离子交换的特征，可减少萃取过程中二次污染的产生，适用于在低浓度稀溶液中提取稀土离子，以及分离纯化高附加值的重稀土产品。但也存在效率低、选择性差、淋洗液用量大、离子交换流程长、淋洗剂的回收和成本较高等问题。

离子液体萃淋树脂是利用交联反应将离子液体（或离子液体萃取剂）均匀地负载到有机高分子材料或者无机多孔材料上，形成离子液体薄膜，萃取剂被束缚在薄膜里不易流失，而稀土离子可以穿过这层薄膜而被萃取剂所萃取。

离子液体萃淋树脂中萃取剂的选择直接影响离子的吸附选择性和吸附能力，所用的萃取剂包括酸性磷酸和羧酸类萃取剂：P507、P204 和 Cyanex272 等；中性磷类萃取剂：Cyanex923；离子液体萃取剂：CyphosIL104、Aliquit336、[A336]P507 等；离子液体溶剂主要为咪唑类 $[C_8Mim]PF_6$ 等；树脂分为 XAD-7、Merrifield 树脂、D201、CMCTS 等。离子液体萃淋树脂具有离子液体的可设计性，阴阳离子的结构或种类及其物理化学性质的可调控性，能够选择性萃取金属离子，避免传统萃淋树脂功能单一的不足；另外，离子液体萃淋树脂兼具载体材料的特性，有利于降低成本、扩大界面、缩短扩散路径、促进传质，同时减少或消除离子液体的损失，提高利用效率。

离子液体通过物理、化学负载、溶解凝胶、膜负载等方法固定在高比表面积、多孔的高分子树脂、SiO_2 等载体上。在离子液体萃淋树脂中，阴阳离子通过非共价键即氢键、范德华作用力、离子-离子相互作用以及离子-偶极等相互作用，构建了稳定性高于传统萃淋树脂分离试剂。阴阳离子的这些相互作用能稳定金属离子与配体形成的配合物，提高萃淋树脂对金属离子的萃取能力。离子液体萃淋树脂作为高效的多功能分离材料并应用在稀土离子的提取和分离中，可以有效地解决传统萃淋树脂的不足，丰富稀土的回收与富集方法，对提高资源的综合利用和解决环境污染问题具有重要的理论意义和应用价值。

5.5.8 电解氧化-萃取联动耦合分离法生产高纯度氧化铈*[50-52]

在硫酸稀土的酸性溶液中加入高锰酸钾溶液，可以将+3 价铈氧化为+4 价。铈氧化为+4 价后，采用 P204-TBP 萃取剂可分出 $CeO_2/REO \geq 99.99\%$ 的高纯度二氧化铈。但锰的加入又带来了新问题，需要增加对锰的分离工序。而电解氧化可以避免这一问题。电解含有铈的酸性水溶液，在阳极上将发生 Ce^{3+} 氧化为 Ce^{4+} 的电化学反应。现在用于生产的方法主要是电解氧化-萃取提取铈联合法。此方法既体现了电解氧化不用化学试剂的特点，又保持了萃取方法纯度和回收率高的优势。在电解氧化-萃取联合法基础上开展的铈电解氧化萃取-电解还原反萃取工艺研究，对降低生产成本及简化生产工艺流程更有意义。

电解氧化-萃取提取铈联合法仅限于硫酸和硝酸体系。这是因为在盐酸体系中 Ce^{4+} 的氧化性高于 Cl^-，而且随着电解的进行，溶液中 Ce^{4+} 的浓度逐渐升高，Ce^{4+} 对 Cl^- 的氧化能力增大，产生氯气的反应加剧，导致铈的氧化率不高。相比之下，硝酸和硫酸体系电解氧化分离铈的方法更容易在工业中实现。

（1）硝酸体系

在由铂阳极和钛阴极构成的电解槽中电解含铈硝酸稀土溶液，将发生下列电解反应：

阳极反应
$$Ce^{3+} \Longrightarrow Ce^{4+} + e^- \tag{5-83}$$

$$2NO_3^- \Longrightarrow 2NO_{2(g)} + O_{2(g)} + 2e^- \tag{5-84}$$

阴极反应
$$2H^+ + 2e^- \Longrightarrow H_{2(g)} \tag{5-85}$$

$$Ce^{4+} + e^- \Longrightarrow Ce^{3+} \tag{5-86}$$

$$NO_3^- + 4H^+ + 3e^- \Longrightarrow NO_{(g)} + 2H_2O \tag{5-87}$$

$$NO_3^- + 2H^+ + e^- \Longrightarrow NO_{2(g)} + H_2O \tag{5-88}$$

当在阳极上氧化的 Ce^{4+} 随电解质流动到阴极表面时，在阴极上将被还原为 Ce^{3+}。这种铈的氧化还原反应在阳极和阴极可以循环进行，其结果是空耗了电流，降低了电流效率。用离子交换膜将电解槽分割成阳极室和阴极室，可防止 Ce^{4+} 与阴极接触，使铈的氧化率达到 95%以上，电流效率由无隔膜电解槽的 30%左右提高到 60%以上。

用电解氧化-还原-萃取法生产氧化铈的工作原理如图 5-13。

由五个步骤组成：

① 含有铈的硝酸稀土溶液进入电解槽的阳极区。Ce^{3+} 在阳极上被氧化为 Ce^{4+}。H^+ 经过离子交换膜进入阴极区，并在阴极上被还原成氢气放出。

② 含有 Ce^{4+} 的阳极区溶液进入逆流萃取槽，Ce^{4+} 与 TBP 萃取剂络合被萃入有机相，其他+3 价稀土元素留在水溶液中与铈分离。为了提高铈的纯度，用水或稀硝酸溶液洗涤有机相，将其中夹带的非铈稀土元素洗回水相。萃余水相可用于进一步分离其他稀土元素。

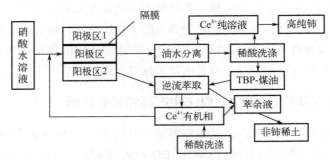

图 5-13　电解氧化-还原-萃取法生产氧化铈的工作原理

③ 萃取了 Ce^{4+} 的有机相与硝酸溶液混合进入阴极区，在阴极表面 Ce^{4+} 被还原为 Ce^{3+}。在阴极区产生的 NO 或 NO_2 也参与了 Ce^{4+} 的还原反应。有机相中的 Ce^{3+} 被硝酸反萃取至水溶液中。

④ 来自阴极区的有机相和水相的混合液进入油水分离器，使有机相与水相分离。为了完全回收有机相中的铈，用水或稀硝酸溶液洗涤有机相。

⑤ 经反萃取后的有机相返回萃取槽循环使用。反萃液用草酸或碳酸氢铵沉淀析出相应化合物，再经灼烧即得到高纯度的二氧化铈。

技术指标：铈氧化率 99%；电流效率 95%；电耗 0.8～1.5kW·h/kg；阳极产率 CeO_2 200～330kg/(m^2·d)；有机相组成 70% TBP+30%磺化煤油；二氧化铈的回收率大于 80%，产品纯度 CeO_2/REO = 99.50%～99.99%。

（2）硫酸体系

硫酸体系中稀土元素的溶解度一般为 30～40g/L，这样低浓度的料液电解时电流效率只有 30%左右，阳极产率比硝酸体系电解低 80%～90%。生产过程中的电流效率、电耗、阳极产率等工艺指标显然不如硝酸体系好。

硫酸稀土溶液中插入铂阳极和钛阴极进行电解，将分别发生如下反应：

阳极反应
$$Ce^{3+} = Ce^{4+} + e^-$$
$$2SO_4^{2-} = 2SO_3 + O_{2(g)} + 4e^- \tag{5-89}$$

$$SO_3 + H_2O = H_2SO_4 \tag{5-90}$$

阴极反应
$$2H^+ + 2e^- = H_{2(g)} \tag{5-91}$$

$$Ce^{4+} = Ce^{3+} - e^- \tag{5-92}$$

硫酸体系电解氧化提取氧化铈的试验研究结果说明，各工艺条件对 Ce^{3+} 氧化的影响规律与硝酸体系中基本相同，得到的最佳操作条件如下：

料液中稀土浓度 c(REO) = 30～40g/L，CeO_2/REO = 50%，c(H_2SO_4) = 0.35～0.5mol/L；阳极电流密度 8～10A/dm^2；阳极产率 CeO_2 50kg/(m^2·d)；电流效率 34%；铈氧化率 80%～90%；电耗 2.4kW·h/kg。

阳极材料：钛板镀铂；阴极材料：钛板；隔膜材料：全氟磺酸增强型阳离子交换膜。阳极区产出的 Ce^{4+} 溶液用 P204 或 P507 有机溶剂萃取，与非铈稀土元素分离，可提取高纯度的二氧化铈产品。

5.5.9 电解还原-萃取法分离铕*[53]

二价铕与三价稀土元素有显著差异，可采用还原法提取氧化铕。还原 Eu^{3+} 的方法主要有金属还原法和电解还原法。锌粉还原-碱度法是提取铕的经典方法。设备简单、锌粉还原速度快、处理量大；但由于在工艺流程中引入锌，不但需增加除锌的后续工艺，而且较难得到高纯度的氧化铕。锌粉还原操作存在锌粉易结块造成堵塞，且锌粉容易随还原后溶液进入分离设备，引起锌粉的流失，同时造成还原后溶液 pH 值逐步升高；锌粒还原则存在锌粒易黏结，造成料液在柱内形成沟流，与还原液接触效果差，锌粒表面易形成氧化膜钝化，需定期用稀盐酸溶液洗涤活化；且生产过程中产生含锌废水和含锌废渣，加大废水处理难度，增加了重金属废渣等固体危险废弃物。

（1）电解还原-萃取法制备高纯氧化铕的技术要点

钐铕钆富集物经三出口工艺处理浓缩后，得到含 Eu_2O_3 大于 90g/L 富铕氯化稀土溶液，其中 Eu_2O_3/REO 为 50%～80%；调整酸度得到电解还原料液，将定量料液进入电解槽阴极室进行电解。阴极上发生如下反应：

$$Eu^{3+} + e^- \Longrightarrow Eu^{2+} \tag{5-93}$$

$$2H^+ + e^- \Longrightarrow H_2 \uparrow \tag{5-94}$$

阳极发生如下反应：

$$2Cl^- - 2e^- \Longrightarrow Cl_2 \uparrow \tag{5-95}$$

阴极中的 Cl^- 在电场作用下通过离子膜进入阳极，阳极的盐酸不会被消耗，但存在挥发损失，间断性补充；生成的氯气经排气管道引入喷淋塔，用液碱吸收。含二价铕的氯化稀土溶液经 P507 皂化萃取分离、氧化、洗钙、除重、草酸沉淀、过滤、洗涤，灼烧得到高纯氧化铕产品。而含低铕的三价稀土溶液循环返回三出口萃取工艺进行铕回收和富集。为防止空气中氧气的氧化，上述电解还原、混合、萃取分离均在有煤油或氮气等惰性气体隔绝空气的条件下进行。

采用贵金属涂层钛作为阳极，钛网作为阴极，以盐酸溶液或盐酸和氯化钠溶液作为阳极室电解液，富铕氯化稀土溶液作为阴极室电解液，阳极室和阴极室之间采用阴离子交换膜的多层框式电解槽。图 5-14 为电解还原铕技术示意图及槽体结构图。

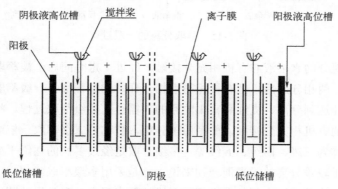

图 5-14　电解还原铕的槽体结构单元图

（2）工艺特色和创新性

① 避免了锌还原带来的杂质以及含锌废水及废渣的环保处置；同时采用串级箱型隔膜电解还原槽处理富铕溶液，保证高的电流效率和还原率。

② 使氧化铕生产可连续化操作，易于实现自动化控制。

（3）电解还原萃取制备高纯氧化铕的主要技术经济指标

铕还原率大于 95%，电解还原能耗：2.5kW·h/kg Eu_2O_3；从 SmEuGd 富集物萃取分离富集铕、电解还原到高纯氧化铕萃取提纯过程中，铕的综合收率达到 92%以上。

电解还原提取镱的研究也有报道[54-55]。

5.6 串级萃取理论与工艺

萃取工程的实施需要完成以下工作：①确定合适的萃取体系和萃取条件；②选择合适的工艺流程及技术条件；③萃取设备的选择和设计。前面已经讨论了第一个任务的内容，本节着重讨论后面两个任务的内容。

5.6.1 萃取分离工程的基本过程[1-4]

（1）萃取分离基本过程

如图 5-15 所示，可分为以下三个步骤：

① 萃取。将待分离混合物水溶液与有机溶剂接触，此时通过相界面发生物质转移，达到平衡后分开。

② 洗涤。使有机萃出液与空白水溶液接触，再次平衡。

③ 反萃取。使被萃取物质从有机相转入水相中。

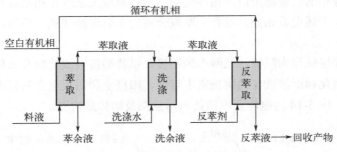

图 5-15 萃取分离的一般过程

将含有被萃组分的水溶液与有机相充分接触，经过一定时间后，被萃取组分在两液相间的分配达到平衡，两相分层后，把有机相与水相分开，此过程称为一级萃取。一般情况下，一级萃取常常不能达到分离、提纯和富集的目的，需经过多级萃取过程。将经过一级萃取的水相与另一份新的有机相充分接触，平衡后再分相，被称为二级萃取。依此类推，将这样的过程反复下去，称为三级、四级、五级等。多级萃取是经过多次的逐级平衡过程，可以使分离效率倍增。对于较难分离的元素混合物来说，都是采用多级萃取。同样，也不难理解多级洗涤和多级反萃。这种通过水相与有机相的多次接触来提高分离效果的萃取工艺称为串级萃取。串级萃取是在多级萃取器中连续逐级进行的。级数多少，视分离指标要求和原料而定。在确定了萃取体系和相关条件后的主要任务是考虑用何种方式和适当的设备来实现分离。目前，在稀土萃取分离上广泛使用的是混合澄清槽，如图5-16和图5-17。

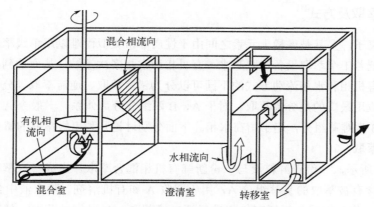

图 5-16　混合澄清萃取槽侧视图

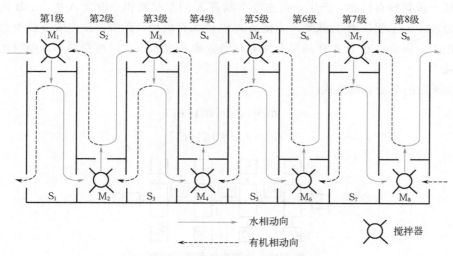

图 5-17　串级萃取槽体的液流方向

（2）混合澄清萃取槽

液-液混合澄清萃取槽是稀土工业应用最早且仍广泛使用的萃取设备。它是通过重力实现两相分离的一种逐级接触式萃取设备，单级由混合室和澄清室两部分组成。水相（料液或酸）与有机相（萃取剂）经过各自的进料口进入混合室中，经过一定速率的搅拌混合传质，再通过溢流挡板进入澄清室，在重力差作用下实现澄清分离。水相转入上一级混合室，有机相转入下一级混合室，分别进入各自流程，完成萃取过程。实际生产中，萃取槽一般为多级串联，并设有反萃段、洗涤段、再生段等多个工序。

液-液混合澄清萃取槽主要分无潜室和有潜室两种型式。无潜室相传质机理为：有机相通过上端口溢流、水相通过隔油（稳流）板流入下端口，进入潜室被搅拌混合传质，混合相从中位口出溢流腔再上翻挡板进入澄清室中，一般以水相为连续相；有潜室有机相通过上位口溢流导，水相通过可调节重力液位差流导，分别进入潜室被搅拌混合传质，混合相通过上位溢流挡板进入澄清室，两相均可为连续相。目前稀土及有色行业两种液-液混合澄清萃取槽均在使用，混合传质效果各有特色。

5.6.2　串级萃取及方式[1]

无机金属离子，尤其是像稀土元素之间由于性质非常类似而难以用单级萃取来达到分离目标。一般是把若干个萃取设备串联起来，有机相和水相多次接触，从而达到提高分离效果的目的。按照有机相和水相流动方式的不同可以分为错流萃取、逆流萃取、分馏萃取、回流萃取等，其中应用最广的是分馏萃取。对于 A、B 两组分分离体系，一般令 A 为易萃组分，往有机相跑；B 为难萃组分，趋于留在水相。下面分别讨论几种串级萃取的特点。

（1）错流萃取

如图 5-18 所示，一份新鲜料液与一份新鲜有机相混合萃取，完成一次萃取平衡。分相后，萃取相中含有被萃取的易萃组分 A，用于回收 A 和有机溶剂。萃余液中含有 B 及未被完全萃取的 A，将其继续与新鲜有机相进行第二级萃取，A 继续被萃取，依次类推，每次萃取消耗一份新鲜有机相，产生一份主要萃取有 A 的萃取相和一份含 A 更少、B 的纯度更高的萃余液。为了保证 B 的纯度，应使 A 尽量进入有机相，此时，B 也或多或少会进入有机相而损失。因此，对于 A/B 两组分体系，当分离系数 β 很大时可得纯 B，但收率低，有机相消耗大。

错流萃取的萃余分数公式：

$$\Phi_1 = c_1/c = 1/(1+E) \tag{5-96}$$

$$\Phi_N = c_1/c = 1/(1+E)^N \tag{5-97}$$

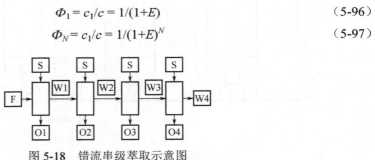

图 5-18　错流串级萃取示意图

F—料液；S—新鲜有机；W—萃余液；O—萃取液

（2）逆流萃取

错流萃取中每次萃取都要消耗一份新鲜有机，浪费大。在逆流萃取中，则主要将后一级的有机相返回来作为其前一级的新鲜有机相使用，并使两个液相做逆向流动和依次相互接触萃取。如图 5-19 所示，新鲜有机相从右边最后一级进，料液从左边第一级进，依次做相向逆流接触。萃取有机相从进料级出，而萃余水相从新鲜有机进口级出。在这种操作方式下，β 不大时也可得纯 B，有机相消耗不大，但收率低。对于逆流洗涤，则得到的是纯 A。

其萃余分数为：

$$\Phi_A = (A)_1/(A)_F \tag{5-98}$$

式中，$(A)_1$ 和 $(A)_F$ 分别为第一级水相出口（萃余液）和进料液中 A 组分的浓度。

$$\Phi_B = (B)_1/(B)_F \qquad (5\text{-}99)$$

定义 B 纯化倍数 b，则：

$$b = \frac{\text{水相出口中B与A的浓度比}}{\text{料液中B与A的浓度比}} = \frac{\dfrac{(B)_1}{(A)_1}}{\dfrac{(B)_F}{(A)_F}} = \frac{\dfrac{(B)_1}{(B)_F}}{\dfrac{(A)_1}{(A)_F}} = \frac{\Phi_B}{\Phi_A} \qquad (5\text{-}100)$$

产品 B 的纯度 P_B 是水相出口中 B 的浓度 B_1 与总金属浓度之比：

$$P_B = \frac{(B)_1}{(B)_1 + (A)_1} = \frac{\dfrac{(B)_1}{(A)_1}}{\dfrac{(B)_1}{(A)_1} + 1} = \frac{b\dfrac{(B)_F}{(A)_F}}{b\dfrac{(B)_F}{(A)_F}} = \frac{b_B}{b + (A)_F/(B)_F} \qquad (5\text{-}101)$$

逆流萃取的基本公式：

$$\Phi_A = \frac{(A)_1}{(A)_F} = \frac{E_A - 1}{E_A^{n+1} - 1} \qquad (5\text{-}102)$$

$$\Phi_B = \frac{(B)_1}{(B)_F} = \frac{E_B - 1}{E_B^{n+1} - 1} \approx 1 - E_B \qquad (5\text{-}103)$$

$$\beta_{A/B} = \frac{E_A}{E_B} = \frac{D_A R}{D_B R} = \frac{D_A}{D_B} \qquad (5\text{-}104)$$

如果：$E_A = \sqrt{\beta}$，则：

$$E_B = \frac{1}{\sqrt{\beta}} = \frac{1}{E_A} \qquad (5\text{-}105)$$

则

$$n = \frac{\lg b}{\lg E_A} = \frac{2\lg b}{\lg \beta} \qquad (5\text{-}106)$$

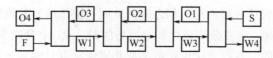

图 5-19　逆流萃取示意图

F—料液；S—新鲜有机；W—萃余液；O—萃取液

（3）分馏萃取

分馏萃取的串级方式是把一组逆流萃取与一组逆流洗涤合并为一个整体，并使料液从它们之间的一级（n 级）进入。如图 5-20 所示，从第 1 级到第 n 级可看成是逆流萃取，从第 n 级到第 $n+m$ 级则为逆流洗涤。前一段称为萃取段，主要任务是把易萃组分 A 萃入有机相，而 B 组分留在水相，因此，A 的萃取比需大于 1，而 B 的萃取比应小于 1。后一段称为洗涤段，目的是要把萃入有机相的 B 组分洗下来并送回萃取段。所以，当 β 不大时也可得纯 A 和纯 B，而且收率高。纯 A 从 $n+m$ 级有机相出口，纯 B 则从第 1 级水相出口。新鲜有机相从第 1 级进入，而洗涤液从第 $n+m$ 级进入。

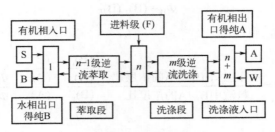

图 5-20 分馏萃取示意图

F—料液；S—新鲜有机；W—洗涤液；A—萃取液；B—萃余液

（4）回流萃取

一般来讲，在出口级的组分中一个组分接近 100%，而另一个组分的含量很低。此时，两组分之间的分离系数比萃取段或洗涤段的要小很多。为了进一步提高纯度，需要增加更多的萃取级数。为克服这一缺点，采用了回流的萃取方法。即在分馏萃取中把空白有机相改为含纯 B 的有机相，或把洗涤液改为含纯 A 的洗液。如图 5-21 所示，当 β 很小时，可利用纯组分回流的方法来进一步提高纯度。在用酸性萃取剂萃取时，新鲜有机相多半是皂化的有机相。采用回流萃取时，可以用高纯的 B 来皂化。

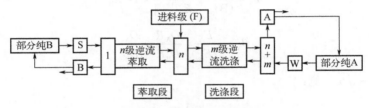

图 5-21 回流萃取示意图

F—料液；S—新鲜有机；W—洗涤液；A—萃取液；B—萃余液

5.6.3 串级萃取理论[56-60]

串级萃取理论是研究待分离物在两相之间的分配（或浓度）随流比、浓度、酸度等工艺条件的变化而变化的规律。建立分离效果和收率与级数、流比、分离系数等因素之间的关系，从而达到指导生产的目的。在前面讨论错流萃取和逆流萃取时实际上已经给出了它们串级萃取理论的主要结论，即萃余分数公式及级数计算公式。下面主要讨论分馏萃取的串级萃取理论，这是实际应用中的主体。

（1）概述

20 世纪 70 年代，北京大学徐光宪教授突破了阿尔德斯（Alders）串级萃取理论中的恒定萃取比假设，提出了更加优化的串级萃取理论，为稀土溶剂萃取分离工艺的优化设计奠定了理论基础[61-70]。在徐光宪先生的指导下，以李标国、金天柱、王祥云、严纯华、高松、廖春生为代表的两代研究者将计算机技术引入了串级萃取分离工艺最优化参数的静态设计和动态仿真验证，在 80 年代末实现了从理论设计到实际工业生产应用的"一步放大"，促进了中国稀土工业的快速发展。至 90 年代，串级萃取理论从两组分体系拓展到多组分体系，从两出口工艺拓展到三出口和多出口工艺，适用范围也从恒定混合萃取比体系发展到非恒定混合萃取比体系，可广泛适用于轻、中、重全部稀土元素的串级萃取工艺参数设计和流程优化[70-72]。进入 21 世纪，化工过程的环境效应受到了前所未有的关注，降耗减排也成为稀土分离工艺的重要发展方向。近年来最新发展的联动萃取工艺在工业实践中取得了良好效果，已广泛应用于中国稀土分离行业[73-84]。严纯华等[7,56-60]已对北京大学在稀土分离理论及工业实践方面的工作进行了较为全面的综述，这里摘录了他们在阐述串级萃取理论在联动分离工艺设计的极值公式和流程优化研究方面的最新进展。

1）串级萃取理论的提出和普及

早期适用于萃取体系理论分析的主要是阿尔德斯提出的分馏萃取理论，但该理论假定易萃组分和难萃组分在各级萃取器的萃取比分别恒定，这与稀土实际生产的工艺情况偏差较大，不能解决稀土分离工艺设计参数的计算问题。北京大学徐光宪教授通过合理假设和严密的数学推导，得到了分馏萃取过程的极值公式、级数公式、最优萃取比方程等一系列稀土萃取分离工艺设计中基本工艺参数的计算公式，建立了串级萃取理论[61-68]。该理论在 1976 年包头召开的第一次全国稀土萃取化学会议上首次提出即引起极大关注。1977 年，北京大学在上海举办的"全国稀土串级萃取理论与实践讨论会"上向我国稀土分离技术人员系统、全面地介绍了该理论。之后，串级萃取理论迅速在全国推广应用，成为稀土分离工艺参数的基本设计方法。

2）串级萃取理论的一步放大

串级萃取理论给出的分离工艺参数与工业实践结果完好符合，计算机技术的发展又使复杂化工过程的模拟仿真计算成为可能。徐光宪教授团队适时提出了稀土串级萃取过程静态逐级计算和动态模拟计算方法，实现了两组分、三组分、多组分串级萃取分离体系的系列静态设计和动态计算[69-72]。该方法可代替耗时费工的串级萃取"分液漏斗法"实验获取仿真数据。

实践表明，静态设计和动态计算可取代用于摸索、验证和优化工艺参数的串级萃取小试、中试和扩大试验，使新工艺参数可由计算机设计直接放大到实际生产规模，实现了萃取新流程从设计到工业应用的"一步放大"，大大缩短了萃取工艺从研究到应用的周期，节省了大量的试验投资，还能对已有工艺进行优化改造，提高生产效率和产品质量，并为在线监测和自动控制提供依据和指导。北京大学采用"一步放大"技术，先后为上海跃龙化工厂、广州珠江冶炼厂和包钢稀土三厂等稀土骨干企业设计并实施了稀土萃取分离新流程，分别建立了以"三出口"为主体工艺的新流程。自此，"一步放大"技术成为我国稀土分离生产线建设和改造的基本方法，加速了我国稀土分离技术的全面革新，对我国迅速成为国际稀土生产大国，打破美国、法国等国外生产商对稀土国际市场的垄断起到了关键作用。

3）非恒定混合萃取比体系

由于 P507 体系随着被萃稀土元素原子序数的增加，萃取平衡常数也增加，体系水相平衡酸度也提高，影响了整个分离体系有机相和水相稀土浓度，导致重稀土体系偏离"恒定混合萃取比"假设。为提高重稀土设计工艺的合理性，廖春生深入研究了现行萃取剂体系萃取平衡反应机制，将单一组分的反应平衡常数引入萃取平衡过程的计算，建立了非恒定混合萃取比体系的工艺设计方法。该方法使串级萃取理论同时适用于恒定混合萃取比体系和非恒定混合萃取比体系，提高了理论的通用性。

串级萃取理论的这一拓展在重稀土分离、不皂化萃取、反萃取过程以及稀土与非稀土分离等方面具有重要的理论指导作用。非恒定混合萃取比体系设计方法和计算结果有助于加强对于萃取分离过程的认知。比如，萃取有机相反萃取过程的计算结果纠正了关于稀土反萃取方面的一些传统认识，为高纯稀土产品和单一重稀土产品生产中反萃取困难问题的解决提供了重要依据；将相转移催化原理引入萃取分离过程，利用均相反应与界面反应平衡的差异调整萃取平衡常数，可适应不同分离目的。

（2）分馏萃取的基本关系式

1）基本假设

① 两组分体系：把多组分体系中的被分离对象按萃取能力分为 A、B 两个组分，其中更易进入有机相的（$E>1$）元素为易萃组分 A，更易留在水相的（$E<1$）的元素为难萃组分 B。通过萃取条件的控制可以有目的地使一些元素为易萃组分，而其他的为难萃组分。

② 平均分离系数：假设在萃取段和洗涤段的分离系数分别恒定，即

$$\beta_{A/B}=\frac{E_A}{E_B} \qquad \beta'_{A/B}=\frac{E'_A}{E'_B} \tag{5-107}$$

③ 恒定混合萃取比：假定在萃取段和洗涤段的混合萃取比分别恒定。

④ 恒定流比：假定水相和有机相的流量比恒定。

2）物料平衡

在分馏萃取中各级萃取槽中金属总量 M 和组分 A、B 的分量 A、B 的分布值如图 5-22 所示。令料液进样量 $M_F=1$，料液中 A、B 组分的摩尔分数（或质量分数）分别为 f_A 和 f_B，则：$f_A+f_B=1$。根据物料平衡关系，进料量为 1，出料量也为 1，则有：$M_1+M_{n+m}=1$。

定义水相出口分数：$f'_B=\dfrac{M_1}{M_F}=\dfrac{f_BY_B}{P_{B1}}$；有机相出口分数：$f'_A=\dfrac{\overline{M_{n+m}}}{M_F}=1-f'_B$。

注：上划线表示有机相的浓度。

当两头同时为高纯产品时，纯度（P）可近似为：$P_{B1}=1$，$P_{A(n+m)}=1$；两个组分的收率为：$Y_A=1$，$Y_B=1$；则有：$f'_A=f_A$，$f'_B=f_B$。

↓（料液进口）

级数		1	…	i	…	n	…	j	…	$n+m$	
有机相	萃取剂入口 →	$M_{1(org)}=A_{1(org)}+B_{1(org)}$		$M_{i(org)}=A_{i(org)}+B_{i(org)}$		$M_{n(org)}=A_{n(org)}+B_{n(org)}$		$M_{j(org)}=A_{j(org)}+B_{j(org)}$		$M_{n+m(org)}=A_{n+m(org)}+B_{n+m(org)}$	A组分出口 →
水相	← B组分出口	$M_{1(aq)}=A_{1(aq)}+B_{1(aq)}$		$M_{i(aq)}=A_{i(aq)}+B_{i(aq)}$		$M_{n(aq)}=A_{n(aq)}+B_{n(aq)}$		$M_{j(aq)}=A_{j(aq)}+B_{j(aq)}$		$M_{n+m(aq)}=A_{n+m(aq)}+B_{n+m(aq)}$	← 洗酸入口

图 5-22 分馏萃取各级槽体中的物料分配

① 操作线方程：

洗涤段：
$$M_{j+1(aq)}=\overline{M_{j(org)}}-\overline{M_{n+m(org)}} \quad j=n+1,\cdots,n+m-1 \tag{5-108}$$

萃取段：
$$M_{i+1(aq)}=\overline{M_{i(org)}}+M_{1(aq)} \tag{5-109}$$

对于 A 和 B 也有类似的方程。

② 纯度平衡线方程：表示平衡两相之间 A 组分纯度的关系。

如有机相 A 组分的纯度随水相中 A 组分的纯度而变化的关系式为：

$$\overline{P_A}=\frac{\beta P_A}{1+(\beta-1)P_A} \tag{5-110}$$

当已知有机相中 A 组分的纯度，则可以由下式求出水相中 A 组分的纯度：

$$P_A = \frac{\overline{P_A}}{\beta - (\beta - 1)\overline{P_A}}$$ （5-111）

对于 B 组分，也有类似的公式：$P_B = \dfrac{\beta \overline{P_B}}{1 + (\beta - 1)\overline{P_B}}$；$\overline{P_B} = \dfrac{P_B}{\beta - (\beta - 1)P_B}$

纯度平衡线方程：表示平衡两相之间 A 组分纯度的关系。

如有机相 A 组分的纯度随水相中 A 组分的纯度而变化的关系式为：

$$\overline{P_A} = \frac{\beta P_A}{1 + (\beta - 1)P_A}$$ （5-112）

或者说当已知有机相中 A 组分的纯度可由下式求出水相中 A 组分的纯度：

$$P_A = \frac{\overline{P_A}}{\beta - (\beta - 1)\overline{P_A}}$$ （5-113）

对于 B 组分，也有类似的公式：$P_B = \dfrac{\beta \overline{P_B}}{1 + (\beta - 1)\overline{P_B}}$；$\overline{P_B} = \dfrac{P_B}{\beta - (\beta - 1)P_B}$

③ 纯度平衡线与操作线的交点：

在萃取段，当 A 组分的纯度足够大时，纯度平衡线与操作线相交，其交点坐标为：

$$P_A^* = \frac{\beta E_M - 1}{\beta - 1}$$ （5-114）

在洗涤段，当 B 组分的纯度足够大时，纯度平衡线与操作线相交，其交点坐标为：

$$\overline{P_B^*} = \frac{\beta' / E_M' - 1}{\beta' - 1}$$ （5-115）

3）基本参数及关系式

① 萃取量、洗涤量、萃取比、回萃比、回洗比

有机相各级中的最大金属量称为最大萃取量，以 S 表示，通常在进料级附近达到最大萃取量。洗涤段水相各级金属量最大者称最大洗涤量，以 W 表示，通常在 $n+1$ 级达到最大洗涤量。由洗涤段的物料平衡得：

$$W = S - \overline{M_{n+m(\text{org})}} \quad \text{（水相进料）}$$

定义 $J_W = W/\overline{M_{n+m}}$ 为回洗比，则洗涤段萃取比 $E_M' = S/W = 1 + 1/J_W$。

除第一级外，萃取段各级水相中的金属量接近一致，以 L 表示。

由物料平衡可得：

$$L = S + M_1（水相进料）= W + \overline{M_{n+m}} + M_1 = W + 1$$

定义 $J_S = S/M_1$ 为回萃比。萃取段的萃取比等于 $E_M = S/L = S/(S + M_1) = J_S/(1 + J_S)$

而 E_M 与 E_M' 之间是相互关联的，其关系为：

$$E_M' = \frac{S}{W} = \cdots = \frac{\dfrac{E_M M_1}{M_F}}{\dfrac{M_1}{M_F} - (1 - E_M)}$$ （5-116）

最后得：
$$E'_M = \frac{E_M f'_B}{E_M - f'_A} \quad （水相进料） \tag{5-117}$$

② 纯化倍数

$$a = \frac{有机相出口中A与B的浓度比}{料液中A与B的浓度比} = \frac{\dfrac{(A)_{n+m}}{(B)_{n+m}}}{\dfrac{(A)_F}{(B)_F}} = \frac{\dfrac{P_{An+m}}{P_{Bn+m}}}{\dfrac{f_A}{f_B}} \tag{5-118}$$

$$b = \frac{水相出口中B与A的浓度比}{料液中B与A的浓度比} = \frac{\dfrac{(B)_1}{(A)_1}}{\dfrac{(B)_F}{(A)_F}} = \frac{\dfrac{P_{B1}}{P_{A1}}}{\dfrac{f_A}{f_B}} \tag{5-119}$$

总纯化倍数为：

$$ab = \frac{P_{An+m} P_{B1}}{(1 - P_{An+m})(1 - P_{B1})} \tag{5-120}$$

通常 a、b 均远远大于1。

③ 收率、纯度及其关系

$$\varPhi_A = \frac{a-1}{ab-1} = \frac{a}{ab} = \frac{1}{b} ; \quad \varPhi_B = 1 - \frac{b-1}{ab-1} = 1 - \frac{1}{a} \tag{5-121}$$

$$Y_A = \varPhi_B = 1 - \frac{b-1}{ab-1} = 1 - \frac{1}{a} ; \quad Y_B = 1 - \varPhi_A = 1 - \frac{a-1}{ab-1} = 1 - \frac{a}{ab} = 1 - \frac{1}{b} \tag{5-122}$$

对于两组分体系，分离指标有四个，即 Y_A、Y_B、P_{An+m}、P_{B1}。

其中只有两个是自由变量，已知其中任何两个，则另外两个应由上述关系式求出。同时求出的还有纯化倍数 a、b 两个参数。

④ 出口分数

更进一步，可以求出水相和有机相出口分数：

$$f'_B = \frac{f_B Y_B}{P_{B1}} , \quad f'_A = \frac{f_A Y_A}{P_{An+m}} \tag{5-123}$$

4）串级萃取工艺的计算

① 水相进料和有机相进料的物料平衡比较。

图 5-23 对比列出了水相进料和有机相进料的物料平衡及萃取比计算式。

由于萃取段和洗涤段的物质是相互交流的，它们的萃取比中只有一个是自由变量。已知其中一个可依下面的关系式计算另一个：

$$E'_M = \frac{1 - E_M f'_A}{f'_B} \quad （有机相进料） \tag{5-124}$$

$$E'_M = \frac{E_M f'_B}{E_M - f'_A} \quad （水相进料） \tag{5-125}$$

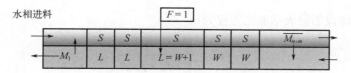

水相进料

萃取段的萃取比为 $E_M = S/L$，而洗涤段的萃取比为 $E_M' = S/W$

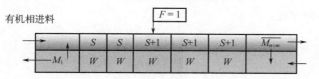

有机相进料

萃取段的萃取比为 $E_M = S/W$，而洗涤段的萃取比为 $E_M' = (S+1)/W$

图 5-23　水相进料和有机相进料的物料平衡比较及萃取比计算式

在正常的萃取过程中，萃取设备是确定的，工人操作的主要任务是控制和调节料液进料速度，有机相进料速度和洗涤液进料速度，即控制它们的流量，从哪一级进，从哪一级进。这些参数都需要由技术人员或工艺设计人员根据分离要求预先设计和计算好。串级萃取工艺的设计和计算的主要任务是：根据原料中的元素配分和对产物的纯度和收率要求，从经济效益出发，确定合适的萃取比和萃取级数。进而为操作工人提供一套可行的操作方法和操作规程。下面重点介绍相应的计算和设计方法。

② 最小（大）萃取比方程。决定一条分离线是否能达到分离效果和运行成本的主要因素是萃取比的选择。围绕这一问题，推导出了相应的最小（大）萃取比方程和最优萃取比方程。前一类方程是指萃取体系中要使 A、B 两组分有分离效果所必须满足的萃取比。

对于水相进料有：

$$(E_M)_{min} = \frac{(\beta f_A + f_B) f_A}{\beta f_A} = f_A + f_B / \beta \tag{5-126}$$

即实际的取值范围是：

$$(E_M)_{min} < E_M < 1 \tag{5-127}$$

相应地，洗涤段的最大萃取比方程为：

$$(E_M')_{max} = \beta f_A + f_B \tag{5-128}$$

实际的取值范围是：

$$1 < E_M' < (E_M')_{max} \tag{5-129}$$

还有对应的最小回萃比：

$$J_S \geq \frac{(E_M)_{min}}{1 - (E_M)_{min}} \approx \frac{\beta f_A + f_B}{f_B (\beta - 1)} \tag{5-130}$$

$$S > S_{min} = 1/(\beta - 1) + f_A \tag{5-131}$$

$$W > W_{min} = 1/(\beta - 1) \tag{5-132}$$

对于有机相进料有：

$$(E_M)_{min} = \frac{1}{\beta f_A + f_B} \tag{5-133}$$

即实际的取值范围是：$(E_M)_{min} < E_M < 1$

相应地，洗涤段的最大萃取比方程为：

$$(E'_M)_{max} = \frac{1}{f_B + f_A/\beta} \tag{5-134}$$

实际的取值范围是：$1 < E'_M < (E'_M)_{max}$。

还有对应的最小回萃比：

$$J_S \geqslant (J_S)min = \frac{(E_M)_{min}}{1-(E_M)_{min}} \approx \frac{1}{f_B(\beta-1)} \tag{5-135}$$

$$S > S_{min} = (J_S)_{min}f_B = 1/(\beta-1) \tag{5-136}$$

$$W > W_{min} = S_{min} + f_B = f_B + 1/(\beta-1) \tag{5-137}$$

③ 最优萃取比方程。最优萃取比方程是指萃取分离达到经济效益最好的萃取比。对于不同的工厂可以有不同的最优化标准。但对于以一定设备和质量指标要求下的产量最大化要求来说，其最优化方程如下：

萃取段控制的萃取线（B 为料液中主要成分，为水相出口高纯产品），

$$E_M = \frac{1}{\sqrt{\beta}} \tag{5-138}$$

$$J_S = \frac{E_M}{1-E_M} = \frac{1}{\sqrt{\beta}-1} \tag{5-139}$$

洗涤段控制的萃取线（A 为料液中的主要成分，为有机相出口高纯产品），

$$E'_M = \sqrt{\beta'} \tag{5-140}$$

$$J_W = \frac{1}{E'_M-1} = \frac{1}{\sqrt{\beta'}-1} \tag{5-141}$$

在串级萃取工艺中，固定萃取级数不变，则回萃比或回洗比越大，被分离物在萃取器中循环分配的机会增加，分离效果越好，产品越纯，但出口量小，产量小。为了保证 B 的纯度，回萃比应该满足 J_S 式的计算结果值；如果要保证 A 的纯度，回洗比应该满足 J_W 式的计算结果值。

但在同一条分离线上，J_S 和 J_W 不是独立变量，为同时满足两个产品的要求，必须取其中较小者。当 J_S 较小时，则取 J_S 的计算公式来计算，并以此结果根据 J_S 与 J_W 的关系式求出对应的 J_W 值，而不能直接用 J_W 的关系式来计算。此时，称为萃取段控制。相反地，当 J_W 较小时，则取 J_W 的计算公式来计算，以此结果根据 J_S 与 J_W 的关系式求出对应的 J_S 值，而不能直接用 J_S 的关系式来计算。此时，称为洗涤段控制。

实际上，我们不需先分别计算 J_W 和 J_S 值，再进行比较。而是根据下面的方法来进行判断。对于水相进料，当 $f'_B > \dfrac{\sqrt{\beta}}{1+\sqrt{\beta}}$ 时，为萃取段控制；当 $f'_B < \dfrac{\sqrt{\beta}}{1+\sqrt{\beta}}$ 时，为洗涤段控制。对于有机相进料，当 $f'_B > \dfrac{1}{1+\sqrt{\beta}}$ 时，为萃取段控制；当 $f'_B < \dfrac{1}{1+\sqrt{\beta}}$ 时，为洗涤段控制。

因此，萃取比的确定和计算可以根据水相出口分数的大小和相应的最优萃取比方程分三

种情况来计算。

a. 萃取段控制：

当 $f'_B > \dfrac{\sqrt{\beta}}{1+\sqrt{\beta}}$（水相进料）或 $f'_B > \dfrac{1}{1+\sqrt{\beta}}$（有机相进料）时，为萃取段控制。则用萃取

段控制的最优化萃取比方程计算：$E_M = \dfrac{1}{\sqrt{\beta}}$。

再根据 E_M 和 E'_M 之间的关系式求 E'_M：

$$E'_M = \frac{E_M f'_B}{E_M - f'_A}\text{（水相进料）}; \quad E'_M = \frac{1 - E_M f'_A}{f'_B}\text{（有机相进料）}$$

b. 洗涤段控制：

当 $f'_B < \dfrac{\sqrt{\beta}}{1+\sqrt{\beta}}$（水相进料）或 $f'_B < \dfrac{1}{1+\sqrt{\beta}}$（有机相进料）时，为洗涤

段控制。则用洗涤段控制的最优化萃取比方程计算：$E'_M = \sqrt{\beta'}$。

再根据 E_M 和 E'_M 之间的关系式求 E'_M：

$$E_M = \frac{E'_M f'_A}{E'_M - f'_B}\text{（水相进料）}; \quad E_M = \frac{1 - E'_M f'_B}{f'_A}\text{（有机相进料）}$$

c. 临界状态：

当 $f'_B = \dfrac{\sqrt{\beta}}{1+\sqrt{\beta}}$（水相进料）或 $f'_B = \dfrac{1}{1+\sqrt{\beta}}$（有机相进料）时，则：$E_M = \dfrac{1}{\sqrt{\beta}}$，$E'_M = \sqrt{\beta'}$。

此时，计算的萃取比太接近于它们的最小萃取比或最大萃取比，分离效果不好。实际取值为稍大于最小萃取比或稍小于最大萃取比的计算值。

图 5-24 为水相进料与有机相进料时槽体中的物料分布比较。

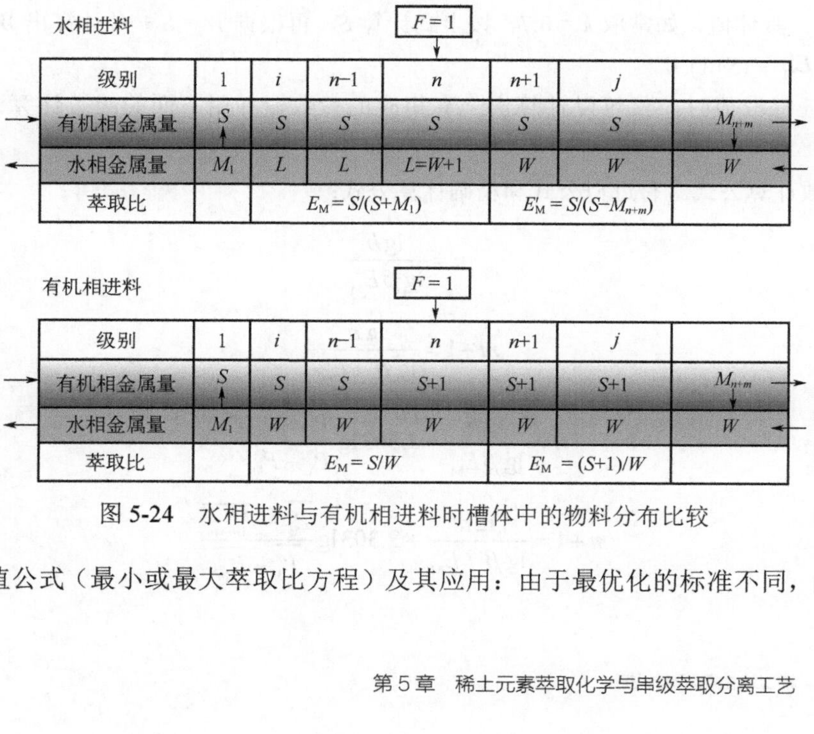

图 5-24　水相进料与有机相进料时槽体中的物料分布比较

④ 极值公式（最小或最大萃取比方程）及其应用：由于最优化的标准不同，因此，按上

述最优化方程计算所确定的萃取比不一定就能满足所有工厂的要求。实际上，满足最小或最大萃取比方程要求的任何一套参数均可实现分离目标，只是投资大小和生产成本有所不同。所以，在实际工作中我们希望有多套方案可供选择。

在最小或最大萃取比方程的讨论中，当两头均为高纯产品时，对于水相进料，$W_{\min}$ 是一个常数，$1/(\beta-1)$；对于有机相进料，$S_{\min}$ 也是一个常数，为 $1/(\beta-1)$。它们均与料液组成无关。而实际的取值一般都要比用该式计算的结果要大一些，因此，我们可以采用一种较简单的方法来计算，只需对公式 $W > W_{\min} = 1/(\beta-1)$ 和 $S > S_{\min} = (J_S)_{\min} f_B = 1/(\beta-1)$ 进行适当的改造，引入一系数 k 作为 β 的指数，其取值范围在 0~1 之间。

这样，水相进料时有：

$$W = \frac{1}{\beta^k - 1} \tag{5-142}$$

$$(E_M)_{\min} = f_A + f_B / \beta^k \tag{5-143}$$

$$(E_M')_{\max} = \beta^k f_A + f_B \tag{5-144}$$

实际计算的方法是：设 k 为一具体值，如常取 $k = 0.7$，按上式计算 W，再根据 $S = W + f_A'$ 计算出 S 值，则有：$E_M = S/(W+1)$；$E_M' = S/W$。

有机相进料时有：

$$S = \frac{1}{\beta^k - 1} \tag{5-145}$$

$$(E_M)_{\min} = \frac{1}{\beta^k f_A + f_B} \tag{5-146}$$

$$(E_M')_{\max} = \frac{1}{f_B + f_A / \beta^k} \tag{5-147}$$

设 k 为一具体值，如常取 $k = 0.7$，按上式计算 S，再根据 $W = S + f_B'$ 计算出 W 值，则有：$E_M = S/W$；$E_M' = (S+1)/W$。

当 k 任意取值时，就可以计算出一套相应的参数，并用下面的级数计算公式算出 n 和 m。

⑤ 级数计算公式。有近似公式和精确计算公式：

$$n = \frac{\lg b}{\lg \beta E_M} \tag{5-148}$$

$$m + 1 = \frac{\lg a}{\lg \beta' / E_M'} \tag{5-149}$$

$$n = \frac{\lg b}{\lg \beta E_M} + 2.303 \lg \frac{P_A^* - P_{A1}}{P_A^* - P_{An}} \tag{5-150}$$

$$m + 1 = \frac{\lg a}{\lg \beta' / E_M'} + 2.303 \lg \frac{\overline{P_B^*} - \overline{P_{Bn+m}}}{\overline{P_B^*} - \overline{P_{Bn}}} \tag{5-151}$$

其中：

$$P_A^* = \frac{\beta E_M - 1}{\beta - 1}; \quad \overline{P_B^*} = \frac{\beta' / E_M' - 1}{\beta' - 1}$$

⑥ 流量比的计算

在上述计算中，S 和 W 量的计算都是以进料量为 $M_F = 1$ 为基础来进行的。假设料液中金属离子浓度为 c_F，有机相中的负载金属浓度为 c_S，洗涤酸的浓度为 c_H。当 $M_F = 1\text{mmol/min}$ 时，每分钟需加入的料液体积 V_F、洗液体积 V_W、有机相体积 V_S 分别为：$V_F = 1/c_F$，$V_W = nW/c_H$（n 为反萃 1mol 金属所需酸的当量数，对于稀土而言一般为 3），$V_S = S/c_S$。定义以 V_F 为基础的流量比为流比，即 $V_F : V_S : V_W = 1 : V_S/V_F : V_W/V_F$。实际的进料量是根据生产要求计算出来的，如年处理 1000t 氧化稀土的萃取分离线，按 300 个工作日计算，每天的处理量达 3.34t。按平均分子量 150 计算，合 22267mol。每分钟的进料量是 15.5mol。料液浓度为 1mol/L 时，每分钟的进料体积为 15.5L。根据上面所计算的流比，每一项均乘以 15.5 即得实际所需的流量。有了上述数据，还可以计算出每一级萃取槽中有机相或水相中的金属量或浓度，为操作过程的实时监测提供依据。

5）串级萃取的计算机模拟与一步放大

依据萃取平衡方程式和物料平衡关系，如：

$$\beta_{A/B} = \frac{Y_A X_B}{Y_B X_A} \tag{5-152}$$

$$S = Y_A + Y_B; \quad W = X_A + X_B; \quad M_A = X_A + Y_A; \quad M_B = X_B + Y_B$$

式中，β、S、W、M_A、M_B 等均为已知值，由上述各式可得到一个 X 的一元二次方程式：

$$aX^2 + bX + c = 0 \tag{5-153}$$

X 可以是 X_A、X_B、Y_A、Y_B 中的任一个量。

令 $X = X_A$ 则：

$$a = \beta - 1 \tag{5-154}$$

$$b = (\beta - 1)(S - M_A) + M_T \tag{5-155}$$

$$c = (S - M_T)M_A \tag{5-156}$$

$$M_T = M_A + M_B \tag{5-157}$$

X 有两个根，其中以 $M_A > X > 0$ 为真根。将求得的 X_A 代入上面各式中求出平衡时，A、B 在两相中的量为 Y_A、Y_B、X_B。

萃取操作的模拟（计算程序的设计）有两种程序：一是从第一级开始逐步向 n 级，再向 $n+m$ 级计算；二是从进料级开始分别向两头计算。

例如：以第 1 级为起始级，按规定的参数，首先确定第 1 级水相的 A、B 量，然后根据物料平衡和单级萃取平衡计算出有机相中的 A、B 的量。接着就可直接计算下去。随 i 的增大，各级中 A_i/B_i 增大，当第 i 级和 $i+1$ 级的 A、B 的量符合 $A_i/B_i < f_A/f_B < A_{i+1}/B_{i+1}$ 时就完成了对萃取段的计算，并令 $N = i$ 为萃取段所需的级数。接着以 $N+1$ 级为洗涤段的第一级，按上述方法一样逐级计算，以有机相中 A、B 组分的比值确定其纯度，当达到出口产品的纯度要求时所需的级数即为洗涤段所需的级数 M。总级数为 $N+M$。

"一步放大"技术最优化方程解决了两组分串级萃取体系的最优化工艺设计问题，克服了以往在工艺试验和设计中的盲目性，迅速在中国稀土分离研究和工业生产中得以普及应用，进而带动了中国稀土材料产业的快速发展。随着稀土元素在新材料研发和应用的深入和拓展，市场对于稀土产品的种类和质量的需求也在不断提升，也因此对稀土分离提纯工艺技术提出了更高的要求，即要求生产成本更低，产品品种更多、工艺灵活性更强、生产流程更简单。如前所述，稀土元素结构相近，化学性质相似，使得稀土元素的萃取分离纯化所需的萃取器级数很多，为了建立一个新的分离工艺，往往只能由人工小型试验确定工艺条件，再经扩大试验和工业试验验证后才能应用于实际生产，进行一个几十级甚至上百级的稀土串级萃取小型试验是极为耗工费时的，不仅试验周期长，投资大，而且难以获得最优化工艺条件。应用计算机技术取代人工试验、加快试验周期、提高设计精度是解决上述问题的唯一途径。利用前面所述最优化方程进行串级萃取工艺参数设计的静态计算方法可以给出达到串级萃取平衡时体系的状态，但无法从中获知从启动到平衡过程中体系的变化过程以及达到预期平衡所需消耗的时间等信息。严纯华、李标国等发展了完全模拟"分液漏斗法"操作的计算程序，可对两组分、多组分串级萃取体系从启动到平衡进行逐级、逐排计算，以获取体系动态平衡过程中的信息，简便地研究体系的动态规律，为工艺设计"一步放大"到工业规模生产奠定了理论基础。采用动态模拟进行工艺设计时，需首先根据原料组成、分离指标和分离系数等确定规定参数，再由有关计算公式和静态计算程序计算出串级萃取工艺所需的萃取段和洗涤段级数、混合萃取比、萃取量和洗涤量以及水相和有机相出口分数等计算参数，并从中选取优化参数进行串级萃取动态平衡的计算；充槽启动后，由恒定混合萃取比条件以及组分间的萃取平衡关系，逐级逐排计算出各级萃取器中萃取平衡后各组分在两相中的分配数据。计算机每摇完一排就可输出一组水相和有机相出口组分数据，根据数据的变化情况判断体系的平衡状态，并根据实验中每摇一排漏斗所需时间研究体系各动态参量随时间的变化规律。实现一步放大技术设计的计算程序完全排除了实验中可能造成误差的因素，因而具有"理想试验"的特性，不仅可以取代人工串级萃取实验，检验静态串级工艺参数计算的正确性，还通过动态过程各参量的变化规律的研究提高了对于萃取过程物料变化规律的认识和理解。如计算发现，各组分在出口中并不同步达到或超过预定分离指标，出口产品达到分离指标也并不意味着体系一定达到平衡，可能是稳态前超出分离指标的"假平衡现象"；再比如，发现对于多组分体系，中间组分在槽体中必有积累峰，且其在萃取段或洗涤段出现积累峰的位置具有一定的规律性；还发现进料级物料组成假设对于两组分体系是合理的，但对于多组分体系，由于中间组分在槽体内的积累，使情况完全不同，槽体内极少存在各组分含量，同时最接近于料液组成的情况。另外，计算还显示，萃取体系出现"无效区"后，仅靠增加级数难以提高体系的分离效果，只有通过改变进料级相对位置或适当提高萃取量才能消除"无效区"。以上信息和结果几乎无法由实际的实验操作中获得，为稀土萃取分离工艺设计和工业生产提供了极具价值的指导。一步放大技术的发展也为稀土萃取分离新工艺设计提供了高效工具。以充槽启动工艺设计为例，稀土分离工艺应能在启动后快速达到体系平衡、尽快获得合格产品，减少或消除平衡过程中不合格产品的产生。通过动态模拟研究首次提出了根据槽体运行的分离效果按全回流-单回流-大回流正常操作逐次进行的启动模式。计算发现，全回流虽然得不到产品，但具有最大的分离效果，达到自身稳态所需时间很短，但并不改变各组分在萃取器中的积累量，而单回流是达到稳态积累量的关键；体系转入正常操作前，还需逐步加大料液、减小洗涤液或有机相的过程，即大回流操作。该种启动模式是加速体系达到稳态的适于稀土分离过程的有效方法，获得合格产品时间可缩短几倍至几十倍，且过程中几乎没有半成品，因而迅速在国内稀土分离企业和科研单位广泛使用，取得了显著的经济效益。一步放大技术还为复杂工艺形式的优化设计提供了平台。以三出口分离工艺为例，该工艺可在单一流程中同时获得两个纯产品和一个富集物，具有较高的经济技术指标，但与两出口工艺相比，因增加了两个分离指标和一个工艺参数而使工艺设计复杂很多。通过理论分析和计算机动态模拟和静态计算提出了三出口工艺中分离指标、出口分数、第三出口位置设置的基本原则以及萃取量、洗涤量等参数的计算方法，还根据三出口分离体系的特点，提出了该类工艺需分别对各段进行级数计算的见解，为三出口分离工艺在中国稀土分离工业的广泛应用奠定了理论基础。一步放大技术极大促进了中国稀土分离工业的快速发展。1985～1986 年，在北京大学及其理论指导下，珠江冶炼厂、上海跃龙化工厂和包钢稀土三厂先后设计完成了低钆稀土三出口分离、P507-HCl 体系轻稀土分离流程三出口分离和包头矿轻、中、重稀土三出口萃取工艺流程的工业试验，均达到了设计预期目标，取得了良好经济效益。1989 年，由北京大学化学系研制的"萃取法生产荧光级 Tb_4O_7（99.95%）新工艺"经过计算机模拟设计，采用一步放大技术，直接在广东省阳江市国营稀土冶炼厂进行工业试验并获得成功，自此，萃取法代替色层法成为荧光级氧化铽主流生产工艺。另外，自 1989 年起，北京大学在广东珠江冶炼厂和朝鲜咸兴化学合并会社分别设计并实施了"年处理离子吸附型稀土矿 650t 稀土氧化物分离工艺"和"年处理独居石 400t 稀土氧化物分离流程"工业项目。自此，中国稀土工业在国际上的竞争能力大大提升，迫使国外稀土分离厂相继减产、停产。为世纪之交中国单一稀土产品冲击国际稀土市场，并主导国际稀土市场奠定了萃取分离技术基础。

6）非恒定混合萃取比体系[7]*

在相当长的一段时期内，P507 萃取体系在离子吸附型稀土资源的高纯单一中、重稀土元素分离生产上的应用始终不能令人满意。因为随着被萃取稀土元素原子序数的增加，体系水相平衡酸度越来越高，导致整个分离体系中有机相和水相稀土浓度偏离恒定，因此需解决在非恒定混合萃取比体系中稀土分离工艺的理论计算问题。另外，重稀土的分离过程中，有机相的再生越来越困难，有机相残存易萃组分稀土严重妨碍水相出口稀土的纯度。在串级萃取理论的基础上，廖春生等通过考虑平衡相的物料浓度对萃取分离工艺的影响建立萃取平衡数学模型，提出了非恒定混合萃取比体系的工艺设计理论。

P507 萃取剂在稀释剂煤油中以二聚体形式（H_2A_2）存在，以阳离子交换机制萃取稀土离子。按照质量作用定律，可以写出稀土萃取反应的热力学表观平衡常数 K。同理，在多元体系中，对于其中的任意组分 i，也可以写出稀土萃取反应的热力学表观平衡常数 K_i。若令 $P_{i,\text{org}}$ 和 $P_{i,\text{aq}}$ 分别代表组分 i 在有机相和水相中的分数或纯度，则可得到 K_i 与 K 之间的关系如下：

$$K = \sum(P_{i,\text{aq}} \times K_i) \quad \text{或} \quad K = 1/\sum(P_{i,\text{org}} \times K_i) \qquad （5-158）$$

这是处理非恒定混合萃取比体系计算的基本数学模型。如任一稀土组分 i 在某酸性萃取剂分离体系中表观平衡常数 K_i 在一定离子强度条件下不随其摩尔分数变化，则由 $P_{i,\text{aq}}$ 或 $P_{i,\text{org}}$ 即可计算得到多元体系的总萃取平衡常数 K，进而再求得稀土在两相间的浓度分配关系。

5.6.4　稀土串级萃取工艺的应用与提升[1]

（1）萃取比优化以提高分离能力、降低原料消耗

串级萃取理论的提出与实践，推动了稀土萃取分离的大规模工业应用。但在工业化的设计和建设过程中，在分离系数取值和级效率的设置上都采用了保守的方法，使设计的级数和工艺参数远超过实际所需，运行成本高。所以，在早期设计和建设的一大批生产线中，尽管设计时采用的是最佳设计或最优化方程，但实际上并不一定达到最佳化要求。多数情况下是消耗较高，产能偏小。在经历了计算机模拟一步放大技术的应用之后，人们对串级萃取分离技术的了解更深入，加上现场技术人员长期的工作积累，经验越来越丰富。随着分离能力的不断扩大，产品价格急剧下降，促使工厂的技术人员想办法来扩大生产能力和降低生产成本。从 20 世纪 90 年代以来，发展了以生产现场检测数据为依据的串级萃取分离工艺优化方法。最为简单的是以出口前几级槽体中产品纯度的监测结果为依据，通过逐步降低萃取比或降低回萃比、回洗比的方法来优化工艺，提升产能，降低成本。

在串级萃取工艺的设计与建设中，起初人们都是把一条分离线独立起来进行考虑的。而且，为了保证某一产品的纯度，一般不会让不同分离线的设备和萃取有机相交叉使用。这无形之中导致了部分物质和能量的浪费。随着竞争的进一步加剧，产品规格和品种的增多，人们开始从系统工程的角度来重新考量原有的工艺，以及它们之间如何来协调协作的问题。以降低分离成本、提高整体分离效益为目的，对萃取分离过程进行一些技术改进，包括如下几种。

（2）洗酸、反酸共用技术

如图 5-25 所示，洗酸是从分馏萃取的洗涤段加入的以反萃 B 组分为目的的低浓度酸，而反酸是用于将萃取有机相中的所有稀土 A 组分反萃下来的较高浓度的酸，反萃液用于回收 A。由于反酸的酸度较洗酸的酸度高，甚至在反萃液中的过量酸比洗酸的浓度还高。这些酸的存在对于稀土 A 的沉淀和回收是不利的，做进一步分离的料液也不符合要求。需预先中和，增加了消耗。将反萃液用作洗酸，反萃的稀土不从原来的反萃段出，而是到分馏萃取的洗涤段出，这样，可以保证料液中稀土浓度高而酸度低，可大大降低后处理成本。

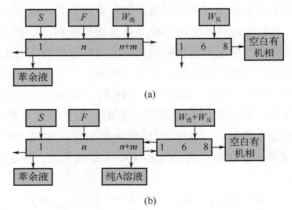

图 5-25　分馏萃取中洗酸、反酸的加入位置（a）与洗酸-反酸共用技术（b）示意图

（3）有机相出口分流技术

稀土的分离往往需要多条生产线才能达到基本的分离，一般是将已分离线的出口有机相

直接以有机相进料转入下一工序，或经反萃取后重新配料以水相进料进入下一工序。前一方法虽不增加酸碱消耗，但有机相进料的浓度太低，使后续分离设备的处理能力受到影响。后一方法虽可以保证进料的浓度，但需要增加酸的消耗。我们知道，在洗涤段各级有机相中，除了出口级的浓度由于反洗而使浓度大大降低外，其他各级的浓度基本恒定。因此，如果在洗涤段增加3～5级，并从原出口级位置引出相当于出口金属量的部分有机相，使之可以以较高的浓度直接与下一分离工序的有机相进料相衔接。而剩余的有机相通过增加的几级槽子后与洗酸作用全部被反萃下来，作为洗涤量回到洗涤段，这些有机相以空白状态进入循环使用。

（4）负载稀土的有机相作为皂化有机相和以稀土料液作为洗酸的分离技术

稀土萃取分离过程实际上是不同稀土离子之间的离子交换过程。由于萃取剂的酸性不是很强，直接对稀土的萃取需要在较低的酸度下进行，且由于交换出来的酸进入水相后使体系酸度增大，对进一步的萃取有抑制作用。有机相皂化的目的在于为稀土离子的交换提供一种更容易实现的条件。采用强碱使有机相皂化，形成萃取剂的钠盐或铵盐，用它们与稀土离子交换可以快速而定量地进行，在酸性水溶液中，未皂化的萃取剂在水相的分配量很少，一般不直接与稀土反应。

用负载稀土的有机相作为皂化有机相和以稀土料液作为洗酸的应用技术实际上是贯彻回流萃取的具体手段。把原来的段前快速钠皂或氨皂进一步提前到配料罐中进行，其皂化程度可以由平衡水相的酸度和金属量来调节。对于酸性弱的萃取剂，要实现稀土皂目的仍然需要消耗一定量的碱。而对于像酸性较强的萃取剂，如P204，可以大大减少碱用量，甚至不用碱。这对于降低碱的消耗非常有效。

（5）预分组（模糊）萃取技术

上述技术进步解决了段与段之间和分离线之间的相互衔接问题，不仅可以大大降低化工原材料的消耗，为重新考虑传统分馏萃取的设置思路提供了很大的空间，其中最主要的是对原分离线中切分元素的模糊化。

在一般的分馏萃取中，我们曾假定为双组分体系，并且通过萃取使这两组分得到干净而高效的分离，这一目标显然是已经达到并得到广泛的应用，但成本偏高。与此同时，这两个组分的切分是在两个相邻元素之间实现的，分界明晰。在多组分体系中，为了能在一条分离线上多出产品或使其中的某些含量低、价格高的元素在保证高收率的条件下得到富集，采用了三出口和多出口工艺。如图5-26所示，这一类工艺，可在两头得到高纯产品，而从中间出口的为富集物或纯度不是很高的单一元素。

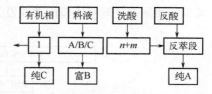

图5-26　分馏萃取三出口工艺示意图

为了提高中间出口产品的纯度或有价元素在中间产品中的富集程度，需要较大的萃取量和洗涤量，因而酸碱消耗都很高。要提高中间产品的纯度，还需进一步分离，并且会有一个富集物返回配料或再进行两步分离的过程。

三出口工艺的第三出口根据原料组成和分离目标要求，可以设在萃取段也可设在洗涤段。当设在洗涤段时，富B产物中不含C，下一步分离是A/B分离，从水相得出纯B，反萃段得富A料，可返回配料或进一步分离。

当设在萃取段时，富B产物中不含A，下一步分离是B/C分离，从有机相出纯B，水相富C料，可返回配料或进一步分离，如图5-27所示。

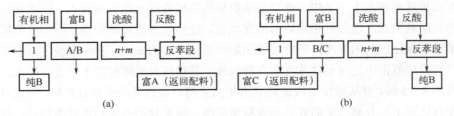

图 5-27　洗涤段（a）和萃取段（b）第三出口富集物的再分离工艺示意图

预分组（模糊）萃取可以看成是对过去的两元素间严格分离的思想解放，其基本思想是不企求在一个分馏萃取线上一下就出纯产品，两组分的切分不是落在两个相邻元素之间，也可以落在某一个元素的头上，使切分元素一部分从有机相走，另一部分从水相跑。如图 5-28 所示的 A/B/C 三组分体系，先得两个富集物，此时的分离系数可以取较高的值，级数少，萃取量小，化工原料消耗少。接下来将两个富集物分别转入下一阶段的两个精分阶段，它们之间可以实现联动操作，分别得到三个纯组分。

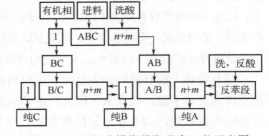

图 5-28　三组分模糊萃取分离工艺示意图

ABC 模糊分离后的出口水相 BC 进行 B/C 分离，有机相出口 AB 以有机相进料进行 A/B 分离。B/C 分离的出口有机（负载纯 B）作为 A/B 分离的皂化有机从第一级进入 A/B 分离线，而 A/B 分离的出口水相（纯 B）一部分作为产品引出，而另一部分作为 B/C 分离的洗酸，直接进入 B/C 分离。对 A/B 和 B/C 分离系列而言，一个不进皂化有机、一个不进洗酸，借助萃取过程的离子交换分离功能完成了对 B 的反萃。因此，减少了酸碱消耗。在 A/B 和 B/C 分离时，虽然 A/B、B/C 之间的分离系数不变，但进料金属量减少了，因此，萃取分离设备的容积可以大大减小。图 5-29 是北方稀土分离传统工艺与模糊萃取工艺的比较。预分组（模糊）萃取分离特点是级数少，萃取量小，酸碱消耗低，相同的处理量所需的萃取设备容积小。

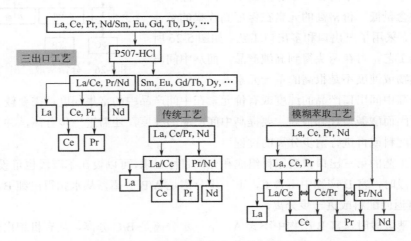

图 5-29　北方氯化稀土分离方案比较

5.6.5 联动萃取分离工艺[73-78]*

（1）联动萃取的提出

传统萃取分离工艺包括皂化-稀土皂-萃取-洗涤-反萃取等工艺单元，其中皂化过程使用的碱和反萃取过程使用的酸是主要的化工试剂消耗，并产生相应量的含盐废水。皂化-稀土皂过程的主要功能是制造负载难萃组分的负载有机相，用于交换萃取分离对象中的易萃组分；反萃取过程的主要功能是易萃组分的转型和有机相再生以循环使用，转型的易萃组分用于下一工序或洗涤有机相中的难萃组分提纯易萃组分。

联动萃取分离工艺旨在充分利用串级萃取分离过程中由酸碱消耗所带来的分离功，其核心内容是通过将分离流程中某一分离单元产生的负载有机相与稀土溶液作为其他分离单元的稀土皂有机相和洗液/反萃液使用，避免重复的碱皂化和酸反萃取过程，减少酸碱消耗和含盐废水排放。以四组分分离为例，按如图 5-30 所示的联动衔接，A/B 分离段中负载 B 的有机相作为 C/D 分离段所需负载难萃组分萃取剂使用，同时 C/D 段中产生的含 C 水相作为 A/B 段所需反萃液使用，同时避免了 A/B 分离单元反萃过程酸消耗和 C/D 分离单元皂化过程的碱消耗。

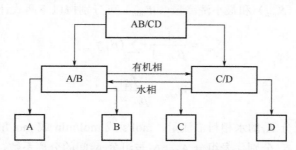

图 5-30　四组分萃取分离的一种联动衔接方式

两段衔接工艺参数需根据具体体系和分离对象用下式进行工艺参数设计：

$$\frac{P_B}{1-P_B} \times \frac{P_C}{1-P_C} = \beta_{C/B^n} \tag{5-159}$$

式中，P_B 和 P_C 分别为组分 B 和 C 的出口纯度指标；$\beta_{C/B}$ 为两组分的分离系数；n 代表衔接段所需级数。图 5-30 的四组分分离的联动工艺可进一步发展为图 5-31 所示的衔接方式。在图 5-31 中，(AB)/(BC) 与 (BC)/(CD)，A/B 与 B/C，B/C 与 C/D 分离单元之间分别建立的衔接交换段可较图 5-30 中的衔接方式进一步提高分离效率，工艺参数设计方法也完全有别于传统工艺。

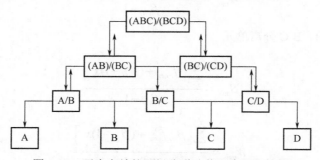

图 5-31　更为高效的四组分联动萃取流程衔接图

（2）联动萃取分离单元的优化

联动萃取工艺适用于三组分及以上体系的稀土分离。作为多入口、多出口的萃取分离工艺，联动萃取流程中相互衔接的分离单元具有与传统分馏萃取流程中的孤立分离单元所不同的特点。采用仿真模拟设计联动萃取流程的核心是通过计算给出工艺的最佳控制点和最佳控制方案，但其中的工艺参数往往需从大量计算结果中择优确定，工作量大，专业性强，且无法确定所选结果已是最优化。程福祥等通过引入邻级杂质比的概念研究了多组分萃取分离单元的物料纯化规律，推导得到了分离单元最小萃取量、最小洗涤量以及用于指导分离单元间最优化衔接的理论计算公式，提出了具有理论消耗极限的多组分联动萃取分离流程设计方法。

联动工艺流程的设计，首先需研究图 5-32 所示流程中所含分离单元的极值计算方法[79-84]。对于含有待分离组分为 A_t, A_{t-1}, $\cdots$, A_1（$t \geqslant 3$，萃取顺序：$A_t < A_{t-1} < \cdots < A_1$）的分离单元，仅当采取 $(A_t A_{t-1} \cdots A_2)/(A_{t-1} A_{t-2} \cdots A_1)$ 的切割方式进行分离时，才可能使萃取剂和洗液的分离功同时都不浪费。因此，联动萃取流程中所有分离单元均采用此种切割方式进行分离。

对于图 5-32 所示采取 $(A_t A_{t-1} \cdots A_2)/(A_{t-1} A_{t-2} \cdots A_1)$ 类型切割方式进行的 (ABC)/(BCD) 分离单元，最小萃取量（$S_{\min}$）和最小洗涤量（$W_{\min}$）可分别按以下两式计算：

$$S_{\min} = \frac{1}{\beta_{1/t} - 1} \cdot \sum_{i=1}^{t} (\beta_{i/t} f_{i,\text{aq}}) \tag{5-160}$$

$$W_{\min} = \frac{f_{\text{aq}}}{\beta_{1/t} - 1} \tag{5-161}$$

式中，$f_{i,\text{aq}}$ 代表组分 A_i 的水相料液流量，mol/s 或 mol/min 或 mol/h；f_{aq} 代表所有组分的水相料液流量；$\beta_{1/t}$ 和 $\beta_{i/t}$ 分别代表组分 A_1、A_i 与组分 A_t 间的分离系数。

对应于与 (ABC)/(BCD) 逐层级向下衔接的分离单元 (AB)/(BC)、A/B 分离单元和 (BC)/(CD)、C/D 分离单元，$S_{\min}$ 和 $W_{\min}$ 可按下式计算：

对于 (AB)/(BC)、A/B 分离单元

$$S_{\min} = \frac{\sum_{i=1}^{t} \left[\beta_{i/t} f_{i,\text{aq}}^0 + (\beta_{i/t} - 1) y_i \right]}{\beta_{1/t} - 1} \tag{5-162}$$

$$W_{\min} = \frac{\sum_{i=1}^{t} \left[f_{i,\text{aq}}^0 + (\beta_{i/t} - 1) y_i \right]}{\beta_{1/t} - 1} \tag{5-163}$$

对于 (BC)/(CD)、B/C 分离单元

$$S_{\min} = \frac{\sum_{i=1}^{t} \left[f_{i,\text{org}}^0 + (\beta_{i/t} - 1) x_i \right]}{\beta_{1/t} - 1} \tag{5-164}$$

$$W_{\min} = \frac{\sum_{i=1}^{t} \left[\beta_{i/t} f_{i,\text{org}}^0 + (\beta_{i/t} - 1) x_i \right]}{\beta_{1/t} - 1} \tag{5-165}$$

式中，$f^0_{i,aq}$ 和 $f^0_{i,org}$ 分别为不引出有机相流或水相流时 A_i 组分的初始水相流量和有机相流量；y_i 和 x_i 分别为自水相进料级和有机相进料引出的 A_i 组分有机相流量和水相流量。B/C 分离单元 S_{min} 和 W_{min} 的计算需根据 (AB)/(BC) 与 (BC)/(CD) 在实际体系中的衔接情况确定。如图 5-32 所示，其中，aq 和 org 分别代表水相和有机相；p 代表产品流量；S 和 W 代表输入的萃取剂和洗液中相应组分的流量；上标 Ⅰ、Ⅱ 和 Ⅲ 分别代表(SmEu)/(EuGd)、Sm/Eu 和 Eu/Gd 三个分离单元；下标 sum 代表所有组分；下标 add 代表外部补充。流程的总最小萃取量 $S_{min} = S^{Ⅱ}_{min} + S^{Ⅲ}_{add} = 1.1900$，总最小洗涤量 $W_{min} = W^{Ⅲ}_{min} = 0.8900$。

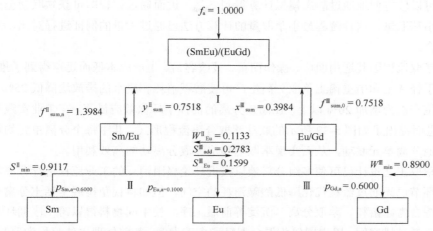

图 5-32　具有最小萃取量的 Sm/Eu/Gd 三组分联动萃取分离流程

（3）联动萃取分离工艺设计优化[7]

在计算分离单元 S_{min} 和 W_{min} 的基础上，通过联动衔接设计即可得到一个具有理论最小萃取量的多组分全分离工艺流程。工艺流程设计时，为使流程整体具有理论的最小萃取量，需遵循两个基本原则：①每个分离单元均按最优切割方式进行分离，萃取剂和洗液的分离功都不产生浪费；②分离单元间充分联动，相互利用分离功至极值。

以 Sm∶Eu∶Gd＝60∶10∶30 三组分水相料液为例，设计的分离流程如图 5-32 所示。该流程由 (SmEu)/(EuGd)、Sm/Eu 和 Eu/Gd 三个分离单元组成，分别用 Ⅰ、Ⅱ 和 Ⅲ 代表。图中 f_a、$S^{Ⅱ}_{min}$、$S^{Ⅲ}_{add}$、$W^{Ⅲ}_{min}$ 为由分离流程外部输入的参数（流量），$P_{Sm,a}$、$P_{Eu,a}$、$P_{Gd,a}$ 为分离体系输出的参数（即产品纯度），其他均为各分离单元间联动衔接时互相提供的流量。外部输入的萃取剂流量除分离单元 Ⅱ 所需的最小萃取量 $S^{Ⅱ}_{min} = 0.9117$ 外，由于分离单元 Ⅱ 与 Ⅲ 的衔接不能满足分离单元 Ⅲ 的最小萃取量要求，还需额外补充萃取剂 $S^{Ⅲ}_{add} = 0.2783$，图 5-32 中流程所需的总最小萃取量 $S_{min} = S^{Ⅱ}_{min} + S^{Ⅲ}_{add} = 1.1900$；而分离单元 Ⅲ 输入的洗液可同时满足另两个分离单元最小洗涤量需求，无须额外补充，流程的总最小洗涤量 $W_{min} = W^{Ⅲ}_{min} = 0.8900$。图 5-32 是将给定原料分离为单一产品所需的理论最小消耗的流程，意为：当萃取量低于流程的最小萃取量 1.1900 时，无论如何设计工艺都无法实现获得三个单一纯产品的分离目的。

萃取分离体系的静态计算必须从某一已知组成的单级开始，利用萃取平衡和物料平衡进行逐级递推运算，再根据分离指标判断分离所需的级数，最终获得稳态的组成分布。理论推导还给出了流程中各分离单元的出口各组分流量的公式计算方法，这也为分离体系的静态模拟计算提供了关键的基础数据。

（4）流程优化的极值计算

大量的模拟计算显示，将一个多组分料液分离为所有组分的单一产品时，流程所需的理论最小萃取量在数值上等于将原料以任意两相邻组分间切割进行两出口分离所需的最小萃取量中的最大者。例如，如将某一给定组分的 La/Ce/Pr/Nd 料液分离为所有单一组分的纯产品，具有理论最小萃取量流程的 S_{min} 数值上等于进行 La/(CePrNd)、(LaCe)/(PrNd)和(LaCePr)/Nd 三种两出口分离形式所需的 S_{min} 中的最大者。其中相邻组分间切割的两出口分离由于出口组分已知，可以较方便地通过静态模拟计算得到 S_{min}，进而通过比较即可获知联动全分离流程的理论最小萃取量。这种流程最小萃取量的计算方法已通过大量的例证进行对比，所有结果均完全符合。

联动萃取流程因其适用面广、操作简单、技改容易、生产成本低而迅速得到了推广应用，初期应用于轻稀土和中重稀土萃取分离生产可使酸碱消耗和废水的排放均降低 25% 以上，同时流程的生产能力增加 20% 以上，在高效分离的前提下环保效应显著。在工业实践基础上理论研究，进而提出了如图 5-32 所示的联动萃取分离流程形式，其中每个分离单元均可最大限度地与其他分离单元联动，从而实现萃取剂和洗涤液分离功的高效利用。

联动萃取工艺设计已可使多组分料液以接近理论极限消耗的工业流程进行分离，因而在萃取分离环节已无通过流程优化降低酸碱消耗的空间，但如将视角拓展至稀土分离生产的全流程，即综合考虑溶料、萃取分离、沉淀等前后工序，使中间物料得以跨工序循环利用，应尚存较大降耗减排空间。以中国包头混合型轻稀土矿为例，其前处理主体流程为硫酸焙烧法，硫酸稀土水浸液通常需先以萃取法转型为氯化物后进行各组分的萃取分离。传统工艺中萃取转型及后续萃取分离分别产生消耗，最小萃取量分别为 1.0 和 1.78，总最小萃取量达到 2.78。2010 年北京大学和五矿（北京）稀土研究院有限公司团队合作，提出了转型-分组一体化流程，设计在 P204 萃取转型过程中利用萃取剂的分离能力同时进行分组分离，即将混合稀土原料分组为 LaCePrNd 与 CePrNdSm，再进一步在 P507 联动萃取分离生产线上实现全分离，使得流程的总萃取量减少至 1.7~1.75，萃取分离过程的酸碱消耗降低约 40%。近年在对包头稀土矿硫酸稀土转型及分离过程的进一步理论研究中获得了避免 Ca 元素在转型过程中富集的工艺条件，进而设计提出了包头矿转型-分离一体化流程，即在硫酸稀土萃取转型过程中得到部分纯产品，实现分离目的，新流程的总萃取量已可降至 1.35~1.40，进一步接近了理论极限。上述两工艺在甘肃稀土新材料股份有限公司已先后成功获得了工业应用。目前，基于工序耦合的全流程优化工艺流程设计也已在四川省乐山锐丰冶金有限公司和定南大华新材料资源有限公司等企业应用，获得了良好的实施效果。另外，融汇了最新技术设计的五矿江华瑶族自治县兴华稀土新材料有限公司稀土分离项目即将投产实施，有望进一步提升离子型稀土矿分离生产过程的降耗减排工艺水平。

目前，中国已建立了较为完善的稀土萃取分离工艺设计理论及应用体系，展望中国稀土分离科技研发，建议应对以下两领域重点关注。

（1）生产过程的智能化

规划开展稀土萃取分离智能化生产技术开发，推动中国稀土萃取分离生产过程实现自动控制。国外稀土企业的自动化程度普遍较高，在自动化硬件设施上相对于中国具有一定优势，但在稀土分离仿真及优化、自动控制软件方面，较少见到相关的研究与生产应用报道。近年国内稀土萃取分离过程的工业自动化水平也在不断提高，基本实现了流量的自动控制与集中调整，但目前的稀土控制系统仍然依赖于人工给定参数，过程控制的波动幅度较大，没有真正意义上的智能化控制。用于自动控制的软件系统应可通过过程仿真与模式识别，针对 15 种稀土元素全分离的复杂过程，进行全局优化。中国在复杂稀土体系萃取分离动态仿真模拟和静态计算设计方面具有长期积累，已形成良好的技术基础优势，因此中国应大力支持用于智能化生产所需的最优化流量计算和反馈控制专家系统的研制，以期尽快突破稀土萃取分离智能化技术发展瓶颈。

（2）生产过程的绿色化

针对稀土萃取分离生产过程中的主要污染物以"减量化"与"产品化"相结合，建立稀土绿色分离工艺技术体系，最终实现稀土分离工业生产过程的零排放目标。减量化需从源头治理，应继续深入开展全流程优化技术研究。离子吸附型混合碳酸稀土或氧化稀土矿原料以盐酸溶解得到后续萃取分离所需的氯化稀土溶液，因而存在与使用酸性萃取剂的萃取分离过程联动的可能；所有稀土产品分离得到的氯化稀土溶液均需经沉淀工序进行后处理，如以草酸为沉淀剂时，将溶料、萃取和沉淀工序联动也应可大幅降低酸碱消耗和盐产生量。产品化则为污染物末端治理手段，即通过相关工艺和技术水平的提升提高废弃物再生产品的附加值，使末端治理创造环保效益的同时也能产生一定的经济效益。

思考题

1. 试比较有机化工中有机物萃取分离与无机化工中金属离子分离的差别。

2. 分配系数、分配比、分离系数、萃取比、萃取率等是如何定义的？它们之间的关系如何？在使用上有哪些习惯？

3. 斜率法或作图法确定一个萃取反应的机理是如何做到的？其原理如何？如何通过萃取平衡常数的测定来确定萃取反应的自由能变化、焓变和熵变？

4. 试述萃取过程产生乳化、三相和界面污染物的主要原因和后果。萃取分离过程萃取剂消耗主要来源于乳化和溶解损失，这不仅会增加材料消耗，也会导致水相含油、磷、COD 等指标超标。请讨论，用萃取法从矿山低浓度稀土浸出液中富集回收稀土所面临的具体难题和解决这些问题的途径。

5. 试比较几大萃取体系的特点、涉及的主要反应和影响萃取效率和分离系数的主要因素。

6. 低浓度稀土的萃取与高浓度稀土的萃取在工业应用上所碰到的问题各有什么不同？提高稀土料液进料浓度对分离的有利贡献表现在哪几个方面？

7. 对比几种主要萃取剂的结构与萃取性能之间的变化规律和构效关系。现行工业上的主流萃取分离体系与早期国外的萃取分离体系相比，其优缺点如何？

8. 讨论几种主要萃取剂对稀土元素萃取能力次序与原子序数的变化规律，萃取分离轻稀土用哪种萃取剂好？萃取分离中稀土又是哪种好？分离钇的萃取剂是哪一类好？萃取分离稀土与铁、铝、铀、钍又分别是哪种好？

9. 分离稀土的串级萃取理论是研究什么的？试比较几种主要串级萃取方式的特点和应

用范围。

10. 在串级萃取分离实践中，我们为什么重点关注萃取比和萃取量的取值问题？徐光宪串级萃取理论中，最小萃取比方程、最优萃取比方程分别是指什么意义上的萃取比？

11. 串级萃取理论一般是以萃取平衡时的物质分配关系，并以物料平衡为基础来开展研究的。在什么情况下萃取并不满足平衡要求？非平衡串级萃取理论应如何考虑非平衡条件带来的影响？

12. 进行串级萃取工艺设计时，首先需要已知哪些条件或参数？哪些参数是要经过计算才能确定的？如何利用已知的一些公式来进行设计或计算？目标是要获得哪些参数？

13. 什么是皂化反应？酸性配位萃取剂为什么需要预先皂化？如何通过皂化度和相比的调控来达到萃取量或萃取比的要求？请结合具体实例讨论一下，直接用稀土碱性化合物皂化酸性有机相的技术是如何演变的？

14. 为什么说萃取分离过程的分离功除了与萃取剂和金属离子性质有关外，还与酸碱消耗相关？而酸碱消耗最后又产生含盐废水。所以，分离企业酸碱消耗指标是体现分离技术水平的主要指标，它涉及材料成本和环境成本。请以具体事例来说明这样一个观点。

15. 请讨论预分组萃取、模糊萃取与联动萃取的联系和关系。它们的直接效果是能降低酸碱消耗，请以具体事例说明它们是如何达到目的的，重点分析反酸洗酸共用技术、有机相分流技术在这里发挥的作用。

参考文献

[1] 李永绣，刘艳珠，周雪珍，等. 分离化学与技术. 北京：化学工业出版社，2017.
[2] 张启修，曾理，罗爱平. 冶金分离科学与工程. 长沙：中南大学出版社，2016.
[3] 徐光宪，袁承业. 稀土的溶剂萃取. 北京：科学出版社，1987.
[4] 徐光宪，王文清. 萃取化学原理. 上海：上海科学技术出版社，1984.
[5] 黄春辉. 稀土配位化学. 北京：科学出版社，1997.
[6] 中国科学技术协会，中国稀土学会. 2014—2015 稀土科学技术学科发展报告. 北京：中国科学技术出版社，2016.
[7] 国家自然科学基金委员会，中国科学院. 中国学科发展战略. 稀土化学. 北京：科学出版社，2022.
[8] 游效曾，孟庆金，韩万书. 配位化学进展. 北京：高等教育出版社，2000.
[9] 倪嘉缵，洪广言. 稀土新材料及新流程进展. 北京：科学出版社，1998.
[10] 中国科协学会学术部. 稀土资源绿色高效高值化利用. 北京：中国科学技术出版社，2013.
[11] 徐东彦，叶庆国，陶旭梅. 分离工程. 北京：化学工业出版社，2012.
[12] 李德谦. 稀土湿法冶金工业中的化工问题. 化学进展，1995, 7(3): 209-213.
[13] Li D Q. A review on yttrium solvent extraction chemistry and separation process. J Rare Earths, 2017, 35(2): 107-120.
[14] 张文杰，童雄，谢贤，等. 稀土分离纯化技术研究现状. 中国稀土学报，2022, 40(1): 24.
[15] 李立清，杨林，郑明豪，等. 稀土萃取分离技术及萃取剂研究进展. 中国稀土学报，2022, 40(6): 920-925.
[16] 黄小卫，李红卫，薛向欣，等. 我国稀土湿法冶金发展状况及研究进展. 中国稀土学报，2006, 24(2): 129-133583-588.
[17] 李永绣，周新木，刘艳珠，等. 离子吸附型稀土高效提取和分离技术进展. 中国稀土学报，2012, 30(3): 257.

[18] 严纯华, 廖春生, 易涛, 等. 铽镝镥的溶剂萃取分离方法. CN 95117986.1, 2000.

[19] 廖春生, 严纯华, 贾江涛, 等. 萃取分离生产高纯氧化镥的工艺. CN 98100226.9, 2003.

[20] 余东海, 安华英, 杜若冰, 等. 高效的重稀土分离萃取剂-P227. 中国稀土学报, 2022, 40(6): 976-987.

[21] 陈继, 邓岳锋, 李德谦, 等. 一种高钇型稀土矿分组分离氧化钇的方法: CN 110002487B, 2019.

[22] Han Y X, Chen J, Deng Y F, et al. An innovative technique for the separation of ion-adsorption high yttrium rare earth ore by Er(Ⅲ)/Tm(Ⅲ) grouping first. Sep Purif Technol, 2022, 280: 19929.

[23] 陈继, 邓岳锋, 韩亚星, 等. 一种离子型稀土矿铒钇分组方法. CN 202110823269 X, 2021.

[24] 李德谦, 王香兰, 孟淑兰, 等. 一种添加改良剂的萃取体系分离重稀土元素的工艺. CN 100352954C, 2005.

[25] 邓岳锋, 王香兰, 白彦, 等, P507-ROH 体系分离制备高纯 Lu$_2$O$_3$ 工艺研究进展. 中国稀土学报, 2022, 40(6): 948-955.

[26] 陈继, 李海连, 李德谦, 等. 调控重稀土萃取分离工艺萃取平衡酸度和萃取级数的方法: CN 107675000B. 2017.

[27] 陈继, 陈厉, 李德谦, 等. 一种测定有机磷酸溶液中长链脂肪醇含量的方法. CN 107478767B, 2017.

[28] 叶伟贞, 许庆仁, 钱云芳, 等. 分离稀土金属的萃取剂. CN 1084574A, 1993.

[29] 李德谦, 孟淑兰, 王弋戈, 等. 一种用烃氧基取代乙酸为萃取剂分离高纯钇的方法. CN 1394972A, 2002.

[30] 廖伍平, 韩经露. 膦酰基羟基乙酸及其用于分离钇的用途和方法. CN 115369267 A, 2021.

[31] 廖伍平, 邝圣庭. 含磷氨基酸化合物及其用于萃取分离钇的用途. CN 115433842 A, 2021.

[32] Han J L, Wu G L, Li Y L. Efficient separation of high-abundance rare earth element yttrium and lanthanides by solvent extraction using 2-(bis((2-ethylhexyl)oxy) phosphoryl)-2-hydroxyacetic acid. Sep Purif Technol, 2023, 306: 122683.

[33] 王艳良, 吴玉远, 肖文涛, 等. 一种二苯氨基氧代羧酸萃取剂、其制备方法及应用. CN 112760481 A, 2020.

[34] 杨少波. 一种新型萃取剂在稀土料液除铝铁中的应用. 福建冶金, 2023(1): 30-33.

[35] 孙晓琦, 王艳良, 苏佳. 一种混合萃取剂和分离稀土钇的方法. CN 109750160B, 2017.

[36] 孙晓琦, 王艳良, 董亚敏. 一种稀土萃取分离用萃取剂及其制备方法和萃取分离方法: CN 108456792 B. 2017.

[37] Yang X J, Zhang Z F, Kuang S T, et al. Removal of thorium and uranium from leach solutions of ion-adsorption rare earth ores by solvent extraction with Cextrant 230. Hydrometallurgy, 2020, 194: 105343.

[38] Lu Y, Wei H, Zhang Z, et al. Selective extraction and separation of thorium from rare earths by a phosphorodiamidate extractant. Hydrometallurgy, 2016, 163: 192.

[39] Dong Y, Li S, Su X, et al. Separation of thorium from rare earths with high-performance diphenyl phosphate extractant. Hydrometallurgy, 2017, 171: 387.

[40] 廖伍平, 吴国龙, 李艳玲, 等, 磷酰基羧酸或其盐作为萃取剂分离稀土料液中铝的应用和方法: CN 115558806 A.

[41] 李永绣, 杨丽芬, 李翠翠, 等. 用伯胺萃取剂从低含量稀土溶液中萃取回收稀土的方法. CN 106367620A, 2017.

[42] 李永绣, 李翠翠, 杨丽芬, 等. 从低含量稀土溶液和沉淀渣中回收和循环利用有价元素的方法: CN106367621A, 2017.

[43] 马晨, 徐源来, 马驰远, 等. 稀释剂对 3-氧戊二酰胺类萃取剂萃取稀土的影响. 中国有色金属学报, 2019, 29(11): 2681-2690.

[44] 吴广谱, 杨金红, 夏光明, 等. N,N′-二甲基-N,N′-二辛基-3-氧戊二酰胺从盐酸介质中萃取三价镧系金属的研究. 无机化学学报, 2011, 27(2): 315-320.

[45] 崔红敏, 石劲松, 晏南富, 等. 一种从高铝稀土料液中分离稀土的萃取方法. CN 112063861A, 2020.

[46] 赵志钢, 杨帆. 一种含有有效官能团的萃取剂和吸附剂及其在钍金属萃取分离中的应用. CN

109082544B, 2017

[47] 孙晓琦，苏佳. 一种基于POAA从放射性废渣浸出液中分离钍和富集稀土方法. CN 111020196 B, 2019.

[48] 王道广，王均凤，张香平，等. 离子液体在稀土萃取分离中的应用. 化工学报，2020，71(10): 4379-4394.

[49] 刘郁，陈继，陈厉. 离子液体萃淋树脂及其在稀土分离和纯化中的应用. 中国稀土学报，2017，35(1): 9-18.

[50] 张启修，魏琦峰. 硫酸稀土溶液离子膜电解氧化铈（Ⅲ）为铈（Ⅳ）的方法. CN 02114300.5, 2003.

[51] 魏琦峰，张启修. 硫酸介质中电解氧化铈的离子交换膜选择. 稀土，2003，24(1): 13-16.

[52] 魏琦峰，曹佐英，张启修. 硫酸介质中阴离子交换膜电解氧化铈(Ⅲ)的研究. 稀土，2004，25(1): 28-31.

[53] 龙志奇，黄文梅，黄小卫，等. 一种电解还原制备二价铕的工艺. CN1453395A, 2002.

[54] 张玻，贾江涛，廖春生，等. 重稀土硫酸盐体系电解还原提纯镱的研究. 中国稀土学报，2005，23(3): 368-372.

[55] 张玻，贾江涛，廖春生，等. 电极条件对硫酸介质中电解还原提纯镱过程的影响. 中国稀土学报，2005,23(5):597-601.

[56] 严纯华，吴声，廖春生，等. 稀土分离理论及其实践的新进展. 无机化学学报，2008，24(8): 1200-1205.

[57] 廖春生，程福祥，吴声，等. 串级萃取理论和稀土分离技术的发展趋势及相关进展. 中国科学：化学，2020, 50(11): 1730-1736.

[58] 程福祥，吴声，廖春生，等. 联动萃取分离流程设计理论的建立及其运用. 中国稀土学报，2021，39（3）：490-503.

[59] 廖春生，程福祥，吴声，等. 串级萃取理论发展与稀土分离工业技术进步. 中国稀土学报，2022，40(6): 909-919.

[60] 廖春生，程福祥，吴声，等. 串级萃取理论的发展历程及最新进展. 中国稀土学报，2017，35(1): 1-8.

[61] 徐光宪. 串级萃取理论Ⅰ、最优化方程及其应用. 北京大学学报（自然科学版），1978 (1): 51-66.

[62] 徐光宪. 串级萃取理论Ⅱ、纯度对数图解法. 北京大学学报（自然科学版），1978(1): 67-75.

[63] 李标国，徐献瑜，徐光宪. 串级萃取理论Ⅲ、逆流萃取动态平衡的数学模型. 北京大学学报（自然科学版），1980(2): 66-84.

[64] 李标国，严纯华. 串级萃取理论Ⅶ——三组分体系动态过程的研究. 中国稀土学报，1985(3): 20-26.

[65] 李标国，严纯华. 串级萃取理论Ⅷ——两组分串级萃取体系回流过程的研究. 中国稀土学报，1986(2): 1-7.

[66] 魏思. 对串联萃取理论的几点看法. 稀土，1986(13): 16-25.

[67] 徐光宪，李标国，严纯华. 串级萃取理论的进展及其在稀土工艺中的应用. 稀土，1985(1): 56-67.

[68] 李标国，严纯华，高松，等. 串级萃取理论的新进展——三出口萃取工艺的优化设计实例. 稀土，1986(6): 8-14.

[69] 严纯华，廖春生，贾江涛，等. 氟碳铈镧矿稀土萃取分离流程的经济技术指标比较. 中国稀土学报，1998,16(1): 66-71.

[70] 贾江涛，严纯华，廖春生，等. 两组分稀土分馏萃取体系原料组成对纯度梯度和积累量的影响. 中国稀土学报，1998, 16(4): 310-314.

[71] 吴声，廖春生，贾江涛，等. 多组分多出口稀土串级萃取静态优化设计研究（Ⅰ）静态设计算法. 中国稀土学报，2004, 22(1): 17-21.

[72] 吴声，廖春生，贾江涛，等. 多组分多出口稀土串级萃取静态优化设计研究(Ⅱ)静态程序设计及动态仿真验证. 中国稀土学报，2004, 22(2): 171-176.

[73] 程福祥，吴声，廖春生，等. 串级萃取理论之联动萃取分离工艺设计：Ⅰ、串级萃取分离过程的邻级杂质比. 中国稀土学报，2018，36(3): 292-300.

[74] 程福祥，吴声，廖春生，等. 串级萃取理论之联动萃取分离工艺设计：Ⅱ、出口联动分离单元基本关系式. 中国稀土学报，2018, 36(4): 437-449.

[75] 程福祥，吴声，廖春生，等．串级萃取理论之联动萃取分离工艺设计：Ⅲ、进料级联动分离单元基本关系式．中国稀土学报，2018, 36(5): 571-582.

[76] 程福祥，吴声，廖春生，等．串级萃取理论之联动萃取分离工艺设计：Ⅳ、分离单元间的最优化衔接．中国稀土学报，2018, 36(6): 672-681.

[77] 程福祥，吴声，廖春生，等．串级萃取理论之联动萃取分离工艺设计：Ⅴ、流程设计实例．中国稀土学报，2019, 37(1): 39-48.

[78] 程福祥，吴声，廖春生，等．串级萃取理论之联动萃取分离工艺设计：Ⅵ、理论的应用拓展．中国稀土学报，2019, 37(2): 199-209.

[79] Cheng F X, Wu S, Wang S L, et al. Minimum amount of extracting solvent of $(A_1A_2\cdots A_{t-1})/(A_2A_3\cdots A_t)$ separation when using non-barren extracting solvent. J Rare Earths, 2014, 32(10): 1022-1028.

[80] Cheng F X, Wu S, Wang S L, et al. Minimum amount of extracting solvent of $(A_1A_2\cdots A_{t-1})$ $(/A_2A_3\cdots A_t)$ countercurrent extraction separation. Adv Mater Phys Chem, 2015, 5: 325.

[81] Cheng F X, Wu S, Zhang B, et al. Minimum amount of extracting solvent of two-component extraction separation in a complex feeding pattern. Sep Purif Technol, 2015, 142: 162.

[82] Cheng F X, Wu S, Liu Y, et al. Minimum amount of extracting solvent of a separation of two rare earth components. Adv Mater Phys Chem, 2014. 4: 275.

[83] Cheng F X, Wu S, Liu Y, et al. Minimum amount of extracting solvent for AB/BC countercurrent separation using aqueous feed. Sep Purif Technol, 2014, 131: 8.

[84] Cheng F X, Wu S, Zhang B, et al. Minimum amount of extracting solvent of AB/BC countercurrent extraction separation using organic feed. J Rare Earths, 2014, 32(5): 439.

第6章
稀土沉淀结晶分离与湿法冶金过程环境保护

沉淀与结晶是众多化学分离手段中最为常见的一类分离技术。它们之间的本质没有区别，在平衡时都遵守溶度积规则，都是以先形成晶核，晶核再长大，然后通过固液分离方法与溶液或溶液中的组分达到分离目标。在科学实验和实际生产中，可以利用沉淀-结晶原理进行物质的分离、提纯和产品的制备，也可用于分析检验方法中共存杂质的分离[1-2]。

但是，它们之间还是有些差别的。沉淀一般是指往溶液中加入一种沉淀剂，使溶液中原本不沉淀的组分与加入沉淀剂中的组分结合为溶解度很小的沉淀而析出的过程，或者是通过加入其他组分和溶剂以大大降低组分本身在溶液中的溶解度，从而使沉淀析出的过程；而结晶一般是指那些在溶液中的溶解度不是很小的组分，通过改变物理条件（温度、浓度）而使其结晶析出的过程。因此，沉淀出来的产物一般是溶解度小的细颗粒，可以是结晶的，也可以是无定形的；结晶的产物一般是颗粒较大的结晶体，像氯化钠颗粒、碳酸氢铵、硫酸铵等。本章我们将以化学平衡为依据重点阐述沉淀-结晶平衡的规律、理论及其应用。

6.1 稀土湿法冶金与环境保护技术中的沉淀结晶

沉淀法在冶金和无机工业上的应用，一是用于除去溶液中的杂质，达到净化溶液分离杂质的目的，二是从溶液中沉淀出目标产物，与溶液中的其他可溶组分分离[1-4]；所用的分离方法通常是利用金属离子氢氧化物、硫化物、磷酸盐、碳酸盐、硫酸盐、卤化物以及金属有机化合物在水中以及其他溶剂中的溶解度差别来进行。对于一些由于表面亲水和疏水基团的存在而以胶体形式存在的化合物，则需要依据胶体的性质，采用相应的方法来使其沉淀析出。所用的方法包括盐析法、有机溶剂沉淀法和等电点沉淀法等。沉淀法多数用于粗分离目的，所得产品的纯度不高。但是，随着分离技术的进步，一些沉淀方法也可以用于高纯产品的生产。近些年来，把分离与目标产品的物理性能控制结合起来，为新材料制备提供了性能优良的前驱体产品。这是沉淀法发展的主要方向。

前已述及，结晶与沉淀之间没有明显的界线，在许多沉淀方法中也包含了结晶的内容。当沉淀物的溶度积很小时，开始析出的沉淀由于过饱和度太大而往往形成无定形的产物，属于动力学稳定的亚稳态沉淀。这种亚稳态的无定形沉淀往往夹带有很多共存的杂质离子，或者吸附有许多杂质离子，纯度不高。为此，一般都需要经过一个陈化过程，使形成的沉淀发生奥斯特瓦尔德（Ostwald）结晶转化。该过程就是一个重结晶的过程。根据固体物质溶解度与其颗粒大小的关系，对于小颗粒沉淀，其表面能高，对应的溶解度比大颗粒结晶体的溶解度大。因此，在陈化过程中，小颗粒溶解，大颗粒长大。在这个过程中，原先沉淀夹带和吸附的杂质会被吐出，使结晶产物的纯度得到提高。这一重结晶过程可以是由无定形体转化为结晶体，或者一种结构的晶体转化为另一种结构的晶体。

结晶分离主要用于一些结晶化合物的纯化和物理性能调控。许多化合物的溶解度随温度的变化而变化，一般是温度降低，溶解度增大，但也有相反的情况。对于那些溶解度随温度变化较大的化合物，其结晶方法多半是变温法。而对于那些溶解度随温度变化小的化合物，则常用浓缩法或挥发法来进行。根据被分离物质的溶解度差别大小，确定相应的浓缩比或结晶百分率。事实上，利用结晶来分离物质的选择性不是很好，所以，往往需要通过多级结晶才能达到目标。

稀土冶炼分离中有相当大的一部分内容需要利用沉淀与结晶的理论和方法来实现稀土元素的分离富集[5-8]。这些方法也经常需要与其他方法紧密结合才能达到分离纯化的目标。例如：低浓度稀土溶液中铈、铕的分离富集工艺就可以利用它们的变价性质，与氧化-还原反应或电化学相结合，可大大提高它们与其他相邻稀土元素的分离效果或效率。本章将结合现有的稀土草酸盐沉淀技术、稀土碳酸盐沉淀技术、稀土氢氧化物沉淀技术、稀土磷酸盐沉淀技术及稀土氟化物沉淀技术与环境保护要求，详细说明稀土沉淀与结晶过程的理论及影响因素，阐明相关技术的应用情况及对沉淀废水进行回收利用的新办法。

6.2 溶解平衡与溶度积规则[1-3]

6.2.1 溶度积常数

不同物质在水中的溶解度是不同的。严格地讲，绝对不溶解的物质是不存在的，任何固体电解质都会或多或少地溶解在水中。难溶电解质在水中会发生一定程度的溶解，当达到饱和时，未溶解的电解质固体与溶液中的离子建立起动态平衡，这种状态被称为难溶电解质的沉淀-溶解平衡。在无机化学课程里，我们用溶度积常数来表示这种溶解平衡。对于溶解度较大的物质，也存在着结晶-溶解平衡，但通常用溶解度来表示溶解情况。

例如，将难溶电解质 $RE_x(C_2O_4)_y$ 晶体放入水中，晶体表面的 RE^{3+} 和 $C_2O_4^{2-}$ 在水分子的作用下，不断地从晶体表面溶解到水中而形成了水合离子，这一过程即为溶解过程。同时，水溶液中的 RE^{3+} 和 $C_2O_4^{2-}$ 又由于离子的热运动而不断相互碰撞，重新结合形成 $RE_x(C_2O_4)_y$ 晶体，从而重新回到晶体表面，这一过程即为沉淀过程。当溶解和沉淀的速度相等时，就建立了 $RE_x(C_2O_4)_y$ 固体和溶液中的 RE^{3+} 和 $C_2O_4^{2-}$ 之间的动态平衡，这是一种多相平衡，它可表示为：

$$RE_x(C_2O_4)_y(s) \rightleftharpoons xRE^{3+}(aq) + yC_2O_4^{2-}(aq) \tag{6-1}$$

该体系的平衡常数关系式为：

$$K_{sp} = [RE^{3+}]^x[C_2O_4^{2-}]^y$$

而对于一般的难溶电解质的溶解-沉淀平衡，可用通式表示为：

$$A_nB_m(s) \rightleftharpoons nA^{m+}(aq) + mB^{n-}(aq) \tag{6-2}$$

$$K_{sp} = \left(\left[A^{m+}\right]/c^{\ominus}\right)^n \left(\left[B^{n-}\right]/c^{\ominus}\right)^m \tag{6-3}$$

式中，$c^{\ominus}$ 是标准浓度，定义为 1mol/L，用于消除 K_{sp} 的单位。在 K_{sp} 的计算中，为方便起见，通常用分析浓度代替平衡浓度，且消除量纲。

上述难溶电解质的溶解-沉淀平衡常数称为溶度积常数，简称溶度积，符号表示为 K_{sp}。反映难溶电解质的溶解程度，其数值大小与温度有关，与浓度无关。

6.2.2 溶度积规则

在一定条件下，难溶电解质的沉淀能否生成或溶解，可以根据溶度积规则来判断。根据式（6-3），按照质量作用定律写出沉淀平衡的离子积，即溶解平衡中各离子浓度以其化学计量系数为指数的乘积：

$$Q_i = c(A^{m+})^n \times c(B^{n-})^m \tag{6-4}$$

式中，Q_i 表示任何情况下离子浓度的乘积，其值与条件相关，可由溶液中的实际浓度来计算。而 $K_{sp}^{\ominus}$ 表示难溶电解质沉淀溶解平衡时饱和溶液中离子浓度的乘积，在一定温度下 K_{sp} 为一常数。

溶度积规则是根据离子积的大小与溶度积进行比较来判断体系中是否会形成沉淀或是沉淀溶解的规则：

当 $Q_i > K_{sp}^{\ominus}$ 时，溶液为过饱和溶液，沉淀析出；

当 $Q_i = K_{sp}^{\ominus}$ 时，溶液为饱和溶液，处于平衡状态；

$Q_i < K_{sp}^{\ominus}$ 时，溶液为未饱和溶液，沉淀溶解。

例如：将等体积的 4×10^{-3}mol/L 的 CeCl$_3$ 和 4×10^{-3}mol/L 的 H$_2$C$_2$O$_4$ 混合，各离子的浓度为原来的一半，即：$c(Ce^{3+}) = 2\times10^{-3}$mol/L；$c(C_2O_4^{2-}) = 2\times10^{-3}$mol/L；利用这两个浓度，计算它们的离子积：$Q_i = c^2(Ce^{3+}) \times c^3(C_2O_4^{2-}) = (2\times10^{-3})^2 \times (2\times10^{-3})^3 = 3.2\times10^{-14} > K_{sp}^{\ominus}[Ce_2(C_2O_4)_3] = 3.2\times10^{-26}$。所以，等体积混合后，会有沉淀析出。

一定温度下，$K_{sp}^{\ominus}$ 是常数，溶液中的沉淀-溶解平衡始终存在，溶液中的任何一种离子的浓度都不会为零。所谓"沉淀完全"是指溶液中的某种离子的浓度极低，在定性分析中，一般要求溶液中的离子浓度小于 1.0×10^{-5}mol/L，在定量分析中，离子浓度小于 1.0×10^{-6}mol/L，即可认为该离子沉淀完全。对于一些产品的杂质有具体要求的，并不受上述浓度的限制。

6.2.3 影响溶解度的因素

（1）温度

根据等压方程，平衡常数和温度的关系如下：

$$\left(\frac{\mathrm{d}\ln K}{\mathrm{d}T}\right)_p = \frac{\Delta H^{\ominus}}{RT^2}$$

式中，$\Delta H^{\ominus}$ 为溶解的标准热效应。溶液很稀时有：

$$K = a_{M^{n+}}^m a_{N^{m-}}^n \approx K_{sp}$$

则有：

$$\ln K_{sp} = \frac{-\Delta H^\ominus}{RT} + B$$

若溶解过程为吸热反应，则 $\Delta H^\ominus$ 大于0，温度升高，溶解度增加。

（2）同离子效应

因加入含有与难溶电解质相同离子的易溶强电解质而使难溶电解质溶解度降低的效应，称为同离子效应。它是使沉淀完全所采用的一种方法。例如：在草酸稀土沉淀平衡中加入硫酸稀土或者氯化稀土，会使溶液中的稀土离子浓度和硫酸根或氯离子浓度增加，而稀土离子与草酸溶解平衡中溶解出来的离子相同。根据溶度积规则，稀土离子浓度的增大会使 Q 值增大，沉淀析出，草酸稀土溶解度降低。

（3）盐效应

因加入强电解质使难溶电解质的溶解度增大的效应，称为盐效应。例如：在碳酸稀土沉淀平衡中加入硝酸钾，则 KNO_3 就完全电离为 K^+ 和 NO_3^-，它们不是碳酸稀土溶解平衡中的同离子，但结果会使溶液中的离子总数骤增，由于 CO_3^{2-} 和 RE^{3+} 被众多的异号离子（K^+、NO_3^-）所包围，活动性降低，因而 CO_3^{2-} 和 RE^{3+} 的活度降低，或者说有效浓度降低。离子积减小，导致沉淀的溶解。

$$K_{sp}^\ominus [RE_2(CO_3)_3] = c^2(RE^{3+}) \times c^3(CO_3^{2-}) = \gamma^2(RE^{3+}) \times c^2(RE^{3+}) \times \gamma^3(CO_3^{2-}) \times c^3(CO_3^{2-})$$

KNO_3 加入，c 增大，γ 减小，温度一定，$K_{sp}^\ominus$ 是常数，所以 $c(RE^{3+})$ 增大，$c(CO_3^{2-})$ 增大，碳酸稀土的溶解度增大。盐效应对高价态离子的影响更大。例如:在碳酸稀土和氯化银中加入硝酸钾，随着硝酸钾浓度的增大，两种沉淀的溶解度增大，但碳酸稀土增大的倍数会更大一些。实际上，盐效应在沉淀溶解平衡中是广泛存在的，但对溶解度的影响较小，只有在高浓度的盐存在下，其影响才会比较明显。对于加入的具有相同离子的溶液，在低浓度时主要显示的是同离子效应，只有当浓度提高到一个较高的水平后，同离子效应的贡献程度下降，而盐效应的贡献才凸显出来。所以随着这种电解质的加入，沉淀的溶解度是先急剧下降，然后慢慢增加。

由于镧系收缩现象，镧系元素的离子半径及碱性均随原子序数的增加而减小。镧的碱性最强，随原子序数增加依次减小，钪的碱性最强。一般来说，镧的碱性近似于钙、镥的碱性近似于铝。因此，稀土元素水解沉淀的 pH 值从镧至镥依次减小。而且稀土离子呈氢氧化物沉淀，析出的起始 pH 值还与介质中阴离子性质和稀土含量有关。

稀土溶液中加入碱金属氢氧化物或氨水，可沉淀析出体积较大的凝胶状稀土氢氧化物沉淀。该沉淀物难沉降、难过滤和难洗涤。因此，从离子型稀土矿浸出液中回收稀土时，一般不用稀土氢氧化物沉淀法。由于稀土氢氧化物溶度积常数的对数 pK_{sp} 值为20～24（表6-1），故可用氢氧化物分级沉淀法使稀土元素与氢氧化物的 pK_{sp} 值较大的杂质（如 Al^{3+}、Fe^{3+}、Bi^{3+}、Sb^{3+}、Ti^{4+}、Th^{4+}等）及氢氧化物的 pK_{sp} 值较小的杂质（如 Ca^{2+}、Mg^{2+}、Mn^{2+}、Fe^{2+}、Pb^{2+}、Cu^{2+}等）相分离。某些元素氢氧化物开始沉淀的 pH 值与重新溶解的 pH 值列于表6-2中。钒、钨、钼、砷、铝、锰、铜、铅、锌的氢氧化物可溶解在过量的碱金属氢氧化物溶液中，所以，采用碱浸水氢氧化物溶液洗涤稀土氢氧化物，可以使稀土元素与这些非稀土杂质分离。

表 6-1　某些金属氢氧化物的溶度积常数（pK_{sp} 值）

M^{n+}	pK_{sp}	M^{n+}	pK_{sp}	M^{n+}	pK_{sp}	M^{n+}	pK_{sp}
Tl^+	0.2	La^{3+}	19.0	Gd^{3+}	22.7	Pt^{2+}	35.0
Li^+	0.3	Cu^{2+}	19.8	Er^{3+}	23.0	Ru^{3+}	36.0
Ba^{2+}	2.3	Pb^{2+}	19.9	Eu^{3+}	23.0	Fe^{3+}	38.6
Sr^{2+}	3.5	UO_2^{2+}	20.0	Rn^{3+}	23.0	Sb^{3+}	41.4
Ca^{2+}	5.3	Pm^{3+}	21.0	Yb^{3+}	23.6	Tl^{3+}	43.0
Ag^+	7.9	Pr^{3+}	21.2	Lu^{3+}	23.7	Co^{3+}	43.8
Mg^{2+}	11.3	Be^{2+}	21.3	Hg^+	23.7	Th^{4+}	44.0
Mn^{2+}	12.7	Nd^{3+}	21.5	Hg^{2+}	25.2	Au^{3+}	45.0
Cu^+	14.0	Tb^{3+}	21.7	Sn^{2+}	26.3	U^{4+}	50.0
Cd^{2+}	14.3	Dy^{3+}	22.0	Cr^{3+}	30.0	Zr^{4+}	52.0
Co^{2+}	14.5	VO^{2+}	22.0	Sc^{3+}	30.0	Ti^{4+}	53.0
Ni^{2+}	15.3	Y^{3+}	22.0	Pd^{2+}	31.0	Ce^{4+}	54.8
Cr^{2+}	15.7	Sm^{3+}	22.0	Bi^{3+}	31.0	Mn^{4+}	56.0
Zn^{2+}	16.1	Ce^{3+}	22.0	Al^{3+}	32.0	Sn^{4+}	56.0
Fe^{2+}	16.3	Ho^{3+}	22.3	Ce^{3+}	35.0	Pb^{4+}	65.5

工业上可将某些难溶稀土化合物与碱金属氢氧化物共沸，使其转变为易溶于酸的稀土氢氧化物，可使稀土元素与草酸根、磷酸根或氟离子相分离。

生产上，应用氢氧化物沉淀法时，一般采用氨水作沉淀剂。因灼烧时铵盐易挥发分解，不影响产品纯度。同时可使稀土元素与碱金属、碱土金属、钴、镍、锌、铜、银等元素有效分离。但钍、铁、铝、钛与稀土一起沉淀。因此，用氨水沉淀稀土时，可预先除去大部分铝、高价铁等杂质（称为预处理除杂或水解除杂方法），以提高稀土氢氧化物纯度。氨水沉淀稀土的沉淀率很高，但氢氧化镧的溶解度较大（表 6-2）。须增加氨水用量以提高溶液的 pH 值，才能提高镧的沉淀率。溶液中若含有稀土络合剂（如 EDTA、柠檬酸、酒石酸等）时会降低稀土沉淀率。若溶液中含有碳酸根离子，氨水沉淀时可生成碳酸稀土沉淀。

表 6-2　氢氧化镧溶解度与 pH 值的关系（25℃）

沉淀 pH 值	7.0	8.07	8.43	9.00	9.66	10.17	10.44
溶液中 $La(OH)_3$ 含量/(mg/L)	63.40	19.65	3.64	0.402	0.126	0.085	0.005

由于稀土元素的碱性和稀土元素氢氧化物的溶解度均随原子序数的增大而减小，所以铈组稀土元素氢氧化物的溶解度明显大于钇组稀土元素氢氧化物的溶解度，可用此性质进行稀土分组。

氢氧化物沉淀法可与其他稀土沉淀法配合使用，常用作其他稀土沉淀作业前的预处理除杂作业。如草酸、碳酸氢铵或硫酸复盐法沉淀稀土前可先用氨水、烧碱中和浸出液，控制溶液 pH 值为 4.5～5.5，可除去大部分铝、高价铁、硅及少量钙、锰等杂质。固液分离后再用其他沉淀方法从溶液中回收稀土。用氢氧化物沉淀法进行预处理除杂，既可提高稀土产品纯度，又可获得易沉、易滤和易洗的稀土沉淀物。可降低试剂耗量、降低成本、简化操作。

6.3 沉淀与结晶的生成

6.3.1 过饱和溶液

当溶液中没有结晶核心存在，溶质的实际浓度超过其溶解度仍不发生结晶时，我们把这种溶液称为过饱和溶液。而在沉淀溶解平衡时，固体的溶解度与该固体颗粒的大小相关，随着颗粒半径减小，溶解度增加，其关系为：

$$\ln \frac{c}{c_0} = 2\frac{\sigma M}{r \rho R T}$$

式中，σ 为固体物质在水溶液中的界面张力；c 是半径为 r 的微细颗粒的溶解度；c_0 为大颗粒的溶解度。因此，过饱和溶液是由于微细颗粒的溶解度大于大颗粒的溶解度。

溶质从其饱和溶液中结晶时，在没有外来晶核存在的条件下，势必有一个自动形成微细晶核的过程，但微细晶核的溶解度远大于大颗粒的溶解度，故而为使晶核能形成，其实际浓度 c 应大于溶解度 c_0，即，应当有足够的过饱和度。

用平衡时溶质的浓度与温度作图，得到溶解度曲线（实线）。但当溶液中没有固体颗粒时，即使溶液浓度超过溶解度，也不析出固体。只有超过另一浓度后才会自发成核形成结晶体。将能自发成核所对应的浓度与温度作图，得到超溶解度曲线（虚线），如图 6-1 所示。

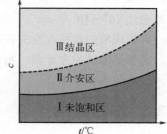

图 6-1　沉淀和结晶的溶解度曲线

Ⅰ区为未饱和区，Ⅱ区为介稳区（或亚稳区、介安区），在Ⅱ区内，虽然溶液已过饱和，但当没有外来的晶核存在或其他因素的触发时，溶液中不会自动形成晶核，也不会发生结晶过程。Ⅲ区为自动结晶区，即其过饱和程度已足以自动形成核心，发生自动结晶过程。

6.3.2 晶核的形成

从过饱和溶液中形成核心一般有两种途径：一是从过饱和溶液中自动形成，称为均相成核；二是以溶液中存在的夹杂物颗粒或其他固相表面（如容器的表面）为核心来形成，甚至杂质离子也可能成为结晶的核心，称为异相成核。

实际的结晶过程是这两种方式都同时存在，当过饱和度小时，以异相成核为主，随着过饱和率增加，均相成核增加，逐渐变为以均相成核占优势。

（1）均相成核

临界半径：当一种溶剂中的溶质浓度超过平衡溶解度或温度低于相转变点时，新相开始出现。由于具有高吉布斯自由能，系统总能量将通过分离出溶质而减少。吉布斯自由能的减小是成核与长大的驱动力（图 6-2）。单位体积固相的吉布斯自由能 ΔG_v 的变化依赖于溶质浓度。

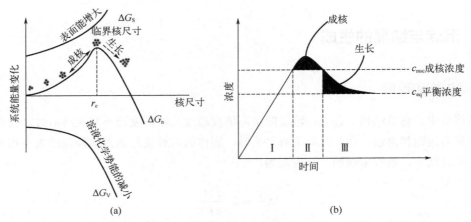

图 6-2　晶核半径的变化关系（a）及成核和后续生长过程示意图（b）

（2）异相成核

溶质从过饱和溶液中结晶时，亦可能以溶液中的夹杂物或其他固相表面为核心，此时结晶过程生成新的相界面所需的表面能远比自动成核小。因此，即使在过饱和率较小的情况下，亦能形成核心，发生结晶过程。根据测定，即使是化学纯试剂，其中可作为异相成核的质点个数也达 $10^6 \sim 10^7$ 个/cm^3。

异相成核的难易程度主要取决夹杂物粒度的大小及其晶格与待结晶溶质晶体结构的近似性。两者晶体结构愈近似，则愈容易成为结晶核心。因此，作为异相成核的核心最好是人为加入溶质的固体粉末。

6.3.3　晶粒的长大

在过饱和溶液中形成晶粒以后，溶质在晶粒上不断地沉积，晶粒就不断长大。晶粒长大过程和其他具有化学反应的传递过程相似，可分为两步：一是溶质分子向晶粒的扩散传质过程；二是溶质分子在晶粒表面固定化，即表面沉淀反应过程。其中扩散速度为：

$$\frac{\mathrm{d}m}{\mathrm{d}t} = \frac{D}{\delta} A(c - c')$$

式中，m 为时间 t 内所沉积固体量；D 为溶质扩散系数；δ 为滞流层厚度；A 为晶粒表面积；c' 为界面浓度。

表面沉积速度为

$$\frac{\mathrm{d}m}{\mathrm{d}t} = k'A(c' - c^*)$$

式中，k' 为表面沉积速度常数；c^* 为固体表面浓度（或饱和浓度）。

当过程达到稳态平衡时，可得

$$\frac{\mathrm{d}m}{\mathrm{d}t} = \frac{A(c - c^*)}{\dfrac{1}{k'} + \dfrac{1}{k_\mathrm{d}}}$$

式中，$k_d = \dfrac{\delta}{D}$ 为传质系数。

在晶粒长大过程中，当 $k' \gg k_d$，即表面沉积速度远大于扩散速度时，为扩散控制；当 $k_d \gg k'$ 时，为表面沉积控制。

在晶核形成后，过饱和溶液中溶质分子（或离子）很容易到晶核上结晶而进入结晶生长过程。晶粒长大过程属多相过程。结晶过程经历下列步骤：

① 通过包括对流与扩散在内的传质过程达到晶体的表面；

② 在晶体的表面吸附；

③ 吸附分子或离子在表面迁移；

④ 进入晶格，使晶粒长大。

整个结晶长大的速度取决于其中最慢的步骤。当步骤①为最慢则称为传质控制，当步骤②、③、④最慢则称为界面生长控制。

控制步骤的确定可依据搅拌对结晶速度的影响关系来进行，对粒度大于 $5 \sim 10\mu m$ 的晶粒生长，若长大速度对搅拌强度很敏感，则控制步骤为传质过程，若不敏感，则为界面生长控制。而对粒度小于 $5\mu m$（具体大小取决于溶液与晶体的密度差）的晶体生长，在搅拌过程中，晶体几乎与溶液同速运动，溶液与晶体界面的相对速度很小，不足以改变扩散速度，故长大速度往往与搅拌速度几乎无关。

对扩散控制而言，影响结晶过程总速度的因素主要为绝对过饱和度（即过饱和浓度 c 与饱和浓度 c_0 之差）和扩散系数 D，同时温度升高则 D 值增加，相应地，总速度亦增加。

对界面生长控制而言，其主要影响因素为温度和相对过饱和度 S。温度升高，相对过饱和度 S 增加，长大速度亦增加。长大速度与 S 的具体关系随其中最慢过程而异。当最慢过程为表面吸附，则长大速度与 S 的 1 次方成正比；当界面螺旋生长过程最慢，则与 S^2 成正比。

沉淀的形成过程有两个基本步骤：首先是在过饱和溶液中形成晶核，然后是这些核心经长大形成微粒。而后一过程可能有两种途径：

① 过饱和溶液中的溶质分子形成许多核心并长大为微粒，许多微粒经聚集成无定形沉淀；这一途径为聚集途径，在过饱和度太大、成核速度很快时容易发生。

② 过饱和溶液中的溶质扩散至已有微粒表面，并在表面上定向排列长大为晶形颗粒，为定向生长途径，在有晶核和过饱和度不是太大时容易发生。

产物的粒度大小受成核和生长两个过程的影响。综合考虑成核速率和生长速率对粒度的影响，产物粒度（或分散度）与反应物浓度或形成产物的过饱和度有关，可用 Vonweimarn 的经验公式——槐式公式来描述：

$$分散度 = K(Q-S)/S$$

式中，Q 为加入沉淀剂瞬间沉淀物质的浓度；S 为开始沉淀时沉淀物质的溶解度；$(Q-S)/S$ 沉淀开始瞬间的相对过饱和度。

溶液的相对过饱和度越大，越有利于溶液中晶核的形成，结晶就越分散，粒度越小。S 由沉淀物质的性质决定，要想获得高分散度，必须提高 Q 值，而 Q 值由形成沉淀的离子浓度决定。为了使形成的产物有相似的粒子大小，必须使反应过程中的反应物浓度维持在一个恒定的范围。例如：在用磷酸盐沉淀稀土制备磷酸稀土时，传统的沉淀反应是将沉淀剂磷酸盐加入稀土溶液中。由于稀土磷酸盐的溶解度很小，所以，沉淀剂加入后的过饱和度太大，形成的是分散度很高的无定形磷酸稀土。而随着反应的进行，稀土浓度一直下降，后面加料反应时的过饱和度与开始时的差别大，它们的成核速度不同，颗粒特征也不同，最后得到的产物不均匀，这种产物不适合做材料用。为了控制沉淀反应过程的过饱和度恒定以获得均匀颗粒的产物，我们设计了用碳酸稀土大颗粒与磷酸反应的新方法。如图 6-3 所示，反应时，按照需要的过饱和度大小，先在碳酸稀土的悬浮液中加入一定量的游离稀土离子。浓度不高，加入的磷酸溶液先与溶液中的稀土离子反应，形成磷酸稀土，放出氢离子。而这些氢离子才扩散到颗粒表面，与碳酸稀土反应，使碳酸稀土溶解，补充由于磷酸稀土沉淀形成消耗的稀土离子。这样，只要磷酸溶液的加料速度不快，而且稳定，则可以保证沉淀反应始终在一个稳定的过饱和度下进行，在溶液中形成均匀的沉淀颗粒。而不至于使磷酸直接与碳酸稀土反应而使磷酸稀土在碳酸稀土表面形成并覆盖在碳酸稀土表面，阻碍其进一步的反应。这一方法可以使沉淀反应稳定进行，生成颗粒均匀的磷酸稀土。基于这一原理，常常采用碳酸稀土或氢氧化物为中间原料来合成具有较大颗粒和均匀的氟化稀土[8]。

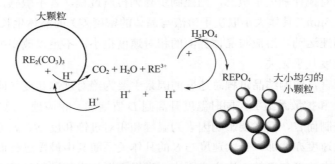

图 6-3　以碳酸稀土为稀土源的固-液-固反应沉淀转化技术示意图

6.3.4　陈化过程

粒子的溶解度与其曲率半径相关，可以根据聚集体表面的平衡浓度与其曲率半径之间的关系来估算：

$$c_r = c_\infty \left(1 + \frac{2\gamma V}{rRT}\right)$$

式中，c_r 指曲率半径为 r 的粒子或曲率半径为 r 的表面的溶解度；c_∞ 指半径为无穷大的团聚体的溶解度；R 和 T 分别是摩尔气体常数和热力学温度；V 是固体的摩尔体积；γ 指固液界面能。

当沉淀物的溶度积很小时，开始析出的沉淀由于过饱和度太大而往往形成无定形产物，属于动力学稳定的亚稳态沉淀。这种亚稳态的无定形沉淀往往夹带有很多共存的杂质离子，或者吸附有许多杂质离子，纯度不高。

为此，都需要经过一个陈化过程，使形成的沉淀发生 Ostwald 结晶转化，也就是一个重结晶的过程。根据固体物质溶解度与其颗粒大小的关系，对于小颗粒沉淀，其表面能高，对应的溶解度比大颗粒结晶体的溶解度大。因此，在陈化过程中，小颗粒溶解，大颗粒长大。

沉淀夹带和吸附的杂质会被吐出，使结晶产物的纯度得到提高。这一重结晶过程可以是由无定形体转化为结晶体，或者一种结构的小晶体转化为另一种结构的大晶体。也即在沉淀反应完成之后，通常需要陈化一段时间。陈化有两种形式：Ostwald 陈化和亚稳相的转变。Ostwald 陈化是指两相混合达到平衡时，当沉淀颗粒很小（粒度＜1μm）时，系统会向使总的界面能趋于最小的方向变化，变化的结果是具有较高界面能的小颗粒溶解，而大颗粒得以生长，使颗粒粒度分布趋向均一。亚稳相的转变则指初始沉淀物的介稳态相通过相的转变成为最终产品。Ostwald 递变法则指出：对于一个不稳定的化学系统，其瞬间的变化趋势并不是立刻达到给定条件下的最稳定的热力学状态，而是首先达到自由能损失最小的邻近状态，因此对于沉淀过程，首先析出的是介稳的固体相态，随后才转变成更稳定的固体相态。

图 6-4 为碳酸钇晶粒的形成以及陈化过程的结晶生长示意图及实物照片[9]。开始生成的是无定形的小颗粒，它们在一定温度下陈化，会发生从亚稳态到晶态的相变过程。当有晶核存在时，小颗粒溶解后再在晶核表面定向生长，形成颗粒较大的聚集体。结晶生长的方向和最终的形貌与热力学稳定的晶相的结构以及溶液中其他组分有紧密关系。从碳酸钇结晶过程的产物电镜照片可以看出：它们是由多个条状结晶以中心原始晶核为基础生长起来的球状聚集体。这种结构和形貌的颗粒大，过滤容易，内部通道畅通，便于洗涤而获得高纯度的产物。

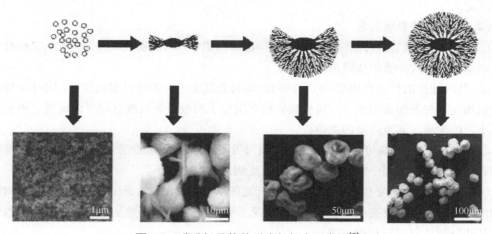

图 6-4　碳酸钇晶粒的形成与长大示意图[9]

6.3.5　共沉淀现象

在沉淀过程中，某些未饱和组分亦随难溶化合物的沉淀而部分沉淀，这种现象称为"共沉淀"。在沉淀分离过程中，有时要促进，而有时又要避免共沉淀现象的发生。例如：当沉淀为杂质时，主金属与之共沉淀则造成主金属的损失；当沉淀析出纯化合物时，杂质的共沉淀则影响产品的纯度。但是，在某些场合下也利用共沉淀来除去某些难以除去的杂质。例如，为从稀土浸出液中除镭，需加入 $BaCl_2$ 和 $(NH_4)_2SO_4$，以产生 $BaSO_4$ 的沉淀，因为 Ba^{2+} 和 Ra^{2+} 的半径相近（分别为 0.138nm 和 0.142nm），故 Ra^{2+} 进入 $BaSO_4$ 晶格与之共同沉淀而除去；在材料的制备中，有的则要利用共沉淀的原理以制备具有特定成分且分布均匀的产品。因此，掌握共沉淀的规律性对提高冶金和材料制备水平都具有十分重要的意义。

（1）共沉淀产生的原因

① 形成固溶体：设溶液中有两种金属离子，它们的性质类似，尤其是离子半径相近，能够形成相同晶体结构的沉淀。当加入沉淀剂时，尽管其中一种金属离子的沉淀物达到了饱和而另一种金属离子并未达到，但由于两者晶格相同，它们将一起进入晶格而产生共沉淀。

② 表面吸附：晶体表面离子的受力状态与内部离子不同。内部离子周围都由异性离子所包围，受力状态是对称的，而表面的离子则有未饱和的键力，能吸引其他离子，发生表面吸附。表面吸附量与吸附离子性质有关，即：表面优先吸附与晶体中相同的离子或能与晶格中离子形成难溶化合物的离子，且被吸附量随该离子电荷数的增加呈指数增加。

③ 吸留和机械夹杂：在晶体长大速度很快的情况下，晶体长大过程中表面吸附的杂质来不及离开晶体表面而被包入晶体内，这种现象称为"吸留"，吸留的杂质是不能用洗涤的方法除去的。机械夹杂指颗粒间夹杂的杂质，这种杂质可通过洗涤的方法除去。

④ 后沉淀：沉淀析出后的放置过程中，溶液中的某些杂质可能慢慢沉积到沉淀物表面上。如向含 Cu^{2+}、Zn^{2+} 的酸性溶液中通 H_2S，则 CuS 沉淀，ZnS 不沉淀，但 CuS 表面吸附 S^{2-}，使 S^{2-} 浓度增加，导致表面 S^{2-} 浓度与 Zn^{2+} 浓度的乘积超过 ZnS 的溶度积，从而使 ZnS 在 CuS 表面沉淀。

（2）共沉淀的影响因素

① 沉淀物的性质：大颗粒结晶型沉淀物比表面积小，因而吸附杂质少，而无定形或胶状沉淀物比表面积大，吸附杂质量多。

② 共沉淀物的性质与浓度：共沉淀的量均与共沉淀物质的性质密切相关，同时亦与其浓度密切相关。对表面吸附而言，可根据它们在沉淀上的吸附等温线方程来讨论离子种类、电荷大小、浓度等与其吸附量的关系。

③ 温度：温度升高可以减少共沉淀，因为吸附过程往往为放热过程，升高温度对吸附平衡不利，而且往往有利于得到颗粒粗大的沉淀物，其表面积小。

④ 沉淀过程的速度和沉淀剂的浓度：沉淀剂浓度过大、加入速度过快，导致沉淀物颗粒细和沉淀剂局部浓度过高（搅拌不均匀的情况下更是如此），使某些从整体看来未饱和的化合物在某些局部达到过饱和而沉淀。

（3）减少共沉淀的措施与均相沉淀

提高温度，降低沉淀剂的加入速度，降低溶液和沉淀剂的浓度，加强搅拌，同时将沉淀剂以喷淋方式均匀分散加入，以防止局部浓度过高等可减少共沉淀的发生。有时单纯依靠稀释来降低浓度是不够的，实践中的有效措施为均相沉淀。

均相沉淀是向待沉淀的溶液中首先加入含沉淀剂的某种化合物，待其在溶液中均匀溶解后，再控制适当条件使沉淀剂从该化合物中缓慢析出，进而与待沉淀的化合物形成沉淀，例如在中和沉淀过程中，中和剂不用 NH_4OH 或 NaOH，而是加入尿素。待尿素在溶液中均匀溶解后，再升温至 90℃ 左右，此时尿素在溶液中分解出能均匀中和溶液中的酸或碱的物质，不至于发生酸碱度局部过高的现象，从而防止中和过程多种离子的共沉淀。

均相沉淀除能有效防止共沉淀外，还由于沉淀剂浓度分布均匀，而有利于晶粒的长大，得到粗颗粒的沉淀物，甚至在一般条件下易成胶态物质，在均相沉淀时，也可获得结晶性好的沉淀。

有尿素存在下进行的中和过程，除能用于水解制取氢氧化物外，亦常用于那些与 pH 有关的其他化合物的沉淀过程，包括弱酸盐沉淀和硫化物沉淀等。当溶液中有 CO_3^{2-}、PO_4^{3-}、S^{2-} 等弱酸根离子存在时，随着溶液 pH 的升高，也可能制得相应的弱酸盐或硫化物。

尿素在中性或弱碱性条件下，分解产生 CO_3^{2-}，因而，有时溶液中虽然没有加入 CO_3^{2-}，但也可能产生碳酸盐沉淀。作为均相沉淀的实例，除上述尿素存在下的中和过程外，在某种意义上将沉淀剂以络离子形态加入（如氨络离子）也是一种均相沉淀过程。此时，溶液中游离沉淀剂的浓度由络合物稳定常数及配位体的浓度决定，不至于过高。随着沉淀过程的进行，游离沉淀剂浓度降低，络合平衡向络合物分解的方向迁移，不断产生沉淀剂，因而沉淀反应始终在沉淀剂浓度小而均匀的条件下进行，可以防止某些化合物的共沉淀。

6.3.6　沉淀的胶体特征及其稳定与聚沉*

沉淀是指当一些物质以固体的形式从溶液中析出而沉降的过程。但是，当一些化合物已经达到成核尺寸而表面由于带有一些电荷或保护层时，它们并不会沉降，也难以实现固液分离而完成其分离目标。颗粒表面带电或被包裹是沉淀形成过程中的又一基本特征，对于颗粒大、结晶性好的沉淀，这一影响并不明显。因此，在早期的很多研究中并没有过多地讨论这一影响。随着对沉淀结晶过程研究的深入，一些现象和影响因素已经不能单独用沉淀-溶解平衡关系来解释。尤其是在沉淀的初期，成核过程中所涉及的机理问题目前也还不是太清楚，其影响也十分微妙。尤其突出的是，当沉淀分离的对象是存在于生物、农业和医药等方面的提取液、发酵液中的生物大分子和药物小分子时，由于它们的表面有很多亲水基团和疏水基团，所以大多以胶体的形式溶解在提取液或发酵液中。因此，要从这些提取液和发酵液中分离和提取它们，可以利用它们的胶体性质来进行分散和聚沉。在冶金分离过程，铁、铝等高价态离子的水解液容易形成胶体性质的氢氧化物或羟基聚合物。它们虽然处于溶度积规则判定的应该形成沉淀的浓度范围，但并没有产生明显的沉淀，而是形成了胶体。它们不沉降，在过滤时也会透滤，所以总是存在于溶液中，不能很好地分离它们。为此，需要掌握胶体溶液的特征，包括它们的悬浮稳定性、聚沉特征与沉淀方法。再以此来讨论一般沉淀中如何考虑胶体特征对沉淀带来的影响，如何利用颗粒胶体的特征来实现良好的分离，获得质量优良的产品。

胶体在溶液中高度分散，表面积巨大，表面能处于很高的状态，具有动力稳定性和聚集稳定性的特点。有的胶体能稳定存在很长时间，甚至长达数十年，它们能长期保持稳定的主要原因是胶体的布朗运动、静电斥力以及胶体周围的水化层。悬浮微粒不停地做无规则运动的现象叫作布朗运动，胶体粒子具有强烈的布朗运动，而且体系的分散度越大，布朗运动越剧烈，扩散能力越强，其动力稳定性也越强，胶体粒子越不易聚集沉淀。

胶体稳定的另一因素是胶体分子间的静电排斥作用。在电解质溶液中，被带电胶体吸引的带相反电荷的离子称为反离子。反离子层并非全部排布在一个面上，而是在距胶粒表面由高到低有一定的浓度分布，形成双电层。双电层可分为紧密层和扩散层两部分：在距胶粒表面一个离子半径处有一斯特恩曲面（Stern 层），反离子被紧紧束缚在胶粒表面、不能流动，该离子层被称为紧密层；在该紧密层外围，随着距离的增大，反离子浓度逐渐降低，直至达到本体溶液的浓度，该离子层被称为扩散层。胶体粒子在溶液中移动时，总有一层液体随其一起运动，该薄层液体的外表面称为滑动面。

双电层中存在电位分布，距胶粒表面由远及近，电位（绝对值）从低到高。当双电层的电位达到一定程度时，两胶粒间静电斥力强于分子间的相互引力，使胶体在溶液中处于稳定状态。离子溶入水中后，离子周围存在着一个对水分子有明显作用的空间，当水分子与离子间相互作用能大于水分子与水分子间氢键能时，水的结构就遭到破坏，在离子周围形成水化层。胶体分子周围存在与胶体分子紧密或疏松结合的水化层。胶体周围水化层也是防止胶体凝聚沉淀的屏障之一。胶体周围水化层越厚，胶体溶液越稳定。

要使胶体粒子聚沉而沉淀，可以有多种方法。例如：调节溶液的酸碱性或离子强度，改变粒子的表面 zeta 电位，使粒子之间的排斥力降低而发生聚沉；或者加入与胶体粒子具有相反电荷的胶体粒子，使它们相互中和而聚集沉降。最简单的例子就是加明矾去澄清浑浊的水，利用明矾中的铝水解形成的聚合羟基铝阳离子胶体与水中悬浮物黏土颗粒负电性胶体中和聚集，在很短的时间内就能达到很好的澄清效果。相反，当溶液中铝水解形成胶体羟基铝而不能沉淀时，也可以加一把黏土进去，搅拌，就可以把铝沉淀下来。这是硫酸铝、氯化铝及其聚合物具有净化水功能的原因。

6.4　沉淀物的形态及其影响因素

稀土沉淀结晶技术是通过形成固体物质和固体与液体的分离，从大量溶液和相关阴离子以及少数非稀土金属杂质离子中分离稀土的主要方法。这些技术主要包括：稀土草酸盐沉淀结晶技术、稀土碳酸盐沉淀结晶技术、稀土氢氧化物沉淀技术、稀土磷酸盐沉淀技术和稀土氟化物沉淀技术等。

6.4.1　稀土沉淀结晶的影响因素

晶体的生长要经过三个阶段：首先是溶液体系中的介质达到过饱和状态；其次是成核阶段，即晶核形成阶段；最后是晶体的生长阶段。与一般的结晶相比，沉淀结晶具有不可逆性。另外由于体系的初始过饱和度较高，会快速生成很多细小的晶核。尽管如此，沉淀结晶过程也需经历到达过饱和状态、成核和晶体生长三个阶段。在过饱和曲线和溶解度曲线之间的区域称为介稳区，此时往溶液中加入晶体，可以诱导成核，加入的晶体称为晶种。加入晶种可以得到粒度更大且更均匀的晶体沉淀。在沉淀结晶过程有初级成核及二次成核两个成核过程。过饱和度的变化对初级成核影响很大。晶核形成后，溶液中的介质就会以它为基础开始晶化，也就是晶体开始生长。如何生长？最终的生长形态取决于什么条件？这些都取决于物质本身的性质以及外在的一些影响因素。如温度、杂质、涡流、浓度、黏度、pH 值等。在不同的外在条件下形成的同一种矿物的晶体，在形态和物理性质上都有可能显示不同的特征。

稀土沉淀结晶主要受热力学平衡和动力学过程双重影响，其影响因素主要有以下八点。

① 反应物浓度和加料比：改变饱和度，调控沉淀结晶形态；

② 加料方式：正序、同步、反序、分段等加料，调控结晶；

③ 酸度：提高沉淀结晶选择性，去除杂质，控制结晶过程；

④ 温度：影响过饱和度和扩散速度，制约晶粒的生成和长大；

⑤ 搅拌：改善反应物的浓度扩散、影响晶粒的成核和生长；

⑥ 添加剂：影响颗粒表面特征和离子状态及晶粒生长过程；

⑦ 晶种：二次成核，大大改变成核和生长进程；

⑧ 陈化：通过相态和晶体重构，调控晶粒特征和净化杂质。

6.4.2　沉淀物的主要形态及生成过程

如何通过沉淀结晶过程的调控来制备所需的产品或达到所需的分离目标是非常重要的课题。由于沉淀条件及物质性质的不同，沉淀物的形态往往不同。

① 结晶型：外观呈明显的晶粒状，如盐溶液蒸发结晶所得的 NaCl 晶体，其 X 衍射图上有特征的衍射峰。在过饱和度不大的均相成核和异相成核生长的产物多属于结晶型的易于过滤的产物。

② 无定形（凝乳型）：实际上为很小晶粒的聚集体；在过饱和度很大的时候，成核速度相当快，细小的颗粒来不及长大就聚集在一块。

③ 非晶形：在过饱和度很大时容易形成非晶形沉淀，其 X 衍射图无衍射峰，结构不规则。沉淀不稳定，表面能高，在一定条件下能转化成凝乳形。

晶体的形貌是指晶体形态的几何规则，主要受内部结构对称性、结构基元间键力和晶体缺陷等因素的制约，也在很大程度上受到生长环境相的影响。因此，同一个品种的晶体（即成分与结构相同）既能表现出具有对称特征的几何多面体，又能生长成特殊的形态。当溶质（包括杂质、掺杂和溶剂等）长入晶体时，哪怕晶格产生微小的变化，也能促使晶体发生变化，从而会强烈地影响到晶体的物理性能。晶体的形态与晶体的生长过程密切相关，而晶体的生长过程常常表现在晶体的形态上，晶体的形貌随结晶时各种条件的不同而有显著的不同。

6.4.3　影响产物粒度的因素

（1）溶液浓度和加料速度

对晶粒生成和长大速度均有影响，但对晶粒生成速度影响更大，因为增大溶液浓度更有利于晶粒数的增多。晶粒大小与溶液浓度及温度有图 6-5 所示的变化关系。说明在缓慢加料的沉淀过程中，溶液的过饱和度愈小，得到的晶粒愈大。这是因为反应时溶液浓度高，晶粒生成的速度快，生成的晶粒多而小，故晶粒长大速度慢，来不及长大。若溶液浓度比较低，过饱和度不太大，生成的晶粒数目相应减少。只要维持适当的过饱和度、提供晶粒长大所需的物料，则可得到较大粒子的沉淀。另外，从沉淀物溶解度大的溶剂中进行沉淀可得到大的颗粒。反之，得到的是小颗粒。例如：高价态金属离子氢氧化物多半是容易形成无定形的。

（2）温度

温度对晶粒的生成和长大都有影响。由晶粒生成速度方程和过饱和度与温度之间的关系（当溶液中溶质含量一定时，溶液过饱和度一般是随温度的下降而增大）可知，当温度很低时，虽然过饱和度可以很大，但溶质分子的能量很低，晶粒的生成速度很小。如图 6-5 可知，随着温度的升高，晶粒的生成速度可以达到极大值。继续提高温度，一方面引起过饱和度的下降，同时也引起溶液中分子动能增加过快，不利于形成稳定的晶粒，因此晶粒的生成速度又趋于下降。研究结果还表明，由于晶粒生成速度最大时的温度比晶粒长大最快所需要的温度低得多，所以在低温下有利于晶粒的生成，不利于晶粒的长大，一般得到细小的晶体。相反，提高温度，降低了溶液的黏度，增大了传质系数 k_d，加速了晶体的长大速度，使晶粒增大。实践证明，温度升高 20℃，随沉淀盐类的不同，晶粒增大 10%～25%。

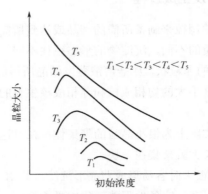

图 6-5　晶粒大小与初始浓度和温度的关系

（3）表面活性剂对粒子大小的影响

任何一个晶体均具有一定的化学组成和构造，而原子和离子是组成晶体结构的基本单位，它们的有效半径影响晶粒大小。有效半径是晶体结构中各个原子或离子间的静电引力和排斥力相互作用达到平衡的结果，其大小与它们的电子构型有关，与极化及屏蔽效应等因素有关。某些表面活性剂可以有效地缩小晶粒尺寸，估计它们可能对离子间力的平衡有影响，产生极化，从而缩短了离子间的距离。在制备铝酸钙过程中，加入表面活性剂可使粒径明显缩小，由平均 1.5～2μm 降至 400～600nm。

（4）表面活性剂对粒子形状的影响

一些表面活性剂在沉淀颗粒各个晶面上的吸附存在差异时，则这种试剂的加入便可以影响粒子的形貌。被表面活性剂吸附的面将阻碍构晶离子的定向沉积而得不到生长，相反，那些不吸附表面活性剂的晶面则可以生长。由于各个晶面的生长速度不同，最后产物的形貌与这些晶面方向的相对生长速度相关。能够保留下来成为产物中主要晶面的面多半是生长最慢方向的晶面。

（5）pH 值的影响

对于水合氧化物沉淀（或氢氧化物沉淀），pH 值直接影响溶液的饱和浓度 c^* 值。为控制沉淀颗粒的均一性，常保持沉淀过程 pH 值相对稳定。

吴婷等[10]通过水热合成条件的改变来调控氧化铈颗粒大小和形貌，图 6-6 为控制水热合成 pH 值来调控氧化铈颗粒大小和形貌所得的电镜图，可清晰得出在不同 pH 条件下所得氧化铈颗粒的大小是不同的，随 pH 的升高，颗粒减小。在 pH5～6 范围，可以得到纳米尺度的氧化铈粒子。

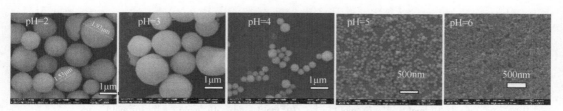

图 6-6　不同 pH 值合成氧化铈颗粒大小和形貌的电镜图[10]

（6）反应时间

原则上，反应时间愈短，粒子粒径愈小，分布愈窄。但在通常情况下，粒度分布很快进入"自保"分布形式（即表现为不同时间的粒度分布形状相似，且与初始浓度分布无关），不易控制。实际过程中存在着胶体粒子的老化现象，保持适当反应时间可使粒度分布相对变窄。

6.5　沉淀与结晶分离技术[1-4]

6.5.1　基于金属离子氢氧化物沉淀的分离技术

金属离子水解形成氢氧化物沉淀所需的 pH 与金属离子的离子势直接相关。离子势定义为离子电荷数（Z）和离子半径（r，pm）的比值，它表示阳离子的极化能力。一些高价态的金属离子很容易水解形成溶解度很小的氢氧化物沉淀，正是因为它们的离子势大。离子极化理论认为，形成化学键的两种离子的极化能力越强，它们形成的化学键的共价性也越强，所生成的化合物越难溶于水。

实际上，Φ 越大，静电引力越强，RO—H 便以酸式解离为主；Φ 越小，R—OH 便以碱式解离为主。当 $\Phi^{1/2}<2.2$ 时，其氢氧化物呈碱性，不易形成氢氧化物沉淀，即使沉淀了，也容易被酸溶解；碱金属、碱土金属和稀土金属的氢氧化物可以与酸发生中和反应。当 $2.2<\Phi^{1/2}<3.2$ 时，氢氧化物显两性，在弱酸-中性-弱碱范围内能够沉淀，但在较强的酸和碱中会被溶解，例如：大半径的四价离子，小半径的三价离子 Al^{3+}，既溶于强酸，也溶于强碱。当 $\Phi^{1/2}>3.2$ 时，氢氧化物呈酸性。像钛、锆、铪、钽、铌、钨、钼等+4、+5、+6 价的金属离子，它们的氢氧化物呈酸性，能够与碱反应形成它们的含氧酸盐。而在酸性溶液中则以难溶的水合氢氧化物或含氧酸存在。

表 6-3 中列出了部分金属离子在不同浓度时开始沉淀所需的 pH，结果明确表示金属离子氢氧化物沉淀的 pH 与金属离子本身的性质有关。当电子构型相同时，阳离子的离子势越大，其极化力就越大，离子化合物的溶解性越小，水解倾向越大，含氧酸盐的热稳定性越差。表 6-4 的结果也证明沉淀 pH 也与金属离子的浓度有关，取决于它们氢氧化物的溶度积大小。假如我们所用金属离子的起始溶液浓度是 0.1mol/L 左右，而沉淀完全后的离子浓度是 10^{-5}mol/L，那么表 6-4 中的数据就是各种金属离子开始沉淀的 pH 值和沉淀完全时的 pH 值。不同价态金属离子之间开始沉淀的 pH 差别越大，金属离子的价态越高，其 pK_{sp} 值越大，在较低的 pH 下就能形成沉淀。例如：四价及以上价态的金属离子最容易形成氢氧化物，在 pH 小于 1 的酸性溶液中就能沉淀。而相同价态的金属离子之间的差别较小，例如三价金属离子 Fe^{3+} 和 Al^{3+} 的沉淀 pH 在 2～4 之间。金属离子氢氧化物除碱金属和碱土金属钡等几个外，都是难溶或微溶化合物。绝大部分离子通过水稀释、加氨水或碱性物质就可得到胶状氢氧化物

沉淀。对于价态相同、离子半径相近的稀土离子之间的沉淀 pH 差别更小。表 6-4 为稀土离子在不同介质中的沉淀 pH 值，证明阴离子对开始沉淀的 pH 有影响。

表 6-3　部分金属离子氢氧化物沉淀的 pH

金属离子	pH（不同离子浓度）					pK_{sp}
	10^{-1}mol/L	10^{-2}mol/L	10^{-3}mol/L	10^{-4}mol/L	10^{-5}mol/L	
In^{3+}	3.27	3.60	3.93	4.26	4.59	33.2
Sn^{2+}	0.57	1.07	1.57	2.07	2.57	27.8
Sn^{4+}	0.25	0.50	0.75	1.00	1.25	56.0
Cd^{2+}	7.70	8.20	8.70	9.20	9.70	13.6
Pb^{2+}	7.04	7.54	8.04	8.54	9.04	14.9
Pb^{4+}					1.13	65.5
Tl^{3+}	−0.27	0.06	0.39	0.72	1.05	43.8
Fe^{2+}	7.00	7.50	8.00	8.50	9.00	15.1
Fe^{3+}	1.90	2.20	2.50	2.90	3.20	37.4
Co^{2+}	7.15	7.65	8.15	8.65	9.15	14.7
Co^{3+}	−0.23	0.10	0.43	0.76	1.09	43.7
Al^{3+}	3.40	3.70	4.00	4.40	4.70	32.9
Cr^{3+}	4.30	4.60	4.90	5.30	5.60	30.2
Cu^{2+}	4.70	5.20	5.70	6.20	6.70	19.6
Ni^{2+}	7.20	7.70	8.20	8.70	9.20	14.1
Mn^{2+}	8.10	8.60	9.10	9.60	10.1	12.7
Mg^{2+}	9.10	9.60	10.1	10.6	11.1	10.7
Zn^{2+}	6.04	6.54	7.04	7.54	8.04	16.92
Sb^{5+}	0.53	0.86	1.19	1.52	1.85	41.4
Ti^{4+}	1.00	1.33	1.66	2.00	2.33	40.0
Bi^{3+}	4.20	4.53	4.86	5.19	5.52	30.4

表 6-4　$RE(OH)_3$ 的物理性质和开始沉淀的 pH 值

氢氧化物	颜色	溶度积（25℃）	沉淀的 pH 值				
			硝酸盐	氯化物	硫酸盐	醋酸盐	高氯酸盐
$La(OH)_3$	白	1.0×10^{-19}	7.82	8.03	7.41	7.93	8.10
$Ce(OH)_3$	白	1.5×10^{-20}	7.60	7.41	7.35	7.77	
$Pr(OH)_3$	浅绿	2.7×10^{-20}	7.35	7.05	7.17	7.66	7.40
$Nd(OH)_3$	浅红	1.9×10^{-21}	7.31	7.02	6.95	7.59	7.30
$Sm(OH)_3$	黄	6.8×10^{-22}	6.92	6.82	6.70	7.40	7.13
$Eu(OH)_3$	白	3.4×10^{-22}	6.82		6.68	7.18	6.91
$Gd(OH)_3$	白	2.1×10^{-22}	6.83		6.75	7.10	6.81
$Tb(OH)_3$	白						
$Dy(OH)_3$	浅黄						
$Ho(OH)_3$	浅黄	1.3×10^{-23}	6.75		6.50	6.95	
$Er(OH)_3$	浅红	2.3×10^{-24}	6.40		6.20	6.53	
$Tm(OH)_3$	浅绿	2.9×10^{-24}	6.30		6.18	6.50	6.45
$Yb(OH)_3$	白	2.5×10^{-24}	6.30		6.18	6.46	6.45
$Lu(OH)_3$	白	1.6×10^{-23}	6.95	6.78	6.83	6.83	6.81
$Y(OH)_3$	白	4×10^{-30}	4.9	4.8		6.10	
$Sc(OH)_3$	白	4×10^{-51}	0.7~1				
$Ce(OH)_4$	黄						

从表 6-3 中的数据可以看出，采用碱性试剂，利用不同金属离子沉淀形成所需的 pH 不同，通过控制溶液的 pH 可以实现不同金属离子的分离。这对于不同价态金属离子之间的分离是容易办到的。但对于同一价态的金属离子之间的分离则有难度。尤其当一些阴离子的存在，能够形成该阴离子与金属离子的碱式盐时，金属离子之间开始沉淀时的 pH 值将发生显著的变化。在第 3 章中，我们对稀土浸出液中的预处理除杂技术及效果已经做了详细的讨论。如果单纯从金属离子开始析出的 pH 值来讲，在铝沉淀完全的 pH 条件下，稀土离子还没有达到析出沉淀所需的 pH。但事实上，当中和 pH 值控制在 5.2～5.5 之间时，还是有稀土损失，如表 3-23～表 3-25 所示。稀土在未达到其开始析出沉淀的 pH 条件下就产生沉淀的原因是多方面的：一是由于硫酸根的存在，可以在较低的 pH 条件下析出稀土碱式硫酸盐。如果是轻稀土元素，析出碱式硫酸稀土沉淀的趋势更强，单批次预处理的稀土损失率更大；二是当用碳酸盐作为中和用碱时的稀土损失率要比用氢氧化物中和时更大一些，因为碳酸稀土析出所需的 pH 更低；三是稀土与铝的共沉淀，也会使原本没有达到氢氧化稀土析出条件的稀土与铝一起共沉淀析出。结果证明：在氯化稀土溶液中用石灰中和除铝时，稀土的损失量要低，可以在更高的 pH 下除铝，使铝的去除率更高。

然而，当离子型稀土矿山的浸取剂仍然是以硫酸盐为主时，矿山在预处理除杂时控制的 pH 值不够高，除铝不彻底。所以，在原地浸矿工艺推广以来，由于浸出的杂质铝离子量大，预处理除杂的程度不高，进入产品中的铝比较多。产品中氧化铝的含量要求也从原先的 0.3% 放松到 1.5%，而且还经常超标，由于矿物原料紧缺，质量不合格的产品也很紧俏。稀土分离企业用这种原料生产时，盐酸溶解后的氯化稀土料液中含有 2000～3500mg/L 左右的铝。若直接用这种料液去萃取分离稀土，对后续萃取分离带来严重影响。因此，分离企业还要再来一次预处理除杂工序，此时由于稀土离子浓度高，稀土的损失会更大，水解 pH 值不能高，需要在 4 以下。所以铝的去除率不会是很彻底，一般在 1000mg/L 左右。如果要降低到 300mg/L 以下，还需要用环烷酸或其他优先萃取铝的萃取方法才能达到。所以，如果在矿山生产上能够控制矿山稀土产品中氧化铝相对氧化稀土的量在 0.3% 以下，甚至更低，就可以避免稀土分离企业的再次预处理，缩短流程，减少消耗和损失。南昌大学在矿山工艺研究中主张将铝循环用于浸矿，实现稀土与铝的高效分离，以满足分离企业稀土分离的清洁化要求。具体的工艺路线和具体方法在第 3 章中已经做了介绍，在此不再重复。

6.5.2 基于金属离子硫化物沉淀的分离技术

硫离子的极化能力强，属于软碱。可以与许多金属离子形成难溶硫化物沉淀。尤其是一些重金属离子。所以是从溶液中去除重金属最为有效的沉淀剂。表 6-5 列出了几种主要金属离子硫化物的溶度积。当实际体系 pH = 5 时，溶液中的重金属离子 Cu^{2+}、Pb^{2+}、Zn^{2+} 和 Fe^{2+} 等都已经形成了硫化物沉淀，只有 Mn^{2+} 仍留在溶液中，因此硫化钠可作为淋出液除重金属离子的试剂。其用量应大于化学计量，除杂后溶液中 Na_2S 的浓度保持在 10^{-2}mol/L 以上。

表 6-5 一些重金属离子硫化物沉淀的溶度积常数

元素	硫化物	溶度积 K_{sp}
Pb^{2+}	PbS	9.04×10^{-29}
Fe^{2+}	FeS	1.59×10^{-19}

元素	硫化物	溶度积 K_{sp}
Mn^{2+}	MnS	2.00×10^{-10}
Zn^{2+}	ZnS	1.20×10^{-23}
Cu^{2+}	CuS	6.00×10^{-26}

硫化物沉淀法一般是以气态的 H_2S 或铵和钠的硫化物作为沉淀剂，使水溶液中的金属离子呈硫化物形态沉淀析出。其原理是基于各种硫化物的溶度积不同，凡溶度积愈小的硫化物愈易形成硫化物沉淀而析出。由于硫化氢是一种二元弱酸（$K_{a1} = 1.07 \times 10^{-7}$，$K_{a2} = 1.3 \times 10^{-13}$），在 298K 的溶液中，$H_2S$ 的饱和浓度为 0.1mol/L。因此，溶液的 pH 也会明显地影响硫化物沉淀的析出。对于两价金属离子 M^{2+}，其溶度积可以表示为：

$$K_{sp} = \frac{a_{Me^{2+}} \times 10^{-21}}{a_{H^+}^2}$$

$$\lg K_{sp} = \lg\left(a_{M^{2+}} \times 10^{-21}\right) + 2pH$$

所以 $pH = \dfrac{1}{2}\left(\lg K_{sp} - \lg a_{Me^{2+}} - \lg 10^{-21}\right) = 10.5 + \dfrac{1}{2}\lg K_{sp} - \dfrac{1}{2}\lg a_{M^{2+}}$

对于一价和三价离子，也可以推导出类似的关系式。利用这些关系式，可以计算出沉淀平衡溶液中离子的活度与 pH 的关系。根据这一关系，可以确定不同金属离子实现沉淀分离所需控制的 pH 范围。

硫化钠是弱酸强碱盐，在水中极易电离和水解，硫化钠和硫化铵水解后溶液呈碱性。在酸性介质中容易分解出硫化氢，极臭，有毒。因此在使用时，一定要先用氨水调母液 pH，既可以除杂又可以使母液 pH 值上升，再使用硫化铵或硫化钠就可以大大减少分解出硫化氢，同时也可降低硫化铵和硫化钠的用量。这样，稀土浸出液中加入硫化钠时，很快有黑色沉淀产生，可以使重金属离子形成硫化物沉淀而得到分离。

6.5.3　基于金属离子草酸盐沉淀的分离技术

关于草酸的性质及其对稀土的沉淀特征以及在离子型稀土提取中的应用效果等内容已经在第 3 章中做了介绍。

草酸沉淀法要求设备简单，操作容易，工艺成熟，具有稀土与共存离子分离效果好、沉淀结晶性能好的优点。在很长一段时间里，我们关注更多的是金属离子之间的分离，例如：铝、铁、钙的分离。由于我国的稀土分离体系是盐酸体系，采用草酸沉淀法虽然可以使大部分的氯离子得到分离，但仍有相当多的氯离子因为夹杂和吸附而进入沉淀，导致产品中的氯根含量超标，在 1000mg/kg 以上。而国外的萃取分离技术主要是在硝酸介质中完成的，不存在氯根夹带问题。20 世纪 90 年代以来，国际市场上对中国的氧化稀土产品提出了严格的氯根含量及其产品的颗粒度要求，而利用原来的沉淀工艺很难达到这一要求。为此，许多企业纷纷采用从硝酸介质中沉淀稀土的方法。这样一来，即使企业只在最后反萃阶段采用硝酸，也需要增加与硝酸体系相关的设备和储罐，而且硝酸的价格贵，生产成本高。为此，南昌大学通过对原有草酸稀土沉淀工艺的改造，一是利用草酸根的优先配位有效占据原理以减小快速结晶过程的氯根夹带；二是颗粒表面电性调谐以减少氯根吸附和夹带。所采用的方法也很简单，一是调整加料方法，改原来的正序加料为反序或同步加料，保证沉淀过程始终在草酸含量过量的情况下进行，让草酸根优先与稀土配位结合，形成带负电的胶体颗粒，使氯根难以进入稀土离子的内配位圈，也减少了后续沉淀的夹带；二是对料液浓度、加料方式和结晶温度的调谐，在减少氯根夹带的同时实现对颗粒粒度大小和分布的调控。这一技术在国内企业得到推广应用，成为该类产品生产的主流技术。并应用至今，为我国稀土产品质量的提高做出了重要贡献。"高纯稀土产品中氯根含量控制技术"获江西省科学技术进步奖。

张亚文等[11-13]研究了草酸稀土沉淀条件、煅烧温度和时间对烧成氧化稀土的粒度、比表面积和形貌的影响。采用连续结晶法是获得均匀粒度的有效方法，因此，需要确定沉淀结晶反应的动力学及其对最终产品物理化学性能的影响[14-15]。

6.5.4 碳酸稀土的沉淀、结晶及其转化

（1）成核与结晶生长

难溶物质在水溶液的结晶过程涉及成核、晶体生长、聚沉和陈化等过程，是各种复杂现象相互作用的结果，结晶的快慢及好坏由这些过程所决定。稀土碳酸盐在陈化过程中的结晶行为应该涉及 Ostwald 熟化和亚稳态相的转化过程。研究结果表明：影响其结晶的因素通常包括：金属离子及沉淀剂的性质、溶液的过饱和度、加料比和加料方式、杂质等。从结晶学角度上说，改变生长介质的热量或质量的输运，就可改变结晶速率。碳酸稀土能否由无定形沉淀经过陈化转化为晶体受温度、陈化时间、搅拌及溶液的酸度等实验条件的影响。包括共存阴离子、金属离子及沉淀剂的性质、加料比和加料方式、添加剂及杂质等对沉淀结晶过程的影响。与此同时，当生长介质的输运性质改变时，不仅能影响结晶速率，而且会影响到晶体外形，因为晶体的生长形态取决于晶体各晶面的相对生长速率，而体系性质的改变会对不同晶面的生长速度产生影响。

从溶液中发生结晶的必要条件是溶液的过饱和，即难溶物质在水溶液中的结晶过程是在过饱和溶液中的溶质分子或离子的相互碰撞聚结成晶粒，然后溶液中溶质分子扩散到晶粒表面使晶粒长大而成为晶体。

由 Kelvin 公式及饱和度条件可知，只有当

$$E = \frac{16\pi\sigma 3M^2}{3(RT\rho\ln S)^2} \quad \text{或} \quad r = \frac{Z\sigma M}{RT\rho\ln S}$$

成立时，晶粒才可能出现。

式中，E 为晶粒生成时供给扩大固体表面的能量；σ 为液固界面张力；M 为溶质分子量；ρ 为溶质颗粒的密度；S 为溶液的过饱和度；r 为晶粒半径。由此可以看出，过饱和度 S 越小，界面张力 σ 越小，所需活化能越低，固体颗粒的生成速度越大。

由于碳酸稀土沉淀的溶解度非常小，在加料反应时的瞬时过饱和度相当大，此时，将产生大量的固体核。与溶液结晶不同的是：首先形成的固体核是无定形的细小颗粒，而非真正意义上的晶核。它们属于动力学稳定状态或称介稳态。如果条件合适，可以转化为热力学稳定的晶体。因此，碳酸稀土结晶过程的成核阶段应该是在这些无定形沉淀诱导下的异相成核。其成核过程实际上就是相转变过程，即初始沉淀物的介稳相通过相转移成为最终产品。介稳相可能是一个非晶形沉淀物，最终产品是稳定的多晶形态之一或水化物或一些受污染的系统

物质。对于反应沉淀过程，首先析出的常常是介稳的固体相态，随后转变为更稳定的固体相态。如：由一种晶型转变为另一种晶型，由一种水合物转变为另一种水合物，或转变为无水物，或由无定形沉淀转变为定型沉淀。事实上，这一成核过程也可用 Kelvin 公式来判断和描述，只是这里所用的过饱和度不是由原始的溶解度数据来计算，而应该用无定形沉淀与晶核所对应的平衡溶解度差来表述。一般说来，处于亚稳态无定形沉淀的表面能高、粒子半径小，相对于晶核而言，对应一个较大的平衡溶解度。两者之间的溶解度差就是这一相转变过程的驱动力，与开尔文（Kelvin）公式中溶解度数据 S 相对应。

晶粒长大过程和其他具有化学反应的传递过程相似，可以分两步：一是溶质分子向晶粒的扩散过程。二是溶质分子在晶粒表面固定化，即表面沉淀反应过程。其中扩散速度 $dm/dt = DA(c-c')/h$；表面沉积速度 $dm/dt = k'A(c'-c^*)$。m 为时间 t 内所沉积固体量；D 为溶质扩散系数；h 为滞流层厚度；A 为晶粒的表面积；c' 为界面浓度；k' 为表面沉积速度常数；c^* 为固体表面浓度（或饱和浓度）。当过程到达稳态平衡时，可得 $dm/dt = A(c-c^*)/(1/k'+1/k_d)$，$k_d = h/D$ 为传质系数。在晶粒长大过程中，当 $k' \gg k_d$ 时，即表面沉积速度远大于扩散速度时为扩散控制；当 $k' \ll k_d$ 时为表面沉积控制。

碳酸稀土晶核形成后的生长过程是典型的 Otwalds 熟化过程。当两相混合系统达到平衡时，系统中总的相界面积达到最小。当相界面积的减小是通过从高界面曲率区域向低界面曲率区域质量传递时，这种相界面积的减小的过程称为 Ostwald 熟化。Ostwald 熟化的结果是小粒子溶解，大粒子继续长大。熟化进行的速度很大程度上取决于粒子的大小和溶解度。较小的晶体和较高的溶解度，粒子熟化速度较快。

为了获得粒度大而均匀的结晶产品，必须尽量减少额外晶核的生成。为此，须将溶液过饱和度控制在介稳区内，减少初级成核，可向溶液中加入适量的晶种，让待结晶物质在晶种表面上生长，尽量避免二次成核，也能使结晶快速连续化。晶种是一种特殊添加剂，是指纯的结晶产物。操作前，加入足量的晶种，能生产出粒度大且单峰分布的晶体。在碳酸稀土制备方面，我们常加入相应的 $RE_2(CO_3)_3$ 晶种，加快其反应沉淀速度，缩短陈化时间，使碳酸稀土沉淀迅速向结晶转化。在碳酸稀土的反应沉淀结晶过程中，不便将溶液过饱和度控制在介稳区内，这使初级成核现象不可避免。但由于有大量晶核的存在，其后续相转变和结晶生长过程可以快速进行，减少了初级成核颗粒在体系中的停留时间，可避免细晶的形成。

结晶体的外观形貌观察与分析是认识结晶过程的重要手段之一。因为晶体形貌由不同晶面的相对生长速度决定，而这就与其结构和外部条件相关。晶体生长的最终形态主要取决于晶体的内部构造，环境条件亦有一定的影响。在生长着晶体的不同方向上，固液相界面具有不同的微观结构。从晶体界面的微观结构类型考虑，晶体的生长主要有邻位面生长、密积面生长和粗糙面生长三种基本理论。

根据科塞尔-斯特兰斯基晶体生长学说：晶体的生长过程由于邻位面的台阶化，邻位面生长实际上就是 h 面和 k 面两个台阶在生长，台阶向前移动的过程。即晶面总是不断地向外平行推移的。而安舍列斯的晶体阶梯状生长学说认为：每次向晶体上黏附的结晶物质可厚达数十微米，有时甚至更厚，是数万个甚至几十万个分子层。黏附的分子层的厚度决定于母体结晶物质的浓度。

二维生长理论认为：光滑面生长时必须在较大的驱动力条件下才能进行，在二维晶核形成后的较小驱动力下，将按邻位面生长机制沿邻位面运动生长。一层晶面长完后，又按二维成核理论再形成二维胚团，如此按阶梯状生长规律使晶体快速长大。

螺旋位错生长理论认为：晶体结构中存在缺陷（主要是位错缺陷），具有减小或消除二维成核势垒的效应，即使在相当低的过饱和度或过冷度的情况下也能成核和生长。对于具有粗糙面正在生长着的晶体来说，在粗糙面各处吸附结晶基元的势能大致相等。主要特点是粗糙面连续生长过程，无须像光滑面那样长满一层面网后再长另一层面网。因为粗糙界面本身就有无穷多个台阶源，构造缺陷将不起明显作用。

（2）晶型碳酸稀土的制备方法

① 均相沉淀法：主要是 M. L. Salutsky 和 L. L. Quill 研究提出的三氯醋酸稀土水解法制备晶型碳酸稀土；另外一个是 Shinn 和 Harry 以尿素水解产生碳酸根，再与稀土离子反应得到晶型较好的碳酸稀土。

② 水热生长法：J. A. K. Tareen 和 T. R. N. Kutty[16-19]以 Y_2O_3 或 $Y(OH)_3$ 胶体溶液与甲酸溶液均匀混合后置于不锈钢高压反应釜内反应，过滤洗涤可获得水菱钇型 $Y_2(CO_3)_3 \cdot nH_2O$ 晶体。

③ 二氧化碳常压或高压法：稀土的有机羧酸盐或稀土氧化物与苯胺混合，将混合物置于中温数兆帕的二氧化碳压力气氛下，反应数小时，过滤洗涤可以制备得到稀土正碳酸盐。

④ 凝胶法：K. Nagashima 用多种混合碳酸盐制成凝胶作为沉淀剂，与稀土氯化物反应制备得到各种碳酸稀土单晶。

⑤ 氢氧化物-CO_2 法：工业上在稀土硝酸盐中通入氨气得到稀土氢氧化物悬浮液，再将二氧化碳通入到悬浮液中制备得到无定形的碳酸稀土沉淀。

⑥ 碳酸盐沉淀法：以碱金属碳酸盐和碳酸（氢）铵的混合物作为沉淀剂与稀土溶液反应得到碳酸稀土沉淀，陈化后得到晶型碳酸稀土[20-29]。碳酸氢盐与稀土料液反应通常情况下生成的是稀土正碳酸盐[30]，但是随着稀土元素原子序数的增加，以及反应条件的变化，生成相应的碳酸稀土的正盐或者酸式盐或者碱式盐的难易程度各不相同。

（3）影响晶形碳酸稀土形成的因素

① 浓度：反应物浓度对颗粒生成速度和晶粒长大速度均有影响，而对颗粒生成速度影响更大，这是因为增大溶液的浓度更有利于颗粒数目的增多。在过饱和溶液中，生长晶体的过程是自由能降低的过程，这一过程是自动进行的，过饱和是结晶过程的驱动力。由实验得出，晶粒的大小与溶液的浓度有关，即在缓慢沉淀过程中，溶液的过饱和度越小，得到的晶粒越大。若溶液的浓度高，则颗粒的生成速度快，生成的颗粒数目多且小；若溶液浓度比较低，过饱和度不太高，则生成的晶粒数目相应减少。若能维持适当的过饱和度，提供晶粒长大所需的物料则可得到较大粒子的沉淀。

而在成核结晶后的反应结晶（沉淀）过程中，浓度变化对结晶速度和产品质量的影响与沉淀后的自发成核不同。一般来说，反应物浓度大，反应过程中的反应速度快，但高浓度的反应液所得沉淀物颗粒小，并且易产生包藏现象，沉降速度和洗涤效果不好，影响产品质量。

② 温度：任何反应均受到温度的影响，稀土沉淀反应同样也不例外。但是对于碳酸稀土来讲，温度更多的是作用于晶粒的生成和长大。温度影响溶液的过饱和度，而过饱和度与晶

粒生长速度相关，当溶液中溶质含量一定时，溶液过饱和度一般是随温度的下降而增大；另外温度同样也影响溶液内溶质分子的扩散速度。随着温度的升高，晶粒的生成速度可以达到极大值。继续提高温度，一方面引起过饱和度的降低，同时溶质分子扩散加快，容易形成不稳定的晶粒，晶粒的生成速度变缓。因此控制温度在合理范围有利于晶型碳酸稀土沉淀的形成。

温度对晶粒的生成和长大都有影响。化学动力学的理论证明，温度是影响化学反应速度的重要因素。由晶粒生成速度方程和过饱和度与温度之间的关系（当溶液中溶质含量一定时，溶液过饱和度一般是随温度的下降而增大）可知，当温度很低时，虽然过饱和度可以很大，但溶质分子的能量很低，所以晶粒的生成速度很小。随着温度的升高，晶粒的生成速度可以达到极大值。继续提高温度，一方面引起过饱和度的下降，同时也引起溶液中分子动能增加过快，不利于形成稳定的晶粒，因此晶粒的生成速度又趋于下降。在制备晶型碳酸稀土时，温度应控制在一个合理的范围里，温度太高或太低都不利于晶型沉淀的形成。一般随着温度的升高，晶态化时间缩短。当温度超过 80℃后，对晶态化时间基本无影响；温度低于 10℃，结晶时间延长。在 20～40℃下选择合理的加料比、搅拌时间和陈化时间可以得到晶型碳酸稀土沉淀。

由于晶粒的生成速度最大时的温度比晶粒长大最快所需要的温度低得多，所以在低温下有利于晶粒的生成，不利于晶粒的长大，一般得到细小的晶体。相反，提高温度，降低了溶液的黏度，增大了传质系数 k_d，大大加速了晶体的长大速度，从而使晶粒粒径增大。

温度对反应结晶（沉淀）的全过程都起着重要的作用，在较低温度下，结晶过程主要由表面反应控制，当温度升高时，生长速度加快，扩散就成为控制结晶过程的主要步骤了。在较高温度下生长的晶体，由于结晶质点排斥外来杂质能力的增强，其长出的晶体质量一般要比较低温度下生长得好。有利于获得高质量的产品。

③ 搅拌：搅拌是加快化学反应速度的普遍方式之一。当反应受扩散控速时，加快搅拌能加快扩散速度，这时的反应速度剧增，破坏晶粒的黏聚现象，使粒子的大小和分散性更加均匀。对于化学控速的结晶（沉淀）反应，搅拌的影响作用不是很大，但也有一定的影响。普通沉淀方法制备晶型沉淀时，存在沉淀剂暂时局部过浓的情况，这种情况促使大量细小沉淀的迅速形成，晶体往往不完整，表面积大，难以成长和沉降，吸附或包杂比较严重。为了避免这种情形，通常采用均匀沉淀法。所谓均匀沉淀法就是指加入溶液中的沉淀剂不是立即与主体溶液组分发生反应，而是通过另一种化学反应，使溶液中的另一种离子（或组分）由溶液里缓慢而均匀地产生出来，从而沉淀在整个溶液中，缓慢地、均匀地析出。此时如果搅拌就会破坏均匀沉淀，使晶粒细小，表面积增大，容易黏合团聚。

搅拌是加快化学反应速度的普遍方式之一，对于碳酸稀土沉淀结晶反应作用尤为显著。在碳酸稀土的沉淀与结晶过程中，搅拌对于不同的反应阶段作用不一样。实验发现：在沉淀和初始陈化阶段应尽量降低搅拌强度，一般以能满足沉淀以及结晶的均匀性为标准。而在晶核形成后的晶体生长变大的阶段，搅拌可以促进结晶长大。尤其是在沉淀、成核、生长与结晶转化的过程中，搅拌不仅可以促进成核溶质分子或离子在晶体表面的均匀扩散，避免局部离子过浓，防止初生沉淀聚沉为无定形沉淀，促使小颗粒的初生沉淀与晶种表面接触，还可以附着在晶种表面完成由无定形沉淀向晶型沉淀的转化。

在碳酸稀土的沉淀与结晶过程中，搅拌对于不同的阶段有不同的影响。实验发现：沉淀时或在无定形沉淀的陈化相转移阶段，强烈的搅拌对成核有不利影响。在无搅拌情况下，过饱和度的分布在晶面中心最低，棱边次之，隅角顶点最高。这种过饱和度的不均匀分布对初始晶核的形成有利。搅拌会破坏这种不均匀分布，减少构晶离子在表面的吸附，使结晶成核的驱动力减小。与此同时，强烈的搅拌还可能使新生无定形沉淀产生胶态化，这种胶态化的沉淀不利于晶核的形成。因此，在沉淀和初始陈化阶段应尽量降低搅拌强度，一般以能满足反应均匀性为基本判据。而在晶核形成后的晶体生长阶段，搅拌对结晶有促进作用。尤其是在反应沉淀结晶过程中，搅拌不仅可以促进构晶离子向晶体表面的扩散，而且能避免局部过浓现象，防止初生沉淀的相互团聚，促使初生沉淀与晶种表面接触并在晶体表面完成结晶。

④ 添加剂：添加剂就是对结晶（沉淀）过程和产品的物性有影响作用的所有物质。包括晶种、晶型改变剂、络合沉淀剂、化学改性剂、转化剂、阻聚剂、阻溶剂等等。在碳酸稀土的结晶过程中，一些有机溶剂、有机弱酸和中性表面活性剂对碳酸稀土结晶过程都有影响。少量有机溶剂和表面活性剂的存在对结晶无不良影响，一些有机化合物具有消泡作用，这有利于二氧化碳的及时逸出，对结晶有利。但有机弱酸的存在会对结晶产生不良影响，其用量越多，影响越大。

在工业结晶过程中，通常把与结晶物质无关的少量外来物质称为杂质。杂质在结晶过程中一般是难以避免的，广义的杂质还包括溶剂本身。杂质对晶体生长的影响是多方面的。它可以影响溶解度和溶液的性质，也会显著地改变晶体的结晶习性（晶癖），杂质对晶体质量也有明显的影响，在多数情况下，杂质使晶体的完整性降低，性能变坏，但也存在一些少量杂质离子能提高晶体生长质量。杂质影响晶体生长有以下三种方式：一是进入晶体；二是选择性吸附在一定晶面上；三是改变晶面对介质的表面能。杂质对反应结晶（沉淀）过程的影响类似于表面活性剂对其的影响，但亦有不同的地方。首先它们都是作为外来物质参与反应物的结晶，表面活性剂往往借助于吸附降低表面张力和胶团化作用来控制晶粒的大小与形状。杂质对结晶（沉淀）过程的影响非常复杂，因为杂质会与反应物离子形成共沉淀，产生包藏现象。由于晶体的各向异性，杂质在晶体的不同晶面上经常发生选择性吸附，这种吸附常使某些晶面的生长受到阻碍，因而改变各晶面的相对生长速度，选择性吸附还普遍具有饱和性。而且，同一种晶面对不同杂质离子或同一种离子对不同晶面选择性吸附影响程度是很不同的。杂质改变了晶面对介质的表面能，也会改变各种生长过程的能量。杂质进入晶体，对各个晶面上质点结合能影响的程度是不同的，其结果就是改变了各晶面的相对生长速度。杂质在晶体形成过程还会以各种形式参与结晶，影响结晶的物性指标。

通过控制掺杂量，优化工艺条件，得到理想的晶体产品。但大多数情况下，杂质对结晶（沉淀）过程不利。在以碳铵沉淀稀土过程中，许多杂质离子（如 Cl^-、Fe^{3+}、Ca^{2+}、Al^{3+}等）都对其结晶过程产生影响。南昌大学、长沙矿冶研究院等单位都进行了一系列的研究。我们就一些杂质金属离子对碳酸稀土结晶过程的影响做了初步的探索。研究表明，在水溶液中，离子对晶体生长的影响都和离子的水化有关。在研究铁离子加量与结晶关系中发现，铁的加入使碳酸稀土的结晶活性区域缩小，并且随着铁离子加量的提高，出现 pH 负值所需的加料比越大，表明加量越多对碳酸稀土结晶性能的影响越大。同时还考察了其他杂质离子的影响，在盐酸介质中制备碳酸稀土时，由于有大量的 Cl^- 存在，一部分被沉淀包杂，使得碳酸稀土沉淀产品纯度降低。为此，我们提出了高纯稀土产品中氯根含量控制技术工艺，成功地解决了由氯化稀土生产碳酸稀土过程中氯根控制问题，避免了氯根对碳酸稀土结晶的不利影响，并在国内得到广泛的工业应用。实验还表明，不同的金属杂质离子与碳酸氢铵反应不尽相同，Mn^{2+}、Ca^{2+}、Mg^{2+}可以通过洗涤大幅度除去，也有一部分 Mn^{2+} 是以吸附共沉淀形式进入沉淀的，而 Al^{3+} 则是以羟基聚合铝的形式共沉淀，与氢氧化铝不同，它们是以颗粒非常小的胶体粒子存在，容易透滤，可以通过洗涤除去。

（4）碳酸稀土的结晶机理与反应结晶沉淀方法

第 3 章已经详细介绍了采用碳酸氢铵作碱性试剂，从离子吸附型稀土浸出液中先后通过预处理除杂和沉淀两个阶段来获得碳酸稀土的方法原理和实施效果。尤其是碳酸稀土结晶沉淀技术的发展和应用，是矿山应用了三十多年的硫酸铵浸矿-碳酸氢铵沉淀结晶技术的关键技术内容。采用同步加料的"吃火锅"方法是获得高质量结晶碳酸稀土产品的关键，其核心是"碳酸稀土结晶活性区域"概念及其应用。火锅底料中包含了能够促进结晶反应和结晶生长的晶种及其与结晶活性区域相匹配的 pH 范围以及相对应的稀土或沉淀剂的浓度控制范围。在结晶沉淀反应中，基于结晶过程的 pH 值变化规律和溶液 pH 值对结晶的影响，可根据结晶特性要求对反应 pH 值进行有目的的控制。

可以用两种方法来确定结晶活性区域的范围。一种是通过观察沉淀及陈化过程中溶液 pH 值的变化来判断结晶是否进行和进行程度，并用于确定各稀土碳酸盐的结晶活性区域。另一种是用分步沉淀法，测定不同加料比下陈化一定时间后的 pH 并以该 pH 对加料比作图，如果出现 pH 的下陷区域，则该区域就是该稀土碳酸盐在规定的陈化时间内存在的结晶活性区域。在选定的结晶活性区内，按对应的比例加料，在有晶种存在下进行反应结晶沉淀，使沉淀与结晶能同时进行，获得大颗粒易沉降和易过滤的碳酸稀土。这一技术获国家发明专利授权，在全国的稀土分离企业得到推广应用，并获得江西省技术发明奖。为了进一步说明结晶活性区域的确定方法及其存在的原因，我们分别以钇和镨为重稀土和轻稀土的代表来加以讨论。

1）钇碳酸盐的结晶及其活性区域[23-24]

首先，我们分别在两个温度区间的不同加料比条件下来观察溶液 pH 值的变化，并以此为依据来确定结晶活性区域。图 6-7（a）为 25℃下用碳酸氢铵分步沉淀钇时以陈化 5min 时的 pH 值（pH_5）对加料比所作的关系曲线图，在高配比区域（碳酸氢铵与钇的加料摩尔比超过 3）可观察到有明显的下陷区，表明常温下碳酸钇易于在高配比区域结晶，而在低配比区域则难以结晶。当在 50℃时进行同样的实验，所得 pH_5-加料比图［见图 6-7（b）］在低配比区域有下陷区，而且是两个下陷区，表明在较高温度下，碳酸钇易于在低配比区域结晶。至于为什么在图上出现两个下陷区，目前还未找到合理的解释。该曲线在高配比区域未见下陷区，是因为在此之前碳酸钇已在低配比区域完全结晶，在进入高配比区域后没有新形成的沉淀，没有结晶化反应，所以就不会有 pH 下陷区。要证明加热条件下高配比区域是否有结晶活性，需采用反加料沉淀法或一次性多比例分别加料反应法。

图 6-8 为不同加料比条件下一次性加料后分别在 25℃和 50℃下陈化过程中的 pH 值变化图，可以看出在加热条件下的高配比区碳酸钇仍然是结晶活性的，表明有两个结晶活性区域。而在常温下，只在高配比区域表现为结晶活性的，在低配比区域则是结晶惰性的。对比图 6-8（a）和（b）结果可以看出，提高陈化温度会促进碳酸氢铵的水解，使体系 pH

值升高。碳酸氢铵用量越多，反应后的 pH 值也越高。这与结晶化反应使体系 pH 值降低的作用刚好相反，所以，结晶时的 pH 值下降不是太明显。

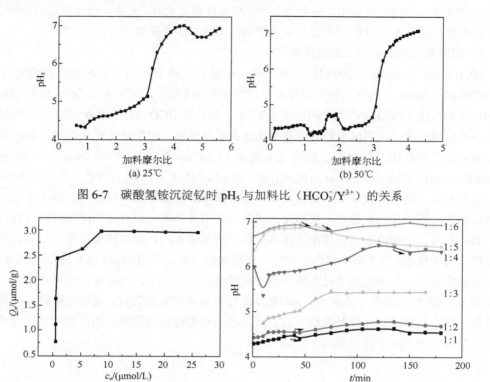

图 6-7　碳酸氢铵沉淀钇时 pH_5 与加料比（HCO_3^-/Y^{3+}）的关系

图 6-8　不同碳酸氢铵：钇加料比下反应溶液 pH 与陈化时间的关系

对获得的沉淀或结晶进行元素分析并关联其组成。结果表明，低配比及等配比区域反应所得的无定形沉淀中，Y_2O_3 与 CO_3^{2-} 的摩尔比均在 1∶2.5 左右，为非化学计量组成的沉淀，而且沉淀中杂质 Cl^- 离子的含量较高，含水量也比较高。随着无定形沉淀向结晶型的转变，产物中 CO_3^{2-} 与 Y_2O_3 摩尔比增大，水和 Cl^- 的含量减少，稀土总量增大。在多数情况下所得产物的组成接近水菱钇型碳酸钇。由于反应过程中碳酸根含量不足，沉淀时有一定量的 Cl^- 进入，使碳酸根与钇的摩尔比不足 1.5。提高料液初始温度能使碳酸钇结晶程度更趋完全，Y_2O_3 与 CO_3^{2-} 的摩尔比更趋近于 1∶3，与水菱钇型正碳酸盐的组成相符。

随无定形的结晶转化，高配比区域反应产物的组成中 NH_4^+ 与 CO_3^{2-} 的含量增大，水分含量减少。其组成可用 $(NH_4)_aY(CO_3)_b(OH)_c \cdot nH_2O$ 表示，其中 $a<1$，$1<b<2$，$c=3+a-2b$。说明该区域反应产物的组成在形式上接近复盐的组成，但与理论上复盐的组成 $(NH_4)Y(CO_3)_2 \cdot nH_2O$ 还有一些不同。碳酸氢铵加入量的增多和结晶温度的提高都有利于增加结晶产物中 NH_4^+ 和 CO_3^{2-} 的含量，并使结晶速度加快，结晶程度更高，其组成形式更接近于复盐。当碳酸氢铵用量足够大，陈化时间足够长时，可以得到组成为 $(NH_4)Y(CO_3)_2H_2O$ 的碳酸钇铵复盐结晶。分别对低配比、等配比和高配比条件下所得的结晶碳酸钇样品进行 X 射线衍射分析，结果表明，在低配比和等配比反应区域，所得晶型沉淀的图谱与标准图谱（JCPS 25-1010）相同，均为

水菱钇型正碳酸盐。高配比区域所制备样品的 XRD 图谱，结晶产物的衍射峰强度高，为碳酸钇铵复盐的衍射图。证明碳酸钇在常温下的高配比区域易形成复盐结晶，而在较高温度下的低配比区域易形成水菱钇型正碳酸盐。当碳酸氢铵用量大时，无论采用正序还是反序加料，在常温和加热条件下均可得到类复盐结晶产物，而并非水菱钇型结晶。

2）镨碳酸盐的结晶及其活性区域[24]

$PrCl_3$ 料液（1mol/L）100mL 于烧杯中，在磁力搅拌下每隔 5min 加入碳酸氢铵溶液（1.267mol/L）50mL，观察加料反应与陈化过程中的 pH 变化，记录陈化 5min 后的 pH_5 值，以 pH_5 对加料比（HCO_3^-/Pr^{3+}）作图如图 6-9（a），加料比 HCO_3^-/Pr^{3+} 在 1.6～2.8 之间出现了明显的下陷区域。这一下陷区域即为碳酸镨的结晶活性区域，表明在低配比区域是易结晶的。

采用反序加料法，在 250mL 碳酸氢铵溶液（1.267mol/L）中，每隔 5min 加入 $PrCl_3$ 料液（1mol/L）10mL，记录陈化 5min 后的 pH_5 值，以 pH_5 对加料比（HCO_3^-/Pr^{3+}）作图于图 6-9（b）中：从图可见，随着镨料液加入量的增加，溶液的 pH 值呈平滑下降趋势，但并非来自结晶贡献的凹陷，所以认为碳酸镨在高配比区域的结晶活性不高。只有延长陈化时间可以得到一种片状的亮晶，表明碳酸镨在高配比区域是属于可结晶类的，结晶速度较慢。结晶化反应所放出的氢离子使 pH 值下降的幅度小于由于碳酸氢铵水解而导致的 pH 值升高幅度。在碳酸氢铵过量的情况下，如果结晶不是很快（例如碳酸钇在高配比下的结晶过程就可观察到 pH 值的下降），则在陈化的几个小时内，pH 值并没有明显地降低或升高。证明碳酸镨存在两个结晶活性区域，在低配比区域是易结晶的，可以在较短的时间内完成。而在高配比区域是可结晶的，需要几个小时才能结晶。

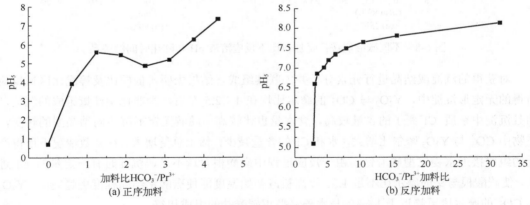

图 6-9　加料比 HCO_3^-/Pr^{3+} 与 pH_5 的关系图

为直接比较在不同加料比区域的结晶活性大小，我们采用 100mL 氯化镨料液，在搅拌下慢慢加入碳酸氢铵溶液，以溶液 pH 值为指示来确定反应的加料比范围。当 pH 值为 5 左右时（加料摩尔比在 2 左右），取出三分之一的悬浮液作为低配比区域的代表，置于另一烧杯中陈化结晶。在剩余的悬浮液中继续加入碳酸氢铵溶液，直至溶液 pH 值在 6.5 左右（加料摩尔比约为 3）。取出二分之一的悬浮液作为等配比区域的代表，置于另一烧杯中陈化。在剩余的悬浮液中继续加入碳酸氢铵溶液，直至溶液 pH 值在 7.3 左右（加料摩尔比约为 5）。三份悬浮液均在室温下陈化 8h，结果表明：低配比区域的结晶速度快，沉淀颗粒大，沉降速度快，过

滤相当好，滤饼中氧化镨含量大于 40%，风干产物中的氧化镨含量约为 58%，Cl⁻含量大于
0.1%，外观形貌照片如图 6-10（a），为一层层交替堆砌而成的大颗粒。在等配比区域，沉淀
层体积仍很大，呈絮状，沉降速度慢，过滤难。滤饼中氧化镨含量只有 18%，外观形貌照片
如图 6-10（b）的无定形沉淀。高配比区域的结晶速度较慢，结晶体为片状，滤干后可看见
绿色的亮晶，沉降速度快，过滤容易，滤饼中氧化镨含量约 35%，风干产物中的氧化镨含量
约为 57%，Cl⁻含量为 0.017%，外观形貌照片如图 6-10（c）的鱼鳞片状晶体。进一步观察可
以发现：无论是低配比区域的颗粒结晶，还是高配比区域的鱼鳞片状结晶，基本的结晶外形
都是片状的，这与镧石型八水碳酸稀土的晶胞结构紧密相关。结晶产物的 XRD 分析结果表
明它们都属于典型的镧石型结构。从晶胞参数 a、b、c 的数值（分别为 9.98、8.58 和 17.00）
可知，镧石型碳酸稀土在 xy 平面方向的堆积密度较大，原子间的间距短，有利于原子作规则
排列而成为晶体生长的主要方向，形成片状结晶。只是在低配比区域稀土离子过量而碳酸根
不足，相对于高配比区域而言，按平面二维生长所需的碳酸根含量不够，生长受到一定的阻
碍，过量的镨离子被吸附在平面上下方，吸引碳酸根在平面上下方形成新的晶核，并在该晶
核上产生新的生长层面，只是平面方向与原晶面刚好相差 90°，最终形成由长方形片晶交错
堆叠的花状颗粒。由此可见，碳酸镨在不同的加料比区域反应和陈化，不仅结晶速度相差很
大，而且结晶体的外观形貌也不相同，其他轻中稀土元素有类似的结晶特征。

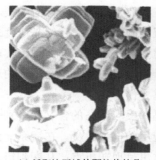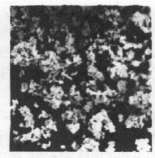

(a) 低配比区域的颗粒状结晶　　(b) 等配比区域的无定形沉淀　　(c) 高配比区域鱼鳞片状结晶

图 6-10　碳酸镨沉淀与结晶产物的扫描电镜照片[24]

　　轻稀土镧铈镨的碳酸盐是容易结晶的，尤其是镧和铈。所以，以轻稀土为主的离子吸附
型稀土可以采取陈化结晶法。对于中重稀土，单纯的陈化结晶需要很长时间，需要有晶种来
加速其结晶转化速度，这是晶种法的基础。而两步法和饱和法的技术基础可以用结晶活性区
域概念来解释。对于轻稀土，常温下的结晶活性区域在低配比区，结晶时间最短。两步法则
是最切合这一要求的简单方法。早期碳酸稀土沉淀结晶不好，因为通常的做法总是强调稀土
沉淀率高，沉淀剂消耗最小原则。而这正好落在结晶惰性区域。只有轻稀土含量高的混合稀
土碳酸盐才能够在较短的时间内形成结晶，两步法的最成功之处在于第一步沉淀刚好处在结
晶活性区域内，能够获得较快的结晶转化速度。饱和法是适合于以重稀土为主的混合稀土碳
酸盐结晶。因为在常温下，重稀土，尤其是钇的结晶活性区域在高配比区域，在饱和条件下
的结晶速度快。

　　由于矿山料液浓度低，沉淀都是在常温下进行的。所以，温度对结晶的影响也会因季节

的不同而不同。在夏季的温度高，重稀土在低配比下的结晶活性区域也能表现出来。所以，对于中重稀土为主的稀土矿山，在夏天也可以采用与轻稀土类似的两步法来实现结晶，而且此时结晶的产物为水菱钇型的，结晶水含量少，稀土总量更高。当然，对于轻稀土，夏天的结晶速度肯定比冬天快。另外，杂质离子的存在对结晶的影响也是明显的，尤其是铝、铁和高价态的铀、钍、钛等。所以，预处理除杂的效果对结晶性能和速度的影响也是比较大的。

对于钇而言，在低配比和高配比下可以分别得到不同形貌的产物，是两种不同组成和结构的碳酸盐[23]。另外一个不同，是产物中的氯根含量差别很大。在高配比区域可以得到低氯根的碳酸稀土产品，这是我们开发低氯根高纯度碳酸稀土生产技术的基础之一。要获得低氯根含量的碳酸稀土产品，除了加料比控制之外，还要控制结晶速度和结晶形貌。薄片状的或丝线状的结晶形态也有利于减少氯根夹带，便于通过洗涤来进一步降低氯根含量。这与草酸稀土沉淀法制备低氯根高纯度稀土产品的原理一致。

3）从沉淀结晶到反应结晶

在第二代碳酸稀土沉淀结晶工艺中，陈化过程起着很大的作用。陈化时间的长短直接影响沉淀晶化程度的大小。而且完全结晶所需的陈化时间因物质性质的不同而发生变化。例如：轻稀土元素的碳酸稀土在低配比区域具有较好的结晶活性，可以在较短时间内实现由无定形沉淀向晶型沉淀的转变，反之在高配比区域需要较长的时间。这就是为什么早期都需数天甚至数十天的陈化时间才能够制备得到晶型碳酸稀土，这显然不适合于工业应用。而对于反应结晶而言，陈化不是必要的步骤。为了达到反应结晶目标，我们采用了多个方面的技术，包括：选择在该稀土元素碳酸盐的结晶活性区域内反应，使沉淀的形成始终在结晶速度最快的活性区域进行；采用同步加料方式来满足活性区域控制的需要；利用较多的晶种，实现连续加料和连续出料目标。所以，结晶活性区域概念的提出对于指导碳酸稀土结晶条件的选择，实现工业上的快速连续结晶，提高综合经济效益，发挥了重要作用。

以钕的碳酸盐结晶为例来说明结晶活性区域、沉淀结晶和反应结晶的含义和区别[25-28]。之所以选择钕，是因为钕碳酸盐结晶的特殊性，以及工业应用的重大意义。在镧系元素中，形成碳酸稀土的组成和结构形式以及相关的结晶速度在钕这里呈现转折点；从镧到镨，常温下和中温下均形成镧石型八水碳酸稀土正盐；而对于钕，在常温下得到的是镧石型八水碳酸钕正盐，且结晶速度慢。而当提高温度，则可以形成结晶状水菱钇型的三水碳酸钕正盐。继续提高温度到 80℃ 以上，这些碳酸盐可以水解生成碱式碳酸盐[29]。

如图 6-11 所示，为向氯化钕溶液中分步加入碳酸氢铵进行沉淀及随后的陈化过程中的 pH 值变化。由于氯化钕料液中含有一定量的游离酸，最初加入的碳酸氢铵主要用于中和溶液中的游离酸。因此，溶液的 pH 值会随着碳酸氢铵加入量的增多而迅速上升，其速度及幅度与碳酸氢铵加入量、料液浓度有关，反应过程伴有气泡产生：

$$NH_4HCO_3 + HCl \Longrightarrow NH_4Cl + CO_2 \uparrow + H_2O$$

中和完游离酸后，加入的 NH_4HCO_3 与钕离子反应生成无定形沉淀，放出 H^+ 使溶液 pH 值迅速下降，方程为：

$$NdCl_3 + xNH_4HCO_3 \longrightarrow NdCl_{3-2x}(CO_3)_x \downarrow + xNH_4Cl + xHCl$$

为简便起见，未写出沉淀中的水分子，由于沉淀反应速度快，加入的碳酸氢铵大部分都能与稀土反应，释放出 HCl，使溶液的 pH 值快速下降，在数秒内降至最低点，pH 值下降的幅度与沉淀形成的量有关。这些盐酸随后再与溶液中的 HCO_3 反应或与碳酸稀土反应而使 pH 回升，放出二氧化碳气体，其化学方程式为：

$$NdCl_{3-2x}(CO_3)_x + xH_2O + 2xHCl \longrightarrow NdCl_3 + xCO_2 + 2xOH^-$$

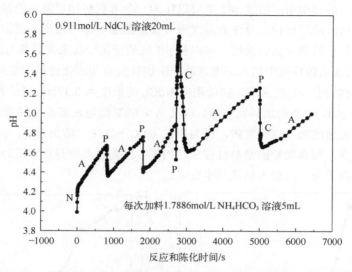

图 6-11　无晶种存在下分段加料反应及陈化过程中的 pH 值变化[25]

从图 6-11 可见，到第四阶段加料比为 1∶1.94 时，沉淀反应使溶液的 pH 值下降到一最低值后，pH 值出现一个急剧增加而后又急剧下降的过程。这与前面三个阶段的变化明显不同。每一加料反应起始的短时间内 pH 值明显下降，是因为沉淀反应时碳酸根进入沉淀，而碳酸氢根中的质子则游离出来，使溶液 pH 值急剧下降。在前三阶段的陈化过程中，溶液 pH 值一直呈上升趋势，这是金属碳酸盐水解所产生的，表明无明显的结晶反应发生。在第四加料阶段，沉淀反应使溶液 pH 值下降到最低值后，pH 值出现一个急剧增加而后又急剧下降的过程。这个 pH 急剧下降就是前面所述结晶化过程的典型 pH 值变化特征。此时，溶液中的黏稠状无定形沉淀向分散性好的结晶体转化，这可以从溶液中沉淀的运动状态和沉降性能直接观察到。在随后的进一步陈化过程中，溶液 pH 值又逐渐升高，表明所有的碳酸钕都已结晶。在第五加料阶段，加料过程中 pH 值下降的幅度比前几个加料段都大，而在随后的陈化过程中 pH 值逐渐升高，未观察到 pH 值的再次升高与降低。原因是此时新形成的沉淀能够在前面形成的晶体的核晶作用下立即结晶，与沉淀反应放出氢离子导致的 pH 值下降同步，这是反应结晶的直接证明。因此认为，在有足够多的晶种存在下，新形成的沉淀可以在核晶的作用下实现快速结晶，也就是反应结晶。因此，结晶导致的 pH 值下降与沉淀反应导致的 pH 值下降同步。在 pH 值变化曲线上只能观察到一个下降，只是下降幅度更大而已。这种 pH 值的变化特点与单纯的陈化结晶的 pH 变化特征不同，可认为是反应结晶的 pH 变化特征。

由结晶转化引起的反应体系 pH 值的下降是因为存在着一个由 HCO_3^- 参加或是有 H^+ 放出的结晶化反应过程。说明碳酸氢铵沉淀稀土以及稀土碳酸盐的结晶过程都存在着质子的转移，与平衡溶液的酸度变化有对应的关系。因此，可以根据 pH 值变化来研究碳酸稀土沉淀与结晶过程的内在机制和具体方法。

碳酸氢铵与稀土反应首先生成的是碳酸无定形沉淀，浆料的体积大、沉淀颗粒细小且包裹有较多的水分子和共存杂质离子。将无定形沉淀置于一定温度下的水浴中陈化，沉淀经结晶化反应转化为晶型沉淀，而这反映在宏观上是悬浮液的体积缩小、黏度降低、颗粒容易分散且沉降速度快。前已指出：溶液 pH 值可以作为一个可观察和可测定的参数来表征碳酸稀土的结晶过程。而沉淀层体积、悬浮液黏度等可观察测量，也可用来表征结晶过程的进行程度。其中沉淀层体积的测定更为简便，可以与 pH 值的变化一起来关联其与结晶的关系。

图 6-12 是在氯化钕料液中加入消泡剂的一次加料反应和陈化过程中浆料的 pH、沉淀层体积（V）与陈化时间（t）的关系。实验用的 $NdCl_3$ 的浓度为 0.375mol/L，NH_4HCO_3 浓度为 1.22mol/L，按摩尔比 1∶2 的加料比反应。料液先在 60℃恒温水浴的双层玻璃杯内加热到 60℃，然后再以一定速度加入碳酸氢铵，搅匀后在 60℃下陈化。结果表明：pH 值的下降伴随着沉淀体积的减少，与碳酸钕的结晶过程密切相关，因为结晶会导致沉淀体积减小。体积下降到一定值时保持不变，可视为结晶基本完成。

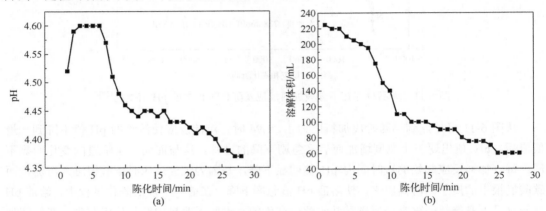

图 6-12　反应体系的 pH（a）、体积（b）与陈化时间的关系曲线（1∶2，60℃陈化）

根据结晶学诱导期的基本定义，在无定形沉淀向晶型转变的过程中，将陈化初始时刻定义为 t_0；沉淀层体积开始缩小，有新相生成（即水相）的时刻为 t，那么诱导期 t_{ind} 为从反应陈化开始时 t_0 至新相生成时 t 之间的一段时间，即：$t_{ind} = t - t_0$。

将体积开始减小，水相开始析出的时刻（或 pH 值变化的转折点）定义为诱导期即为 $t - t_0$，诱导期的长短也就意味着结晶速度的快慢。经典的结晶学理论认为诱导期与是否加入晶种或消泡剂或加入晶种或消泡剂的量以及陈化温度、搅拌等因素有关。所以研究反应和陈化条件对诱导期的影响可以为结晶化机理的探究提供直接的数据。

在无晶种存在下，无定形碳酸钕的结晶速度很慢，这可以从沉淀层体积的变化看出，也可依据沉淀物 XRD 衍射图来判定。另一种方法是通过监测溶液的 pH 值来跟踪结晶的进行情况。已经证明碳酸稀土的结晶过程往往伴随着溶液 pH 值的降低。结晶速度越快，pH 值下降的幅度会越大。在陈化过程中，若无结晶化反应，则碳酸盐的水解会使溶液 pH 值升高。当陈化过程中有结晶化反应发生时，则由于结晶化反应会放出氢离子，也会使溶液 pH 值下降，或使由于碳酸氢根水解导致的 pH 升高幅度降低。因此，通过测定反应和陈化过程中的 pH 值变化，可以判定陈化过程中是否产生了结晶转化或结晶转化的快慢。

要满足碳酸钕的工业化结晶要求，必须寻求加快结晶速度的有效方法。为此，我们在结晶活性的低配比区域研究了晶种的加入对结晶速度的影响。图 6-13（a）为一次性加料反应形成的碳酸钕沉淀悬浮液在陈化过程中的 pH 值变化，未观察到 pH 值的下降，证明碳酸钕的结晶速度很慢。而图 6-13（b）的结果表明，在有晶形碳酸钕存在下，溶液 pH 值在短时间的上升之后出现较大幅度的下降，随后又逐渐回升。证明碳酸钕悬浮液在陈化过程中实现了结晶，可以在较短的时间内得到碳酸钕结晶。图 6-14 的结果还表明在陈化过程中加入的晶种量越多，结晶转化时间越短，结晶速度越快[25]。

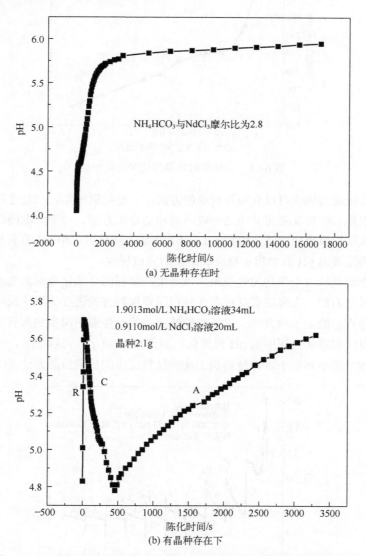

(a) 无晶种存在时

(b) 有晶种存在下

图 6-13　一次性加料反应形成的碳酸钕悬浮液在陈化过程中的 pH 变化

　　晶种的存在对结晶转化的促进作用归因于晶种的核晶作用，同时也证明了在无定形碳酸钕的结晶转化过程中，初始晶核的形成是结晶的速度控制步骤。因此，在有晶核存在下，碳酸钕可以实现快速生长。这一生长过程的驱动力可以认为是结晶体中的有序排列与无定形沉淀中的无序堆积的势能差别。在这一结晶转化过程的物质传递可与 Oswold 熟化过程中的相类似，即：表面能高的无定形沉淀对应于一个稍高的溶解度而逐渐溶解，构晶离子通过溶液本体扩散到晶核表面而做定向生长。因此，在低配比条件下，溶液中游离的钕离子的存在可以避免离子在溶液中的长距离迁移，从而有助于结晶的快速生长。

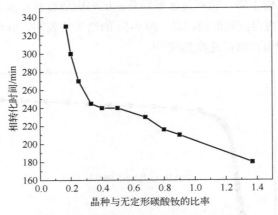

图 6-14　晶种量对结晶转化时间的影响

　　工业上结晶沉淀的操作可以有两种极端的方式：一是间歇操作，二是连续操作。实际的工业生产可以根据实际情况采用其中之一或两者相结合的方法。对于间歇操作，类似于在晶种存在下的一次性加料反应方法，如图 6-13（b）所示。陈化过程中 pH 值有较大的波动，可以通过原位监测溶液的 pH 值来指示反应和结晶的完成程度。

　　从结晶产物的颗粒大小和均匀性控制，以及生产过程的自动化要求来考虑，连续结晶沉淀方法是很有吸引力的。为考察有晶种存在时用同步加料方式进行的沉淀反应及陈化过程中的 pH 值变化特点，测定了向含有一定量碳酸钕结晶的悬浮液中同步加入氯化钕和碳酸氢铵溶液进行沉淀反应和陈化过程中的 pH 值变化，如图 6-15 所示。可以想象，当每次加料的量和间隔的时间逐渐缩小到很小时，便相当于连续加料反应的反应结晶方法。

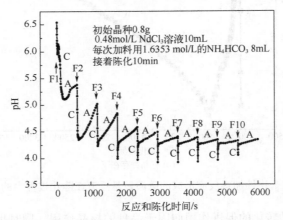

图 6-15　晶种存在下间隔 10min 的同步加料反应与陈化过程中的 pH 值变化[25]

　　由图 6-15 可以看出，在第一次加料后，pH 值在经过一个较大幅度的升高后急剧下降，而后又慢慢升高。从第二次加料开始，则只观察到一次下降与上升过程。证明从第二次加料起，反应形成的碳酸钕均能很快结晶，表现出反应结晶的特征。结晶导致的 pH 值下降与沉淀反应导致的 pH 值下降同步发生，产生一个较大幅度的下降值。然而，随着加料次数的增加，陈化 10min 后的 pH 值逐渐降低，这是由于在此加料比下，钕离子还不足以被沉淀完全，过量游离钕离子的存在将抑制碳酸钕的水解，使溶液 pH 值稳定在一个很窄的范围。因此，除了加料反应时所产生的 pH 值脉冲下降外，结晶产生的 pH 值下降将会被碳酸钕的溶解所抑制。相应地，每次加料反应和结晶所产生的 pH 值下降值也减小。可以预料，如果减小每次的加料量，缩短加料间隔时间，则加料反应所产生的 pH 值脉冲会降到很小。因此，连续加料反应过程中溶液的 pH 值在进入正常状态后会稳定在一个很小范围，而且将直接与加料反应比相关。

图 6-16 比较了加料间隔时间分别为 10min 和 5min 时，平衡溶液中 pH 值随加料次数的变化。可以看出，在低配比反应条件下（碳酸氢铵量不足），随着加料次数的增加，pH 值逐渐减小并趋于一稳定值。此时，沉淀反应与结晶几乎是同时进行的，属于典型的反应结晶。

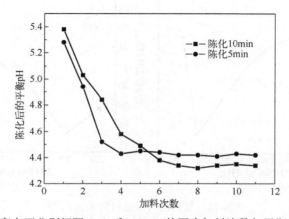

图 6-16　晶种存在下分别间隔 5min 和 10min 的同步加料次数与平衡 pH 之间的关系

图 6-17 为未加和已加聚甘油脂肪酸酯（PYFAE）的条件下沉淀层体积变化[26]。可以看出：PYFAE 的加入可以大大缩短结晶时间，结晶完成时间从未加时的 160min 缩短到 90min，可以节约 1 个多小时。在碳酸稀土的陈化结晶过程中可以观察到气泡的产生，可以认为是结晶过程放出的质子与碳酸根反应产生的二氧化碳。根据化学平衡的基本观点，质子的及时消耗有利于结晶化反应向右进行，这将促进结晶反应的进一步进行。因此，PYFAE 的加入对结晶的促进作用可归因于 PYFAE 的消泡作用，能加快二氧化碳的逸出，加快结晶反应的进行。

如图 6-18（a）所示，在低配比区域升高反应的温度，碳酸钕的结晶速度有明显的加快，在陈化温度为 60℃时加消泡剂，完成结晶时间的时间在 3.5～8h 之间。图 6-18（b）示出了在不同加料比下，室温下由沉淀反应形成的无定形碳酸钕完全转变为结晶型碳酸钕所需要的时间。结果表明：无论是在高配比区域（加料摩尔比高于 3）还是低配比区域（加料摩尔比小于 3），完成结晶所需时间都在 15h 以上，表明碳酸钕在常温下的结晶转化速度很慢，其中在高配比区域的结晶速度更慢。

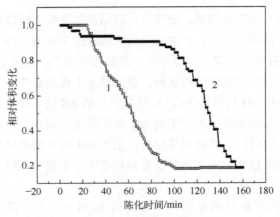

图 6-17 碳酸钕悬浮液在 60℃下陈化时相应的沉淀层相对体积变化[26]
（1）加 3 滴 PYFAE；（2）未加

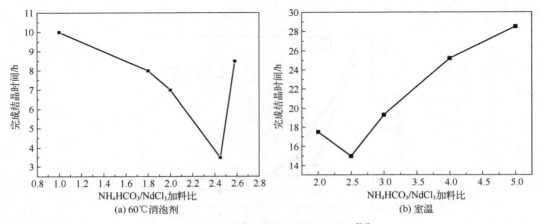

（a）60℃消泡剂　　　　　（b）室温

图 6-18 加料比与结晶时间关系图[26]

　　碳酸稀土的结晶速度与反应加料比有很大关系，这是以加料比范围来确定结晶活性区域的基本依据。对于碳酸钕而言，情况也一样。当改变加料比时，溶液的 pH 值也会发生相应的改变。与此同时，结晶的速度也会有所不同。因此，也可以用溶液 pH 值范围来指示体系是否处于结晶活性区内。实验证明，当沉淀后溶液 pH 值超过 5.2 时（溶液中的钕接近被沉淀完），陈化过程中的 pH 值下降值很低，而且沉淀的沉降速度慢，证明结晶效果不好。而当沉淀后溶液 pH 值低于 5.2 时，则可以观察到很好的沉降效果，陈化过程中的 pH 值下降值较大。证明碳酸钕在低配比区域（HCO_3^-/Nd^{3+} 摩尔比小于 3）是有结晶活性的。为了获得最快的结晶速度，可以将沉淀与结晶控制在这一区域内进行，从表观上看钕的沉淀似乎是不完全的，但事实上，这部分钕离子并不会损失掉。在连续反应操作方式下，可以在溢流中补加适量沉淀剂使之沉淀完全而得到回收。在间歇操作模式下，只需在反应结束后补加适量沉淀剂使之沉淀完全，此时有大量的新鲜晶种存在，这部分沉淀可以很快完成结晶转化。

　　表 6-6 中分别列出了在常温下高配比和低配比条件下所得结晶的 XRD 衍射数据，并与标准卡上的衍射数据进行对比。结果表明几种样品的 XRD 衍射图中的主要衍射峰与标准卡上的衍射峰相吻合。表明所有的结晶均属镧石型结构，为正交晶系，晶胞参数也基本相符，但

也有细微差别。低配比区域结晶的产物具有较小的晶胞参数值，这与结晶体中所含铵离子或氯离子的量相关。另外一个明显的差别在于衍射峰的强度值上，高配比区域中结晶的产物与（002）晶面相关的衍射强度特别强，说明在此条件下，碳酸钕的结晶速度是各向异性的，在沿 c 方向具有更快的生长速度。这也可以从颗粒的外形得到证实。低配比区域所得产物为颗粒状，而在高配比区域所得产物为发亮的片状结晶，与 XRD 的结果符合。

表 6-6　常温下不同加料比时所得结晶碳酸钕的 XRD 衍射数据比较

Nd$_2$(CO$_3$)$_3$·8H$_2$O (31-877)			加料比 2.5		加料比 3.0		加料比 5.0	
D/Å	相对强度	hkl	D/Å	相对强度	D/Å	相对强度	D/Å	相对强度
			17.145	16	16.818	10	16.819	5
8.59	100	002	8.54	100	8.54	100	8.581	100
			6.21	6			5.460	1
4.75	10	020	4.741	17	4.741	16	4.766	1
4.48	10	200	4.458	10				
4.25	40	004	4.246	22	4.236	19	4.257	21
4.13	10	022	4.139	14	4.139	8	4.158	2
3.95	10	221	3.948	13	3.948	5		
3.24	15	220	3.246	14	3.24	5		
3.02	15	124	3.03	15	3.03	6		

与此同时，我们将 60℃下陈化制得的碳酸钕样品进行 X 射线衍射的物相分析，所得的衍射谱图见图 6-19。结果表明，反应配比小于 1∶3 时加消泡剂与未加消泡剂所得晶型沉淀的图谱与标准图谱 33-0932 相同，均为水菱钇型正碳酸盐。表面活性剂聚甘油脂肪酸酯（PYFAE）的加入并不影响其结晶类型，但对于不同晶面的衍射峰强度有明显影响。PYFAE 的加入使衍射峰强度的差异性加大，表明结晶体在不同方向上的生长尺度有明显变化。从图 6-20 的 SEM 照片上也可看出这种差别，尽管两种结晶都呈现出不规则连生生长特征，但 PYFAE 的加入使结晶体的基本单元仍然保持一维针状形貌，而未加 PYFAE 时则表现为方形棒状，并通过相互之间的连生而成为拼合板。

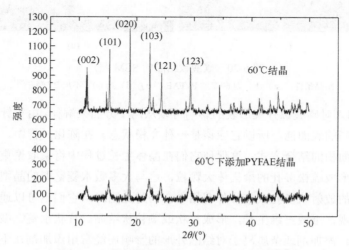

图 6-19　碳酸钕结晶的 XRD 射线衍射图[26]

PYFAE 的加入对碳酸钕外观形貌的影响可以同时由碳酸钕的 X 衍射图和 SEM 照片（图 6-20）来分析。碳酸钕晶体的 XRD 分析结果表明：在常温下得到的碳酸钕晶体为镧石型，而当温度升高至 60℃时可以制得水菱钇型碳酸钕晶体。反应中 PYFAE 的加入使碳酸钕在晶面(002)、(101)、(103)上的衍射强度比没有加 PYFAE 的碳酸钕的要低，而晶面(020)的衍射强度却加强，其中晶面(020)的衍射强度最大。表明 PYFAE 的加入有利于晶体碳酸钕沿 b 轴做一维生长，这与加入 PYFAE 的碳酸钕的扫描电镜图的分析结果一致[26]。

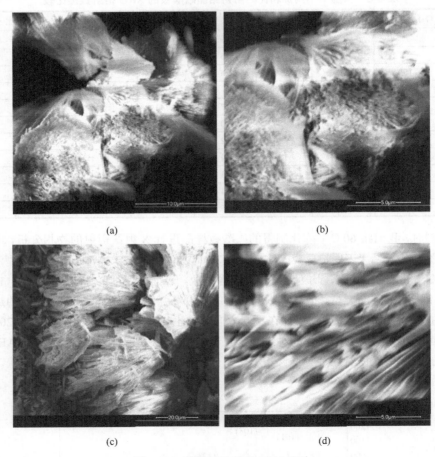

(a)

(b)

(c)

(d)

图 6-20　碳酸钕结晶的 SEM 照片

结晶条件：（a）（b）为 60℃加 PYFAE，（c）（d）为 60℃不加 PYFAE[26]

　　PYFAE 的加入对碳酸钕外观形貌的影响可以从两个方面来解释。由于针状结晶比片状结晶及团聚物有更高的表面能，所以它应该是一种介稳状态。在陈化过程中，针状结晶将尽可能采取减小比表面积的结合方式，这促使它们在晶体生长过程中将采取聚集和连生的方式来减小比表面积，形成疏松多孔的聚集体大颗粒，这与大多数水菱钇型的晶型碳酸稀土以针状结晶为基本单元的放射状多孔聚集体外观相吻合。与此同时，它们也可以通过加快其他方向的生长速度来实现二维或三维生长，形成片状或颗粒状结晶。片状水菱钇型碳酸稀土的形成与这一机制相关。添加剂或杂质离子对结晶外形的影响还经常用添加剂在不同晶面上的选择性吸附来解释。所以 PYFAE 的加入对碳酸钕外观形貌的影响也可解释为 PYFAE 在（002）、

（101）或（103）平面上的选择性吸附。

在碳酸钇的结晶过程研究中我们发现：水菱钇型碳酸钇形成的针状结晶，在陈化结晶过程中具有向不规则片状结晶转化的趋势。根据结晶生长规律，晶体的外观形貌取决于晶体中各晶面的相对生长速度，或者说与各晶面的面网密度相关。因此，晶体内部的格子构造对结晶的生长有决定性作用，但晶体的外观形貌还与结晶条件密切相关，如过饱和度、浓度、pH值、温度以及杂质或添加剂的存在会直接影响到各晶面的生长速度。在水菱钇型结构中存在两种类型的碳酸根：$C(1)O_3^{2-}$ 与 $C(2)O_3^{2-}$，其中 $C(1)O_3^{2-}$ 对与稀土离子配位构成（002）平面，每个碳酸根都同时与四个稀土离子相连；而 $C(2)O_3^{2-}$ 在晶面（002）的法线方向上，连接上下相邻的平面，每个碳酸根与上下两个稀土离子配位。因此，当碳酸根量少而稀土离子过量（即在低配比沉淀区域）时，只有部分稀土离子可被沉淀，此时碳酸根 CO_3^{2-} 会与更多的稀土离子结合，由于 $C(1)O_3^{2-}$ 能结合更多的稀土离子，碳酸根将主要采取 $C(1)O_3^{2-}$ 的配位方式而促使碳酸盐沿 a、b 平面方向生长，其中更为主要的是沿 b 方向生长，首先表现为一维生长特性，其次是二维生长，所以水菱钇型的晶型碳酸稀土多为针状或片状。

溶液 pH 值的改变也可能引起晶体生长机理和结晶习性的变化。例如：碳酸钇在 pH 低于6 和大于 7 时的结晶机理和结晶产物的组成和晶相类型都不一样。前者以结晶水菱钇石型正碳酸盐为特征，得到有针状颗粒聚集而成的类球形颗粒；而后者则以形成碳酸钇铵复盐为特征，得到呈螺旋生长特性的片状菱形结晶。

反应温度不但对结晶沉淀反应速度、沉淀物的粒度有影响，而且对晶体形状也有一定影响。温度变化一方面可以通过改变晶体中不同生长方向的相对生长速度来影响最终产物的外观形貌，温度变化有时能改变结晶态的物相类型，这种结构改变对外观形貌的影响更大。

反应结晶沉淀技术是指加料反应后的沉淀能够快速形成结晶体，不需要在无定形状态下陈化较长的时间。前面所说的草酸稀土沉淀即属于反应结晶的范畴，结晶形成过程经历的无定形阶段的时间非常短。因此，可以获得结晶良好的产品。由于碳酸稀土的溶解度小，沉淀的初始成核速度快，易形成无定形沉淀。要得到结晶碳酸稀土，需通过陈化来实现结晶转化。

在反应沉淀结晶中，晶体聚结（亦叫团聚）往往决定产品粒子的性质。晶体聚结的实验研究，不但可以从晶体粒度分布（crystal size distribution，CSD）分析，而且可以通过扫描电镜（SEM）来观察；或通过染料吸附等进行研究。聚结过程可以描述为以下三步：首先是由于流体运动的粒子间发生碰撞；然后是通过弱作用力（如范德华力）而相互黏附；接着是晶体生长产生化学键，聚结体固化[31]。

可以认为聚结作用平行于或在成核作用发生后马上进行，聚结沉积是沉淀过程的主要机理。虽然聚结现象是普遍存在的，但目前人们对聚结产生的机理还不清楚，关于反应结晶（沉淀）过程中的聚结和破裂现象的研究，国外学者普遍使用粒度衡算模型来开展。但存在两种不同的处理方法，一是 Marchal 和 David 等提出的离散化粒度衡算模型，即分散模型。一是以 Randolph 和 Larson 等为代表的非离散化处理方法，即连续化模型[31]。针对碳酸稀土的反应结晶机理和方法研究也有一些报道[32-37]。

南昌大学在 1995 年提出了既可用于进行间歇操作也适合于连续化生产的结晶碳酸稀土生产工艺（CN 1141882A），实现了碳酸稀土的连续反应结晶。并在后续的几年中相继推广应用到江西、江苏和包头的稀土企业，取得了显著的经济和社会效益，并获得江西省技术发明奖。江西的龙南稀土冶炼厂（龙南市和利稀土冶炼有限公司）、赣加稀土有限公司、九江 806、上饶 713 矿稀土厂，还有江西金世纪新材料股份有限公司，与南昌大学进行过三次碳酸稀土结晶技术的成果转让。尤其是在富钇重稀土的结晶沉淀技术上，采用的就是上面介绍的反应结晶沉淀方法专利技术，实现了连续同步加料半连续出料的生产方式，获得的产品结晶性好、颗粒大、稀土总量高。大大超过了草酸沉淀法的效果，产品不用煅烧，直接用盐酸溶解就可以配制高浓度的氯化稀土料液，进入下一阶段的萃取分离。实现这一技术突破的最早是 1995 年夏天在龙南稀土冶炼厂临时搭建的工棚里，不仅解决了单一稀土钇碳酸盐结晶难题，而且还实现了农用碳酸氢铵的精制，满足了生产荧光级氧化钇的生产要求。与此同时，还研发了低氯根的碳酸稀土结晶技术。与草酸盐沉淀体系的低氯根高纯氧化稀土生产技术一起成为当时的标志性技术成果，并向江苏溧阳方正、江阴加华和包头的 202 厂、包头稀土高科等企业推广。碳酸稀土沉淀结晶是稀土工业应用最广的技术之一。从原矿中浸出稀土之后，最起码要经历一次沉淀结晶。尤其是北方稀土的冶炼过程，其大宗产品镧、铈、镨、钕等都是以碳酸稀土为产品而进入下一阶段的材料制备过程，每年以碳酸稀土沉淀的以氧化物计量的产品就有十几万吨。而它们的质量对于抛光材料、金属材料的生产都有重要影响。

6.5.5　沉淀结晶方法与产品物性控制技术*

（1）间歇结晶[27,30]

溶液间歇结晶是高纯固体分离与制备的重要手段之一，具有选择性高、成本低、热交换器表面结垢现象不严重、环境污染小等优点，最主要的是对于某些结晶物系，只有使用间歇操作才能生产出指定纯度、粒度分布及晶形的合格产品。但是间歇结晶的生产重复性差、产品质量不稳定。

在间歇结晶过程中，为了控制晶体的生长，获得粒度较均匀的晶体产品，必须尽可能防止意外的晶核生成，小心地将溶液的过饱和度控制在介稳区中，避免出现初级成核现象。具体做法是往溶液中加入适当数量及适当粒度的晶种，让被结晶的溶质只在晶种表面上生长。用温和的搅拌，使晶种较均匀地悬浮在整个溶液中，并尽量避免二次成核现象。

间歇结晶操作在质量保证的前提下，也要求尽可能缩短每批操作所需的时间，以得到尽量多的产品。对于不同的结晶物系，应能确定一个适宜的操作程序，使得在整个结晶过程中都能维持一个恒定的最大允许的过饱和度，使晶体能在指定的速度下生长，从而保证晶体质量与设备的生产能力。但要做到这一点是比较困难的，因为晶体表面积与溶液的能量传递速率之间的关系较为复杂。在每次操作之初，物系中只有为数很小的由晶种提供的晶体表面，因此不太高的能量传递速率也足以使溶液形成较大的过饱和度。随着晶体的长大，晶体表面增大，可相应地逐步提高能量传递速率。

（2）分步沉淀串级结晶

北方稀土赵治华等[38]公开了一种连续生产晶型碳酸稀土的装置和方法，包括流量控制系统、晶种回流系统、沉淀系统、浓密系统、上清液储槽。该方法能够连续得到质量稳定、易于过滤和洗涤的晶型碳酸稀土。该方法通过调整稀土溶液和沉淀剂溶液的加入速度及连续加入晶种的量，控制反应体系中每个反应段稀土离子浓度和沉淀剂浓度，以及沉淀结晶的生长速度，得到易于过滤、杂质含量低的晶型碳酸稀土。

连续生产晶型碳酸稀土的装置如图 6-21 所示，包括：流量控制系统 1、晶种回流系统 2、沉淀系统 3。晶种回流系统中还包括浓密系统、上清液储槽。

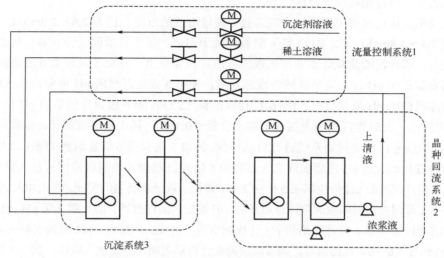

图 6-21　连续生产晶形碳酸稀土的基本装备[38]

其中，沉淀系统包括多个串联的设置有变频电机的沉淀槽，并在沉淀槽侧壁的上部设置有溢流口。上一级沉淀槽的溢流口通过管路连接下一级沉淀槽的下部入料口。通过变频电机控制沉淀槽中搅拌的转速，保证随着料液的不断给入，反应产生的浆液搅拌均匀，浆液从溢流口流到下一级反应槽中。沉淀槽的级数根据晶体形成的时间要求而定，晶体形成时间长则沉淀槽的级数多，晶体形成时间短则沉淀槽的级数少。

连续生产晶型碳酸稀土的方法步骤如下。

步骤 1：沉淀剂溶液流经第一电磁流量计、第一调节阀后进入第一级沉淀槽，沉淀剂溶液通过第一电磁流量计、第一调节阀精确调节流量；稀土溶液流经第二电磁流量计、第二调节阀后进入第一级沉淀槽，稀土溶液通过第二电磁流量计、第二调节阀精确调节流量。

步骤 2：晶种（上清液和浓浆液）流经第三电磁流量计、第三调节阀后进入第一级沉淀槽，上清液和浓浆液通过第三电磁流量计、第三调节阀精确调节流量。

步骤 3：料液（沉淀剂溶液、稀土溶液、上清液和浓浆液）在沉淀槽中反应，反应产生的浆液被变频电机搅拌均匀，浆液从溢流口流到下一级反应槽中，待反应完全后，例如经过 5～6 级沉淀槽的反应，浆液进入浓密槽；

保持沉淀槽的温度在 20～60℃之间，无压力要求。变频泵转出的浓浆液的抽出量、上清液转出泵转出的上清液的流量与沉淀剂溶液、稀土溶液的总进入量相匹配。沉淀剂的溶液浓度为 0～4mol/L，稀土溶液的浓度为 0～300g/L，晶种的固液体积比为（1:10）～（1:2）。

步骤 4：变频泵将浓密槽中抽出的浓浆液一部分作为晶种送达第三电磁流量计和第三调节阀，其余的浓浆液经过滤后将其中的稀土盐颗粒过滤出来；浓密槽中的上清液进入上清液储槽，经上清液转出泵抽出的上清液进入回流管路。上清液转出泵抽出的上清液还可以经过滤进一步回收其中悬浮的碳酸盐颗粒。

工业上，已经将上述装备设计成 6 级连续沉淀和 1 级浓密出料槽的生产线，并投入应用[32]。为实现沉淀加料的自动控制，还发明了一种碳酸稀土连续沉淀生产过程中自动调节反应终点的方法，将稀土料液从第 1 级连沉槽进入，将沉淀剂（碳铵溶液）从第 1 级至 6 级连沉槽同时加入，进行连续沉淀反应[39-40]。

第 1 级至 6 级连沉槽采用串联方式连接。碳铵溶液的浓度范围为 2.6～2.9mol/L。稀土料液为浓度 1.4～1.8mol/L（以 REO 计）的氯化稀土溶液。稀土料液流量计安装在稀土料液的注入管道上，碳铵溶液流量计安装在碳铵溶液的注入管道上。在第 5 级和第 6 级连沉槽的流通处分别安装在线 pH 计，调节碳铵溶液加入量，使第 5 级连沉槽的 pH 值保持在 5.6～6.2，使第 6 级连沉槽的 pH 值保持在 5.8～6.4，得碳酸稀土产品。第 6 级反应体系的 pH 值为 5.8～6.4 为反应终点，此时连沉槽中上清液中稀土含量<0.1g/L。稀土料液流量计、碳铵溶液流量计和 pH 计的信号由自动控制系统进行自动控制。将第 5 级和第 6 级连沉槽的 pH 计与碳铵溶液流量计进行自动化连锁，进而实现第 5 级和第 6 级连沉槽自动控制碳铵溶液加入量大小[40]。

当第 5 级连沉槽的 pH 值控制在 5.6～6.2 时，碳铵溶液流量计自动关闭，停止加入碳铵溶液，低于 5.6～6.2 范围内值时碳铵流量计自动开启，开始加入碳铵溶液。防止第 5 级 pH 计出现故障时，碳铵溶液过量；第 6 级连沉槽的 pH 计控制整条生产线反应终点，pH 值为 5.8～6.4 之间。当其 pH 值超过 5.8～6.4 范围值时，碳铵溶液流量计自动关闭，停止加入碳铵；低于 5.8～6.4 范围值时，碳铵溶液流量计自动开启，继续加入碳铵溶液。通过对第 6 级 pH 值的控制，从而达到反应终点的控制，使整套连续沉淀生产线稳定运行，在中央控制大厅实施操作，效果良好，降低了生产成本，提高了产品性能。例如：碳酸镧的连续沉淀生产[40-41]：将浓度为 1.4～1.7mol/L（以 REO 计）的氯化镧料液从第 1 级连沉槽进入，沉淀剂碳铵溶液从第 1 至 6 级加入，进行连续中和反应；观察第 5、6 级连沉槽上的 pH 计的测定值，当分别处于 pH<5.6～6.2 和<5.8～6.4 之间的设定值时，第 5、6 级连沉槽上的碳铵流量计均处于开启状态，自动加入碳铵溶液，直到第 5 级 pH 值控制在 5.6～6.2 时，碳铵溶液流量计自动关闭，停止加入碳铵溶液；直到第 6 级 pH 值为 5.8～6.4 时，碳铵溶液流量计自动关闭，到达反应终点，得到合格的碳酸稀土产品。

（3）连续结晶

随着技术的进步，不少物质能通过连续结晶操作获得更多的产量和更稳定的质量，从而大幅度提高工业效率。当生产规模达到一定水平，结晶过程应采用连续操作方式。连续结晶器在稳态时会产生一个晶体流，使进入结晶器的晶体流维持过饱和度恒定，容易形成稳定的晶体生长速率。与间歇结晶相比，连续结晶具有以下优点：

① 单位有效体积的生产能力比间歇结晶器高数倍至数十倍之多，占地面积小；

② 连续结晶过程的操作参数稳定，产品质量稳定；

③ 采用连续操作时操作费用较低，连续结晶操作所需的劳动量相对较少。

连续结晶器的操作有以下几项要求：控制符合要求的产品粒度分布，结晶器具有尽可能高的生产强度，尽量降低结垢速率，以延长结晶器正常运行的周期及维持结晶器的稳定性。为了使连续结晶器具有良好的操作性能，往往采用"细晶消除""粒度分级排料""清母液溢流"等技术，使结晶器成为所谓的"复杂构型结晶器"。采用这些技术可使不同粒度范围的晶体在器内具有不同的停留时间，也可使器内的晶体与母液具有不同的停留时间，从而使结晶器增添了控制产品粒度分布和晶浆密度的能力，再与适宜的晶浆循环速率相结合，便能使连续结晶器满足上述操作要求。

对于连续结晶过程中去除细晶的目的则是提高产品中晶体的平均粒度。混合悬浮型连续结晶器配置产品粒度分级装置，可实现对产品粒度范围的调节。产品粒度分级是使结晶器中所排出的产品先流过一个分级排料器，然后排出系统。分级排料器可以是淘洗腿、旋液分离器或湿筛。它将小于某一产品分级粒度的晶体截留，并使之返回结晶器的主体继续生长，直到长到超过产品分级粒度，才有可能作为产品晶体排出器外。如采用淘洗腿，调节腿内向上淘洗液流的速度，即可改变分级粒度。提高淘洗液流速度，可使产品粒度分布范围变窄，但也使产品的平均粒度有所减小。

所以，上述北方稀土实施的连续生产晶型碳酸稀土的装置和方法还不是严格意义上的连续结晶方法，用"分步沉淀串级结晶"方法来表述会更恰当一些。在这一技术中，实际上执行的是把我们早期研发的两步结晶法和晶种法相结合，并扩展为多级沉淀结晶。在矿山，碳酸稀土连续加料反应结晶方法是在一个池子里完成的。由于稀土浓度低、池子足够大，出料没有连续，而是积累到一定量后再出料。或者是把一部分晶浆打入浓密池，进行进一步的陈化、洗涤和出料。因此，对于镧、铈以及镧铈混合碳酸盐的结晶，无需6级沉淀就可以解决问题，最多3级即可。镨钕的结晶慢一些，但在有晶种存在下，也可以实现快速的反应结晶，在3级的设备条件下完成结晶，只需调整晶种量即可。现行的工艺和装备虽然满足了形式上的连续加料和连续出料的要求，但并不是实际意义上的连续结晶方法，没有取得相应的效果。而且占地面积大，停槽物料多，能耗大，机动性不够。所以，还有很大的改进空间。

包头稀土研究院提出的一种细粒度低氯根碳酸稀土的生产方法及装置倒是更加接近连续结晶的味道[42]。该方法是在设计的特殊沉淀反应装置上，以并流的加料方式加入氯化稀土和碳酸盐溶液，通过控制加料速度和出料速度，控制碳酸稀土的陈化时间，实现反应区和结晶区的空间分离，进而达到直接从盐酸介质中沉淀得到细粒度低氯根碳酸稀土产品和连续化生产的双重目的。这一方法可以用廉价的碳酸氢铵在盐酸介质中直接得到氯根含量低于 50μg/g 的细粒度碳酸稀土产品，沉淀反应装置结构简单，可实现连续化生产。

这一方法与我们早期的草酸稀土沉淀法生产低氯根细颗粒草酸稀土的方法类似，是以氯化稀土料液为原料，在沉淀反应装置中预先注入底水（恰如我们所说的火锅料），底水的体积以搅拌桨能把溶液或悬浮液搅拌起为准，然后加入晶种，晶种的加入量按质量分数计算为氯化稀土料液的 1%～10%，其中氯化稀土料液的量及晶种均以各自料液中的氧化物计算，并使沉淀反应装置中溶液温度达到 20～80℃的沉淀反应温度；在设定的沉淀反应温度下，按照氯化稀土与碳酸氢铵的质量比（1:1）～（1:2），将浓度为 20～100g/L 的氯化稀土料液和浓度为 60～160g/L 的碳酸氢铵溶液，通过并流加料方式加入沉淀反应装置中；反应 10～30min 后，打开沉淀反应装置底部的阀门，控制悬浊液的流出速度，使悬浊液可以不断流出；流出的悬浊液直接进行过滤、洗涤、脱水即得细粒度低氯根的碳酸稀土产品。

图 6-22 是根据碳酸稀土结晶特征设计的反应连续结晶器的基本结构。在搅拌力的作用下，碳铵溶液进料和部分晶体通过中间设置的圆筒形通道进入上面的反应区，与上面加入的稀土料液在这里反应，形成沉淀，并在晶种的作用下形成结晶碳酸稀土。细小的晶体仍然会在反应区转悠，担当后面反应的晶种。这种晶种的活性更大。当这些晶体继续生长，达到旋转的液流不足以支撑时，就会向生长区下沉，最后达到控制区。整个反应器里面，稀土离子浓度是从上到下降低的，在控制区几乎为零，因为这里有足够的沉淀剂。pH 值是增加的，在反应区一般在 4～5 之间，生长区为 5～6 之间，控制区为 6 以上，此时的结晶基本上不再长大，颗粒比较均匀，从出料口出来的都是颗粒度能够满足出料要求的产品。小的颗粒将通过

中心通道循环进入反应区。

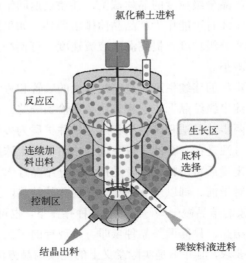

图 6-22　碳酸稀土连续结晶设备及分区示意图

6.6　基于稀土变价性质的氧化还原与沉淀的联动分离^{*}

稀土元素处于正常的 +3 价状态时，各元素的化学性质极其相近。但是，处于 +4 价状态的铈、镨、铽和处于 +2 价状态的钐、铕、镱的化学性质，与 +3 价稀土元素差异较大。将变价稀土氧化或还原，利用不同价态化学性质的差异来分离稀土元素的方法称为选择性氧化还原法。

在稀土湿法提取工艺中，常用氧化法分离提取铈，用还原法分离提取铕。由稀土精矿分解工艺可知：稀土精矿碱分解产物中的铈易被氧化；氟碳铈矿氧化焙烧分解和混合型稀土精矿加纯碱焙烧分解时，其中的铈也被空气中的氧氧化；也可在稀土化合物转型过程中用氧化剂将 +3 价铈氧化。而在铈的提取分离过程中又往往需要将 +4 价铈还原。铕的提取分离则需将溶液中的 +3 价铕还原为 +2 价，+2 价铕的化学性质与碱土金属相似，利用这一性质可使之与其他 +3 价稀土元素分离。因此，必然存在着氧化剂、还原剂的选择和氧化还原条件的控制问题。表 6-7 所示为变价稀土元素与有关反应的标准氧化还原电位。

表 6-7　变价稀土元素与有关反应的标准氧化还原电位 $E^{\ominus}$

电极反应	$E^{\ominus}/V$	电极反应	$E^{\ominus}/V$
$H_2O_2 + 2H^+ + 2e^- \Longrightarrow 2H_2O$	+1.77	$H_2O_2 + 2e^- \Longrightarrow 2OH^-$	+0.88
$Ce^{4+} + e^- \Longrightarrow Ce^{3+}$	+1.61	$Fe^{3+} + e^- \Longrightarrow Fe^{2+}$	+0.77
$Pr^{4+} + e^- \Longrightarrow Pr^{3+}$	+1.60	$Eu^{3+} + e^- \Longrightarrow Eu^{2+}$	−0.35
$MnO_4^- + 8H^+ + 5e^- \Longrightarrow Mn^{2+} + 4H_2O$	+1.51	$Zn^{2+} + 2e^- \Longrightarrow Zn$	−0.76
$O_2 + 4H^+ + 4e^- \Longrightarrow 2H_2O$	+1.23	$Yb^{3+} + e^- \Longrightarrow Yb^{2+}$	−1.15

6.6.1　铈的氧化–沉淀分离

铈的氧化方法很多，按照氧化方式的不同可以分为气体氧化、化学试剂氧化和电解氧化。

（1）气体氧化法

气体氧化法所用的氧化剂有氧气（空气）、氯气、臭氧。氯气和臭氧对铈的氧化率高，分离效果好，但因对设备的防腐蚀性和密封性要求很高，在生产中很少应用。以空气代替纯氧的空气氧化法在生产中得到广泛应用，这种方法的原理是利用空气中的氧作氧化剂，将+3价铈氧化成+4价铈，其反应为：

$$4Ce(OH)_3 + O_2 + 2H_2O \longrightarrow 4Ce(OH)_4$$

1）湿法空气氧化

湿法空气氧化法是将经过除铀、钍后的稀土氢氧化物调成浆液，或将轻稀土氯化物溶液加 NH_4OH 调成碱性，加热到 85℃，通入压缩空气进行氧化，然后洗涤、过滤，将其中的 $Ce(OH)_3$ 氧化为 $Ce(OH)_4$ 而非铈稀土的氢氧化物保持三价价态不变。铈被氧化成四价后，形成溶解度更小的四价铈的氢氧化物，并放出氢离子，使 pH 下降，让其他三价稀土氢氧化物溶解。将溶液的 pH 值控制在 4～5，三价稀土离子进入溶液，而四价铈以氢氧化物沉淀存在。经由固液分离，可以得到氢氧化铈和非铈稀土溶液。将得到的氢氧化铈溶解在硝酸中，然后加入硝酸铵以沉淀出硝酸铈铵 $[(NH_4)_2Ce(NO_3)_6]$，借以与夹杂的非铈稀土进一步分离。工艺流程如图 6-23 所示。在湿法空气氧化工艺中，影响铈氧化率的主要因素有：

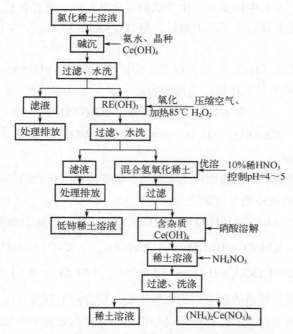

图 6-23　由包头氧化稀土溶液制取氢氧化铈和硝酸铈铵的工艺流程

① 固液比。浆液中稀土氢氧化物质量与溶液体积之比小，有利于将溶液搅拌均匀，增加空气与氢氧化物的有效接触，从而加快氧化过程。但这一比例过小将影响设备的利用率，减少产量。经实验确定，固液比控制在 1∶（2～3）比较合适。

② 碱度。铈的氧化在 0.15～0.20mol/L NH_4OH 的介质中进行。如碱度过低，则不利于 $Ce(OH)_4$ 的生成，使铈的氧化率降低；如碱度过高，将减小氧在溶液中的溶解度，也使铈的氧化率降低。

③ 温度。铈的氧化反应过程属于多相反应，受动力学因素的影响较大。实验证明，提高温度可以加快氧化反应速度。如在 70℃ 条件下氧化 30h，铈的氧化率为 85%；而在 85℃ 条件下，达到 88% 的氧化率只需 5h。但温度过高时铈的氧化过程进行得较快，生成的 $Ce(OH)_4$ 颗粒细小，洗涤时难以沉降。因此，温度宜控制在 85℃。

④ 时间。铈的氧化时间与温度有关。在一定的温度条件下，随时间的延长，铈的氧化率增加。实践表明，10h 以上氧化率可达到 90%，通常控制氧化时间在 14h 左右。

2）加压空气氧化

湿法空气氧化法操作简单、成本低、劳动条件较好，但铈的回收率和产品 CeO_2 的纯度(约80%)较低。如果体系中通入压缩空气进行加压氧化，可缩短氧化时间，提高铈的氧化率，如在 0.49MPa 压力下，铈的氧化率可达到 96.5%。

3）干法空气氧化

稀土氧化物滤饼置于空气中，$Ce(OH)_3$ 在室温下即可氧化成 $Ce(OH)_4$。如在 100～120℃ 温度下使其暴露于空气中干燥 16～24h，或在 140℃ 下干燥 4～6h，铈的氧化率可达 99%，混合稀土氧化物由灰色变为黄色。

（2）化学试剂氧化法

由于双氧水、高锰酸钾等化学试剂的价格高，对于以生产氧化铈为主产品的工艺过程而言，因其生产成本高，工艺中很少采用化学试剂氧化法。但对于提铈后含有少量铈的混合稀土溶液，用此方法可使非铈稀土产品中的铈含量减少到 1/3 以下。

1）双氧水氧化法

双氧水又称过氧化氢（H_2O_2），可在碱性、中性和弱酸性（pH ＝ 5～6）介质中将 +3 价铈氧化为 +4 价的氢氧化铈和过氧化铈，其反应为：

$$2Ce(OH)_3 + H_2O_2 === 2Ce(OH)_4$$

$$2Ce(OH)_3 + 3H_2O_2 === 2Ce(OH)_3OOH + 2H_2O$$

2）高锰酸钾氧化法

高锰酸钾是强氧化剂，在弱酸性稀土硫酸盐、硝酸盐和氯化物的溶液中，可将 +3 价铈氧化成 +4 价。在不同溶液中的反应依次为：

$$3Ce_2(SO_4)_3 + 2KMnO_4 + 18H_2O === 6Ce(OH)_{4(s)} + K_2SO_4 + 2MnSO_4 + 6H_2SO_4$$

$$3Ce(NO_3)_3 + KMnO_4 + 10H_2O === 3Ce(OH)_{4(s)} + KNO_3 + MnO_2 + 8HNO_3$$

$$CeCl_3 + KMnO_4 + 2NH_4HCO_3 + H_2O === Ce(OH)_{4(s)} + MnO_{2(s)} + KCl + 2NH_4Cl + 2CO_2$$

上述硫酸和硝酸两个体系的反应中均有酸生成，使溶液的酸度升高，这显然影响 Ce^{4+} 形成 $Ce(OH)_4$ 水解反应的进行。所以在反应过程中需不断加入适量的碳酸氢铵或碳酸钠，使溶液的酸度保持在 pH ＝ 3～4，此条件下可以得到 $\omega(CeO_2)/\omega(REO)$ 为 95%～99% 的二氧化铈。在盐酸体系中，则先将 $KMnO_4$ 和 NH_4HCO_3 或 Na_2CO_3 按摩尔比 1∶8 或 1∶4 混合的溶液加入氯化稀土溶液中，保持 pH ＝ 4，可以防止氯离子被氧化为氯气而使操作环境变差。该工艺的操作方法是将浓度为 20%（质量分数）的高锰酸钾溶液在不断搅拌条件下缓慢加入加热至沸腾的弱酸性稀土溶液中，同时不断加入碳酸氢铵以保持 pH 值不变，直至溶液出现红色且不变为止。此法可以快速有效地除去少量或微量铈。操作简单，试剂消耗也少。但所得铈沉淀物中有

MnO_2 存在，影响产品的纯度和颜色，因而还需要进一步采取其他方法从铈中除锰。

6.6.2 锌粉还原-硫酸亚铕与硫酸钡共沉淀法[*]

在含有+3 价铕的酸性水溶液中用锌或电解还原法可以将其还原为+2 价。工业上广泛使用锌还原法和电解还原法。经还原得到的 Eu^{2+} 溶液可根据类似于碱土金属化学性质的特点，选用硫酸亚铕与硫酸钡共沉淀法、氢氧化铵沉淀+3 价稀土碱度法、树脂离子交换法和溶剂萃取法等方法提取高纯度的氧化铕。

锌粉还原-硫酸亚铕与硫酸钡共沉淀法是从铕含量较低的氯化稀土溶液中富集铕的方法之一。经过一次沉淀操作，铕可以富集几十倍以上，铕的回收率大于 98%。其工艺过程主要由锌粉还原、硫酸亚铕与硫酸钡共沉淀、硝酸分解硫酸亚铕、氢氧化铕沉淀等工序组成，如图 6-24 所示。

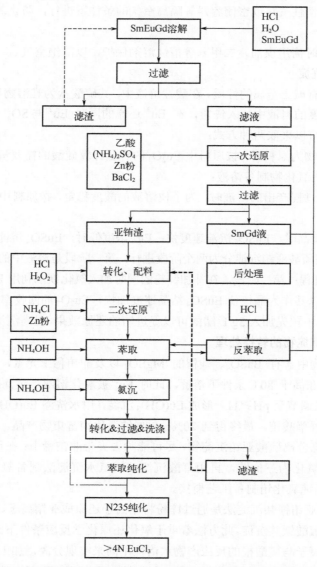

图 6-24 锌粉还原-硫酸亚铕与硫酸钡共沉淀法富集氧化铕的工艺流程

图 6-24 所示的工艺流程中，各工序的操作过程影响因素分析如下。

（1）锌粉还原

在氯化稀土溶液中锌能够将 Eu^{3+} 还原为 Eu^{2+}，其反应式为：

$$Zn + 2EuCl_3 === ZnCl_2 + 2EuCl_2$$

+2 价铕离子在还原过程中容易被氢离子及空气中的氧气氧化，影响铕的还原率：

$$2Eu^{2+} + 2H^+ === 2Eu^{3+} + H_2$$

$$4Eu^{2+} + 4H^+ + O_2 === 4Eu^{3+} + 2H_2O$$

为避免以上反应的发生，可以采取如下措施：

① 降低稀土溶液的酸度，将其控制在 pH=3.0～4.0 的范围内，以减少氢离子和空气对+2 价铕离子的氧化作用；

② 还原过程在惰性气氛或密闭容器等隔离空气的条件下进行，防止氧参与+2 价铕离子的氧化反应；

③ 还原液过滤时需用煤油、二甲苯等惰性溶剂保护，以隔绝空气。

（2）硫酸亚铕沉淀

+2 价铕离子具有碱土金属的性质，在酸性溶液中，其硫酸盐为难溶物质。根据这一性质，在含有一定 SO_4^{2-} 浓度的料液中加入锌粉，在 Eu^{3+} 还原的同时 Eu^{2+} 与 SO_4^{2-} 作用生成硫酸亚铕沉淀。SO_4^{2-} 的引入可以采取两种方式：

① 以稀土氧化物为原料时，按原料中 Eu_2O_3 的含量计算硫酸的需要量，并与盐酸配成混合酸溶液，溶解稀土氧化物制备溶液；

② 原料是萃取过程产出的溶液时，为了使溶液的酸度稳定，按原料中 Eu_2O_3 的含量加入硫酸镁或硫酸铵。

溶液中 Eu^{2+} 浓度高时，$EuSO_4$ 沉淀速度快；Eu^{2+} 浓度低时，$EuSO_4$ 沉淀速度很慢，而且沉淀不完全。因此，将硫酸亚铕沉淀分为两个阶段进行：第一阶段是溶液中的 Eu^{2+} 在高浓度时发生硫酸亚铕自沉淀过程；第二阶段，在补加锌粉的同时加入氯化钡，利用 Ba^{2+} 与溶液中 SO_4^{2-} 形成的难溶 $BaSO_4$ 以其作为晶核使 $EuSO_4$ 结晶速度加快，Eu_2O_3 的回收率可以达到 99%。另外，在低品位铕料液中预先加入 3g/L 醋酸可以促进铕的还原效果，提高沉淀物的氧化铕品位。

（3）硫酸亚铕沉淀物的转换处理

硫酸亚铕沉淀物中含有 $BaSO_4$、残留的 $MgSO_4$ 以及非铕稀土元素，处理方法是：先用 5mol/L 浓度的硝酸在高于 80℃条件下溶解，此时 Eu^{2+} 被氧化溶解，过滤除去 $BaSO_4$ 等不溶物；Eu^{3+} 溶液用氨水调节至 pH≥11，形成 $Eu(OH)_3$ 沉淀，用水洗涤 $Eu(OH)_3$，再以盐酸溶解、草酸沉淀，灼烧分解草酸铕，最终得到 20%～80%的氧化铕富集物产品。后来的方法是先用低浓度盐酸多次洗涤分离硫酸亚铕沉淀物，尽可能除去夹带非铕稀土；在足量的盐酸酸度下，用双氧水将二价铕氧化为三价铕，再用草酸沉淀法或氨水沉淀法制备氧化铕富集物。再与 20%～80%的后续高纯氧化铕制备工艺衔接。

锌粉还原-硫酸亚铕钡共沉淀法是通过锌粉将铕离子还原成亚铕离子，与硫酸镁反应共沉淀生成硫酸亚铕和硫酸钡共沉淀。此方法着重于氧化还原化学反应条件下改变铕离子的价态，利用不同价态的铕离子与硫酸根的反应产物水溶性不同来实现分离，加上氯化钡与硫酸根的共沉淀还可以加快反应速率并加速载带硫酸亚铕沉降。而电解还原-萃取法主要是通过电化学还原铕，并与油相接触后进行萃取分离，两者各有优缺点。

6.7 沉淀结晶分离技术的发展[*]

6.7.1 新试剂与新技术

新的和更为有效的沉淀与结晶分离技术的提出有待于我们对分离对象在沉淀与结晶性能上的差别性有更新的认识。其关键是要找出分离体系中有关元素的某种化合物在溶解性能上的差异，需要根据给定溶液体系中各组分的物理化学性质上的差异，并考虑到后续工序要求的不同，正确选用或研究新的沉淀方法。

现有的各种沉淀方法都是利用已知的各种沉淀剂进行沉淀分离，它们与各种金属离子形成的难溶化合物的溶度积也是一定的，用于相似元素分离时，分离效果也受到限制。而分子设计的理论和方法能根据设定的目标和工作对象的特点来设计和合成新的试剂。根据待分离的物质的特点，设计新的高效沉淀分离试剂，使沉淀过程建立于更新的理论基础上。

孙晓琦等[43]合成了一类磷酸酯萃取沉淀剂，用于分离回收稀土。这类磷酸类固体萃取剂，特别是磷酸二苯酯（DBP）、磷酸二苄酯（DPP）、磷酸三苯酯（TPP），对溶液中的稀土有很强的萃取沉淀能力，且沉淀粒径大。这种沉淀与盐酸反应，形成氯化稀土溶液并游离出原始的萃取沉淀剂，又可直接循环用于萃取沉淀稀土，是一种绿色可持续的分离方法。例如，用磷酸酯萃取沉淀方法从废弃镍氢电池中回收稀土。与 P204、P507 和 POAA 对镍氢电池中的稀土元素的回收率相比，磷酸二苄酯 DBP 对 La^{3+}、Ce^{3+}、Pr^{3+}、Nd^{3+} 的沉淀率最高，均达到 100%。但不萃取沉淀 Mn^{2+}、Co^{2+}、Ni^{2+}，而且不同浓度的 DBP、pH 和时间均不影响其沉淀选择性，沉淀的粒径最大（$D_{10} = 52.61\mu m$、$D_{50} = 135.35\mu m$、$D_{90} = 296.08\mu m$），远大于 $H_2C_2O_4$、CaO、MgO 形成的沉淀。在 3mol/L 盐酸下，DBP 对 RE 的反萃率可达 100%。经过 5 次循环后，DBP 在 REEs 上的沉淀率仍保持在 99%以上。与此同时，他们还合成了具有双羧酸结构的新型萃取沉淀剂[44]（图 6-25），与稀土元素生成的沉淀物颗粒较大，易于过滤，沉淀物经过酸洗后得到富集稀土元素的富集液和再生的萃取剂，再生的萃取剂可以再次用于稀土元素的萃取沉淀。使用碱性化合物对萃取剂进行皂化反应，打破了萃取剂的氢键二聚体，消除了质子，从而大大提高了沉淀效率并且能定量萃取 RE，皂化后的萃取剂再与废液中的稀土元素结合生成沉淀物。

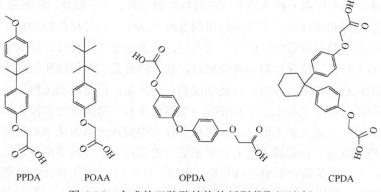

PPDA   POAA   OPDA   CPDA

图 6-25　合成的双羧酸结构的新型萃取沉淀剂

另外一类萃取沉淀剂是苯氧羧酸[45-46]。将合成的苯氧基羧酸类萃取剂经过碱性化合物皂化后可以用于稀土矿物浸出液中稀土的富集，与现有的萃取剂相比，具有更高的沉淀能力，沉淀效率高，沉淀颗粒较大。用皂化的苯氧基二羧酸类萃取剂，富集离子吸附型稀土浸出液中的痕量稀土，具有更高的沉淀能力和更好的稀土选择性，沉淀率高，沉淀物的尺寸较大。

6.7.2　分离功能与材料制备功能的耦合联动

沉淀结晶技术在工业上的应用目标主要是得到纯度更高的产品。但随着材料制备和生产技术的进步，人们越来越重视从材料生产的整个产业链中的各个技术环节的相互优化来提高产品质量并大大降低能源和化工实际消耗。为此，发展和形成了一个介于化工冶金和材料制备之间的被称为"材料前驱体"的生产环节，所述的材料前驱体是指那些针对后续材料生产和应用要求开发的既能达到纯度和组分指标要求，又能满足产品物理性能指标要求的一类产品。它们可以直接用于后续材料的生产而不需产生额外的消耗或产生不良影响。这一类产品的生产可视为连接化工冶金与新材料的"桥梁"。在过去的二十年时间内，我们为了构筑稀土冶炼分离与稀土新材料生产之间的桥梁开展了系统的研究工作。分别围绕草酸稀土的沉淀与结晶过程、碳酸稀土的沉淀与结晶过程以及磷酸稀土和氟化稀土等产品的沉淀法生产问题开展工作。在前面的内容中已经对这些工作做了一些介绍，例如草酸稀土沉淀法生产低氯根高纯度稀土氧化物（包括氧化钇铕、氧化镧铈铽等等）、磷酸盐沉淀法生产细颗粒磷酸镧铈铽、碳酸稀土相态转化法生产高堆密度低氯根细粒度稀土碳酸盐和氧化物等技术，为荧光材料、金属电解、抛光材料和催化材料的生产提供了优质的前驱体产品，为提升中国稀土企业的生产技术和产品质量水平做出了重要贡献。这一工作也将是我们今后工作的重点，其应用面将进一步拓宽。

稀土沉淀结晶技术是通过形成固体物质与液体的分离，是从大量溶液和相关阴离子以及少数非稀土金属杂质离子中分离稀土的主要方法。然而，新的沉淀结晶技术不仅具有分离功能，而且还应满足产品质量改进和污染物循环利用的苛刻要求。沉淀晶产品的质量提高主要是面对稀土材料的新要求，特别是对产品物理性能的调节要求，如纳米晶、高比表面积、超大、高密度或松散等。

现在工业对于稀土产品的质量要求越来越高，而且要求成本低，绿色环保。面对严格的环保和工业要求，稀土行业上相关的单位应保持步调一致、上下联动，发挥最大效能。例如：稀土草酸盐结晶性好和纯度高，主要应用在制备激光晶体、光纤材料和发光材料，但有毒性且成本高；稀土碳酸盐是极好的中间体、成本低，但无定形化趋势强、结晶调控潜力大；主要应用在制备抛光材料、催化材料和陶瓷材料，稀土磷酸盐、氟化物和氢氧化物的溶度积逐渐减小、无定形化趋势增强、可以从沉淀结晶到水热结晶，所得产物可微米化、纳米化、功能化。分别应用在制备荧光粉(La,Ce,Tb)PO_4、制备金属和上转换发光和催化和抛光材料前驱体；由于稀土材料在功能上的不断强化，对稀土各类中间体产品的化学和物性指标都提出了新的或更加严格的要求。例如稀土荧光粉要求适当的颗粒大小和表面电荷，因为颗粒大小会影响发光效率；表面电荷量会影响浆料和涂层形成；稀土磁材-氧化镨钕的氯根含量和堆密度影响镨钕金属制备；钕铁硼粉体颗粒大小影响磁体晶界和磁性能；稀土抛光-抛光粉颗粒特征影响其抛光性能，表面电荷影响浆料悬浮稳定性；稀土催化-催化剂颗粒分散性、表面积和表面结构影响其催化活性和稳定性。因此，迫切需要开发新的沉淀结晶控制技术，特别是对堆密度、颗粒大小和形态、氯根含量、比表面积实现可控。

（1）稀土草酸盐沉淀技术与荧光材料

高纯度稀土化合物的生产技术是满足稀土功能材料应用要求的关键技术。而草酸具有与稀土离子结合度高、沉淀结晶佳、与其他阳离子分离度高等优点。因此，稀土离子与草酸反应生成草酸稀土沉淀，被用于高纯度稀土化合物的生产。

20世纪90年代以来，我们解决了直接从盐酸介质中通过碳酸盐和草酸盐沉淀法生产低氯根碳酸稀土和氧化稀土的技术难题，并得到广泛的应用，为我国低氯根高纯度稀土产品的生产与应用提供了技术支撑。2011年，稀土产品价格的急速攀升给稀土应用带来很大压力，许多稀土应用企业对稀土产品提出了新的要求。其中最为主要的一个要求是降低荧光粉用量，这需要把荧光粉颗粒进一步减小以降低荧光粉层的涂覆厚度，希望氧化钇等材料前驱体的颗粒从 $4\sim5\mu m$ 降低到 $2\sim3\mu m$。而在光学玻璃的生产过程中，要求氧化镧的粒度能够从十几微米降低到几个微米，以增加氧化镧在熔融玻璃料中的分散性能。为此，利用超声波空化效应减少沉淀结晶过程中的二次结晶，增加一次成核速度，降低颗粒大小，减少氯根夹带。方法是：

在沉淀反应釜锅、罐或槽中预先注入草酸溶液或含有草酸稀土和稀盐酸水的悬浮液，其体积以搅拌浆能把溶液或悬浮液搅起为准，并使溶液温度达到设定的沉淀控温要求；在设定的沉淀温度下溶解草酸至饱和或接近饱和浓度，按照稀土与草酸的物质的量之比（1∶1.5）～（1∶1.8）以及草酸溶液和稀土料液的浓度计算草酸溶液和稀土料液的加料体积比，按照加料方式和反应时间要求计算加料速度，在超声波的作用下完成加料反应和稀土的沉淀过程。

加料完毕后即可停止超声，再继续搅拌均匀后陈化 $1\sim6h$，或将超声沉淀浆料转入另一反应釜锅或槽进行陈化 $0.5\sim10h$；陈化后，将上清液分出，沉淀继续加水洗涤直至洗涤滤液中用硝酸银溶液检测不到氯离子的存在为止；经洗涤过滤脱水的草酸稀土进入煅烧工序，在 $800\sim1400℃$ 之间煅烧 $1\sim6h$，即可得到所需的低氯根细粒度稀土氧化物。颗粒大小的调控除了在加料时的超声作用外，也可以通过调节反应温度和浓度，以及酸度来调节。降低料液的游离酸，甚至采用草酸与草酸铵的混合溶液来沉淀，都可以降低产物的颗粒度[47-50]。

小颗粒荧光粉前驱体是生产高质量荧光材料的关键材料。其作用不仅仅是能满足应用要求，减少荧光粉用量，而且能提高应用效果。例如在三基色节能灯制造中的应用，能够使荧光粉层更薄更致密，节约荧光粉用量 $30\%\sim50\%$，而且发光效率高，紫外线外漏少，更加安全可靠。再如在潜指纹检测中的应用，也需要有小颗粒稀土荧光粉产品的生产，以节约资源，提高检测精度[51]。因为荧光粉粒度的大小是潜指纹检测中非常重要的影响因素，较大和不规则颗粒不能较好地分散和黏附在指纹的脊上，可能会覆盖在汗孔等Ⅲ级特征脊细节上，降低了潜指纹检测灵敏度，这导致难以识别潜指纹脊细节；而较小和均匀形状的颗粒可以形成规则的均匀亮度的潜指纹脊图像。Y_2O_3、Gd_2O_3 和 CeO_2 具有好的稳定性，被认为是较佳的基体氧化物，稀土掺杂的氧化物荧光粉在潜指纹可视化方面显示出优异的性能。例如，$Gd_2O_3:Yb^{3+}$，RE^{3+}（$RE = Er$ 和 Ho）上转换纳米荧光粉，在无孔和半多孔表面上显示潜指纹，在 980nm NIR

激发下，显示出清晰的指纹图像，对比度好、选择性高和背景干扰低。

作为稀土家族的重要成员，铒、铥、镝、镥、钇在发光材料、激光材料、催化材料、高温超导材料、压电陶瓷和高温结构陶瓷材料、固体电解质材料等方面有着重要应用，尤其是在一些高技术领域发挥着不可替代的作用。氧化钇是特殊光学玻璃的添加剂，还是固体激光器的重要工作物质。还有硅酸钇镥等闪烁晶体、稀土石榴石等激光晶体、铒和铥等三价离子作为稀土激活离子的玻璃激光材料、掺铒的光纤放大器、高温超导材料、高温结构陶瓷中的钇、玻璃着色和电容器中的镝等等。它们所需的前驱体材料都必须是高纯度的，一般都需要采用草酸沉淀法来制备，而且要对非稀土杂质含量进行严格的控制。在此基础上，开展物性指标控制制备技术，满足后续功能材料的生产要求[51]。

（2）稀土碳酸盐沉淀技术与抛光材料

稀土碳酸盐是一类非常好的材料前驱体，它们不仅可以直接用于材料的制备，也是稀土进一步纯化加工的中间原料。目前，工业上的稀土沉淀技术，除了上面所说的与发光、激光、光纤通信等应用相关的材料需要用草酸盐沉淀法之外，其他的绝大部分是用碳酸盐沉淀的。例如：光学镧和钇，集成电路抛光用铈、磁光铽镝等需要用草酸盐沉淀法来生产，像抛光、永磁、储氢、结构陶瓷等大宗应用目标的稀土产品，都可以用碳酸盐来沉淀制备。

碳酸镧、碳酸镧铈、碳酸铈、碳酸镨钕是目前工业上的大宗产品，也是北方稀土的主打产品。这些前驱体产品随应用目标和材料制备方法的要求不同，对其产品物性指标以及阴离子含量指标有明确的要求。例如：电解金属镨钕所需的氧化镨钕，要求堆密度大、颗粒细、氯根含量低。这样，在熔盐电解时它们能够很好地分散并及时浸入到熔体内部而有利于电解的进行，不产生氯气而污染环境和产品[47]。在抛光材料生产中，前驱体的物性对生产的抛光粉产品质量有直接影响。尤其是在抛光粉制造过程中需要掺入一些特定元素或要保持一定的比表面积及表面元素与价态分布的情况下，对碳酸铈镧前驱体提出一些具体要求，包括颗粒度、分散性、相态类型、杂质含量等等[51-53]。这些都需要在碳酸稀土的生产过程中加以控制。对前驱体的质量要求不仅仅是从产品质量来考虑，还需要从生产原料成本、能源消耗和污染物控制的难易程度来衡量。许多抛光粉生产企业，需要从冶炼分离企业购买稀土料液或碳酸稀土来生产抛光材料。如果不能直接应用，则需要进行再加工。这无疑是要增加成本和时间的。所以，现在的抛光粉生产企业常常会对分离企业的碳酸镧铈产品提出具体的质量要求，以满足其抛光粉生产所需。当然，不同的企业，其要求不同，这与他们的生产工艺和要求相关。由于抛光对象千差万别，对抛光粉的要求也多种多样。对前驱体的要求也是千奇百怪的。目前，稀土抛光材料的生产主要以碳酸稀土为前驱体，经过后续掺杂、合成、粉碎、分级、分散等工序，生产出适合于不同应用目标和场景的抛光粉产品。其中，绝大部分产品是用于手机盖板和面板的抛光，采用碳酸稀土+氟化物氟化-煅烧-气流磨-分级-分散-包装等工艺生产。各单位的竞争力主要源于前驱体碳酸盐的生产优势与生产过程的能源消耗和环境处理优势。针对不同的碳酸铈前驱体，有不同的后处理合成方法。例如：八水碳酸镧铈和碱式碳酸镧铈，其颗粒特征和含水量就不同，掺杂的效果及产生的废气量就不同，质量控制的难易程度和成本也就不同。应该说，镧石型碳酸稀土、碱式碳酸稀土、氢氧化稀土，都可以用作抛光粉生产的前驱体，生产出合格的产品。但它们的工艺过程是有区别的，这需要抛光粉生产技术人员好好把握，并通过与下游用户的沟通来掌握用户的应用要求，在生产链的上下游各环节都要开展工作。

对于稀土冶炼企业的技术人员，则需要掌握碳酸稀土结晶过程及晶体形貌特征的影响因素和规律，把握产品质量与料液成分、生产工艺、操作条件的直接或间接关系。因此，围绕碳酸稀土的沉淀结晶性能和产品开发研究还会有新的工作进展。包括采用不同的碳酸盐及其与氢氧化物的混合沉淀剂来生产碳酸稀土的具体方法和产品质量控制要求[54-55]。近期，我们对碳酸铈在高配比区域的结晶特征又有了新的认识，分别制备出了高纯度的碳酸铈单片结晶及其聚集体和束状或扫把状结晶[56]，可用于高纯纳米氧化铈抛光粉的制备。另外，随着对氨氮污染控制要求的提高，采用一些非铵碳酸盐来制备碳酸稀土，例如碳酸氢镁、碳酸（氢）钠等[57]。

（3）稀土氢氧化物沉淀技术与陶瓷和催化材料

氢氧化物沉淀法所用的沉淀剂包括氢氧化钠、氧化镁、氧化钙等。氢氧化物沉淀法。其中尤其以氧化钙/镁沉淀法具有成本低、污染小等优点[58]。而且氢氧化物沉淀法获得的氢氧化稀土除了可作为稀土氧化物的前驱体外，本身还具有较大的用途，如氢氧化镧可直接用于玻璃、陶瓷和电子工业等。

稀土氢氧化物沉淀技术常常应用于陶瓷粉体材料和铈锆固溶体催化材料前驱体的制备[59-60]。虔东稀土集团和赣州晶环集团的陶瓷器件生产需要使用高质量的钇锆复合氧化物粉体，他们在江西明达功能材料有限公司生产这种粉体。山东淄博加华则是国内最好的汽车尾气净化催化器催化剂浆料所需铈锆固溶体的生产厂家。除了工业生产技术之外，不断有相关的研究报道。例如：将氨水沉淀获得氢氧化稀土的方法用于制备铈锆固溶体催化材料前驱体，先配制硝酸镧、硝酸钇、硝酸锰混合溶液，再与柠檬酸进行络合，生成钙钛矿结构锰酸镧钇氧化物前驱体溶液。前驱体固体与前驱体溶液过滤洗涤焙烧后即得到锰基铈锆固溶体。该方法工艺简单，制得的锰基铈锆固溶体可代替贵金属应用于 VOC 催化剂，可有效降低原催化剂配方中贵金属的使用量，大大降低 VOC 催化剂生产成本。

（4）稀土磷酸盐沉淀技术与荧光材料

磷酸镧铈铽绿色荧光粉是三基色荧光粉的主要成分。传统的方法是采用高温固相反应合成，将镧铈铽的氧化物按一定的比例配好，再与磷酸盐混合，在高温下烧成，经球磨粉碎而成。但由于颗粒粗，表面破损厉害，使其发光效率和稳定性都不好。后来，为了获得颗粒细小的非球磨荧光粉，采用磷酸二氢铵与稀土溶液直接沉淀法制备，再经煅烧和球磨而成。但由于磷酸稀土的溶解度太小，形成的颗粒很小，在煅烧时的团聚也很厉害，荧光粉的性能也不够好。为此，需要选择稀土溶液与磷酸直接反应，并快速过滤完成液固分离，得到结晶性好、颗粒细但又不是太细的短棒状磷酸稀土，煅烧后得到接近球形的容易分散为单个颗粒的均匀荧光粉。

稀土磷酸盐是一系列具有优异性能的材料，广泛用于激光器、陶瓷、传感器、荧光粉、热电阻材料等方面[61]。目前，一维稀土磷酸盐纳米材料及稀土磷酸盐纳米晶材料，已在越来越多的领域中显示出应用潜能。其制备方法主要采用直接沉淀法、微乳液法和水热合成法。其中，水热合成法被普遍采用。该法包括在内衬有聚四氟乙烯的不锈钢密闭反应釜中，加入稀土盐溶液、正磷酸根盐溶液或磷酸以及模板剂和水等，形成混合溶液体系，通过较高温度加热该混合溶液体系，使其接近或达到超临界状态，经一定反应时间后，获得结晶度较高、分布均匀的稀土磷酸盐纳米材料。

（5）稀土氟化物沉淀与金属材料和发光材料制备

稀土溶液中加入氢氟酸或氟化铵可析出水合稀土氟化物的胶状沉淀，加热可转化为细粒沉淀。稀土氟化物的溶解度比稀土草酸盐小，镧、铈、钇的氟化物的溶度积分别为 $1.4×10^{-18}$、$6.7×10^{-17}$ 和 $6.6×10^{-13}$。氟化物沉淀法沉淀稀土可获得很高的沉淀率，但沉淀物呈胶状，不易过滤和洗涤。

氟化物沉淀法可使稀土与锆、铪、钽、铌、钛、钨、钼、铁、铍、铝和铀（Ⅵ）等元素分离。但当溶液中含大量钾、钠时，铌、钽、锆、钛等元素生成溶解度不大的络盐，钙和铅也部分与稀土共沉淀。所以常用氢氟酸或氟化铵作沉淀剂，而不用氟化钾或氟化钠作沉淀剂。稀土与氟化铵生成 $NH_4F \cdot REF_3$ 型胶状沉淀，但高价铈不被氟化铵沉淀、高价铈含量高时须预先将其还原。影响稀土氟化物沉淀率的主要因素为沉淀剂用量，溶液酸度。一般先调酸度，然后加入过量的氢氟酸或氟化铵，沉淀物用 $HF：H_2O$ 为 1：49 的氢氟酸溶液洗涤。

氟是人体中的必要元素，也是有害元素。所以，对于饮用水中的氟有严格要求。工业含氟废水的处理也经常用氟化物沉淀法。其中主要的方法是氟化钙沉淀法，采用石灰作沉淀剂，使氟以氟化钙形成沉淀而得到去除。也可以用碱式碳酸镧和氢氧化镧来去除废水中的微量氟。在稀土抛光材料中，经常也要引入氟。因此，将废水除氟与抛光粉制备技术相结合，可以发展一些新的技术。在钽铌生产企业的含氟废水处理中，我们就研发了用铈来除氟，并生产抛光粉的技术。

稀土氟化物主要用于制取金属、特种合金、电弧碳精棒等。工业上生产氟化稀土有直接沉淀法、氟化氢铵气固相反应法以及通过氢氧化稀土或碳酸稀土为前驱体的液-固相反应法。氟化稀土原生产工艺是用氯化稀土溶液加氟化铵或氢氟酸直接沉淀。但沉淀呈胶体状，不易沉降，过滤速度慢，烘干后结硬块，需破碎过筛，产量低，成本高，应用困难，满足不了市场要求。利用稀土碳酸盐中间体，采用固-固转型法生产氟化稀土的新工艺，沉淀沉降速度快，沉淀体积小，易过滤，过滤时间短；采用阶梯式不同温度两次烘干，氟化稀土呈粉末状，无须破碎。整个工艺流程短，设备投资少，操作简便。

氢氧化镧氟化法合成氟化镧是将一定量的氢氧化镧放入聚四氟塑料反应器中，加入去离子水搅拌调浆，在搅拌状态下，水浴加热到指定温度，缓慢泵入一定量的氢氟酸溶液，反应在恒温下进行[8]。氟化氢溶液加完后体系继续搅拌一定时间，然后静置沉降，过滤洗涤、水洗滤饼。沉淀物于烘箱中 393K 下烘干，然后冷却得到氟化镧。

稀土氟化物不溶于水，易溶于酸，化学性质稳定。纯度在 4N（99.99%）级别以上的稀土氟化物即为高纯稀土氟化物，纯度在 6N（99.9999%）级别以上的即为超高纯稀土氟化物，具有发光效率高的优点。所以，稀土元素在发光材料领域的地位重要。氟化物光学透明区域宽、折射率小、离子性强、绝缘性好，稀土元素与氟化物反应得到的稀土氟化物发光效率进一步提高，高纯稀土氟化物纯度高，发光性能优异。

氟化物纳米材料由于其独特的光、电、磁等性质，在光学器件、生物标记等领域具有广泛的应用，已成为材料科学领域研究的热点之一，尤其是稀土金属氟化物。合成氟化物纳米材料的方法多种多样，已成功制备出了球形纳米颗粒、纳米线、纳米花、复合结构纳米晶、核壳结构纳米材料等。稀土氟化物主要有两种形式，一种是二元稀土氟化物，一种是三元稀土氟化物。二元稀土氟化物主要指镧系稀土元素和氟离子直接反应形成的氟化物。主要包括 LaF_3、GdF_3、NdF_3、CeF_3、YF_3、EuF_3、ScF_3 和 TbF_3 等。三元稀土氟化物主要有 $NaYF_4$、$NaGdF_4$ 等。目前报道最多的是稀土上转换材料 $NaYF_4$。将某些稀土离子掺杂在 $NaYF_4$ 纳米颗粒内，使其具有发光特性，由于其发光可调，具有激发谱带宽、发射谱带窄、基质稳定和荧光寿命长等优点，一直是科研工作者研究的热点。例如：镱敏化的掺杂钬铒铥的氟化钇钠上转换发光材料中，敏化剂 Yb^{3+} 的最佳浓度为 20%，而激活剂的最佳浓度（Er^{3+}/Tm^{3+}/Ho^{3+}）不超过2%。纳米晶的浓度猝灭效应来源于吸收的能量通过表面的耗散，而非离子间的交叉弛豫。氟化物发光材料目前主要有两方面的应用：一是作为发光材料应用于照明、显示板、电脑显示器、激光和 X 射线成像；二是稀土上转换发光材料用于生物标记、生物组织成像与识别以及医学诊断与治疗等领域，发挥着越来越重要的作用[62-64]。

在众多的稀土掺杂氟化物中，$NaYF_4$ 是研究者公认的上转换发光效率最高的基质材料之一[62-64]。在 Yb^{3+}/Er^{3+}、Yb^{3+}/Tm^{3+} 共掺杂的 $NaYF_4$ 体系中，980nm 近红外光激发下，与立方相相比，六角相的 $NaYF_4$ 具有更高的上转换发光效率。含钇、铒、镱的上转换发光材料，可将红外线转换成可见光，夜视镜中使用的就是这种材料。通过聚合方法制备的 $NaYF_4$:Yb^{3+},Er^{3+}/(Tm^{3+})/PMMA（有机玻璃）纳米复合聚合物材料，使得纳米复合材料在抗弯性能上与纯聚合物非常相似。这些纳米复合材料可以应用于三维显示材料和光伏变频上，并且该方法在制备其他功能纳米复合材料上具有重要影响意义。将 YF_3:Tm^{3+}/Er^{3+}/Yb^{3+} 嵌入透明玻璃陶瓷中，并在 976nm 光谱激发下，同时发射深红色（Er^{3+}：$^4F_{9/2} \rightarrow {}^4I_{15/2}$；$Tm^{3+}$：$^1G_4 \rightarrow {}^3F_4$）、绿色（$Er^{3+}$：$^2H_{11/2}$，$^4S_{3/2} \rightarrow {}^4I_{15/2}$）和蓝色（$Tm^{3+}$：$^1D_2 \rightarrow {}^3F_4$，$^1G_4 \rightarrow {}^3H_6$），可实现高亮度白光发射。

6.7.3　沉淀结晶过程的质量调控与节水降耗减排

通过形成固体物质实现固液分离，稀土与大量溶液和伴生阴离子以及少量非稀土金属杂质离子分离的主要方法。而污染物的回收是减少排放、减少原材料消耗和生产成本的必要环节。稀土从矿山到产品最少要经历两次沉淀或结晶，产生大量高盐废水；如何在保证产品质量的前提下减少废水产生量，提高废水盐浓度，研发废水循环利用新方法，提高源头控制效率呢？下面结合碳酸稀土沉淀结晶的具体实例来讨论沉淀结晶对于提高产品质量、增加产品附加值、降低原料和水电消耗等方面的研究进展。

碳酸稀土有多种组成和结构形式，它们的聚集结构和堆密度对于金属材料生产的影响大。而碳酸稀土是一种很好的中间体或前驱体，但要直接用于后续生产，必须对其化学和物性指标进行有效的控制，包括密度和氯根含量。前面所述的低氯根碳酸稀土产品可以做到化学指标的有效控制，但堆密度不高，结构不致密，用于金属电解和抛光材料的制备时不是很匹配，而且要做到低氯根要求，洗涤水量大。为此，研发了一套生产高堆密度低氯根细颗粒碳酸稀土及其氧化物的制备方法。其基本原理就是利用镧石型碳酸镧、铈、镨钕在一定的条件下能够转变成堆密度高、氯根含量更低的碱式碳酸稀土的特征来进行的。以碳酸镨钕 $(PrNd)_2(CO_3)_3 \cdot 8H_2O$ 向碱式碳酸镨钕转化 $(PrNd)OHCO_3$ 为例，确定了一种新的能够节水降耗，又能制备出具有高堆密度、低氯根含量、细粒度和窄分布的镨钕氧化物的方法[29,47]。

所用原料为镧石型碳酸镨钕，可以从市场直接购得，其氧化稀土含量在 42%~45% 之间。

在镧石型碳酸镨钕的悬浮液中，用氢氧化钠溶液分别调节溶液 pH，置于 95℃ 的恒温水浴锅中恒温陈化，每隔一段时间取样测定悬浮溶液的 pH 值，并抽滤洗涤，将所得结晶在 50℃ 下烘干即得碳酸盐（1000℃ 煅烧后得到氧化物）样品。图 6-26（a）为镧石型碳酸镨钕在 95℃ 起始 pH 值为 13 的水溶液中陈化 0h、0.5h 和 1h 后产物的 XRD 图。

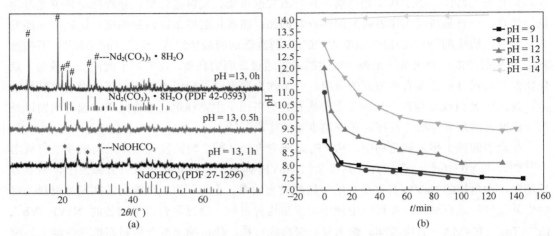

图 6-26　镧石型碳酸镨钕在不同起始 pH 值的热水溶液中陈化时溶液 pH 值的变化（a）以及在 95℃ 的 pH 13 的水中陈化不同时间所得样品的 XRD（b）[29]

可以看出，陈化 0.5h 所得样品 XRD 的衍射峰主要是属于碱式碳酸镨钕的特征衍射峰，而镧石型碳酸镨钕的特征峰已经降到很低。继续陈化到 1h，碱式碳酸镨钕的特征衍射峰增强，而镧石型碳酸镨钕的特征峰已经基本消失。说明镧石型碳酸镨钕能够完全转变成碱式碳酸镨钕。

图 6-26（b）为镧石型碳酸镨钕$(PrNd)_2(CO_3)_3 \cdot 8H_2O$ 在 95℃ 的起始 pH 不同的溶液中陈化不同时间所测溶液 pH 值的变化图。可以看出，初始反应阶段均有急剧的 pH 值下降，证明羟基参与了结晶转化反应。随着反应的继续进行，pH 下降速度减缓，最后 pH 几乎不变，保持稳定。根据碳酸镨钕的加入量和水的体积之间的比例，可以确定在初始 pH 值小于 13 的水中游离的 OH^- 不足以使所有的镧石型碳酸盐转变为碱式碳酸盐。因此，在正碳酸盐向碱式盐之间发生相转变时存在两种类型的反应：一是水解反应，放出质子，使溶液 pH 值降低；二是在 pH 较高时溶液中的羟基与碳酸稀土的碳酸根之间的交换反应。由于 pH 值的降低和碳酸根离子的产生，会产生二氧化碳气体，并使溶液 pH 保持稳定。其反应为：

$$(PrNd)_2(CO_3)_3 + 2H_2O \Longrightarrow 2(PrNd)OHCO_3 + 2H^+ + CO_3^{2-}$$

$$CO_3^{2-} + 2H^+ \Longrightarrow H_2O + CO_2 \uparrow$$

$$(PrNd)_2(CO_3)_3 + 2OH^- \Longrightarrow 2(PrNd)OHCO_3 + CO_3^{2-}$$

在较低的 pH 值范围，例如 9 以下，以前两个反应为主，随着 pH 值的提高，后一反应的比重急剧增加。这有利于加快反应速度，缩短正碳酸盐转变为碱式盐的时间。图 6-26 的结果还显示，当起始 pH 在 7～12 范围内，镧石型碳酸镨钕完全转变为碱式碳酸镨钕后溶液的 pH 值均可以降低到 9 以下，处于工业排放水的合格要求范围之内。起始 pH 值为 13 时，完全转化后溶液 pH 为 9.48，这类废水不能直接排放，但可以继续用于碳酸镨钕的碱转化反应，循环利用。从转化速度的要求来看，可选择的 pH 值范围可以是 7 以上，且 pH 越高越好。

图 6-27 为不同起始 pH 值下陈化不同时间所得样品的粒度、粒度分布、堆密度测定结果。结果表明，结晶转化会导致颗粒粒度显著减小，颗粒分布范围变窄，堆密度增大，氯离子含量也显著降低。这些结果同样也说明在相转化过程中发生了晶体的解聚和重结晶作用，使颗粒粒度减小，分布变窄，进而便于颗粒之间的堆积，导致堆密度增大；也能使原先包裹在颗粒内部的氯离子释放出来，从而使得产品中的氯离子含量降低。

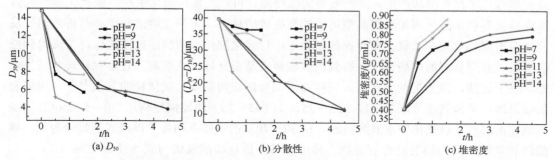

(a) D_{50}　　　　　　　(b) 分散性　　　　　　　(c) 堆密度

图 6-27　镧石型样品与在不同 pH 下反应后取样测得的粒度 D_{50}、粒度分布和堆密度的比较[29]

镧石型碳酸镨钕转变为碱式碳酸镨钕时的颗粒粒度及分布、堆密度、煅烧率和氯离子含量等性能指标随时间和 pH 值的变化规律，是相态转变法调节颗粒和组成特性的科学基础。这一方法的实施，可以大大减少洗涤用水量，而且碱转过程生成的碳酸盐能循环用于沉淀，配制沉淀剂，节约碳酸氢铵的用量。

稀土碳酸盐的结晶活性区域及其结晶沉淀方法的相关性可以归纳到图 6-28。轻稀土镧、铈、镨在低配比和高配比区域都有结晶活性，而且都是以澜石型结构析出的八水正碳酸稀土，可以分别采用正序加料和反向加料的方式。最好是采用并流同步加料方法。但高配比区的结晶速度较慢，产物成片状，适合于制备低氯根碳酸盐产品。重稀土适合于用饱和法制备晶态产物，而轻稀土适合于分步法获得颗粒状产物。提高温度有助于结晶速度的提高，对于钕以后的稀土元素，提高温度到中温区（40～70℃），可以形成水菱钇型三水正碳酸盐。而镧铈镨的单一元素，还是以镧石型为主。温度继续升高到 70℃ 以上，尤其是在加入氢氧化物的情况下，会发生向碱式碳酸盐的转化，其致密度更高，堆密度更大。在 70℃ 以上，用碳酸盐或与氢氧化物混合物作沉淀剂时，也可以得到碱式碳酸稀土产物。

图 6-28　碳酸稀土结晶活性区域及其结晶沉淀方法

基于碳酸稀土的相态转变或相态结构与合成条件的相关性，又提出了一些新的方法。例如：卢国贞等[52]以混合沉淀剂作为铈离子沉淀剂，以硝酸铈溶液作为反应槽底液，采取正加料沉淀方式，在反应槽内发生沉淀反应，控制反应温度和反应槽内终点母液的 pH 值，使铈离子沉淀完全，经冷却、离心、淋洗得到碱式碳酸铈。他们采用氨水与碳酸氢铵的混合溶液作为铈离子沉淀剂，采取正加料沉淀方式，可快速将铈离子沉淀剂加入反应底液中，反应过程几乎没有泡沫产生，生产效率大幅提高，可以实现规模化生产。张锁江等[53]通过反应结晶和强化陈化两步制得晶型可控的高纯碳酸稀土。将稀土溶液与碳酸盐溶液通过反应结晶得到的浆液在二氧化碳存在的条件下进行强化陈化，滤饼经过滤洗涤及干燥得到低氯高纯、晶型良好的碳酸稀土。得到的碳酸稀土晶型良好，纯度高，且形貌及尺寸可控性好，易于过滤，便于工业化实施。一种通过混合沉淀剂制备二氧化铈的方法[54-55]，用碳酸氢铵总摩尔量和氨水总摩尔量以（55～25）∶（45～75）的比例配制成 2.0～5.5mol/L 的混合沉淀剂溶液，以氯化铈溶液为料液，在 50～70℃的条件下制备了以碱式碳酸铈为主、碳酸铈和氢氧化铈为辅的混合沉淀物。将混合稀土通过碳酸氢铵与氨水质量比为 1∶(1～2) 的混合溶液沉淀稀土，温度为 45℃～55℃，陈化 12～18h，加入含氟酸进行氟化，得到氟化碱式碳酸稀土。

6.7.4 碳酸稀土沉淀废水的回收利用[*]

（1）通过提高高盐废水的盐浓度来降低处理成本

目前，工业化生产稀土正碳酸盐的经典方法是用碳酸氢铵溶液与稀土溶液反应。由于碳酸氢铵的溶解度较小，配制的碳酸氢铵溶液浓度较低，沉淀中产出的废水较多。北方稀土提出的一种用高浓度沉淀剂制备稀土正碳酸盐的方法[54-55]，将碳酸氢铵与工业级氨水按摩尔比（5.6∶4.4）～（10∶1）混合并加入 15～30℃的水，配成 3～6mol/L 的高浓度沉淀剂溶液；将稀土原料液与前期沉淀废水和晶种一起置入反应槽中，在不断搅拌下于 20～40℃之间，将沉淀剂缓慢加入，加入量以使溶液的 pH = 6.5～7 为止，生成的沉淀直接进行过滤洗涤后即可得到稀土正碳酸盐产品和含高浓度氨氮的沉淀废液。可以减少沉淀废液的产出量，并提高了废水中氯化铵浓度，节约了后续浓缩结晶氯化铵的能耗。同样，包头矿硫酸焙烧水浸液中混合稀土的沉淀结晶也可以使用浓度为 3～7mol/L 的混合沉淀剂与晶种置入反应槽中，在不断搅拌和 20～50℃条件下，将混合硫酸稀土溶液缓慢加入反应槽中，使溶液的 pH = 6.5～7 为止；沉淀结束后，在搅拌及温度为 30～50℃条件下陈化 0.5～2h，过滤、洗涤后即可得到混合碳酸稀土和含硫酸铵的沉淀废水。混合碳酸稀土的质量指标为：REO = 43.64%、SO_4^{2-}/REO = 2.64%，沉淀废水产出量为 34.8m³/tREO。

（2）通过循环利用来降低环保压力

碳酸稀土沉淀废水目前存在两大问题：一是废水量大，每生产 1t 稀土氧化物，产生 15t 废水；二是循环利用程度低、能耗高，废水中氯化铵浓度为 40～60g/L。

碳酸稀土沉淀废水中含有微量的稀土元素，沉淀废水回用配制皂化剂，微量的稀土离子被萃取到有机相中，返回到萃取分离段。碳酸稀土沉淀废水中含有一定量的氯化钠（铵），用于稀释氢氧化钠（铵）溶液、溶解碳酸钠（铵）作为皂化剂，解决皂化过程中产生的乳化现象，明显改善了有机相和水相分层效果，分相时间短，分相后的水相非常清，不夹带有机相，降低了有机消耗。用含有氯化铵的沉淀废水溶解碳酸氢铵或稀释氨水作为萃取分离的皂化剂；用含有氯化钠的沉淀废水稀释氢氧化钠溶液作为皂化剂，节省了新水、减少了沉淀废水蒸发、浓缩了体积、提高了皂化废水中的盐浓度、降低了回收盐的能源消耗。

　　郝先库等提出的方法则是将碳酸稀土沉淀废水回用到萃取分离工艺洗涤有机、配制反萃液和洗液上[65]，如图6-29。根据稀土萃取分离工艺难萃和易萃元素纯度要求，以及工艺中水相含有氯化铵或氯化钠介质不同，选择回用碳酸稀土沉淀废水，用沉淀废水洗涤有机、配制反萃液和洗液，降低了废水排放量，降低了新水的使用量，提高废水中氯化铵（钠）的浓度，降低浓缩、结晶回收氯化铵或氯化钠能源消耗，提高稀土收率。

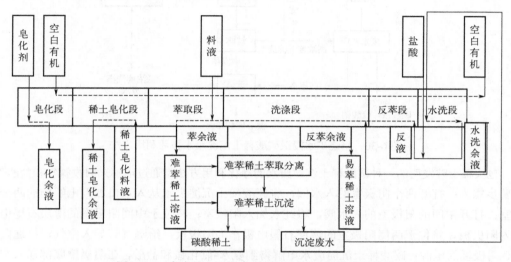

图 6-29　碳酸稀土沉淀废水用于配制反萃液和反洗液

　　在碳酸稀土生产过程中洗涤和沉淀废水的回用增浓是节约用水，降低消耗的主要途径[66]。将碳酸稀土沉淀生产过程中产生的母液，一部分直接输送到碳酸稀土回收池中澄清，通过浓缩、结晶设备回收氯化铵或氯化钠；另一部分母液输送到母液储槽中，作为碳酸盐沉淀料液浓度调配和沉淀剂溶解用水；同时，通过逆流洗涤碳酸稀土沉淀来提高废水中的盐浓度。例如：将得到的第一次滤液和母液再回用到碳酸稀土沉淀工艺中的沉淀剂溶解和稀释料液浓度，提高了沉淀废水的盐浓度降低了废水排放量和新水的使用量，并提高了废水中氯化铵或氯化钠的浓度，降低浓缩、结晶能耗。

　　例如，用碳酸稀土沉淀上清液制备浓度为 1.0～1.5mol/L 的稀土氯化物溶液，用洗涤碳酸稀土产品的溶液配制浓度为 8%～30%的碳酸氢铵沉淀剂溶液，再搅拌，使上述制备的氯化稀土溶液与沉淀剂溶液反应，实现碳酸稀土的沉淀结晶[67]。该技术操作简单，提高了沉淀料液的浓度及设备的利用率，所得稀土碳酸盐不仅品质高，而且稀土品位在 50%以上。

　　焙烧矿水浸液碳酸稀土沉淀废水也需要通过回收利用来降低环保压力[68]。焙烧矿经水浸除杂工序制得硫酸稀土水浸液，再与沉淀剂反应生成碳酸稀土和上清液；浆料经过滤后，上清液为沉淀废水，固体为混合碳酸稀土；浓度高的沉淀废水经蒸发回收的盐（硫酸铵或者硫酸钠的盐）回收，回用水和低浓度沉淀废水送到水浸工序用于焙烧矿的浸出；使用回用水对混合碳酸稀土进行洗涤，产生的低浓度的淋洗水回到沉淀剂配制工序。该方法能够实现混合碳酸稀土沉淀废水的回用,降低沉淀废水的排放量,提高沉淀废水浓度,降低废水处理成本。将沉淀废水部分回用于水浸工序,实现了沉淀废水的减排,设备改动小,投资少,经济效益好。循环利用方案如图 6-30。

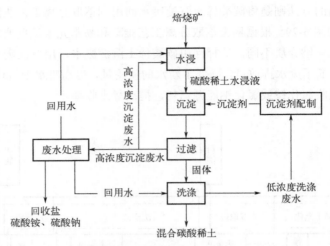

图 6-30　焙烧矿水浸液碳酸稀土沉淀废水循环利用方法

包头稀土院发明的一种碳酸稀土沉淀废水的净化利用方法是通过电解来回收氨气和盐酸[69]。主要步骤为:打开两个阴极室的入水阀,将碳酸稀土沉淀废水从入水口加入电解槽的两个阴极室;打开中间的阳极室的入水阀,将纯水加入阳极室;将位于中间阳极室的薄层石墨电极作为阳极板,将位于两侧阴极室的薄层石墨电极作为阴极板;给曝气管导入空气,接通阳极板、阴极板的电源;碳酸稀土沉淀废水电解得到氨水-氯化铵和盐酸,在阴极槽底部通入空气吹脱氨气。本发明能够使碳酸稀土沉淀废水得到综合利用,具有投资少、成本低、工艺流程简单、回收利用率高、对环境友好等优点。

6.7.5　草酸稀土沉淀废水的全回收利用*

在草酸稀土沉淀工艺中,产生大量的稀土草酸沉淀废水。这种稀土草酸沉淀废水主要是由盐酸、草酸和少量未被沉淀的稀土和杂质离子组成的混合溶液。每生产 1t 稀土氧化物,将会产生 $7\sim22m^3$ 的草酸沉淀废水和 $30\sim50t$ 的洗涤用水。而且废水中的草酸为有机酸,盐酸为强酸。因此,稀土草酸沉淀废水呈现出处理水量大、酸度高以及 COD 值大的特点,其各项指标均远远超过了《稀土工业污染物排放标准》的排放限值。因此,若能有效治理和回收利用草酸沉淀废水,实现废水零排放,既能大大减轻稀土冶炼生产企业的环境治理的压力,又能节约资源、变废为宝,对于稀土工业企业的绿色可持续发展和节能减排有着十分重要的意义。

稀土草酸沉淀废水处理的传统方法是石灰中和法或石灰+碳铵中和法。该方法是将石灰乳或者烧碱等中和剂加入废水中,使草酸沉淀废水中的酸与加入的碱发生中和反应,以达到废水达标排放的目的。现行稀土分离企业采用的方法是将草酸沉淀废水与皂化废水合并处理,利用草酸沉淀废水中的酸去中和皂化废水中的碱,使皂化废水中的乳化有机破乳,经澄清浮油回收有机物,利用 pH 的变化导致的游离草酸根离子浓度的提高来沉淀废水中残余的稀土和重金属离子，过滤出来的沉淀渣用于回收稀土，滤液进入废水池，检测合格后排放。该类排放水中含有高浓度的电解质氯化钠 NaCl 或氯化铵 NH_4Cl（经石灰中和吹氨的话则为氯化钙 $CaCl_2$）。其主要问题是废水排放量大，物质没有得到回收利用，COD 值有时会超标。而且如果对含盐量提出限值要求，则很难满足排放要求[70]。

近年来，随着国家关于稀土工业可持续发展的政策和措施的出台，一些稀土生产企业和研究单位相继提出一些草沉废水的综合回收方法。利用盐酸和水共沸的原理，采用蒸馏与浓缩的方法分离盐酸和草酸[71-72]；该方法虽然可以达到草酸、盐酸和水的再利用，但其对设备要求高，能耗大。结果表明，通过蒸发冷凝，草酸沉淀废水中的草酸回收率在98%左右，盐酸的回收率也能达到93%左右。回收的草酸和盐酸质量较好，能够返回用于稀土的生产。采用真空膜蒸馏的技术来处理回收废水中的盐酸。通过分批真空膜蒸馏，盐酸的回收率能达到80%以上。但是蒸馏法的能耗大，处理成本高；而且在较高的温度下，盐酸的腐蚀性极强，大大增加设备的投资。除此之外，草酸会在冷凝的过程中结晶析出，很容易在反应设备中发生堵塞。

萃取法处理稀土草酸沉淀和洗涤废水的研究得到重视。邱廷省等[73]提出利用络合萃取剂萃取分离草酸和盐酸，采用 TOB+TOC 二元萃取体系对稀土草酸沉淀废水中的盐酸和草酸进行了萃取分离回收研究。证明 TOB+TOC 二元萃取体系对草酸和盐酸具有协同萃取效应，萃取草酸的过程为中性缔合萃取，草酸主要以分子形式存在于有机相中；逆流萃取的实验结果显示，草酸和盐酸在经过五级的萃取之后，可以得到有效的分离回收。此方法除萃取和反萃过程较复杂外，草酸在酸性环境下的萃取效率也并不高。田庆华等[74]以 P350 萃取草酸，然后以去离子水反萃草酸，通过浓缩结晶得到草酸晶体的酸性溶液，经调节 Cl^- 浓度到 3.0mol/L，再以三烷基胺从中萃取金属离子，然后以稀 HCl 或 H_2SO_4 溶液作为反萃剂反萃金属离子；萃取草酸和金属离子后的无机酸返回原料的酸浸作业。研究结果显示：草酸和有价金属离子的收率都高于95%，无机酸中有价金属离子的含量低于 0.05g/L，而草酸的浓度则低于 0.2g/L。

我们提出了处理草酸稀土沉淀废水的联动处理方法[75]。一是与萃取工艺联动，二是与沉淀工序联动，使所有物质都能在稀土分离厂找到自己的循环利用接口。因此，所提出的方法简单有效，应用价值高。具体方法是利用稀土和草酸的沉淀反应，往草酸稀土沉淀废水中引入相应稀土源，使草酸与稀土继续沉淀，从而将草酸浓度降低到不影响循环用于萃取线上作为反酸的使用效果。将沉淀与盐酸及水分离开来。稀土草酸盐沉淀经洗涤灼烧后得到稀土氧化物产品，而盐酸水可用于配制反萃取工艺中的反酸，实现草酸、稀土、盐酸及水的全面回收再利用。图 6-31 是该技术的工艺流程图。

该技术能够充分回收废水中的所有物质，使之得到循环利用。不仅考虑了资源的回收，而且还尽可能使之能用于更高要求的高纯稀土生产过程。该技术首先用相应高纯度稀土料液或碳酸稀土来返沉废水中的草酸根，所加入的稀土的物质的量是溶液中草酸的物质的量的 0.3～0.8 倍，以保证处理后母液中的草酸浓度不高于 0.04mol/L。将悬浮物过滤分离，过滤后所得的草酸稀土进入到正常草酸稀土沉淀工序中的草酸溶液或与稀盐酸混合配制草酸稀土沉淀的底料，作为晶种使用并在后续沉淀工序中得到回收利用，生产高纯稀土产品。经稀土沉淀和过滤后的母液添加浓盐酸用于相应稀土元素萃取有机相的反萃，所需加入的盐酸量以使溶液的盐酸浓度在 3～5.5mol/L 为准。图 6-32 为草酸稀土沉淀废水和洗涤废水的联合处理与循环利用的技术方案图。

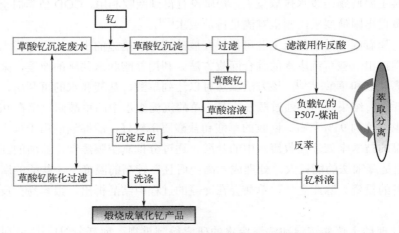

图 6-31 草酸稀土沉淀废液综合回收利用工艺图

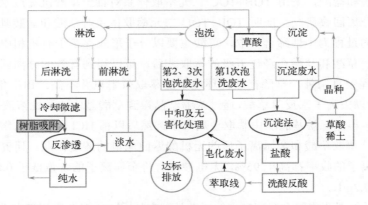

图 6-32 草酸稀土沉淀废水和洗涤废水处理并循环利用工艺

6.8 稀土湿法冶金过程环境保护

稀土湿法冶金过程就是靠消耗酸碱产生分离，并形成大量含盐、含酸、含铵甚至重金属和有机物废水的过程。因此，在取得分离效果，获得合格产品的同时，必须解决废水的减排和污染物循环利用的技术问题。其中，大部分的废水都是在沉淀结晶后产生的。因此，沉淀结晶技术是实现低成本绿色分离和产品物性调控目标的突破口。在过去的几十年里，稀土沉淀结晶技术得到了很好的发展，在获得各种稀土产品的同时，也减少了水用量和水排放。如图 6-33 所示，碳酸氢铵、氨水及其混合沉淀剂的使用，提高了废水中的盐浓度，减少了废水量，降低了环境成本。碳酸（氢）铵、氨水及其混合或交替连续沉淀稀土技术的突破和工业装备的自动化，满足了稀土高端原材料物性调控、氯根分离和节水降耗多重目标要求；与萃取联动耦合，实现物料循环利用，产出不同规格稀土产品，从源头技术上破解了稀土分离绿色化和低成本化与产品高端化的尖锐矛盾。

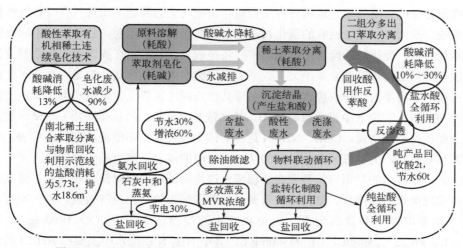

图 6-33　稀土湿法冶炼过程的物质循环利用技术对节水减排的贡献

6.8.1　冶炼企业环境保护的任务与现状[76]

由于对氨氮污染物的高度重视和严格要求，分离企业也在钠、镁、钙皂化和沉淀技术上做过很多工作，避免了由于氨氮存在所面临的关停问题。但随着这些年稀土湿法冶金和环保工作者的共同努力，氨的循环利用与深度净化难题已经得到妥善解决。因此，稀土分离行业仍需重新使用氨皂化和铵盐沉淀先进工艺来解决产品质量和其他环境污染问题。这一趋势已经在北方得到证明，南方稀土企业也希望尽快回归。因此，从稀土技术经济效益来看，稀土氨氮废水及其相关的重金属、COD 等的处理脱除仍然是大家非常关注的技术内容。

氨氮废水处理的方法很多，目前常用的方法主要有生物法、氨吹脱（空气吹脱与蒸汽气提）法、离子交换法、折点氯化法、化学沉淀法等。这些处理工艺各有其特点，生化法是处理低浓度氨氮废水使用最广泛的方法，具有工艺成熟、脱氮效果较好的优点，但存在的主要问题是硝化反硝化所需时间较长，硝化过程需氧量大，曝气时间长，对于某些缺乏有机物的无机废水，需要另加碳源；反硝化过程非常复杂，实际应用时不易控制，如果废水中缺乏足够的 COD（电子给予体）将 NO_2^-、NO_3^- 反硝化成 N_2 排入大气，容易造成排放水中 NO_2^-、NO_3^- 的残留，同时，生化法没有实现氨资源的循环利用，因此在较大程度上限制了它的工业化应用。氨吹脱法虽然能有效地去除氨氮，但存在着受环境温度影响大、药剂多、动力消耗大等缺点。离子交换法去除氨氮时，存在着交换容量有限，再生后的交换剂交换容量下降，有些交换剂使用前需改性，改性中产生的酸性或碱性废水需进一步处理等，稀土冶炼行业很少采用。折点氯化法具有所需设备少、反应速度快、能高效脱氮等优点，但因加氯量大，费用高，会产生有害气体，目前该法只能用于氨氮废水的后续处理。磷酸铵镁（$MgNH_4PO_4$）沉淀法是通过添加沉淀剂使废水中的氨氮沉淀为磷酸铵镁，达到废水脱氮的目的。但该法去除废水中的氨氮对镁源和磷源具有很大的依赖性，经济成本也在一定程度上制约了磷酸铵镁法的发展。而且，稀土冶炼含铵废水经 MAP 法处理后，废水中的氨氮还达不到国家稀土冶炼废水排放要求。

稀土冶炼废水主要来自湿法冶炼过程产生的萃余水相、碳沉上清液及碳沉洗水等，废水中氨氮主要存在形式为 NH_4^+。过去，稀土冶炼企业一般以蒸汽气提法回收氨水或蒸发、浓缩、结晶回收氯化铵的方法处理。这两种方法普遍存在能耗大的问题，而且气提时氨气排放到大气中会造成二次污染；结晶回收的氯化铵市场销售前景也不太乐观，致使工厂中回收的氯化铵大量堆积存放，而排放的废水中氨氮的浓度还是较大。目前，在我国稀土行业整合的大背景下，现存的稀土冶炼分离企业绝大多数都实现了废水的达标排放，但是存在废水处理成本高、废水循环利用率低、排放废水含盐量高等共性难题。在稀土冶炼废水中，含铵废水占总废水量的50%以上，废水中重金属、COD、盐（铵盐、钠盐、钙盐或镁盐）含量均较高，绝大多数企业在处理重金属、COD、NH_3-N达标后因为含盐量高不能循环利用而排放，一方面影响水循环利用率，另一方面高盐废水的排放对有限的淡水资源也是一种威胁。

新工艺、新技术的应用目标是要在实现废水深度处理的同时降低处理成本、提高回收物的价值，实现废水的零排放、氨氮废水资源化处理和环境效益与经济效益。稀土冶炼含铵废水主要来自萃取废水和碳沉废水。氨皂化废水的检测结果为：COD 1980mg/L、NH_3-N 37250mg/L、Pb 22～25mg/L、Cl^- 94300mg/L。其中NH_3-N在废水中主要以NH_4Cl的形式存在，属于高盐废水。碳沉废水中有COD 1270mg/L、NH_3-N 7620mg/L、Pb 3～5mg/L、Cl^- 19210mg/L。两种废水的污染物组成相似，可以合并处理。

稀土冶炼含铵废水降解COD的常用方法是多次"反应-沉淀"流程。废水首先进入pH调节池，加石灰乳调节到一定的pH值，然后进入COD药剂反应池，通过与COD药剂充分混合反应后进入下一级pH调节池，在调节到一定的pH值后流入PAC反应器，然后再送入PAM反应器，最后废水进入浓密器进行固液分离，水相进入下一组"反应-沉淀"流程。通过多次"反应-沉淀"流程可以除去废水中98%以上的有机物，但是处理的流程比较长，药剂消耗量比较大，处理成本很高。

目前，稀土分离冶炼行业常用的含铵废水除氨氮工艺是通过脱氨塔除氨氮，在脱除氨氮的过程中要根据废水的NH_4^+浓度设定合适的液碱投入量，同时，控制合适的废水入塔流量、塔体温度、塔顶温度和塔底温度是保证废水氨氮脱除率的关键。塔顶蒸除的氨气用水吸收后可以回收浓度在6mol/L左右的氨水返回生产使用，塔底流出的是含有重金属的高盐废水。经脱氨处理的废水氨氮含量在10mg/L以下，符合国家废水排放标准要求。但是因为处理后的水盐含量较高，难以返回生产使用。

稀土冶炼含铵废水的重金属离子主要是Pb^{2+}。稀土冶炼行业常采用"反应-沉淀"工艺除重金属：废水流入收集池，调节pH值9.0～10.0，自流入除重反应池，在与一定量的除重剂充分反应后流入pH调节池，调节pH值9.0～10.0，加压进入PAM反应器，在与一定量的PAM充分反应后流入浓缩池进行固液分离，经多次"反应-沉淀"后，上清液经调pH值6.0～9.0后外排，废水中重金属含量可满足稀土工业污染物排放标准GB 26451—2011对重金属的指标要求。去除废水中的重金属离子相对比较简单，处理工艺也比较成熟，主要缺点是渣量较大。

6.8.2　稀土冶炼含铵废水综合处理回收改进工艺流程分析与比较

江西金世纪新材料股份有限公司提出的一种稀土冶炼含铵废水综合处理改进工艺[76]，是以实现废水资源化循环利用、废水零排放的目标。工艺路线是：含铵废水先通过除重金属工艺，为废水的零排放提供前提条件；再往除去重金属后的废水中加入适量的石灰乳，送脱氨塔脱除氨氮并回收氨水，塔底流出的氯化钙溶液经多效蒸发对溶液进行浓缩的同时冷却回收蒸馏水；往饱和氯化钙溶液中加入浓硫酸得到含盐酸的石膏固形物，通过灼烧工序得到腻子粉，尾气通过吸收回收盐酸。

通过这一工艺流程，稀土冶炼的含铵废水实现资源化循环利用：废水中的 NH_4^+ 以氨水的形式回收，Cl^- 以盐酸形式回收，废水以蒸馏水的形式回收，加入的石灰和浓硫酸以腻子粉的形式回收。与常用工艺相比较，其突出特点新工艺没有经过除 COD 工序。因为废水在经过除重和脱除氨氮工序后，已经去除了 80% 以上的 COD，而且回收的是蒸馏水，水质已经完全满足稀土冶炼用水要求。其他的不同之处还包括：

① 使用石灰乳代替氢氧化钠作为碱，不仅节约了处理成本，而且引入的钙离子比钠离子更方便后续回收。

② 改原来的多次"反应-沉淀"为一次"反应-沉淀"；虽然不能使废水的重金属含量一次就达到达标排放要求，但是能够去除 80% 左右的重金属离子，极少量的重金属最终进入回收物腻子粉中，这并不影响腻子粉的质量。

③ 增加了蒸发浓缩、浓硫酸酸化及焙烧工序。蒸发浓缩是要提高氯化钙溶液的浓度并回收蒸馏水，高浓度的氯化钙溶液通过浓硫酸酸化及焙烧工序回收到了盐酸和腻子粉，最终实现了废水的零排放和资源化循环利用。

④ 从处理成本来看：在脱氨工序中引入了热交换技术，入塔废水通过与塔底废水进行热交换，提升了废水的入塔温度，节约了脱氨能耗和成本，减少了"反应-沉淀"除重工序及除 COD 工序次数，大大降低了药剂使用量和药剂成本。

6.8.3 稀土冶炼企业环境保护的发展方向

未来的稀土湿法冶金技术应该朝着精细化高效化方向发展，以提高分离效率、减少消耗、降低成本、消除污染为目标，将沉淀分离与萃取分离技术耦合，降低酸碱消耗和废水产生量，使进入流程的各种物料能够清晰其走向，并通过合适的口子实现回收利用。这样，即使是用最为简单的蒸发浓缩方法来副产氯化铵和纯水，也能因为产品质量的保证而提高回收利用的附加值，使原先纯粹的环保压力变为动力，产生新的经济增长点。因此，需要发展节能环保的蒸发浓缩设备和技术。例如，MVR 浓缩结晶、太阳能光热吸收蒸发材料与装置等。

思考题

1. 试述沉淀与结晶的异同点。

2. 试述硫酸稀土、硫酸稀土复盐的溶解度随稀土原子序数、温度、复盐中的碱金属离子种类的变化规律。

3. 比较草酸稀土、碳酸稀土、磷酸稀土、氟化稀土、氢氧化稀土的溶解度大小，并说明它们形成沉淀的结晶性变化规律。

4. 影响沉淀结晶颗粒大小和形貌的因素有哪些？如何通过沉淀结晶条件的改变来调控产品的物性大小？

5. 沉淀结晶技术的发展将向分离功能和材料制备物性调控协同并进的趋势发展，试述反应结晶、连续结晶技术如何才能体现这一发展趋势。

6. 共沉淀的产生对于分离的影响如何？如何避免？相反地，以荧光粉前驱体和陶瓷材料前驱体为例，说明如何发挥共沉淀的作用来制备所需的材料。

7. 稀土冶炼分离的废水类型有哪些？它们的产生量及其减量方法如何？

8. 碳酸稀土沉淀废水的回收利用有哪些基本途径和方法？

9. 草酸稀土沉淀废水的回收利用方法有哪些？它们的优缺点如何？

10. 皂化废水的基本组成和污染物浓度范围如何？如何处理？

参考文献

[1] 李永绣，刘艳珠，周雪珍，等. 分离化学与技术. 北京：化学工业出版社，2017.

[2] 张启修，曾理，罗爱平. 冶金分离科学与工程. 长沙：中南大学出版社，2016.

[3] 胡小玲，管萍. 化学分离原理与技术. 北京：化学工业出版社，2006.

[4] 李永绣. 离子吸附型稀土资源与绿色提取. 北京：化学工业出版社，2014.

[5] 张克从，张乐惠. 晶体生长科学与技术. 2版. 北京：科学出版社，1997.

[6] 郑燕青，施尔畏. 晶体生长理论现状与进展. 无机材料学报，1998，14(3): 331.

[7] 刘锋，陈昆峰，薛冬峰. 稀土倍半氧化物晶体材料研究进展. 材料导报，2023，37(3): 95-101.

[8] 李明来，龙志奇，朱兆武，等. 氢氧化镧湿法氟化法合成氟化镧工艺研究. 稀有金属，2016，30(3): 348-352.

[9] 朱伟，邱东兴，裴浩宇，等. $Y_2(CO_3)_3$的沉淀结晶过程与晶粒大小控制. 中国稀土学报，2016，34(2): 180-188.

[10] 吴婷，李静，朱敏萱，等. 湿固相机械法制备氧化铈抛光粉. 稀土，2020，41(5): 1-10.

[11] 张亚文，严铮光，李昂，等. 沉淀条件对稀土氧化物的比表面积和形貌的影响(Ⅱ). 中国稀土学报，2001，19(5): 471-473.

[12] 张亚文，严铮光，廖春生，等. 灼烧温度对单一稀土氧化物粒度、比表面积和形貌的影响(Ⅰ). 中国稀土学报，2001，19(4): 378-380.

[13] 张亚文，李昂，严铮洸，等. 灼烧时间对稀土氧化物粒度、比表面积和形貌的影响(Ⅲ). 中国稀土学报，2002，20(2): 170-172.

[14] 倪自鹏，张迪. 连续结晶器中十水草酸铈反应结晶动力学分析. 中国石油和化工标准与质量，2023，43(9): 114-116.

[15] 谢非，黄云海，吴德慧，等. 连续结晶器中十水草酸铈反应结晶动力学研究. 化学工业与工程，2022，39(3): 42-48.

[16] Tareen J A K, Kutty T R N. Hydrothermal growth of $Y_2(CO_3)_3 \cdot nH_2O$(tengerite) single crystals. J Cryst Growth, 1980, 49(4): 761.

[17] Tareen J A K, Basavalingu B, Kutty T R N. Hydrothermal synthesis of polycrystalline carbonates. J Cryst Growth, 1981, 55(2): 384.

[18] Tareen J A K. Hydrothermal synthesis and growth of $Y(OH)CO_3$-ancylite like phase. Rev Chim Miner, 1980, 17(1): 50.

[19] Tareen J A K, Kutty T R N. Hydrothermal phase equilibriums in Ln_2O_3-H_2O-CO_2 systems Ⅰ. The lighter lanthanides. J Cryst Growth, 1980, 50(2): 527.

[20] 李永绣，胡平贵，何小彬. 碳酸稀土结晶沉淀方法：CN1141882A，1995.

[21] 李永绣，黎敏，何小彬，等. 碳酸稀土沉淀与结晶过程. 中国有色金属学报，1998，8(1): 165.

[22] 李永绣，胡平贵，何小彬，等. 碳酸钇铵复盐结晶的形成及影响因素. 中国稀土学报，2000，18(1): 79.

[23] 李永绣，黎敏，何小彬，等. 碳酸氢铵与氯化钇的沉淀及结晶产物的晶相类型. 无机化学学报，2002，18(11): 1138.

[24] 何小彬，李永绣．碳酸镨的结晶活性、外观形貌及结晶生长机制．中国稀土学报，2002, 20(z3): 95.

[25] 丁家文，李永绣，黄婷，等．镧石型结晶碳酸钕的形成及晶种对结晶的促进作用．无机化学学报，2005, 21(8), 1213.

[26] 李永绣，黄婷，罗军明，等．水菱钇型碳酸钕的形成及聚甘油酸酯对结晶的影响．无机化学学报，2005, 21(10): 1561.

[27] 李永绣，胡春燕，黄婷，等．结晶条件对碳酸钕中氧化钕含量的影响．稀土，2006, 27(1): 23.

[28] 吴燕利，孙伟丽，冯晓平，等．结晶碳酸钕的水热合成，外观形貌及其组成．无机化学学报，2007, 23(3): 550.

[29] 丁龙，周新木，周雪珍，等．镧石型碳酸镨钕向碱式碳酸镨钕的相转变反应特征及其应用．无机化学学报，2014, 30(7): 1518-1524.

[30] 冷忠义，马莹，许延辉，等．用碳酸氢铵作沉淀剂制取碳酸钕和氧化钕．稀土，2000, 21(6): 26.

[31] 陆杰，王静康．反应结晶(沉淀)进展．化学工程，1999, 27(4): 24.

[32] 李梅，贾慧灵，李文武，等．碳酸铈反应结晶过程数值模拟．稀土，2015, 36(6): 84-90.

[33] 江梅．分级式无机盐复分解反应结晶器开发应用．海湖盐与化工，2006, 35(2): 26-28.

[34] 李达，程芳琴，张洪满．反应结晶过程中晶粒沉降速度模型研究．无机盐工业，2007, 39(5): 40-42.

[35] 崔振杰．碳酸钕反应结晶过程及晶体粒度形貌调控研究．北京：中国科学院大学，2021.

[36] 李钿．碳酸铈反应结晶过程及晶体形貌调控研究．广东：华南理工大学，2020.

[37] 李钿，张扬，王学重．碳酸铈反应结晶过程研究．稀土，2020, 41(1): 1-10.

[38] 赵治华，桑晓云，刘瑞金，等．连续生产晶型碳酸稀土的装置及其方法：CN201811342451.8.

[39] 赵雨馨，王晓敏，李赫，等．一种碳酸氢铵沉淀法生产碳酸稀土用八角式连续沉淀槽：CN201920920402.1.

[40] 刘威，高天佐，娄利平，等．碳酸稀土连续沉淀生产过程中自动调节反应终点的方法．CN201710378238.1

[41] 郝一鸣．多级连续沉淀制备碳酸镧生产工艺研究．内蒙古：内蒙古科技大学，2019.

[42] 田皓，许延辉，周建鹏，等．一种细粒度低氯根碳酸稀土的生产方法及装置．CN201410538636.1.

[43] 孙晓琦，支海兰，倪帅男，等．磷酸类萃取沉淀剂分离回收稀土的方法．CN202011098724.6.

[44] 孙晓琦，胡逸文，倪帅男．一种萃取剂及其制备方法与应用．CN110699546A, 2021.

[45] 孙晓琦，苏祥，王艳良，等．一种萃取剂及其制备方法与应用．CN110042234B, 2019.

[46] 孙晓琦，倪帅男，陈倩文，等．一种萃取剂及其制备方法与应用．CN111020188B, 2019.

[47] 李永绣，丁龙，周新木，等．高堆密度细颗粒低氯根稀土碳酸盐及氧化物的生产方法．CN103708525A, 2014.

[48] 刘智勇，刘志宏，李启厚，等．湿化学法制粉中粉末颗粒的形成机制(Ⅱ)：生长．湿法冶金，2012, 31(3): 138-140, 143.

[49] Chen Z, Chen H, He H, et al. Versatile synthesis strategy for carboxylic acid-functionalized upconverting nanophosphors as biological labels. J Amer Chem Soc, 2008, 130(10): 3023-3029.

[50] 张军，代秋波，周建国．稀土纳米荧光粉显现潜指纹研究进展．稀土，2020, 41(2): 129-140.

[51] Wilhelm S, Del Barrio M, Heiland J, et al. Spectrally matched upconverting luminescent nanoparticles for monitoring enzymatic reactions. ACS Appl Mater Interf, 2014, 6(17): 15427-33.

[52] 卢国贞，鲁强．一种制备高稀土含量碱式碳酸铈的方法．CN201810061545.1.

[53] 张锁江，张香平，王均凤，等．一种制备晶型可提高纯碳酸稀土的方法．CN202010241194.X.

[54] 赵治华，张文斌，桑晓云，等．用高浓度沉淀剂制备稀土正碳酸盐的方法．CN201710827150.3.

[55] 赵治华，桑晓云，刘瑞金，等．在硫酸体系下用混合沉淀剂制备混合碳酸稀土的方法：CN201710826784.7.

[56] 周雪珍，朱敏萱，丁林敏，等．一种制备高纯片状单晶和片晶致密聚集状铈碳酸盐的方法：CN112126977B, 2020.

[57] Yu Z, Wang M, Wang L, et al. Preparation of crystalline mixed rare earth carbonates by $Mg(HCO_3)_2$ precipitation method. J. Rare Earths. 2020, 38(3): 292.

[58] 马永茂, 芮新斌, 郝胜民. 氧化镁用于稀土溶液沉淀剂的生产工艺. CN 101037219A, 2007.

[59] 张会, 王星雨, 赵钰明, 等. 铈锆基稀土催化剂在汽车尾气净化用三效催化剂中的研究进展. 当代化工, 2022, 51(9): 2157-2161.

[60] 刘计省, 赵震, 徐春明, 等. 铈锆固溶体的结构、合成及在环境催化领域中的应用. 催化学报, 2019, 40(10): 1438-1487.

[61] Ren W, Tian G, Zhou L, et al. Lanthanide ion-doped GdPO$_4$ nanorods with dual-modal bio-optical and magnetic resonance imaging properties.Nanoscale, 2012, 4(12): 3754-3760.

[62] Chen H, Guan Y, Wang S, et al. Turn-on detection of a cancer marker based on near-infrared luminescence energy transfer from NaYF$_4$:Yb,Tm/NaGdF$_4$ core-shell upconverting nanoparticles to gold nanorods. Langmuir, 2014, 30(43):13085-13091.

[63] Chai R T, Lian H Z, Hou Z Y, et al. Preparation and characterization of upconversion luminescent NaYF$_4$:Yb^{3+},Er^{3+}(Tm^{3+})/PMMA bulk transparent nanocomposites through in situ photo-polymerization. J Phys Chem C, 2010, 114(1): 610-616.

[64] Chen D Q, Wang Y S, Zheng K L, et al. Bright upconversion white light emission in transparent glass ceramic embedding Tm^{3+}/Er^{3+}/Yb^{3+}:β-YF$_3$ nanocrystals. Appl Phys Let, 2007, 91(25): 4526.

[65] 郝先库, 张瑞祥, 刘海旺, 等. 碳酸稀土沉淀废水回用到萃取分离工艺洗涤有机、配制反萃液和洗液方法. CN 201010238864.9.

[66] 郝先库, 张瑞祥, 刘海旺, 等. 碳酸稀土沉淀废水自回用方法. CN 201010238904.X.

[67] 陈建利, 赵治华, 刘建军, 等. 一种循环回用碳酸稀土沉淀废液生产碳酸稀土的方法. CN 201010532329.4.

[68] 刘磊, 李赫, 张俊龙, 等. 混合碳酸稀土沉淀废水回用的方法. CN 201911314904.0.

[69] 周凯红, 王东杰. 马莹, 等. 碳酸稀土沉淀废水的净化利用方法. CN 201710502654.8.

[70] 杨帆, 晏波, 权胜祥, 等. 稀土冶炼过程草酸沉淀废水资源化处理技术. 环境工程学报, 2016, 10(4): 1789-1793.

[71] Tang J J, Zhou K G. Hydrochloric acid recovery from rare earth chloride solutions by vacuum membrane distillation. Rare Metals, 2006, 25(3): 287-292.

[72] 蔡英茂, 张志强, 王俊兰. 稀土草沉废水回收利用试验. 稀土, 2002, 23(1): 68-70.

[73] Qiu T S, Liu Q S, Fang X H, et al. Characteristic of synergistic extraction of oxalic acid with system from rare earth metallurgical wastewater. J Rare Earths, 2010, 28(6): 858-861.

[74] 田庆华, 郭学益, 李治海, 等. 从草酸废水中综合回收酸及有价金属的方法. CN 101503350A, 2009.

[75] 李永绣, 谢爱玲, 王悦, 等. 草酸稀土沉淀母液处理回收方法. CN 201210532309.6, 2013.

[76] 刘建刚, 何小林, 刘志信, 等. 稀土冶炼含铵废水处理回用工艺研究. 广东化工, 2022, 49(23): 181-183.

第**7**章
稀土金属和合金材料

稀土金属和合金材料在国民经济和国防建设中有着极其重要的应用，是许多高新技术领域中必不可少的基础材料[1-3]。例如：单一纯稀土金属如金属钕、钐、铽、镝及镨钕混合金属等用于永磁材料[4]；高纯镝、铽用于生产 TbDyFe 大磁致伸缩材料[5]；高纯钪、镝、钬、铒、铥等用于新一代金属卤素灯用发光材料[6]；金属钇的热中子俘获截面小、熔点高、密度小，而且不与液体铀和钚起反应，吸氢能力强，可用作反应堆热强性结构材料[1-2]；金属铈和过渡金属熔配的合金材料用作控制棒和补偿棒[7-8]，铈-铝合金则用作航空材料。随着稀土高新技术材料产业的发展，稀土金属的用量将不断增加。目前，我国不少稀土金属材料厂和科研所都可生产优质（99%～99.9999%）的金属钪、钇、镧、铈、镨、钕、钐、铕、铽、钆、镝、钬、铒、铥、镱、镥 16 种高纯单一稀土金属材料及其靶材，产量占全球 90%以上，满足了磁性材料、各种半导体及功能薄膜材料和器件的生产需求[1-2]。

目前，许多稀土金属的客户所需的稀土金属并不需要高纯度，甚至是由多种稀土元素或其他元素构成的合金。最为熟悉的是用于钕铁硼永磁体生产的稀土金属主要是镨钕金属，其中镨钕比例约为 20：80 或 25：75。同时为了降低镨钕的用量，降低生产成本，还研发了用部分高丰度稀土金属铈、镧、钇、钆、钬来替代部分镨钕或铽镝的永磁材料[9-10]。从早期的纯钕到后来的镨钕再到现在的镧铈镨钕，不仅节约了金属元素镨钕的消耗量，而且降低了萃取分离和金属材料的生产成本。与此同时，为了降低生产成本和使用的方便，许多稀土金属产品需要制成与其他元素的中间合金，例如镝铁、钆铁、稀土镁、稀土铝合金等[11-15]。目前，稀土金属在永磁材料中的应用量是所有稀土应用领域中最大的。所以，镨钕金属及合金都是国内外市场上的主要商品。

混合稀土金属则大量用于钢铁工业和有色金属工业中[16-19]，其用量巨大，发展速度也很快。在我国稀土工业发展的早期，稀土在钢铁中的应用是拉动稀土产业发展的一大动力[1]。例如：1988 年我国稀土总消费量为 6085t，其中用于铸铁的就有 2780t，达到当年稀土总消费量的 45.69%，居各行业之首。又如：1999 年，我国稀土处理钢产量已达到 80 万吨，是 1980年 1.7 万吨的 47 倍。在 21 世纪初，我国便在"十五"攀登计划中开展了超级钢的研究，它们都是高强度和高韧性的材料。要实现超级钢的综合性能，利用稀土金属是其重要途径。目前，尽管稀土在钢铁中的应用量已经不再是稀土各应用领域中的最大领域，但是，随着现代工业和高新技术的发展以及稀土金属添加技术的发展，稀土金属在炼制和生产性能优异稀土钢以及制造稀土镁、铝、铜、钨、钼合金材料等工业中的用量越来越大，对其性能指标的要求也越来越高。因此,稀土金属和合金材料的基础研究、开发、生产与应用技术备受人们的关注和重视,也自然成为稀土材料领域中的重要内容。本章主要介绍单一稀土金属、混合稀土金属以及稀土的镁、铝等合金材料的制备和工业化生产技术;同时对稀土永磁材料和稀土储氢材料等合金功能材料也一并做相应的介绍。

7.1 稀土金属及合金的制备[20-26]

稀土从提取到分离后产出的产品一般以氧化物、氯化物、碳酸盐、草酸盐、氟化物等形式存在。要制备稀土金属单质,需要采用强还原手段,使上述化合物转变为金属单质。

稀土金属生产工艺和方法主要是金属热还原法、熔盐电解法或还原蒸馏等方法,其中金属热还原所用的原料需要先转化为稀土氟化物。在熔盐电解法中,早期主要采用氯化物熔盐体系,需要先制备出无水氯化稀土,再进行电解。但由于氯化物的吸水性强,在使用过程由于吸水导致水解会降低生产效率,再加上电解过程中产生的氯气会污染环境,致使稀土氯化物熔盐体系后来被稀土氟化物熔盐体系所取代。该法可以直接用氧化稀土作原料来制取稀土金属,避免了无水氯化稀土制备等生产环节,简化了过程,节约了消耗。对于高纯稀土金属的生产,则需要继续用物理冶金工艺对稀土金属进行精炼提纯,包括金属精炼、蒸馏、电迁移和区域熔炼等技术。从稀土原料到稀土金属的一般生产过程如图 7-1 所示。

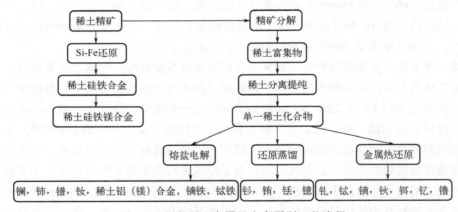

图 7-1　制备稀土金属及合金原则工艺流程

目前,在稀土金属工业生产中,对低熔点的轻稀土多采用熔盐电解法,重稀土金属则以热还原为主。但由于热还原方法的成本高,因此开发了用熔盐电解法来制备中重稀土合金的技术。例如镝铁、铽铁、钆铁、钇铁等中间合金。它们的熔点比纯稀土金属要低很多,因此,可以用熔盐电解法来生产。另外,稀土金属及合金的生产方法也须根据生产量和质量要求来选用。一般来说,小批量生产时采用金属热还原法,大批量生产时则多采用熔盐电解法。

7.1.1 金属热还原法制备稀土金属[25-29]

理论上,所有稀土金属都可以用热还原法制备。但由于轻稀土的熔盐电解法具有成本更低、生产能力更大、投资更小的特点,所以实际生产上所用的方法就是熔盐电解法。一般情况是：只要能够用熔盐电解法生产的稀土金属都是用熔盐电解法来生产。而那些单一的重稀土，由于熔点太高，熔盐电解受到限制而不得不用热还原法。

金属热还原法制备稀土金属可分别在氟化物体系、氯化物体系和氧化物体系中进行。因此，按所用原料的类型可分为氟化物金属热还原法、氯化物金属热还原法和氧化物金属热还原法。在金属热还原中，金属还原剂的选择是十分重要的，除了考虑化学热力学上的可能性，还需兼顾到还原工艺及设备条件的可行性。目前生产上用的还原剂有钙、锂和轻稀土金属。其中钙常用于氟化物的还原，锂用于氯化物的还原，轻稀土金属则用于氧化物的还原。另外，由于稀土金属的活泼性，反应过程都在真空或惰性气体保护下进行。

（1）稀土氟化物的钙热还原[20-24]

稀土氟化物的钙热还原法来自于二战时期美国原子能委员会的曼哈顿计划。该法采用无水氟化物为原料，金属钙为还原剂，在感应炉或电阻炉中于 1450～1750℃及保护气氛（Ar）中进行还原，其化学反应为：

$$3Ca + 2REF_3 \xrightarrow{\quad 1450～1750℃ \quad} 3CaF_2 + 2RE$$

稀土金属和氟化物都有化学腐蚀性，因此必须选用在高温下耐蚀性好的钽或钨坩埚，由于生产过程中钽坩埚易消耗以及钨坩埚生产技术的成熟，目前工业上多数采用的是钨坩埚。

稀土氟化物钙热还原法制备稀土金属不仅反应速度快、金属回收率高，而且在制备高熔点致密稀土金属（如钇、钆、铽、镝、镥、钬、铒等）时还有以下优点：

① 热还原产物稀土金属和氟化钙的熔点相近，使反应过程进行得平稳，而且氟化钙的蒸气压低，流动性好，与稀土金属密度差大，便于金属产物的凝聚和分离；

② 还原剂金属钙货源稳定；

③ 稀土氟化物较氯化物不易水解，还原过程易于操作。

但此法制得的稀土金属总量不高（一般含有 Ca、F、O、W 等杂质，其中钙含量约 **1%**），要经过后续处理以除去杂质，纯化金属。一般会将还原得到的粗金属在真空中频炉中进行重熔，除去蒸气压高的金属钙等杂质。由于受限于钨坩埚的尺寸，目前钙热还原法生产稀土金属主要采用 **25kg** 或 **50kg** 真空中频炉。

由于氧含量是稀土金属的一个重要指标，因此，真空炉的极限真空度和压升率是炉况好坏的两个重要指标，极限真空度达不到，则可能泵的抽力有问题或炉内挥发性的物质太多以及存在漏气（水）的可能；压升率达不到，也与炉内挥发性物质太多或漏气（水）有关，导致在生产过程中的真空度无法保证，从而影响产品的氧含量。

钙热还原法的生产过程如图 7-2：在钙热还原过程中，为了确保高价值稀土的收率，还原剂金属钙一般要过量 **15%～30%**。因此得到的稀土金属中的主要非稀土杂质为过量的金属钙、坩埚引入的杂质钨、夹杂的产物氟化钙及少量未反应的原料氟化稀土，还有一个重要的气体杂质氧，稀土金属纯度除去生产过程中交叉污染的因素，基本和原料氟化稀土的纯度一致。

（2）稀土氯化物的钙、锂热还原法

钙热还原法以无水稀土氯化物为原料制备镧铈镨钕时，收率较电解法高。

$$2RECl_3(l) + 3Ca(s) \xrightarrow{\quad 850～1100℃ \quad} 2RE(l) + 3CaCl_2(l)$$

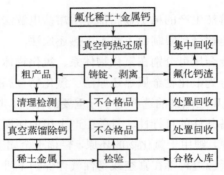

图 7-2　钙热还原法制备稀土金属的流程图

由于参加还原反应的氯化物较相应氟化物的熔点低 400～600℃，这有利于减少杂质污染，简化设备。同时可采用较为便宜的钛或加内衬的铁制坩埚，稀土金属回收率也较高（95%～98%）。钙热还原方便用于从铈组稀土氯化物制取镧、铈、镨、钕，锂热还原可制备高纯度的金属钇（99.9%）及镝、钬、铒等稀土金属。

$$RECl_3(l) + Li(l) \xrightarrow{800\sim1000℃} LiCl_3(l) + RE(l)$$

由于还原剂的价格以及生产效率的问题，该法的工业应用较少。尤其是钇组稀土金属熔点高，在此温度下由于氯化物蒸气压高，挥发损失大，从而降低了稀土收率。

（3）还原-蒸馏法制备稀土金属[27-29]

如表 7-1，蒸气压高的稀土金属如 Sm、Eu、Tm、Yb，是通过蒸气压低的 La、Ce 或铈族混合稀土金属，在高温和高真空下还原-蒸馏制得，其原则工艺流程见图 7-3。还原反应式为：

$$RE_2O_3(s) + 2La(l) \xrightarrow{1200\sim1600℃} 2RE(g) + La_2O_3$$

$$2RE_2O_3(s) + 3Ce(l) \xrightarrow{1200\sim1400℃} 4RE(g) + 3CeO_2(s)$$

表 7-1　金属钐和还原剂金属镧/金属铈的相关数据

金属	沸点/℃	蒸气压为 1.33Pa 时		
		熔点/℃	沸点/℃	蒸发速度/[g/（cm² · h）]
La	3454±5	1754	2217	53
Ce	3257±30	1744	2184	53
Sm	1778±15	722	964	83

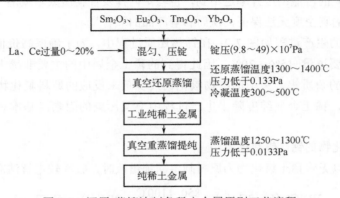

图 7-3　还原-蒸馏法制备稀土金属原则工艺流程

还原-蒸馏法的优点是直接用稀土氧化物为原料,两个过程同时进行,大大简化工序。此外,还原-蒸馏收集的金属是与渣分离的,减少了杂质的污染,便于提高稀土金属产品纯度。

还原-蒸馏可在真空感应炉或真空电阻炉中进行。前者降温速度快,后者便于控制还原-蒸馏区的温度,都已广泛应用于工业生产。一般采用真空碳管炉生产稀土金属,如图 7-4 所示。碳管炉的升温较易控制,中频感应炉的冷却时间较快。在生产过程中,要控制好升温曲线,如果升温太快或温度太高,金属蒸气冷凝不及时,会形成液态金属回流。还原蒸馏法生产过程中是通过冷凝稀土金属蒸气来得到稀土金属,因此稀土金属的断面都呈银白色的丝状。

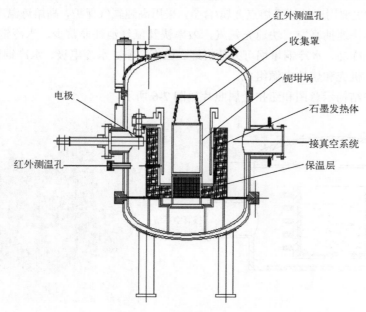

图 7-4　真空碳管炉示意图

（4）中间合金法制备稀土金属

中间合金法与稀土氟化物的钙热还原法相似,不同的只是在炉料中添加了与稀土金属产物生成中间合金的熔点低、蒸气压高的金属镁和降低产物氟化钙熔点的氯化钙造渣剂,使还原温度显著降低（950～1150℃）。该法尤其适合于制备熔点高、沸点低的钇族稀土金属,如钇、铽、镥等金属。其还原和合金化反应如下:

$$2REF_3 + 3Ca(l) \xrightarrow{950\sim1150℃} 3CaF_2(s) + 2RE(s)$$

$$RE(s) + Mg(l) \longrightarrow RE-Mg(l)（低熔点中间合金）$$

$$CaF_2(s) + CaCl_2 \longrightarrow CaF_2-CaCl_2(l)（低熔点渣）$$

其工艺流程如图 7-5 所示。

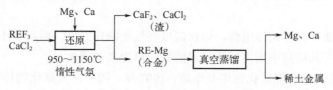

图 7-5　中间合金法制备稀土金属工艺流程图

中间合金法制备稀土金属分三步：

第一步，还原过程是在 950～1150℃下的氩气气氛中进行，由于反应温度较低，可选用更为便宜的钛坩埚，同时也避免了在高温下坩埚材料对金属产品的污染。反应完成后，取出坩埚，得到 RE-Mg 合金（熔渣的密度较小，易与稀土金属分离）。

第二步，将所得稀土镁合金放在真空炉中，于 900～950℃下分段升温蒸馏，以除去金属镁和残留的钙，得纯度为 99.5%～99.7%的海绵状稀土金属，金属回收率可达 91%～95%。

第三步，海绵稀土金属可进一步经过真空电弧炉熔炼成致密的稀土金属。

真空电弧炉主要用于熔炼高熔点金属/合金，采用高纯氩气保护，高熔炼温度可达 2500℃，真空腔体小，可快速抽真空，快速充氩气，效率快及氩气消耗非常少，水冷铜电极可移动，可同时熔炼多个样品，水冷铜坩埚可方便拆卸。由真空室、水冷电极、水冷铜模、气路系统、坩埚升降系统、机壳和熔炼电源组成。

中间合金炉结构示意图和纽扣金属照片如图 7-6 所示。

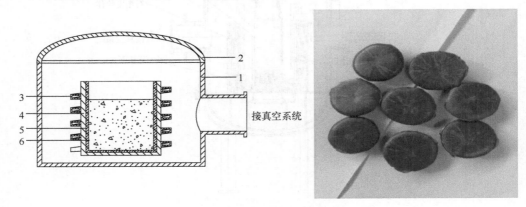

图 7-6　中间合金炉及生产的纽扣金属照片
1—炉体；2—炉盖；3—加热装置；4—保温材料；5—钛坩埚；6—$CaCl_2$+Mg+Ca+REF_3

7.1.2　熔盐电解法制备稀土金属[20-24,30-44]

熔盐电解法与金属热还原法相比，由于不使用金属还原剂，并具有能连续生产等优点。因此有消耗少、产量高、成本低、经济方便等特点，被广泛用来制取大量的混合稀土金属、低熔点单一稀土金属（蒸气压高的除外）和稀土合金。主要是铈组混合稀土金属，其次是镧、铈、镨和钕金属。特别是 1983 年发明了钕-铁-硼永磁材料以来，其所需的 Nd-Fe 合金和 Pr-Nd-Fe 合金等均采用熔盐电解法生产，提供了大量单一和混合稀土金属及稀土铁合金。

电解所用熔盐体系应具备下述条件：

① 体系中其他盐的分解电压要比稀土的分解电压高，否则，在阴极析出稀土金属的同时，其他金属也析出。

② 熔盐体系要有良好的导电性，熔化温度要低于操作温度，黏度要小。

③ 稀土金属在其熔盐中的溶解度尽可能低，以提高电流效率。

1875 年，国外开始研究氯化物熔盐电解；1902 年，国外研究氟化物体系熔盐电解；1956 年，中国科学院长春应用化学研究所研究氯化物熔盐电解；1964 年，国内开始研究氟化物体系熔盐电解；1984 年，氟化物体系熔盐电解开始工业化生产，电解槽电流只有 300A；目前，中国为世界最大的稀土金属生产国，常用的有氯化物熔盐体系 RECl$_3$-KCl（NaCl）和氟化物体系 REF$_3$-LiBaF$_2$ 两种类型。目前应用最广的是氟化物熔盐体系，氟化物体系熔盐电解槽的电流范围一般为 6000～20000A。

混合稀土金属是指含稀土金属总量不低于 98%的，采用未经完全分离成单一稀土元素的以自然配分或分组后由多种稀土元素组成的混合稀土化合物经过电解或金属热还原所得到的金属制品。它们被大量用于钢铁工业和有色金属工业中。如含有 45% Ce、22%～25% La、18% Nd、5% Pr、1% Sm 及少量其他稀土金属组分的混合稀土合金，在冶金工业中作强还原剂。近年来，在耐热合金、电热合金中开始用钇组稀土及铈组稀土合金。

工业上混合稀土金属的制备主要采用熔盐电解法，其工艺流程见图 7-7。

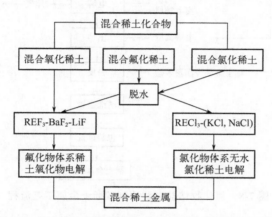

图 7-7　熔盐电解法制备混合稀土金属工艺流程示意图

7.1.3　稀土氯化物熔盐电解[20-24]

该法是制取混合稀土金属、单一轻稀土金属镧、铈、镨以及稀土合金的古老方法。用氯化稀土作原料，加一定量的氯化钾或氯化钠作助熔剂，在高于金属熔点的温度下进行电解，在阴极和阳极分别析出稀土金属和氯气。

$$2RECl_3 \xrightarrow{\text{电解、KCl}} 2RE + 3Cl_2 \uparrow$$

电解槽体用钢、石墨、耐火材料等做成，所选用的电极材料取决于所制备金属的性质、纯度、价格和生产量。据记载，世界上生产混合稀土金属的最大规模的电解槽为 50kA，我国最大规模的电解槽为 25kA。电解制取混合稀土金属和铈时的电解温度为 850～900℃；电解制取金属镧时为 950～1000℃；电解制取镨-钕合金时约为 1000℃。用钼棒作阴极，电流密度为 3～5A/cm^2；用石墨作阳极（石墨熔点高达 3850℃，而且高温时强度好），电流密度小于 1A/cm^2。槽电压 8～9V。氯化物熔盐电解法制备稀土金属工艺流程见图 7-8。

氯化物熔盐电解法制取稀土金属的突出优点是组成电解质熔盐体系的熔点比氟化物熔盐体系的低，从而使电解槽的操作温度低；使用的氯化钾、氯化钠和氯化稀土等原料的价格也较氟化物低；氯化物的腐蚀性弱于氟化物，可以采用廉价的普通工业耐火材料作氯化物电解槽的槽衬材料和金属收集器，因而大大降低了生产成本。

早期我国大多数工厂采用稀土氯化物熔盐电解法，电解质组成为 KCl-RECl₃，采用石墨作阳极、钼棒或钨棒为阴极。当采用 1000A 的电解槽时，则可用石墨坩埚兼作阳极、瓷坩埚作金属接收器。电解温度为 870～920℃，电流效率为 40%～50%，直收率为 80%～85%。氯化物电解法生产过程中会产生氯气和其他有害气体，必须进行妥善处理。

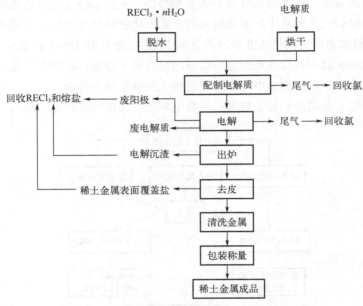

图 7-8　氯化物熔盐电解法制备稀土金属工艺流程

但是，该法存在以下缺点而被氟化物熔盐电解法所替代：

① 稀土氯化物在空气中易吸潮、水解，不仅储存困难，而且在加入电解槽之前需进行真空加热脱水，否则结晶料中的氯氧化物会在电解过程中增加渣重，妨碍稀土金属凝集；

② 稀土氯化物的蒸气压比稀土氟化物高，因此熔体的挥发性大，特别是 NdCl₃ 体系；稀土金属在其自身熔融氯化物中的溶解度也相当高，如 780～950℃下金属钕在 NdCl₃ 熔体中的溶解度可达 32.9%（摩尔分数），因此金属钕等不宜用该法制备。

7.1.3.1　稀土氧化物-氟化物熔盐电解[31-33]

最早实现氧化物-氟化物熔盐电解的是在熔融的 CeF₃ 中将 CeO₂ 电解还原为金属铈。采用钼作阴极，石墨作阳极，在温度 880～890℃下，把 5%CeO₂ 溶解在 CeF₃-LiF-BaF₂ 电解质体系中进行电解，制备出纯度为 99.7%～99.8%的金属铈。

莫里斯等发现，在氟化物中直接添加稀土氧化物，在超过金属熔点 50～60℃温度下电解，也能得到稀土金属，并制备出了纯度为 99.8%的液态金属镧和金属铈。他们论述了氧化物电解的必要条件，并证明合适的电解质组成是 REF₃-LiF-BaF₂。其中，REF₃ 增加氧化物的溶解度，LiF 增加熔体的导电率，BaF₂ 降低熔盐混合物的熔点。

稀土氟化物熔盐体系电解稀土氧化物制备稀土金属的实质是以稀土氧化物为原料，稀土氧化物在氟化物熔盐中进行电解以析出稀土金属的过程。由于稀土氧化物和氟化物的沸点较高，气压低，故此法不仅可用以制取混合稀土金属和镧、铈、镨钕等单一轻稀土金属及其合金，而且还可用于制取熔点高于 1000℃的某些重稀土金属及其合金。同时，由于这种电解原料与电解质不易吸湿和水解，稀土金属在氟化物熔体中的溶解损失较小，故制取的稀土金属质量较好，电流效率和金属直收率都较高。

作为电解质的混合盐，要求熔点低、导电性好，在电解时的高温下稳定，蒸气压低，组分中的阳离子不能与稀土同时析出，也不能被稀土金属还原。这只有碱金属和碱土金属氟化物才能满足这些条件。因此，比较常用的电解质体系是 REF_3-LiF。因为加入 LiF 可以提高熔体的电导性，而加入 BaF 可以减少 LiF 的用量，降低熔点。但由于 LiF 的蒸气压大，在长期电解过程中必须补充。

稀土氧化物在氟化物熔盐体系的电解是目前应用最广的电解制备稀土的方法。该法是在超过稀土金属熔点 50～100℃的温度条件下，稀土氧化物在氟化物（熔剂）中首先溶解、电离，然后在两极上放电，得到稀土金属和氧气。由于阳极材料是石墨，因此阳极放出的气体是 CO_2、CO 的混合物。

$$2RE_2O_3 \xrightarrow{\text{电解，} REF_3} 4RE + 3O_2 \uparrow$$
$$(RE = La, Ce, Pr, Nd)$$
$$\frac{1}{2}O_2 + C \longrightarrow CO \uparrow$$

或
$$O_2 + C \longrightarrow CO_2 \uparrow$$

稀土氧化物在氟化物熔盐中电解制取稀土金属的总反应为
$$2RE_2O_3(s) + 3C(s) == 4RE(l) + 3CO_2(g)$$

整个过程消耗的是 RE_2O_3 和阳极炭。此法是以粉末状的稀土氧化物为原料和溶质，以同种稀土的氟化物为主要溶剂，氟化锂、氟化钡为混合熔盐的添加成分。氟化锂的作用是提高电解质的导电性，降低熔体的初晶温度和电解质的密度，但在电解条件下它对稀土金属（特别是钇）有溶解作用。氟化钡可降低混合熔盐的熔点，抑制氟化锂的挥发，它在电解时不会与金属作用，能起到稳定电解质的效果。目前使用的混合熔盐系的缺点是氧化物在熔盐体系中的溶解度很小（只有 2%～5%）。

此法是以石墨坩埚作电解槽，阴极选用钨，阳极均采用石墨材料。至今，以稀土氧化物-氟化物为熔体的电解工艺只应用于生产熔点在 1100℃以下的混合稀土金属和镧、铈、镨、钕等轻稀土金属；也可以用氧化物电解工艺来大规模制备重稀土金属与黑色金属和有色金属的中间合金，如铽铁、镝铁、钇镁、钇铝等合金。也有用氧化物电解法制取高熔点稀土金属钇、钆和镝等中重稀土的报道。目前氟化物体系电解法主要用于电解单一或混合稀土金属（熔点低的轻稀土金属）、稀土铁合金、稀土镁/铝等合金；也可用来生产稀土锌合金、镍合金等多种稀土合金。图 7-9 为单阴极电解槽现场照片和镨钕金属照片，图 7-10 为多阴极电解槽现场照片及结构图。

电解过程中排放的主要废气成分为一氧化碳、二氧化碳、多氟化碳、粉尘等，都是主要的温室气体，需做到有组织、减量或回收处理，减少大气污染。目前主要是通过多级水喷淋、碱喷淋处理电解废气中的粉尘及含酸气体，多氟化碳的减排需通过控制生产过程的阳极效应频率来实现。

图 7-9　单阴极电解槽氟化物体系电解生产现场和镨钕金属图片

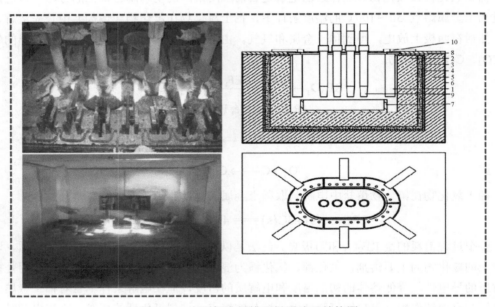

图 7-10　多阴极电解槽现场照片及结构图

1—石墨阳极；2—石墨槽；3—填充料；4—保护套；5—保温材料；6—炉壳；7—坩埚；8—炉盖；9—阴极；10—导电板

7.1.3.2　稀土氧化物-氟化物熔盐电解的成本控制[34-35]

在稀土金属的生产实践活动中，生产成本的分析十分重要。通过历年来稀土市场上氧化镨钕和镨钕金属的价格对比，可以看出：稀土金属的总成本中原料成本占比特别高，即使不考虑收率，镧/铈类约占 50%，其他都占 95%以上。因此，生产管控中提高直收率和总收率（含废料回收）就特别重要。表 7-2 为主要稀土氧化物、氟化物及金属之间的转换系数。如 2024 年 7 月 26 日，镨钕氧化物和金属的价格分别是 363 元/千克、448 元/千克，氧化镝和金属镝的价格分别是 1675 元/kg、2175 元/千克。原料价格及其与产品的转换关系是需要重点关注的内容。

表 7-2　主要稀土氧化物、氟化物及金属的转换系数

产品	La	Ce	Pr	Nd	PrNd（Pr 20%）	Gd	Dy	Ho
REO/RE	1.1728	1.2284	1.2082	1.1664	1.17476	1.1526	1.1477	1.1455
REF$_3$/REO	1.2025	1.1453	1.1625	1.1962	1.1894	1.1820	1.1769	1.1747

在氟化物体系熔盐电解稀土氧化物的稀土金属产品的生产中，除了上面的原料控制外，

在占比较少的生产成本中，电耗约占50%，其次才是工资和石墨材料。因此，用电成本控制是非常重要的内容。为此，生产企业的电力来源要尽量使用清洁能源，电力变压器要选择节能变压器，要开展电力谐波治理，以减少变压器的电损；电解电源从最初的硅整流替换为快恢复管、肖特基管，再到 MOS 场效应管，其电效率逐步提高。而线路设计安装的基本原则是要讲究短、粗、紧、散热；槽型选择需要考虑极距、电效、散热与保温等。稀土金属熔盐电解和铝电解指标的对比见表 7-3。可以看出，稀土金属氟化物体系熔盐电解和铝电解在电流效率、单槽产能上还有很大差别，还有较大的提升空间。

表 7-3　稀土金属熔盐电解和铝电解指标的对比

指标	稀土电解	铝电解
电流/kA	6～20	600
电压/V	8～10	3.8～4
电流效率/%	65～75	90～95
电解温度/℃	950～1250	910～950
电耗/(kW·h/kg)	7.5-8.0	12.23（直流），12.41（交流）
单槽产能/(kg/d)	300	4470
电解槽寿命/d	360～720	2000～2500

7.2　稀土金属和合金生产过程的节能环保

我国是世界稀土金属生产及供应大国，而现阶段的生产通常采用氟化物熔盐体系氧化物电解法。因为氟化物体系氧化物电解工艺具有工艺流程短、操作简单和生产设备要求低等特点。但能耗高、辅材消耗大、自动化程度低、炉况受人为影响大和存在周期性变化等特点。

7.2.1　存在的问题与原因

（1）能耗高

从表 7-3 的数据可以发现：每千克金属钕耗电为 7.5～8.0kW·h，是理论能量消耗量的 4.5～4.8 倍，电解电流效率仅为 65%～75%；而相比之下，铝电解电流效率达到 90%以上，每千克铝用电为 12.3kW·h，仅为理论能量消耗量的 2.14 倍。因此，稀土电解的节能空间大。

（2）有害气体产生量大

生产稀土金属要产生的含氟含碳气体（一氧化碳、二氧化碳和多氟化碳）量大，而且这些气体还与大量的空气一起，对大气环境造成相当程度的污染。特别是 CF_4、C_2F_6 等多氟化碳是非常强大的温室气体，它们非常稳定，可长时间停留在大气层中，寿命约为 50000 年。虔东公司对电解过程多氟化碳排放的研究发现其与阳极效应紧密有关。

（3）产生问题的原因

目前，我国普遍采用氟化物体系氧化物电解工艺，单一稀土金属生产普遍使用的槽型规模为 6000～9000A，万安培以上槽型在包钢稀土、赣州虔东、赣州晨光、南方高科、丹东金龙等少数几家电解规模较大的企业投入生产运行，而 25000A 电解槽型由于经济技术指标没有明显的优势，仅在个别企业运行。

图 7-11 是氟化物熔盐体系氧化物电解生产轻稀土金属及其合金的工艺流程，不同产品有一定差异，对 Dy-Fe 合金、Gd-Fe 合金等产品一般还要进行重熔精炼处理。

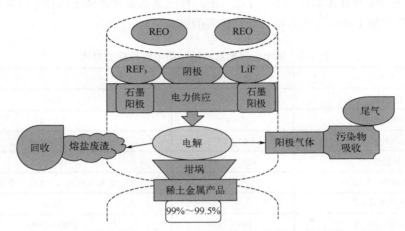

图 7-11　熔盐电解法制备稀土金属和合金的基本过程和装置示意图

造成稀土电解高能耗、高排放问题的根本原因就是上插阴阳极结构，也是槽型结构决定的。电解槽上口为敞开式，阴阳极为柱面平行垂直布置，如图 7-12。

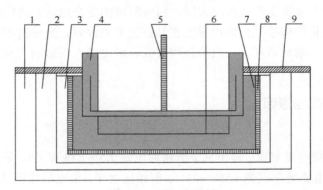

图 7-12　稀土电解槽

1—耐火砖；2—绝缘砖；3—石棉；4—石墨阳极；5—阴极；6—接收器；7—石墨围；8—碳粉；9—导流板

目前工业生产广泛采用的电解槽型是 6000～9000A。对于这种槽型，分南北方槽型，槽体均为圆形石墨槽体。南方以赣州为代表，槽底为平底，一般以 ϕ150mm 的钼坩埚盛装金属，40～60min 一炉，这种槽型及操作工艺因出炉次数多，能够及时地根据上炉次金属的产量和质量调整加料量、温度等工艺技术参数，保证较高的产品合格率和产率。该槽型底部电解质循环较好，槽底不易积聚物料，但因出炉频繁，电解过程炉况存在波动，电效偏低。北方以包头为代表，槽底有凹坑，用于放置盛金属的钨坩埚，坩埚尺寸一般在 ϕ200mm 以上，2～4h 一炉，从而能够保证电解工艺技术条件较为平稳，电效较高。但这种槽型其底部电解质循环较差，槽底容易积聚物料，且由于其每炉电解时间较长，出炉前后液面和炉温波动较大，对电解过程中工艺技术条件的控制要求更为苛刻。

现有槽型极距较大，一般为 7～10cm，且由于阴、阳极电流密度高造成过电压较高，电解槽压通常为 9～11V（铝电解的极距一般为 4～5cm，槽压仅 4V 左右）。当电解质中氧化物浓度不足时，势必造成稀土氟化物分解，从而产生含氟气体。因此，稀土电解能耗高、电流效率低、废气中氟含量大等问题，正是其高槽压所致。稀土熔盐电解的电流效率一般为 65%～75%，较铝、镁电解电流效率低 10% 以上。由于阴极电流密度很高，且上插阴极和阳极平行排列，为使槽压不至于过高，阴、阳极极距需要控制在可接收距离，这又必然导致阳极电流密度增大。工业生产中阳极电流密度通常在 1～1.5A/cm²，由于阳极电流密度较高，气体析出速率较快，电解过程产生的大量阳极气体剧烈搅动电解质，从而将部分析出的稀土金属带到熔盐表面或阳极附近造成二次氧化，致使电流效率偏低，若要减小阳极电流密度，则势必要加大阳极面积，增大极距，从而导致槽压增高，能耗进一步上升。氟化物体系氧化物电解工艺经过近十年的快速发展和完善，工业化制备技术已趋于成熟，经济技术指标也趋于稳定，如金属钕电耗由 11～13kW·h/kg 降低到 7.5～9kW·h/kg。

万安培（或 2.5 万安培、3 万安培）槽型的构造如图 7-13，由石墨块砌筑成长方形槽体，其阴阳极配置及极距与小型槽相仿，工艺技术条件与小型电解槽基本相同。虽然其阴极电流密度有所降低，较小型电解槽电流效率提高了 10% 左右，电耗也有所降低，但槽电压依然较高（8～10V），其技术经济指标并没有根本性的改观。

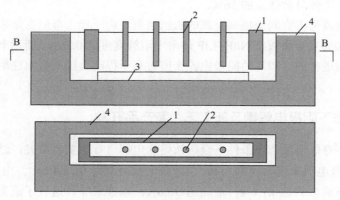

图 7-13　万安培稀土电解槽
1—阳极；2—阴极；3—坩埚；4—石墨围

10kA 电解槽的核心技术有多阳极、连续电解、防渗漏修复等技术，已经成功地应用于稀土金属电解生产工艺，并在全国各地迅速得到普及，社会经济效益显著。

为提高电解效率和产品一致性，人们对万安培电解槽的研究开发得到很好的推进[36-40]。对于 10kA 左右的电解槽，一般呈矩形，内置多根钨阴极和平板石墨阳极。通过研究电解质组成对 10kA 熔盐电解金属钕的影响，得出在 10kA 氟化物熔盐电解生产金属钕过程中，补充的熔盐配比对钕的含碳量、电解质工作温度、电流效率、槽龄等均有重要的影响，而且补充的电解质为 $m(\text{LiF}):m(\text{NdF}_3) = 10:100$ 时，可以延长电解槽寿命，槽龄长达 24 个月。减少辐射散热是提高电解槽电能利用率的重要途径之一。张小联等研究设计了块状多阳极及相配套的导电装置，并成功应用于 3kA 电解槽和 10kA 电解槽生产中。可实现稀土金属生产的连续电解，并减少电解过程槽电压波动幅度 70% 以上，每吨节电 100kW·h 以上，大幅提高了产品合格率，减轻了工人劳动强度，克服了棒状多阳极连续电解所带来的问题，延长了电解槽使用寿命。在稀土熔盐电解生产过程中，将多个电解槽以串联供电的方式组合在一起，用一套整流电源设备可对多个电解槽同时供电。不仅降低了电解电源的电能损耗，还可减少设备占地及设备维护、检修工作量。

虽然电解槽的规模在不断扩大，但是它的设计仍然采用 20 世纪 80 年代 3kA 上插阴阳极电解槽的设计模式，该模式存在间歇性生产、金属溶解损失及金属二次氧化损失大、阳极石墨和槽体石墨氧化严重、熔盐挥发损失大、体系内温度分布不均等不足之处。氟化物熔体对电解槽材料腐蚀严重，目前适用于工业规模的电解槽材料仅限于石墨。由于受到石墨制品尺寸和石墨间黏合技术的限制，长时间以来电解槽的生产规模在 3000A 以下。

（4）制约因素

早期槽型阴极电流密度通常在 $7\sim10A/cm^2$，电解电压为 $11\sim12V$，目前，小型槽阴极电流密度通常在 $6\sim7A/cm^2$，电解电压为 $9\sim11V$；大型槽（25kA、30kA）阴极电流密度通常在 $5\sim6A/cm^2$，电解电压为 $8\sim10V$，虽然阴极电流密度和电解电压呈逐渐降低的趋势，但并未实现根本性的转变。主要受下面两方面因素的制约：

一是高槽压有利于为电解槽提供足够的热量以维持电解热平衡，对 3kA 金属钕电解槽热平衡研究表明：电解槽体系的散热损失占热支出总热量的 71%，而电解槽的主要散热损失在电解槽的敞口处，占到总散热量的 56%。

二是高阴极电流密度有利于提高金属的析出速率，由于稀土金属在熔盐中有一定的溶解度，研究表明在 1060℃金属钕在 NdF_3-LiF 体系中溶解度可达 0.36%，而在电解过程中金属的析出和溶解是双向进行的，较高的阴极电流密度有利于提高金属的析出速率，从而提高电流效率。

7.2.2 发展液态下阴极电解槽及新工艺、新产品开发

张小联等[39,41]对低电流密度条件下金属钕熔盐电解进行了实验研究，结果表明：在电解电压为 4.8V，阴极电流密度为 $1.39A/cm^2$、阳极电流密度为 $0.28A/cm^2$、电解温度为 $1070\sim1080℃$时，平均电流效率达 87.1%，最高达 90.6%；陈德宏等[32]进行了液态下阴极电解制备金属钕的实验研究结果表明：采用液态下阴极电解制备金属钕可以实现，并使阴阳极距减小到 $6\sim7cm$，电解槽压可降低到 $5\sim6V$。该槽型与现行电解槽的显著区别在于低阴极电流密度和低电解槽压，这为降低能耗、减少含氟气体的产生创造了有利条件，该槽型还需进一步工业化验证，并有望成为下一代生产轻稀土金属的新型电解槽[42]。

在稀土火法冶炼领域，新工艺新产品开发主要集中在稀土熔盐电解：一方面是大型、节能、环保型稀土熔盐电解技术和设备的研制开发，重点是节能、环保电解新技术的开发。所以，环保、节能和大型化是稀土熔盐电解工艺的发展趋势和方向，大型化有利于实现自动化，从而有利于降低劳动强度，改善工作环境，降低能耗和辅材消耗，有利于集中控制处理有害气体，提高产品质量，降低生产成本。

另一方面是简化工艺和降低成本，即以熔盐电解制备的中重稀土中间合金部分替代金属

热还原法制备的单一中重稀土纯金属，如 **Dy-Fe** 合金、**Gd-Fe** 合金已基本取代金属 **Dy**、**Gd** 而成为制备 **NdFeB** 磁性材料的主要原料。未来稀土中间合金仍将是新产品开发的重点和热点。产品结构趋向多样化，各种材料用中间合金不断涌现，尤其是含高熔点稀土金属的中间合金，如 **Dy-Fe**、**Gd-Fe**、**Ho-Fe**、**Nd-Mg** 合金等，未来这一方向仍是新产品开发的重点。因此，需要掌握这些二元金属的相图。如图 7-14 所示为四种合金的相图，从图中可以确定形成所需合金的温度和成分比例范围。同时还可以发现，当改变两种金属成分的比例时，可以得到多种相态结构的合金，可以知道它们的形成条件，甚至几种合金之间相互转化的方法（改变比例和温度），为我们开发所需相态结构的产品提供理论依据。

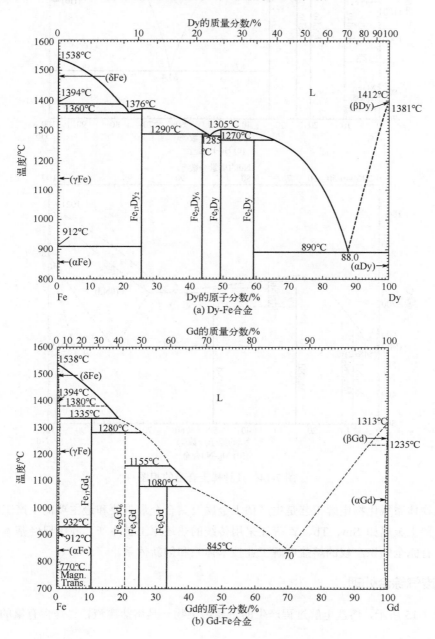

(a) Dy-Fe合金

(b) Gd-Fe合金

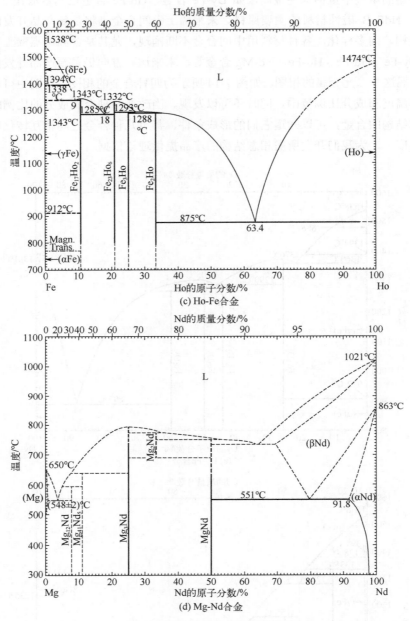

图 7-14　几种稀土合金的相图

氟化物体系氧化物电解工艺是生产稀土金属及其合金最重要和最主要的生产工艺，仅有少数几个稀土金属如 Sm、Tb、Y 等还采用传统的热还原工艺生产，我国已经基本形成了完整的、具有完全知识产权的熔盐电解工业技术体系和创新体系。

7.2.3　废气综合处理

如图 7-15 所示，熔盐电解过程产生的主要污染物一是熔盐废渣，二是含有氟的废气，以及在强力通风气流作用下带出来的稀土氧化物粉体颗粒。废渣的处理我们将在下一章作为一种二次资源来对待处理。这里主要讨论废气的处理问题，如图 7-15 所示，需要在每个电解槽口正上方加装烟气收集罩，然后通过风管，用大功率风机，把烟气送入多级除尘填料喷淋吸附塔。气体在各级填料喷淋塔中和碱液充分接触，发生中和反应。通过控制沉淀池中的 pH 值，准确控制加碱量。最终达标气体满足《大气污染物综合排放标准》要求，通过 15m 排气管排放。

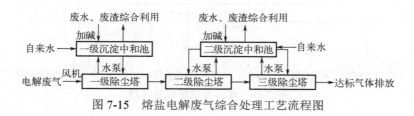

图 7-15　熔盐电解废气综合处理工艺流程图

7.3　稀土金属粉末的制备

稀土金属是活泼金属，其粉末具有更大的化学活性，难以制备和保存。用一般的机械制粉法难以获得高质量的稀土金属粉末，也不能用还原剂（如炭）还原氧化物来制得稀土金属粉末。目前，工业上通常采用氢化-脱氢法制备稀土金属粉末。由于稀土金属极易与氢作用生成稀土氢化物，随之晶型也发生变化，增加了晶格常数，体积变大。因此致密的稀土金属氢化后变成质地松脆、易于研磨的物质。再在一定条件下脱氢就可制得纯净的稀土金属粉末。为此，可将稀土金属与氢气在温度为 300~400℃、氢气压力≥1.01×10⁵Pa 的条件下进行反应，生成稀土氢化物（REH_2~REH_3）。再在惰性或还原性气氛中粉碎，制得稀土氢化物粉末，最后在高真空炉中低于预制稀土金属熔点以下 300~600℃进行蒸馏脱氢，便可制得稀土金属粉末。这一方法在钕铁硼永磁材料和储氢材料制备都要用到。在后面再具体介绍。

7.4　稀土金属的提纯[43-52]

用金属热还原法和熔盐电解法制得的只是工业纯稀土金属（稀土元素含量约为99%），均含有不同成分和不同浓度的杂质，其中非稀土杂质主要来自原料、还原剂、熔剂、容器等。这类稀土金属需经特殊工艺处理除去其中的杂质，才能得到高纯稀土金属。工业纯稀土金属产量大、价格低，可满足一般工业部门的需要；而高纯稀土金属在科研和高技术新材料的发展中有着重要的应用。提纯稀土金属，工业上主要采用物理冶金工艺，包括真空熔炼法、真空蒸馏法、电子束熔炼法、区域熔炼法、电迁移法、悬浮区熔-电迁移联合法、电解精炼法、熔盐萃取法等。一般要采用多种方法组合，图 7-16 是稀土金属提纯路线图。

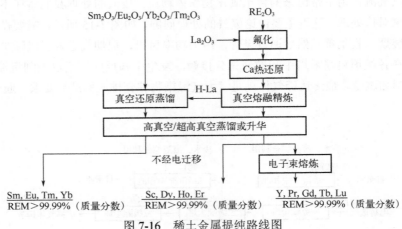
图 7-16　稀土金属提纯路线图

7.4.1　真空熔炼法

真空熔炼法是所有其他提纯方法的基础，它可以把大部分杂质分离。所以，在采用其他方法提纯稀土金属时，作为被提纯的稀土金属，应首先用真空熔炼法将其中的一些杂质除去，再根据相应提纯方法的要求制备出所需形态的稀土金属，作为进一步提纯的原料。

真空熔炼法是将蒸气压较低的稀土金属，如钪、钇、镧、铈、镨、钕、钆、铽和镥等，在真空度大于 1.33Pa 条件下，加热至 1450～1900℃（温度高于稀土金属熔点 100～1000℃）进行熔炼提纯。此时，蒸气压高的杂质如碱金属、碱土金属及氟化物均能被蒸馏出去，但铁、钽、钒、铬等沸点高的杂质去除效果较差。工业上，用真空熔炼法可将由钙热还原法制得的稀土金属中的杂质钙的含量降低到 10×10^{-6} 以下。

电子束熔炼是真空熔炼的主要方法，这一方法是在高真空下将高速电子束流的动能转换为热能作为热源来进行金属熔炼的一种真空熔炼方法。该法具有熔炼温度高、炉子功率和加热速度可调、产品质量好的特点，但也存在金属收得率较低、比电耗较大、须在高真空状态下进行熔炼等问题。电子束熔炼不仅用于钢铁和稀有金属的熔炼和精炼，也广泛用于焊接、陶瓷材料熔铸等。

在高真空条件下，阴极由于高压电场的作用被加热而发射出电子，电子汇集成束，电子束在加速电压的作用下，以极高的速度向阳极运动，穿过阳极后，在聚焦线圈和偏转线圈的作用下，准确地轰击到结晶器内的底锭和物料上，使底锭被熔化形成熔池，物料也不断地被熔化滴落到熔池内，从而实现熔炼过程。电子束炉的加速电压一般使用在三万伏左右，引起的 X 射线损失最大不超过 0.5%，二次发射电子的损失会更少。所以电子束的能量几乎全部由电能转换为动能，再由动能转换为热能。图 7-17 是真空水平电子束炉的现场照片。

电子束熔炼的工艺特点是在高真空环境下进行熔炼（熔炼真空度一般在 $10^{-1}\sim10^{-5}$Pa），熔炼时熔池的温度及其分布可控，熔池的维持时间可在很大的范围内调整；熔炼是在水冷铜坩埚（结晶器）内进行的，可以有效地避免金属液被耐火材料污染。因此可以说，电子束熔炼为金属材料特别是难熔金属提供了一种不可缺少的精炼手段。

图 7-17　真空水平电子束炉安装现场

电子束熔炼过程包括 3 种基本的冶金反应：

① 除气　电子束熔炼可除去大多数金属中的氢，且氢的去除很容易，一般在炉料被熔清之前即已基本完成。由于真空度高，熔池温度及处于液态的时间可控，脱氮效果也很高。

② 金属杂质的挥发　在电子束熔炼温度下，凡是比基体金属蒸气压高的金属杂质均会不同程度地得以挥发去除。

③ 去除非金属夹杂物　氧化物及氮化物夹杂物在电子束熔炼温度及真空度下，有可能分解出[O]及[N]而被去除。[O]还可以通过碳氧反应而被去除。此外，锭子自下而上的顺序凝固特点也有利于非金属夹杂物的上浮。

7.4.2　真空蒸馏法

真空蒸馏法提纯稀土金属是利用它们与杂质之间在某一温度下蒸气压之间的差别，在高温真空下加热处理，使稀土金属与杂质分离制备高纯稀土金属的方法。由于钐、铕、铥、镝、铒、镱等稀土金属在接近熔点温度时的蒸气压较高，因此该法很适于这些易挥发的稀土金属的提纯。其方法是在真空度为 $10^{-4}\sim10^{-3}$Pa 条件下加热，使稀土金属转变为气态，再在冷凝器上沉积为固态金属。在此条件下，钽和钨等蒸气压低的金属杂质和氧的化合物便会留在坩埚残渣中。

真空蒸馏提纯稀土金属的工艺条件主要由基体金属和杂质的熔点及在某一温度下的蒸气压来决定。根据稀土金属的熔点、蒸气压以及蒸馏提纯的工艺条件，大致可将稀土的蒸馏纯化分为四组（见表 7-4）。在实际生产中，真空蒸馏法往往与真空熔炼法并用，以达到更佳提纯效果。图 7-18 是真空蒸馏炉及生产的铒和镝金属照片。

表 7-4　稀土金属蒸馏提纯分类

稀土金属	熔点/℃	沸点/℃	蒸气压	蒸馏工艺及温度
Sc、Dy、Tb、Gd、Er	1400～1540	2560～2870	较高	在接近金属熔点的温度下蒸馏，约 1700℃
Y、Ho、Lu	1310～1660	3200～3400	低	蒸馏温度较高，约 2000℃
La、Ce、Pr、Nd	800～1000	3070～3460	低	高温下蒸馏，约 2200℃冷凝物为液态
Sm、Eu、Tm、Yb	820～1070（T_m 为 1545℃）	1200～1950	高	熔点以下升华提纯或在稍高于熔点下蒸馏，约 1000℃

图 7-18　真空蒸馏炉及生产的铒和镝金属

7.4.3　区域熔炼法

区域熔炼法简称区熔法，是根据液-固平衡原理，利用熔融-固化过程以除去杂质的方法。有点像一个重结晶提纯过程，是在一个被熔炼提纯的稀土金属棒料上造成一个或几个熔区，熔区沿棒长方向做多次定向移动。在每一个熔区，相当于一个固相与液相平衡态，金属经过熔化与结晶的交替进行，使金属棒料中的杂质重新分布，一般是杂质从固相转入液相或从液相转入固相，不断跟随液相沿某一方向迁移，达到集中杂质、提纯金属的目的。区域熔炼提纯稀土金属又可分为水平和悬浮两种区熔提纯。

① 水平区熔提纯：稀土金属棒料水平放置在长槽状容器中，熔区通过棒料。

② 悬浮区熔提纯：稀土金属棒料垂直放置，不用容器盛装，棒料两端固定不动，加热时靠金属表面张力保持一个狭窄的熔区，并沿棒长自上向下移动通过棒料。

熔区可采用感应加热或电子轰击加热。开始时加热环置于管的一端，把金属棒的一个小区加热熔化。然后让加热环以很慢的速度（如提纯镧为 180mm/h，铈为 115mm/h，钆和铽为 250mm/h，钇为 24mm/h）向另一端移动，于是熔化的小区域也随之向另一端移动，反复进行这种区熔后，金属杂质会向末端迁移，切去杂质富集端（金属杂质大都集中在棒料的末端），从而制得高纯稀土金属。实践证明，O、N、H 等气体杂质向反熔区方向移动，而金属杂质的移动与熔区移动的方向一致。因此，该法对除去 Fe、Al、Mg、Cu 和 Ni 等杂质有明显效果，而对 O、N、C、H 等杂质却无效。区域熔炼提纯稀土金属量大、效率高、收率高。其示意图和设备如图 7-19。

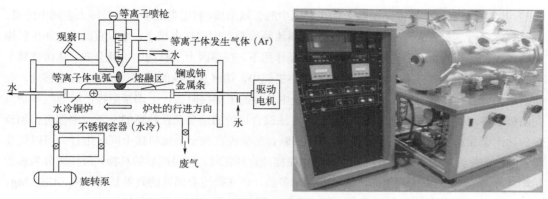

图 7-19 区域熔炼示意图和区域熔炼炉照片

图中标注：等离子喷枪、观察口、等离子体发生气体（Ar）、水、等离子体电弧、熔融区、镧或铈金属条、水冷铜炉、炉灶的行进方向、驱动电机、不锈钢容器（水冷）、废气、旋转泵

7.4.4　电迁移法提纯稀土金属

该法是基于在电场作用下，使金属中的杂质离子按其正、负电性和有效荷电量依次向金属棒两端迁移，使金属得到提纯。在提纯稀土金属时，可将待提纯的稀土金属制成直径为 3～12mm、长 100mm 的圆棒，正、负极固定在稀土金属棒的两端，在真空和惰性气体气氛中，以直流电加热到稀土金属熔点以下的 100～200℃时，进行长时间（约几天）的通电，使杂质向两端移动。金属的中间部分纯度较高，切去两端，即可制得高纯稀土金属。中段金属可再次进行电迁移法提纯，提纯制得的高纯稀土金属，杂质含量可减少到 10^{-6} 级。

电迁移法提纯稀土金属正好弥补了区域熔炼等法的不足，由于稀土金属与 O、C、N、H 等元素的亲和力很大，所以在区域熔炼法中难以除去。但是，这些杂质在电场作用下却能在稀土金属晶格间迁移，因而电迁移法提纯稀土金属对于除去微量 O、C、N、H 的效果显著。该法使用设备也简单，但缺点是提纯周期较长，产率低、能耗大，因此只适用于制取少量的超高纯稀土金属。图 7-20 是常用的固态电迁移炉。

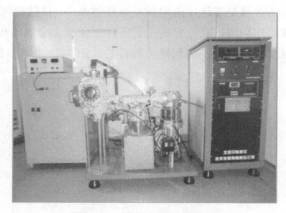

图 7-20　固态电迁移炉照片

7.4.5　悬浮区熔-电迁移联合法提纯稀土金属

悬浮区熔-电迁移联合法提纯稀土金属是在一个稀土金属料棒上同时进行区熔和电迁移

提纯。其实质是利用区熔提纯法除去稀土金属中的金属杂质，利用电迁移法除去稀土金属中的氧、氮等气体杂质。方法是将欲提纯的稀土金属料棒两端垂直固定在电极上，通以直流电，并在料棒上造成一个移动的熔区，料棒中的杂质在电场作用下，在熔区上下移动中重新分布，从而使稀土金属得到提纯。此时有两种情况，即：在区熔提纯中，熔区从料棒的下端（始端）向上移动，金属杂质集中在料棒的上端（末端）；在电移迁中是棒的下端接阴极，上端接阳极，氧等气体杂质向阳极端移动，集中在棒的上端。这样两种方法联合提纯的结果是在料棒的下部与中部可得到较纯的稀土金属。实践证明，悬浮区熔-电迁移联合法提纯在稀土金属料棒上同时进行，可以提高稀土金属的提纯效率并缩短提纯周期。例如在提纯金属钇时，经提纯后的料棒，最佳部分为棒的始端（单晶），棒的中部是粗晶，而末端则是多晶。该法提纯金属铈的效果显著，Fe、Cu、Mg、Si、O、N、H等几种主要杂质总量大幅度降低。图7-21是真空悬浮熔炼炉照片。

图 7-21　真空悬浮熔炼炉

7.4.6　电解精炼法提纯稀土金属

电解精炼法提纯稀土金属是在选定的电解质熔盐体系中，以欲提纯的稀土金属（如粗钇）或合金作阳极，以铁或钨作阴极，在一定的工艺条件下使稀土金属阳极优先溶解在熔盐中呈离子态，随后又在阴极上放电沉积，达到提纯的目的。图7-22是电解精炼炉的照片。

图 7-22　电解精炼炉照片

用粗金属钇或钇合金（**Y-Ni、Y-Fe、Y-Mn** 等）都可以熔盐电解制得纯的金属钇。高纯金属钇也可用电解精炼法制得。电解精炼法对除去稀土金属中的非稀土金属杂质（如 **Fe、Al、Mg、Cu、Ni** 等）和氧、氮的效果较好。

7.4.7 熔盐萃取法提纯稀土金属

熔盐萃取是以熔融态的金属与渣之间杂质的分布为基础的提纯金属的方法。这种方法适用于制取高纯度的稀土金属。例如，用钙还原法从氟化钇制取的钇-镁中间合金，含氧杂质为 $0.2\% \sim 0.5\%$，经过一次熔盐萃取，就可使杂质含量降低 $1/5 \sim 1/4$ 倍。其操作是在真空条件下，用氟化钇和氯化钙的混合盐在熔融状态进行萃取。萃取是在钛制的带有搅拌器的坩埚内进行，将钇镁合金与混合盐（萃取剂）放在其中，抽真空并加热至约 $950 ℃$，将搅拌器伸入熔体中，并缓慢搅拌约 30min。用各种熔盐萃取剂，从钇镁中间合金中萃取杂质氧和氟的结果表明：对于杂质氧的萃取是以 YF_3-$CaCl_2$ 作萃取剂的效果最好；而对于杂质氟则以 YCl_3 作萃取剂时的效果最佳。经过熔盐萃取后，所得到的金属钇的纯度很高，其杂质 **Fe、Ni、Ta、Si、O** 等都在 0.03% 以下，而 **C、F、H、Ni、Cu、Ca、Mg、Ti** 等则在 0.01% 以下。

以上介绍的各种提纯稀土金属的方法也适于某些有色金属的提纯，但在提纯稀土金属时，还必须注意如下特点。

① 稀土金属性质活泼，易与金属和非金属杂质作用，因此提纯过程都必须在惰性气氛保护下或在真空中进行，同时还要注意金属盛装容器对稀土金属的污染。

② 由于任何一种稀土金属提纯方法对除去稀土金属中的稀土杂质的效果均较差。因此，在制备高纯稀土金属时，应使用含稀土杂质尽量低的稀土金属作为被提纯的金属原料。

③ 任何一种提纯稀土金属的工艺方法都不能同时去除稀土金属中的各种杂质。即选用上述任何一种提纯方法，都只能对某些杂质有效，而且提纯效果都是有限的。因此，在选择提纯方法时应综合考虑杂质的种类、纯度要求以及所采用的方法对杂质的去除效果，可采用几种方法相继除去杂质，以制得纯度更高的稀土金属。

7.5 稀土单晶的制备

稀土金属单晶在稀土金属的磁、电性质的测定和研究等方面有着重要的应用。近年来，稀土金属单晶也在新型功能材料中得到应用。但是，稀土金属单晶的制备比起其他金属单晶的制备却更困难，其主要原因是：①稀土金属活泼、易被杂质污染；②某些稀土金属蒸气压高；③稀土金属有相变。

通常使用的金属单晶的制备方法一般都可用来制备稀土金属单晶，其中主要有电弧熔炼-退火再结晶法、区域熔炼法和直拉单晶法等。表 7-5 列出了各种稀土金属单晶的制备方法和目前制得的最大稀土单晶的尺寸。

7.5.1 电弧熔炼-退火再结晶法

这种方法较为简单，基本过程是：将电弧炉熔炼的稀土金属多晶锭加热至一定温度并保温一定时间（给予多晶一定的形变，如锤击），再进行退火，便可得到稀土金属单晶。

对有晶格转变的稀土金属（如镨和钕等），可将电弧炉熔铸的金属锭料加热到相变点以上，保温一定时间后冷却到相变点以下，并重复几次这样升温冷却过程来制备稀土金属单晶。用此法已制得钪、钇、镧、镨、钕、钐、钆、铽、镝、钬、铥、镥等多种规格的稀土金属单晶。

表 7-5   稀土单晶及其制备方法

稀土单晶	制备方法（单晶尺寸/cm）
Sc	电弧熔炼-退火再结晶法（1.6×3.5）；区域熔炼
Y	电弧熔炼-退火再结晶法（1.9×4）；区域熔炼（ϕ1.2×3），直接单晶法（2×1）
La	电弧熔炼-退火再结晶法
Ce	悬浮区熔（1×1.5）
Pr	悬浮区熔（1×2）；电弧熔炼-退火再结晶（1.6×2.5）
Nd	悬浮区熔（1×2）；电弧熔炼-退火再结晶（0.4×0.5×1）
Sm	电弧区熔-退火再结晶（1.5×1.0×0.48）；气态培育大
Eu	直拉单晶法（0.8×2）
Gd	电弧熔炼-退火再结晶法（2.5×2.0×1.5）；悬浮区熔
Tb	电弧熔炼-退火再结晶法（3.6×2）
Dy	电弧熔炼-退火再结晶法（3.0×1.5×0.5）
Ho	电弧熔炼-退火再结晶法（3.6×2.1）
Er	区域熔炼法（1.6×10）
Tm	电弧熔炼-退火再结晶法
Yb	布里奇曼法（1.0×1.0×1.0）
Lu	区域熔炼法（1.3×10）

7.5.2   区域熔炼法

区域熔炼法制备稀土金属单晶是以稀土金属多晶棒为原料，采用可移动的加热线圈或电弧加热稀土金属棒，形成可移动的熔区，再用籽晶引晶，然后以适当的速度缓慢移动熔区，使多晶体熔融-凝固，最后制得稀土金属单晶。用此种方法已制得钪、钇、铈、镨、钕、铒等多种稀土金属单晶。

7.5.3   直拉单晶法

直拉单晶法是将稀土金属或合金在保护气氛下加热熔化，然后用一定取向的籽晶引提熔体，按一定速度旋转提拉上升，熔体在上升过程中逐渐凝固、结晶来制备稀土单晶。Rutter（拉特尔）等最早用此法制得了稀土金属单晶，但其缺点是坩埚对金属有污染。Hukin（休金）采用冷坩埚悬浮熔炼即解决了此问题，制得了 2cm×1cm 的钆、钇单晶。直拉单晶法对制备铈单晶尤为有效，此法能制备任何尺寸的铈单晶。

7.5.4   稀土单晶的其他制备方法

（1）在气态下培育稀土单晶

在稀土金属蒸气中引入籽晶，并使其保持一定温度，同时控制蒸气浓度，籽晶可以从蒸气中吸取稀土金属原子继续长大。1953 年有人采用此法首次制得钐的单晶,1967 年制得了铒、镱、铥的单晶。

(2)布里奇曼法

此法是将稀土金属装入一个特制的模子内,并在炉内加热。模子中的液体金属从模子下部缓慢流出进入低温区而结晶成稀土金属单晶。此法的缺点是坩埚杂质对金属有污染。

(3)电迁移法

与用电迁移提纯稀土金属相似,也可采用电迁移法来制备高纯稀土金属单晶。但是,此法的缺点是结晶的方向是与棒长方向平行,且其尺寸受棒的直径所限(单晶在直径方向的尺寸)。所以其应用也受到了限制。

7.6 稀土合金[11-20]

广义来说稀土合金包括:(混合)稀土金属合金,稀土合金钢,稀土的镁、铝、铜、钛、钨、钼、钴、镍、贵金属合金以及稀土钐钴和钕铁硼永磁合金,等等。

稀土元素在金属及合金材料中有其特殊的作用。它可以净化金属及合金溶液、改善合金组织、细化晶粒、除去晶界间微量杂质的影响和缺陷,提高合金室温及高温力学性能,增强合金耐腐蚀性能等。因此,稀土作为主合金元素或微合金化元素,被广泛应用在钢铁及有色金属合金材料中。

7.6.1 稀土硅铁合金

稀土硅铁合金是由稀土元素与其他元素(如 Si、Fe、Ca、Al、Mn 等)组成的合金。稀土含量 20%～45%,硅含量不低于 40%。我国有不同稀土含量的稀土硅铁合金产品供应,例如:中国稀土公司生产的 1 号稀土硅铁合金,其成分为:稀土 RE 23%～29%,Si<46%,Fe<27%,Mn<6%,Ca<5%,Ti<4%,Al、Mg<1%。在稀土总量中,Ce 47%～53%,Pr 7%,Nd 11%～17%,Sm 2%～3%。国外典型的稀土硅-铁合金成分与此相近。

稀土硅铁合金一般是通过还原稀土氧化物来制备的。炭是最主要的还原剂,硅、铝也是常用的还原剂。稀土硅铁合金的主要生产方法有如下几种。

(1)碳还原法

进行碳还原时,如不考虑成渣反应,其主要反应是

$$REO + C \longrightarrow RE + CO$$

由于硅能降低碳在合金中的溶解度,所以生产出的合金是含硅低碳合金。大量使用的低品位的稀土硅铁合金可用高炉法生产。也可以在低炉身还原炉(可获得很高温度)中连续进行操作(保证足够的反应速度)。

(2)精炼法

将炭热还原制得的含硅低碳合金在精炼炉中进行精炼,并加石灰造渣。其反应如下:

$$\left[RE \cdot (1+n)Si, Fe \right] + 2(O) \xrightarrow{\ 2CaO\ } (RE \cdot nSi, Fe) + (2Ca, SiO_2)$$

反应中的氧是由加入的稀土氧化物提供的。由此可制得低硅合金。

（3）金属热还原法

稀土氧化物被金属还原，其反应如下。

$$RE O + Me \xrightarrow{\text{造渣剂}} RE + MeO$$

造渣剂对反应过程的影响特别强烈。生成的 MeO 必须结合在液态炉渣中，但又要求这种炉渣对被还原的稀土氧化物的溶解能力不能很大。

（4）电硅热法

电硅热是目前我国生产稀土硅-铁合金的主要方法。该法是在电弧炉内以电能为热源，使用硅作还原剂，在熔融状态下与稀土氧化物作用（加石灰作溶剂）来生产稀土硅铁合金。这一过程可用下述化学反应方程式表示（分两种情况）。

1）不考虑造渣的化学反应过程

① 不生成硅化物时

$$RE_2O_y + 2y Si \longrightarrow x RE + y SiO_2$$

② 生成硅化物时

$$RE_2O_y + (2y + n) Si \longrightarrow x RE \cdot n Si + y SiO_2$$

2）考虑造渣与生成硅化物

$$RE_2O_y + (2y + n) Si \xrightarrow{2Ca} 2RE \cdot n Si + y(2CaO \cdot SiO_2)$$

此法冶炼时其操作工艺是间断进行的，产品质量可根据炉前分析来判断，当合金质量接近要求时，炉内反应即将结束。如果还原过程进行得很慢，合金质量一时达不到要求，则可以选择两种方法来加速：一种是加入新的金属氧化物来迅速达到合金质量要求；另一种是采用增大电源和延长冶炼时间来促进合金质量的提高。

稀土硅铁合金在钢铁工业中有着重要的应用，它们是钢铁工业的主要原料之一，主要作为炼钢的添加剂和铸铁的球化剂、蠕化剂和孕育剂。

稀土硅铁合金在钢中的主要作用是：精炼、脱氧、变性、中和低熔点有害杂质（铅、砷等）以及固溶体合金化和形成新的化合物从而使钢强化。对钢的脆性转变温度、淬透性、耐热性和不锈钢的高温塑性、耐蚀性均有良好的作用。稀土合金在铸铁中可起纯化、变性和合金化作用，从而改善铸造性能，提高铸件的力学性能。稀土元素在铁水中与杂质元素（O、S、N、As 及 Sb 等）的作用与加入钢流中相同。在铸铁生产中稀土硅铁合金作球化剂、蠕化剂和孕育剂。尤其是稀土元素加入铁水中，可以改变铸铁中石墨的形状，这是目前使用稀土合金最主要的作用。按铁水的化学成分和稀土合金加入量的不同，可以获得由片状到球状过渡的各种形状的石墨。随着石墨形状的改变，铸铁的力学性质也发生相应的变化。球墨铸铁具有一系列可与钢相比的优良性能，在工程材料中具有很强的竞争力和十分重要的应用。

稀土在铸铁（球墨铸铁、蠕墨铸铁等）中已得到广泛作用，我国稀土铸铁产量已超过百万吨，涉及冶金工业、机械制造业、军工业、汽车工业、采暖设备，产品包括曲轴、摇臂滑板、汽车后桥壳、钢锭模、铸铁管、刹车盘、制动毂、高炉冷却壁、磨球、球铁齿轮箱、凸轮轴、齿轮、法兰、泵体、火车机车、货车部件、汽车拖拉机零件、活塞环、各类阀体、玻璃磨具等。如我国第二汽车厂生产的每辆东风 140 车铸件总质量为 1067kg，铸铁件及稀土灰口铸铁件约占球墨铸铁的一半。

7.6.2　稀土镁铁合金（稀土镁球铁）

稀土镁硅铁合金是指硅铁中加入钙、镁和稀土配制的合金，亦称镁合金球化剂，是一种良好的球化剂，在球墨铸铁的生产中是作为球化剂加入的，使片状石墨变为球状石墨，能显著提高铸铁强度，同时具有除气、脱硫、脱氧的作用。在冶金及铸造行业中的用途日益增大。其中镁是主要的球化元素，对石墨的球化效果有直接的影响。硅铁、稀土矿、金属镁是生产稀土镁硅铁合金的主要原料。稀土镁硅铁合金的生产是在矮炉身炉中进行的，耗电量大，也可以使用中频炉生产。稀土镁硅铁合金是灰黑色固体，是以硅铁为原料，并且把钙、镁、稀土配合比率调整到最佳范围，使其平稳反应生成的。稀土镁硅铁合金各牌号浇铸厚度不超过100mm；稀土镁硅铁合金标准粒度为5～25mm、5～30mm两种。稀土硅铁镁合金中非金属夹杂物氧化镁的含量是需要严格控制的指标。而隔绝金属镁及其合金与氧的接触是消除和降低稀土镁硅铁合金中氧化镁含量的有效方法。为此，可在冶炼稀土硅铁镁合金过程中添加覆盖熔剂，从而避免和尽量减少金属镁及其合金的氧化。合金覆盖剂应满足如下技术条件：

① 熔剂的密度应该小于稀土镁硅铁合金的密度，以便熔剂能上浮，使其不至于混入合金中；

② 熔剂的熔点比较低，以便在稀土镁硅铁合金表面形成熔剂覆盖层，使熔融合金表面与炉气隔绝，以防氧化；

③ 熔剂具有适当的黏度和表面张力，以便能形成完整的连续的熔剂层，并使其易于和合金熔液分开；

④ 熔剂的成分不应和合金的组元和炉衬发生化学反应；

⑤ 熔剂不应含水分，其吸潮性应很小。应用熔剂的目的，是消除和尽量降低稀土镁硅铁合金中的非金属夹杂物，因此，要求熔剂具有吸附与溶解多种氧化物及排除气体的能力。为了增强熔剂的表面活性，加强其作用，熔剂的黏度应该小些。

稀土镁球铁的用途十分广泛，主要应用如下。

① 铈组稀土镁球铁用于汽车、柴油机和农业机械的制造。如我国小功率的汽油机和柴油机已广泛采用了高强度珠光体稀土镁球铁曲轴。

② 钇组重稀土镁球铁是以钇组稀土镁合金经过球化处理得到的。这种合金是一种新型球化剂，其成分见表7-6。这种球化剂具有抗球化作用变退的功能，适用于浇铸冷却速度慢的厚大断面球铁件。

表7-6　钇组重稀土镁球化剂的成分和性质

合金质量分数/%							性质	
RE_2O_3	Y	铈组稀土	Ca	Si	Mg	Fe	密度/(g/cm³)	熔点/℃
22～54	11～27	3～9	2～8	25～45	—	余量	4～5	1400～1450
18～45	9～13	2～6	2～5	25～40	8～10	余量	—	—

我国自行开发设计的新型稀土镁硅铁球化剂系列，球化效果好，有力地促进了我国球墨铸铁的生产。稀土在铸铁方面的用量巨大，如1988年我国稀土总消费量为6085t，其中用于

铸铁 2780t，达到当年稀土总消费量的 45.7%，居各行业之首。我国丰富的稀土资源为稀土作为球化剂生产球墨铸铁提供了物质条件和广阔前景。

7.6.3　稀土铝合金的制备

目前，制备稀土铝合金最简单的方法是对掺法，也是古老的方法，虽然简便，但合金成分难以均匀。

为了保证合金质量，制备稀土铝合金可采用铝热还原法或电解法。

（1）铝热还原法

金属铝具有很强的还原能力，加之铝与稀土可形成多种金属间化合物：RE_3Al、RE_3Al_2、$REAl$、$REAl_2$、$REAl_3$、RE_3Al_4（其中 $REAl_2$ 比较稳定，约在 1458℃ 熔化），因此，采用铝作还原剂来制备稀土铝合金在理论上是可行的。其主要反应可用下式表示。

$$RE_2O_3 + 6Al \Longrightarrow 2REAl_2 + Al_2O_3$$

其中，稀土原料可用稀土氧化物或稀土富渣；还原剂可采用工业用粗铝或硅铝等。还原温度 1400～1460℃。还原生成的 Al_2O_3，与石灰相结合进入渣中。早期是在有助热剂和助熔剂存在的条件下进行的。由于还原温度较高，因而产生了很多问题。近年来科技工作者推荐了一种新的铝热还原法，该法特点是在氟化钠、氯化钠体系中，在较低温度（780℃）下即可完成铝热还原过程，避免了早期的铝热还原带来的问题。由于还原温度较低，所以称之为"低温还原法"。

（2）电解法

熔盐电解法制取稀土铝合金在国内外均已有非常充分的研究和应用。我国在这方面已取得了很大的成绩，如 20 世纪 70 年代唐定骧等在较低温度下采用氯化物电解制取稀土铝合金系列的研究，1981 年中国科学院长春应用化学研究所等单位成功研究了在铝电解槽中直接电解制取稀土铝合金的新方法。

铝电解槽直接电解制取稀土铝合金的方法是：在铝电解的同时向电解槽中添加适量的稀土化合物（氧化物、氯氧化物、碳酸盐等），与铝一起直接电解成稀土铝合金。所添加的稀土必须满足两个基本条件：

① 稀土化合物在冰晶石-氧化铝体系中有一定的溶解度，使稀土在电解质中有足够的浓度参与电解反应；

② 稀土与铝具有基本相同的析出电位。

研究表明，稀土化合物与氧化铝在 1000℃ 条件下，它们的理论分解电压相差 0.31～0.36V，通常是不能共电沉积的。但是，由于稀土金属在液态铝中，阴极的活度远较固态惰性阴极低，以及稀土金属与液态铝阴极有强烈的合金化作用，因此使稀土的析出电位向正偏移，从而使稀土有可能与铝共电沉积。该法已成功地在我国几十个电解铝厂推广应用，大大推动了我国稀土铝合金的发展。

7.6.4　稀土打火石的生产工艺

用混合稀土金属及铁为原料，加入镁、锌、铜等少量元素，用石墨坩埚在中频电炉内加热熔炼、烧铸成锭，经热挤压成型，单孔连续出条再切粒、选粒、喷漆等一系列加工处理，即可生产出打火石产品。其工艺流程如图 7-23。

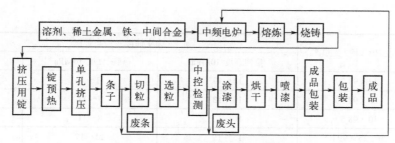

图 7-23　稀土打火石的生产工艺流程图

炉料组成包括金属原料、回炉料、中间合金及熔剂四类成分。

① 金属料：包括混合稀土金属（以铈为主的镧、铈、镨、钕、轻稀土金属）、镁、锌、铜、铁。

② 回炉料：是指废锭、浇口、切粒、选粒等废料。

③ 中间合金：其熔点只有约 600℃，在通常的熔炼温度下通过合金化能很快地熔化（纯铜熔点高达 1063℃，故需先制成有镁、锌、铜元素的中间合金使用）。

④ 熔剂：通常使用 KCl、CaCl、NaCl、MgCl 等为熔剂，主要是造渣，稀释熔渣，使液渣利于分离。整个工艺过程中的主要工序有熔炼、浇铸（模铸法或管铸法）以及成形（挤压成形法和粉末成形法）。

7.7　稀土金属的加工[20,53-56]

7.7.1　稀土金属的力学性能与纯度及温度的关系

稀土金属的力学性能受晶体结构、晶粒大小及取向、杂质含量、生产工艺及试样尺寸等因素的影响。

（1）稀土金属的硬度

了解和掌握稀土金属力学性能最经济简便的方法是测定它们的硬度，它能够迅速得出稀土金属组织及其加工变形能力的初步概念。各种稀土金属的常温硬度见表 7-7 所示。由表中数值可以看出：铕和镱的硬度最低（HB 10～20），和碱土金属钙、锶相似；镧、铈、钕属于比较软的金属，其中镧和铈的硬度与锡的硬度相近。钪、铽、镥的硬度最大，其余稀土金属的硬度值为 HB 35～55。稀土金属的硬度值随其纯度的不同而变化，纯度越高其硬度值越低（如钪纯度为 96%～98% 时，其硬度值 HB 为 120～130；纯度为 99% 和 99.6% 时，其硬度值 HB 则分别为 75～100 和 50～60），可见硬度值往往是金属纯度的标志。稀土金属的硬度也受温度影响，当温度升高时，稀土金属硬度值下降。经冷加工之后，稀土金属硬度会增加。

表 7-7　稀土金属的力学性能与硬度

稀土金属	硬度 HB（稀土纯度/%）	力学性能（铸态金属）		
		拉伸强度/10MPa	屈服强度/10MPa	延伸率/%
Sc	50～60（99.6）			
Y	40～50（99.8）	26～32	17～23	8～14

稀土金属	硬度HB（稀土纯度/%）	力学性能（铸态金属）		
		拉伸强度/10MPa	屈服强度/10MPa	延伸率/%
La	32（98.2）	14～17	11～14	7～9
Ce	28（98.5）	10～13	7～11	22～23
Pr	40（98.5）	10～12	8～11	10～13
Nd	20～25（99.6）	15～19	14～17	8～13
Sm	35～45（99.5）	12～14	11～12	2～3
Eu	10～15（98）			
Gd	40～50（99.6）	18～22	16-19	7～10
Tb	70（98.5）	16～19		
Dy	55（99.6）	24～27	21～25	5～6
Ho	50（99.5）	25～29	21～23	4～6
Er	50（99.6）	26～30	20～26	4～6
Tm	55（99）			
Yb	20（98）	7～8	6～7	6～7
Lu	120（98.2）			

（2）稀土金属的强度与塑性

用还原法制得的纯度为 **99%** 左右的铸态稀土金属在常温下的强度与塑性数据列于表 **7-7**。由表中数据可见，常温下轻稀土金属的强度较低（尤其是铈、镨的拉伸强度和屈服强度值都很低），重稀土金属（除镱外）的强度都较高，尤其是钇和铒的拉伸强度和屈服强度值几乎是轻稀土金属的 **2** 倍以上。温度对稀土金属的塑性与强度有重要影响，总的趋势是随着温度的升高，塑性增强，强度下降。

7.7.2 稀土金属的加工性能

稀土金属的力学性能与杂质含量有关，高纯度的稀土金属具有可塑性，其中铈、钐、镱延展性良好。稀土金属质地较软，镧、铈与锡相似，随着原子序数的增加，稀土金属的硬度增大（个别除外）。此外，下述性能也是在稀土金属材料加工过程中特别重要的依据。

（1）稀土金属的铸造性

铸造性是指金属能否用铸造方法制成优良铸件的性能，它包括流动性、冷却时收缩性和偏析倾向等。熔融稀土金属流动性比较好，铸造比较方便。

（2）稀土金属的锻压性

锻压性是指金属能否用锻压方法制成优良锻件或轧件的性能，稀土金属锭可以通过不同的压力加工方法制成板材、棒材，但在室温下进行压力加工时，稀土金属发生很大的冷作硬化，消除它的办法是进行退火。稀土金属具有良好的热加工性，但易于与空气中的氧气作用，故高温下的压力加工要进行保护。铸造过程比压制过程困难，锭块有龟裂倾向。

（3）稀土金属的焊接性

焊接性是指金属材料是否容易用一定的焊接方法焊成优良接头的性能。稀土金属可以焊接，但由于易氧化，故影响它们的焊接性。

（4）稀土金属的切削加工性

切削加工性是指金属材料是否易被刀具切削的性能。在对稀土金属进行切削加工时，主要困难在于它的发火性，产生的小切屑有产生燃烧的危险。所以要低速切削，用油进行冷却；最大限度增大切屑尺寸，切屑及时收集装入油内。

7.7.3　稀土金属加工材料与靶材

（1）稀土金属加工材料

稀土金属加工材料主要包括稀土金属材料与合金材料。在纯稀土金属材料中除钷之外的16种稀土金属已通过压力加工制造出各种规格的板材、箔材、棒材、线材与管材。稀土合金材料则包括 Sm-Al、Eu-Al、Dy-Al、Lu-Al、Eu-Mn-Al 以及 Al-Dy-Eu-Lu-Au-Ir 等二元及多元合金材料。目前能制取的丝材的最小直径为0.05mm，箔材的最小厚度为0.04mm，宽度达200～300mm。

稀土金属加工材料在我国起步于20世纪60年代，当时国家处于困难时期，为了节约外汇，我国开始研制稳压管用蒸镀材料-铈-镧合金棒，过去这种材料一直是从奥地利和德国进口。20世纪70年代，我国稀土金属箔材、棒材及线材先后研制成功并投入批量生产。80年代我国研制成了稀土金属材料的新品种：粒状稀土金属（如钇粒、镝粒等）。至此，各种规格的单一稀土金属和合金材料均能批量生产，满足了稀土材料及相关领域发展的需要。

稀土金属及合金的板、箔、粒、线、棒与管材是现代冶金工业、电子工业、原子能工业、精密仪器等诸多技术领域的新型实用材料，且应用范围在不断扩大。混合稀土合金棒用作钢铁和有色冶金的添加剂，可以除去氧、硫、磷、砷等杂质，净化金属，细化晶粒，改善金属的力学性能与加工性能。镧丝与铈丝用作难熔金属焊接的添加剂、新光源材料及真空管的消气剂。消气剂能吸收由于电极受轰击和热扩散作用所释放出的一些有害气体如氧、氮、一氧化碳、二氧化碳和水，保持电子管的高真空度。各种稀土金属与合金片广泛用于核工业中的中子能谱探测与中子照相以及 X 射线能谱测试。钇可用作原子能技术与宇宙技术中的结构材料。

（2）稀土靶材

镀膜靶材是通过磁控溅射、多弧离子镀或其他类型的镀膜系统在适当工艺条件下溅射在基板上形成各种功能薄膜的溅射源。靶材就是高速荷能粒子轰击的目标材料。例如：蒸发磁控溅射镀膜是加热蒸发镀膜、铝膜等。更换不同的靶材（如铝、铜、不锈钢、钛、镍靶等），即可得到不同的膜系（如超硬、耐磨、防腐合金膜等）。

① 金属靶材：晶粒度小于60～150μm，相对密度99%～99.9%，纯度99.9%～99.999%。例如：铽靶 Tb、钆靶 Gd、镧靶 La、钇靶 Y、铈靶 Ce、镍靶 Ni、钛靶 Ti、锌靶 Zn、铬靶 Cr、镁靶 Mg、铌靶 Nb、锡靶 Sn、铝靶 Al、铟靶 In、铁靶 Fe、锆靶 Zr、铜靶 Cu、钽靶 Ta、银靶 Ag、钴靶 Co、金靶 Au、铪靶 Hf、钼靶 Mo、钨靶 W 等。

② 陶瓷靶材：惰性气体保护热等静压烧结，相对密度为95%～99%。例如：ITO 靶、氟化钇靶、钛酸锶靶、氮化硅靶、碳化硅靶、氮化钛靶、氧化铬靶、氧化锌靶、硫化锌靶、二氧化硅靶、一氧化硅靶、氧化铈靶、二氧化锆靶、五氧化二铌靶、二氧化钛靶、二氧化锆靶、二氧化铪靶、二硼化钛靶、二硼化锆靶、三氧化钨靶、五氧化二钽、五氧化二铌靶、氟化镁

靶、硒化锌靶、氮化铝靶、氮化硅靶、氮化硼靶、氮化钛靶、碳化硅靶、铌酸锂靶、钛酸钡靶、钛酸镧靶、氧化镍靶等。

③ 合金靶材：铁钴靶 FeCo、铝硅靶 AlSi、钛硅靶 TiSi、铬硅靶 CrSi、锌铝靶 ZnAl、钛锌靶材 TiZn、钛铝靶 TiAl、钛锆靶 TiZr、钛硅靶 TiSi、钛镍靶 TiNi、镍铬靶 NiCr、镍铝靶 NiAl、镍钒靶 NiV、镍铁靶 NiFe 等。

稀土金属靶材制造工艺：铸锭—电子束或其他方法提纯—成型（锻造、冷热轧等）—热处理—机加工。

也有采用先制备稀土金属粉末，再采用热压（等静压）的方法制备。图 7-24 分别是金属钇平面靶、金属镱柱状靶，图 7-25 是金属铽的平面靶和管靶的成品照片。

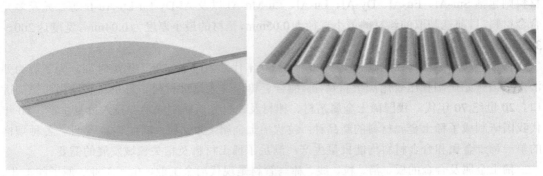

图 7-24　金属钇平面靶/金属镱柱状靶实物照片

图 7-25　金属铽平面靶及管靶实物照片

稀土金属靶材的发展方向：提高溅射靶材利用率，精确控制溅射靶材晶粒晶向，溅射靶材大尺寸，高纯度化发展。

7.8　稀土永磁和储氢功能合金材料[57-61]

稀土永磁和储氢材料的基础组成是稀土合金。只是合金的组成和结构不同而已，性能当然也不一样。但它们的制备工艺有类似之处，一般都要经过熔炼和制粉过程，永磁材料的生产工艺流程更长。

7.8.1 稀土永磁合金[9-10,57]

（1）稀土永磁合金的概况

① 钕铁硼永磁材料。是以金属间化合物 $Nd_2Fe_{14}B$ 为基础的永磁材料。钕铁硼具有极高的磁能积、矫顽力和能量密度，使钕铁硼永磁材料在现代工业和电子技术中获得广泛应用，从而使仪器仪表、电声电机、磁选磁化等设备的小型化、轻量化、薄型化成为可能。其优点是性价比高，机械性能良好；但居里温度低，温度特性差，且易于粉化腐蚀，必须通过调整其化学成分和采取表面处理方法使之得以改进，才能达到实际应用的要求。

钕铁硼的制造采用粉末冶金工艺。一般分为烧结工艺、粘接工艺和热压工艺，其工艺流程如图 7-26 所示。

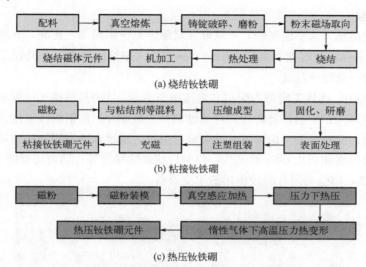

图 7-26 钕铁硼的三种湿法冶金工艺流程图

② 钐钴磁铁。又称钐钴磁钢、钐钴永磁体、钐钴永久磁铁、钐钴强磁铁、稀土钴永磁等。具有高磁能积、极低的温度系数。最高工作温度可达 350℃，负温不限，在工作温度 180℃ 以上时，其最大磁能积及温度稳定性和化学稳定性均超过钕铁硼永磁材料，抗腐蚀和抗氧化性强；是由钐、钴和其他金属稀土材料经配比熔炼成合金，经粉碎、压型、烧结后制成的一种磁性材料。可以加工成圆片、圆环、方片、方条、瓦形等特殊形状。其生产流程为：

配料→熔炼制锭→制粉→压型→烧结回火→磁性检测→磨加工→切削加工→成品

（2）钕铁硼永磁材料的特点与生产要求

钕铁硼是第三代永磁材料，它是以 $Nd_2Fe_{14}B$ 化合物为基体，含有少量富硼相、富钕相以及少量杂质（α-Fe、氯化物、空洞）的永磁材料，主要成分为稀土钕(Nd)、铁(Fe)、硼(B)。钕铁硼永磁材料的试样和产品性能均为永磁材料中最高的，其机械强度也比其他永磁材料高很多，其应用领域和发展前景非常可观。制备永磁体过程中采用速凝厚片工艺、氢爆工艺，并结合添加抗氧化剂、润滑剂、Ho 元素和 Dy 元素等工艺来影响永磁体显微组织结构、磁性能，制备出性能优异的烧结钕铁硼永磁材料。

1）原料及作用

主相：$Nd_2Fe_{14}B$；由钕、纯铁、硼铁为主要原料来构建。

其他配料及作用：

镨：提高矫顽力和抗氧化性；镨钕：替代单质镨和钕；铽、镝（镝铁）：提高矫顽力；钆（钆铁）、钬（钬铁）、钇（钇铁）：降低成本，提高矫顽力；镧、铈：降低成本；

铝：改善矫顽力，细化晶粒；锆（海绵锆、锆铁）、钴：提高居里温度，降低可逆变温度系数；铜：改善矫顽力，抑制晶粒生长；镓：改善矫顽力，提高居里温度；铌（铌铁合金）：改善矫顽力，提高合金稳定性；

原料准备及配料：来料检测，纯铁需经表面抛光以去除氧化皮，配料时要有防错系统以防配错原料。

2）工艺流程

配料→真空熔炼（真空速凝炉）→氢爆（氢爆炉）→制粉（气流磨）→取向成型（磁场压机，等静压）→烧结+时效（真空烧结炉）→毛坯（磁性能检测）→机加工→表面处理→外观及物性检测→充磁→包装

① 熔炼与甩片。熔炼工段分为配料和熔炼两个阶段，目的是将按比例称量好的原材料熔化，然后在速凝厚片炉中熔炼及铸片。可通过调节速凝厚片炉的铜辊线速度，得到不同厚度的钕铁硼合金片。配料时要考虑熔炼时的烧损。甩片时通过水冷铜辊的转速及浇铸温度、速度等控制甩带的厚度和防止 α-Fe 的产生，控制柱状晶的厚度等。同时还要防止氧化、粘连、鼓包等。图 7-27 是熔炼与甩片阶段所用的主要设备。

图 7-27　纯铁抛丸机（a）熔炼坩埚（b）和真空甩带炉照片（c）

若要增强烧结钕铁硼永磁体的磁性能，要尽量满足 Nd-Fe-B 永磁体合金成分与 $Nd_2Fe_{14}B$ 的理论成分相接近，即尽量增加钕铁硼合金中主相 $Nd_2Fe_{14}B$ 的体积分数，减少钕铁硼中 Nd 的含量。传统的铸锭工艺在熔炼钕铁硼合金过程中，由于原材料熔化很慢，一些低熔点

的稀土元素，如 Nd、Dy 等极易挥发，会使合金中柱状晶增大，造成软磁性 NdFe 枝状晶和富 Nd 相的汇集，这样造出的 $Nd_2Fe_{14}B$ 永磁体磁性能不能满足使用要求。为了降低 α-Fe 出现的量，一般采用较为先进的速凝厚片工艺制造 $Nd_2Fe_{14}B$ 永磁材料。该工艺可以提高铸锭冷却液的速度，同时减少仅 α-Fe 的出现量，使得钕铁硼合金主相的相对含量增加，提升永磁体磁性能。

钕铁硼合金微结构是影响烧结钕铁硼永磁体微结构和永磁性能的最重要因素。钕铁硼永磁体最理想的微结构规格为：晶粒尺寸在 3～5μm 之间，主相晶粒结构均匀、无缺陷、无杂质，并且各晶粒之间被富 Nd 相薄层间隔。因为这样的微结构有利于形成取向排列的单晶粉末，便于在较低的烧结温度下得到较高性能的钕铁硼永磁体。

图 7-28 为钕铁硼合金铸片铜辊面（a）、自由面（b）和实物照片（c）。图 7-27 有 α-Fe 的铸片（a）、普通铸片（b）和优质铸片的金相图（c）比较。速凝厚片工艺制备的 $Nd_2Fe_{14}B$，要求主相晶粒结构均匀，并且被均匀分布的富 Nd 相薄层间隔成约 3μm 的柱状晶，无软磁性 α-Fe 枝状晶出现。

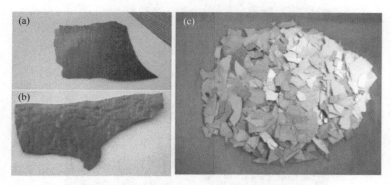

图 7-28　钕铁硼合金铸片铜辊面（a）、自由面（b）和实物照片（c）

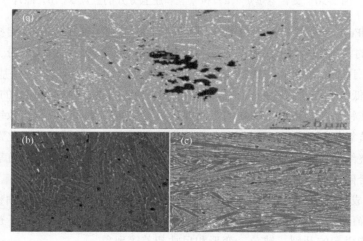

图 7-29　有 α-Fe 的铸片（a）、普通铸片（b）和优质铸片的金相图（c）比较

② 制粉。传统制粉工段包括粗破和磨粉两个阶段，目的是把熔炼后的钕铁硼大块合金破碎成一定尺寸的合金粉末，粒径小于 1mm，再经气流磨制成粉。而现行工艺是通过氢爆工艺

来使熔炼的合金粉化，为后续气流磨制粉创造条件。

　　氢爆工艺是指把钕铁硼合金铸片放入抽真空的容器内，冲入高纯氢气 101.325kPa 左右，容器内温度会逐渐升高，铸片开始吸氢，当容器内口达到 560℃ 左右时，吸氢饱和，然后进行脱氢处理 6h，抽真空到 5Pa 时，使合金中的氢低于 0.05%，可以制备出粒度均匀细小的碎片。传统的制粉工艺易形成多晶颗粒，磁体的磁性能降低，氢爆工艺没有破坏粉末表面形态，颗粒更规则，对磁体的微观结构和磁性能均有利。采用氢爆工艺后粉末粒度均匀，集中在 3～5μm 之间，材料的烧结密度高，对材料的磁性能最为有利。图 7-30 是旋转氢爆炉（a）和吸氢和脱氢分开的氢爆炉（b）照片。一般吸氢 2～2.5h，为放热反应，脱氢 500～620℃（200～300℃时主相脱氢，350～620℃时富钕相脱氢），脱氢时间 5～15h。

图 7-30　旋转氢爆炉（a）和吸氢和脱氢分开的氢爆炉（b）照片

　　在烧结 NdFeB 永磁材料的制粉工段，钕铁硼合金原材料中的富 Nd 相极易被氧化形成 Nd_2O_3。Nd_2O_3 的含量越多，永磁体的剩磁和矫顽力下降幅度越大，所以制粉工段中加入适量的抗氧化剂[二丁基羟基甲苯（BHT）、叔丁基对苯二酚（TBHQ）或叔丁基羟基茴香醚（BHA）等]，能有效降低钕铁硼合金中的含氧量，确保烧结钕铁硼永磁体中 Nd_2O_3 的含量降至最低。因为抗氧化剂在钕铁硼合金粉末颗粒的表面能形成一层防护膜，可以阻止钕铁硼合金粉末的进一步氧化。抗氧化剂的添加要控制在一定的比例范围内，测试添加抗氧化剂前后永磁体的磁性能，并对烧结后钕铁硼永磁体合金含氧量进行了测定。当添加 0.04%抗氧化剂时，钕铁硼永磁体的综合磁性能最佳。

　　③ 成型。成型工段包括成型和等静压两个阶段（图 7-31），先将钕铁硼粉末初步压制成型，再采用等静压工艺来提高成型生坯的密度，防止生坯在烧结过程中由于密度太小、收缩量大等原因可能引起的开裂、缺角、变形和尺寸超差等现象。

　　成型工段是所有钕铁硼合金粉末颗粒的机械性堆积，压坯体的相对密度很低，在 60%～70%之间，粉末颗粒内部空隙较大，强度较低，烧结时，钕铁硼永磁粉末颗粒将会由于流动性较差而发生黏聚现象，烧结后的磁体磁性能很低。为了提高烧结后磁体的磁性能，在成型工段，可在钕铁硼永磁粉末中加入适量的润滑剂（聚环氧乙烷烯丙基醚、聚环氧乙烷单脂肪酸酯或聚环氧乙烷烷基醚等），以降低粉末颗粒之间的摩擦系数，提高钕铁硼永磁粉末的流动性，进而生产出高质量的烧结钕铁硼永磁体。在试样中添加 0.02%～0.10% 的润滑剂后，降低了钕铁硼永磁粉末的磁性颗粒转动阻力，提高了永磁粉末的取向度，提高了永磁体的磁性能；但是当试样中润滑剂的添加量过多时，将会降低永磁体的磁性能。

图 7-31　磁场成型设备（a、c）和冷等静压（b）和烧结时效（d）设备

④ 烧结。烧结过程需要把合金粉末通过脱气、加热、保温三个小环节，增大粉末颗粒之间的接触面，增大密度，使其显微组织特征更接近理想状态。

⑤ 回火。钕铁硼永磁材料烧结并快冷后，磁性能较低，不能满足使用要求，必须进行回火处理，提高矫顽力，使钕铁硼材料的磁性能得到显著提高。通常采用可获得较高磁性能的两级回火处理方式。

钕铁硼（NdFeB）永磁材料是稀土永磁材料的代表，根据生产工艺不同，可分为烧结、黏结和热压 3 种，黏结钕铁硼永磁体的磁性能虽然不如烧结钕铁硼高，但其生产工艺相对简单、成本低、体积小、精度高、磁场均匀稳定、材料利用率高等综合优势。黏结钕铁硼永磁体是将钕铁硼快淬磁粉与高分子材料及各种添加剂均匀混合，再用模压或注射成型工艺制成的磁体。其性能主要由 NdFeB 快淬磁粉的性能决定，目前制备 NdFeB 快淬磁粉的工艺方法有 2 种：真空电弧重熔溢流快淬法（电弧式法）和真空感应重熔单辊快淬法（感应式法）。20 世纪 80 年代中期，国内多家研究机构和大学相继开展了快淬 NdFeB 材料的研究工作，研究水平与国外差距不大，几乎同步。

真空电弧重熔溢流法（电弧式法）的工作原理是将合金铸锭破碎成 3～10mm 的颗粒，装入快淬炉中起弧熔化，熔液飞溅到快速旋转的辊轮上，甩成厚 30～50μm、宽 1～30mm 的非晶薄带，然后球磨破碎成粉再进行晶化处理。真空感应重熔单辊快淬法（感应式法）则与前述烧结钕铁硼磁体的制造技术类似。

7.8.2　稀土储氢合金材料[58-61]

储氢合金在一定温度和氢气压力下，能可逆地吸放氢，在已开发的一系列储氢合金中，稀土系储氢合金应用最为广泛。稀土储氢合金储氢具有安全性高、体积储氢密度大的特点，在吸放氢过程中还伴随有热效应的产生，同时随着温度的变化，其平衡压将发生指数式变化。基于这些特性，稀土储氢合金在电化学储氢、气固相储氢、蓄热和静态压缩等方面得到了应用。

稀土储氢材料一般表示为 ABx，A 是能与 H 形成稳定氢化物的放热型金属，如各种稀土元素、Mg、Y、Ca 等，能大量吸氢，并大量放热；B 为与 H 亲和力小的吸热型金属，如 Ni、Mn、Al、Co、Fe、Cu 等，通常不形成氢化物，但氢在其中容易移动，具有催化活性。A 侧元素形成的氢化物稳定，不易放氢，氢扩散困难，可控制储氢量；B 侧元素控制放氢的可逆性，起调节生成热与分解压力的作用。目前面向应用的稀土储氢材料主要有两类：①$LaNi_5$ 型储氢材料；②La-Mg-Ni 系储氢合金。

$LaNi_5$ 型（即 AB_5 型）材料是最早被发现的稀土储氢材料，优点是吸氢能力较强且条件较温和，吸放氢速度快，活化容易，对杂质不敏感，平台压适中及滞后小。其缺点是理论最大储氢容量较低，约为 1.4%（质量分数），最大放电容量约 340mA·h/g，吸氢后晶胞体积膨胀较大，容易粉化。$LaNi_5$ 型材料是目前应用最广泛的稀土储氢材料，在镍氢二次电池中的应用已相当成熟，在使用稀土储氢材料制备的储氢装置中也主要采用 $LaNi_5$ 型稀土储氢材料填充。

目前规模生产的稀土储氢合金基本上都是采用熔炼法，单炉熔炼规模从 200kg 至 600kg 不等。真空感应熔炼结合快淬凝固冷却方法，可提高稀土储氢合金的循环稳定性。图 7-32 为江西江钨浩运科技有限公司生产车间。

图 7-32　南昌大学稀土实验班学生参观江西江钨浩运科技有限公司生产车间

厦门钨业股份有限公司在消化、吸收引进技术的基础上，设计并委托制造处于世界先进水平的稀土储氢合金真空感应甩带熔炼炉；自主配套三室连续真空退火炉、气流粉碎机、多层旋振筛、双锥合批机、自动包装称重机等关键设备，建成了国内规模最大的稀土储氢合金生产线，其"速凝薄片"生产工艺，达国际先进水平。

PCT 曲线是储氢材料在吸放氢平衡状态下系统压力、温度与吸氢容量之间的平衡关系曲线，是衡量储氢材料热力学性能的一个重要特性曲线。通过 PCT 曲线可以了解金属氢化物中含有多少氢（%）和任一温度下的分解压力值。PCT 曲线的平台压力、平台宽度和倾斜度、平台起始浓度和滞后效应，既是衡量常规储氢合金吸放氢性能主要指标，又是探索新储氢合金的依据。

PCT 设备由储藏室和反应器以及四个阀门（充气阀、隔离阀、排气阀、真空阀）通道组成。系统通过设备在线的体积、压力、温度计算气体量，进而测量样品平衡时的压力（p）、容量（C）及温度（T）。

（1）吸收过程

在 PCT 测量仪器的管道流动图中，气体从左向右流动。气体从左通过针形阀和充气阀（V1）充入储藏室。气体经过隔离阀（V2）转入反应器，被样品吸收。这个是吸收过程，重复吸收过程时继续向设备充气，压力升高。

（2）解吸过程

气体从储藏室到右边耗尽要经过排气阀（V3）和针型阀，或者通过 V4 阀门和真空泵。然后在样品中被吸收的气体通过隔离阀再次返回到储藏室。重复解吸过程继续排气，减少设备内的压力。当测量在真空下进行时，吸收过程是反复测量氢容量，那解吸过程就是反复测量释放量。每一个流程重复让系统获得 PCT 绘制曲线的测量数据，最后通过解析软件绘制样品 PCT 曲线。

思考题

1. 稀土金属熔盐电解从氯化物体系跨越到氟化物体系，其显著的技术进步和效益表现在哪些方面？

2. 用于稀土金属生产的原料主要有氯化稀土、氟化稀土、氧化稀土、金属钙、氟化钡、氟化锂、氯化钾等等，对这些原料的质量要求主要有哪些？

3. 稀土金属的制备方法视金属性质的不同而有所不同，请分别给出熔盐电解法、钙热还原法、稀土金属热还原法的适用对象及其原因。

4. 以稀土合金作为一些中重稀土用于稀土材料制备的前驱体，其主要的优势表现在哪些方面？

5. 熔盐电解设备的发展对于提高产品质量一致性、降低能耗和成本起到了很大作用，请结合具体实例做详细的讨论。

6. 试述真空钙热还原法制备重稀土的关键设备、主要方法步骤和后续产品质量提升方法。

7. 比较几种主要的金属提纯方法的原理、特点、适用对象和应用现状。

8. 试述稀土硅铁、稀土镁、稀土铝的主要生产方法及其变迁。

9. 稀土永磁合金的主要生产工艺和装备，讨论近十年来，围绕降低生产成本，尤其是铽镝消耗量、提高产品性能所开发的主要技术及其应用情况。

10. 稀土储氢合金的生产技术与永磁合金生产技术的差别。

参考文献

[1] 中国工程院咨询研究报告. 稀土资源可持续开发利用战略研究. 北京：冶金工业出版社，2015.

[2] 国家自然科学基金委员会，中国科学院．中国学科发展战略．稀土化学．北京：科学出版社，2022.

[3] 中国科学技术协会主编，中国稀土学会．2014—2015 稀土科学技术学科发展报告．北京：中国科学技术出版社，2016.

[4] Coey J M D．稀土永磁体的前景展望．工程(英文)，2020, 6(2): 119-131.

[5] 张丹琳．稀土镝铽在重点行业中的应用．现代制造技术与装备，2020(6): 201-203.

[6] 吴守国．21 世纪的新光源．新经济，2009(8): 32-35.

[7] 杨晓晨，于天达，杨方亮，等．控制棒驱动机构用钕铁硼永磁材料研究．科技视界，2017(6):14-15.

[8] 卢俊强，李继威，黄金华，等．Tm_2TiO_5 中子吸收材料的制备及性能研究．稀有金属，2018, 42(2): 191-198.

[9] 闫阿儒，贾智，曹帅，等．高丰度稀土永磁材料的研究进展与展望．中国稀土学报，2023, 41(1): 79-90.

[10] 胡伯平，饶晓雷，钮萼，等．稀土永磁材料的技术进步和产业发展．中国材料进展，2018, 37(9): 653-661.

[11] 刘峰．稀土高铁阻燃铝合金电缆在通信供配电领域的应用优势分析．通信电源技术，2022, 39(20): 1-3.

[12] 边明勇．稀土在锌铝铸造合金中的作用．中国金属通报，2021(12): 19-20.

[13] 王大伟，傅宇东，李婷，等．稀土元素在变形铝合金中的作用及其发展趋势．轻合金加工技术，2020, 48(12): 19-24, 31.

[14] 李华成，冯志军，占亮，等．稀土元素在铸造镁合金中的应用及研究进展．铸造，2023, 72(4): 359-364.

[15] 盛华，宁江利，何红丹．稀土镁合金的超塑性研究进展．金属加工（热加工），2023(8): 113-118.

[16] 李园，吕卫东，刘玉宝，等．稀土在铸钢中应用研究进展．中国铸造装备与技术，2022, 57(3): 71-76.

[17] 王嘉伟，赵桂英，涛雅，等．包钢新型重载铁路用稀土钢轨研发．包钢科技，2022, 48(4): 46-50.

[18] 宋燕，阳辉，向朝玉，等．稀土元素对镍基高温合金热强性能的影响及作用．中国金属通报，2018(12): 104-105.

[19] 史文童．稀土元素在高温合金中的应用．热处理，2022, 37(4): 1-7.

[20] 徐光宪．稀土（上、中、下）．北京：冶金工业出版社，1995.

[21] 刘光华．稀土材料与应用技术．北京：化学工业出版社，2005.

[22] 吴文远，边雪．稀土冶金技术．北京：科学出版社，2012.

[23] 李梅，柳召刚．稀土现代冶金．北京：科学出版社，2016.

[24] 廖春发．稀土冶金学．北京：冶金工业出版社，2019.

[25] 王祥生，王志强，陈德宏，等．稀土金属制备技术发展及现状．稀土，2015, 36(5):123-132.

[26] 成维，黄美松，王志坚，等．钙热还原法制备高纯金属镧的研究．矿冶工程，2013, 33(3): 104-106,109.

[27] 张先恒，陈国华，刘玉宝，等．高纯金属镝制备技术的最新研究进展．稀土信息，2018(3): 35-37.

[28] 张小伟，王志强，陈德宏，等．高纯稀土金属 Sm、Yb 和 Tm 的制备．稀有金属材料与工程，2016, 45(11): 2793-2797.

[29] 陈卫平，柳术平，杨庆山，等．高纯金属铈的研制．稀有金属与硬质合金，2005, 33(4): 17-18.

[30] 庞思明，颜世宏，李宗安，等．我国熔盐电解法制备稀土金属及其合金工艺技术进展．稀有金属，2011, 35（3）: 440-450.

[31] 陈国华，刘玉宝．稀土熔盐电解技术研究进展．稀土信息，2015(10):12-15.

[32] 陈德宏，颜世宏，李宗安，等．NdF_3-LiF-Nd_2O_3 熔盐体系中下阴极电解金属钕研究．中国稀土学报，2009, 27(2): 302-305.

[33] 张志宏，梁行方，琚建勇，等．我国氟盐体系氧化钕电解制备金属钕技术现状及进展．有色冶炼，2001, 2: 23.

[34] 赖华生，王林生．电流密度对稀土熔盐电解影响的探讨．江西有色金属，2002, 16(4): 24.

[35] 邬玉萍．试论影响稀土金属生产成本的因素与对策．江西有色金属，2005, 19(3): 6-7, 10.

[36] 王俊，邓左民，张小联．10kA 氟化物体系稀土熔盐电解槽热平衡测试研究．江西有色金属，2004, 18(2): 30.

[37] 王军，王春慧，涂赣峰，等．10kA 底部阴极稀土熔盐电解槽热平衡计算．稀土，2008，29(5)：61．

[38] 石富．稀土电解槽的研究现状及发展趋势．中国稀土学报，2007，25(增刊)：70．

[39] 张小联，邓左民，王俊，等．稀土金属块状多阳极连续电解．江西有色金属，2003，17(3)：28-30．

[40] 冀燕子，肖发新，孙树臣，等．大电流稀土熔盐电解槽槽型研究进展．中国稀土学报，2022，40(1)：38-45．

[41] 张小联，胡珊玲，王科军，等．稀土金属电解虹吸出炉技术研究．稀土，2007，28(5)：49-51，63．

[42] 唐焱，刘金．稀土金属及合金 12kA 电解槽优化设计仿真研究．装备制造技术，2020(3)：5-9．

[43] 赵二雄，罗果萍，张先恒，等．高纯稀土金属制备方法及最新发展趋势．金属功能材料，2019，26(3)：47-52．

[44] 张卫平，杨庆山，陈建军．高纯稀土金属制备方法与发展趋势．金属材料与冶金工程，2007，35(3)：61-64．

[45] 王志强，钟嘉珉，李宗安，等．固态电迁移提纯稀土金属的国内外研究进展．中国稀土学报，2022，40(6)：956-975．

[46] 成维，黄美松，苏正夫，等．高纯金属铒的制备工艺研究．稀有金属材料与工程，2015，44(6)：1509-1512．

[47] 张小伟，苗睿瑛，周林，等．稀土金属提纯研究进展．中国稀土学报，2022，40(3)：385-394．

[48] 庞思明，王志强，周林，等．稀土超磁致伸缩材料用高纯金属铽、镝的制备工艺研究．稀土，2008，29(6)：31-35．

[49] 聂春晨．稀土金属提纯现状及发展趋势．化工设计通讯，2019，45(5)：67-68．

[50] 刘宝忠．高纯金属镝的制备．稀有金属快报，2008，27(7)：39-42．

[51] 李吉刚，徐丽，李国玲，等．稀土金属提纯方法与研究进展．稀有金属材料与工程，2018，47(5)：1648-1654．

[52] lonov A M, Nikiforova T V, Rytus N N. Aspects of the purification of volatile rare earth metals by UHV sublimation: Sm, Eu, Tm, Yb. Vacuum, 1996, 47(6-8): 879-883.

[53] 张跃华．高纯铝及稀土铈、钆靶材压力加工工艺研究．内蒙古：内蒙古科技大学，2010．

[54] 徐国进，罗俊锋，万小勇，等．高纯稀土钇靶材和铜合金背板扩散焊接技术研究．稀土，2023，44(2)：71-76．

[55] 何金江，吕保国，贾倩，等．集成电路用高纯金属溅射靶材发展研究．中国工程科学，2023，25(1)：79-87．

[56] 侯洁娜，陈颖，赵聪鹏，等．溅射靶材在集成电路领域的应用及市场情况．中国集成电路，2023，32(7)：23-28．

[57] 马红雷，孔祥伟．烧结高性能钕铁硼永磁材料制备工艺的研究．电镀与精饰，2016，38(11)：15-28．

[58] 高佳佳，米媛媛，周洋，等．新型储氢材料研究进展．化工进展，2021，40(6)：2962-2971．

[59] 李璐伶，樊栓狮，陈秋熊，等．储氢技术研究现状及展望．储能科学与技术，2018，7(4)：586-594．

[60] 苑慧萍，李志念，沈浩，等．稀土储氢材料的研究进展．中国材料进展，2023，42(2)：98-104．

[61] 陈云贵，周万海，朱丁．先进镍氢电池及其关键电极材料．金属功能材料，2017，24(1)：1-24．

第8章
稀土二次资源循环利用技术
。
。

8.1 概述[1-6]

在循环经济中，二次资源包括企业生产废物、中间产物、低品位矿石以及民用和军用废品。具体内容包括损坏的设备、机器、金属构件和零部件，金属机械加工产生的废料废件，淘汰的运输装载工具、武器和弹丸的金属废物，日常民用生活用品的废品，冶炼过程中产生的废渣、烟尘和废水，以及开采和选矿过程产生的废石尾矿等。

稀土金属二次资源是指除原生资源以外的各种可利用的稀土资源。可以将稀土金属废料分为固体废料和液体废料，并根据废料类型和回收途径进行分类，如催化剂废料回收、电解废料回收、电子废料回收、永磁材料废料回收、荧光材料废料回收、抛光材料废料回收、陶瓷材料废料回收、储氢材料废料回收等。

稀土是重要的战略资源，绿色经济的发展对稀土的需求猛增，尤其是在节能环保和高端技术领域具有重要作用，对稀土和贵金属等关键元素的需求很大。稀土由于在节能环保和高端技术领域中的关键作用备受关注。信息、激光和永磁材料所需的镨钕铽镝和中重稀土元素十分紧缺。而一味提高它们的产量，必然产生过剩的高丰度稀土镧和铈。这些发展表明，二次资源的回收利用对于满足绿色经济需求、解决稀土资源短缺问题至关重要，尤其是在永磁、催化、抛光和电池等材料生产和使用过程中产生的废弃物中，潜藏着重要的二次资源。事实上，在稀土材料生产和应用中产生的大量废渣是可以弥补稀土供给不足的二次资源。因此，二次资源回收利用技术在过去十年中得到了快速发展。然而，现行技术主要集中于高价值元素如镨钕铽镝镥以及贵金属和钴镍的回收，而对高丰度镧铈及铁硼铝镁的回收较少，导致固废量和废水排放仍然较大，资源回收率低。

国外的二次资源回收工作开展得早，主要侧重于终端应用报废产品的拆解和回收利用。例如，美国能源部阿姆斯实验室利用镁合金熔体从钕铁硼磁体碎片中回收镁钕，日本三菱电机和日立公司开发了从空调和硬盘中回收永磁体的技术，本田公司通过镍氢电池和废旧零件提取稀土，纽伦堡大学等研究机构联合开发了关键技术，优美科和罗地亚合作开发了回收废弃电池中的稀土，比利时索尔维则从废旧灯管、电池和磁铁中分离稀土。

同样在 20 世纪末，几位有情怀的龙南稀土冶炼厂工程师，开始了从生产过程废水废渣等二次稀土资源中回收稀土的创业之路。2009 年以来，随着国家一次资源开采指标向几大国有稀土集团集中，以民营为核心的众多企业引领了二次稀土资源回收行业的快速发展。2021 年的年处理永磁废料达到十多万吨，回收稀土氧化物 3 万多吨。然而，主要是回收高价值稀土镨钕铽镝镥、贵金属和钴镍等元素，对高丰度稀土镧铈及铁硼铝镁的回收不多。例如：合金捕获法主要回收三元催化剂废料中的贵金属，未回收稀土和铝硅，造渣剂的加入产生更多的废渣，没有达到固废减量目的。而且，从合金中回收贵金属的环境问题也很严重。而硫酸焙烧法优先浸取稀土与铝，再从渣中浸出贵金属是满足稀土与贵金属同时高效回收的主要技术路线。与抛光废料一样，强化浸取、综合回收是未来的发展方向。对于稀土晶体废料，含有高价的镥、钕等稀土元素，提高效率、降低成本并同时回收晶体废料中的铱是其主要任务。

二次资源的回收技术可分为直接回用、材料化回用和原料化回收三类。前两类无须完全分解，成本低，但需要解决废料中杂质对材料化产品性能的影响问题。原料化回收是指将废料完全分解，通过火法和湿法分离，产出可循环用作材料制备所需原料的一类方法。由于永磁废料的数量大、价值高、来源广泛且差异较大，绝大部分永磁废料采用湿法分离技术进行原料化回收。然而，该过程需要氧化和还原，造成了分离过程的消耗和环境压力。此外，在一些废料的回收利用实际生产中，虽然提取了高价值元素，但仍然存在相当多的固体废料。例如，在钕铁硼废料中，稀土占30%左右，湿法分离后，还有大量的高铁硼氧化渣（FeBO）没有得到增值应用，固废减量效果有限。因此，需要加强 FeBO 的材料化增值技术研发，用于制备纳米氧化铁颜料、铁氧体材料等。然而，由于不同废料来源和生产加工企业所产生的 FeBO 渣的组分和相态结构差异较大，因此难以获得质量稳定的产品，增加了技术研发的难度。另外，对于汽车尾气净化器废料而言，目前主要采用干法提取贵金属，但同时也产生大量含有硅、铝、钙和少量稀土的废渣，甚至比原固废量还多，需要研发经济可行的综合回收利用技术，包括稀土、铝、硅和镁的回收。

如何优化和简化分离流程，降低消耗，实现物质的全循环利用是二次资源回收的主要任务，这对于以高丰度元素镧铈为主的废料尤其重要。以抛光废料为例，其提取和分离成本往往高于售价，是其一直得不到资源化利用的关键原因。因此，用差异化的技术来处理不同废料，提高直接回用、材料化回用的比例，降低原料化循环利用成本，提高经济收益，是真正实现固废减量的关键。为此，需要抛光粉生产和使用单位的合作，对废料进行识别和分选，并针对分选物料进行差异化处理，形成一个完整的技术体系。例如：在抛光过程中通过浆料调配技术来延长使用寿命，得到直接回用；对于分选出来的稀土含量高的抛光废料，使用碱性化合物简单去除硅铝等杂质，通过后续结构和表面重构来复活抛光粉，实现材料化回用。而对于稀土含量低的废料，则用全分解方法，通过分离获得稀土产品，作为抛光粉生产的原料得到回收。对于抛光废料，酸法和碱法的技术都是可行性，关键问题是经济可行性。这不仅需要提高分解浸出效率，消除氟的环境影响，还要降低原料消耗，实现低成本回收。这样，基于二次资源物性特征的智能识别与精密分选技术及其装备就成为能满足差异化技术开发所需、构建多元化差异化技术体系的关键。即使是已经有工业化应用的金属和合金废料及其熔盐渣和还原渣的回收，仍然需要对熔盐渣进行分选分类，差异化地采用酸法、碱法联合流程，使社会经济效益最大化。

8.2　钕铁硼和钐钴永磁废料的回收利用[7-19]

NdFeB 磁体是具有最高磁能积（200～440kJ·m^3）的永磁铁，远超过普通铁氧体磁体

（36kJ·m³）。它可以制成树脂黏合磁体（含10%环氧树脂）或致密的烧结磁体。另外，还有一种基于钐钴合金的磁铁，具有高矫顽力、耐腐蚀性和热稳定性。有两种不同的SmCo合金永磁体，分别是第一代的$SmCo_5$和第二代的Sm_2Co_{17}。这些磁体可能含有过渡金属元素，如Fe、Zr和Cu。相对于NdFeB磁体，SmCo磁体在温度和耐腐蚀性方面具有主要优势。然而，由于较低的磁能积和钴供应的短缺，SmCo磁铁的价格曾经较高且市场份额较小。

NdFeB磁体由$Nd_2Fe_{14}B$基质相组成，周围被富钕的晶界相包围，含有钇、镨、镝、钬、钴等元素。晶界相可能还含有铜、铝或镓。为了提高抗退磁的温度稳定性，磁体中添加了镝，但其含量因应用而异。

磁体废渣来源：一是来自磁体生产过程的熔炼渣、超细粉以及机加工切削磨废料和检验废磁块等；二是终端消费品中的小磁体；三是混合动力和电动汽车以及风力涡轮机中的大型磁体。直接回用和材料化再利用只与大磁铁有关，对于其他稀土磁体合金，需要进一步加工以适应不同制造商之间的磁铁组成分布的精确控制要求。废大磁块可以通过粉末加工或再熔化的方法进行回收稀土，并直接用于生产新的稀土磁体合金。在其他情况下，需要将稀土与磁铁合金中存在的其他元素（如铁、硼、铝、铜、钴等）分离，获得单个稀土元素（通常为稀土氧化物）。这些稀土氧化物经还原，可以转化为新的稀土主合金，用于磁铁的生产或用于涉及这些元素的其他应用。

在稀土磁铁的制造过程中，切削、研磨和抛光操作会产生多达30%的稀土合金废料。能以磁铁重复使用的，通常只适用于电动汽车或风力涡轮机中使用的大型磁铁，这些磁铁由于使用寿命较长，在废物流中不太常见。废弃的电气和电子设备，特别是电脑硬盘驱动器和各类永磁电机，是更有价值的报废磁铁的来源。这些废料不仅含有铁，还含有许多稀土。它们的预处理涉及NdFeB磁铁的自动分类。因此，合理回收稀土不仅可以节约资源，还能降低生产成本并提高经济效益。然而，由于许多最终产品中使用的稀土含量较少，并且最终产品中的收集、提取和回收困难，阻碍了稀土元素的回收。因此，研发稀土磁体废料的新回收技术具有重要意义。

回收可分为三种类型，即制造废料或残渣的直接回收、城市终端产品和固体及液体工业废物的回收。稀土金属回收主要包括富集和提取两个方面。为此，需要掌握富集和提取技术及其优缺点，并预测稀土金属二次资源回收技术的未来发展方向。中国的稀土永磁废料回收企业相当多，所回收的稀土金属占磁铁制造公司所需金属量的很大一部分。图8-1对比展示了不同年度中国和全球钕铁硼磁体的产量，证明中国是稀土永磁材料生产大国，占比达到90%。图8-2是全球氧化镨钕供应及废料回收氧化镨钕的供应量，表明在全球氧化镨钕总供应量中，有38%是来自废料回收的。事实上，拆解钕铁硼的大部分也流向了分离厂，以湿法分离方法回收。图8-3是各地钕铁硼回收产能与年产量。

稀土金属的再生回收技术与一次矿产资源的提取冶金技术有共性。例如：需要先预处理富集，再溶解，并通过溶液中的萃取、沉淀、电解等技术来分离和精炼，最终获得稀土金属纯产品。与一次稀土资源的开发利用相比，二次资源由于比较分散、来源广、种类繁多、品位和性质差异大，不能用现有成熟的选矿、湿法冶金、火法冶金等方法来有效处理。因此，研发稀土金属二次资源综合利用的技术对缓解稀土金属资源不足问题有着重要意义。

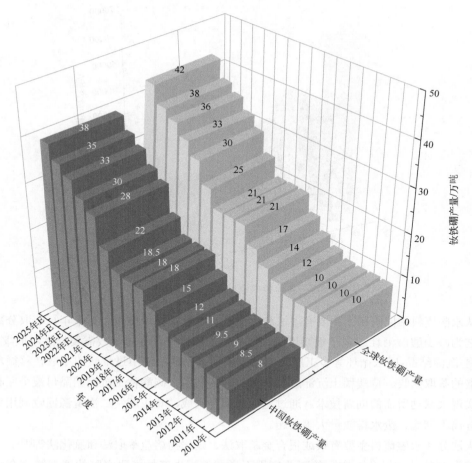

图 8-1　全球和中国钕铁硼磁体产量

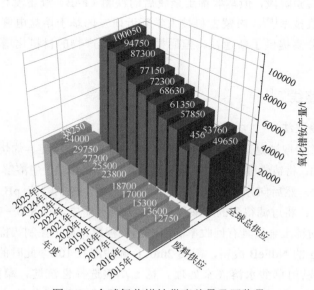

图 8-2　全球氧化镨钕供应总量及回收量

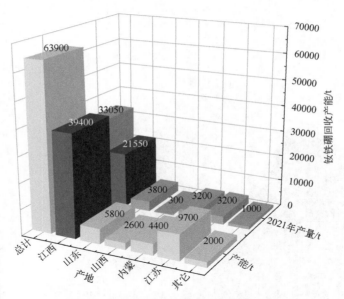

图 8-3　各地钕铁硼回收产能与年的产量

从永磁废料中回收稀土主要有湿法和火法及其组合的技术路线。近十年，萃取分离的联动工艺为减少酸碱消耗起到了重要作用。进一步的减排降耗提质增效需要依靠浸取-除杂-萃取分离-沉淀结晶-废水循环等多工序之间的大联动。而酸浸液中过量酸的萃取转移循环、浸出硼酸的萃取回收、草酸稀土沉淀过程草酸的循环利用、碳酸稀土沉淀结晶母液全回收技术等是实现大联动所需的创新技术。通过它们的耦合集成，真正解决二次资源回收利用率低、杂质分离不彻底、废水排放量大等问题。

火法分离永磁废料主要有镁或银合金萃取法、氟化物熔盐萃取法和氯化法等[13]。但由于需要高温和特殊的设备，实际的工业应用不多。韩国生产技术研究院的液态镁合金萃取技术虽已经进入工业实验阶段，但萃取稀土金属后的铁硼（FeB）渣还没有高值化利用，需要发展下游材料化增值技术[14]。内蒙古科技大学新近研发的基于熔盐电解平台的稀土去合金化分离技术为火法分离提供了新途径。但同样需要与其产物的材料化增值目标相结合，才能实现工业化[15-16]。

8.2.1　湿法冶金路线[7-12]

（1）硫酸全溶浸取法

早期研究的硫酸浸取法是采用硫酸将废料全部分解、草酸沉淀、灼烧等方法从废料中回收稀土氧化物。例如：将钕铁硼废料加入硫酸溶液（体积比 1∶1）中溶解，直到无气体产生，且 pH 值为 1 为止；然后向分解液中加入一定量的草酸，控制溶液 pH 值为 2.0～2.5，以 $RE_2(C_2O_4)_3$ 沉淀析出；将过滤得到的草酸稀土盐送入马弗炉中，在 850～900℃下焙烧，得到氧化稀土。此方法的稀土金属具有回收率高、工艺流程短、易于控制等优点。

例如：溶解 1kg 的 NdFeB 废料，需要 2mol/L 硫酸溶液 10L。此时的废料能完全溶解，所得硫酸盐溶液可以用草酸水溶液来处理。稀土草酸选择性沉淀，草酸可以热分解成相应的稀土氧化物。另一种方案是当 pH 足够低时，可以防止氢氧化铁的沉淀。当用氢氧化钠、氢氧化钾或氢氧化铵将 pH 提高到 1.5 时，便可形成钕的碱金属或铵的硫酸复盐，$Nd_2(SO_4)_3M_2SO_4 \cdot 6H_2O$（M = Na、K、铵离子）。只要 pH 不超过 2.0，铁就会保持在溶液中。稀土沉淀过滤后，在 90℃ 的这种含铁的浸出溶液中通氧气鼓泡，将二价铁完全氧化为三价铁，让铁形成黄色的钾钠盐沉淀，$NaFe_3(SO_4)_2(OH)_6$。它比氢氧化铁更容易过滤。另外，在过滤分离出稀土硫酸盐复盐后的含铁溶液中，加入过氧化氢溶液也可以诱导晶体的形成。

如果需要用氟化物直接去电解生产金属，或者需要用钙热还原法制备稀土金属，则可以将硫酸稀土复盐在 HF 溶液中反应浸出，使其转化为易于过滤的三氟化钕 NdF_3。但由于目前所用的熔盐电解只需少量的氟化稀土，主要是以氧化物的形式加入熔盐中电解。所以，还是以氧化物作为中间产品为好。这时，可以用通常的碱转化法，使硫酸稀土复盐转化为氢氧化物，再用酸溶解，就可以得到高浓度的氯化稀土溶液，用于后续萃取分离。如图 8-4（左）。

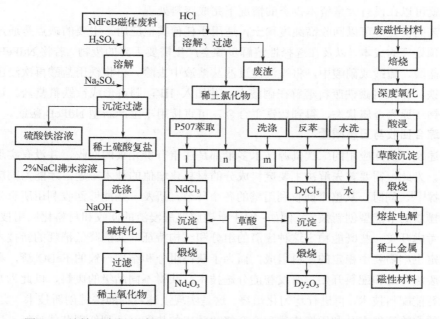

图 8-4　钕铁硼废料的硫酸（左）和盐酸（右）分解浸出法工艺流程图比较

磁体材料含有硼，它不沉淀，并留在溶液中。在沉淀后，可以通过提高 pH 值，以水合硼酸锌的形式回收。如果合金废料包括铁和钴，铁可以选择性地从溶液中沉淀，钴可以使用合适的有机萃取剂提取，如 Cyanex272。

虽说将金属材料先溶解在酸中，然后转化为无机盐，最后还原为金属状态是一个耗能的过程。然而，该工艺适合切割、磨削和加工等过程产生的被高度污染和部分氧化的废料。但酸浸出步骤很耗时，而且必须使用大量的试剂（硫酸、氢氧化钠、HF）。而在浸出过程中，超声的应用可以减少所需的处理时间，节约酸耗。采用全溶法处理 NdFeB 废料虽然原理和操作简单，但在溶解废料过程中酸消耗量大，对环境污染严重，生产环境差，且在溶解过程中会伴随大量杂质离子的溶出，这不仅增加了后续分离除杂的难度，还降低了稀土产品纯度。

（2）盐酸优溶浸取法

沈晓东等人研究了从钐钴和钕铁硼永磁废料中提取钴和钕的工艺流程，如图 8-4（右）所示。通过高温焙烧、酸溶和熔盐电解回收稀土金属，方法原理和基本步骤是：将废磁性材料先经过焙烧使其深度氧化，将稀土转化为可溶于酸的稀土，然后进行酸浸，使其进入溶液，从而与其他不溶于酸的非稀土杂质分开。接着用草酸进行沉淀，使稀土转化为不溶于水的草酸稀土，同时与其他杂质进一步分离。其沉淀物经高温煅烧得到较纯的稀土氧化物，再用熔盐电解氧化稀土得到稀土金属，再返回生产磁性材料。该回收工艺使稀土金属得到了比较好的回收利用，但是三废的治理压力大。

罗纳-普伦克开发的废磁性材料回收工艺技术是先煅烧 NdFeB 屑，使所有金属被氧化。但温度足够低，以避免广泛烧结，并保持材料的颗粒性质。然后将稀土氧化物在常压下选择性地浸出。不溶性的铁氧化物从浸出溶液中分离出来。富含稀土的溶液注入现有的稀土分离厂，这样就可以在没有大量资本投资的情况下完成废料处理。

该工艺的优点是可以回收高纯度稀土，适用于任何其他应用。主要的缺点是通过煅烧对废料进行预处理的成本，以及在选择性溶解步骤会产生需要丢弃的废物。若将 NdFeB 合金完全溶解在盐酸、硫酸或硝酸中，将铁沉淀过滤从溶液中去除。再将铁用盐酸再次浸出，用于生产氯化铁。如果将磁铁废料溶解在硝酸中，并加入 HF，则可形成钕铁氟复盐。这种复盐干燥后用钙还原为金属状态，得到钕铁主合金，可直接用于生产新型 NdFeB 磁铁。

（3）综合回收与三废减量

前已述及，实际应用的二次资源技术多半都是注重有价元素的回收，并没有实现固废减量的目标。为此，需要首先解决主要废料成分的材料化增值的技术难题，才能为固废减量提供技术支撑[19]。同时，从整个回收利用链的各个环节，研发一些能够回收利用所有元素、降低污染物排放的节能型创新技术。例如：对于永磁废料酸浸渣的回收和材料化应用技术研发，我们可以考虑开发一些既能稳定这种废渣的组分和结构特征，又能降低消耗的新技术。因为材料的稳定生产需要由稳定的原料组成。而为了获得组分和结构一致的 FeBO 渣，我们需要从前端的废渣分选和配料开始。研发智能分选技术，获得不同品级的废料，以此为基础，研发和实施智能配料技术，再进行均匀化焙烧。这是实现上述目标的关键创新技术。实践证明：这些技术的实施还能充分利用煅烧过程合金氧化放出的热能，达到低碳节能目标，同时又能提高铁的氧化率和稀土浸出的选择性，减少浸出液的杂质分离负担。另外，通过提高温度或通过超声强化浸取过程，实现选择性浸取或强化难浸取元素的浸取，降低酸的浓度。

再如，在含有 3mol/L 的盐酸和 0.2mol/L 的草酸的水溶液中，加入 NdFeB 废料粉料；经过水热处理 6h，NdFeB 磁铁分解，钕形成草酸钕的沉淀物，有超过 99% 的钕被回收。铁和硼进入水溶液，添加氢氧化钙为矿化剂，可以从高酸性废水中回收硼，沉淀 $CaB_2O_5H_2O$，实现硼的共同回收。

目前，工业上广泛使用的是氧化焙烧、盐酸优溶、除铁铝、萃取分离、沉淀过滤、煅烧得到各种氧化稀土产品，图 8-5 是该回收技术的主要过程及装备照片。

现行技术存在的问题是废料来源广，差异大，一般的回转窑焙烧效果不是很理想，耗能大，并会产生废气。尤其是当煅烧不透或过度时，对后续优溶浸取有直接影响。另外，为了保证稀土浸取率，需要增加酸的消耗，并产生过量酸和铁铝硼杂质。对后续水解除杂和萃取分离带来影响。酸溶渣的量仍然比较大，没有达到真正意义上的固废消除。共存钴镍铜等元素的综合回收不够，浸出液浓度高时，水解除杂的效果不好，铝硼等元素除不干净，影响后续萃取分离。为此，由上市公司江苏华宏科技股份有限公司、南方稀土集团共同投资的赣州华卓再生资源回收利用有限公司建设了年处理 6 万吨钕铁硼回收料项目，如图 8-6 所示为建成的生产线照片。该项目采用智能配料、多层炉焙烧、立磨粉碎、自动混料、自动包装生产流程。核心设备多层焙烧炉拥有自主知识产权，整个流程配置为行业第一台套。项目特点是高效（年处理 6 万吨钕铁硼回收料）、节能（利用余热年产蒸汽 18 万吨）、环保（生产用水循环使用、渣即产品）、自动化程度高（除巡视人员外，其余人员均在中控室数字化操控），可精准控制炉内温度及氧化气氛从而实现产品的高氧化率。煅烧氧化产品的组分结构稳定，一致性好，可以满足下游企业吉安鑫泰等众多永磁废料湿法分离企业的需求。目前正与南昌大学合作，开发新的高效浸出与过程精细化分离、废水减排和元素综合回收利用技术，实现无工艺废水排放目标。与此同时，将铁硼渣用于开发铁氧体材料与防辐射隐身建筑材料，消纳大宗固体废料。

图 8-5　钕铁硼废料回收的主要过程及装备照片

图 8-6　赣州华卓再生资源有限公司建设的年处理 6 万吨钕铁硼回收料生产线

8.2.2　火法冶金路线[13-16]

火法冶金路线（高温路线）已发展成为湿法冶金路线的替代方案。尽管湿法冶金工艺与从矿物中提取稀土的工艺非常相似，但湿法冶金工艺的主要缺点是需要大量化学品，为了回收稀土磁体，合金首先必须转化为氧化物（或氯化物或氟化物），最后还要还原回金属。转了一圈，又回到原始状态，需要消耗能源和试剂，提高了成本，也不经济。

若能实现直接从金属（或合金）到金属的回收，则可以弥补上述不足。一些高温火法冶金路线适合于稀土合金的再熔化（直接熔化）或从金属状态下的过渡金属中提取稀土（液态金属萃取）。而其他一些火法冶金路线更适合于部分氧化稀土磁铁合金中的稀土回收。

① 电渣精炼：在这个过程中，废料作为一个消耗性电极被熔化或通过添加到熔化浴进行精炼，用于去除碳、氢、氮、氧和金属杂质，如锂、钠、铝、锌、镁、钙和硅。使用氯化钙和氟化钙的熔融混合物，可选择添加稀土氟化物。在消耗性电极电弧熔化的情况下，使用水冷模，当废料从电极熔化时，熔融材料通过矿渣层进入浅熔池，在那里迅速凝固。这个过程允许杂质从熔融的金属液滴上浮出来，并在液滴通过矿渣时被困在矿渣层中。

② 液态金属萃取法：也称合金法，是为了克服水处理和电渣重熔技术的缺点而开发的。它是利用稀土元素 Nd 与其他一些金属能形成低熔点合金，从而达到分离稀土的目的；其目标是开发一种工艺，允许处理从废料到钢锭的各种各样的原料，从而生产一种非常干净的材料，即碳、氮和氧含量低，不含不必要元素的金属间化合物。该工艺的另一个目的是想消除像湿法路线那样的需要将无机化合物再还原到金属的耗能步骤。液态金属萃取法可与传统的液态金属溶剂萃取工艺相媲美，但却是基于液态金属作为溶剂。这一过程是通过液体合金系统选择性地溶解稀土合金，让稀土和过渡金属分布在两种不混溶的液态金属相之间来达到分离。

采用合金法回收钕铁硼废料中的稀土，利用的是稀土元素 Nd 与一些金属元素能形成低熔点合金的特征，进而达到分离稀土的目的。常用的金属元素有 Mg、Ag 等，Mg 能在较低温度下形成熔融态，稀土 Nd 与熔融态 Mg 结合形成 $MgNd$、Mg_2Nd、Mg_3Nd、$Mg_{41}Nd_5$ 等合金。同样，稀土 Nd 也能与熔融态 Ag 形成 $AgNd$、Ag_2Nd、$Ag_{51}Nd_{14}$ 等合金，从而将稀土元素提取出来。再利用高温蒸气法使此类合金中的镁和银蒸出，从而实现与稀土的分离，得到较高纯度的稀土产品。该方法在回收永磁废料中的稀土时能得到稀土金属单质，这在一定程度上缩减了后续工艺流程。但该工艺在反应过程中所需的温度较高，不仅对操作设备要求比较高，而且能耗高，同时所得合金产物还需高温蒸馏，使工艺较冗长烦琐。

③ 玻璃渣法：在玻璃渣法中，稀土合金和熔融剂与能够选择性地溶解合金中的稀土的熔融剂接触，形成玻璃态稀土富集渣。通过与熔融的三氧化二硼反应，成功地从 NdFeB 合金中提取出钕，留下钕含量低于 0.01%（质量分数）的 $\alpha\text{-Fe}$ 和 Fe_2B 相。熔融三氧化二硼提取方法也应用于从钐铁、钐铁氮、钐钴和镍合金中萃取稀土，与铁分离。然后，再从三氧化二硼玻璃渣中回收稀土。

④ 熔融净化：用相对较新的和干净的磁铁废料来直接生产新的磁铁合金是有问题的，因为废料的氧和碳含量较高。由于氧气会形成矿渣，而稀土对氧化物矿渣的强烈亲和力，造成大量稀土的损失。与此同时，含碳合金的磁性能较差，熔炼又不能去除碳杂质。为了去除 NdFeB 废料中的碳和氧，首先必须通过加热脱碳，使碳转化为二氧化碳，然后在氢气中加热以还原三氧化二铁到铁，用金属钙还原稀土氧化物。

⑤ 气相法：开发的气相法，可以克服与湿法冶金法处理稀土废料有关的问题（用酸浸出、沉淀、沉淀煅烧、产生大量废水）。稀土元素相较于其他金属物质更活泼，能和氯离子表现出

更强亲和力，生成稀土氯化物而与其他物质如 Fe 分离。类似于钒、钽、铌、钼、镍、钴等金属的氯化（氯气）和碳氯化，将这些金属转化为挥发性氯化物。因为稀土氯化物挥发性较低，很难与其他挥发性较低的金属氯化物如碱土氯化物分离。因此，用氯化法提取稀土需要相对较高的温度和较长的反应时间。

其他合金也可以采用上述类似的方法，例如：钐钴永磁废料、稀土储氢合金废料等。在这些合金中，除了稀土外，共存的钴和镍也是高价值元素，而且元素含量也不低，是回收的主要对象。

另外，在进行湿法或火法分离前，需要先进行废料的分选。例如：依合金与杂质的物相不一进行分选，可以采用分类筛选、破碎、解体、洗涤、重选、焙烧等手段。如果要依靠合金与铁的密度、磁性不一进行分选，则可以采用机械粉碎、磁选或重选。分选的目的是为后续湿法或火法路线的选择及条件优化提供基础条件。也可以根据分选结果，通过智能配料来稳定后续煅烧、浸取和分离的工艺条件，满足节能降耗、稳定质量的要求。

8.3 熔盐电解渣的回收利用[20-23]

采用熔盐电解法制备稀土金属，主要以 $REF_3\text{-}LiF\text{-}RE_2O_3$ 体系为主体。采用该体系生产稀土等有价金属时，一般以石墨为阳极，以钼作阴极进行电解。与其他体系相比，该体系具有电解质组成成分稳定、水解不易发生、电流效率高、稀土回收效果好、绿色环保等优点。

稀土熔盐电解渣产生的主要原因有两个：一是随着反应的进行，各种非稀土杂质在电解系统的不断积累，导致电解液熔盐不能满足生产需要；二是熔盐中的稀土杂质由于电解系统本身的作用而不断富集，形成稀土熔盐电解渣（稀土氟氧化物），其组成复杂，处理难度大。

8.3.1 酸浸回收法

（1）盐酸浸出法

在 $REF_3\text{-}LiF\text{-}RE_2O_3$ 体系中，利用氟化稀土难溶于盐酸的特征，可将氧化稀土通过与盐酸反应，转变为氯化稀土而进入浸出液。氟化稀土不参与反应，实现稀土 RE_2O_3 对 REF_3 的分离。以稀土镨钕熔盐电解废料为例，在一定条件下将其中的可溶性非稀土杂质与可溶稀土化合物溶解浸出并加以回收，得到合格稀土氟化物和氧化物。

采用盐酸浸出法，可浸出可溶性稀土化合物，再通过萃取分离，得到符合国家标准的稀土氧化物。与传统回收工艺相比，该工艺不仅简化了工艺流程，而且对电解废料中的重要组分氟，也可以实现有效回收。工艺流程简单，操作方便，成本低，收率高。工艺流程和相关的化学反应为：

稀土熔盐电解废料经破碎、磨细后进行酸浸，过滤得到的酸浸渣用纯水洗涤后烘干即为稀土氟化物；而酸浸液经除杂、沉淀和灼烧等工序，得到稀土氧化物。

$$Nd_2O_3 + 6HCl = 2NdCl_3 + 3H_2O$$
$$2Pr + 6HCl = 2PrCl_3 + 3H_2 \uparrow$$
$$2Nd + 6HCl = 2NdCl_3 + 3H_2 \uparrow$$

$$2Pr + 6H_2O \xrightarrow{} 2Pr(OH)_3 + 3H_2\uparrow$$

$$Pr(OH)_3 + 3HCl \xrightarrow{} PrCl_3 + 3H_2O$$

$$2Nd + 6H_2O \xrightarrow{} 2Nd(OH)_3 + 3H_2\uparrow$$

$$Nd(OH)_3 + 3HCl \xrightarrow{} NdCl_3 + 3H_2O$$

$$xMeO + 2xHCl \xrightarrow{} xMeCl_2 + xH_2O$$

由上述反应方程式可知，浸出过程伴随有微量氢气产生，所以需要保持通风，避免氢气积累聚集产生爆炸危险。

废渣的粒度，浸取时的温度、酸度和反应时间等因素对稀土和杂质的浸出有影响。结果表明：浸出渣中残留的 CaO 含量随粒度减小、温度升高和反应时间的增加而减少。以 100kg 级放大实验为例，其具体步骤和结果为：

① 取小于 325 目的镨钕熔盐电解渣 100kg，放入 500L 搪瓷反应釜，加 100L 水打浆；

② 室温搅拌，加入 2mol/L 盐酸溶液至最终 pH 值保持在 1.0 时，停止加酸；

③ 升温到 50℃，搅拌反应 4h，过滤得滤液 453L，浓度（TREO）为 81.89g/L；

④ 滤渣用纯水洗涤至中性，洗水与③中得到的滤液混合成料液；离心脱水，60℃烘干，得到镨钕氟化物 52.33kg；

⑤ 将④中得到的料液加氨水调节 pH 值至 3.5～4.0，静置陈化 24h 后过滤；

⑥ 将⑤中得到的滤液加热到 70℃，加入饱和草酸溶液进行结晶沉淀，过滤得到的草酸镨钕。用热水洗涤 3 次，离心脱水，然后装于陶瓷匣钵中，在 950℃下灼烧 5h，得到镨钕氧化物 35.83kg。

废渣中主要非稀土金属杂质去除率超过 94%。制取的稀土氧化物和稀土氟化物质量均达到国家标准，稀土总收率达 97.56%。

（2）硫酸强化焙烧浸出法

采用硫酸强化焙烧法提取稀土元素，方法简单，易于操作，生产规模大小均可。但单纯的硫酸强化焙烧法回收有价金属具有一定的局限性。所以，采用硫酸强化焙烧法时，加入适量 SiO_2，使氟化稀土较完全地转化为硫酸稀土。将焙烧渣用 H_2SO_4 进行两次酸浸。浸出液经中和水解除杂后，再加入碳酸盐沉淀稀土，经陈化、过滤、洗涤、干燥可制得碳酸稀土。在硫酸浸出过程中加入适量 H_2O_2，可将 Ce^{4+} 转化为 Ce^{3+}，有利于稀土的浸出。该法的稀土回收率不高，为 84.2%。

（3）盐酸-硝酸浸出法

用盐酸-硝酸混酸体系浸出稀土熔盐电解废渣，经洗涤和压滤获得 REF_3 和稀土浸出液。再通过萃取分离稀土，沉淀、过滤和焙烧，得到 RE_2O_3。再从沉淀分离的滤液中回收 LiF。该法既可获得优质产品，又不产生 SO_2、HF 等有害气体。缺点是工艺流程和操作步骤比较复杂，盐酸、硝酸和氨水的用量较大，尾水处理都比较困难。采用二步酸浸法回收稀土，用不同用量的柠檬酸钠助浸剂对物料进行酸浸，稀土提取效果显著提高。但由于盐酸、硝酸消耗量大，价格较硫酸高，很难实现大规模工业化。

8.3.2 碱转-酸浸法

（1）NaOH 焙烧-HCl 优溶法

从 RE_2O_3-REF_3 体系中有效回收稀土，在焙烧过程中，原料中 REF_3 与 NaOH 反应生成

RE(OH)$_3$ 和 NaF，过滤洗涤，使得稀土与 NaF 达到分离。

氢氧化钠焙烧法回收残留稀土的最佳焙烧条件：烘焙温度 600℃，烘焙时长 1.5h，碱渣质量比 0.8：1；最佳水洗条件：洗涤时间 0.5h，洗涤温度 40℃，洗涤次数 2 次；最佳酸浸条件：盐酸浸出浓度为 3mol/L，酸浸时间为 1h，酸浸温度为 50℃，液固比为 10：1，搅动速度为 400r/min，稀土浸取率可达 95%以上。

采用碱转焙烧法回收残留稀土，稀土浸取率较高，并可得到较高标准的产品。其中氢氧化钠焙烧法对焙烧条件和浸出条件的要求较低，能耗低，操作步骤简单，但焙烧产物结块严重，不易破碎，且不易分解，增加了操作步骤和耗能。

烧结渣经盐酸优溶，浸出液中的稀土采用 P507 煤油盐酸体系进行萃取分离，再经碳酸盐沉淀和二次灼烧，可制得符合国家标准的单一稀土氧化物 RE$_2$O$_3$。

碱焙烧的主要目的是将氟和稀土尽可能分离成氢氧化稀土和氟化物，因此，在耗能较少、工艺可行的情况下，探索出合适的碱焙烧反应方式尤为重要。另外，由于氢氧化稀土的结晶性不好，过滤洗涤效果不佳，有氟残留在氢氧化稀土中。直接酸溶，残余的氟以氟化稀土存在而影响酸溶解效率。为此，需将酸溶后的滤渣再返回到碱焙烧阶段。也可采用草酸沉淀来净化稀土，使氟的分离更加彻底，但成本增加不少。

（2）石灰碱转焙烧法

利用稀土熔盐渣粉碎原料，通过 Ca(OH)$_2$ 配合的焙烧氟化置换。采用氢氧化钙焙烧法可提高回收率，不产生有毒有害气体，工艺比较环保，但其工艺步骤比较复杂，焙烧温度较高且焙烧时间长，酸浸能耗大，效益低，难以进行工业化生产。

8.3.3　盐碱焙烧–水洗除氟–酸浸稀土

（1）碳酸钠焙烧稀土熔盐电解渣

可使稀土盐发生物相转化，有效地回收熔盐渣中的稀土元素。该工艺除可回收稀土等元素外，还可回收锂。即使在 700℃下熔化盐结块，综合起来还是比较经济实用的。

用碳酸钠焙烧方法回收熔盐电解渣中残留稀土得出的最佳焙烧条件：焙烧的温度为 700℃，焙烧时长 2h，盐渣质量比 0.6：1；最佳水洗条件：洗涤时间 1h，洗涤温度 50℃，洗涤次数 2 次；最佳酸浸条件：盐酸浸出浓度 3mol/L，酸浸时间为 2h，酸浸温度为 80℃，液固比为 10：1，搅拌速度为 400r/min，该方法所得的稀土浸取率基本可达 98%。

扩大实验，设定焙烧的温度为 700℃，焙烧的时间是 2h，盐渣质量比 0.6：1，水洗时间 1h，水洗温度 50℃，水洗次数 2 次，盐酸浸出浓度 3mol/L，酸浸时间 2h，酸浸温度 80℃，液固比 10：1，搅拌速度 400r/min 进行系列实验。试验所得到的稀土料液的浸取率是 98.46%，而增大试验范围后的浸取率略高 0.5%左右。结果表明，通过扩大实验，可以进一步提高稀土浸出效果，优化了"碱/盐焙烧-水洗除氟-酸浸稀土"工艺，这对于现实当中的生产有指导意义。

（2）水玻璃与稀土熔盐电解渣进行焙烧分解

能够实现对稀土熔盐渣的重构，使氟稀土转化为易被酸溶的硅酸稀土。提高回收率，然而，转化剂用量过多，焙烧耗能高，需要进一步深入探究。

硅酸钠焙烧法提取稀土熔盐残留物的最佳焙烧条件：焙烧温度 800℃，焙烧时间 1.5h，盐渣质量比 1.6：1；洗涤时间 0.5h，洗涤温度 40℃，洗涤次数 2 次；优选条件：盐酸浸出浓度 5mol/L，酸浸时长 2h，酸浸温度 80℃，液固比 10∶1，搅拌速度 400r/min，稀土浸取率可达 96%以上。

（3）其他

硼砂焙烧法和盐酸浸出法，可经济有效地回收稀土。氟化物和硼砂的焙烧反应生成 RE_2O_3，便于浸取。增加浸取温度、浸取时间、盐酸浓度和液固比可提高稀土回收率，但工艺效率较低，同时会引入含硼化合物。采用煤还原焙烧磁选铁富集稀土，可以实现硫酸铵焙烧过程的物相转化。

由于盐的种类繁多，因此，研究有利于稀土熔盐渣中残留稀土和其他有价金属提取的最佳矿相组成，这将成为今后广大研究者的主要工作。

8.4 废稀土催化剂的回收利用[24-28]

8.4.1 废弃石油裂化催化剂的二次资源回收[24-26]

废石油裂化催化剂（FCC 催化剂）中大量应用了含稀土的分子筛，而其中的稀土赋存状态比较简单，一般以稀土离子或稀土氧化物（以 REO 计）的形式存在。废 FCC 催化剂的主要成分是铝硅酸盐，其中含有 2%以上的富 La 或富 Ce 稀土，还可能存在少量 Sm 的氧化物。该类废料目前普遍采用酸浸取-萃取法回收稀土元素。先用酸分解浸出稀土，再用 P507 从废 FCC 催化剂浸出液中萃取分离回收轻稀土元素 La 和 Ce。

以盐酸为浸取剂时的稀土浸取率高于硫酸，这可能是因为硫酸体系中的硫酸根与废催化剂中的钠及稀土离子三者形成硫酸复盐沉淀而存在于浸渣中心。采用盐酸浸出废 FCC 催化剂中的稀土时需要考虑酸浓度、固液比、浸出温度、浸出时间等因素的影响，浸出效果的优劣通常用浸取率来表征。废 FCC 催化剂经酸浸取后得到的浸出液中主要含 La^{3+} 和 Ce^{4+} 等稀土离子，非稀土杂质主要有 Al^{3+}、Ca^{2+}、Fe^{3+}、Na^+ 等，还含有微量的 Mn、Co、Cr、Cu、Mg、Ni、Ti、V 等元素。

采用硫酸浸取废 FCC 催化剂，并在最优浸取条件下将一次浸取后的固体残渣二次浸取，以试图提高浸取率。由于浸取率提高不明显以及酸的消耗量较大等问题，二次浸取不推荐采用。郑文芳等在比较硫酸、盐酸、硝酸浸取稀土的效果时发现，盐酸和硝酸均可作为浸取剂，浸取率均在 90%以上。相比而言，硝酸浸出液中铝含量较低，便于后续的分离和测定。但采用硝酸浸取时需考虑其污染问题。

综合分析废 FCC 催化剂中稀土的浸出方法，现有技术中多采用较高浓度的无机酸浸取，虽然浸取率较高（大于 90%），但酸的消耗量较大，并可能伴随着盐酸的挥发损失，且酸浸过程时间较长、温度要求较高。同时，由于催化剂的长时间使用，可能在表面形成积炭，对稀土成分形成包裹，从而影响其与浸取剂的接触。此外，由于 FCC 催化剂中所用的分子筛是一种具有晶格结构的硅铝酸盐，浸取过程中会产生一定量的可溶性硅酸和铝盐。

采用苛性钠（NaOH）转化，使铝硅进入溶液，循环用于制备分子筛材料。碱转渣用盐酸浸出稀土和残留的铝，剩余的渣为残余的硅酸盐，以硅酸钠的形式回收。浸出液中的稀土用沉淀法回收，铝留在溶液中。过滤后的沉淀经过煅烧，获得稀土氧化物，循环用于催化剂的制备。溶液中的铝用碱水解，析出氢氧化铝，循环利用。

8.4.2　稀土汽车尾气净化催化剂的二次资源回收[27-29]

汽车尾气净化催化剂是控制汽车尾气排放、减少污染的最有效手段。含稀土的汽车尾气净化催化剂价格低、热稳定性好、活性较高、具有较好的抗中毒能力，使用寿命长，目前已得到广泛使用。汽车尾气净化催化剂以蜂窝状的堇青石陶瓷为基体，蜂窝体内表面涂覆大比表面积的 γ-Al_2O_3 氧化铝涂层，然后负载以稀土基材料（CeO_2、La_2O_3 和其他金属氧化物的混合氧化物）和少量铂族金属（铂、钯、铑）构成的活性涂层。因此，稀土汽车尾气净化催化剂废料中所含的稀土主要是以氧化铈、氧化镨和氧化镧的混合物为主，其中氧化铈是关键成分。

有资料报道，世界汽车尾气净化催化剂市场的需求量以每年 7% 的速度在不断增长。目前，国内回收利用废催化剂中稀土元素的常规方法一般为干法和湿法。

（1）火法

利用加热炉将废催化剂与还原剂及助熔剂一起加热熔融，使金属组分经还原熔融成金属或合金状回收，而载体则与助熔剂形成炉渣排出。

回收某些稀贵金属含量较少的废催化剂时，往往加进一些铁类的金属作为捕集剂共同进行熔炼。因为铂族金属和金、银与铁及重有色金属铜、镍、钴、铅具有相似的晶格结构和相似的晶格半径，可以在广泛的成分范围形成连续固溶体合金或金属间化合物。不同性质和价值的组分物相重组，硅、镁、钙、铝、铁等贱金属氧化物形成铝硅酸盐熔渣，贵金属富集在金属相。金属捕获收集剂包括铜、铁、铅、镍、铋和锍捕集剂（金属硫化物的互溶体）。

在现有的这种回收方法中，稀土和镁铝都没有回收，渣量是原来的一倍，资源回收率低，环境污染大。另外，由于废催化剂所含金属组分和数量不等，故其熔融的温度也不同。在熔融、熔炼过程中释放出的 SO_2 等气体可用石灰水加以中和吸附回收。

（2）湿法

用酸、碱或其他溶剂溶解废催化剂的主要组分；滤液除杂纯化后，采用萃取和反萃取的方法将浸液中稀土元素分离，可得到难溶于水的盐类或金属的氧化物。干燥后按需要再进一步加工成最终产品，有些产品可以作为催化剂原料再次利用。但湿法回收会产生一些废液，易造成二次污染，需要同时解决。

由于废汽车尾气净化催化剂中含较多的铂族金属，因此，铂族金属与稀土的共同浸出回收方法研究得到关注。采用盐酸浸出，需加入过氧化氢作为氧化剂，得到金属的氯络合物。需要指出的是，铂族金属一般难溶于酸，只有在强酸并有氧化剂存在时才更可能形成络合物而被浸出。同时，有专利指出，稀土 Ce、Pr、Tb 以高价态化合物存在时，酸溶困难，需添加 H_2O_2 作为还原剂，才有利于它们的浸出。

不同酸对废汽车尾气净化催化剂中稀土的浸出效果证明：增大稀硫酸或盐酸的浓度也只能使 Ce 和 La 各自的浸取率达到 50%，其原因是废催化剂中氧化铈与氧化锆以固溶体形式存在，对稀土形成包裹，导致在稀酸中溶解性较差。而采用浓硫酸熟化后再用稀硫酸浸出废催化剂中的稀土，Ce 和 La 的浸取率均大于 85%，可继续进行下一步的稀土分离操作。与此类似，童伟锋等采用硫酸熟化焙烧-酸浸工艺从失效汽车尾气净化催化剂中提取 Ce 和 La，二者的浸取率均可达85%以上。但是目前，国内对废汽车尾气净化催化剂中金属的回收普遍集中于铂族金属上，而对稀土的回收研究较少，浸出方法尚未成熟，浸取率也不高。要满足铂族金属与稀土的同步浸出回收，还需进一步探索合适的工艺和条件。

（3）湿法-火法联合流程路线

失效汽车尾气净化催化剂的回收还是以回收铂族金属为主，包括湿法工艺（常压溶解法、加压氰化法等）及火法工艺（铅捕集法、铜捕集法、锍捕集法、等离子熔炼铁捕集法、氯化法等）。但是，湿法工艺的铂族金属回收率低，而火法工艺在国内的规模化应用还不成熟。相对于低价的稀土而言，存在投资大、成本高等问题。所以，汽车尾气净化催化剂中稀土元素的回收未受到重视，工业应用很难推进。要同时回收贵金属和稀土元素，一般都需要采用火法-湿法联合流程。例如：先用酸法把稀土和铝等主成分浸出，再从渣中回收贵金属。

具体方法包括以下步骤：

① 催化剂在熟化前经过预加热，温度为 1000～1200℃，加热时间为 3～4h。

② 催化剂的熟化：将失效的汽车尾气净化催化剂与浓硫酸按质量比为 1∶0.92 放入反应釜中搅拌，始终保持反应釜温度为 150℃，5h 之后取出熟化物料。

③ 分离：将步骤②中制得的熟化物料加水搅拌浸出稀土，升温至 90℃，恒温反应 6h，反应完成稀释至固液质量比为 1∶12，并将温度降至 60℃继续搅拌，反应结束后超声处理并过筛分离，分别得到稀土溶液、铂族金属不溶沉淀物和催化剂载体。

④ 回收稀土：向步骤③中得到的稀土溶液添加硫酸钠，得到硫酸钠复盐沉淀物，之后经过滤得到稀土复盐，制备镧、铈混合稀土氧化物。

⑤ 铂族金属的焙烧：在步骤③中得到的铂族金属沉淀物中加入氢氧化钠，在温度 700～800℃焙烧 7～8h，再用 10 倍的水煮沸浸出 30～40min，反复焙烧 2～3 次。

⑥ 回收铂族金属：将步骤⑤得到的产物通入氯气进行氯化浸出，经过后续分离和提纯工艺，得到铂族金属铂、钯、铑。

这一方法的特点是：

① 通过催化剂的熟化浸出和分离将稀土溶液及铂族金属与其他组分初步分离，然后通过焙烧-溶解法处理铂族金属不溶沉淀物，通过加入氢氧化钠来彻底分离铝，利用氯气来浸出铂族金属，溶解效率高。溶液中的稀土通过加入硫酸钠以硫酸钠复盐沉淀物形式回收。

② 失效汽车尾气净化催化剂中的稀土和铂族金属都得到了回收，且回收率高，方法简单易行，生产成本低，经济效益高，实现了稀贵金属二次资源的回收利用。

③ 铂族金属沉淀物中加入氢氧化钠，在温度 700℃焙烧 7h，再用 10 倍的水煮沸浸出 30min，反复焙烧三次可使催化剂中含有的 Al_2O_3 溶解率高于 98%，获得铂族金属精矿的品位在 20%左右，其溶解性能很好，在氯化物介质中进行氧化浸出，铂族金属的浸取率可达 99.0%，氯化渣可再返回焙烧处理，可重复循环利用氯气氧化浸出，节约了回收成本。

也可以先进行碱处理，分离铝、钼、钒、锆；再用酸浸出稀土和铁钴镍，最后从渣中回收贵金属，具体方法是：

① 将废旧稀土汽车尾气净化催化剂研磨，全部过 80～150 目筛；

② 将废旧稀土汽车尾气净化催化剂粉末与氢氧化钠按照质量比 1∶0.8～1.5 混合，在 300～500℃之间焙烧 2～4h；

③ 用 60～99℃的热水洗涤焙烧后物料，固液比 1：36，搅拌洗涤 2～4h；

④ 过滤，从滤液回收铝等，滤渣用酸溶解，用以溶解稀土元素以及钴镍铁等金属元素，氢离子浓度为 0.5～2mol/L，反应温度 60～99℃，反应时间 2～4h，固液比 1：36；然后过滤得到含有稀土以及铁钴镍离子的溶液和含贵金属的滤渣。

步骤④过滤后得到的含有稀土以及铁钴镍离子的溶液，先调节溶液 pH 值至 3.5～4.5 之间，然后在 20～40℃条件下加入硫化物或者通入硫化氢，硫的物质的量为钴镍铁总物质的量的 1.0～1.2 倍，反应 2～4h，使得钴镍铁完全沉淀；滤去钴镍沉淀物的滤液为含有稀土的溶液，用 P507 萃取分离铈、镧、镨、钇等稀土，制备稀土氧化物，从钴镍铁沉淀物回收钴镍。

用盐酸和次氯酸钠的混合溶液来浸出步骤④的贵金属渣，得到含有钯、铂、铑的溶液，在保证次氯酸钠过量的情况下，加入氢氧化钠或者氢氧化钾回调 pH 值为 4～8，使得钯、铑形成含水氧化物沉淀，然后得到的纯净的铂溶液再精炼得到金属铂；得到的含有钯、铑的沉淀用盐酸溶解后，用 N530 萃取钯，用 5～7mol/L 的盐酸反萃，得到的钯溶液再电解精炼得到金属钯；萃余液中含有铑，然后用水合阱还原得到金属铑。

8.5 废发光材料的回收利用[30-36]

稀土荧光灯已广泛应用于我国的照明系统，每年都有大量的废旧稀土荧光灯被当作固体垃圾处置，这不仅污染环境，而且造成稀土资源浪费。目前，废旧稀土荧光灯资源回收利用技术主要有两种：一种是拆分回收技术；另一种是破碎回收技术。破碎回收技术又分为干法回收技术和湿法回收技术。

破碎回收技术的主要工艺过程是：先将废荧光灯整体破碎，然后通过分离设备将汞、荧光粉、金属和玻璃进行分离回收。汞通过精制再利用，荧光粉、金属和玻璃送给有关行业再利用或处置。该工艺破碎设备简单，但分离设备比较复杂，而且回收的荧光粉不能直接用作生产新稀土荧光灯的原料。因此，还要靠湿法、火法和湿法相结合的萃取分离技术来回收。

稀土荧光粉废料的来源主要有三个方面：

① 生产过程的烧结废料：在稀土荧光粉高温固相反应生产过程中，可产生 20%～25%的废品。

② 厂家产生的废料：以灯具厂家为例，在灯具生产过程中，由于破损、报废、切除管所产生的不合格品也占有相当大部分，这些不合格品均要作为废料处理。

③ 成品回收：废旧的等离子电视、废旧荧光灯、半导体发光二极管等。

这些废品如果简单地以固体垃圾废物处理，会造成了稀土资源的极大浪费。稀土荧光粉中含有的 Y、Eu、Ce、Tb 等战略性稀土元素，其品位是天然矿石的几十倍甚至是几百倍。因此，从废旧荧光粉中回收稀土资源具有重要意义。因此，近期的研究工作较多。

稀土三基色荧光灯，含有钇、铕和铽稀土荧光粉。三基色荧光粉是将三种发射窄带红（611nm）、绿（545nm）和蓝（450nm）色光谱的三种荧光粉按一定比例混合成各种不同色温的混合荧光粉，由这些混合荧光粉制成粉浆，涂在低压荧光灯管的内壁。一般每支三基色荧光灯管平均含 4.5g 荧光粉，其中包括 60% Eu^{3+} 掺杂的氧化钇（红粉）、30% Tb^{3+} 激活的铈镁铝酸盐（绿粉）和 10% Eu^{2+} 激活的钡镁铝盐（蓝粉）。灯用稀土荧光粉的主要构成体系有铝酸盐体系、磷酸盐体系、硼酸盐体系以及各种混合体系。稀土三基色荧光粉主要含有 Y、Eu、Ce、Tb 四种稀土，稀土占荧光粉总量的 20% 以上。

湿法浸取分离技术：采用浮选、酸浸、共沉淀的方法完成从废荧光粉合成红粉（Y_2O_3:Eu^{3+}）过程。先浮选富集稀土荧光粉，然后酸溶浸出。再向废弃荧光粉浸出液中加入氢氧化物和草酸盐，在超声搅拌的条件下处理得到 Y 和 Eu 的草酸盐。稀土灯用荧光粉中的稀土元素主要存在形式是铝酸盐和氧化物，铕以 $BaMgAl_{10}O_{17}$:Eu^{2+}（蓝粉）形式存在，变价稀土元素铈、铽以 $CeMgAl_{10}O_{17}$:Tb^{3+}（绿粉）形式存在。铝酸盐结构的 $BaMgAl_{10}O_{17}$:Eu^{2+} 在有氧化剂存在的情况下也可能容易被盐酸分解，而 $CeMgAl_{10}O_{17}$:Tb^{3+} 可能是由于结构较为稳定，较难被盐酸分解。而钇和部分铕的存在形式则是 Y_2O_3:Eu^{3+}（红粉），为稀土氧化物，容易被盐酸破坏。说明在盐酸分解过程中铈、铽未被浸出而留于渣中。为此，采用 Na_2CO_3 焙烧法从盐酸浸出后的渣中提取铈、铽，说明碱焙烧-盐酸浸取法是有效的。铈、铽的铝酸盐在高温下与 Na_2CO_3 发生化学反应可能生成铝酸钠和碳酸稀土，使铈、铽易被盐酸浸出。可以发现，铈、铽的浸取率是随 Na_2CO_3 用量的增加而提高的。当 20g 分解渣中加入 20g Na_2CO_3 时，铈、铽的浸取率达到最大值，继续增加 Na_2CO_3。用量浸取率反而降低。这是由于 Na_2CO_3 添加量小于 20g 时，焙烧渣结构松软，易破碎。当 Na_2CO_3 添加量大于 20g 时，焙烧产物为质地坚而硬的块状渣，很难破碎至细小的粉末，使浸取率降低。

晶体废料：国内对废弃废料的回收刚起步，将 YAG 晶体通过破碎、碱熔、水洗、酸溶、除杂、萃取等工序进行稀土元素的回收，依稀土与杂质元素在溶液或有机相中的溶解度差异进行回收。

8.6 废抛光材料的回收利用[37-39]

我国稀土抛光粉的消耗量在不断增加，每年产生的稀土抛光粉废料的量也随之大幅增加，从数万吨到几十万吨。失效后的稀土抛光粉，除了含 30%～50% 的氧化稀土之外，还有抛光粉中的添加元素氟、硅、硫、磷、铝、锆、钛等，以及被抛下来的工件原料硅、铅、硼、铝等及其水合物。它们属于固体废物，大部分作为固体废物搁置填埋，严重污染环境，同时导致资源严重浪费。因此，抛光废料中的稀土回收与再利用对于环境保护和实现可持续发展意义重大。抛光粉废料中含有大量稀土资源，而废弃物资源化是实施循环经济不可缺少的一部分，通过把废弃物再次变成资源以减少最终处理量，不仅能减少垃圾的产生，而且也能合理利用资源，是节约资源、防止污染的有效途径，更有助于实现资源的再利用，综合利用稀土固体废弃物意义重大，也是社会发展的迫切要求和必然选择。

废弃稀土抛光粉作为稀土资源与稀土精矿相比，杂质少、稀土含量高，更便于提取利用。常见的回收方法有硫酸法、硝酸法、磷酸法和盐酸法，这些方法均可将稀土氧化物从抛光废料中浸取出来。

稀土抛光粉废料中的稀土氧化物为 CeO_2，然而 CeO_2 几乎不溶于碱，也不溶于盐酸、硝酸，只溶于热的浓硫酸，但当有还原剂存在时，四价铈能被还原为三价离子，三价铈能溶于盐酸或硝酸。为了提取稀土抛光粉中的稀土，可采取在盐酸溶解过程中加入还原剂的方法，将四价铈还原为三价而便于溶解。

目前我国回收抛光废料中的稀土氧化物的主要手段是硫酸湿法浸取。该方法在实施过程中会产生大量含酸废水，对环境危害极大。而将浸取回收的稀土离子与杂质分离的方法主要为沉淀法。一般沉淀方法有草酸盐、氢氧化物和氟化物沉淀法。

8.6.1 浓硫酸低温分解法

稀土抛光粉在生产过程中要加入氟以提高抛光粉的性能，抛光粉主要是由铈和镧组成，其主要有效成分为 CeO_2，常温下是淡黄色粉末，加热时会呈现柠檬黄，其颜色的变化受杂质含量、沉淀条件、烧成温度等因素影响。纯化学计量比 CeO_2 在从室温到熔点的温度范围内具有面心立方晶格结构（萤石型点阵结构）。由于 Ce^{4+}-O 电子迁移，纯氧化铈呈浅黄色。CeO_2 的热稳定性较高，800℃时可保持晶型不变，在 980℃时失去一部分氧原子，形成大量氧空穴，但仍然保持萤石型的结构，因为铈的低价氧化物 Ce_2O_3 在氧化环境下易被氧化变成 CeO_2。在抛光粉产品中主要存在 CeO_2、La_2O_3、$CeOF_2$ 和 $LaOF$ 等组分，其中只有 La_2O_3 易溶于盐酸中，其他的都较难溶解，而且抛光后失效的废稀土抛光粉除含有稀土氧化物外，表面还黏附火漆、柏油等有机物杂质，因此不易溶于盐酸和硝酸，只溶于热的浓硫酸。所以对于稀土抛光粉废料可以用浓硫酸低温焙烧处理回收稀土。其处理过程为准确称取一定量的废弃稀土抛光粉，和浓硫酸按一定的比例在容器中搅拌均匀，经过 100℃烘干，磨料预处理后，在设定温度的高温炉中煅烧一段时间。冷却后的分解料在搅拌下水浸，EDTA 络合法滴定水浸液中的稀土浓度，计算分解率。因为反应的完全程度不仅与温度有关，还受酸度、反应时间的影响，因此，需要研究硫酸用量、分解温度、分解时间对分解效果的影响及相互关系。最后确定最佳分解条件，制定高效提取稀土的工艺流程。

分解过程包括 2 个阶段，分别在 258.4～293.4℃和 312.6～339.6℃温度范围。

第 1 反应阶段是硫酸分解稀土氧化物：

$$2RE_2O_3 + 3H_2SO_4 \Longrightarrow 2RE_2(SO_4)_3 + 3H_2O$$

第 2 反应阶段是硫酸分解稀土氧化物和稀土氟氧化物：

$$RE_2O_3 + 3H_2SO_4 \Longrightarrow RE_2(SO_4)_3 + 3H_2O$$

$$3H_2SO_4 + 2REOF \Longrightarrow RE_2(SO_4)_3 + 2HF + 2H_2O$$

$$SiO_2 + 4HF \Longrightarrow SiF_4 + 2H_2O$$

此外超过 338℃，温度继续上升，到 440.5～498.7℃，浓硫酸开始分解：

$$2H_2SO_4 \Longrightarrow 2H_2O(g) + 2SO_3(g)$$

$$2SO_3 \Longrightarrow 2SO_2 + O_2$$

研究结果表明，浓硫酸分解废弃稀土抛光粉较佳的工艺条件为：酸粉比为 1.8，反应温度保持在 300℃，分解时间为 1.5h。浓硫酸分解废弃稀土抛光粉能够实现对抛光粉废料中稀土的回收，但硫酸溶解需要较高浓度，较高温度，能耗高，腐蚀性大，对设备要求也高，对环境污染严重，操作环境恶劣，也不够安全。

为了提取稀土抛光粉中的稀土，可采取在盐酸溶解过程中加入还原剂的方法，将四价铈还原为三价而便于溶解。硫脲是一种有机络合剂，硫脲 $[(NH_2)_2CS]$ 常运用于金银的浸出过程。

能与氧化剂发生强烈反应，反应生成脲、硫酸及其他有机化合物，也能与无机化合物制成易溶解的加成化合物。铈的氧化还原电位与体系的酸碱度有关，在酸性条件下，Ce^{4+}是强氧化剂。据此，可在盐酸溶液中用硫脲还原浸出氧化铈。

以盐酸为浸取剂，以硫脲为还原剂，将废料中的稀土浸出，以草酸为沉淀剂制备草酸稀土沉淀物，再将沉淀物高温灼烧，得到稀土氧化物。通过实验研究，得出以下结论：

① 最佳工艺条件：焙烧温度为80℃，硫脲加入量为1.0g，盐酸浓度为4mol/L，反应时间为90min。平均收率为92.67%。

② 与盐酸-双氧水还原回收稀土相比，盐酸-硫脲体系回收稀土抛光粉废料中的稀土具有以下优点：a. 盐酸浓度更低，盐酸-硫脲体系在4mol/L盐酸浓度时达到最佳，而盐酸-双氧水体系需要6mol/L；b. 反应时间更短，盐酸-硫脲体系在反应90min时达到最佳，而盐酸-双氧水体系需要120min；c. 回收率更高，盐酸-硫脲体系平均回收率为92%以上，盐酸-双氧水体系平均回收率为80%左右，而且盐酸-双氧水体系回收率稳定性没有盐酸-硫脲体系稳定性好；d. 更经济，盐酸-硫脲体系需要还原剂量占原料的2.5%，而且硫脲是一种工业原料，保存、运输方便，成本低廉；e. 更环保，相对盐酸-双氧水还原回收稀土抛光粉废料中稀土，盐酸-硫脲体系抑制了氯气的放出，使操作环境更加友好。

双氧水在酸性条件下具有强还原性，其分解的产物之一是水，在使用过程中不会引入任何杂质，不污染环境，可以选择用双氧水作为还原剂浸出氧化铈。赵文怡采用盐酸浸出工艺回收废抛光粉中稀土，添加硫酸、氟化氢、过氧化氢和还原剂等。硫酸的加入会抑制稀土的浸出，过氧化氢使稀土的浸取率有一定提高，而氟化氢和还原剂的加入，可以显著地提高抛光粉废料中的稀土浸出，但该工艺中盐酸的利用率很低，且会产生酸污染。

8.6.2 碱焙烧法从稀土抛光粉废料中回收稀土

碱焙烧法是以低温碱焙烧的方法将抛光粉废料中的硅、铝等杂质转入溶液，与废料中大部分不与碱反应的稀土元素分离，并将少量转入溶液中的稀土用碳酸盐沉淀，最终达到回收稀土的目的。其主要工艺流程如图8-7。

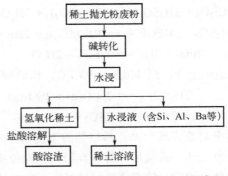

图8-7 碱法分解处理抛光废料工艺流程

碱焙烧法整个工艺流程不产生废水、过量的碱和沉淀剂可循环使用而使回收过程无污染且回收成本较低，稀土抛光粉废料能够得到较合理的综合利用。但碱焙烧之后需要经过5～6

次的水洗之后上清液 pH 才能控制在 7~8 之间，操作流程繁杂，溶解速度较慢，浪费大量的物力和人力，焙烧过程需要较高温度，能耗高，对设备要求较高，回收得到的稀土部分为固溶体，纯度不高，大部分本身已是失效的，失去回收意义，因此有待改进。

对于含氟稀土抛光粉废料，加 NaOH 焙烧可将其中的氟化稀土转化为氢氧化稀土，然后用盐酸浸出。确定的最佳焙烧条件为 NaOH 与原料质量比 0.18，焙烧温度 450℃，焙烧时间 2.5h，废料粒度 150 目。最佳条件下进行综合试验，结果稀土平均浸取率为 98% 以上。

8.6.3 盐碱焙烧法[40]

传统的湿法浸取工艺主要采用酸浸、共沉淀的方法回收稀土抛光废料中的稀土，其回收效率较高，产品质量能够达到商业生产需求，但会产生废酸与废液，造成二次污染，为了解决传统湿法浸取工艺的这些弊端，开发了铵盐焙烧法，如图 8-8 所示。

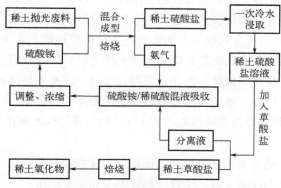

图 8-8 铵盐焙烧法处理抛光粉废料的工艺流程图

该法以硫酸铵作为焙烧助剂，在较低的温度下焙烧废料，利用其受热分解的性质，利用氨挥发留下来的浓硫酸直接与稀土氧化物固体接触，生成易溶于水的稀土硫酸盐，经水浸取得到可直接用萃取和沉淀法分离的稀土离子。副产物氨气则被硫酸铵/稀硫酸混合溶液温和地吸收，再经浓度调整、浓缩，直接返回焙烧环节中循环利用。从水浸液中用草酸沉淀稀土，滤液并入硫酸铵/稀硫酸混合溶液，用于吸收氨气，实现循环。实验过程中涉及的主要反应方程式如下：

$$2(NH_4)_2SO_4 + CeO_2 \Longrightarrow Ce(SO_4)_2 + 4NH_3 + 2H_2O$$

$$4NH_3 + 2H_2SO_4 \Longrightarrow 2(NH_4)_2SO_4$$

$$2Ce(SO_4)_2 + 4Na_2C_2O_4 \Longrightarrow Ce_2(C_2O_4)_3 + 4Na_2SO_4 + 2CO_2$$

$$Ce_2(C_2O_4)_3 + 2O_2 \Longrightarrow 2CeO_2 + 6CO_2$$

8.6.4 浮选法与固废减量

由于当前的氧化铈、碳酸铈等产品的价格很低，每吨氧化铈才 6000 元。因此，采用上述化学分解法的成本不一定能低于其卖价。但循环经济要求抛光粉用户需要满足循环利用比例的要求。因此，需要采用一些不需要分解的方法来回收抛光粉废料。一是浮选法、二是延长使用寿命、三是开发废料的新用途。

（1）浮选法

根据稀土元素 $[\rho(CeO_2) = 6.99g/cm^3]$ 和非稀土杂质（$\rho = 1.4g/cm^3$）的密度和表面亲水程度不同来进行分选；浮选法是通过矿物表面物理化学性质的差异来分离各种细粒矿物。矿粒表面因自身的疏水性或是经过浮选药剂作用后获得疏水性，在气-液界面发生聚集，将亲水的矿物留在水中，从而实现分离。常用的浮选药剂包括捕收剂、抑制剂、起泡剂等。目前针对稀土抛光粉废料回收稀土的浮选法是以水玻璃作为抑制剂，水杨羟肟酸作为捕收剂，2号油为起泡剂。浮选法流程结构简单，操作方便。但浮选法存在以下几个问题：首先是细粒质量小，难以和气泡发生碰撞，即使发生碰撞，由于其质量小动量也小，难以克服与气泡间的水化膜，导致矿粒难以附着于气泡上；其次，粒度过细使其具有较大的比表面积，吸附药剂量增大，消耗了大量的浮选药剂，破坏了浮选过程的进行。

（2）固废减量

固废减量的直接方法就是延长抛光粉的使用寿命。为此，需要明白稀土抛光粉失效的主要原因，并采用相应的方法来延缓失效进程。有三点原因：

① 在抛光过程中会有部分被抛下来的玻璃粉微粒扩散到稀土氧化物表面，同时会有油污及大颗粒异物等不断混入。它们的存在降低了稀土抛光粉有效成分的含量，阻碍了玻璃表面与抛光粉微粒的接触。最终导致稀土抛光粉在抛光过程中的摩擦热降低，玻璃表面产生的塑性变形减少，使玻璃表面分子重新分布并形成平整的表面受到影响；

② 抛光过程是一种强烈的摩擦过程，这导致了抛光粉晶粒被细化，使得稀土抛光粉抛光效果降低；

③ 在 CeO_2 晶格中通常会出现氧空位，使得其理化性能发生变化，并对抛光性能产生一定的影响，结果抛光能力逐渐下降、失效，导致不可以重复使用。

因此，在抛光过程如何防止被抛物料在抛光离子表面的覆盖，杜绝油污的引入，防止颗粒的聚集是消除或减小第一种失效原因的主要内容。而对于第二个原因，则需要从荧光粉的设计合成上来做研究。而氧空位的出现或消除，则需要从化学和物理两个方面来寻找方案。

（3）固废材料化利用

根据废弃抛光粉的组分和物理特征，开发新的材料及其用途是解决问题的有效办法。例如：利用铈的催化特点，开发具有降解催化性能的涂料，用于室内空气净化。

8.7 稀土镍氢电池废料的回收[41-44]

稀土镍氢电池已经形成了较大规模的应用市场。在动力汽车用电池方面，镍氢电池由于其安全稳定性以及低温特征，克服了锂离子电池的缺点，是非常好的电池选择。许多玩具电池也多半选用镍氢电池，其可充电特征、价格和稳定性是其超越锂离子电池的主要原因。在这类电池中，稀土被用作阴极材料。早期的镍氢电池材料中采用的稀土是未经分离的轻稀土元素，包含镧铈镨钕。由于镨钕在永磁材料中的用量大，其价格已经上涨很多，所以，后来的镍氢电池用稀土元素主要是镧铈，其价格得到进一步降低。但对于电池废料的回收来讲，单纯的镧铈回收，很难体现其经济价值。除了稀土之外，镍氢电池中还有价格较高的镍、钴、铜等元素值得回收。

镍氢电池废料的回收方法主要用盐酸浸取，草酸或碳酸盐沉淀法。其原理在前面有很多地方介绍过了。为了将稀土与钴镍铜分离，可以将草酸沉淀或碳酸盐沉淀分散在水中，用氨水再将钴镍铜浸出，得到符合纯度要求的沉淀，经过煅烧得到相应的氧化物。也可以先用氨水沉淀法将稀土与钴镍铜分离，过滤的氢氧化物经过煅烧即可得到氧化稀土。只是氢氧化物主要是无定形态，过滤和洗涤比较困难。溶液中的铜钴镍可以通过萃取方法回收并分离。

8.8　稀土二次资源回收技术研究的发展方向*

（1）面向高效浸出分离和稳定生产要求，开展废料分选技术和装备研发

针对稀土二次资源类型多、品级差别大、与回收工艺的匹配性差等因素导致的回收效率差异性大，原料和能源消耗大、质量不同等问题，开展稀土废料特征评价与工艺适应性研究，基于废料的性状、稀土含量与状态、共存组分类型与含量范围等因素来进行分类，制定与工艺适应性、原料和能源消耗、产品价值等相匹配的分类体系；以此为基础，开展废料分选技术和装备研发。图8-9为几种主要废料的分类依据。

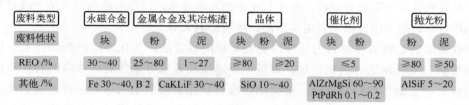

图8-9　稀土二次资源的特征与分类依据

通过 X 射线荧光光谱法（XRF）快速分析出典型稀土二次资源的组成及组分。通过叠加法、控制变量法、等效法等方法对二次资源进行基础研究，分析其性状、结构、磁性、辐射水平以及元素微观分布特征，开展基于二次资源特征的物性建模，为智能识别与精密选别奠定基础。

基于二次资源在受到 X 射线和 γ 射线照射的响应射线，对二次资源进行分选的技术。构建包括探测与可视化、数据处理、智能分类器算法三方面内容的识别技术。制定精细的分选分类器参数、探测器参数、数据处理参数。实现对二次资源的处理系统兼具功能上智能、性能上可定制、分选目标上灵活的特点。

在现行二次资源风选、磁选、水选等分选技术和分选器械的基础上，建造自主化二次资源智能识别与精细分选装备，实现二次资源探测器的国产化，杜绝对国外核心材料的依赖，采用我国特色稀土材料制程，研发分选装备并推广应用。

（2）稀土金属合金废料的低能耗资源化利用技术体系的建立

针对稀土金属与合金废料现行回收技术流程长、资源循环利用率低、环境负担重等问题，以稀土金属废料及稀土合金废料为研究对象，对现有稀土火法冶金工艺和设备进行优化和改进，实现稀土金属废料的源头减量。通过研究典型稀土金属和合金废料的物化性质，开发选择性电化学氧化还原、研发稀土合金废料去合金化分离关键技术，实现稀土与杂质元素高效分离的理论突破，并制备出多孔合金提高副产物的附加值。

基于熔盐电解渣的分选结果，研发氢氧化钠回转焙烧-水洗除氟-优溶浸出-萃取分离的梯级回收技术，并与酸法分解回收技术相互配合，实现稀土金属废料中稀土和有价元素的回收和综合利用。开发高稀土含量合金废料的绿色化低成本回收技术，将其直接转化为钕铁硼粉进入钕铁硼磁体生产线，实现高稀土含量合金废料的直接材料化应用。研究永磁合金的稀土去合金化分离技术，制备稀土金属和铁硼合金。评价稀土金属合金废料资源化技术的生命周期环境负荷，深入分析工艺的潜在环境影响，为绿色制造、节能减排、工艺优化提供科学依据。根据废料中稀土元素的性质和用途，差异化设计稀土的提取技术，以混合稀土金属、稀土合金或稀土氧化物的形式回收，提高循环利用效率，实现稀土的高效回收及资源化利用。

（3）创新稀土永磁废料节能氧化煅烧与高效绿色提取分离技术

针对稀土永磁废料氧化焙烧-盐酸优溶-萃取分离-沉淀煅烧这一应用面最广的工艺流程中存在的流程长、杂质分离不彻底、废水量大、铁硼渣得不到很好应用等关键问题，建设智能配料-多层炉焙烧永磁废料生产线，变革永磁废料氧化焙烧技术，在实现氧化热能利用的基础上，产出高氧化率和组分相态稳定的煅烧料，研发稀土高选择性浸出、铁铝硼等杂质高效分离、钴镍等共存元素综合回收、废水高比率循环等技术，以均一化的高铁渣来满足材料化增值利用目标，解决固废循环利用率不高、环境影响大等难题。

以铁硼渣制造铁氧体材料为目标，研发智能配料方法，优化多层炉煅烧技术。重点研究物料配制、混合输送、气氛控制、进料出料速度和方式等条件对炉体内的物料和温度分布的影响，确定最佳的控制目标。根据永磁废料氧化煅烧放出的热能，合理规划燃料供应量和方法；建设热能利用工程，将生产过程的余热以水和气的形式对外供应，节约热能，并实现稳定运行。研究不同煅烧料的盐酸优溶效果，以稀土、铁、硼、铝、钴、镍等主要元素的浸取率为依据，评价煅烧条件和氧化率对这些元素浸出的差异性，研究能够提高稀土及有价元素选择性浸出的方法；对浸出工序进行优化，提高稀土浸取率和浸出选择性。采用萃取的方法优先萃取过量酸和硼酸，并循环应用；再进行后续除杂和萃取分离。分离的稀土采用先进的碳酸稀土结晶沉淀方法，并使沉淀母液全部回收，大大减少废水处理和排放压力。

围绕 NdFeB 氧化焙烧酸浸高铁渣的材料化增值目标，研发固废磁性功能调控机制，直接制备吸波功能材料与软磁粉芯等高值化应用产品。实现该类固废的绿色、高效、低成本和规模化消纳利用目标。对浸出渣的组分和结构进行分析，确定高铁硼渣的基本组成和相态结构。确定高铁硼渣的组分和相态对于材料制备过程的组分调节、相态重构和铁氧体材料性能的作用。重点关注稀土残留量和种类对后续材料化的贡献，可以通过适当提高铈和钇等高丰度稀土在高铁硼渣中的残留来提高铁氧体材料性能，开发稀土掺杂的铁氧体材料。

（4）创新催化抛光废料强化浸取与固废减量技术

针对稀土抛光和催化废料所含稀土为价格低的高丰度元素镧铈，而传统分解回收技术效率不高、成本不低等关键问题，通过研究抛光材料使用过程失活机理的，研发抛光材料延时使用与抛光粉碱法除硅铝后的复活技术，大大减少固废产生量。将硅氟铝含量较高的抛光废料与催化剂废料的处理工艺联动耦合，利用氟与铝硅的配位作用来强化稀土浸取，创新铝（氟）盐辅助的硫酸低温焙烧-低酸浸取方法，实现稀土与铝镁的高效浸出与回收利用。研发从催化剂和晶体废料的浸出渣中回收贵金属的方法，实现贵金属与稀土及铝镁的综合回收目标，满足固废减量目标要求。

研究抛光过程效率下降的原因和复活机制，通过过程因素调控来延长抛光粉使用寿命，减少固废产生量。对抛光浆料废料进行悬浮分级，重组分采用碱法除硅铝，补氟复活，使其实现循环利用；轻组分经硫酸化焙烧、稀酸分步浸出，研究氟铝硅等主要元素在相互促进稀土浸出中的实际作用；提出利用催化剂浸出液中的铝盐来强化抛光废料中稀土的浸出，经N1923萃取稀土，实现与铝镁的分离，所得稀土返回用于制备抛光或催化材料；对提取稀土后的硫酸铝镁进行回收，开发硫酸盐产品。

重点研究催化材料废料的细磨、硫酸化焙烧、稀酸分步浸出条件以及稀土和铂族金属的分离技术与工艺；根据硫酸浸出渣中铂族金属的状态、成分和性质，对比全湿法、湿法-火法联合在综合分离回收稀土和贵金属中的实际效果，确定合适的稀土和铂族金属提取方法；重点研发从酸浸渣中用盐酸+氯气浸取贵金属的技术，再经配位还原沉淀、离子交换和萃取等方法分离回收贵金属。

（5）加快开展稀土二次资源及回收利用的标准化工作

目前，国内稀土二次资源相关国家、行业标准有：钕铁硼生产加工回收料（又称钕铁硼废料）、硅酸钇镥晶体回收料、稀土火法冶炼回收料、稀土靶材回收料，产品及配套的分析方法标准。鉴于当前典型稀土二次资源的标准还有待完善，需要发挥稀土标准制定的人才及生产优势，制定稀土催化废料、稀土抛光废料、稀土合金废料等回收标准，对其废料的分类、化学成分、试验和检验方法等进行规定，完善稀土二次资源的回收标准，构建二次资源质量标准和技术规范新体系。

思考题

1. 二次资源的定义及其回收利用价值评估。
2. 稀土二次资源回收利用的国内外现状与未来发展趋势。
3. 稀土二次资源回收的单元技术绝大多数都在前面各章节中做了介绍，如何针对一种具体的二次资源来选择技术路线？
4. 结合文献查阅，选择一种具体的废料和一种技术，如何通过其生命周期评估来判断该技术的技术和经济可行性？
5. 稀土二次资源回收利用技术体系的构建及具体技术的选择原则。
6. 永磁废料的回收利用价值最大，如何针对现存的问题来开展创新研究？
7. 我国稀土提取冶炼技术国际领先，如何评价国内外二次稀土资源回收技术的先进性？
8. 抛光废料的回收为什么没有多少规模？如何解决该类废料的循环利用问题？
9. 请指出 2~3 种本章中没有具体讨论介绍的稀土二次资源，并根据所学知识分析一下，应该如何去研究技术或组织生产？
10. 二次稀土资源回收的目标之一就是要解决其环境污染问题。试讨论一下现在的几个主要类别的稀土废料处理方案或实践中是否能够达到这一目标。如果没有达到，如何去努力达到？

参考文献

[1] 张惠，康博文，田春秋．全球稀土二次资源回收利用进展．矿产综合利用，2022(3): 86-94.

[2] 王晓铁，苗睿瑛．强化稀土二次资源循环利用保护不可再生自然资源．稀土信息，2021(12): 10-13.

[3] 洪梅．稀土二次资源开发与循环利用任重道远．稀土信息，2015(3): 26-27.

[4] Binnemans K, Jones P T, Blanpain B, et al. Recycling of rare earths: a critical review. J Clean Prod, 2013, 51: 1-22.

[5] Jowitt1 S M, Werner T T, Weng Z H, et al. Recycling of the rare earth elements. Current Opinion Green Sustain Chem, 2018, 13: 1-7.

[6] Omodara L, Pitkaaho S. Turpeinen E M, et al. Recycling and substitution of light rare earth elements, cerium, lanthanum, neodymium, and praseodymium from end-of-life applications - A review. J Clean Prod, 2019, 236: 117573.

[7] Kumari A, Sahu S K. A comprehensive review on recycling of critical raw materials from spent neodymium iron boron (NdFeB) magnet. Sep Purif Technol, 2023, 317: 123527.

[8] 宋强，童雄，谢贤，等．钕铁硼永磁废料中稀土回收循环利用现状及展望．中国有色金属学报，2022, 32(7): 2058-2073.

[9] 程宗敏．钕铁硼废料中稀土金属回收工艺的研究与探索．世界有色金属，2020(17): 127-128.

[10] 李世健，崔振杰，李文韬，等．钕铁硼废料循环利用技术现状与展望．材料导报，2021, 35(3): 3001-3009.

[11] 许轩，贾晓峥，荆鹏，等．钕铁硼废料综合回收技术的研究进展．稀土，2023, 44(1): 32-53.

[12] 高军，许轩，荆鹏，等．钐钴废料回收技术研究进展．稀土，2023, 44(1): 54-63.

[13] Lorenz T, Bertau M. Recycling of rare earth elements from FeNdB-Magnets via solid-state chlorination. J Clean Prod, 2019, 215: 131-143.

[14] Rasheed M Z, Song M S, Park S M, et al. Rare earth magnet recycling and materialization for a circular economy—A Korean perspective. Appl Sci, 2021, 11: 6739.

[15] Yang Y S, Lan C Q, Zhao Z W, et al. Recovery of rare-earth element from rare-earth permanent magnet waste by electro-refining in molten fluoride. Sep Purif Technol, 2020, 233: 116030.

[16] 杨育圣，兰超群，赵增武，等．分离钕铁硼合金废料中稀土元素并直接制备稀土金属的方法：ZL201811347884.2.

[17] Sun H, Wang T Y, Li C X, et al. Recycling rare earth from ultrafine NdFeB waste by capturing fluorine ions in wastewater and preparing them into nano-scale neodymium oxyfluoride. J Rare Earths, 2022, 40: 815-821.

[18] Du H J, Wang D, Zhang L P, et al. Extraction of rare earth and cobalt from leach residue of Nd-Fe-B waste by reductive leaching with iron powder. Hydrometallurgy, 2022, 213: 105942.

[19] 刘艳红，张灿文，熊道陵，等．钕铁硼二次废渣制备铁系产品路径探析．江西冶金，2023, 43(1): 16-23.

[20] 梁颜祯，邱廷省，邓建红，等．稀土熔盐渣中有价金属综合回收技术研究现状及进展．稀土，2023, 44(2): 13-23.

[21] 梁勇，黎永康，林如丹，等．硅酸钠焙烧提取钙热还原稀土冶炼渣中稀土的研究．中国稀土学报，2018, 36(6): 739-744.

[22] 陈冬英，欧阳红，刘莲翠，等．稀土电解废熔盐的综合利用研究．江西冶金，2005(1): 4-8.

[23] 肖勇，陈月华，崔小震．稀土熔盐电解废料回收工艺研究．世界有色金属，2016(6): 26-29.

[24] Wang J Y, Huang X W, Cui D L, et al. Recovery of rare earths and aluminum from FCC waste slag by acid leaching and selective precipitation. J Rare Earths, 2017, 35: 1141-1148.

[25] Wang J Y, Huang X W, Cui D L, et al. Recovery of rare earths and aluminum from FCC catalysts

manufacturing slag by stepwise leaching and selective precipitation. J Envir Chem Eng, 2017, 5: 3711-3718.

[26] 赵哲萱，邱兆富，杨骥，等. 从废 FCC 催化剂和废汽车尾气净化催化剂中回收稀土的研究进展. 化工环保，2015, 35(6): 603-608.

[27] 王继鑫，李颖，周文水. 一种从失效汽车尾气净化催化剂中回收稀土及铂族金属的方法：201910169618.3.

[28] 张金科，李超杰，侯德宝. 废催化剂中稀土资源的回收与综合利用. 中国化工贸易，2020, 12(23): 188,190.

[29] Meshram A, Singh K K. Recovery of valuable products from hazardous aluminum dross: A review. Res Conserv Recycl,2018, 130: 95-108.

[30] Ruiz-Mercado G J, Gonzalez M A, Smith R L, et al. A conceptual chemical process for the recycling of Ce, Eu, and Y from LED flat panel displays. Res Conserv Recycl, 2017, 126: 42-49.

[31] 邓庚凤，徐鹏，廖春发. 从废荧光粉中浸出稀土及其动力学分析. 湿法冶金，2014(2): 112-114.

[32] PavonS, Lapo B, Fortuny A, et al. Recycling of rare earths from fluorescent lamp waste by the integration of solid-state chlorination, leaching and solvent extraction processes. Sep Purif Techol, 2021, 272: 118879.

[33] Liu H, Li S Y, Wang B, et al. Multiscale recycling rare earth elements from real waste trichromatic phosphors containing glass. J Clean Prod, 2019, 238: 117998.

[34] Qiu Y, Suh S W. Economic feasibility of recycling rare earth oxides from end-of-life lighting technologies. Res Conserv Recycl, 2019, 150: 104432.

[35] Wu Y F, Yin X F, Zhang Q J, et al. The recycling of rare earths from waste tricolor phosphors in fluorescent lamps: A review of processes and technologies. Res Conserv Recycl, 2014, 88: 21-31.

[36] Xie B Y, Liu C X, Wei B H, et al. Recovery of rare earth elements from waste phosphors via alkali fusion roasting and controlled potential reduction leaching. Waste Management, 2023, 163: 43-51.

[37] Wu Y F, Song M W, Zhang Q J, et al. Review of rare-earths recovery from polishing powder waste. Res Conserv Recycl, 2021, 171: 105660.

[38] He X F, Chen L, Chen P, et al. Coordination-enhanced extraction of rare earth metals from waste polishing powder and facile preparation of a mesoporous Ce-La oxide. Chem Eng J, 2023, 452: 139265.

[39] 胡珊珊，韩丹，杨剑英. 稀土抛光粉废料中稀土回收循环利用现状及展望. 稀土信息，2023 (4): 26-28.

[40] 常利香. 稀土抛光废料回收新工艺的研究. 郑州：郑州大学，2015.

[41] Marins A A L, Boasquevisque L M, et al. Environmentally friendly recycling of spent Ni-MH battery anodes and electrochemical characterization of nickel and rare earth oxides obtained by sol-gel synthesis. Mater Chem Phys, 2022, 280: 125821.

[42] Salehi H, Maroufi S, Mofarah S S, et al. Recovery of rare earth metals from Ni-MH batteries: A comprehensive review. Renew Sustain Energy Rev, 2023, 178: 113248.

[43] Mei G J, Xia Y,Shi W, et al. Recovery of rare earth from spent MH-Ni battery negative electrode. Environ. Prot Chem Ind, 2008, 28: 70-73.

[44] Yang X L, Zhang J W, Fang X H. Rare earth element recycling from waste nickel-metal hydride Batteries. J Hazard Mater, 2014, 279: 384-388.